PHP网络编程技术详解

葛丽萍◎编著

清华大学出版社
北京

内 容 简 介

本书由浅入深，全面、系统地介绍了 PHP 开发技术，并提供了大量实例，供读者实战演练。另外，笔者专门为本书录制了相应的配套教学视频，以帮助读者更好地学习本书内容。这些视频和书中的实例源代码一起收录于配书光盘中。

本书共分 4 篇。第 1 篇是 PHP 准备篇，介绍了 PHP 的优势、开发环境及安装；第 2 篇是 PHP 基础篇，介绍了 PHP 中的常量与变量、运算符与表达式、流程控制以及函数；第 3 篇是进阶篇，介绍了 PHP 的数据处理、文件应用、获取主机信息、图像处理、Session 与 Cookie、正则表达式、面向对象编程以及 MySQL 数据库；第 4 篇是应用篇，介绍了用 PHP 实现人机交互、计数器程序、网上投票程序、文本留言板程序、PHP 博客程序、简单的 BBS 系统以及网上商城全站系统，以提高读者实战水平。

本书涉及面广，从基础知识到高级技术，再到项目开发，几乎涉及 PHP 开发的所有重要知识。本书适合所有想全面学习 PHP 开发技术的人员阅读，也适合使用 PHP 进行开发的工程技术人员使用。对于经常使用 PHP 做开发的人员，更是一本不可多得的案头必备参考书。

图书在版编目（CIP）数据

PHP 网络编程技术详解/葛丽萍编著. —北京：清华大学出版社，2014
（网站开发非常之旅）

ISBN 978-7-302-34318-9

I. ①P… II. ①葛… III. ①PHP 语言-程序设计 IV. ①TP312

中国版本图书馆 CIP 数据核字（2013）第 255162 号

责任编辑：朱英彪
封面设计：刘　超
版式设计：文森时代
责任校对：赵丽杰
责任印制：沈　露

出版发行：清华大学出版社
网　　址：http://www.tup.com.cn，http://www.wqbook.com
地　　址：北京清华大学学研大厦 A 座　　邮　　编：100084
社 总 机：010-62770175　　邮　　购：010-62786544
投稿与读者服务：010-62776969，c-service@tup.tsinghua.edu.cn
质 量 反 馈：010-62772015，zhiliang@tup.tsinghua.edu.cn
印 装 者：清华大学印刷厂
经　　销：全国新华书店
开　　本：203mm×260mm　印　张：35.5　插　页：1　字　数：1021 千字
（附 DVD 光盘 1 张）
版　　次：2014 年 1 月第 1 版　　印　　次：2014 年 1 月第 1 次印刷
印　　数：1～5000
定　　价：69.80 元

产品编号：053967-01

目　　录

第1篇　PHP准备篇

第2篇　PHP基础篇

第 3 篇 PHP 进阶篇

第 4 篇 应用篇

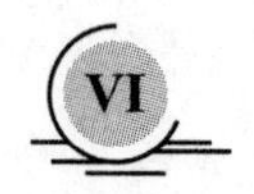

第 1 篇　PHP 准备篇

本篇是整本书的开头，主要介绍了动态网站开发技术、构建 PHP 环境等知识。通过本篇的学习，读者能够掌握基础的 PHP 知识并搭建好 PHP 环境以供之后的学习使用。

第 1 章　初识 PHP

当前网络技术发展日新月异，各种基于服务端创建动态网站的脚本语言更是层出不穷。其中 PHP 以其简单、易用、可移植性强等特点，在众多的动态网站语言技术中独树一帜。到底什么是 PHP，如何使用 PHP？本章将回答这些问题。通过本章的学习，读者将会对 PHP 有一个大致的了解，并将学会把 PHP 代码加入普通 Web 页中的方法。

1.1　关于静态网页与动态网页

网页可分为静态网页与动态网页两种形式。在讲解这两种网页之前，先了解一下网络构成中的服务器（Server）与客户机（Client）。服务器是安装有服务器软件并且可以向客户机提供网页浏览、数据库查询等服务的设备。而客户机则与之相反，它通过客户端软件（如网页浏览器）从服务器上获得网页浏览、软件下载等服务。简单地讲，服务器就是服务提供者，而客户机则是服务获得者。

1.1.1　传统的静态网页 HTML

知识点讲解：光盘\视频讲解\第 1 章\传统的静态网页 HTML.wmv

在 WWW 发展的早期阶段，由于受技术条件的制约，服务器提供给用户的网页基本都是静态的 HTML 页。这种网页通常只包含 HTML 标识，没有脚本代码。这类网页在视觉上也可能出现“动”的效果，如通过 GIF 动画、Flash、JavaScript 特效等内容来丰富网页。但是客户每次浏览，该网页的内容都是一成不变的。

静态网页服务的实现流程如下：客户机通过浏览器向服务器发出请求，服务器根据请求从服务器端的网页中选出合适的页面发送给客户机浏览器。这个过程中所发送的页面都是事先编辑好的，它并不能自动生成。静态网页的实现模式如图 1.1 所示。

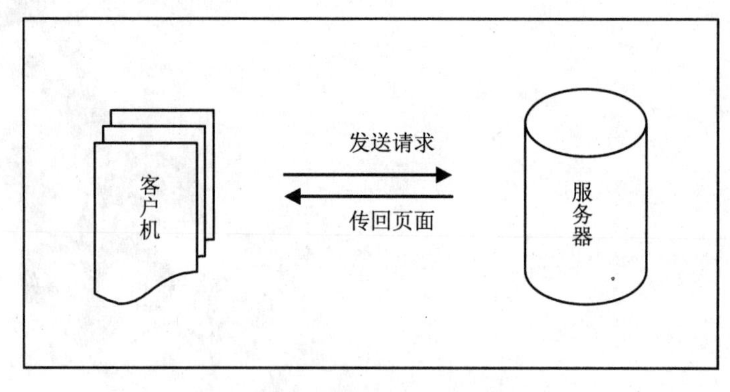

图 1.1　静态网页的实现模式

静态网页有以下特点：

☑ 静态网页不能自动更新。若要对静态页面进行更新，就要重新编写 HTML 页，然后再上传。因此静态网页的制作和维护工作量相当大。

☑ 静态网页的内容不随浏览用户、浏览时间等条件的变化而变化。无论何人、何时、何地浏览网页，它的内容都是一成不变的（不包括使用 JavaScript 实现的一些简单特效）。

☑ 静态网页一经发布，无论浏览者浏览与否，它都是真实存在的一个文件，都对应一个 URL（统一资源定位器，指 Internet 文件在网上的地址）。

☑ 用静态网页实现人机交互有相当大的局限性。由于不能动态生成页面，所以用静态网页来实现人机交互是很困难的，在功能上有很大限制。

1.1.2 动态网页与传统网页的区别

知识点讲解：光盘\视频讲解\第 1 章\动态网页与传统网页的区别.wmv

随着网络技术的不断发展，各种动态网页技术也纷纷显露出它们不凡的魅力。先是早期出现的 CGI，又有现在流行的 ASP、PHP、JSP、ASP.NET、ColdFushion 等。虽然这些动态语言分属不同公司开发（其中 ASP 与 ASP.NET 同属微软公司），也有着不同的运行环境和使用方法，但它们的目标是一样的，都是实现网页浏览者与网页之间的互动。

与静态网页的实现方法不同，动态网页服务的实现流程如下：客户机向服务器提出申请，服务器根据用户请求，把动态网页内部的代码先在服务器上进行相应的处理，再把生成的结果发送给客户机。动态网页的实现模式如图 1.2 所示。

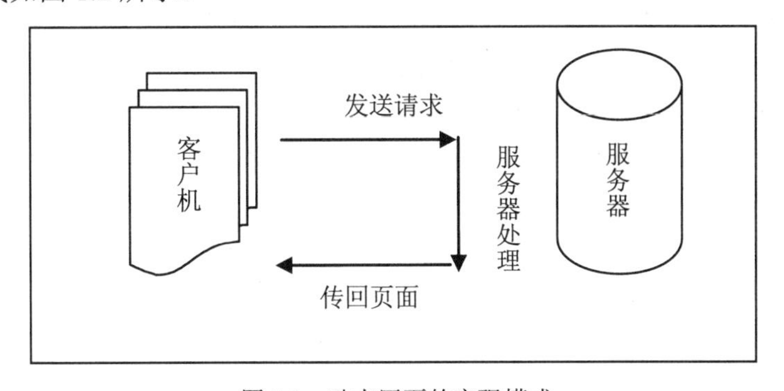

图 1.2 动态网页的实现模式

通过以上分析可知，与静态网页相比，动态网页有以下特点：

☑ 动态网页在服务器端运行。客户机上看到的只是它的返回结果，不可能看到它的源文件。而静态网页则只能通过服务器把网页文件原封不动地传给客户机，本身不进行任何处理。

☑ 不同的人、不同时间、不同地点浏览同一个动态网页，根据代码处理结果不同，会返回不同的内容。

☑ 动态网页只有经客户浏览时才会返回一个完整的网页，而其本身并不是一个独立存在于服务器的网页文件。

☑ 与静态网页相比，动态网页更容易实现人机交互。与数据库相联系，能实现更为强大的功能。

☑ 由动态网页构建的网站维护起来比由静态网页构建的网站容易，只需要更新调用的数据（如数据库内容）即可。

1.2 关于 PHP

1.1 节为读者介绍了静态网页与动态网页，而 PHP 就是动态网页技术中的一种。那么到底什么是 PHP，它的发展历史是怎么样的？与其他动态网页技术相比，PHP 有什么特点？本节将为读者解答这些问题。

1.2.1 什么是 PHP

知识点讲解：光盘\视频讲解\第 1 章\什么是 PHP.wmv

早期有人将 PHP 解释为 Personal Home Page，即个人主页。也有人将 PHP 称做 PHP：Hypertext Preprocessor（这是一个递归的简称，简称之中又是简称）。那么到底什么是 PHP 呢？通俗地说，PHP 是一种服务器端、跨平台、可以嵌入 HTML 的脚本语言。服务器端执行的特性表明它是动态网页的一种。跨平台，则是指 PHP 不仅可以运行在 Linux 系统下，同时也可以运行在 UNIX 或者 Windows 系统下。另外，它还可以很简单地嵌入到普通的 HTML 页中，用户所要做的只是在普通 HTML 页中加入 PHP 代码即可。

1.2.2 PHP 的发展历史

知识点讲解：光盘\视频讲解\第 1 章\PHP 的发展历史.wmv

PHP 最初在 1994 年由 Rasmus Lerdorf 进行开发。用户使用的第 1 个版本是在 1995 年发布的 Personal Home Page Tools（PHP Tools）。在该 PHP 版本中只提供了对访客留言本、访客计数器等简单功能的支持。1995 年中期又发布了 PHP 的第 2 个版本，定名为 PHP/FI（Form Interpreter）。到 1996 年，PHP/FI 2.0 已经应用于分布在世界各地的 15000 个网站上。

1997 年开始了第 3 版的开发计划，开发小组加入了 Zeev Suraski 及 Andi Gutmans，而第 3 版就定名为 PHP 3.0。该版本的 PHP 具有以下特点：与 Apache 服务器紧密结合；加入了更多的新功能；支持几乎所有主流与非主流数据库；高速的执行效率等。由于 PHP 3.0 的这些特性，使得 1999 年使用 PHP 的网站超过了 15 万。

2000 年 5 月，PHP 4.0 正式发布，它使用了 Zend（Zeev+Andi）引擎，提供更高的性能，还包含了其他一些关键功能，如支持更多的 Web 服务器、HTTP Sessions 支持、输出缓存（output buffering）、更安全的处理用户输入的方法以及一些新的语言结构等。PHP 4.0 是更有效、可靠的动态 Web 页开发工具。在大多数情况下运行比 PHP 3.0 快，其脚本描述更强大并且更复杂，最显著的特征是速率比增加。

2004 年 7 月，PHP 5 问世。无论对于 PHP 语言本身还是 PHP 的用户来讲，PHP 5 都算得上是一个里程碑式的版本。PHP 5 的诞生，使 PHP 编程进入了一个新时代。Zend II 引擎的采用、完备的对象模型、改进的语法设计，使得 PHP 成为一个设计完备、真正具有面向对象能力的脚本语言。

说明： 在编写本书时，PHP最新稳定版本为5.4.14。

1.2.3　PHP 与其他 CGI 程序相比较

知识点讲解：光盘\视频讲解\第 1 章\PHP 与其他 CGI 程序相比较.wmv

同样作为服务端编程语言，PHP 与其他 CGI 程序，如 ASP.NET、JSP 等相比较有其自身的特点，主要表现在以下几个方面：

☑ Web 服务器支持方面。PHP 能够被 Apache、IIS 等多种服务器支持，而 ASP 则只能被 Windows 系统下的 IIS、PWS 所支持。

☑ 运行平台的支持。PHP 能够很好地运行于 Linux、UNIX、Windows、FreeBSD 等多种操作系统下，而 ASP 只能运行于 Windows 系统下。虽然 JSP 也能在多种系统下得到支持，但必须以有 Java 虚拟机为前提。

☑ 脚本语言不同。PHP 本身就是一种编程语言，它吸收了 C、Java 等语言的特点，是综合它们在网络上的优势而开发的一种新语言。ASP 严格来说并不是一种单纯的编程语言，而是一种网络编程支持环境，它支持 VBScript、JScript、perl 等多种语言，但一般默认使用 VB 作为主要编程语言。而 JSP 使用 Java 编程语言或 JavaScript 作为脚本语言。

☑ 数据库支持不同。PHP 通常与 MySQL 数据库结合使用，同时它还支持 Oracle、Sybase、ODBC 等数据库。ASP 则通常与同属微软公司的 Access、MSSQL 等数据库配合使用。JSP 则使用 JDBC 来实现与数据库的连接。

☑ 面向对象的支持不同。ASP 基本上是由组件所构成的，而组件是对象的使用模式，因此 ASP 中对象的使用频率非常高，可以说处处都是对象。JSP 是建立在可重用的、跨平台的组件之上的，所以它的面向对象特性也非常明显。在 PHP 5 出现以前，PHP 系列基本上是属于面向过程的，PHP 5 的出现改变了这种状况，真正实现了面向对象。

1.3　第一个程序——HELLO WORLD!

学习一门新的编程语言，都需要从最基本的程序开始，约定俗成的第一个程序就是“HELLO WORLD!”。本节，就来介绍怎样在 PHP 编程环境中实现这一个最基本的程序（读者在学习本节之前先保证已经构建了 PHP 运行环境，如果没有请参见本书第 2 章的相关内容）。

1.3.1　页面中加入 PHP 代码

知识点讲解：光盘\视频讲解\第 1 章\页面中加入 PHP 代码.wmv

PHP 是一种可嵌入的语言。也就是说，它可以很方便地加入到一般常见的 HTML 页中。用户请求 PHP 文件时，相关的 PHP 代码先在服务器端解释执行，生成新的 HTML 信息，再连同原有的 HTML 代码一起发送给用户。

【实例 1-1】以下代码讲解怎样向普通 HTML 页中加入 PHP 代码。

实例 1-1：怎样向普通 HTML 页中加入 PHP 代码

源码路径：光盘\源文件\01\1-1.php

```
01    <html>
02    <head>
03    <title>HELLO WORLD!</title>
04    </head>
05    <body>
06    <!--以上为普通 HTML 代码，以下为 PHP 代码-->
07    <?php
08        echo "HELLO WORLD!";                                    //用 echo 打印字符串
09    ?>
10    <!--以上为 PHP 代码-->
11    </body>
12    </html>
```

注意：这里只是做一个简单的演示，读者不必深究其运行原理。

在 PHP 运行环境下执行以上代码。结果如图 1.3 所示。

图 1.3 “HELLO WORLD!”执行结果

单从执行结果来看，上面这段代码确实没有比单纯的 HTML 代码多任何东西。可事实上并非如此，页面中显示的“HELLO WORLD!”是经过服务器的解释才转到客户端的。其执行机理如图 1.4 所示。

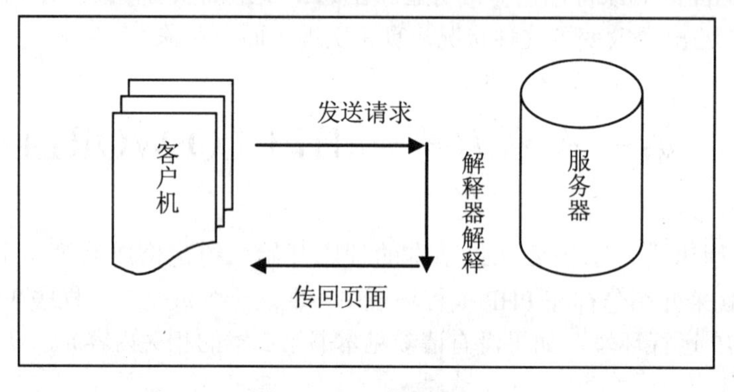

图 1.4 PHP 执行机理

通过实例 1-1 可以发现，把 PHP 代码加入普通 HTML 页中，只需要在 HTML 页中加入 PHP 代码的标记“<?”、“?>”符号，这些符号的中间即为 PHP 代码，这些代码会先在服务器上被解释，然后结果连同普通 HTML 代码一起返回给客户浏览器。实例 1-1 中的 PHP 代码即为通过 PHP 中的 echo 语句，打印出一段字符串“HELLO WORLD!”。

当然，使用“<?”、“?>”标记只是把 PHP 代码加入到普通 HTML 页中的一种方法，除此之外还有以下几种方法：

☑ 使用<?php ?>标记。

☑ 使用<script language="PHP"></script>标记。

☑ 使用 ASP 语言的<% %>标记。

注意： 应谨慎使用加入PHP代码的方法<% %>，因为如果服务器配置不支持这种方法，相应的代码不会被执行，而是原封不动地显示给用户。

1.3.2　PHP 页中加入注释

知识点讲解：光盘\视频讲解\第 1 章\PHP 页中加入注释.wmv

每种语言都有自己的注释方法，PHP 也不例外。注释的内容并不被执行，它可以是任何内容。通常，注释的目的是为了向别人说明自己的程序，所以应该是对程序、语句的解释。一个好的程序不仅要有友好的、完善的代码，同时也要有清晰的、易于理解的注释。在程序中加入注释是对自己工作的总结，也是对别人的一种尊重。

下面采用实例 1-1 来说明怎样在 PHP 代码中加入注释。

```
01	<html>
02	<head>
03	<title>HELLO WORLD!</title>
04	</head>
05	<body>
06	<!--以上为普通 HTML 代码，以下为 PHP 代码-->
07	<?php
08		echo "HELLO WORLD!";				//使用 echo 语句打印字符串
09		/*
10		PHP 对多行内容的注释
11		这里有多行内容
12		*/
13	?>
14	<!--以上为 PHP 代码-->
15	</body>
16	</html>
```

通过以上实例知道，为 PHP 代码加入注释，通常有两种方法，一种是单行注释使用“//”标记；另一种是多行注释使用“/* */”标记。

注意： 在使用多行注释标记时，一定不要使用多重注释。如下面的注释的使用，必然会引起错误。

```
<?
/*
这里是注释
/*
又有注释出现了，这是错误的
*/
*/
?>
```

在 PHP 中，多行注释并不支持嵌套。

1.3.3 文件的引用

知识点讲解：光盘\视频讲解\第 1 章\文件的引用.wmv

PHP 支持文件的引用，这意味着用户可以把一些全局变量、专用函数放到专门的文件中，需要时来引用这个文件。文件被引用，就可以使用其中的变量和函数了，就像在一个 PHP 文件中一样方便。PHP 有两种引用文件的方法：require 和 include()。下面通过一个实例来说明这两种方法。

```
<?php
    $string="HELLO WORLD!";                              //定义变量
?>
```

这段代码只是定义了一个字符串变量。把上面的代码保存为一个 PHP 文件，如 string.php。

【实例 1-2】以下代码演示包含上面定义的 string.php 文件。

实例 1-2：包含 string.php 文件

源码路径：光盘\源文件\01\1-2.php

```
01    <html>
02    <head>
03    <title>使用 include 引用文件</title>
04    </head>
05    <body>
06    <?php
07         include("string.php");                          //使用 include()方法引用文件
08         echo $string;
09    ?>
10    </body>
11    </html>
```

在 PHP 环境里执行 1-2.php，执行结果与图 1.3 相同。

同理还可以用

```
require "文件名";
```

来引用文件，使用效果与

```
include("文件名");
```

是一样的。

说明： require和include()方法的区别在于，如果所包含文件出现错误，include()产生一个警告；而require则导致一个致命错误。也就是说，require会导致程序终止。

1.4 本 章 小 结

本章介绍了 PHP 的基础知识，包括静态网页与动态网页、什么是 PHP、PHP 的发展历史、在页面

中加入 PHP 代码和注释以及 PHP 对文件的引用。通过本章的学习，读者对什么是 PHP 及怎样使用 PHP 应该有一个大致的了解。

1.5　本 章 习 题

习题 1-1　动态网页与静态网页的主要区别是什么？

【分析】该习题主要考查读者对动态网页和静态网页最主要区别的理解。

习题 1-2　动态网页相比静态网页的优势在哪里？

【分析】该习题主要考查读者对动态网页优势的理解，以使读者可以在以后利用这些优势。

习题 1-3　将下面的代码作为 PHP 代码写入一个名为 test1.php 的源文件中。

```
echo "Good!";
```

【分析】该习题主要考查读者对 PHP 代码开始和结束符号的记忆。

习题 1-4　在习题 1-3 中写入的 PHP 代码后添加如下注释。

```
这是一条输出语句。
```

【分析】该习题主要考查读者对 PHP 注释的记忆。

习题 1-5　新建一个 PHP 源文件 test2.php，并在文件中引用前面完成的 test1.php 文件。

【分析】该习题主要考查读者对 PHP 文件引用的掌握。

【关键代码】

```
require "test1.php"
```

或者

```
include ("test1.php")
```

第2章 PHP的开发环境及安装

通过第1章的学习，读者知道PHP是一种服务端编程语言。所以要想运行PHP代码，必须得有相应的服务器环境及解释器。PHP 能够在多种服务器环境下运行，但是 PHP 的“黄金搭配”是PHP+Apache+Linux。作为通用操作系统，Linux 远没有 Windows 那么流行。所以本书的环境就采用PHP+Apache+Windows这样的形式。本章将介绍在Windows操作系统下安装、配置PHP的运行环境。调试PHP程序需要安装以下组件。

☑ Apache：运行Web页面的服务器程序。

☑ PHP：PHP程序的解释器。PHP页面会先通过该解释器解释再发送给用户。

☑ MySQL：MySQL数据库程序。调试数据库程序的必备服务。

☑ phpMyAdmin：用PHP编写的管理MySQL数据库的程序。使用该程序可以有效管理MySQL数据库。

☑ EditPlus：PHP文件的编辑器。可以编辑任何二进制文件。

2.1 Windows平台下Apache的安装

知识点讲解：光盘\视频讲解\第2章\Windows平台下Apache的安装.wmv

Apache是运行PHP程序最好的服务器系统，通常情况下Apache都是运行在Linux操作系统下的。Apache服务器也有Windows版本，本书就采用Apache的Windows版本来搭建服务器环境。

Apache可以在其官方网站http://www.apache.org上下载。本书使用Apache_2.2.22版本（其实不同版本的区别对初学者来说不是太大）。下载得到的是一个Msi文件，双击即可安装。最简单的方法是采用一路回车法即可，不过其中有几项还是要向读者做一下介绍。Apache的安装共分以下几步。

说明： 官网还提供了其他形式的安装包，如UNIX源文件形式的“.tar.bz2”、“.tar.gz”以及“.zip”形式的安装包。

（1）首先弹出的是欢迎使用界面。单击Next按钮，进入License Agreement界面，如图2.1所示。

（2）选中I accept the terms in the license agreement单选按钮，单击Next按钮，进入下一个界面。

（3）该界面是对Apache的简单介绍。单击Next按钮，进入Server Information界面，如图2.2所示。

（4）在Network Domain文本框中输入域名。如果只是在本机上调试程序，并不是想架设一台网络服务器，只需填入本机IP（127.0.0.1）即可。在Server Name文本框中输入服务器的名字，这里输入localhost。在Administrator’s Email Address文本框中输入网络管理员的电子信箱。for All Users, on Port 80, as a Service-Recommended.单选按钮为允许所有用户使用Apache服务；only for the Current User, on Port 8080, when started manuall.单选按钮只允许当前用户使用Apache服务。这里选择第一项。单击Next按钮，进入 Setup Type 界面，如图 2.3 所示。

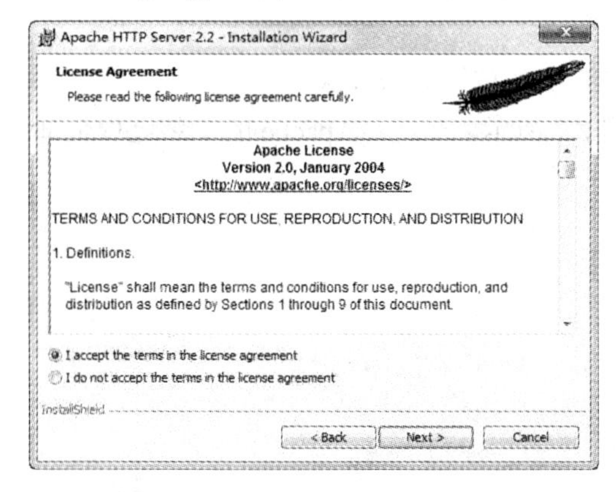

图 2.1　License Agreement 界面

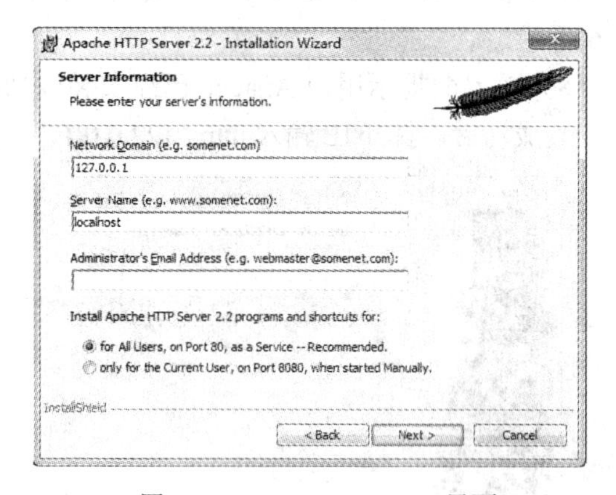

图 2.2　Server Information 界面

注意： 如果想要让其他计算机访问网站，需要检查防火墙的设置。

（5）Typical 选项为标准安装，Custom 选项为自定义安装，这里选择 Custom 选项。单击 Next 按钮，进入 Custom Setup 界面，如图 2.4 所示。

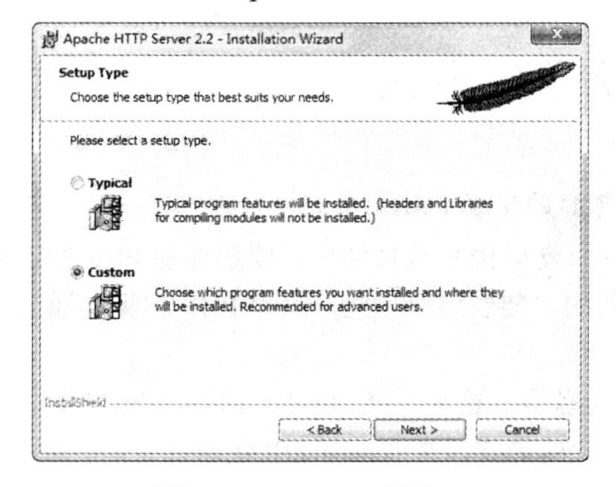

图 2.3　Setup Type 界面

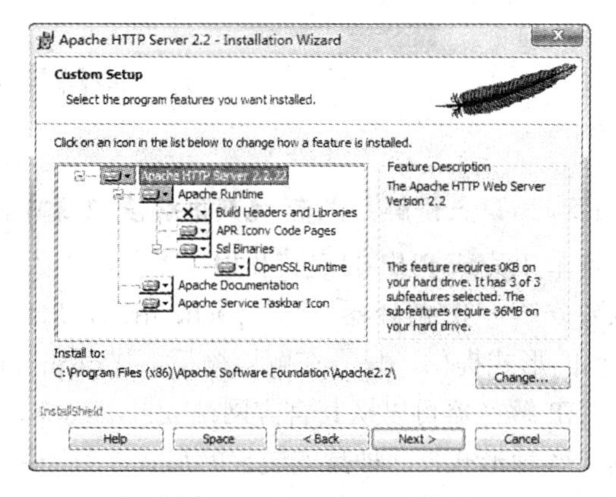

图 2.4　Custom Setup 界面

（6）单击 Change 按钮，选择安装目录，默认为 C:\Program files。为了调试方便，这里选择 C:\Apache。单击 Next 按钮，进入 Ready to Install the Program 界面，如图 2.5 所示。

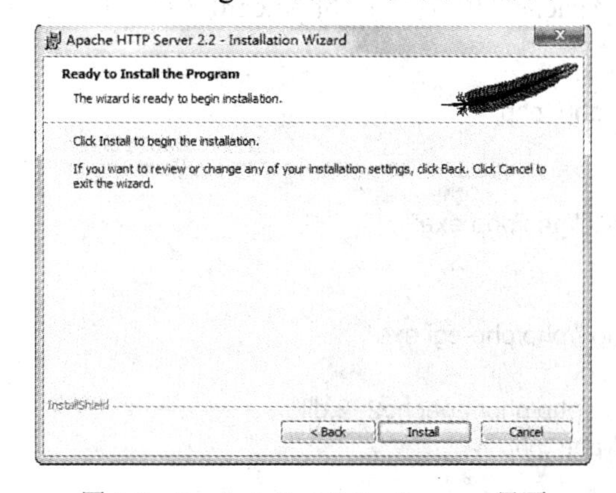

图 2.5　Ready to Install the Program 界面

（7）单击 Install 按钮开始进行安装。安装结束后，进入 Installation Wizard Completed 界面，如图 2.6 所示。

（8）该界面提示用户 Apache 已经安装成功，单击 Finish 按钮完成安装。

安装成功后，打开 IE 输入 http://127.0.0.1，结果如图 2.7 所示。至此，Apache 的安装过程全部结束。

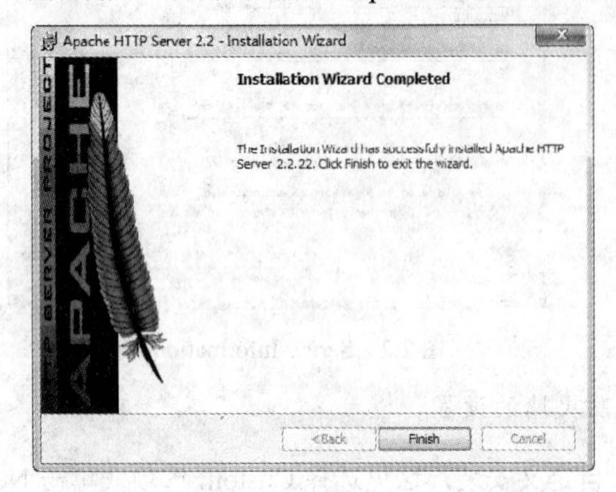

图 2.6　Installation Wizard Completed 界面

图 2.7　测试成功 Apache 正常工作

2.2　PHP 解释器的安装

知识点讲解：光盘\视频讲解\第 2 章\PHP 解释器的安装.wmv

本节来完成 PHP 的安装及相关配置。因为 Apache 只支持传统的 HTML，要想体验 PHP 的魅力，必须要安装 PHP 解释器。与 Apache 相比，PHP 解释器的安装要简单一些，因为 PHP 解释器通常是以 ZIP 包的形式提供，只需在解压缩后，进行相关配置即可。

PHP 解释器可以从其官方网站 http://www.php.net/上获取。这里选择 php-5.4.14 的 Win32 版。该版本提供两种形式，一种是安装包的形式，另一种是 ZIP 包的形式，这里选用 ZIP 包形式。把下载的 ZIP 压缩包解压到 C 盘 PHP 目录下。解压缩后，需要做以下几步工作。

说明： 这里的安装包名为php-5.4.14-Win32-VC9-x86.zip。

（1）将如下内容复制到 Apache 的配置文件 httpd.conf（该文件位于 C:\Apache\conf 下）。

```
ScriptAlias /php/ "c:/php/"
AddType application/x-httpd-php .php

# For PHP 4
Action application/x-httpd-php "/php/php.exe"

# For PHP 5
Action application/x-httpd-php "/php/php-cgi.exe"

LoadModule php5_module "c:/php/php5apache2_2.dll"
AddType application/x-httpd-php .php
```

```
# configure the path to php.ini
PHPIniDir "C:/PHP"
```

（2）把文件 php.ini-production 改名为 php.ini。

（3）右击 Windows 状态栏的图标，选择 open apache monitor 命令，打开 Apache 管理器，如图 2.8 所示。

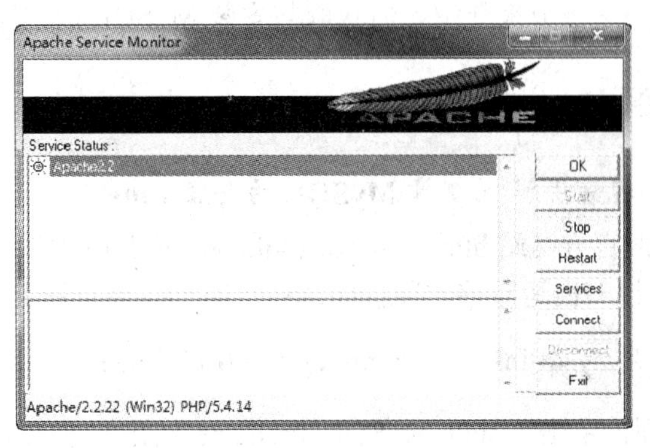

图 2.8　Apache 管理器

（4）单击 Restart 按钮，重启 Apache 服务即可。

【实例 2-1】以下代码测试 Apache 对 PHP 的支持。

实例 2-1：测试 Apache 对 PHP 的支持

源码路径：光盘\源文件\02\2-1.php

```
01	<?php
02		phpinfo();
03	?>
```

在浏览器中输入 http://localhost/2-1.php，结果如图 2.9 所示。出现该界面说明 PHP 安装成功。

说明：也可以在浏览器中输入http://127.0.0.1/2-1.php来测试。

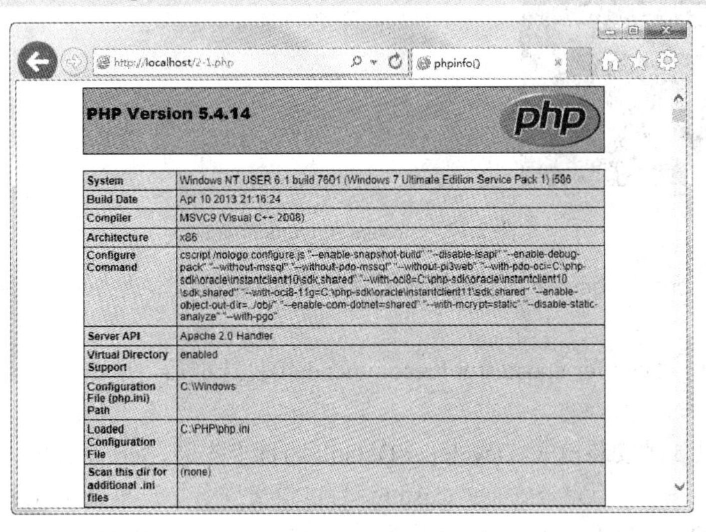

图 2.9　2-1.php 执行结果

2.3 MySQL 的安装和配置

PHP 通常与 MySQL 数据库配合使用，所以学习 PHP 就必须学习 MySQL 数据库技术。因此，读者需要安装 MySQL 数据库。这一节来介绍如何获取与安装 MySQL 数据库。

2.3.1 MySQL 的安装

知识点讲解：光盘\视频讲解\第 2 章\MySQL 的安装.wmv

读者首先应到 MySQL 的官方网站 http://www.mysql.com 下载 MySQL 的 Windows 版本。通常下载的是一个 Msi 的安装包，直接双击运行该安装程序即可。整个安装过程共分以下几步：

说明： 这里下载的安装包名为mysql-installer-community-5.6.11.0.msi。

（1）首先弹出欢迎界面，单击 Install MySQL Products 按钮，进入 License Agreement 界面，如图 2.10 所示。

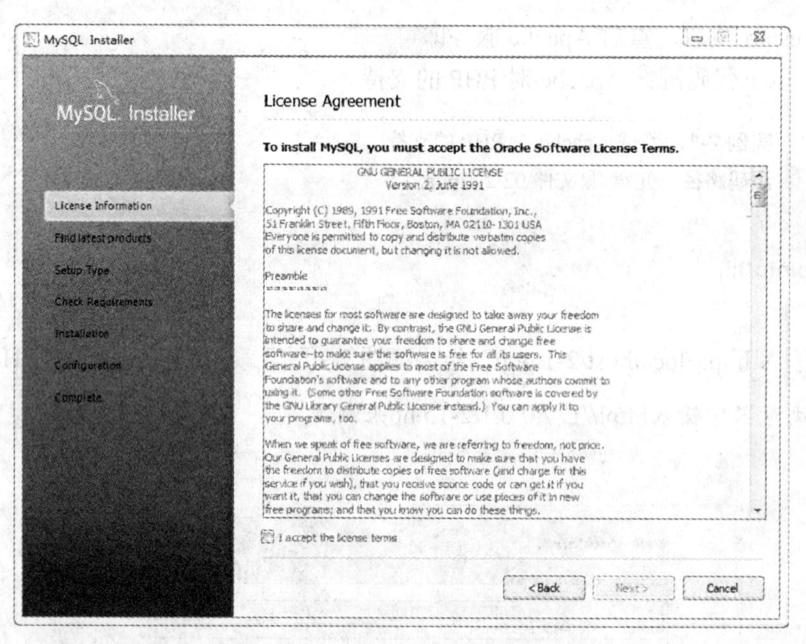

图 2.10　License Agreement 界面

（2）在选中 I accept the license terms 复选框后单击 Next 按钮，进入 Find latest products 界面，如图 2.11 所示。

（3）选中 Skip the check for updates(not recommended)复选框后，单击 Next 按钮，进入 Choosing a Setup Type 界面。

（4）MySQL 提供 5 种安装模式。Developer Default 为标准安装；Server only 为只安装服务器；Client only 为只安装客户端；Full 为完全安装；Custom 为自定义安装。这里选中 Custom 单选按钮，并将 Installation Path 改为 C:\MySQL\，将 Data Path 改为 C:\MySQL\MySQL Server 5.6\，如图 2.12 所示。

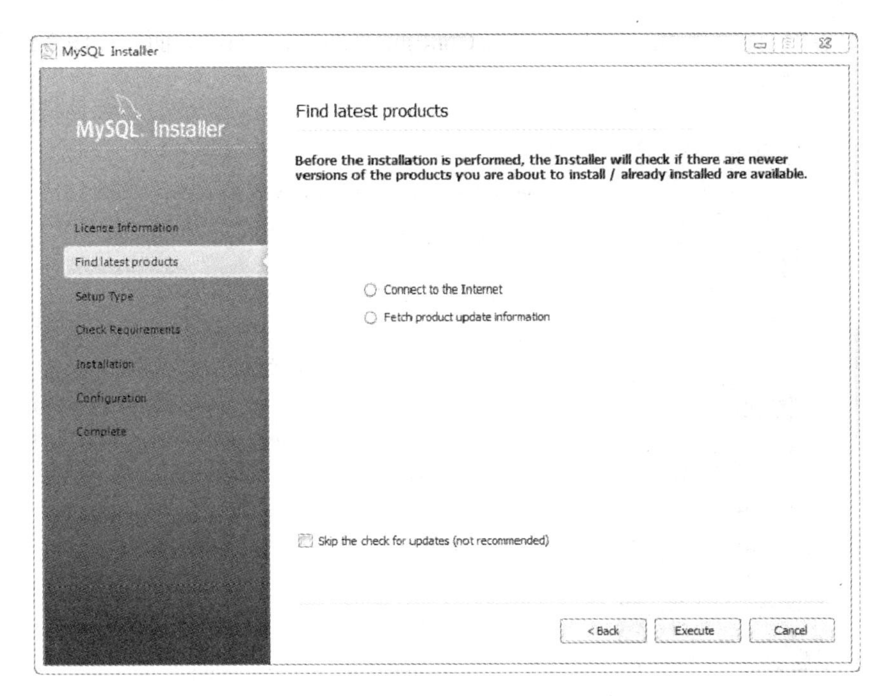

图 2.11　Find latest products 界面

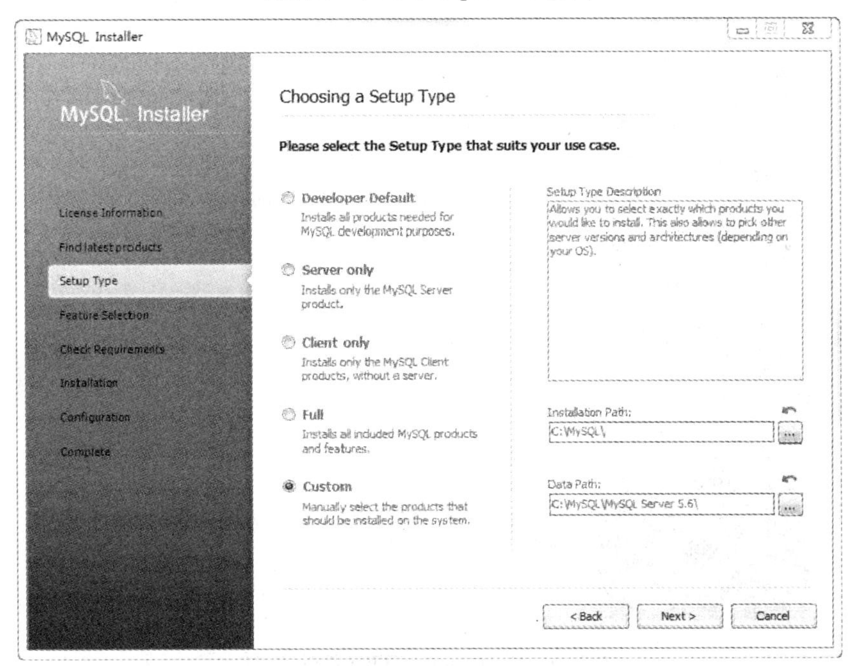

图 2.12　Choosing a Setup Type 界面

（5）单击 Next 按钮，进入 Feature Selection 界面。这里只选中 MySQL Server 5.6.11 复选框，如图 2.13 所示。

（6）单击 Next 按钮，进入 Check Requirements 界面。单击 Next 按钮，进入 Installation Progress 界面。

（7）在确认安装信息后单击 Execute 按钮开始安装。

（8）在安装完成后，单击 Next 按钮，进入 Configuration Overview 界面，如图 2.14 所示。

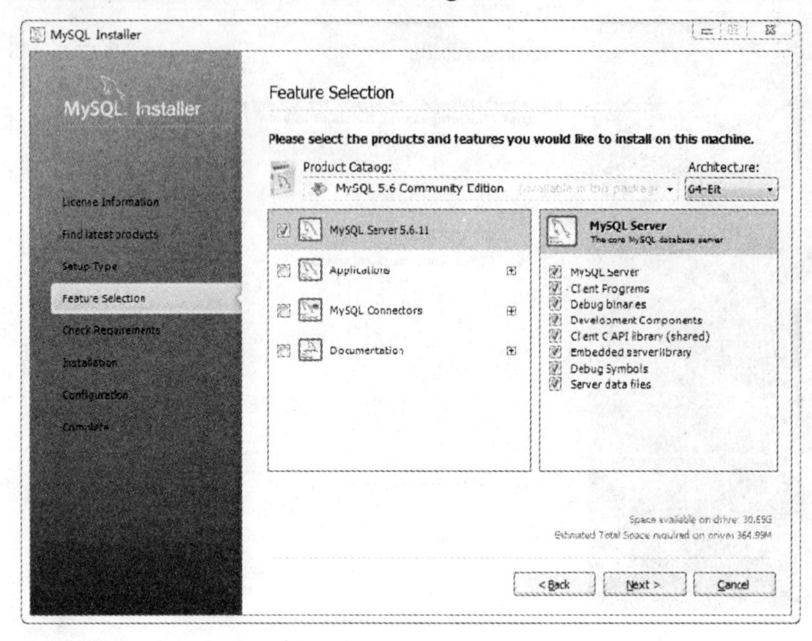

图 2.13　Feature Selection 界面

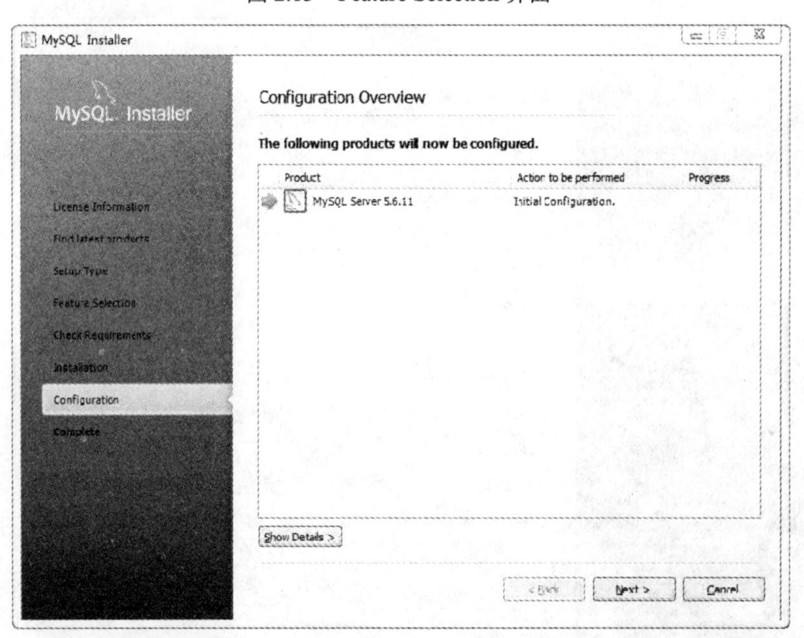

图 2.14　Configuration Overview 界面

单击 Next 按钮，完成安装过程，开始对 MySQL 服务进行配置。

2.3.2　MySQL 的配置

知识点讲解：光盘\视频讲解\第 2 章\MySQL 的配置.wmv

在安装完成后，开始对 MySQL 服务进行配置。整个配置过程也由以下几步组成。

（1）首先进入 MySQL 服务器配置的第一步，如图 2.15 所示。

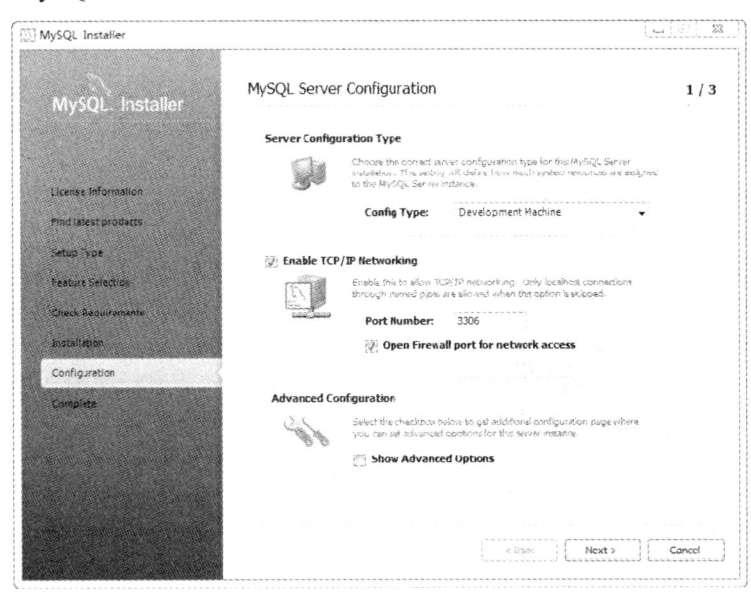

图 2.15　MySQL 配置过程第一步

（2）这里选择默认配置即可，然后单击 Next 按钮，进入 MySQL 服务器配置的第二步，如图 2.16 所示。

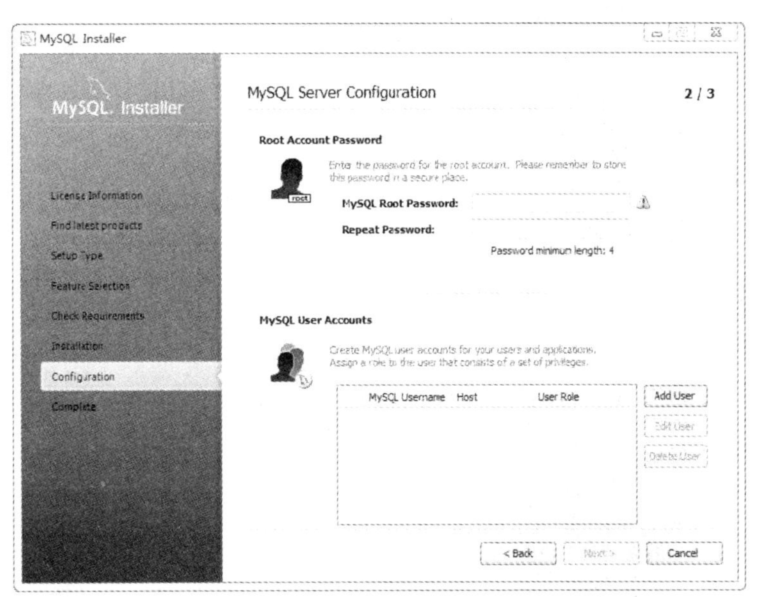

图 2.16　MySQL 配置第二步

（3）在为 Root 用户设置密码后单击 Next 按钮，进入 MySQL 服务器配置的第三步，如图 2.17 所示。

（4）这里也使用默认配置即可，然后单击 Next 按钮执行配置，如图 2.18 所示。

（5）在配置执行完毕后单击 Next 按钮进入 Installation Complete 对话框，如图 2.19 所示。单击 Finish 按钮即可完成配置。

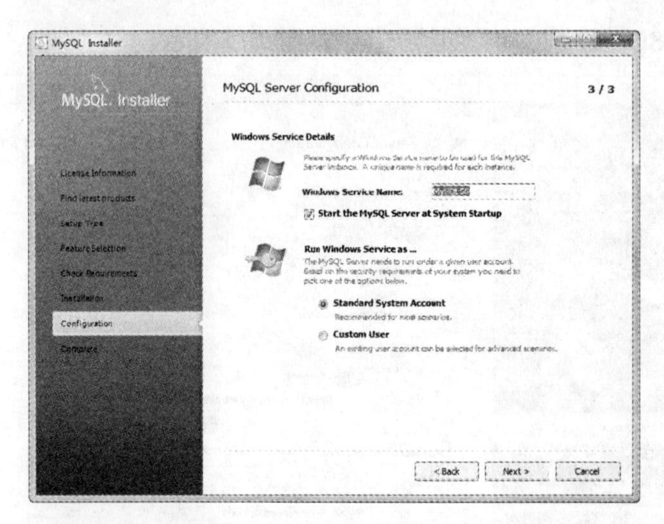

图 2.17　MySQL 配置第三步

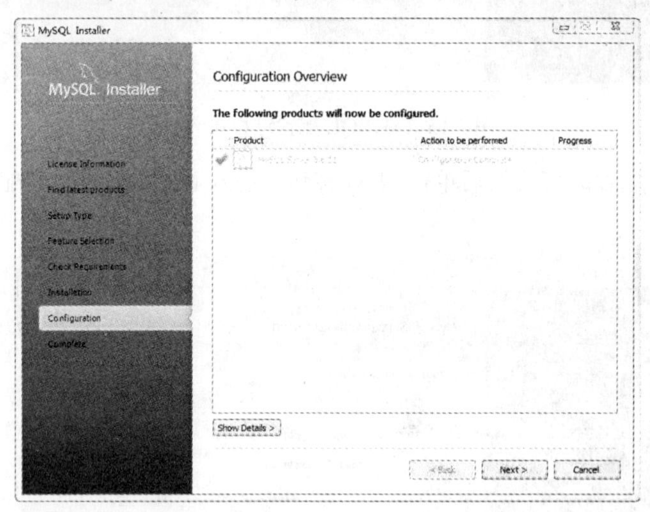

图 2.18　运行结果

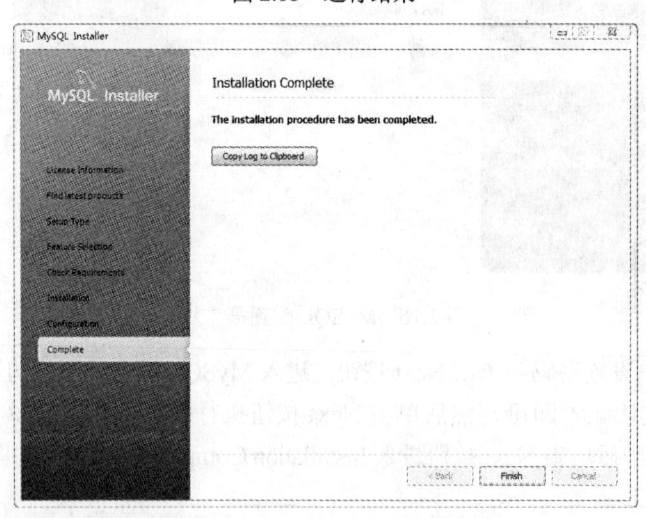

图 2.19　完成 MySQL 服务器配置

至此，整个 MySQL 服务器配置过程完成。

2.3.3　修改 php.ini 以支持 MySQL

知识点讲解：光盘\视频讲解\第 2 章\修改 php.ini 以支持 MySQL.wmv

打开 C:\php 目录下的 php.ini 文件。找到

```
;extension=php_mysql.dll
;extension=php_mysqli.dll
```

这一行内容。去掉前面的分号，保存 php.ini 文件。重新启动服务器即可让 PHP 支持 MySQL。

【实例 2-2】以下代码演示 MySQL 服务器是否正常运行。

实例 2-2：演示 MySQL 服务器是否正常运行
源码路径：光盘\源文件\02\2-2.php

```
01   <?php
02          $link=mysql_connect('localhost','root','admin');     //该函数是进行 MSYQL 主机连接的函数，其中的
root 和空密码是 MYSQL 的用户和密码，请根据自己的情况改好
03          if(!$link) echo "失败";                               //如果连接失败，则输出失败信息
04          else echo "成功";                                     //如果连接成功，则输出成功信息
05          mysql_close();
06   ?>
```

注意：读者无需完全理解这里的代码的作用，相关的内容会在后面章节中介绍。

先开启 MySQL 服务。开启 MySQL 服务器有以下方法：

☑　在命令行中执行如下命令：

```
net start mysql5.6
```

☑　在服务中启动 MySQL5.6。

说明：可以在启动菜单中搜索“服务”关键字来打开服务管理。

然后在 PHP 运行环境下执行 2-2.php，执行结果如图 2.20 所示。

图 2.20　测试 MySQL 是否成功安装

出现如图 2.20 所示结果，说明 MySQL 已经正常运行。

技巧：如果不能正常访问，建议读者检查用户名与密码是否匹配。

2.4 安装 phpMyAdmin

知识点讲解：光盘\视频讲解\第 2 章\安装 phpMyAdmin.wmv

安装完 MySQL 数据库后，要建库、表，修改各种数据库、表等工作。如果这些工作都在命令行模式下进行，一方面非常麻烦，另一方面也需要有专业的 SQL 数据知识才行。可喜的是，现在已经有了可视化的 MySQL 数据管理工具 phpMyAdmin。该工具采用 PHP 编写，可以完美运行在各种版本的 PHP 及 MySQL 下。本节来讲解如何安装 phpMyAdmin。

用户可以通过网站 http://sourceforge.net/projects/phpmyadmin/下载到 phpMyAdmin 的最新版本。安装过程分以下几步。

说明：本书编写时，当前最新版本为3.5.8版。读者下载时，可以考虑使用更新的版本。

（1）把下载到的压缩包解压到 C:\apache\htdocs\目录下，把目录改名为 phpmyadmin。

（2）复制 libraries/config.default.php 到 phpmyadmin 目录下，并改名为 config.inc.php。

（3）找到 config.inc.php 中的如下代码：

```
$cfg['Servers'][$i]['user'] = 'root';              //MySQL user
$cfg['Servers'][$i]['password'] = '';              //MySQL password (only needed)
```

注意：这里的password为安装MySQL时设置的密码。

把其中的内容替换为 MySQL 的用户名和相应的密码即可。读者还需要测试 phpMyAdmin 是否正常工作。在浏览器中输入 http://127.0.0.1/phpmyadmin/index.php，其执行结果如图 2.21 所示。

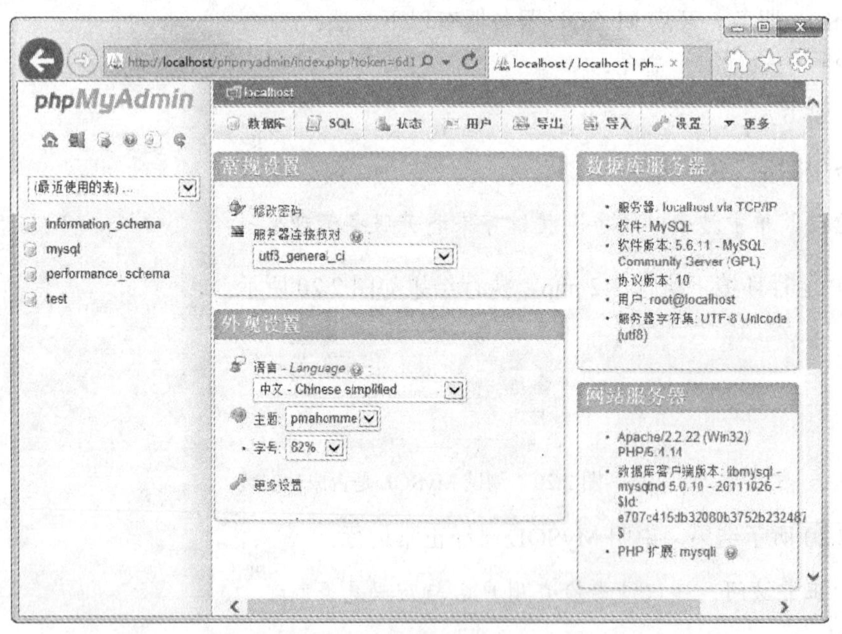

图 2.21 phpMyAdmin 执行结果

出现以上画面说明 phpMyAdmin 正常运行，phpMyAdmin 安装完成。

2.5　EditPlus 的安装

知识点讲解：光盘\视频讲解\第 2 章\EditPlus 的安装.wmv

PHP 文件属于二进制文件，所以可以采用所有通用的文本编辑器进行编辑，如常见的记事本、写字板、Word 等。不过这些程序都不是专为编写程序代码而设计的，在编写代码时功能有限。这里为读者推荐一款功能强大的文本编辑软件——EditPlus。

用户可以在官方网站 http://www.editplus.com/上下载到 EditPlus。该软件及补丁与普通软件一样，安装过程相当简单，这里不再赘述。安装后，运行该软件，打开工具菜单下的 Configure User Tools 对话框，选择 File|Settings & syntax 命令，出现如图 2.22 所示对话框。

说明： 本书当前使用的是最新的3.51版，读者在使用时可以选择最新的版本。

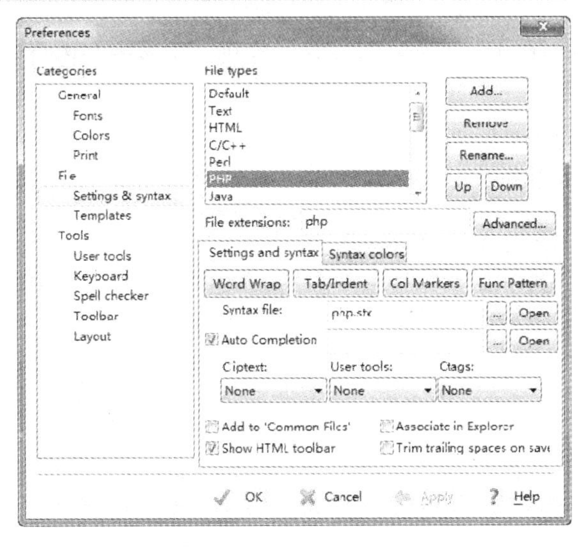

图 2.22　EditPlus 的配置

在右上方的 File types 列表框中选择 PHP，然后选中右下方的 Associate in Explorer 复选框，单击 Apply 按钮。这样所有的 PHP 文件默认被 EditPlus 打开，完成配置。PHP 的开发环境全部安装完毕。

说明： 在互联网上也有相应的汉化版本可以使用。

2.6　本 章 小 结

开发环境是进行 PHP 编程的基础，只有有了相应的环境才能进行开发。本章内容中 Apache 的安装相对简单，而 PHP 安装过程中由于要修改配置文件，所以相对麻烦。而且由于版本兼容性问题，有时需要安装相应补丁才能正常运行，这一点需要读者引起注意。

2.7 本章习题

习题 2-1 在你的操作系统中安装 Apache 服务器。

【分析】该习题主要考查读者部署服务器的能力，同时也为后续学习搭建好环境。

习题 2-2 在你的操作系统中安装 PHP 解释器。

【分析】该习题主要考查读者安装和配置 PHP 解释器的能力，同时也为后续学习搭建好环境。

习题 2-3 在你的操作系统中安装 MySQL 数据库。

【分析】该习题主要考查读者部署数据库的能力，同时也为后续学习搭建好环境。

习题 2-4 在你的操作系统中安装 phpMyAdmin 数据库管理工具。

【分析】该习题主要考查读者对 Apache 主目录的掌握，同时也为后续学习提供一个优秀的管理工具。

习题 2-5 在你的操作系统中安装 EditPlus 文件编辑器。

【分析】该习题主要为读者在后续的学习过程中提供一个易用的文本编辑器。

第2篇　PHP基础篇

本篇介绍PHP的数据类型、变量和常量、运算符与表达式、流程控制以及函数。该篇是PHP的基础篇，主要讲解了PHP这门语言的基本使用方法。通过本篇的学习，读者会掌握PHP的基础语法，可以编写一些简单的应用。

第3章　PHP中的常量与变量

常量与变量是构成程序的重要基石，所以每种编程语言中都会有本类语言所对应的常量与变量。作为一门网络编程语言，PHP也不例外。本章就来详细介绍有关PHP中的常量与变量的知识。通过本章的学习，读者将会认识到什么是常量、变量；在PHP中如何使用预定义常量与变量；如何自定义常量与变量等。

3.1　PHP中常量的定义与使用

常量是在程序运行中值始终不会发生改变的一类量。在进行PHP编程时经常要用到这类数据，如文件名、文件的路径等系统常量以及用户自定义的一些常量。本节来介绍PHP中的常量。

3.1.1　定义与使用常量

知识点讲解：光盘\视频讲解\第3章\定义使用常量.wmv

在PHP中使用define()函数来定义常量。其语法格式如下：

```
define("Name","value");
```

其中的Name为定义常量的常量名，value为常量代表的值。

注意： 常量在使用前必须定义，否则程序在执行时就会出错。

【实例3-1】以下代码介绍PHP中常量的定义与使用。

实例3-1： 介绍PHP中常量的定义与使用

源码路径： 光盘\源文件\03\3-1.php

```
01  <html>
02  <head>
03  <title>PHP 中常量的定义与使用实例</title>
04  </head>
05  <body>
06  <?php
07      define("STANDARD_H","HELLO WORLD!"); //定义常量 STANDARD_H，并赋值为 HELLO WORLD!
08      echo STANDARD_H;                     //使用 echo 打印常量
09  ?>
10  </body>
11  </html>
```

在PHP运行环境下执行以上代码，执行结果如图3.1所示。

图 3.1　定义与使用常量实例执行结果

常量的命名不是随意的，必须符合一定的规则。PHP 中常量的命名有以下规则：合法的常量名以字母或下划线开始，后面可以为任何字母、数字或下划线。

常量与变量的不同之处体现在以下几个方面：

☑ 常量前面没有美元符号（$），而变量则必须以美元符号开头。

☑ 常量只能用 define()函数定义，而不能通过赋值语句定义。

☑ 常量可以不用理会变量范围的规则，可以在任何地方定义和访问。

☑ 常量一旦定义就不能被重新定义或者取消定义，并且其值不能发生改变，而变量的值可以随时发生改变。这也是常量与变量最根本的不同。

☑ 常量的值只能是标量，即整型、浮点型、字符串 3 种类型。

3.1.2 PHP 中的预定义常量

知识点讲解：光盘\视频讲解\第 3 章\定义使用常量.wmv

除了使用自定义常量之外，PHP 还为用户预定义了系统常量，常见的系统常量及其含义如表 3.1 所示。

表 3.1　PHP 中的预定义常量

常　量　名	说　　明
__FILE__	PHP 文件的文件名
__LINE__	PHP 文件的行数
PHP_VERSION	PHP 程序的版本，如'5.4.14'
PHP_OS	执行 PHP 解释器的操作系统名称，如'Windows'
TRUE	真
FALSE	假
E_ERROR	最近的错误处
E_WARNING	最近的警告处
E_PARSE	剖析语法有潜在问题处
E_NOTICE	发生不寻常但不一定是错误处

表中以“E_”开头的常量，可以参考 Error_Reporting()函数。

【实例 3-2】以下代码演示 PHP 中预定义常量的应用。

实例 3-2：PHP 中预定义常量的应用

源码路径：光盘\源文件\03\3-2.php

```
01  <hmtl>
02  <head>
03  <title>PHP 中预定义常量的应用实例</title>
04  </head>
```

```
05  <body>
06  <?php
07      echo "所使用的文件名是：";
08      echo __FILE__;                                   //输出当前文件名
09      echo "<br>";                                     //输出 HTML 换行符
10      echo "文件的行数为：";
11      echo __LINE__;                                   //输出文件行数
12      echo "<br>";
13      echo "PHP 的版本是：";
14      echo PHP_VERSION;                                //输出 PHP 版本
15      echo "<br>";
16      echo "所使用的操作系统为：";
17      echo PHP_OS;                                     //输出操作系统类型
18  ?>
19  </body>
20  </html>
```

在 PHP 运行环境下执行以上代码，执行结果如图 3.2 所示（当然，实际输出会因操作系统、PHP 版本的不同而有所出入，但大体上是一样的）。

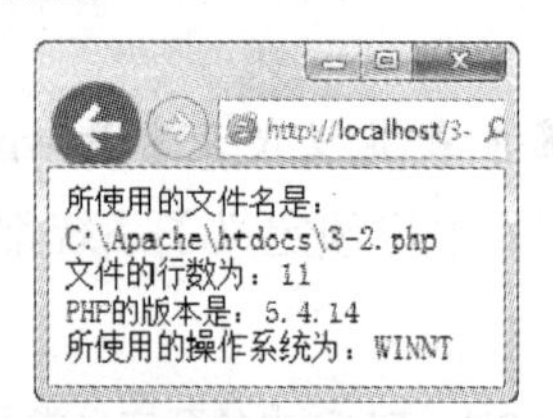

图 3.2 使用 PHP 中的预定义常量实例执行结果

注意： 不论是使用自定义常量还是系统预定义常量，大小写都必须一致。如使用系统预定义常量时把大写改为小写，就不能正确返回预定义常量PHP_VERSION所定义的PHP版本号，而是返回“php_version”字符串。

【实例 3-3】以下代码演示错误的常量使用方式。

实例 3-3：错误的常量使用方式
源码路径：光盘\源文件\03\3-3.php

```
01  <?php
02      echo PHP_VERSION;                    //输出 PHP 版本
03      echo "<p>";                          //输出 HTML 换行符
04      echo php_version;                    //输出字符串
05  ?>
```

在 PHP 运行环境下执行以上代码，其执行结果如图 3.3 所示。

图 3.3 预定义常量中的大小写实例执行结果

从图3.3可以发现，大小写不同，所输出的结果不同。所以，使用系统预定义常量时，一定要注意大小写问题。

3.2　PHP中的变量

变量是指在程序运行过程中值可以随时发生改变的一类值。PHP 是一个弱类型的语言（弱类型语言是指在使用变量时不用指定变量的类型，也没有类型检查的一类编程语言），所以在使用变量时，不用事先指定变量类型，在使用时根据上下文由系统解释器来判断变量的类型。另外，PHP 也不像其他编程语言，要先定义才能使用，在PHP中，变量不用事先定义即可使用。

3.2.1　PHP的变量类型

知识点讲解：光盘\视频讲解\第3章\PHP的变量类型.wmv

PHP的变量类型有以下几种：整型变量（integer）、浮点型变量（double）、字符型变量（string）、数组变量（array）和对象型变量（object）。

- ☑ 整型变量在32位操作系统中的有效范围是-2147483648～+2147483647。要使用16位整数可以在前面加0x。
- ☑ 浮点型变量在32位操作系统中的有效范围为1.7E-308～1.7E+308。
- ☑ 字符型变量不同于其他编程语言，有字符与字符串之分，在PHP中，统一使用字符型变量来定义字符或者字符串。
- ☑ 数组变量是一种比较特殊的变量类型，将在3.4节中详细说明。
- ☑ 对象变量也是一种比较特殊的变量。在PHP 5之前，PHP面向对象编程的功能还不是很强大。PHP 5改变了这种状况。类概念的引入，使PHP真正成为一种面向对象的编程语言。

定义一个变量的方法很简单，就是在该变量名前加上美元符号“$”。下面的例子就分别定义了两个整型变量和两个字符型变量。

```
<?php
    $int1=0;                            //定义一个整型变量，赋值为 0
    $int2=1253;                         //定义一个整型变量，赋值为 1253
    $string="a";                        //定义一个字符型变量，赋值为 a
    $string1="I'm a teacher!";          //定义一个字符串变量，赋值为 I'm a teacher!
?>
```

注意： 变量在使用时也需要加“$”符号并且引用变量时注意变量名的大小写。

通过以上例子能够发现，在PHP中定义一个变量是一件很简单的事情。

3.2.2　转换变量类型

知识点讲解：光盘\视频讲解\第3章\转换变量类型.wmv

在实际使用PHP的过程中，有时需要对变量的类型进行强制转换，如要把字符型变量变为数值型、把数值型变量变为字符型等。在 PHP 中可通过 settype()函数来设置一个变量的类型。其使用方式如下所示：

```
settype(mixed var,string type)
```

作用是将变量 var 的类型设置成 type。type 的可能值（即能够转变的类型）为 boolean（或为 bool，从 PHP 4.2.0 起）、integer（或为 int，从 PHP 4.2.0 起）、float（只在 PHP 4.2.0 之后可以使用，旧版本中使用的 double 现已停用）、string、array、object、null（从 PHP 4.2.0 起）。如果类型转换成功则返回 True，失败则返回 False。

注意：转化类型时，可能造成数据精度损失。

【实例 3-4】以下代码演示使用 settype()函数设置变量类型。

实例 3-4：使用 settype()函数设置变量类型
源码路径：光盘\源文件\03\3-4.php

```
01   <html>
02   <head>
03   <title>settype()函数使用实例</title>
04   </head>
05   <body>
06   <?php
07        $foo="5bar";                          //定义一个字符串变量
08        $bar=true;                            //定义一个逻辑值变量
09        echo $foo;                            //输出变量$foo
10        echo "<p>";                           //输出 HTML 回车换行
11        echo $bar;                            //输出变量$bar
12        echo "<p>";
13        settype($foo,"integer");              //重新设置$foo 的类型为整型
14        settype($bar,"string");               //重新设置$bar 的类型为字符型
15        echo $foo;                            //重新输出$foo
16        echo "<p>";
17        echo $bar;                            //重新输出$bar
18   ?>
19   </body>
20   </html>
```

保存以上代码为 3-4.php，在 PHP 运行环境中执行以上代码，其执行结果如图 3.4 所示。

图 3.4 settype()函数使用实例执行结果

在使用 settype()函数前，$foo 变量值为字符串、$bar 变量值为逻辑真值，所以打印出它们的值为 5bar 和 1；在使用 settype()函数后，$foo 变量值改变为整型数、$bar 变量值改变为字符串，所以打印的

结果为 5 和 1。

3.2.3　变量的使用范围

知识点讲解：光盘\视频讲解\第 3 章\变量的使用范围.wmv

和其他编程语言一样，PHP 中的变量也有全局变量与局部变量之分。所谓全局变量，指在程序运行期间都能使用的变量，而局部变量只在子函数或过程中有效。在 PHP 程序执行时，系统会在内存中保留一块全局变量的区域。实际运用时，可以通过$GLOBALS["变量名称"]的方式访问。不过需要注意的是，PHP 的变量有大小写之分，如果大小写不匹配是不能调出来的。

$GLOBALS 数组是 PHP 程序中比较特殊的变量，不必事先声明，系统会自动匹配相关的变量在里面，因此在函数中可以直接使用。

和$GLOBALS 变量类似的，还有$php_errormsg 字符串变量。若 PHP 的配置文件 php.ini 中的 track_errors 选项值为 True，使用全局变量$php_errormsg 可以看到错误的信息。

在 PHP 中，全局变量的有效范围只限于主程序中，不会影响到函数中同名的变量，也就是全局变量与局部变量互不干扰。若要全局变量也能在子函数中使用，就要用到$GLOBALS 数组或是使用 globals 宣告。

例如，在自行开发的函数中，要取得目前执行 PHP 文件的文件名，就可以用$GLOBALS ["PHP_SELF"]取出$PHP_SELF 的值。

注意： 要合理使用变量，避免造成内存的浪费。

3.3　PHP 的预定义变量

知识点讲解：光盘\视频讲解\第 3 章\PHP 的预定义变量.wmv

PHP 在系统中内置了大量与系统、正在运行的 PHP 文件、HTTP 等相关的变量，如表 3.2 所示。了解和使用这些预定义变量对提高编程效率有很大帮助。本节将介绍一些常用的 PHP 预定义变量，更多的变量请参考 phpinfo()函数所列出的内容。

表 3.2　PHP 中的预定义变量

名　　称	作　　用
$_SERVER[PHP_SELF]	当前正在执行的文件名。返回值与 document root 相关
$_SERVER[REQUEST_METHOD]	访问页面时的请求方法。例如：GET、HEAD、POST、PUT
$_SERVER[DOCUMENT_ROOT]	当前运行脚本所在的文档根目录。在 APACHE 配置文件中定义
$_SERVER[HTTP_REFERER]	链接到当前页面的前一页面的 URL 地址。不是所有的用户代理（浏览器）都会设置这个变量，而且有的还可以手工修改 HTTP_REFERER。因此，这个变量不总是正确、真实的
$_SERVER[REMOTE_ADDR]	正在浏览当前页面用户的 IP 地址
$_COOKIE	通过 HTTP COOKIES 传递的变量组成的数组。是自动全局变量
$_GET	通过 HTTP GET 方法传递的变量组成的数组。是自动全局变量
$_POST	通过 HTTP POST 方法传递的变量组成的数组。是自动全局变量

续表

名　称	作　用
$_FILES	通过 HTTP POST 方法传递的已上传文件项目组成的数组。是自动全局变量
$_REQUEST	此关联数组包含$_GET，$_POST 和$_COOKIE 中的全部内容
$_SESSION	包含当前脚本中已经注册的 SESSION 变量的数组
$GLOBALS	由所有已定义全局变量组成的数组。变量名就是该数组的索引

3.4 PHP 中的数组型变量

数组型变量是一组具有名称的变量的集合，它是一种很独特的变量。PHP 中的数组可以是一维也可以是多维的，数组内元素的类型可以是数字、字符甚至是数组。

3.4.1 数组变量的初始化

知识点讲解：光盘\视频讲解\第 3 章\数组变量的初始化.wmv

在 PHP 中初始化数组一般有两种方法，一种是同时给数组中所有元素赋值，另一种是单独给数组每个元素赋值。下面通过实例来具体了解这两种方法。

【实例 3-5】以下代码演示同时给数组所有元素赋值。

实例 3-5：同时给数组所有元素赋值
源码路径：光盘\源文件\03\3-5.php

```
01  <html>
02  <head>
03  <title>同时给数组所有元素赋值实例</title>
04  </head>
05  <body>
06  <?php
07      $string=array(
08          "string1",
09          "string2",
10          "string3",
11          "string4",
12          "string5"
13      );                                  //定义一个数组，同时给数组所有元素赋值
14      for($i=0;$i<count($string);$i++)    //循环读取数组内容
15      {
16          echo $string[$i];               //显示数组元素
17          echo "<br>";                    //输出 HTML 换行符
18      }
19  ?>
20  </body>
21  </html>
```

注意： 数组中的元素可以为不同的类型。

【实例 3-6】以下代码演示单独给数组每个元素赋值。

实例 3-6：单独给数组每个元素赋值

源码路径：光盘\源文件\03\3-6.php

```
01  <html>
02  <head>
03  <title>分别给数组每个元素赋值实例</title>
04  </head>
05  <body>
06  <?php
07        $string[0]="string1";                              //定义数组，给数组每个元素单独赋值
08        $string[1]="string2";
09        $string[2]="string3";
10        $string[3]="string4";
11        $string[4]="string5";
12        for($i=0;$i<count($string);$i++)                   //循环读取数组内容
13        {
14              echo $string[$i];                            //显示数组元素
15              echo "<br>";                                 //输出 HTML 换行符
16        }
17  ?>
18  </body>
19  </html>
```

在 PHP 运行环境中分别执行以上两个实例中代码，输出的结果是一样的，如图 3.5 所示。不同的是，实例 3-5 是同时给所有元素赋值，而实例 3-6 是分别给每个元素赋值。

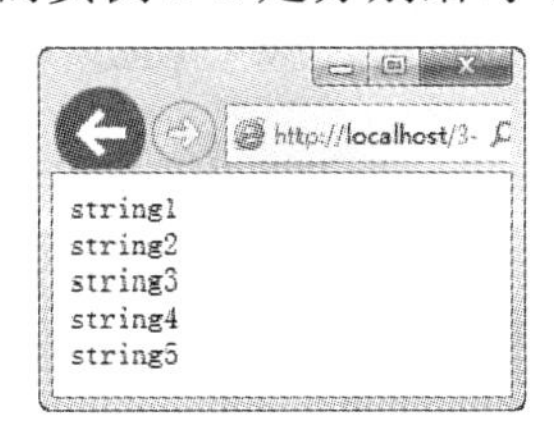

图 3.5　给数组赋值实例执行结果

3.4.2　获取数组中的元素

知识点讲解：光盘\视频讲解\第 3 章\获取数组中的元素.wmv

给一个数组赋值之后就可以使用了。使用的方法也很简单，只需使用数组名加上所需要的元素的序号即可。需要注意的是，以数字作为下标的数组中下标值是从 0 开始的。如$String[2]，就实现了对数组$String 第 3 个元素的引用。

【实例 3-7】以下代码演示引用数组中的元素。

实例 3-7：引用数组中的元素

源码路径：光盘\源文件\03\3-7.php

```
01  <html>
02  <head>
```

```
03  <title>引用数组元素实例</title>
04  </head>
05  <body>
06  <?php
07      $string=array(
08          "string1",
09          "string2",
10          "string3",
11          "string4",
12          "string5"
13      );                                          //定义一个数组
14      echo "数组的第三个元素为：";
15      echo $string[2];                            //获取数组第三个元素
16      echo "<br>";
17      echo "数组的第五个元素为：";
18      echo $string[4];                            //获取数组第五个元素
19      echo "<br>";
20      echo "数组的第一个元素为：";
21      echo $string[0];                            //获取数组第一个元素
22      ?>
23  </body>
24  </html>
```

在 PHP 运行环境下执行以上代码，执行结果如图 3.6 所示。

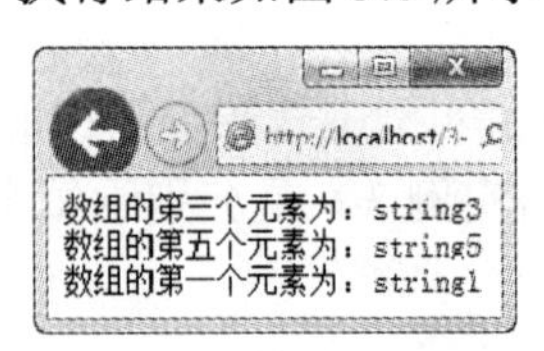

图 3.6　引用数组元素实例执行结果

说明：批量获取数组的元素，可以采用循环的方式。内容会在后面讲解。

3.4.3　给数组动态增加元素

知识点讲解：光盘\视频讲解\第 3 章\给数组动态增加元素.wmv

一个数组在定义后，其元素个数并不是一成不变的，程序在运行中可以动态地为数组增加元素。要给一个数组动态增加元素，所要做的只是给数组新的元素赋值。

【实例 3-8】以下代码演示动态地为数组增加元素。

实例 3-8：动态地为数组增加元素

源码路径：光盘\源文件\03\3-8.php

```
01  <html>
02  <head>
03  <title>动态地为数组增加元素实例</title>
04  </head>
05  <body>
06  <?php
```

```
07          $string=array(
08                  "string1",
09                  "string2",
10                  "string3",
11                  "string4",
12                  "string5"
13          );                                          //定义一个数组
14          echo "数组的第三个元素为：";
15          echo $string[2];                            //获取数组元素
16          echo "<br>";
17          echo "数组的第五个元素为：";
18          echo $string[4];
19          echo "<br>";
20          echo "数组的第一个元素为：";
21          echo $string[0];
22          echo "<br>";
23          $string[5]="string6";                       //为数组动态增加元素
24          $string[6]="string7";                       //为数组动态增加元素
25          echo "下面的是新增加的数组元素：<br>";
26          echo "数组的第六个元素为：";
27          echo $string[5];                            //获取新增加的元素
28          echo "<br>";
29          echo "数组的第七个元素为：";
30          echo $string[6];
31      ?>
32      </body>
33      </html>
```

注意： 通常情况下不要无限制地为数组增加元素，这样会导致系统运行缓慢。

在 PHP 运行环境中执行以上代码，执行结果如图 3.7 所示。

图 3.7　动态地为数组增加元素实例执行结果

3.4.4　创建多维数组

知识点讲解：光盘\视频讲解\第 3 章\创建多维数组.wmv

一维数组的格式是 Array[]，二维数组的格式是 Array[][]，多维数组的格式是 Array[][]…[]。和一维数组一样，给多维数组赋值也有两种方法。下面分别通过实例来具体说明。

先来了解一下同时给多维数组所有元素赋值。

【实例 3-9】以下代码演示在定义多维数组的同时为数组元素赋值。

实例 3-9：在定义多维数组的同时为数组元素赋值
源码路径：光盘\源文件\03\3-9.php

```
01  <html>
02  <head>
03  <title>同时给多维数组所有元素赋值实例</title>
04  </head>
05  <body>
06  <?php
07      $string=array(
08          0=>array(
09              0,
10              1,
11              2
12          ),
13          1=>array(
14              "string1",
15              "string2",
16              "string3",
17              "string4",
18          ),
19          2=>array(
20              "你好！",
21              "大家好，",
22              "才是真的好"
23          )
24      );                                          //创建二维数组，数组元素也是数组
25      for($i=0;$i<count($string);$i++)            //通过循环读取外层数组内容
26      {
27          for($j=0;$j<count($string[$i]);$j++)    //通过循环读取内层数组内容
28              {
29                  echo $string[$i][$j];           //显示数组元素
30                  echo ",";
31          }
32          echo "<br>";
33      }
34  ?>
35  </body>
36  </html>
```

在 PHP 运行环境中执行以上代码，执行结果如图 3.8 所示。

图 3.8　同时给多维数组所有元素赋值实例执行结果

【实例 3-10】以下代码演示如何单独给数组每个元素赋值。

实例 3-10：单独给数组每个元素赋值
源码路径：光盘\源文件\03\3-10.php

```
01  <html>
02  <head>
03  <title>单独给多维数组每个元素赋值实例</title>
04  </head>
05  <body>
06  <?php
07       $string[0][0]=0;                              //单独给多维数组每个元素赋值
08       $string[0][1]=1;
09       $string[0][2]=2;
10       $string[1][0]="string1";
11       $string[1][1]="string2";
12       $string[1][2]="string3";
13       $string[1][3]="string4";
14       $string[2][0]="你好！";
15       $string[2][1]="大家好，";
16       $string[2][2]="才是真的好";
17       for($i=0;$i<count($string);$i++)               //通过循环读取外层数组内容
18       {
19            for($j=0;$j<count($string[$i]);$j++)      //通过循环读取内层数组内容
20                 {
21                      echo $string[$i][$j];           //显示数组元素
22                      echo ",";
23            }
24            echo "<br>";
25       }
26  ?>
27  </body>
28  </html>
```

在 PHP 运行环境中执行以上代码，执行结果和图 3.8 一样。尽管以上两例数组赋值所采用的方法不同，但都达到了给多维数组赋值的目的。

说明： 常用的多维数组通常在三维以内。

3.5　本章小结

本章主要介绍了 PHP 中的常量与变量，并详细说明了常量的定义与使用、PHP 中的预定义常量；变量的类型、变量的使用范围、PHP 的系统变量；数组变量的初始化、获取数组中的元素、给数组动态增加元素及多维数组的创建与使用等内容。

3.6　本章习题

习题 3-1　编写代码：定义一个名为 AGE 的常量，其值为 18。

【分析】该习题考查读者对常量定义方式的掌握。

【关键代码】

```
define("AGE",18);
```

习题 3-2　编写代码：输出当前运行 PHP 解释器的操作系统。

【分析】该习题考查读者对预定义常量的掌握。

【关键代码】

```
echo PHP_OS;
```

习题 3-3　编写代码：定义一个变量 age 并为其赋值 18，然后输出该变量的值。

【分析】该习题主要考查读者对变量的定义和使用的掌握情况。

【关键代码】

```
$age=18;
echo $age;
```

习题 3-4　编写代码：将如下常量存入一个名为 arr 的数组变量中。

```
hello
你好
nihao
```

【分析】该习题主要考查读者对数组初始化的掌握。

【关键代码】

```
$arr=array('hello','你好','nihao');
```

习题 3-5　输出如下数组中的常量 5：

```
$arr=array(array(1,2,3),array(6,5,4),array(7,9,8));
```

【分析】该习题主要考查读者对数组元素访问的掌握。

【关键代码】

```
echo $arr[1][1];
```

第4章　PHP中的运算符与表达式

运算符与表达式是PHP中十分重要的概念。在PHP编程中，表达式是PHP程序最重要的基石，而运算符又是构成表达式的基础。可以说任何复杂的PHP程序都是由最基本的运算符和表达式组成的。熟练运用PHP中的运算符与表达式，是进行PHP编程的基本功。本章就来介绍PHP中的运算符与表达式。通过本章的学习，读者将会对PHP中的运算符与表达式有一个全面的认识。

4.1　运　算　符

PHP 中的运算符分为四则运算符、逻辑运算符、三目运算符、赋值运算符、字符串运算符等。本节将会为读者详细介绍PHP中运算符的相关知识。

4.1.1　四则运算符

知识点讲解：光盘\视频讲解\第4章\四则运算符.wmv

四则运算符号有 4 种，包括“+”（加）、“-”（减）、“*”（乘）、“/”（除）。这些都是人们非常熟悉的符号，PHP 中的运算符基本与此类似，只是多一个“%”求余数的运算符。下面通过表4.1来具体介绍。

表4.1　PHP中的四则运算符

例　子	名　称	结　果
-$a	取反	$a的相反数
$a+$b	加	$a和$b的和
$a-$b	减	$a和$b的差
$a*$b	乘	$a和$b的积
$a/$b	除	$a和$b的商
$a%$b	取余	$a除以$b的余数

注意： 在使用“/”符号时，要注意求得的商必定是浮点数，即使能整除也是这样。

4.1.2　逻辑运算符

知识点讲解：光盘\视频讲解\第4章\逻辑运算符.wmv

PHP 中的逻辑运算符有与、或、异或、非 4 种，其中的逻辑与和逻辑或有两种表现形式，下面具体说明。

☑ and（逻辑与）：$a and $b 两个表达式求与。只有当两个表达式都为真时返回 True，否则返回 False。

☑ or（逻辑或）：$a or $b 两个表达式求或。当两个表达式都为假时返回 False，否则返回 True。

☑ xor（逻辑异或）：$a xor $b 两个表达式求异或。当两个表达式不同时为真时返回 True，否则返回 False。

☑ !（逻辑非）：!$a 一个表达式求非。当$a 为 False 时返回 True，反之返回 False。

☑ &&（逻辑与）：见 and。

☑ ||（逻辑或）：见 or。

说明：之所以“与”与“或”有两种表现形式（逻辑与：and、&&；逻辑或：or、||），是因为它们的运算优先级不同，这一点将在运算符的优先级一节（4.1.4小节）详细说明。

【实例 4-1】以下代码演示逻辑运算符的使用方法。

实例 4-1：逻辑运算符的使用方法
源码路径：光盘\源文件\04\4-1.php

```
01  <html>
02  <head>
03  <title>逻辑运算符使用实例</title>
04  </head>
05  <body>
06  <?php
07      $a=TRUE;                            //定义逻辑变量真
08      $b=FALSE;                           //定义逻辑变量假
09      if($a and $b)
10          echo "这里为假 1！";               //求与
11      echo "<br>";
12      if($a or $b)
13          echo "这里为真 1！";               //求或
14      echo "<br>";
15      if($a xor $b)
16          echo "这里为真 2！";               //求异或
17      echo "<br>";
18      if(!$a)
19          echo "这里为假 2!";                //求非
20  ?>
21  </body>
22  </html>
```

在 PHP 运行环境中执行以上代码，执行结果如图 4.1 所示。

图 4.1　逻辑运算符使用实例执行结果

从图中可以发现，以上代码中只有两句 echo 语句成功运行了。下面分析一下以上程序 4 个项目的运行过程：

☑ 第一个判断对一真一假两项求与。因两者不同时为真，所以返回“假”。
☑ 第二个判断对一真一假两项求或。因二者有一个为真，所以返回“真”。
☑ 第三个判断对一真一假两项求异或。因两者状态不同，所以返回“真”。
☑ 第四个判断对一个真值求非，所以返回“假”。

下面把以上代码做如下改动：

if($a and $b)改为 if(!($a and $b))，把 if(!$a)改为 if(!$b)。然后再执行以上代码，执行结果如图 4.2 所示。

图 4.2　逻辑运算符使用实例执行结果

从以上实例及改动后的执行情况，可以认识到这些逻辑运算符是如何起作用的。

4.1.3　三目运算符

知识点讲解：光盘\视频讲解\第 4 章\三目运算符.wmv

和 C 语言一样，PHP 中也有三目运算符“?:”。它的运行机制如下所示：

```
(expr1)?(expr2):(expr3)
```

其中的 expr1、expr2 及 expr3 均为表达式。当表达式 expr1 为真时则执行后边的 expr2，反之则执行 expr3。

说明：从分析中不难看出，三目运算符“?:”实际上也就是if…else的简化版。

【实例 4-2】以下代码演示三目运算符的使用方法。

实例 4-2：三目运算符的使用方法
源码路径：光盘\源文件\04\4-2.php

```
01  <html>
02  <head>
03  <title>三目运算符使用实例</title>
04  </head>
05  <body>
06  <?
07      $date=Date("D");                                          //把当前星期赋值给变量
08      (($date=="Sun")or($date=="Sat"))?($s="周末"):($s="工作");    //判断是否是周末
09      echo $s;                                                  //显示状态
10  ?>
11  </body>
12  </html>
```

在 PHP 运行环境下执行以上代码，如果当前日期的星期为周六或周日时显示“休息”，否则显示

“工作”。通过这个实例可以认识到三目运算符的使用方法。

4.1.4 运算符的优先级

知识点讲解：光盘\视频讲解\第 4 章\运算符的优先级.wmv

在 PHP 中除了前几小节讲到的常用运算符之外，还有其他的一些运算符，那么这么多的运算符，它们的优先级（也就是先执行，后执行的问题）情况是怎么样呢？表 4.2 列出了 PHP 中的运算符，并按顺序给出了它们的优先级。

表 4.2 PHP 中运算符的优先级

结 合 方 向	运 算 符	附 加 信 息
非结合	new	new
左	[	array()
非结合	++ --	递增/递减运算符
非结合	! ~ - (int) (float) (string) (array) (object) @	类型
左	* / %	算术运算符
左	+ - .	算术运算符和字符串运算符
左	<< >>	位运算符
非结合	< <= > >=	比较运算符
非结合	== != === !==	比较运算符
左	&	位运算符和引用
左	^	位运算符
左	|	位运算符
左	&&	逻辑运算符
左	||	逻辑运算符
左	? :	三目运算符
右	= += -= *= /= .= %= &= |= ^= <<= >>=	赋值运算符
左	and	逻辑运算符
左	xor	逻辑运算符
左	or	逻辑运算符

技巧： 在编程过程中可以使用小括号改变运算顺序。

左结合表示表达式从左向右求值，右结合则相反。从表 4.2 中可以发现 PHP 中的运算符有严格的运算优先级。只有搞清楚它们的优先级，才能正确得出由运算符构成的表达式的值。

【实例 4-3】 以下代码演示 PHP 中运算符的优先级在实际中的运用。

实例 4-3： PHP 中运算符的优先级在实际中的运用
源码路径： 光盘\源文件\04\4-3.php

```
01    <html>
02    <head>
03    <title>PHP 运算符优先级使用实例</title>
04    </head>
```

```
05    <body>
06    <?php
07          $a=3*4+5%2;                       //语句 1
08          echo $a."<br>";
09          $a =true?0:true?1:2;              //语句 2
10          echo $a."<br>";
11          $a=1;
12          $b=2;
13          $a-=$b+=3*$b+$a;                  //语句 3
14          echo $a.",".$b."<br>";
15    ?>
16    </body>
17    </html>
```

在 PHP 运行环境中执行以上代码，执行结果如图 4.3 所示。

以上结果是怎么得出的？不管多么复杂的表达式，只要按优先级把它分解为简单的表达式，然后就可以分析其结果了。下面对以上三个语句进行逐一分解。

语句 1 相对简单，只用分解为(3*4)+(5%2)即可。3*4 等于 12，5 除以 2 余数为 1。所以就是 12+1 等于 13。

语句 2 稍微复杂一点，可以分为两个三目运算符：(true?0:true)?1:2=2。第一个三目运算符执行后前面括号内容为 0，而 0 相当于 False，所以执行第二个三目运算符第二个表达式。所以就有$a 等于 2。

语句 3 就有点复杂了。$a-=$b+=3*$b+$a 分解过的式子等价于这样一组表达式：$b*3 等于 6，6+$a 等于 7，$b+7 等于 9，$b=9，$a-9 等于-8，$a=-8。通过分解可以发现输出的结果最后$a=-8、$b=9 是正确。其执行过程如图 4.4 所示。

图 4.3　PHP 运算符优先级使用实例执行结果

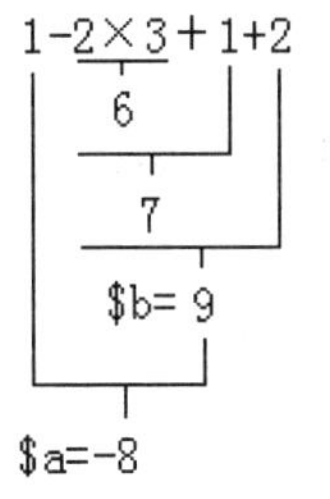

图 4.4　语句 3 执行过程图

通过上面的实例，发现只有掌握了 PHP 运算符的优先级，才能把复杂的表达式转化为简单的表达式，从而得出表达式正确的结果。

4.2 表 达 式

表达式是 PHP 的基石，在 PHP 程序中，几乎所写的东西都是一个表达式。何为表达式？简单地说，表达式就是“任何有值的东西”。表达式可以为常量、变量或者函数。其中常量和变量是最基本的表达式形式，函数是稍微复杂一点的表达式形式。

例如下面的函数：

```
<?php
    function foo()
    {
        return 5;
    }
?>
```

那么输入$c=foo()就相当于写下$c=5。函数也是表达式，表达式的值即为它们的返回值。

4.2.1 表达式中变量的可能值

知识点讲解：光盘\视频讲解\第 4 章\表达式中变量的可能值.wmv

表达式赋值给一个变量，其中的值可能有 4 种标量值（标量值不能拆分为更小的单元，和数组、对象不同）类型：整型值（integer）、浮点数值（float）、字符串值（string）和布尔值（boolean），还包括两种复合类型（数组和对象）。

说明：表达式的可能值为PHP中所有的变量类型。

4.2.2 赋值表达式的值

知识点讲解：光盘\视频讲解\第 4 章\赋值表达式的值.wmv

一个赋值表达式通常涉及两个值，如$a=3 这样一个表达式涉及整型常量 3 的值以及变量$a 的值，它也被更新为 3；还有一个即赋值语句本身的值，赋值语句本身的值为被赋的值即为 3。因而，“$b=($a=3)”和“$a=3;$b=3;”是一样的。因为赋值操作的结合顺序是由右到左的，也可以写为“$b=$a=3”。

注意：赋值表达式涉及3个值：赋值变量值、被赋的常量值及表达式自身的值。

4.2.3 递增表达式

知识点讲解：光盘\视频讲解\第 4 章\递增表达式.wmv

递增（减）表达式是一种比较特殊的表达式，这类表达式是一个很好的面向表达式的例子。该类表达式有前、后递增和递减。从本质上来讲，前递增和后递增均增加了变量的值，并且对于变量的影响是相同的。不同的是递增表达式的值。前递增写做“++$variable”，整个表达式的值为增加后的值。后递增写做“$variable++”，整个表达式的值为未递增之前的值。

【实例 4-4】以下代码演示前递增和后递增表达式的不同。

实例 4-4：前递增和后递增表达式的不同
源码路径：光盘\源文件\04\4-4.php

```
01  <html>
02  <head>
03  <title>PHP 运算符优先级使用实例</title>
04  </head>
05  <body>
06  <?php
```

```
07          $a=3;
08          echo "\$a=3  ";
09          echo "++\$a 为：";
10          echo ++$a;                                         //$a 前递增
11          echo "<p>";
12          $a=3;                                              //$a 重新赋值为 3
13          echo "\$a=3  ";
14          echo "\$a++为：";
15          echo $a++;                                         //$a 后递增
16     ?>
17     </body>
18     </html>
```

技巧： 前递增的运算规则可以记为先运算后取值；后递增则可以记为先取值后运算。

在 PHP 运行环境下执行该 PHP 文件，其执行结果如图 4.5 所示。

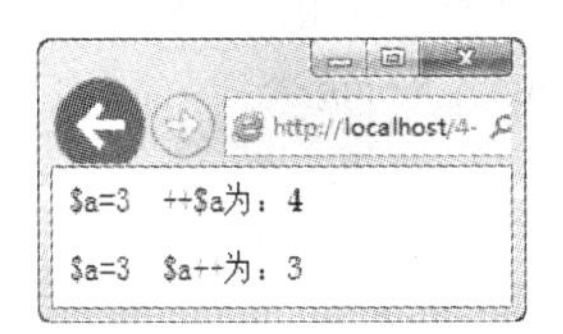

图 4.5　递增表达式执行结果

从图 4.5 执行结果可以发现前递增表达式与后递增表达式的值的区别。

4.2.4　比较表达式

知识点讲解：光盘\视频讲解\第 4 章\比较表达式.wmv

一个常用的表达式类型是比较表达式。这些表达式的值为 False 或 True。PHP 支持>（大于）、>=（大于等于）、==（等于）、!=（不等于）、<（小于）、<=（小于等于）。PHP 还支持全等运算符===（值和类型均相同）和非全等运算符!==（值或者类型不同）。

说明： 这些比较表达式最常用在条件判断语句（如if语句）中，通常被当作条件判断语句的判断条件。

如变量$a 的值为 3，变量$b 的值为 4。则表达式$a<（小于）$b 的值就为真。因为 3 本来就小于 4。反之$a>（大于）$b 的值就为假。

4.2.5　组合的运算赋值表达式

知识点讲解：光盘\视频讲解\第 4 章\组合的运算赋值表达式.wmv

通过前面对 PHP 表达式的介绍，读者知道如果想要为变量$a 加 1，可以简单地写“$a++”或者“++$a”。但是如果想为变量增加大于 1 的值如 3，其做法是“$a=$a+3”。“$a+3”计算$a 加上 3 的值，并且将得到的值重新赋予变量$a，于是$a 的值增加了 3。

技巧： 这个式子还可以用一种更加简短的形式来完成：“$a+=3”。这里的意思是“取变量$a的值加3，得到的结果再次赋值给变量$a”。除了更加简略之外，也可以更快地运行。

“$a+=3”的值，如同一个正常赋值操作的值，是赋值后的值。注意它不是 3，而是$a 的值加上 3 后的值（此值将被赋给$a）。任何二元运算符都可以用运算赋值模式，例如，“$a-=5”（从变量$a 的值中减去 5），“$b*=7”（变量$b 乘以 7）等。

4.3 运算符与表达式综合运用实例

知识点讲解：光盘\视频讲解\第 4 章\运算符与表达式综合运用实例.wmv

前面两节介绍了 PHP 中的运算符与表达式的相关知识。本节将通过综合的实例来系统地巩固前两节所讲内容。

【实例 4-5】以下代码演示一个运算符与表达式综合运用的实例。

实例 4-5：运算符与表达式综合运用的实例
源码路径：光盘\源文件\04\4-5.php

```
01  <html>
02  <head>
03  <title>PHP 运算符与表达式综合运用实例</title>
04  </head>
05  <body>
06  <?php
07          $a="123";
08          $b=321;
09          echo $a+$b;                                  //字符当数字用
10          echo "<br>";
11          echo $a.$b;                                  //数字当字符用
12          echo "<br>";
13          $a=123;
14          $b=321;
15          echo $b>$a;                                  //比较大小
16          echo "<br>";
17          echo $a-23+$b+=$a%3?50:30;                   //三目运算符、赋值运算符及四则运算符
18          echo "<br>";
19          $a=123;
20          $b=321;
21          $a=$b;                                       //赋值表达式
22          echo $a==$b;
23          echo "<br>";
24  ?>
25  </body>
26  </html>
```

注意：实例4-5中的“$a+$b”实现了把数字字符当作数字来使用。“$a.$b”则是将数字当字符用。

在 PHP 运行环境中执行以上代码，其执行结果如图 4.6 所示。

实例 4-5 中的“$a+$b”实现了把数字字符当作数字来使用，两数字相加值为 444。“$a.$b”则实现了把数字当字符用，两字符相加为 123321。关键就在于使用什么运算符，如果用“+”，就把字符

当数字；如果用“.”，就把数字当字符。

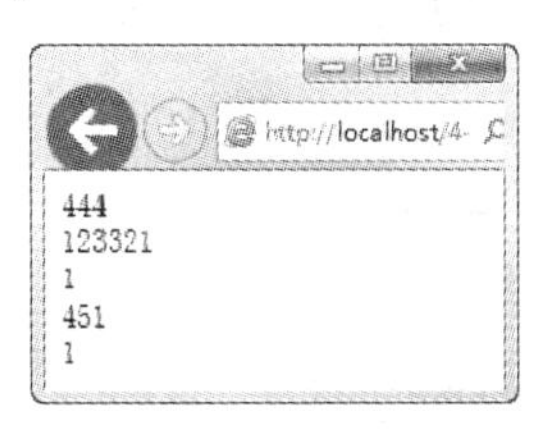

图 4.6　PHP 运算符与表达式综合运用实例执行结果

“$a>$b”是实现对两个数字比较大小。因为 321 大于 123，所以返回真值即 1。

$a-23+$b+=$a%3?50:30 是三目运算符、赋值运算符及四则运算符的混合使用。因为数学运算符遵循从右到左的标准，而三目运算符则是从左向右，所以这个表达式可以分为以下几个子过程：$a%3 值为 0，执行三目运算符“:”后的内容，返回 30，$b=$b+30 等于 351，$a-23=100，100+351=451。

第 19～22 行先定义两个不同的变量，再通过赋值操作把变量$b 的值赋给变量$a，然后判断二者是否相等，在经过赋值操作后，二者的值当然相等，所以比较结果返回真值即 1。

4.4 本 章 小 结

本章主要学习了 PHP 中的运算符与表达式，包括 PHP 的四则运算符、逻辑运算符、三目运算符、运算符的优先级以及 PHP 中的表达式，它们的重要性不言而喻，正如本章开头所介绍的那样，运算符与表达式是 PHP 最重要的基石。

4.5 本 章 习 题

习题 4-1　以下代码的运行结果是：________。

```
<?php
    $a=5;
    $b=13;
    $c=9;
    echo $c+$b%$a;
?>
```

【分析】该习题主要考查读者对“%”运算符和运算符优先级的掌握情况。因为“%”运算符的优先级要高于“+”运算符，因此先计算“$b%$a”，输出结果应该为 12（“$b%$a”的值为 3）。

习题 4-2　以下代码的运行结果是：________。

```
<?php
    $a=6;
    $b=7;
    $c=8;
    echo $a>$b?$a+$b:$a+$c;
?>
```

【分析】该习题主要考查读者对三目运算符的掌握。由于“$a>$b”不成立即为 False，因此“$a+$c”会被运行，那么结果就为 14。

习题 4-3 以下代码的运行结果是：________。

```
<?php
    $a=6;
    $b=7;
    echo $a++ + ++$b;
?>
```

【分析】该习题主要考查读者对前、后递增的理解。“$a++”的值为 6，而“$b++”的值为 8，因此结果为 14。

习题 4-4 以下代码的运行结果是：________。

```
<?php
    $a=6;
    $b=7;
    echo ($a!=$b)>($a>$b);
?>
```

【分析】该习题主要考查读者对比较表达式的掌握。“$a!=$b”的值为 True（1），而“$a>$b”的值为 False（0），因此结果就为“1>0”作为输出即为 1。

习题 4-5 以下代码的运行结果是：________。

```
<?php
    $a=6;
    $b=7;
    echo $a.=$b;
?>
```

【分析】该习题考查读者对组合赋值表达式的掌握。这里“.=”运算符将 6 和 7 作为字符来处理，因此结果为 67。

第 5 章　PHP 中的流程控制

无论在何种编程语言中，流程控制都是很重要的内容。由于 PHP 的大部分语法都继承了 C 语言的特点，因此在流程控制方面，PHP 有着和 C 语言类似的流程控制。本章将介绍 PHP 中的判断与循环流程控制，主要包括 if...else 判断、switch...case 多重判断、while 循环、do...while 循环、for 循环等。

5.1　if...else 判断

if...else 判断，是流程控制中判断执行的一种。该语句执行时先对某条件进行判断，然后根据判断结果做出相应的操作。它又可以细分为 3 种：简单的 if 判断、if...else 判断、if...else if...else 判断。本节就来为读者具体讲解 if...else 判断。

5.1.1　简单的 if 判断

知识点讲解：光盘\视频讲解\第 5 章\简单的 if 判断.wmv

if 判断是流程控制中最简单的一种。只判断某条件是否为真，如果为真就执行特定的语句。就像下面这种情况：

```
if(expr)
{
    statement
}
```

如果执行的 statement（语句）多于一句，就要使用“{}”把它们括起来，表示一个区段。如果要执行的语句只有一句，就可以省略大括号标记。

技巧： 执行的statement（语句）为一句时也可以使用“{}”括起来，这样可以方便以后扩展。

【实例 5-1】 以下代码演示如何使用 if 判断。

实例 5-1：如何使用 if 判断
源码路径：光盘\源文件\05\5-1.php

```
01  <html>
02  <head>
03  <title>if 判断使用实例</title>
04  </head>
05  <body>
06  <?php
07      if($cost>100)                                    //如果商品的价格超过 100 元执行操作
08          echo "太贵了，不买！";
```

```
09	?>
10	</body>
11	</html>
```

在 PHP 运行环境中执行以上语句。执行结果是什么？什么也没发生。这是因为并没有定义变量$cost，没有定义的变量就是空值，作为数值就是“0”。而“0”是小于 100 的，这明显不符合 if 后面的判断内容（$cost>100），所以就什么也不执行。这里在 if 判断之前加入这样一句：

```
$cost=101;
```

再执行以上代码。执行结果将会如图 5.1 所示。

图 5.1　if 判断使用实例执行结果

由于此时满足$cost>100 的条件，所以 if 后面的内容会被正确执行。从这个例子中能够认识到 if 判断语句是如何运行的。

5.1.2　if...else 判断

知识点讲解：光盘\视频讲解\第 5 章\if...else 判断.wmv

if 判断只对判断结果为真的情况执行操作，这在很多情况下是不够的，于是就有了 if...else 这种形式的判断。与 if 判断不同，if...else 不仅对判断结果为真的情况执行操作，对非真的情况也执行相应的操作。

为了简单说明问题，继续使用实例 5-1，只是把例子做简单的修改。

【实例 5-2】以下代码演示 if...else 判断的使用方法。

实例 5-2：if...else 判断的使用方法
源码路径：光盘\源文件\05\5-2.php

```
01	<html>
02	<head>
03	<title>if...else 判断使用实例</title>
04	</head>
05	<body>
06	<?php
07		$cost=101;
08		if($cost>100)						//如果商品的价格超过 100 元执行操作
09			echo "太贵了，不买！";
10		else
11			echo "还挺便宜的，就买它吧！";			//如果价格不超过 100 元的操作
12	?>
13	</body>
14	</html>
```

技巧：同样可以将else从句后的语句使用“{}”括起来。

在 PHP 运行环境下执行以上代码，执行结果和图 5.1 是完全一样的。因为$cost 的值大于 100，所以 if 语句结果为真，跟在后面的 echo 语句就执行了，即显示出不买的信息。

把以上实例中的

```
$cost=101;
```

改为：

```
$cost=99;
```

重新执行以上代码，执行结果如图 5.2 所示。

图 5.2　if...else 判断使用实例执行结果

因为，经过将$cost 改为小于 100 的值，if 语句不再起作用，而 else 语句则起了作用。所以就会打印出购买商品的信息。

技巧： 使用if...else嵌套可以构成更复杂的功能。

5.1.3　if...else if...else 多重判断

知识点讲解：光盘\视频讲解\第 5 章\if…elseif…else 多重判断.wmv

虽然 if...else 的判断比单纯的 if 语句多了一重判断，但现实情况可能还要复杂，要判断的情况会超过两种。如判断学生成绩，不能只判断及格或不及格，而要判断优、良、中、差。不管是简单的 if 判断，还是 if...else 判断都已经不能胜任了，这时就要用到 if...else if...else 的多重判断。

if...else if...else 多重判断的使用方法如下所示：

```
if(expr)
{
    statement
}
else if(expr)
{
    statement
}
...
else if(expr)
{
    statement
}
else
{
    statement
}
```

注意： 这类的else从句可以省略。

它的运行机制是：先进行一次判断，如果为真就执行语句并跳出；否则再进行后续的判断，直到判断条件为真后跳出。

【实例 5-3】以下代码演示使用 if...else if...else 多重判断来根据学生的成绩判断其成绩优、良、中、差的级别。

实例 5-3：使用 if...else if...else 多重判断来根据学生的成绩判断其成绩优、良、差的级别
源码路径：光盘\源文件\05\5-3.php

```
01    <html>
02    <head>
03    <title>if...else if...else 多重判断使用实例</title>
04    </head>
05    <body>
06    <?php
07          $score=99;
08          if($mark>90)                                //如果成绩大于 90 分执行操作
09                echo "成绩级别为：优！";
10          else if($score >70)                         //如果成绩在 70～90 间执行操作
11                echo "成绩级别为：良！";
12          else if($score >60)                         //如果成绩在 60～70 间执行操作
13                echo "成绩级别为：中";
14          else                                        //如果成绩低于 60 分执行操作
15                echo "成绩级别为：差！";
16    ?>
17    </body>
18    </html>
```

在 PHP 运行环境中执行该文件。通过改变$score 的值为大于 90 时返回“优”，当值在 70～90 间时返回“良”，当值在 60～70 间时返回“中”，当值在 60 以下时返回“差”。通过该例子，能够清楚地认识到 if...else if...else 多重判断是如何运行的。

5.2　switch...case 多重判断

知识点讲解：光盘\视频讲解\第 5 章\switch...case 多重判断.wmv

多重判断除了 if...else if...else 之外，还有另外一种就是 switch...case。与 if...else if...else 多重判断相比较，switch...case 更简洁明了。switch...case 多重判断的运行机制如下所示：

```
switch (expr) {
  case expr1:
    statement1;
    break;
  case expr2:
    statement2;
    break;
    ⋮
```

```
default:
    statementN;
    break;
}
```

注意： 这里的default从句可以省略。

expr 通常为变量名称，case 后的 exprN 通常为变量的值，statementN 为符合该值时执行的语句。default 为除以上所有判断之外的情况，最后使用 break 跳出过程。

【实例 5-4】 以下代码演示 switch...case 多重判断的使用方法。

实例 5-4：switch...case 多重判断的使用方法
源码路径：光盘\源文件\05\5-4.php

```
01  <html>
02  <head>
03  <title>switch...case 多重判断使用实例</title>
04  </head>
05  <body>
06  <?php
07      switch (date("D")){                               //当前星期作为判断条件
08          case "Mon":                                   //星期一的情况
09              echo "星期一";
10              break;
11          case "Tue":                                   //星期二的情况
12              echo "星期二";
13              break;
14          case "Wed":                                   //星期三的情况
15              echo "星期三";
16              break;
17          case "Thu":                                   //星期四的情况
18              echo "星期四";
19              break;
20          case "Fri":                                   //星期五的情况
21              echo "星期五";
22              break;
23          default:                                      //除以上之外的其他情况
24              echo "过周末";
25              break;
26      }
27  ?>
28  </body>
29  </html>
```

在 PHP 运行环境下执行，就会返回中文的星期。这个例子如果用 if 判断来实现就会比较复杂。从这个例子也能够看出 if 判断与 switch...case 多重判断的不同。

在使用 switch...case 语句的时候，要把出现几率大的情况放到最前边，这样可以提高程序执行效率。因为进行完一次判断，如果符合条件，则执行完相关语句就跳出整个过程了。但是如果把出现几率大的情况放到最后，要想情况出现，就得执行完所有判断，这样效率就低得多了。

5.3　while 循环

前两节介绍了 PHP 流程控制中的判断，从这节开始为读者介绍循环。循环也是很重要的一类流程控制，通过循环执行某些特定语句要比多次执行效率高。PHP 中的循环有 while 循环、do...while 循环和 for 循环三大类。这些都将在以后的几节中陆续为读者介绍。本节先来学习 while 循环。

5.3.1　单纯 while 判断循环

知识点讲解：光盘\视频讲解\第 5 章\单纯 while 判断循环.wmv

在循环控制中，有一种最简单的循环模式：先判断条件是否符合特定要求，如果符合就执行特定操作，然后再判断，当条件不符合时则退出循环。但如果一开始条件就不符合要求，则一次也不执行，直接跳出循环。这种循环模式在 PHP 中的表现就是 while 循环。while 循环的使用模式如下所示：

```
while (expr)
{
    statement
}
```

说明：通常在statement中有一条改变expr值的语句。

其中的 expr 即为特定的条件，statement 则为执行的操作。

【实例 5-5】以下代码演示 while 循环的使用方法。

实例 5-5：while 循环的使用方法
源码路径：光盘\源文件\05\5-5.php

```
01  <html>
02  <head>
03  <title>while 循环使用实例</title>
04  </head>
05  <body>
06  <?php
07      $i=1;                                   //初始化变量
08      while($i<10)                            //判断变量是否小于 10
09      {
10          echo "第：".$i."次循环";              //执行操作 1
11          echo "<br>";                        //执行操作 2
12          $i++;                               //变量自增
13      }
14  ?>
15  </body>
16  </html>
```

在 PHP 运行环境下执行以上代码，执行结果如图 5.3 所示。

图 5.3　while 循环使用实例执行结果

程序先初始化一个变量$i=1，然后再判断变量是否小于 10，如果小于 10 就执行大括号内的操作。当然，现在的变量小于 10，于是就打印出“第：1 次循环”，并自增 1，现在变量值就为 2。以此类推，当循环执行到第 10 次，变量值就为 10，不再符合条件，于是就结束整个过程。

注意：必须在while执行体中使判断条件的对象有所改变。如果没有改变就会成为死循环。如实例5-5中如果不让变量自增，则变量的值永远等于1，循环就会无休止地执行下去，直到耗尽系统资源。

5.3.2　使用 break 跳出循环

知识点讲解：光盘\视频讲解\第 5 章\使用 break 跳出循环.wmv

在使用 while 循环时，有时并不需要执行到满足 while 要求的条件。在循环执行过程中就可以对执行情况进行判断，如果满足某一条件就使用 break 跳出循环。这一实现过程如下所示：

```
while (expr)
{
    statement
    if(expr1)
    {
        break;
    }
}
```

说明：通常break会结合条件判断语句来使用。

break 的作用就是跳出当前循环。

【实例 5-6】以下代码演示使用 break 跳出循环。

实例 5-6：使用 break 跳出循环
源码路径：光盘\源文件\05\5-6.php

```
01  <html>
02  <head>
03  <title>使用 break 跳出循环实例</title>
04  </head>
05  <body>
06  <?php
07      $i=1;                                   //初始化变量
08      while($i<10)                            //判断变量是否小于 10
```

```
09          {
10              echo "第：".$i."次循环";                         //执行操作 1
11              echo "<br>";                                   //执行操作 2
12              $i++;                                          //变量自增
13              if($i==9)                                      //判断变量情况
14                  break;                                     //如果满足条件就跳出循环
15          }
16      ?>
17      </body>
18      </html>
```

通过查看以上代码可以得知与实例 5-5 相比本实例多出了：

```
if($i==9)
    break;
```

执行结果会有什么不同呢？在 PHP 运行环境中执行以上代码，会得到如图 5.4 所示的结果。

图 5.4　使用 break 跳出循环实例执行结果

与实例 5-5 相比，可以发现少执行了一次。如果没有 if($i==9) break;，程序一直会执行到$i<10，即当$i 等于 9 时依然是满足条件的。当使用了“if($i==9) break;”后，循环就在$i 等于 9 时跳出了。所以看不到第 9 次循环。通过这个例子就可以发现 break 是如何起作用的。

另外，break 除了可以运用到 while 循环中之外，还能运用到 for 循环，以及前面提到的 switch...case 多重判断中。作用都是跳出当前运行的过程。

5.3.3　使用 continue 语句

知识点讲解：光盘\视频讲解\第 5 章\使用 continue 语句.wmv

在循环结构中，continue 用来跳过本次循环中剩余的代码，并在条件求值为真时，无条件执行下一次循环。

【实例 5-7】以下代码演示 continue 的工作原理。

实例 5-7：continue 的工作原理
源码路径：光盘\源文件\05\5-7.php

```
01      <html>
02      <head>
03      <title>使用 continue 跳出本次循环实例</title>
04      </head>
05      <body>
```

```
06  <?php
07      $i=0;                                   //初始化变量
08      while($i<10)                            //判断变量是否小于 10
09      {
10          $i++;                               //变量自增
11          if($i==5)                           //判断变量情况是否为 5
12          {
13              continue;                       //如果满足条件就跳出本次循环
14          }
15          echo "第：".$i."次循环";              //执行操作 1
16          echo "<br>";                        //执行操作 2
17      }
18  ?>
19  </body>
20  </html>
```

在 PHP 运行环境下执行以上代码，执行结果如图 5.5 所示。

图 5.5　使用 continue 跳出本次循环实例执行结果

从图中可以发现，由于 continue 的存在，第 5 次循环并没有被执行。

和 break 一样，continue 同样也可以用在 while、for、switch 语句之中，作用原理都是一样的。另外在使用 continue 时还要注意，continue 后面的“;”是不能省略的。如果省掉会导致不期望出现的结果。

5.4　do...while 循环

知识点讲解：光盘\视频讲解\第 5 章\ do...while 循环.wmv

do...while 循环与单纯的 while 循环不同。单纯的 while 循环首先判断条件是否为真，如果为真则执行，否则就不执行循环。也就是说，while 循环有可能一次也不执行（初始条件就非真的情况），而 do...while 循环则与此不同，它是先执行一次循环，然后再判断条件是否为真，如果为真继续执行，否则就跳出循环。它的执行模式如下所示：

```
do
{
    statement
}while (expr);
```

说明： do...while循环会保证循环体被执行一次。

【实例 5-8】以下代码演示 do...while 循环的使用方法。

实例 5-8：do...while 循环的使用方法
源码路径：光盘\源文件\05\5-8.php

```
01  <html>
02  <head>
03  <title>do...while 循环使用实例</title>
04  </head>
05  <body>
06  <?php
07      $i=1;                                   //初始化变量
08      do{                                     //开始执行循环
09          echo "第：".$i."次循环";            //执行操作 1
10          echo "<br>";                        //执行操作 2
11          $i++;                               //变量自增
12      }while($i<1)                            //判断变量是否小于 1
13  ?>
14  </body>
15  </html>
```

在 PHP 运行环境中执行以上代码，执行结果如图 5.6 所示。

图 5.6　do...while 循环使用实例执行结果

如果是在 while 循环中，循环一次也不执行。因为变量$i 的值等于 1，不满足$i<1 的条件。但在 do...while 循环中则不然，循环先执行一次再进行判断，由于已经不满足条件就退出循环。

注意：do...while循环也要注意循环条件，否则会变成死循环。

5.5　for 循环

知识点讲解：光盘\视频讲解\第 5 章\ for 循环.wmv

for 循环是 PHP 中最复杂的循环结构。它的行为和 C 语言的相似。for 循环的执行模式如下所示：

```
for (expr1; expr2; expr3)
{
    statement
}
```

技巧：for循环中的各个表达式都可以省略，但是“;”不可以省略。

☑　expr1 在循环开始前无条件求值一次。

☑　expr2 在每次循环开始前求值。如果值为 True，则执行 statement 语句。如果值为 False，则终

止循环。

☑ expr3 在每次循环后被执行。

每个表达式都可以为空。expr2 为空意味着将无限循环下去，但用户也可以在循环体里加入 break 语句来终止循环，当某个条件为真时，就执行 break 语句来跳出 for 循环。

【实例 5-9】以下代码演示 for 循环的使用方法。

实例 5-9：for 循环的使用方法

源码路径：光盘\源文件\05\5-9.php

```
01  <html>
02  <head>
03  <title>for 循环使用实例</title>
04  </head>
05  <body>
06  <?php
07      for($i=1;$i<10;$i++)                          //for 循环开始
08      {
09          echo "第：".$i."次循环";                    //要执行的语句
10      }
11  ?>
12  </body>
13  </html>
```

在 PHP 运行环境中执行以上代码，执行结果与图 5.3 完全一样（除了 HTML 显示的标题）。

通过 5.3 节对 while 循环的介绍，以及本节对 for 循环的介绍，可以发现两者的不同。在实际应用中，若循环有初始值，并且都需要递增（或者递减），这时使用 for 循环比使用 while 循环要好。

5.6　流程控制综合运用实例

知识点讲解：光盘\视频讲解\第 5 章\流程控制综合运用实例.wmv

本节将通过一个实例，把判断与循环两种方法结合起来，做一个实际应用的例子。通过这个例子，巩固本章所学的内容。

【实例 5-10】以下代码演示根据二维数组的内容，以表格的形式分类打印出数组的全部内容，并以不同的背景颜色显示大类别及小类别。

实例 5-10：根据二维数组的内容，以表格的形式分类打印出数组的全部内容，并以不同的背景颜色显示大类别及小类别

源码路径：光盘\源文件\05\5-10.php

```
01  <html>
02  <head>
03  <title>流程控制综合运用实例</title>
04  </head>
05  <body>
06  <?php
```

```
07      //首先定义一个数组——图书类型数组
08      $type[0][0]="学生用书";                                  //第一个大类别
09      $type[0][1]="学生教材";                                  //第一大类中的第一小类
10      $type[0][2]="教辅用书";
11      $type[0][3]="课外读物";
12      $type[0][4]="考试题集";
13      $type[1][0]="名著";                                      //第二个大类别
14      $type[1][1]="中国古典";                                  //第二大类中的第一小类
15      $type[1][2]="世界名著";
16      $type[1][3]="英文原著";
17      $type[2][0]="考试用书";                                  //第三个大类别
18      $type[2][1]="公务员";                                    //第三大类中的第一小类
19      $type[2][2]="会计师";
20      $type[2][3]="医药师";
21      $type[3][0]="儿童读物";                                  //第四个大类别
22      $type[3][1]="看图识字";                                  //第四大类中的第一小类
23      $type[3][2]="动漫人物";
24      $type[4][0]="武侠小说";                                  //第五个大类别
25      $type[4][1]="金庸小说";                                  //第五大类中的第一小类
26      $type[4][2]="古龙小说";
27      $type[4][3]="玄幻小说";
28      echo "<table border=\"1\">";                             //打印表格头
29      for($i=0;$i<count($type);$i++)                           //外层循环
30      {
31          $s=0;                                                //定义循环标识变量
32          for($j=0;$j<count($type[$i]);$j++)                   //内层循环
33          {
34              if($s%2==0)
35                  echo "<tr>";                                 //如果标识为偶数新起一行
36              $s++;                                            //标识自增
37              if($j==0)                                        //判断是否为大类别
38                  echo "<td colspan=2 bgcolor=\"#cccc00\">";   //打印大类别的表格
39              else
40                  echo "<td bgcolor=\"#ccccff\">";             //打印小类别的表格
41              echo $type[$i][$j];                              //输出数据
42              echo "</td>";                                    //表格结束
43              if($j==0)                                        //判断是否为大类别
44                  $s++;                                        //如果为大类别则标识再次自增
45              if($s%2==0)
46                  echo "</tr>";                    //如果大类别一格或小类别两格则表格的执行结束
47              if($s==(count($type[$i])+1) && count($type[$i])%2==0)//判断小类别项为奇数的情况
48                  echo "<td bgcolor=\"#ccccff\"> </td></tr>";//在后面添加空表格
49          }
50      }
51  ?>
52  </body>
53  </html>
```

说明：代码中的相关HTML代码读者可以参考相关书籍，本书不做介绍。

在 PHP 运行环境中执行以上代码，执行结果如图 5.7 所示。

图 5.7　流程控制综合应用实例执行结果

这个实例中的流程控制比较复杂，要考虑多种情况，如大类别只占一格的情况、小类别占两格的情况、小类别结尾不足两格的情况等。通过这个例子，把本章学到的判断、循环的知识都运用到里面了。同时也使读者了解到，在使用 PHP 编程时如何使用流程控制来处理复杂的问题。

5.7　本章小结

流程控制是 PHP 编程的基础，很多算法的设计都要考虑到流程控制。本章学习了 PHP 中的流程控制，具体内容包括 if 判断、switch...case 多重判断、while 循环、do...while 循环、for 循环等内容。通过本章的学习，读者可掌握 PHP 流程控制知识，为编写大型程序奠定坚实的基础。

5.8　本章习题

习题 5-1　编写代码：使用 if...else 判断输出两个变量中较大的一个。

【分析】该习题考查读者对 if...else 判断运行流程的掌握。

【关键代码】

```
if($a>$b)
    echo $a;
else
    echo $b;
```

习题 5-2　编写代码：根据输入的日期，使用 switch...case 判断今天是否休息。

【分析】该习题考查读者对 switch...case 多重判断的掌握。

【关键代码】

```
switch($day){
```

```
        case 1:
        case 2:
        case 3:
        case 4:
        case 5:
            echo "今天不休息";
            break;
        case 6:
        case 7:
            echo "今天休息";
    }
```

习题 5-3　编写代码：使用 while 循环输出 1～100 之间的偶数。

【分析】该习题考查读者对 while 循环的掌握。判断偶数可以使用“$i%2==0”比较表达式。

【关键代码】

```
    while($i<=100){
        if($i%2==0)
            echo $i;
        $i++;
    }
```

习题 5-4　编写代码：使用 for 循环计算 1～1000 之间所有数的和。

【分析】该习题考查读者对 for 循环的掌握。

【关键代码】

```
    for($i=1;$i<=1000;$i++)
        $x+=$i;
```

第 6 章　PHP 中的函数

函数是 PHP 重要的组成部分。如果说前几章介绍的变量、表达式、流程控制是 PHP 的基础的话，那么函数就是 PHP 的主体。PHP 中有大量的库函数，同时也允许用户自定义函数。本章就带领读者来认识一下函数。本章内容包括什么是函数、函数的参数、函数的返回值、PHP 内部函数的使用、PHP 加载外部函数、自定义函数等。

6.1　什么是函数

知识点讲解：光盘\视频讲解\第 6 章\什么是函数.wmv

简单地说，函数是为了完成特定功能，而作为一个整体存在的代码块。例如，求绝对值函数 abs() 完成的功能是求一个数的绝对值，而且它也是独立存在的，并不受其他变量或函数的影响。函数采用以下方法来定义：

```
function f_name($arg)
{
    expr;
    return $retval;
}
```

注意： 函数的参数即$arg可以为空。

以上代码中 f_name 为函数名，用来区别其他函数。$arg 为函数的参数，参数是在函数执行中要传递的值，它跟在函数后面的括号里。如果要求“-3”的绝对值就要用参数来传递“-3”，如 abs(-3)。expr 为函数执行的语句，$retva 为函数的返回值，返回值并不是每个函数都有。返回值指完成函数后返回到主程序中的值，如 abs(-3)的返回值为 3。其中函数名的命名规则与 PHP 中的变量命名规则相同。有效的函数名以字母或下划线开始，后面可以跟字母、数字或下划线。

在 PHP 3.0 中一个函数在调用之前必须已经被初始化。如果调用一个未被定义的函数，将会导致错误。从 PHP 4.0 开始，就不再有这种限制，这意味着可以先调用一个并未被定义的函数，然后再去定义函数。但是如果函数的定义是有条件的，那么在条件的定义发生前，是不能被调用的。具体体现在如下两种情况。

1. 有条件的定义

具体内容请参看以下代码：

```
01  <?php
02          $makefoo=true;
03          /*不能在这里调用函数 foo()，因为它现在并不存在但是可以调用函数 bar()*/
```

```
04      bar();                                    //调用函数 bar()
05      if($makefoo)                              //定义函数条件
06      {
07          function foo()                        //定义函数 foo()
08          {
09              echo "foo()函数。";               //输出字符串
10          }
11      }
12      /*现在可以调用函数 foo()了，因为它已经被定义*/
13      if ($makefoo)
14          foo();                                //调用函数 foo()
15      function bar()                            //无条件定义函数 bar()
16      {
17          echo "bar()函数。";
18      }
19  ?>
```

以上为第一种情况，虽然定义函数的条件为真，但是在有条件的定义前，函数是不能被调用的。形象地说就是：如果某条件为真则再去考虑是否去做某件事，如果这个条件根本不存在，就不考虑去做这件事。

这里举一个形象的例子。例如，一个家长叫小孩子去买东西，小孩子如何去买东西可以看作是一个函数。但是小孩也给家长提了条件，如果给 1 元辛苦费才去买。即只有满足了给 1 元钱的条件，才去执行买东西这个函数，也才去考虑怎么去买。如果条件根本不存在，那么函数相当于没有定义，当然也就不会执行了。

2. 函数的嵌套定义

第二种情况是，在某一函数体中定义另一个函数。只有当外层函数被调用时，内层函数才会被正确定义。所以也只有在调用外层函数后，才能调用内层函数。实例如下：

```
01  <?php
02      function foo()
03      {
04          function bar()
05          {
06              echo "bar()函数。";
07          }
08      }
09      /*现在不能调用函数 bar()，因为它还未被定义*/
10      foo();
11      /*现在可以调用函数 bar()，因随着函数 foo()的调用，函数 bar()也被正确定义了*/
12      bar();
13  ?>
```

这种情况也很容易理解，与第一种情况存在某些相似之处。只是把定义函数的条件转化为了某一函数的执行。

如果不把上面举例中的家长给钱看成一个条件，而是一个函数，就变成了第二种函数的嵌套定义了。即家长给钱的函数执行了，那么孩子去买东西这个函数就会被定义，然后就可以调用函数，如怎

么去买东西了。

另外在使用函数时还有一点需要注意，与变量不同的是，函数名是大小写不敏感的。如定义的函数为 bar()，实际使用时完全可以通过 Bar()来调用它。但通常情况下，为了避免混乱，调用时还是使用定义时的名字。

6.2　函数的参数

知识点讲解：光盘\视频讲解\第 6 章\函数的参数.wmv

在 6.1 节介绍函数的定义中，提到了函数的参数：

```
function f_name($arg)
{
    expr;
    return $retval;
}
```

以上代码中的$arg 就是一个参数。那么究竟什么是函数的参数？

PHP 中的函数按有无参数可分为有参数函数和无参数函数两种。函数参数只存在于有参数的函数之中。函数参数就是函数名称后圆括号内的常量、变量、表达式或函数。当定义函数时，参数因为无实际值，称为形式参数，形式参数不能是常量值。当调用该函数时，参数有实际的值，称为实际参数。形式参数的类型说明在函数名后的“()”内。

【实例 6-1】以下代码演示函数参数的使用。

实例 6-1：函数参数的使用
源码路径：光盘\源文件\06\6-1.php

```
01  <html>
02  <head>
03  <title>函数参数的使用实例</title>
04  </head>
05  <body>
06  <?php
07      function B_I_text($text)                            //定义有参数函数
08      {
09          echo "<b><i>".$text."</i></b>";                 //打印字符并加入粗体、斜体效果
10      }
11      $string="PHP 编程是一件很简单的事情";               //定义变量
12      echo $string;                                       //打印变量
13      echo "<br>";
14      B_I_text($string);                                  //用实际参数调用函数
15  ?>
16  </body>
17  </html>
```

注意：在调用函数时也要注意函数名的大小写。

在 PHP 运行环境中执行该代码，执行结果如图 6.1 所示。

图 6.1　函数参数的使用实例执行结果

以上实例中，先定义了有形式参数的函数，然后定义变量并输出，再通过实际参数调用函数。从这个实例中，读者可以了解到函数的参数是如何传递值到函数体的。

在使用函数参数时还应该注意一个问题。函数的参数是有类型限制的，即某一函数的参数可能只对应某一种类型。如果参数的类型与函数要求的类型不一致，就会发生错误，可能会返回用户不希望的结果。如 abs()函数的作用是计算一个数的绝对值，所以它的参数只能为整型或者浮点型数。如果用字符或者数组作为函数的参数，则一定会出现用户不希望的结果。

另外，有的函数有默认参数，这时的参数就变成了可选参数，即调用该函数时可以不传入有默认值的参数。函数将用默认值来替换该参数。

【实例 6-2】以下代码演示函数默认参数的使用。

实例 6-2：函数默认参数的使用
源码路径：光盘\源文件\06\6-2.php

```
01  <html>
02  <head>
03  <title>函数有默认值参数的使用实例</title>
04  </head>
05  <body>
06  <?php
07      function B_I_text($text,$color="#000000")
08      //定义有参数函数，其中$color 参数有默认值
09      {
10          echo "<font color=".$color.">";
11      //使用颜色参数
12          echo "<b><i>".$text."</i></b>";
13      //打印字符并加入粗体、斜体效果
14          echo "</font>";
15      }
16      $string="PHP 编程是一件很简单的事情";                //定义变量
17      echo $string;                                        //打印变量
18      echo "<br>";
19      B_I_text($string);                                   //调用函数，无$color 参数
20      Echo "<p>";
21      B_i_text($string,"red");                             //调用函数，加入$color 参数
22  ?>
23  </body>
24  </html>
```

在 PHP 运行环境中执行以上代码，执行结果如图 6.2 所示。

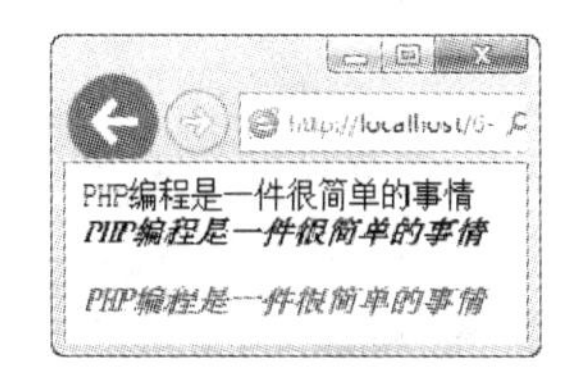

图 6.2　函数有默认值参数的使用实例

以上实例先定义了一个有两个参数的函数，其中的$color 参数有默认值。即当调用函数时，如果不传入可选参数$color，将使用默认值“#000000”，即用黑色打印字体。所以第一次调用该函数时没有使用$color 函数，打印出的字体是黑色的。第二次调用时使用了“red”作为$color 参数，所以打印出的字体就是红色的。

6.3　函数的返回值

知识点讲解：光盘\视频讲解\第 6 章\函数的返回值.wmv

在 6.1 节讲到函数时，同时也提到了函数的返回值：

```
function f_name($arg)
{
    expr;
    return $retval;
}
```

注意： 函数可以不显示返回值，如函数只执行一系列操作时。

即以上代码中的$retval。函数通过 return 来返回值。函数的返回值可以是数值、字符等变量。下面通过一个实例来说明函数的返回值是如何使用的。

【实例 6-3】以下代码演示函数返回值的使用方法。

实例 6-3：函数返回值的使用方法
源码路径：光盘\源文件\06\6-3.php

```
01  <html>
02  <head>
03  <title>函数返回值的使用实例</title>
04  </head>
05  <body>
06  <?php
07      function cube($num)                          //定义有参数函数
08      {
09          return $num*$num*$num;                   //将参数连乘三次的值作为返回值
10      }
11      $i=3;
12      echo $i."的三次方为：".cube($i);              //有实际参数调用函数
13  ?>
14  </body>
```

```
15    </html>
```

在 PHP 运行环境中执行以上代码，执行结果如图 6.3 所示。

图 6.3　函数返回值使用实例执行结果

另外，函数不能有多个返回值，但是可以将数组作为一个函数的返回值来返回多个值。

【实例 6-4】以下代码演示将数组作为函数的返回值来返回多个值。

实例 6-4：将数组作为函数的返回值来返回多个值
源码路径：光盘\源文件\06\6-4.php

```
01    <html>
02    <head>
03    <title>将数组作为函数返回值的使用实例</title>
04    </head>
05    <body>
06    <?php
07        function E_num($num1,$num2)                    //定义函数有两个参数
08        {
09            $j=0;
10            if($num1>$num2)                            //如果前面数大，则两者互换
11            {
12                $temp=$num1;
13                $num1=$num2;
14                $num2=$temp;
15            }
16            for($i=$num1;$i<$num2;$i++)                //循环比较两数之间的值
17            {
18                if($i%2==0)                            //选出其中的偶数
19                {
20                    $t[$j]=$i;                         //把结果赋值给数组元素
21                    $j++;
22                }
23            }
24            return $t;                                 //把数组$t 作为函数返回值
25        }
26        $a=3;                                          //定义变量
27        $b=20;
28        $c=E_num($a,$b);                               //调用函数
29        echo $a."到".$b."之间的偶数为：<br />";
30        for($i=0;$i<count($c);$i++)                    //遍历数组
31        {
32            echo $c[$i];                               //显示结果
33            echo "<br>";
34        }
```

```
35    ?>
36    </body>
37    </html>
```

上面代码定义了一个函数 E_num($num1,$num2)，它的作用是求出两个数之间所有的偶数。因为两数之间的偶数可能有多个数，所以要返回多个数值。这就要在函数中把这些数值定义到数组中，然后把数组当作函数的返回值返回。

在 PHP 运行环境中执行以上代码，执行结果如图 6.4 所示。

图 6.4　将数组作为函数返回值的使用实例执行结果

6.4　PHP 内部函数的使用

知识点讲解：光盘\视频讲解\第 6 章\PHP 内部函数的使用.wmv

PHP 为用户提供了丰富的库函数即内部函数，能否熟练地使用 PHP 的内部函数，是衡量一个 PHP 程序员合格与否的标准。那么如何使用 PHP 中的库函数呢？由于内部函数是集成在 PHP 解释器中的，所以它不用由用户定义就可以直接拿来使用。使用时只是要注意的函数的参数类型、调用方法、返回值及格式即可。

技巧： 相关内部函数原型可以从官方手册获得。

相对于用户自定义函数来说，PHP 的内部函数使用更简单。一是因为它不用定义；二是不用担心函数体会出错。

下面就通过两个实例，来说明在 PHP 中是如何使用库函数的。

【实例 6-5】 以下代码演示常用的数学函数的调用。

实例 6-5：常用的数学函数的调用
源码路径：光盘\源文件\06\6-5.php

```
01    <html>
02    <head>
03    <title>PHP 库函数的使用实例 1</title>
04    </head>
05    <body>
06    <?php
07          echo abs(-3);                              //调用求绝对值的库函数
08          echo "<p>";
```

```
09        echo floor(5.321);                    //调用取整函数
10        echo "<p>";
11        echo pi();                            //调用圆周率函数
12        echo "<p>";
13        echo min(5,1,3,7,8);                  //调用求最小值函数
14        echo "<p>";
15        echo max(5,1,3,7,8);                  //调用求最大值函数
16    ?>
17    </body>
18    </html>
```

在 PHP 运行环境中执行以上代码，执行结果如图 6.5 所示。

图 6.5　PHP 库函数的使用实例 1 执行结果

【实例 6-6】以下代码演示数组函数的调用。

实例 6-6：数组函数的调用
源码路径：光盘\源文件\06\6-6.php

```
01    <html>
02    <head>
03    <title>PHP 库函数的使用实例 2</title>
04    </head>
05    <body>
06    <?php
07        $a[0]=1;
08        $a[1]=3;
09        $a[2]=2;
10        $a[3]=1;
11        $a[4]=2;
12        $a[5]=1;
13        $a[6]=4;
14        $a[7]=3;
15        print_r(array_count_values ($a));
16    ?>
17    </body>
18    </html>
```

在 PHP 运行环境中执行以上代码，执行结果如图 6.6 所示。

从上面两个实例中可以看出，PHP 的库函数有的不需要参数，有的需要参数，有的还需要多个参数。所以在使用函数前，了解该函数的使用方法是很有必要的。本书将在以后章节中专门讲解相关的函数使用方法。

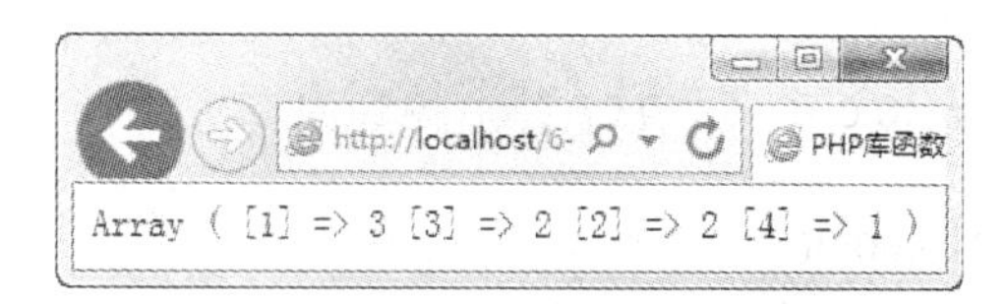

图 6.6　PHP 库函数的使用实例 2 执行结果

6.5　PHP 加载外部函数

知识点讲解：光盘\视频讲解\第 6 章\PHP 加载外部函数.wmv

PHP 有很多库函数，还有一些函数需要和特定的 PHP 扩展模块一起编译，否则在使用它们时就会得到一个致命的“未定义函数”错误。例如，要使用图像函数如 imagecreatetruecolor()，就需要在编译 PHP 时加上对 GD 库的支持。具体做法就是修改 php.ini 文件。找到这一行：

```
;extension=php_gd2.dll
```

把行首的“;”去掉，这样 PHP 解释器在启动时就会加载 GD 库函数，然后就可以像使用内部库函数一样使用 GD 库函数。

注意：有些库需要下载对应“.dll”文件到指定文件夹。

对其他外部函数的使用也是如此，要使用相应的函数，就要先加载相应的模块。有很多核心函数已包含在每个版本的 PHP 中，如字符串和变量函数等。调用 phpinfo()函数，可以了解到 PHP 加载了哪些扩展库。同时还应该注意，很多扩展库默认就是有效的。

下面通过一个实例，来说明如何加载并使用外部函数。因为要使用 GD 库函数，所以第一步修改 php.ini 文件，去掉“;extension=php_gd2.dll”行行首的“;”。另外，在这个例子中要用到 courbd.ttf 字体，所以要把 courbd.ttf 字体文件复制到 PHP 文件的同一个目录下。

【实例 6-7】以下代码演示创建一个图像文件并在图像上画出一些图形。

实例 6-7：创建一个图像文件，并在图像上画出一些图形
源码路径：光盘\源文件\06\6-7.php

```
01  <?php
02      header("Content-type:image/png");                       //输出一个 PNG 图片文件
03      $im=imagecreatetruecolor(440,100);                      //初始化图形区域
04      $black=imagecolorallocate($im, 0,0,0);                  //定义黑色
05      $white= imagecolorallocate($im, 255,255,255);           //定义白色
06      $yellow= imagecolorallocate($im,255,255,0);             //定义黄色
07      $blue = imagecolorallocate($im,0,0,255);                //定义蓝色
08      $red= imagecolorallocate ($im,255,0,0);                 //定义红色
09      $zi= imagecolorallocate($im,255,0,255);                 //定义紫色
10      $font="C:\Windows\Fonts\courbd.ttf";                    //定义字体文件
11      imagefilledrectangle($im, 5, 5, 435, 95, $blue);        //用蓝色画一个矩形
12      imagestring($im,5,7,10,"I:send",$white);                //用白色写字符
13      for($i=0;$i<5;$i++)                                     //用循环画字符
```

```
14        {
15            imagettftext($im,40,0,90+$i*50,57,$yellow,$font,"Z");            //画出字符用黄色及字体
16        }
17        imagestring($im,5,270,60,"to:YOU As a gift",$white);                 //用白色写字符
18        imagestring($im,5,305,80,date('Y').".".date('m').".".date('d'),$white);  //写出当前日期
19        imagepng($im);                                                       //创建图形
20        imagedestroy($im);                                                   //关闭图形
21    ?>
```

在 PHP 运行环境中执行以上代码，执行结果如图 6.7 所示。

图 6.7　GD 库函数使用实例执行结果

因为本节只讲怎么使用外部函数，所以并不详细说明函数具体是怎么使用的。关于 GD 库函数的使用，将会在第 10 章中专门为读者介绍。

6.6　自定义函数

在实际进行 PHP 编程时，由于要面对的情况可能十分复杂，仅仅依靠 PHP 内置的库函数，往往不能实现用户所要达到的目的。这时就要用户自己构造函数来解决实际问题。PHP 允许用户使用自定义函数。那么，自定义函数应该怎么用呢？本节就来解决如何自定义函数、使用自定义函数、函数的动态调用及函数的递归等问题。

6.6.1　如何自定义函数

知识点讲解：光盘\视频讲解\第 6 章\如何自定义函数.wmv

在 PHP 中，自定义函数是一件很简单的事情。只需使用以下语法格式就可以完成对函数的自定义：

```
function functionname()
{
     statement;
     return $retval;
}
```

注意： 自定义函数名不可以与函数内部或者外部函数名相同。

从以上代码中可见，要自定义函数，就是使用 function 语句，后面跟函数名加“()”。如果函数需要参数，就要把参数加在括号内。函数体部分用“{}”括起来，以使之和其他语句分开。大括号内是函数体，其中包括所要执行的内容、返回值等。

【实例 6-8】以下代码演示如何完成自定义函数。

实例 6-8：如何完成自定义函数

源码路径：光盘\源文件\06\6-8.php

```
01  <html>
02  <head>
03  <title>函数的自定义实例</title>
04  </head>
05  <body>
06  <?php
07      function my_f($num1,$num2)                  //定义函数求两个数的最小公倍数
08      {
09          if($num1>$num2)                         //如果前面数大两者互换
10          {
11              $temp=$num1;
12              $num1=$num2;
13              $num2=$temp;
14          }
15          $s=$num2;                               //定义变量备用
16          $i=1;                                   //定义变量备用
17          while($s%$num1!=0)                      //是否满足最小公倍数
18          {
19              $s=$num2*$i;                        //大数翻倍
20              $i++;
21          }
22          return $s;                              //返回结果
23      }
24      echo my_f(1,3);                             //输出 1 与 3 的最小公倍数
25      echo "<p>";
26      echo my_f(6,8);                             //输出 6 与 8 的最小公倍数
27      echo "<p>";
28      echo my_f(13,29);                           //输出 13 与 29 的最小公倍数
29      echo "<p>";
30      echo my_f(5,100);                           //输出 5 与 100 的最小公倍数
31      echo "<p>";
32      echo my_f(35,3);                            //输出 35 与 3 的最小公倍数
33  ?>
34  </body>
35  </html>
```

实例中，定义了一个函数，作用是通过大数翻倍法来求两个数的最小公倍数。在 PHP 运行环境中执行以上代码，执行结果如图 6.8 所示。

图 6.8　函数的自定义使用实例执行结果

通过以上实例，读者能够理解到PHP中是如何自定义函数的。只要掌握了方法，自定义函数其实是一件很简单的事情。

6.6.2 使用自定义函数

知识点讲解：光盘\视频讲解\第 6 章\使用自定义函数.wmv

自定义函数在完成定义后，就可以使用了。使用的方法也相当简单，就像使用PHP库函数一样。如下所示：

```
functionname();
```

注意： 函数调用是一条语句，所以在结尾需要加“;”。

函数名后面加上括号，里面带上适当的参数就行了。

【实例 6-9】以下代码演示如何使用自定义函数。

实例 6-9：如何使用自定义函数
源码路径：光盘\源文件\06\6-9.php

```
01  <html>
02  <head>
03  <title>自定义函数的使用实例</title>
04  </head>
05  <body>
06  <?php
07      function my_f($num1,$num2,$num3)                    //定义函数求一元二次方程的根
08      {
09          if(($num2*$num2-4*$num1*$num3)<0)              //无实根的情况
10              echo "方程没有实根！";
11          elseif(($num2*$num2-4*$num1*$num3)==0)         //一个实根
12          {
13              echo "方程有一个实根：<p>";
14              echo (-$num2+sqrt($num2*$num2-4*$num1*$num3))/(2*$num1);
15          }
16          else                                            //两个实根
17          {
18              echo "方程有两个实根：<p>";
19              echo (-$num2+sqrt($num2*$num2-4*$num1*$num3))/(2*$num1);
20              echo "，";
21              echo (-$num2-sqrt($num2*$num2-4*$num1*$num3))/(2*$num1);
22          }
23      }
24      echo "方程：2x<sup>2</sup>+3x+1=0 的根为：<p>";
25      my_f(2,3,1);                                        //调用函数
26      echo "<p>";
27      echo "方程：x<sup>2</sup>+9x+1=0 的根为：<p>";
28      my_f(1,-6,9);                                       //调用函数
29      echo "<p>";
30      echo "方程：3x<sup>2</sup>+2x+1=0 的根为：<p>";
```

```
31          my_f(3,2,1);                                    //调用函数
32    ?>
33    </body>
34    </html>
```

以上代码定义了一个函数，该函数的作用是使用公式法求一元二次方程的根。定义完成后，根据三种不同情况调用函数。在 PHP 运行环境中执行以上代码，执行结果如图 6.9 所示。

图 6.9　自定义函数的使用实例执行结果

6.6.3　函数的动态调用

知识点讲解：光盘\视频讲解\第 6 章\函数的动态调用.wmv

由于 PHP 支持可变化的函数概念，所以如果在一个变量的名称后面加上一对圆括号“()”，那么 PHP 将去寻找与这个变量名字相同的函数。无论这个变量的数值是什么，函数都会被执行。这个过程就实现了函数的动态调用。

【实例 6-10】以下代码演示函数的动态调用。

实例 6-10：函数的动态调用
源码路径：光盘\源文件\06\6-10.php

```
01    <html>
02    <head>
03    <title>函数的动态调用实例</title>
04    </head>
05    <body>
06    <?php
07          function my_f_1($text)                          //定义函数 1
08          {
09                echo "<font size=12pt>";                  //以 12 号字体输出文字
10                echo $text;
11                echo "</font>";
12          }
13          function my_f_2($text)                          //定义函数 2
14          {
15                echo "<font size=20pt>";                  //以 20 号字体输出文字
```

```
16                echo "<u>";                                    //给文字加上下划线效果
17                echo $text;
18                echo "</u>";
19                echo "</font>";
20          }
21          $test="my_f_1";
22          $test("I LIKE PHP!");                                //动态调用 my_f_1()函数
23          echo "<p>";
24          $test="my_f_2";
25          $test("用 PHP 编程，其实很简单！");                    //动态调用 my_f_2()函数
26    ?>
27    </body>
28    </html>
```

在 PHP 运行环境中执行以上代码，将出现如图 6.10 所示的执行结果。

图 6.10　函数的动态调用实例

以上代码先定义了两个函数，然后把函数名称赋值给变量。变量名后加上括号，PHP 就会去寻找同名的函数 my_f_1()，找到后则运行，从而实现了函数的动态调用。调用 my_f_2()函数的过程与之类似。

6.6.4　函数的递归

知识点讲解：光盘\视频讲解\第 6 章\函数的递归.wmv

本小节来介绍 PHP 函数的递归。那么什么是递归呢？其实递归就像读者都听过的一个歌谣那样：从前有座山，山里有座庙，庙里有个老和尚和一个小和尚。老和尚给小和尚讲故事，故事里说从前有座山，山里有座庙……就像这样无限循环。回过头来继续说递归，递归就是函数自身调用自身。

有时通过函数的递归来处理问题是十分有效的。如求斐波纳契数列第 N 项的值，如果采用传统方法效率很低。但如果使用函数的递归，解决起来就会容易得多。下面就通过实例来说明函数的递归这个问题。

在列出具体代码前，先来了解一下斐波纳契数列的特点。斐波纳契数列即“兔子生兔子的问题”：有一个人把一对兔子放在四面围着的地方。假定每个月一对兔子生下另外一对，而这新的一对在二个月后就生下另外一对。这样一年后会有多少对兔子？这里对这个数列作一改动，设第一项与第二项为 1。结果就是这样的一组数列：1，1，2，3，5，8，13，21，34，55，89，144……即某一项为它前面两项之和。在了解了数列的特点后，下面就通过实际使用函数的递归，来解决这一问题。

注意： 在递归中要有使递归中止的代码，不能使递归陷入无限递归之中。同时要避免递归函数调用超过100～200层，因为可能会破坏堆栈从而使当前脚本终止。

【实例 6-11】以下代码演示使用函数的递归解决“兔子生兔子”问题。

实例 6-11：使用函数的递归解决“兔子生兔子”问题
源码路径：光盘\源文件\06\6-11.php

```
01  <html>
02  <head>
03  <title>函数的递归实例</title>
04  </head>
05  <body>
06  <?php
07      function Fibanacci($num)                          //定义 Fibanacci()函数
08      {
09          if($num==1 || $num==2)                        //如果为第一项和第二项
10              return 1;                                 //返回值为 1
11          else                                          //除 1、2 外的其他项
12              return Fibanacci($num-1)+Fibanacci($num-2); //递归调用前两项之和
13      }
14      echo "斐波纳契数列的第 1 项为：";
15      echo Fibanacci(1);
16      echo "<p>";
17      echo "斐波纳契数列的第 12 项为：";
18      echo Fibanacci(12);
19      echo "<p>";
20      echo "斐波纳契数列的第 7 项为：";
21      echo Fibanacci(7);
22      echo "<p>";
23      echo "斐波纳契数列的第 20 项为：";
24      echo Fibanacci(20);
25  ?>
26  </body>
27  </html>
```

在 PHP 运行环境中执行以上代码，执行结果如图 6.11 所示。

图 6.11　函数的递归使用实例妨行结果

以上代码中当参数为 1 或 2 的情况很容易理解，直接返回 1 即可。除此以外的情况直接返回了和数组定义完全相同的公式：某一项为其前两项之和，从而实现了函数的递归。

可以看出，使用函数的递归解决此类问题相对于用普通的方法法来说是简单的、有效的。

6.7 本 章 小 结

本章介绍了 PHP 中函数的使用方法，其中讲解了什么是函数、函数的参数和返回值、PHP 库函数的使用、外部函数的加载及自定义函数。正如本章开始时提到的，函数是 PHP 的最重要的组成部分，只有熟练地使用函数，才算是真正学会了 PHP。通过本章的学习，读者可对 PHP 中函数的使用有一定了解。关于具体的函数如何用，从第 7 章开始将陆续为读者讲解 PHP 中各种库函数的使用。

6.8 本 章 习 题

习题 6-1 定义函数 hello()，该函数的作用是输出“hello world!”。

【分析】该习题考查读者对自定义函数的掌握。

【关键代码】

```
function(){
    echo "hello world!";
}
```

习题 6-2 定义函数 myadd()，该函数的作用是返回输入的两个参数的和。

【分析】该习题考查读者对函数参数和返回值的掌握。

【关键代码】

```
function myadd($a,$b){
    return $a+$b;
}
```

习题 6-3 调用习题 6-2 中定义的 myadd()函数计算 75 与 93 的和。

【分析】该习题考查读者对函数调用的掌握。

【关键代码】

```
myadd(75,93);
```

习题 6-4 使用变量$fuc 动态调用 myadd()函数。

【分析】该习题考查读者对函数动态调用的掌握。

【关键代码】

```
$fuc="myadd";
$fuc();
```

第 3 篇　PHP 进阶篇

本篇主要介绍了 PHP 的数据处理、文件应用、获取主机信息、图像处理、Session 与 Cookie、正则表达式、面向对象编程以及 MySQL 数据库。通过本篇的学习，读者可以掌握 PHP 的一些基本应用编程的能力，可以编写一些比较实用的应用。

第 7 章 PHP 的数据处理

数据处理在 PHP 编程中有重要的地位，不论是编什么样的程序都少不了和各种各样的数据打交道。本章就来介绍在使用 PHP 进行编程时如何对各种各样的数据进行处理，包括怎样判断数据类型以及 PHP 中常用的数学函数、字符串函数、数组处理函数等。

7.1 怎样判断数据类型

知识点讲解：光盘\视频讲解\第 7 章\怎样判断数据类型.wmv

在使用数据变量时，先弄清该变量属于什么类型是很有必要的。只有知道了数据变量的类型，才能对它进行相关的操作。那么 PHP 中是如何判断数据类型的呢？

在 PHP 中有专门的函数来判断数据类型，这就是 is 系列函数。常用的判断数据类型的函数如表 7.1 所示。

表 7.1 PHP 中判断数据类型的函数

函 数 名	作 用	返 回 值
is_array(mixed var)	判断变量是否为数组	如果参数 var 是数组就返回 True，否则返回 False
is_bool(mixed var)	判断变量是否为布尔型	如果参数 var 是布尔型值，即 True 或 False 就返回 True，否则返回 False
is_float(mixed var)	判断变量是否为浮点数	如果参数 var 是浮点数则返回 True，否则返回 False
is_int(mixed var)	判断变量是否为整型变量	如果参数 var 为整型变量 INT 则返回 True，否则返回 False
is_null(mixed var)	判断变量是否为 NULL 值	如果参数 var 未被定义，或者被设置为 NULL，或者虽然已经被定义，但又被 unset()取消定义，则返回 True，否则返回 False
is_numeric(mixed var)	判断变量是否为数字或者数字字符串	如果参数 var 为数字或者数字字符串则返回 True，否则返回 False
is_object(mixed var)	判断变量是否为一个对象	如果参数 var 为 Object 就返回 True，否则返回 False
is_scalar(mixed var)	判断变量是否为一个标量（标量即最小的变量单位，只包括 integer、float、string 或 boolean 的变量，而 array（数组）、object（对象）和 resource （资源）则不是标量）	如果参数 var 为标量则返回 True，否则返回 False
is_string(mixed var)	判断变量是否为字符串	如果参数 var 为字符串则返回 True，否则返回 False
isset(mixed var)	判断变量是否设置	如果变量存在就返回 True，否则返回 False。另外，被设置为 NULL 值的变量在使用 isset()时也将返回 False，该函数只能用于变量，因为传递任何其他参数都将造成解析错误

【实例 7-1】以下代码演示表 7.1 中函数的使用方法。

实例 7-1：表 7.1 中函数的使用方法
源码路径：光盘\源文件\07\7-1.php

```
01  <html>
02  <head>
03  <title>PHP 判断数据类型函数使用实例</title>
04  </head>
05  <body>
06  <?php
07      //先设置一些变量备用
08      $num1=123;
09      $arr=array(1,2,3,4,5,6,7);
10      $bool1=FALSE;
11      $b=Null;
12      $num2=3.14159;
13      $string1="123456";
14      $string2="HELLO WORLD!";
15      class foo                                    //定义对象
16      {
17          function do_foo()
18          {
19              echo "Doing foo.";
20          }
21      }
22      $bar = new foo;                              //引用对象
23      if(is_array($arr))                           //是否为数组
24          echo '$arr 是数组';
25      echo "<br>";
26      if(!is_array($num1))                         //是否为数组
27          echo $num1."不是数组！";
28      echo "<br>";
29      if(!is_bool($num1))                          //是否为布尔型
30          echo $num1."不是布尔型！";
31      echo "<br>";
32      if(is_bool($bool1))                          //是否为布尔型
33          echo $bool1."是布尔型";
34      echo "<br>";
35      if(!is_float($num1))                         //是否为浮点型
36          echo $num1."不是浮点型！";
37      echo "<br>";
38      if(is_float($num2))                          //是否为浮点型
39          echo $num2."是浮点型";
40      echo "<br>";
41      if(is_int($num1))                            //是否为整型
42          echo $num1."是整型";
43      echo "<br>";
44      if(!is_int($num2))                           //是否为整型
45          echo $num2."不是整型！";
46      echo "<br>";
```

```
47          if(is_numeric($string1))                        //是否为数字或数字字符串
48                echo $string1."是数字";
49          echo "<br>";
50          if(!is_numeric($string2));                      //是否为数字或数字字符串
51                echo $string2."不是数字！";
52          echo "<br>";
53          if(is_object($bar))                             //是否为对象
54                echo '$bar 是 OBJCET';
55          echo "<br>";
56          if(!is_object($num1))                           //是否为对象
57                echo $num1."不是 OBJECT！";
58          echo "<br>";
59          if(is_scalar($num1))                            //是否为标量
60                echo $num1."是标量";
61          echo "<br>";
62          if(!is_scalar($arr))                            //是否为标量
63                echo '$arr 不是标量！';
64          echo "<br>";
65          if(!is_string($num1))                           //是否为字符串
66                echo $num1."不是字符串！";
67          echo "<br>";
68          if(is_string($string1))                         //是否为字符串
69                echo $string1."是字符串";
70          echo "<br>";
71          if(isset($string1))                             //是否有值
72                echo $string1."有值";
73          echo "<br>";
74          if(!isset($b))                                  //是否有值
75                echo $bool1."无值或者值为 Null！";
76          echo "<br>";
77    ?>
78    </body>
79    </html>
```

在 PHP 运行环境中执行以上代码，执行结果如图 7.1 所示。

图 7.1　PHP 判断数据类型函数使用实例执行结果

通过该实例可以了解到，在 PHP 中使用相关函数来判断数据类型是一件很简单的事情。

说明： 在重要的运算中，一定要注意数据类型问题。

7.2　PHP 中常用的数学函数

数学运算和数字的操作在 PHP 的数据处理中占有很大比重。无论是大型程序，还是只有几行代码的小程序，只要牵涉到数字都需要用数学的方法进行处理。本节就来介绍 PHP 中常用的数学函数。

7.2.1　数学计算函数

知识点讲解：光盘\视频讲解\第 7 章\数学计算函数.wmv

本节为读者介绍常用的数学计算函数，如表 7.2 所示。

表 7.2　PHP 中常用的数学计算函数

函　数　名	作　　用	返　回　值
abs(mixed var)	绝对值函数，返回参数 var 的绝对值	如果参数为正，直接返回；如果为负，去掉负号后返回
ceil(float value)	进一法取整数函数，返回不小于参数 value 的下一个整数	如果参数为整型数，直接返回参数；如果参数为浮点型数，则返回值为参数的小数部分进一位
exp(float arg)	计算指数函数，计算 e 的指数	用 e 作为自然对数的底 2.718282 返回 e 的 arg 次方值
floor(float,value)	舍去法取整数函数，返回不大于参数 value 的下一个整数	如果参数为整型数，直接返回参数；如果参数为浮点型数，则返回值为参数舍去小数部分后的值
log10()	计算对数函数。返回以 10 为底的对数	返回以 10 为底的对数值
sqrt(float arg)	计算平方根函数。返回参数 arg 的平方根	返回参数 arg 的平方根

【实例 7-2】以下代码演示表 7.2 中所示函数的使用方法。

实例 7-2：表 7.2 中所示函数的使用方法
源码路径：光盘\源文件\07\7-2.php

```
01  <html>
02  <head>
03  <title>PHP 数学计算函数使用实例</title>
04  </head>
05  <body>
06  <?php
07        echo "-3 的绝对值是：";
08        echo abs(-3);                                    //输出-3 的绝对值
09        echo "<P>";
10        echo "3 的绝对值是：";
11        echo abs(3);                                     //输出 3 的绝对值
12        echo "<P>";
13        echo "不小于 5.5 的最小整数是：";
14        echo ceil(5.5);                                  //输出不小于 5.5 的最小整数
15        echo "<P>";
```

```
16        echo "不小于-8.2 的最小整数是：";
17        echo ceil(-8.2);                              //输出不小于-8.2 的最小整数
18        echo "<P>";
19        echo "e 的 3 次方是：";
20        echo exp(3);                                  //输出 e 的 3 次方
21        echo "<P>";
22        echo "不大于 3.2 的最大整数是：";
23        echo floor(3.2);                              //输出不大于 3.2 的最大整数
24        echo "<P>";
25        echo "不大于-8.8 的最大整数是：";
26        echo floor(-8.8);                             //输出不大于-8.8 的最大整数
27        echo "<P>";
28        echo "100 以 10 为底的对数为：";
29        echo log10(100);                              //输出 100 以 10 为底的对数
30        echo "<P>";
31        echo "9 的平方根是：";
32        echo sqrt(9);                                 //输出 9 的平方根
33        echo "<P>";
34    ?>
35    </body>
36    </html>
```

说明：要了解这些函数的执行结果可能需要一些数学知识。

在 PHP 运行环境中执行以上代码，执行结果如图 7.2 所示。

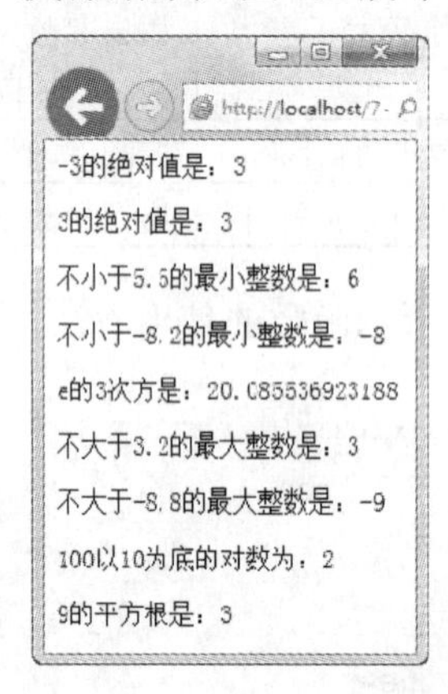

图 7.2　PHP 数学计算函数使用实例执行结果

通过上述实例及执行结果能够发现，通过 PHP 中的数学计算函数能对数据进行各种数学计算。熟练掌握这些函数将对以后的数据处理十分有益。

说明：对于这些函数要注意精度问题。专业的数学运算，最好使用数学运算软件计算。

7.2.2　数学三角函数

知识点讲解：光盘\视频讲解\第 7 章\数学三角函数.wmv

本节来介绍常用的数学三角函数。在介绍三角函数之前先介绍一个函数：deg2rad()函数，其作用

是把角度转换为弧度。

学过三角函数的读者都知道，三角函数就是指正弦、余弦、正切、余切以及这些函数对应的反函数等。PHP 中也有类似的函数，并且表达方法几乎与数学中的表达方法完全相同。PHP 中常用的三角函数如表 7.3 所示。

表 7.3　PHP 中常用的三角函数

函 数 名	作　用	返 回 值
sin(float arg)	正弦函数	返回参数 arg 的正弦值，参数 arg 为弧度
cos(float arg)	余弦函数	返回参数 arg 的余弦值，参数 arg 为弧度
tan(float arg)	正切函数	返回参数 arg 的正切值，参数 arg 为弧度
asin(float arg)	反正弦函数	返回参数 arg 的反正弦值，参数 arg 为弧度。函数 asin()是函数 sin()的反函数
acos(float arg)	反余弦函数	返回参数 arg 的反余弦值，参数 arg 为弧度。函数 acos()是函数 cos()的反函数
atan(float arg)	反正切函数	返回参数 arg 的反正切值，参数 arg 为弧度。函数 atan()是函数 tan()的反函数

注意： 参数必须是弧度。如果是角度，必须先进行转换。

下面通过两个实例来说明在 PHP 中如何使用这些三角函数。

【实例 7-3】以下代码演示三角函数的使用。

实例 7-3：三角函数的使用

源码路径：光盘\源文件\07\7-3.php

```
01  <html>
02  <head>
03  <title>PHP 三角函数使用实例 1</title>
04  </head>
05  <body>
06  <?php
07      echo "30 度角的正弦值为：";
08      echo sin(pi()/6);                              //计算正弦
09      echo "<p>";
10      echo "270 度角的正弦值为：";
11      echo sin(pi()/2*3);
12      echo "<p>";
13      echo "60 度角的余弦值为：";
14      echo cos(pi()/3);                              //计算余弦
15      echo "<p>";
16      echo "0 度角的余弦值为：";
17      echo cos(0);
18      echo "<p>";
19      echo "45 度角的正切值为：";
20      echo tan(pi()/4);                              //计算正切
21      echo "<p>";
22      echo "90 度角的正切值为：";
23      echo tan(pi()/2);
24      echo "<p>";
25      echo "30 度角的反正弦值为：";
26      echo asin(pi()/6);                             //计算反正弦
```

```
27          echo "<p>";
28          echo "60 度角的反余弦值为：";
29          echo acos(pi()/3);                                    //计算反余弦
30          echo "<p>";
31          echo "45 度角的反正切值为：";                          //计算反正切
32          echo atan(pi()/4);
33          echo "<p>";
34      ?>
35      </body>
36      </html>
```

说明：要了解这些函数的执行结果可能需要一些数学知识。

在 PHP 运行环境中执行以上代码，执行结果如图 7.3 所示。

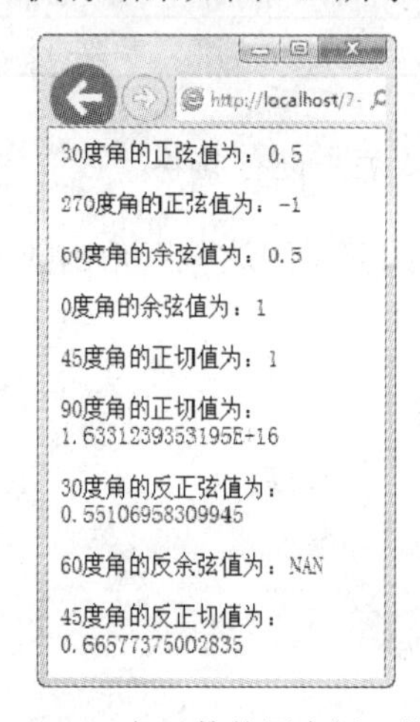

图 7.3　PHP 三角函数使用实例 1 执行结果

【实例 7-4】以下代码演示使用三角函数结合 GD 函数来实现画图功能（更多关于 GD 库函数的使用方法请参见第 10 章）。

实例 7-4：使用三角函数结合 GD 函数来实现画图功能
源码路径：光盘\源文件\07\7-4.php

```
01  <?php
02          Header("Content-type: image/png");                    //输出文件头为 PNG 图片
03          $im = imagecreate(400,400);                           //使用 GD 库函数创建区域
04          $black = Imagecolorallocate($im, 0,0,0);              //使用 GD 库函数定义黑色
05          $white = Imagecolorallocate($im, 255,255,255);        //使用 GD 库函数定义白色
06          $yellow = Imagecolorallocate($im,255,255,0);          //使用 GD 库函数定义黄色
07          $blue = Imagecolorallocate($im,0,0,255);              //使用 GD 库函数定义蓝色
08          $red = Imagecolorallocate($im,255,0,0);               //使用 GD 库函数定义红色
09          imagefilledrectangle($im, 5, 5, 395, 395, $yellow);   //使用 GD 库函数画矩形
10          for($i=1;$i<360;$i++)                                 //通过循环画点
11          {
12                  $temp=150*sin(2*(pi()/180)*$i);               //通过三角函数计算值
13                  $x=$temp*cos((pi()/180)*$i)+200;              //通过三角函数计算点的横坐标
14                  $y=$temp*sin((pi()/180)*$i)+200;              //通过三角函数计算点的纵坐标
```

```
15              imagesetpixel ($im,$x,$y,$red);                //通过 GD 库函数画点
16              $temp=150*cos(2*(pi()/180)*$i);                //通过三角函数计算第二个值
17              $x=$temp*cos((pi()/180)*$i)+200;               //通过三角函数计算点的横坐标
18              $y=$temp*sin((pi()/180)*$i)+200;               //通过三角函数计算点的纵坐标
19              imagesetpixel ($im,$x,$y,$blue);               //通过 GD 库函数画点
20          }
21          ImagePNG($im);                                     //输出 PNG 图片
22          ImageDestroy($im);                                 //清空图片
23      ?>
```

说明：要了解这些函数的执行结果可能需要一些数学知识。

在运行实例 7-4 中的代码以前，要加载 GD 库函数到 PHP 解释器中。保存代码为 7-4.php，然后在 PHP 运行环境中执行以上代码，执行结果如图 7.4 所示。

图 7.4　PHP 三角函数使用实例 2 执行结果

代码运行之后，在屏幕上画出漂亮的花的图案。这一方面说明了 PHP 功能的强大，另一方面也体现了使用三角函数带来的奇妙效果。关于其中的 GD 库函数，将在第 10 章中详细介绍。

7.2.3　很有用的最值函数

知识点讲解：光盘\视频讲解\第 7 章\很有用的最值函数.wmv

如果给出一组数据要求求取其中的最大（小）值，应该怎么做？在通常的编程语言中，要先把一组数赋值给一个数组，然后对数组进行冒泡法排序，最后把得出的结果赋值给一个变量。过程比较麻烦。不过在 PHP 中这一切就变得很简单，因为 PHP 库函数中为用户提供了求一组数据最值的函数。PHP 中的最值函数有以下两个。

☑ max(number arg1, number arg2)：求最大值函数，返回参数中数值最大的值。如果仅有一个参数且为数组，max()返回该数组中最大的值。如果第一个参数是整数、字符串或浮点数，则至少需要两个参数，而 max()会返回这些值中最大的一个。可以比较无限多个值。

☑ min(number arg1, number arg2)：求最小值函数，返回参数中数值最小的值。如果仅有一个参

数且为数组，min()返回该数组中最小的值。如果第一个参数是整数、字符串或浮点数，则至少需要两个参数，而 min()会返回这些值中最小的一个。可以比较无限多个值。

下面通过两个实例来介绍在实际的编程中如何使用这两个函数及注意事项。

【实例 7-5】以下代码演示 max()函数的使用方法。

实例 7-5：max()函数的使用方法
源码路径：光盘\源文件\07\7-5.php

```
01  <html>
02  <head>
03  <title>max()函数使用实例</title>
04  </head>
05  <body>
06  <?php
07      echo "1,3,5,6,7 中数值最大的是：";
08      echo max(1,3,5,6,7);                        //比较多个数值
09      echo "<p>";
10      echo "数组 array(2,4,5)中最大的值是：";
11      echo max(array(2, 4, 5));                   //比较一个数组
12      echo "<p>";
13      echo "0 与“hello”中最大的是：";
14      echo max(0, 'hello');                       //比较数及字符串
15      echo "<p>";
16      echo "“hello”与 0 中最大的是：";
17      echo max('hello', 0);
18      echo "<p>";
19      echo "-1 与“hello”中最大的是：";
20      echo max(-1, 'hello');
21      echo "<p>";
22      //对多个数组，max 从左向右比较
23      //因此在本例中：2 == 2，但 4 < 5
24      echo "数组 array(2,4,8)与数组 array(2,5,7)中最大的是：";
25      $val=max(array(2,4,8), array(2,5,7));
26      for($i=0;$i<count($val);$i++)
27      {
28          echo $val[$i];
29          echo "，";
30      }
31      echo "<p>";
32      //如果同时给出数组和非数组作为参数，则总是将数组视为最大值返回
33      echo "数组 array(2,5,7)与“string”和 42 中最大的是：";
34      $val = max('string', array(2, 5, 7), 42);
35      for($i=0;$i<count($val);$i++)
36      {
37          echo $val[$i];
38          echo "，";
39      }
40  ?>
41  <body>
42  </html>
```

注意：在本实例中应特别注意对不同类型数据的操作。

在 PHP 运行环境中执行以上代码，执行结果如图 7.5 所示。

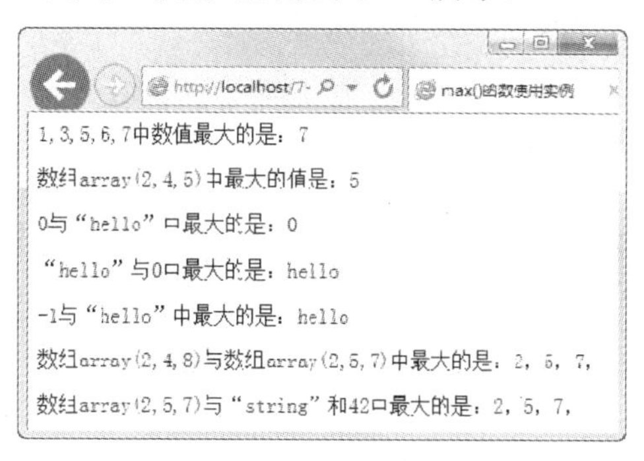

图 7.5 max()函数使用实例执行结果

从以上实例及结果中可以看到 max()函数在不同情况下是如何运行的。

【实例 7-6】以下代码演示 min()函数的使用方法。

实例 7-6：min()函数的使用方法
源码路径：光盘\源文件\07\7-6.php

```
01  <html>
02  <head>
03  <title>min()函数使用实例</title>
04  </head>
05  <body>
06  <?php
07      echo "1,3,5,6,7 中数值最小的是：";
08      echo min(1,3,5,6,7);                                //比较多个数值
09      echo "<p>";
10      echo "数组 array(2,4,5)中最小的值是：";
11      echo min(array(2, 4, 5));                           //比较一个数组
12      echo "<p>";
13      echo "0 与“hello”中最小的是：";
14      echo min(0, 'hello');                               //比较数及字符串
15      echo "<p>";
16      echo "“hello”与 0 中最小的是：";
17      echo min('hello', 0);
18      echo "<p>";
19      echo "-1 与“hello”中最小的是：";
20      echo min(-1, 'hello');
21      echo "<p>";
22      //对多个数组，min 从左向右比较
23      //因此在本例中：2 == 2，但 4 < 5
24      echo "数组 array(2,4,8)与数组 array(2,5,7)中最小的是：";
25      $val=min(array(2,4,8), array(2,5,7));
26      for($i=0;$i<count($val);$i++)
27      {
28          echo $val[$i];
29          echo "，";
30      }
```

```
31          echo "<p>";
32          //如果同时给出数组和非数组作为参数，则不可能返回数组。因为数组被看作最大值返回
33          echo "数组 array(2,5,7)与“string”和 42 中最小的是：";
34          $val = min('string', array(2, 5, 7), 42);
35          echo $val;
36      ?>
37      <body>
38      </html>
```

在 PHP 运行环境中执行以上代码，执行结果如图 7.6 所示。

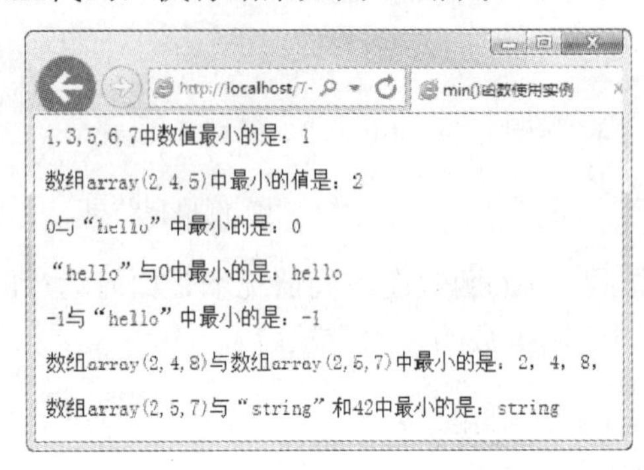

图 7.6　min()函数使用实例执行结果

通过以上实例及执行结果，可以了解到 min()函数的运行机理及在不同情况下的返回值情况。

在使用 max()和 min()函数时要注意以下问题：

☑ 两个函数都是从左向右比较。所以，如果相同的两个值比较，优先返回左边的值（如上面两个实例中的 HELLO 字符串与 0 比较的情况）。

☑ 如果同时给出数组和非数组作为参数，则数组被认为是最大的。所以，max()函数必定返回数组；而 min()函数必定不返回数组。

注意： 合理使用最值函数，可以简化很多代码编写量。

7.2.4　产生随机数函数

知识点讲解：光盘\视频讲解\第 7 章\产生随机数函数.wmv

在进行 PHP 编程时，有时需要一些随机的数字，如用户身份验证。为了防止站外提交，应生成一组随机数字，然后在后台判断，如果随机数与系统要求的不一样，就不允许其他操作。那么应该如何生成随机数呢？PHP 中有专门的随机数函数：

```
rand([int min, int max])
```

该函数用于产生一个随机数。随机数的范围在参数 min 与 max 之间。

注意： 如果rand()函数省略参数，则返回0～RAND_MAX之间的伪随机整数。

【实例 7-7】 以下代码演示 rand()函数的使用方法。

实例 7-7： rand()函数的使用方法

源码路径： 光盘\源文件\07\7-7.php

```
01  <html>
02  <head>
03  <title>rand()随机函数使用实例</title>
04  </head>
05  <body>
06  <?php
07      echo "生成一位随机数：";
08      echo rand(1,9);                          //生成一位随机数
09      echo "<p>";
10      echo "生成无参数随机数 1：";
11      echo rand();                             //无参数随机数 1
12      echo "<p>";
13      echo "生成无参数随机数 2：";
14      echo rand();                             //无参数随机数 2
15      echo "<p>";
16      echo "生成四位随机数：";
17      echo rand(1000,9999);                    //生成四位随机数
18  ?>
19  </body>
20  </html>
```

在 PHP 运行环境中执行以上代码，执行结果如图 7.7 所示（因生成数为随机数，所以结果不一定相同）。

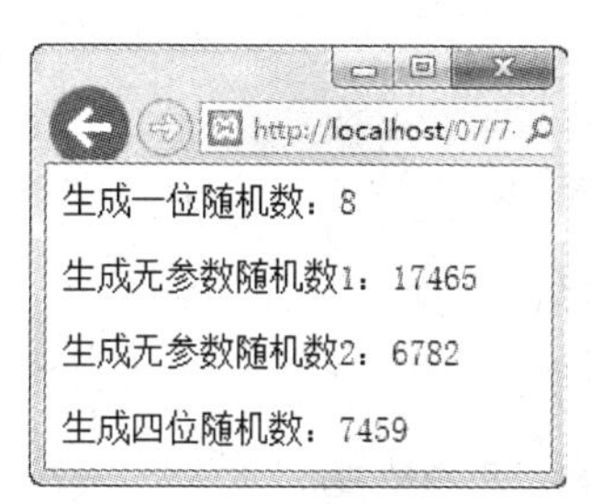

图 7.7　rand()随机函数使用实例执行结果

通过实例可见，在 PHP 中生成一个随机数是一件很简单的事情。

在使用 rand()函数时有一点需要注意，在 PHP 4.2 以前的版本中，要想使用 rand()函数必须先使用 srand()函数为 rand()生成种子，然后才能使用 rand()函数。不过新版本的 PHP 已经取消了这种设定，可以直接使用 rand()函数。

7.2.5　进制转换函数

知识点讲解：光盘\视频讲解\第 7 章\进制转换函数.wmv

在实际工作中，有时需要进行进制的转换。例如，把十进制数转换为二进制数，或者把十六进制数转换为十进制数等。PHP 库函数中也为用户准备了这样的函数。PHP 中的进制转换函数一共有 6 个，如表 7.4 所示。

表 7.4　PHP 中的进制转换函数

函　数　名	作　　用	返　回　值
bindec(string binary_string)	二进制转换为十进制	返回参数 binary_string 二进制数对应的十进制等价值
decbin(int number)	十进制转换为二进制	返回参数 int 十进制数对应的二进制等价值
dechex(int number)	十进制转换为十六进制	返回参数 int 十进制数对应的十六进制等价值
decoct(int number)	十进制转换为八进制	返回参数 int 十进制数对应的八进制等价值
hexdec(string hex_string)	十六进制转换为十进制	返回参数 hex_string 十六进制数对应的十进制等价值
octdec(string octal_string)	八进制转换为十进制	返回参数 octal_string 八进制数对应的十进制等价值

通过以上介绍可以发现，十进制可以直接和二进制、八进制、十六进制进行转换。同时，二进制、八进制、十六进制也可以直接转换为十进制。

【实例 7-8】以下代码演示如何使用进制转换函数。

实例 7-8：如何使用进制转换函数

源码路径：光盘\源文件\07\7-8.php

```
01	<html>
02	<head>
03	<title>进制转换函数使用实例</title>
04	</head>
05	<body>
06	<?php
07		//定义变量备用
08		$bin="11001";
09		$dec=100;
10		$hex="12F";
11		$oct="77";
12		echo "二进制数".$bin."对应的十进制数为：";
13		echo bindec($bin);					//二进制转换为十进制
14		echo "<p>";
15		echo "十进制数".$dec."对应的二进制数为：";
16		echo decbin($dec);					//十进制转换为二进制
17		echo "<p>";
18		echo "十进制数".$dec."对应的八进制数为：";
19		echo decoct($dec);					//十进制转换为八进制
20		echo "<p>";
21		echo "十进制数".$dec."对应的十六进制数为：";
22		echo dechex($dec);					//十进制转换为十六进制
23		echo "<p>";
24		echo "八进制数".$oct."对应的十进制数为：";
25		echo octdec($oct);					//八进制转换为十进制
26		echo "<p>";
27		echo "十六进制数".$hex."对应的十进制数为：";
28		echo hexdec($hex);					//十六进制转换为十进制
29		echo "<p>";
30		echo "二进制数".$bin."对应的八进制数为：";
31		echo decoct(bindec($bin));				//二进制转换为八进制
32		echo "<p>";
```

```
33        echo "二进制数".$bin."对应的十六进制数为：";
34        echo dechex(bindec($bin));                    //二进制转换为十六进制
35        echo "<p>";
36        echo "八进制数".$oct."对应的二进制数为：";
37        echo decbin(octdec($oct));                    //八进制转换为二进制
38        echo "<p>";
39        echo "八进制数".$oct."对应的十六进制数为：";
40        echo dechex(octdec($oct));                    //八进制转换为十六进制
41        echo "<p>";
42        echo "十六进制数".$hex."对应的二进制数为：";
43        echo decbin(hexdec($hex));                    //十六进制转换为二进制
44        echo "<p>";
45        echo "十六进制数".$hex."对应的八进制数为：";
46        echo decoct(hexdec($hex));                    //十六进制转换为八进制
47    ?>
48    </body>
49    </html>
```

在 PHP 运行环境中执行以上代码，执行结果如图 7.8 所示。

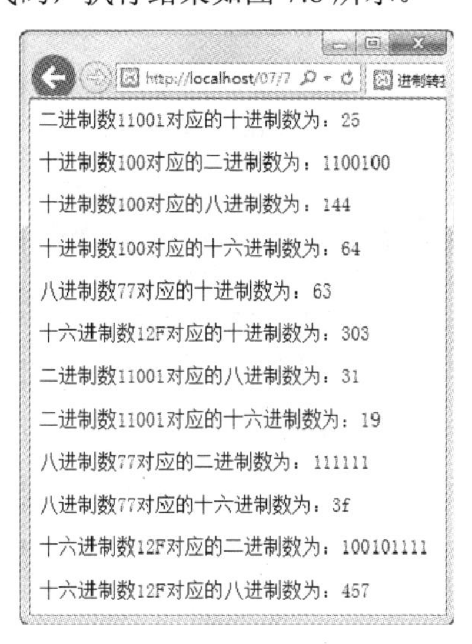

图 7.8　进制转换函数使用实例

通过以上实例及执行结果可以发现，PHP 中实现进制的转换还是比较容易的。除了这 6 个函数以外，PHP 中还有一个函数：

```
base_convert(string number,Int frombase,int tobase)
```

该函数可以实现任意进制之间的转换。它的返回值为一个字符串，包含 number 以 tobase 进制的表示。number 本身的进制由 frombase 指定。frombase 和 tobase 都只能在 2～36 之间（包括 2 和 36）。高于十进制的数字用字母 a～z 表示，如 a 表示 10、b 表示 11 以及 z 表示 35。

【实例 7-9】以下代码演示如何使用 base_convert()函数来进行进制转换。

实例 7-9：如何使用 base_convert()函数来进行进制转换
源码路径：光盘\源文件\07\7-9.php

```
01  <html>
02  <head>
03  <title>base_convert()函数使用实例</title>
04  </head>
05  <body>
06  <?php
07      //定义变量备用
08      $bin="11001";
09      $hex="12F";
10      $oct="77";
11      echo "二进制数".$bin."转为十六进制数为：";
12      echo base_convert($bin,2,16);
13      echo "<p>";
14      echo "八进制数".$oct."转为二进制数为：";
15      echo base_convert($bin,8,2);
16      echo "<p>";
17      echo "十六进制数".$hex."转为八进制数为：";
18      echo base_convert($bin,16,8);
19  ?>
20  </body>
21  </html>
```

在 PHP 运行环境中执行以上代码，其执行结果如图 7.9 所示。

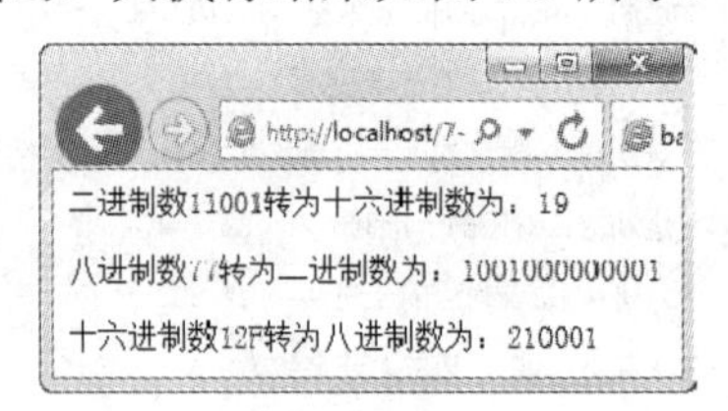

图 7.9　base_convert()函数使用实例执行结果

从执行结果中可以发现，使用 base_convert()函数对数据的进制进行转换，与使用进制转换系列函数转换的结果相同。

7.2.6　其他数学函数

知识点讲解：光盘\视频讲解\第 7 章\其他数学函数.wmv

除了前面介绍的数学函数之外，PHP 中还有几个常用的数学函数：hypot()、pi()函数等。下面分别介绍。

```
hypot(float x, float y)
```

该函数用来计算直角三角形斜边的长度。返回值为 sqrt(x*x+y*y)。

pi()函数无参数，返回圆周率的近似值 3.1415926535898。

技巧： 可以使用系统预定义常量M_PI来代替pi()函数。

这两个函数的使用方法相对单一，下面分别通过实例来介绍如何使用这两个函数。

【实例 7-10】以下代码演示 hypot()函数的使用。

实例 7-10：hypot()函数的使用

源码路径：光盘\源文件\07\7-10.php

```
01  <html>
02  <head>
03  <title>hypot()函数使用实例</title>
04  </head>
05  <body>
06  <?php
07      $a=3;                                              //定义变量
08      $b=4;                                              //定义变量
09      echo "直角三角形的一直角边为：".$a;
10      echo "<br>";
11      echo "另一直角边为".$b."则此三角形的斜边为：";
12      echo hypot($a,$b);                                 //计算三角形斜边
13      echo "<p>";
14      $a=5;                                              //定义变量
15      $b=12;                                             //定义变量
16      echo "直角三角形的一直角边为：".$a;
17      echo "<br>";
18      echo "另一直角边为".$b."则此三角形的斜边为：";
19      echo hypot($a,$b);
20  ?>
21  </body>
22  </html>
```

在 PHP 运行环境中执行以上代码，其执行结果如图 7.10 所示。

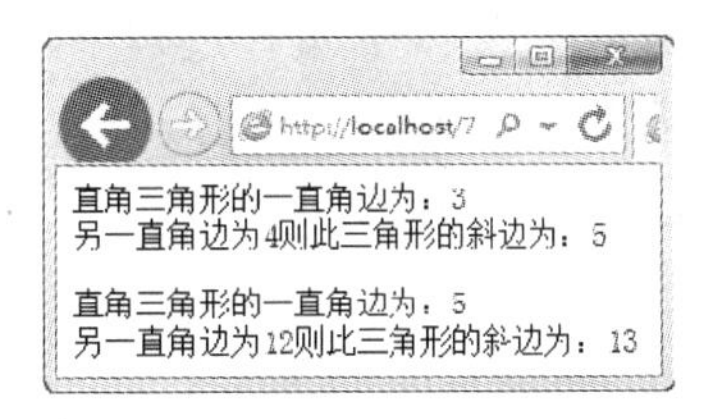

图 7.10　hypot()函数使用实例执行结果

从上面的实例及执行结果可见，hypot()函数返回 sqrt($a*$a+$b*$b)，实际上就是直角三角形的斜边。

【实例 7-11】以下代码演示 pi()函数的使用。

实例 7-11：pi()函数的使用

源码路径：光盘\源文件\07\7-11.php

```
01  <html>
02  <head>
03  <title>pi()函数使用实例</title>
04  </head>
05  <body>
06  <?php
07      echo "圆周率的值为：";
08      echo pi();                                   //利用 pi()函数输出圆周率
```

```
09          echo "<p>";
10          $r=10;
11          echo "有一个圆的半径为".$r."Cm，则它的周长为：";
12          echo number_format(2*$r*pi(),2)."Cm";              //计算圆的周长并格式化输出
13          echo "<br>";
14          echo "此圆的面积为:";
15          echo number_format(pi()*$r*$r,2)."平方 Cm";         //计算圆的面积并格式化输出
16      ?>
17      </body>
18      </html>
```

在 PHP 运行环境中执行该 PHP 文件，执行结果如图 7.11 所示。

图 7.11　pi()函数使用实例执行结果

从以上实例中可以了解到 pi()函数的运行机理及返回值情况。至此，PHP 中的数学函数就基本上介绍完了，7.3 节将会为读者介绍 PHP 中的字符串处理函数。

7.3　PHP 中常用的字符串处理函数

字符串操作的重要性不亚于数学计算。在 PHP 编程过程中，不管是进行文本处理还是字符操作，都离不开字符串，大量信息都是用字符串来存储的。所以，只有善于处理字符串才能称得上是一个合格的程序员。本节就来讲解 PHP 中常用的字符串处理函数。

7.3.1　取得字符串长度

知识点讲解：光盘\视频讲解\第 7 章\取得字符串长度.wmv

要想处理一个字符串，第一步就要了解该字符串的长度。在其他一些编程语言（如 JavaScript）中，字符串的长度通常作为字符串的一个属性出现。而在 PHP 中，则需要通过相应的函数来取得，这个函数就是 strlen()。其使用格式如下：

```
strlen(string)
```

该函数用来取得字符串的长度。参数 string 为字符串变量，返回值为表示字符串的整型变量。空字符串将返回 0。

【实例 7-12】以下代码演示 strlen()函数的使用。

实例 7-12：strlen()函数的使用
源码路径：光盘\源文件\07\7-12.php

```
01      <html>
```

```
02   <head>
03   <title>取得字符串的长度实例</title>
04   </head>
05   <body>
06   <?php
07        $s="asdfghjkl";                              //定义字符串
08        $s2="I love this game!";                     //定义字符串
09        echo "字符串".$s."的长度为：";
10        echo strlen($s);                             //取得字符串的长度
11        echo "<P>";
12        echo "字符串".$s2."的长度为：";
13        echo strlen($s2);                            //取得字符串的长度
14   ?>
15   </body>
16   </html>
```

在 PHP 运行环境中执行以上代码，将会看到如图 7.12 所示的执行结果。

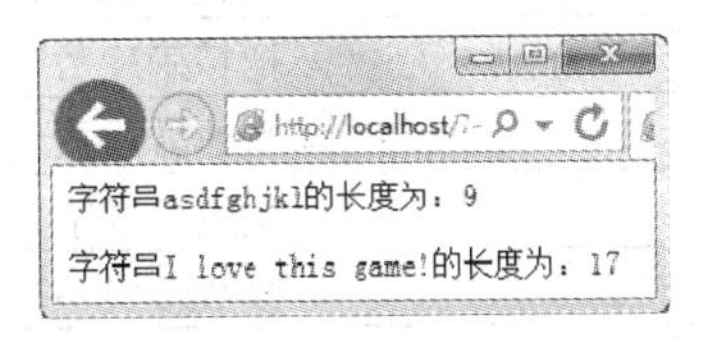

图 7.12　取得字符串的长度实例执行结果

在使用 strlen()函数时必须注意一个问题，当参数为西文字符时，能正确返回字符串的长度；而当参数为中文时，就得不到预想的结果，一个中文字符将被当作两个西文字符来处理，所以 strlen()函数的参数只能是西文字符而不能是中文字符或者含有中文字符。

说明：该函数经常用于判断用户名的长度是否符合需要。

7.3.2 输出字符串

知识点讲解：光盘\视频讲解\第 7 章\输出字符串.wmv

PHP 中用于输出字符串的函数有以下几个。

☑ echo 函数：用于字符串的输出。从严格意义上来讲 echo 并不是一个真正的函数，使用时，不需要加“()”。另外，它也没有返回值。

☑ print()函数：用于输出字符串。

```
print(string)
```

参数 string 为字符串变量或者常量。函数返回一个布尔值。当执行成功时返回 True，反之返回 False。

☑ printf()函数：用于将字符串格式化输出。

```
printf(string format,mixed[args])
```

输出格式依照参数 format 的内容，具体内容见格式化字符串函数 sprintf()。

☑ sprintf()函数：用于格式化字符串。

```
sprintf(string format,mixed[args])
```

参数 format 是转换的格式，以百分比符号%开始到转换字符为止。

格式的内容顺序如下。

☑ 填空字元：0 表示空格，空格是内定值。

☑ 对齐方式：内定值为向右对齐，负号（-）表示向左对齐。

☑ 栏位宽度：为最小宽度。

☑ 精确度：指在小数点后的浮点数位数。

☑ 型态：如表 7.5 所示。

表 7.5 格式化字符串的转换字符型态

格式字符	说明
%	印出百分比符号不转换
b	整数转成二进制
c	整数转成对应的 ASCII 字符
d	整数转成十进制
f	把精确度数字转成浮点数
o	整数转成八进制
s	整数转成字串
x	整数转成小写十六进制
X	整数转成大写十六进制

因为 echo 与 print()函数相对简单，这里就不多做介绍，下面重点介绍一下 sprintf()函数。

关于如何使用 sprintf()函数，先来看一个经典的实例：

```
01  <?php
02      $money1=68.75;
03      $money2=54.35;
04      $money=$money1+$money2;                    //此时变量$money 值为"123.1"
05      $formatted=sprintf("%01.2f",$money);       //此时变量$formatted 值为"123.10"
06  ?>
```

上述代码中的%01.2f 是什么意思呢？

首先%符号是开始的意思，它写在最前面表示指定格式要开始。也就是“起始字符”，直到出现“转换字符”为止，格式终止。

跟在%符号后面的是 0。这个 0 是“填空字元”，表示如果位置空着就用 0 来填满。

在 0 后面的是 1，用来规定小数点前面的数字占位要有 1 位以上。如果把 1 改成 2，则$formatted 的值将为 01.23。因为在小数点前面的数字只占了 1 位，按照上面所规定的格式，小数点前数字应该占 2 位，现在只有 1 位，所以用 0 来填满。

介绍到这里，在%01 后面的.2（点 2）就很好理解了，它的意思是规定小数点后的数字必需占 2 位。如果这时$money 的值为 1.234，则$formatted 的值将为 1.23。之所以去掉了最后的 4，是因为按照上面的规定，在小数点后面数字必须占 2 位。可是$money 的值中，小数点后数字占了 3 位，所以最后的 4 只能被去掉。最后以 f 这个“转换字符”结尾。其他转换字符请参看表 7.5。

关于对齐，如果在%起始符号后面加上“-”（负号），则会把数字以向右对齐的方式进行处理。

【实例 7-13】以下代码演示 sprintf()格式化函数的使用方法。

实例 7-13：sprintf()格式化函数的使用方法
源码路径：光盘\源文件\07\7-13.php

```
01  <html>
02  <head>
03  <title>sprintf()函数使用实例</title>
04  </head>
05  <body>
06  <?php
07      $s="123.321";                           //定义字符串
08      echo $s."的原始值：".$s;
09      echo "<p>";
10      $temp=sprintf("%-1.1f",$s);             //进行格式化
11      echo $s."经过格式化后的值：".$temp;
12      echo "<p>";
13      $s="12 3 5";                            //定义字符串
14      echo $s."的原始值：".$s;
15      echo "<p>";
16      $temp=sprintf("%0-b",$s);               //进行格式化
17      echo $s."经过格式化后的值".$temp;
18  ?>
19  </body>
20  </html>
```

在 PHP 运行环境中执行以上代码，执行结果如图 7.13 所示。

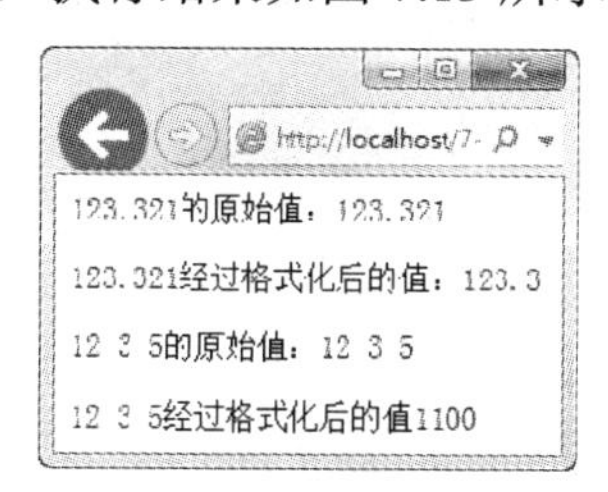

图 7.13　sprintf()函数使用实例执行结果

在实例代码中，$s 的原始值为 123.321，%-1.1f 表示左对齐，小数点前后各有一位数字。但小数点前已经有 3 位，所以保留 3 位。小数点后面的 3 位则去掉后 2 位保留 1 位。

第二个$s 的原始值为 12 3 5，先去掉空格，然后左对齐，再把得到的十进制整数转化为二进制数。空格前只有一个 12，所以对 12 进行十进制到二进制的转化，结果为 1100，即 8（2^3）+4（2^2）。

7.3.3　截取字符串

知识点讲解：光盘\视频讲解\第 7 章\截取字符串.wmv

在进行字符串处理时，有时需要对字符串进行截取。在 PHP 中要做到这一点也是很简单的，有一个专门的函数供用户调用，这个函数就是 substr()。其使用格式如下：

```
substr(string string,int start,int [length])
```

该函数用于截取字符串。参数 string 为字符串变量，参数 start、length 为整型变量。函数返回字符串 string 从 start 开始的 length 个字符。如果 start 为负数，则从字符串末尾开始取。如果 length 为空，则取从 start 到字符串结束。如果 length 为负数，则表示取到倒数第 length 个字符。

【实例 7-14】以下代码演示使用 substr()函数截取字符串。

实例 7-14：使用 substr()函数截取字符串

源码路径：光盘\源文件\07\7-14.php

```
01  <html>
02  <head>
03  <title>截取字符串</title>
04  </head>
05  <body>
06  <?php
07      $s="asdfghjkl";                                  //定义字符串
08      $s2="I love this game!";                         //定义字符串
09      echo "字符串".$s;
10      echo "<br>";
11      echo "从 3 开始的 5 个字符为：";
12      echo substr($s,3,5);                             //截取字符串
13      echo "<P>";
14      echo "字符串".$s2;
15      echo "<br>";
16      echo "从 2 开始的字符为：";
17      echo substr($s2,2);                              //截取字符串
18      echo "<p>";
19      echo "字符串".$s2;
20      echo "<br>";
21      echo "从-5 开始的字符为：";
22      echo substr($s2,-5);                             //截取字符串
23      echo "<p>";
24      echo "字符串".$s2;
25      echo "<br>";
26      echo "从 2 开始的-6 个字符为：";
27      echo substr($s2,2,-6);                           //截取字符串
28  ?>
29  </body>
30  </html>
```

在 PHP 运行环境中执行以上代码，其执行结果如图 7.14 所示。

图 7.14　截取字符串实例执行结果

上面代码中的前两次截取都很好理解，不多解释。重点来解释一下后面两次截取。

☑　substr($s2,-5)：意思是从尾端取 5 个到末尾，所以返回 game!。

☑　substr($s2,2,-6)：意思是从第 2 个开始取到倒数第 6 个，所以返回 love this。

7.3.4　按特定字符切开字符串

知识点讲解：光盘\视频讲解\第 7 章\按特定字符切开字符串.wmv

在进行字符串操作过程中，有时需要把一个较长的字符串按照特定的字符分割成若干个短的字符。如记事本型数据库，通常把一行当作一条记录，而一条记录中则通过特定的标记字符来分别存放不同的字段。对这样的记录操作时就要按这些特定的标记字符把一行记录分割开。PHP 中提供了如下函数来完成这项功能。

☑　explode()：切开字符串函数。

```
explode(string separator,string string[,int limit])
```

本函数将字符串 string 依指定的字符或字符串 separator 分开，如果使用了 limit 参数，则返回的数组包含最多 limit 个元素，其中最后一个元素将包含 string 的剩余部分。函数的返回值是以返回字符串为元素的字符串数组。

☑　split()：用正则表达式把字符串分割到数组中。

```
split(string pattern,string stirng[,int limit])
```

本函数返回一个字符串数组，每个元素为字符串 string 经过区分大小写的正则表达式 pattern 作为边界分割出的子串。如果设定了 limit，则返回的数组最多包含 limit 个元素，其中最后一个单元包含 string 中剩余的部分。如果出错，则返回 False。

☑　strtok()：切开字符串函数。

```
strtok(string str,string token)
```

本函数将传回字符串 str 依据 token 的值分割的子字符串。

【实例 7-15】以下代码演示分割字符串函数的使用。

实例 7-15：分割字符串函数的使用
源码路径：光盘\源文件\07\7-15.php

```
01  <html>
02  <head>
03  <title>切开字符串使用实例</title>
04  </head>
05  <body>
06  <?php
07      $s="123|456|789";                                //定义字符串
08      $s2="|";                                         //定义子字符串
09      echo "字符串".$s;
10      echo "<br>";
11      echo "使用 explode 方法分割开：";
12      $temp=explode($s2,$s);                           //使用 explode()函数截取字符串
13      for($i=0;$i<count($temp);$i++)                   //循环显示返回的数组元素
```

```
14                  echo $temp[$i].", ";
15          echo "<P>";
16          echo "字符串".$s;
17          echo "<br>";
18          echo "使用 explode 方法加上参数 2 分割开：";
19          $temp=explode($s2,$s,2);                              //使用 explode()函数截取字符串
20          for($i=0;$i<count($temp);$i++)                        //循环显示返回的数组元素
21                  echo $temp[$i].", ";
22          echo "<P>";
23          echo "字符串".$s;
24          echo "<br>";
25          echo "使用 split 方法分割开：";
26          $temp=split('[|]',$s);                                //分割字符定义为"|"来取字符串
27          for($i=0;$i<count($temp);$i++)                        //循环显示返回的元素
28                  echo $temp[$i].", ";
29          echo "<P>";
30          echo "字符串".$s;
31          echo "<br>";
32          echo "使用 strtok 方法分割开：";
33          $temp=strtok($s,$s2);                                 //使用 strtok()函数截取字符串
34          while($temp)                                          //循环显示分割后的字符串
35          {
36                  echo $temp.", ";
37                  $temp=strtok("|");
38          }
39  ?>
40  </body>
41  </html>
```

在 PHP 运行环境中执行以上代码，将会出现如图 7.15 所示的执行结果。

图 7.15　切开字符串使用实例执行结果

从以上代码的执行情况可以看出，split()函数需要使用正则表达式规则；而 strtok()函数返回的只是字符串而不是字符串数组；使用 explode()函数切开字符串是 3 个函数中最简单易用的。

7.3.5　去除字符串中的特殊符号

知识点讲解：光盘\视频讲解\第 7 章\去除字符串中的特殊符号.wmv

在进行实际 PHP 编程时，处理的字符串有可能来自于网页，其中可能包含 HTML 或者 PHP 标记。

这时就需要把它们去除之后再做处理。在 PHP 中也有专门去除字符串中特殊符号标记的字符串处理函数 strip_tags()，格式如下：

```
strip_tags(string str)
```

该函数用于去掉字符串参数 str 中的 HTML 及 PHP 标记，将处理之后的字符串作为函数的返回值。

注意： 此函数可去除字符串中包含的任何HTML及PHP标记。若是字符串的HTML及PHP标记原来就有错，如少了大于符号，则也会传回错误。

【实例 7-16】 以下代码演示如何使用 strip_tags()函数去除字符串中的特殊标记。

实例 7-16： 如何使用 strip_tags()函数去除字符串中的特殊标记
源码路径： 光盘\源文件\07\7-16.php

```
01    <html>
02    <head>
03    <title>去除字符串的特殊符号使用实例</title>
04    </head>
05    <body>
06    <?php
07            $s="<font color=\"#ff0000\">我爱北京天安门！</font>";
08            $t=strip_tags($s);
09            $s2="<font size=\"16pt\">天安门上太阳升！</font>";
10            $t2=strip_tags($s2);
11            echo $s;
12            echo "<p>";
13            echo $t;
14            echo "<p>";
15            echo $s2;
16            echo "<p>";
17            echo $t2;
18    ?>
19    </body>
20    </html>
```

在 PHP 运行环境中执行以上代码，其执行结果如图 7.16 所示。

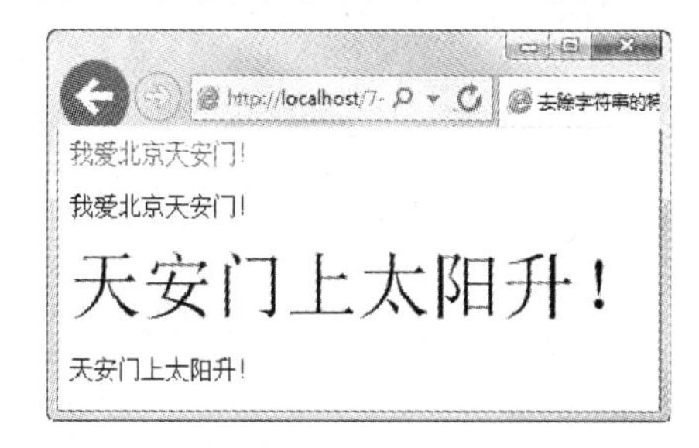

图 7.16　去除字符串中的特殊符号使用实例执行结果

通过以上实例发现，使用 strip_tags()函数去除了原字符串中的字体颜色和字体大小的标识，达到了去除特殊符号的目的。

7.3.6 转换字符串中的特殊符号为 HTML 标记

知识点讲解：光盘\视频讲解\第 7 章\转换字符串中的特殊符号为 HTML 标记.wmv

编写互动 Web 网页时，安全问题是一定要考虑的。一个不可忽视的问题就是对用户提交信息的处理。如果用户提交了恶意 HTML 代码，就会影响到其他用户的使用，甚至会造成系统瘫痪。所以编写互动 Web 网页时，出于安全考虑要对用户提交内容中的 HTML 代码进行处理。

在 PHP 中，有一个函数可以把用户提交内容（字符串）中的特殊符号转换为 HTML 实体，这个函数就是 htmlspecialchars()，格式如下：

```
htmlspecialchars(string string)
```

该函数实现将字符串参数 string 中的特殊符号（如<、>、"等）转换为 HTML 标记。其具体转换内容如下：

☑ &，转换成&。
☑ "，转换成"。
☑ <，转换成<。
☑ >，转换成>。

【实例 7-17】以下代码演示如何使用 htmlspecialchars()函数对字符串进行转换处理。

实例 7-17：如何使用 htmlspecialchars()函数对字符串进行转换处理
源码路径：光盘\源文件\07\7-17.php

```
01  <html>
02  <head>
03  <title>转换字符串的特殊符号为 HTML 标记使用实例</title>
04  </head>
05  <body>
06  <?php
07      $s="<font color=\"#ff0000\">我爱北京天安门！</font>";     //定义第一个字符串
08      $t= htmlspecialchars ($s);                              //对第一个字符串进行处理
09      $s2="<font size=\"16pt\">天安门上太阳升！</font>";       //定义第二个字符串
10      $t2=htmlspecialchars($s2);                              //对第二个字符串进行处理
11      //分别输出原字符串及处理过的字符串以查看处理的结果
12      echo $s;
13      echo "<p>";
14      echo $t;
15      echo "<p>";
16      echo $s2;
17      echo "<p>";
18      echo $t2;
19  ?>
20  </body>
21  </html>
```

在 PHP 运行环境中执行以上代码，其执行结果如图 7.17 所示。

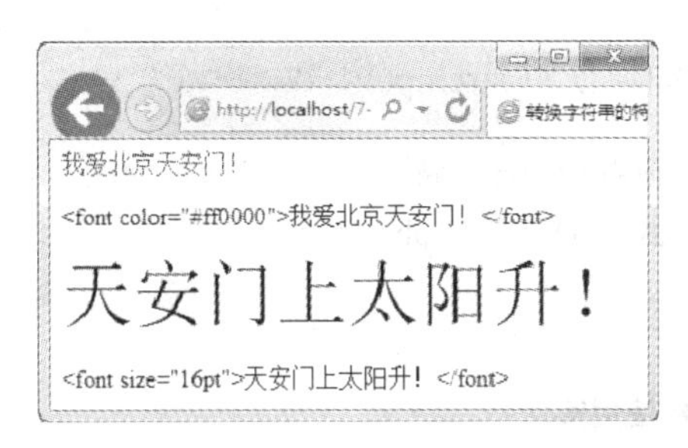

图 7.17　转换字符串的特殊符号为 HTML 标记使用实例执行结果

通过以上实例可见，htmlspecialchars()函数把字符串中的特殊符号都转换成了 HTML 标记。经过这样的处理，加入字符串中的 HTML 代码都将因被转化而不能起作用，这样在客观上就起到了提高安全性的效果。

技巧： 在一些网站需要展现HTML代码，而避免被浏览器解析，可以采用这种方法。

7.3.7　加入转义符

知识点讲解：光盘\视频讲解\第 7 章\加入转义符.wmv

在数据库操作时，如果把未经操作的单引号写入库里就会使 SQL 语句发生错误。所以给特殊字符加上转义符就显得尤为重要。同理，显示时就要把转义符去除，这样库里的内容才能正常显示。因此加入转义符函数 addslashes(string str)和去除转义符函数 stripslashes(string str)在 PHP 里也经常用到。

这两个函数的使用与用户的 PHP 解释器的设置有关。php.ini 是 PHP 设置的核心文件。其中的 magic_quotes_gpc 项的开关对这两个函数有着直接的影响。通常有以下两种情况。

☑ magic_quotes_gpc=on：可以不对输入和输出数据库的字符串数据做 addslashes()和 stripslashes()的操作，数据也会正常显示。如果此时对输入的数据做了 addslashes()处理，那么在输出时就必须使用 stripslashes()去掉多余的转义符。

☑ magic_quotes_gpc=off：必须使用 addslashes()对输入数据进行处理，但并不需要使用 stripslashes()格式化输出，因为 addslashes()并未将转义符一起写入数据库，只是帮助 MySQL 完成了 SQL 语句的执行。

说明： 由于这两个函数牵涉数据库的操作，本节只给出简单提示，具体操作请参见第14章。

7.3.8　比较字符串函数

知识点讲解：光盘\视频讲解\第 7 章\比较字符串函数.wmv

两个数值，不论是整型还是浮点型都能够比较大小，而两个字符串也可以比较大小。在 PHP 中，有一个函数专门用来比较字符串的大小，这个函数就是 strcmp()。其使用格式如下：

```
int strcmp(string str1,string str2)
```

参数 str1 与 str2 表示两个字符串变量，函数返回一个整数。如果 str1 大于 str2 则返回正数；如果 str1 小于 str2 则返回负数；如果两个字符串完全一致则返回 0。

说明： 字符串比较大小的规则是，从左向右比较，比较同一位置字符的ASCII值。

【实例 7-18】以下代码演示如何使用 strcmp()函数。

实例 7-18：如何使用 strcmp()函数
源码路径：光盘\源文件\07\7-18.php

```
01  <html>
02  <head>
03  <title>比较字符串的大小函数使用实例</title>
04  </head>
05  <body>
06  <?php
07      $s="abcdefg";                              //定义变量
08      $s2="abddefg";
09      $s3="abddefg";
10      echo $s;
11      echo "<p>";
12      echo $s2;
13      echo "<p>";
14      echo $s3;
15      echo "<p>";
16      function bijiao($str1,$str2)               //基于 strcmp()函数，构造一个函数
17      {
18          if(strcmp($str1,$str2)>0)              //如果第一个字符串大于第二个，则返回正数
19              echo $str1."大于".$str2;
20          elseif(strcmp($str1,$str2)<0)          //如果第一个字符串小于第二个，则返回负数
21              echo $str1."小于".$str2;
22          else                                   //如果两个字符串相等，则返回 0
23              echo $str1."等于".$str2;
24      }                                          //bijiao()函数结束
25      bijiao($s,$s2);                            //调用自定义函数 bijiao()
26      echo "<p>";
27      bijiao($s2,$s);
28      echo "<p>";
29      bijiao($s3,$s2);
30      echo "<p>";
31  ?>
32  </body>
33  </html>
```

在 PHP 运行环境中执行以上代码，其执行结果如图 7.18 所示。

图 7.18　比较字符串的大小函数使用实例执行结果

从以上执行结果可见，返回结果符合比较规则。通过该实例，读者既能明白 strcmp()函数的使用方法，同时也巩固了自定义函数的使用。

7.3.9　改变字符串的大小写

知识点讲解：光盘\视频讲解\第 7 章\改变字符串的大小写.wmv

在进行字符串处理时，有时需要对字符串中字母的大小写进行转换，这时就需要用到 strtolower()和 strtoupper()函数。其使用格式如下：

```
string strtolower(string str)
```

该函数用于把字符串参数 str 中的所有大写字母转换为小写字母，把转换后的新字符串作为函数的返回值。

```
string strtoupper(string str)
```

该函数用于把字符串参数 str 中的所有小写字母转换为大写字母，把转换后的新字符串作为函数的返回值。

【实例 7-19】以下代码演示改变字符串大小写函数的使用。

实例 7-19：改变字符串大小写函数的使用
源码路径：光盘\源文件\07\7-19.php

```
01  <html>
02  <head>
03  <title>改变字符串大小写函数的使用实例</title>
04  </head>
05  <body>
06  <?php
07          $s="I Love My Great Country!";                    //定义变量
08          $temp1=strtolower($s);                            //转换为小写字母
09          $temp2=strtoupper($s);                            //转换为大写字母
10          echo "原字符为：";
11          echo $s;
12          echo "<p>";
13          echo "原字符经过 strtolower()处理后的值为：";
14          echo "<br>";
15          echo $temp1;                                      //打印结果
16          echo "<p>";
17          echo "原字符经过 strtoupper()处理后的值为：";
18          echo "<br>";
19          echo $temp2;                                      //打印结果
20  ?>
21  </body>
22  </html>
```

在 PHP 运行环境中执行以上代码，其执行结果如图 7.19 所示。

查看以上执行结果发现，经过 strtolower()函数处理的字符串内容全变为小写；而经过 strtoupper()函数处理的字符串内容全变成了大写。

图 7.19　改变字符串大小写函数的使用实例执行结果

说明： 该功能适用于对用户的名称的预处理，便于比对。

7.3.10　其他常用字符串处理函数

知识点讲解：光盘\视频讲解\第 7 章\其他常用字符串处理函数.wmv

除了前面介绍的字符串处理函数之外，在进行 PHP 编程及字符串处理过程中，还有其他一些常用的字符串处理函数。由于相对于前几小节介绍的函数，这些函数使用频率较低，所以只对它们的使用格式、参数、返回值等情况做简单介绍。

☑　string chop()函数：

```
string chop(string str)
```

该函数用于去除字符串 str 中的连续空白，返回值为处理后的字符串。

☑　string ltrim()函数：

```
string ltrim(string str)
```

该函数功能与 chop()函数类似，也是去除字符串中的连续空白带（whitespace），并把处理结果返回。

☑　string md5()函数：

```
string md5(string str)
```

该函数用于把字符串 str 进行 MD5 加密，并把加密后的字符串作为函数的返回值。该函数在处理用户的密码时经常用到，一般是把用户密码经 md5()函数加密后再入库。

☑　string nl2br()函数：

```
string nl2br(string str)
```

该函数用于把字符串 str 中的回车换行转换为 HTML 标记中的
，并把处理结果返回。这也是一个很有用的函数，特别是在用户提交的内容中存在换行时，使用该函数就能保持用户输入的格式。

☑　string str_replace()函数：

```
string str_replace(string needle, string str, string haystack)
```

该函数将字符串 str 代入 haystack 字符串中，将所有的 needle 置换成 str。例如，使用 str_replace("a","b","abcd")，函数将返回 bbcd。

至此，PHP 中常用的字符串处理函数就讲解完了，在编程过程中只有经常使用才能熟练掌握这些函数。

7.4　PHP 中常用的数组处理函数

在 PHP 编程过程中，有相当大的部分是与数组打交道，如入库的内容、统计相关内容等操作都离不开数组，很多信息都是用数组作为载体的。所以数组的操作在 PHP 编程中占有很大的比重，只有熟练地操作数组才能熟练编写 PHP 程序。本节就来介绍 PHP 中常用的数组处理函数。

7.4.1　新建一个数组

知识点讲解：光盘\视频讲解\第 7 章\新建一个数组.wmv

既然要操作数组，第一步就是要新建一个数组。新建数组也有相关的函数，这个函数就是 array()。回忆前面对数组的一些介绍可知，新建一个数组通常有两种方法：一种是直接给数组每个变量赋值；另一种是同时给数组所有元素赋值。给数组所有元素同时赋值时就要用到 array()函数。

array()函数用来新建一个数组，传回的数值是数列形态。参数可以是带有=>运算符的索引。

注意：从实质上来说，array()并不算是一个正规的函数，它主要是用来建立数组。

【实例 7-20】以下代码演示 array()函数的使用，同时也可复习一下如何新建一个数组。

实例 7-20：array()函数的使用
源码路径：光盘\源文件\07\7-20.php

```
01  <html>
02  <head>
03  <title>array()函数使用实例</title>
04  </head>
05  <body>
06  <?php
07      $temp=array(1,2,3,4,5,6);                              //定义数组$temp
08      $temp1=array(0=>"zero",
09          1=>"one",
10          2=>"two",
11          3=>"three"
12      );                                                     //定义数组$temp1
13      $temp2=array("name"=>"张三",
14          "sex"=>"男",
15          "age"=>"20"
16      );                                                     //定义数组$temp2
17      echo $temp[0];                                         //输出数组
18      echo "、";
19      echo $temp[1];
20      echo "、";
21      echo $temp[2];
22      echo "、";
23      echo $temp[3];
24      echo "、";
```

```
25          echo $temp[4];
26          echo "、";
27          echo $temp[5];
28          echo "、";
29          echo "<p>";
30          for($i=0;$i<count($temp1);$i++)                        //循环输出数组
31              echo $temp1[$i].", ";
32          echo "<p>";
33          echo $temp2["name"];                                   //输出数组
34          echo "<p>";
35          echo $temp2["sex"];
36          echo "<p>";
37          echo $temp2["age"];
38      ?>
39      </body>
40      </html>
```

在 PHP 运行环境中执行以上代码，执行结果如图 7.20 所示。

图 7.20　array()函数使用实例执行结果

以上实例不仅使读者了解了 array()函数的使用方法，更加深了读者对如何建立一个数组的理解。

7.4.2　计算数组的元素个数

知识点讲解：光盘\视频讲解\第 7 章\计算数组的元素个数.wmv

在对一个数组操作之前，得知数组的元素个数是很有必要的。如要对数组循环输出，只有当知道了数组的元素个数时才能进行。在 PHP 中计算数组元素个数的方法非常简单，可以使用 count()函数来完成。格式如下：

```
count(mixed var)
```

该函数的参数可以是数组或整数变量。如果参数是数组，则返回数组元素的个数；如果参数为整数，则分两种情况：如果整数变量还没有值则返回 0，如果已经赋值则返回 1。

【实例 7-21】以下代码演示 count()函数的使用方法。

实例 7-21：count()函数的使用方法

源码路径：光盘\源文件\07\7-21.php

```
01      <html>
02      <head>
03      <title>计算数组的元素个数实例</title>
```

```
04  </head>
05  <body>
06  <?php
07          $arr1[0]="zero";                                          //定义数组变量 1
08          $arr1[1]="one";
09          $arr1[2]="two";
10          $arr1[3]="three";
11          $arr1[4]="four";
12          $arr1[5]="five";
13          $arr1[6]="six";
14          $arr2=array("中国","美国","俄罗斯","英国","法国");          //定义数组变量 2
15          $i=5;                                                     //定义变量$i 并赋值
16          $j;                                                       //定义变量$j
17          echo "数组 arr1 的元素个数为：";
18          echo count($arr1);                                        //计算数组 1 元素个数
19          echo "<p>";
20          echo "数组 arr2 的元素个数为：";
21          echo count($arr2);                                        //计算数组 2 元素个数
22          echo "<p>";
23          echo count($i);                                           //返回变量值的情况
24          echo "<p>";
25          echo count($j);                                           //返回变量值的情况
26  ?>
27  </body>
28  </html>
```

在 PHP 运行环境中执行以上代码，执行结果如图 7.21 所示。

图 7.21　计算数组的元素个数实例执行结果

在 PHP 中还有一个函数可以完成类似的工作，这就是 sizeof()函数。该函数也是把数组作为函数的参数，把数组元素的个数作为函数的返回值。因为这两个函数使用方法相同，所以这里就不再介绍。

7.4.3　对数组排序

知识点讲解：光盘\视频讲解\第 7 章\对数组排序.wmv

在实际 PHP 编程时，有时需要对数组进行排序。通常对数组进行排序的方法有冒泡法、对分法等。但是在 PHP 中对数组的排序相当简单，因为在 PHP 的数组操作函数中，有专门对数组进行排序的函数 sort()和 rsort()。使用这两个函数可以对数组进行顺序或逆序排列。

sort()函数格式如下：

```
void sort(array array)
```

该函数对数组进行排序，使数组按照从小到大的顺序重新排列。

rsort()函数格式如下：

```
void rsort(array arry)
```

该函数和 sort()函数一样，可对数组进行排序，与 sort()函数不同的是，rsort()函数将使数组按从大到小的顺序重新排列。

【实例 7-22】以下代码演示使用 sort()和 rsort()函数实现对数组的排序操作。

实例 7-22：使用 sort()和 rsort()函数实现对数组的排序操作
源码路径：光盘\源文件\07\7-22.php

```
01    <html>
02    <head>
03    <title>对数组排序函数使用实例</title>
04    </head>
05    <body>
06    <?php
07          $temp=array(5,2,6,4,1,3);                                    //定义数组$temp
08          $temp1=array("北京","南京","上海","杭州","重庆");       //定义数组$temp1
09          echo "数组 temp 原始顺序为：";
10          for($i=0;$i<count($temp);$i++)                               //通过循环打印原始数组
11                echo $temp[$i]."，";
12          echo "<p>";
13          echo "数组 temp 经 sort 函数处理后的顺序为：";
14          sort($temp);                                                  //对$temp 数组进行 sort 处理
15          for($i=0;$i<count($temp);$i++)                               //通过循环打印处理过的数组
16          {
17                echo $temp[$i];
18                echo "，";
19          }
20          echo "<p>";
21          echo "数组 temp 经 rsort 函数处理后的顺序为：";
22          rsort($temp);                                                 //对$temp 数组进行 rsort 处理
23          for($i=0;$i<count($temp);$i++)                               //通过循环打印处理过的数组
24          {
25                echo $temp[$i];
26                echo "，";
27          }
28          echo "<p>";
29          echo "--------------------------------------------------";
30          echo "<p>";
31          echo "数组 temp1 原始顺序为：";
32          for($i=0;$i<count($temp1);$i++)                              //通过循环打印原始数组
33          {
34                echo $temp1[$i];
35                echo "，";
36          }
37          echo "<p>";
38          echo "数组 temp1 经 sort 函数处理后的顺序为：";
```

```
39          sort($temp1);                                        //对$temp 数组进行 sort 处理
40          for($i=0;$i<count($temp1);$i++)                      //通过循环打印处理过的数组
41          {
42                echo $temp1[$i];
43                echo "，";
44          }
45          echo "<p>";
46          echo "数组 temp1 经 rsort 函数处理后的顺序为：";
47          rsort($temp1);                                       //对$temp 数组进行 rsort 处理
48          for($i=0;$i<count($temp1);$i++)                      //通过循环打印处理过的数组
49          {
50                echo $temp1[$i];
51                echo "，";
52          }
53    ?>
54    </body>
55    </html>
```

在 PHP 运行环境中执行以上代码，其执行结果如图 7.22 所示。

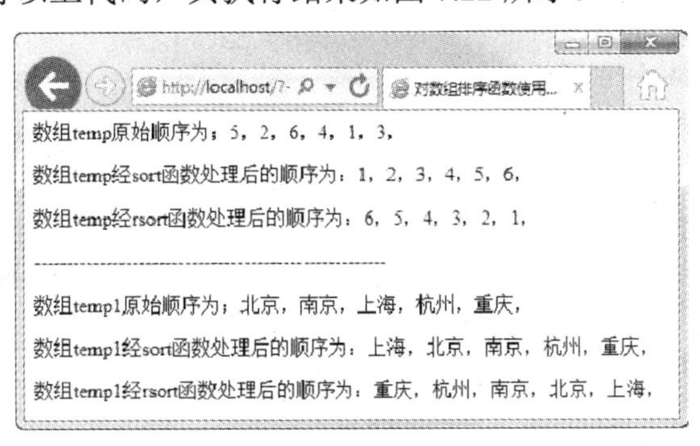

图 7.22　对数组排序函数使用实例执行结果

通过以上执行结果可以发现，在 PHP 中对数组进行排序是一件很简单的事情。

注意：如果数组中数据类型不同，如何排序？

7.4.4　对数组进行自定义排序

有时，单纯使用 7.4.3 节介绍的 sort()或 rsort()函数均不能完全满足对数组排序的要求。如下面的数组：

```
<?php
      $temp=array("班长","无职务","副班长","团支书");
?>
```

如果想要实现这样的排序：团支书>班长>副班长>无职务。这时不管是使用 sort()函数还是使用 rsort()函数，都不能实现。因为这种排序标准是自定义的。出现这种情况，就要使用另一个 PHP 数组操作函数——usort()函数。usort()函数的使用格式如下：

```
void usort(array array,function cmp_function)
```

该函数用来对数组进行排序，使数组按照用户自定义比较函数所规定的顺序重新排列。

【实例 7-23】以下代码演示 usort()函数的使用方法。

实例 7-23：usort()函数的使用方法

源码路径：光盘\源文件\07\7-23.php

```
01  <html>
02  <head>
03  <title>对数组自定义排序函数使用实例</title>
04  </head>
05  <body>
06  <?php
07      $temp=array("班长","无职务","副班长","团支书","无职务","副班长");    //定义数组$temp
08      function cmp($a,$b)                                              //自定义排序函数
09      {
10          if($a=="团支书")                                               //第一个参数为团支书的情况
11          {
12              if($b=="团支书")
13                  return 0;
14              elseif($b=="班长")
15                  return -1;
16              elseif($b=="副班长")
17                  return -1;
18              else
19                  return -1;
20          }
21          elseif($a=="班长")                                             //第一个参数为班长的情况
22          {
23              if($b=="团支书")
24                  return 1;
25              else if($b=="班长")
26                  return 0;
27              else if($b=="副班长")
28                  return -1;
29              else
30                  return -1;
31          }
32          elseif($a=="副班长")                                           //第一个参数为副班长的情况
33          {
34              if($b=="团支书")
35                  return 1;
36              else if($b=="班长")
37                  return 1;
38              else if($b=="副班长")
39                  return 0;
40              else
41                  return -1;
42          }
43          else                                                         //第一个参数为无职务的情况
44          {
45              if($b=="团支书")
46                  return 1;
```

```
47                else if($b=="班长")
48                    return 1;
49                else if($b=="副班长")
50                    return 1;
51                else
52                    return 0;
53            }
54        }                                                   //根据不同情况返回不同的值
55        echo "数组 temp 原始顺序为：";
56        echo "<p>";
57        for($i=0;$i<count($temp);$i++)                       //通过循环打印原始数组
58            echo $temp[$i]."，";
59        usort($temp,"cmp");                                  //对数组进行 usort 处理
60        echo "<p>";
61        echo "数组 temp 经过 usort 处理过的顺序为：";
62        echo "<p>";
63        for($i=0;$i<count($temp);$i++)                       //通过循环打印处理过的数组
64            echo $temp[$i]."，";
65    ?>
66    </body>
67    </html>
```

在 PHP 运行环境中执行以上代码，将会看到如图 7.23 所示的执行结果。

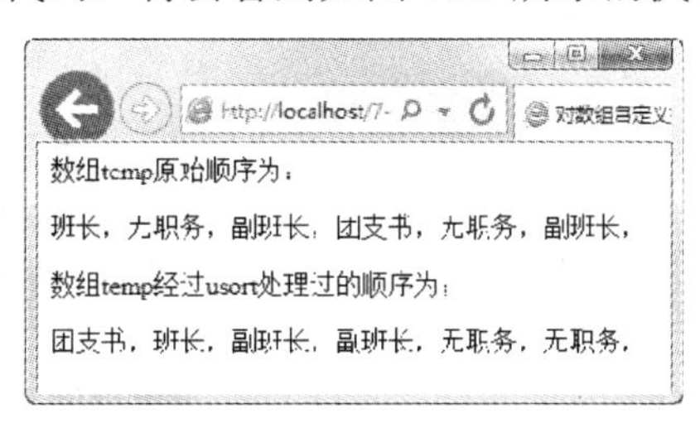

图 7.23　对数组自定义排序函数使用实例执行结果

通过以上实例及执行结果可见，使用 usort()函数可以实现一些自定义的排序规则，从而实现对数组元素进行自定义排序。

技巧：该功能适合网页中目录树的排序处理。

7.4.5　移动数组指针

知识点讲解：光盘\视频讲解\第 7 章\移动数组指针.wmv

经过前面的介绍可以了解，数组有很多元素，那么究竟数组当前元素是哪一个？这就需要指出一个数组指针的问题。每一个数组变量都有一个内部指针，它指向当前的数组元素。在进行 PHP 编程时，有时需要对数组的指针进行移动操作。在 PHP 库函数中，有一组函数来实现这一操作，介绍如下。

☑　current()函数：传回数组当前指针指向的元素。

☑　end()函数：将数组的指针移动到数组尾部，即指向数组最后的元素。

☑　next()函数：将数组的指针向后移动一位，即指向当前的后一个元素。

☑　prev()函数：将数组的指针向前移动一位，即指向当前的前一个元素。

☑ reset()函数：将数组的指针移动到数组头部，即指向数组的第一个元素。

【实例 7-24】以下代码演示数组指针操作函数的使用方法。

实例 7-24：数组指针操作函数的使用方法

源码路径：光盘\源文件\07\7-24.php

```
01  <html>
02  <head>
03  <title>移动数组指针函数使用实例</title>
04  </head>
05  <body>
06  <?php
07      $new[0]="zero";                           //定义一个数组以备用
08      $new[1]="one";
09      $new[2]="two";
10      $new[3]="three";
11      $new[4]="four";
12      $new[5]="five";
13      $new[6]="six";
14      for($i=0;$i<count($new);$i++)             //通过循环打印数组
15          echo $new[$i]."，";
16      echo "<p>";
17      echo "指针当前指向：";
18      echo current($new);                       //打印当前数组元素，以确定指针位置
19      echo "<p>";
20      echo "指针后移一位：";
21      next($new);                               //数组指针后移一位
22      echo current($new);                       //查看当前数组指针指向
23      echo "<p>";
24      echo "指针移动到尾部：";
25      end($new);                                //把数组指针移动到数组尾部
26      echo current($new);                       //查看是否已到尾部
27      echo "<p>";
28      echo "指针前移一位：";
29      prev($new);                               //把数组指针前移一位
30      echo current($new);                       //查看指针指向情况
31      echo "<p>";
32      echo "指针移动到头部：";
33      reset($new);                              //把数组指针指向头部
34      echo current($new);                       //查看是否已到头部
35  ?>
36  </body>
37  </html>
```

注意：这里一定要清楚每个移动数组指针函数执行后数组指针的位置。

在 PHP 运行环境执行以上代码，执行结果如图 7.24 所示。

下面对以上代码及执行结果做一简单分析：首先初始化数组，数组指针指向数组第一个元素，所以 current()函数返回数组的第一个元素 zero；指针后移一位则指向 one；指针移动到数组的尾部则指向

最后一个元素 six；指针前移一位则指向 five；指针移动到头部则指向 zero。

图 7.24　移动数组指针函数使用实例执行结果

7.4.6　获取数组当前元素

知识点讲解：光盘\视频讲解\第 7 章\获取数组当前元素.wmv

通过 7.4.5 节对 PHP 中移动数组指针函数的介绍可知，要获得数组当前元素，可以使用的方法就是使用 current()函数。其格式如下：

```
mixed current(array array)
```

该函数的返回值即为当前数组指针指向的元素。

注意： 还有一个pos()函数，此函数是current()函数的别名，两个函数具有相同的参数、作用及返回值。通过两个函数都可以获得数组当前的元素。

7.4.7　移去数组中重复的值

知识点讲解：光盘\视频讲解\第 7 章\移去数组中重复的值.wmv

如果一个数组中有大量的数据，在进行数组处理时，将其重复、冗余数据的值移除就显得很有必要。因为这样可以减少数据量，从而加快数据的处理速度。在 PHP 中有一个函数可以移去数组中重复的值，这个函数就是 array_unique()。其格式如下：

```
array array_unique(array array)
```

array_unique()函数用于移去数组中重复的值。该函数将数组参数 array 中重复的值移除，将处理过的新数组作为函数的返回值返回。

【实例 7-25】以下代码演示 array_unique()函数的使用方法。

实例 7-25：array_unique()函数的使用方法
源码路径：光盘\源文件\07\7-25.php

```
01   <html>
02   <head>
03   <title>移去数组中重复的值函数使用实例</title>
04   </head>
05   <body>
06   <?php
```

```
07          $new[0]="zero";                              //定义一个数组以备用
08          $new[1]="one";
09          $new[2]="zero";
10          $new[3]="three";
11          $new[4]="zero";
12          $new[5]="five";
13          $new[6]="six";
14          for($i=0;$i<count($new);$i++)                //通过循环打印数组
15                echo $new[$i].", ";
16          echo "<p>";
17          $new1=array_unique($new);                    //对数组进行去除重复值处理
18          for($i=0;$i<count($new1);$i++)               //通过循环打印新数组
19                echo $new1[$i].", ";
20    ?>
21    </body>
22    </html>
```

在 PHP 运行环境中执行以上代码，其执行结果如图 7.25 所示。

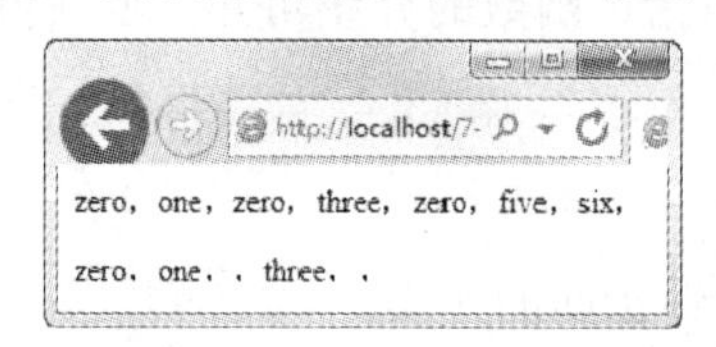

图 7.25　移去数组中重复的值函数使用实例执行结果

查看以上代码及执行结果可见，使用 array_unique()函数对数组进行操作，移去了数组中重复的值。

注意：在使用array_unique()函数时，虽然去除了数组中的重复值，但数组的键名仍将保持不变。从以上执行结果中就可以看出，$new1[0]、$new1[2]的值为空值但其键名仍在。

7.4.8　计算数组中所有值出现的次数

知识点讲解：光盘\视频讲解\第 7 章\计算数组中所有值出现的次数.wmv

在使用数组时，如果一个数组中有一个或几个值重复出现，那么统计数组中值的出现次数也是很有必要的。例如，将一个班级所有学生的年龄赋值给数组，计算某个年龄的学生有几人的情况。这时就要用到 PHP 数组操作函数 array_count_values()。其格式如下：

```
array array_count_values(array array)
```

该函数用于统计数组中所有值出现的次数。此函数返回一个数组，该数组用参数数组中的值作为键名，用参数数组中该值出现的次数作为值。

【实例 7-26】以下代码演示使用 array_count_values()函数计算数组中所有值出现的次数。

实例 7-26：使用 array_count_values()函数计算数组中所有值出现的次数
源码路径：光盘\源文件\07\7-26.php

```
01    <html>
02    <head>
03    <title>计算数组中所有值出现的次数函数使用实例</title>
```

```
04  </head>
05  <body>
06  <?php
07      $new[0]="zero";                        //定义一个数组以备用
08      $new[1]="one";
09      $new[2]="zero";
10      $new[3]="zero";
11      $new[4]="one";
12      $new[5]="two";
13      $new[6]="zero";
14      for($i=0;$i<count($new);$i++)          //通过循环打印数组
15          echo $new[$i]."，";
16      echo "<p>";
17      $new1=array_count_values($new);        //使用 array_count_values()函数进行处理
18      echo "zero 出现的次数为：";
19      echo $new1["zero"];                    //打印 zero 出现的次数
20      echo "<p>";
21      echo "one 出现的次数为：";
22      echo $new1["one"];                     //打印 one 出现的次数
23      echo "<p>";
24      echo "two 出现的次数为：";
25      echo $new1["two"];                     //打印 two 出现的次数
26  ?>
27  </body>
28  </html>
```

在 PHP 运行环境中执行以上代码，其执行结果如图 7.26 所示。

图 7.26　计算数组中所有值出现的次数函数使用实例执行结果

查看以上代码及执行结果可见，通过 array_count_values()函数返回了原数组中的值及值出现的次数作为新数组，从而实现了对数组中值出现次数的统计。

技巧：该功能适合实现简易的投票统计功能。

7.4.9　合并多个数组

知识点讲解：光盘\视频讲解\第 7 章\合并多个数组.wmv

实际进行 PHP 编程时，对多个相关或者类型相同的数组进行操作，其复杂程度要远比对一个数组进行操作大得多。所以，如果能把多个数组合并为一个数组，就能起到简化操作的目的。库函数丰富的 PHP 编程环境也为用户准备了这样的函数，这个函数就是 array_merge()，其原型如下：

```
array array_merge(array array1,array array2,array array3…)
```

array_merge()函数将作为函数参数的多个数组进行合并。一个数组中的值附加在前一个数组后面，把合并后的新数组作为函数的返回值。

在使用此函数时有一点需要注意，如果两个数组中存在相同的字符键名，那么后一个数组中的同键名的值，将替换前一个数组中相应元素的值。如：

```
$a=array(a=>"a",b=>"b",c=>"c");
$b=array(a=>"d",b=>"e",c=>"f");
```

对以上两个数组进行合并，数组$b 中的元素$b[a]、$b[b]、$b[c]将替代数组$a 中相应的元素。

如果是相同的数字键值，并不会出现这样的操作，即后一个数组的值替换前一个数组中的值。如：

```
$a=array("a","b","c");
$b=array("d","e","f");
```

对这两个数组进行合并，因为它们都是以数字作为键值，如$a[0]="a"、$b[0]="d"、…、$a[2]="c"、$b[2]="f"。这样的合并不会出现值替代的情况。数组$b 中的元素将作为新的元素加入到新合并的数组中。

【实例 7-27】以下代码演示 array_merge()函数的使用方法。

实例 7-27：array_merge()函数的使用方法

源码路径：光盘\源文件\07\7-27.php

```
01  <html>
02  <head>
03  <title>合并多个数组函数使用实例</title>
04  </head>
05  <body>
06  <?php
07      $a=array(1,2,3,4,5,6);                          //定义数组$a
08      $b=array(7,8,9,10,11);                          //定义数组$b
09      echo "数组 a 的内容为：";
10      for($i=0;$i<count($a);$i++)                     //循环打印数组$a
11          echo $a[$i]."，";
12      echo "<p>";
13      echo "数组 b 的内容为：";
14      for($i=0;$i<count($b);$i++)                     //循环打印数组$b
15          echo $b[$i]."，";
16      echo "<p>";
17      $c=array_merge($a,$b);                          //对两个数组进行合并
18      echo "合并后的数组 c 的内容为：";
19      for($i=0;$i<count($c);$i++)                     //循环打印合并后的数组
20          echo $c[$i]."，";
21      echo "<p>";
22      $str1=array(
23          'name'=>"张三",
24          'sex'=>"男",
25          'length'=>"170CM"
26      );                                              //定义数组$str1
27      $str2=array(
```

```
28              'name'=>"李四",
29              'birthday'=>"5 月 13 号",
30              'length'=>"175CM"
31          );                                      //定义数组$str2
32          echo "数组 str1 的内容为：";
33          print_r($str1);                         //格式化显示$str1 的内容
34          echo "<p>";
35          echo "数组 str2 的内容为：";
36          print_r($str2);                         //格式化显示$str2 的内容
37          $str3=array_merge($str1,$str2);         //对两个数组进行合并
38          echo "<p>";
39          echo "合并后的数组 str3 的内容为：";
40          print_r($str3);                         //格式化显示合并后的数组
41      ?>
42      </body>
43      </html>
```

在 PHP 运行环境中执行以上代码，其执行结果如图 7.27 所示。

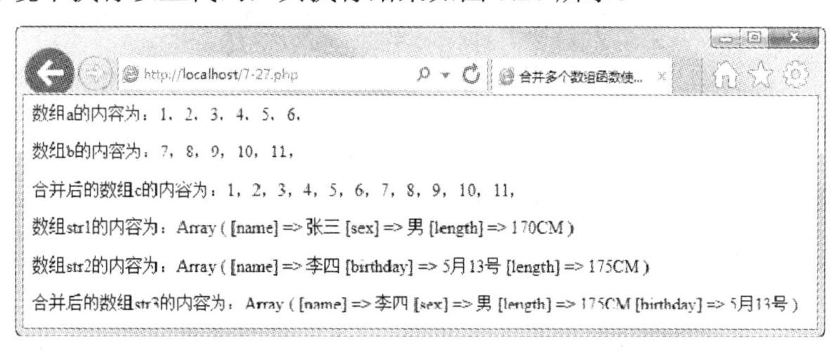

图 7.27　合并多个数组函数使用实例执行结果

查看以上实例及执行结果可见，通过 array_merge()函数将多个数组进行了合并，并且遵循这样的规则：新的字符键值的值替换以前的字符键值的值，而数字键值的值只作为新值累加。

7.4.10　其他常用数组函数

知识点讲解：光盘\视频讲解\第 7 章\其他常用数组函数.wmv

在实际使用 PHP 进行网络编程的过程中，除了以上介绍的数组操作函数之外，还有一些常用的 PHP 数组函数。由于这些函数使用频率相对于前面介绍的函数较低，所以只作简单介绍。

☑　bool in_array()函数：

```
bool in_array(mixed needle, array haystack [, bool strict])
```

该函数在 haystack 中搜索 needle，如果找到则返回 True，否则返回 False。

☑　bool ksort()函数：

```
bool ksort(array &array [, int sort_flags])
```

该函数对数组的键名进行排序，保留键名到数据的关联。

☑　bool natcasesort()函数：

```
bool natcasesort(array &array)
```

该函数用自然排序法（即按照从小到大的顺序进行排序），对数组进行不区分大小写字母的排序，并把结果作为函数返回值。

PHP 中常用的数组函数就介绍到这里，如果想要学习更多的内容，请参考相关手册。

7.5　本 章 小 结

本章介绍了 PHP 的数据处理，包括 PHP 中常用的数学函数、字符串处理函数、数组处理函数等内容。熟练掌握这些函数对数据的操作，将在实际的编程工作中起到事半功倍的效果。数据处理是编写大型 Web 应用程序的基础，只有正确地对数据进行相应的处理，才能为大型应用程序提供数据基础支持。

7.6　本 章 习 题

习题 7-1　使用 rand()函数生成 1～100 之间的随机数并输出。

【分析】该习题考查读者对 rand()函数的掌握情况。

【关键代码】

```
echo rand(1,100);
```

习题 7-2　使用 strlen()函数获取如下字符串的长度并输出该长度。

```
What are you doing?
```

【分析】该习题考查读者对 strlen()函数使用方法的掌握。

【关键代码】

```
    $len=strlen("What are you doing? ");
    echo $len;
```

习题 7-3　使用 count()函数计算如下数组元素的个数。

```
array(array[1,2],array(3,4,5),array(6,0))
```

【分析】该习题主要考查读者对 count()函数的掌握。

【关键代码】

```
count(array(array(1,2),array(3,4,5),array(6,0)));
```

习题 7-4　使用 sort()函数对如下数组进行排序。

```
array(4,9,45,21,78,25,33)
```

【分析】该习题主要考查读者对 sort()函数的掌握。

【关键代码】

```
$arr=array(4,9,45,21,78,25,33);
sort($arr);
```

习题 7-5　使用 next()和 curren()函数输出如下数组中的 21。

```
array(4,9,45,21,78,25,33)
```

【分析】该习题主要考查读者对移动数组指针函数的掌握。

【关键代码】

```
$arr=array(4,9,45,21,78,25,33);
next($arr);
next($arr);
next($arr);
echo current($arr);
```

第 8 章　PHP 文件应用

文件操作在 PHP 编程中占有重要的地位。在很多情况下都要对文件进行操作，如文本计数器、文本留言板、文件管理系统甚至是文本数据库等。本章将详细介绍在 PHP 中如何判断文件是否存在、如何获取文件属性、如何读取文件内容、如何对目录进行读取等操作。通过本章的学习，读者将对使用 PHP 进行操作文件有一个全面的认识。

8.1　判断文件是否存在

知识点讲解：光盘\视频讲解\第 8 章\判断文件是否存在.wmv

在对一个文件进行操作之前，判断该文件是否存在是有必要的。如果打开一个并不存在的文件，就会导致错误。在 PHP 中有一个专门的函数来做这一项工作，这个函数就是 file_exists(string)函数。参数 string 为一个指向文件或目录的字符型变量，函数的返回值为布尔型变量，即如果文件或目录存在，返回值为 True，反之则返回 False。

【实例 8-1】以下代码演示使用 file_exists()函数判断一个文件是否存在。

实例 8-1：使用 file_exists()函数判断一个文件是否存在
源码路径：光盘\源文件\08\8-1.php

```
01  <html>
02  <head>
03  <title>file_exists()函数使用实例</title>
04  </head>
05  <body>
06  <?php
07          $filename="data.txt";                              //定义变量
08          if(file_exists($filename))                         //如果文件存在时执行操作
09                  echo "指定文件".$filename."存在";
10          else                                               //如果文件不存在时执行操作
11                  echo "指定文件".$filename."不存在！";
12  ?>
13  </body>
14  </html>
```

在 PHP 运行环境中执行该 PHP 文件，如果在该程序同名目录下有 data.txt 文件则会返回“文件存在”；否则会返回“文件不存在”。通过上面的实例，读者可以清晰地认识到 file_exists()函数是如何使用的。

注意： 基于安全考虑，大多数的文件操作类函数的文件名参数不能为远程文件，即只能通过服务器的文件系统访问。其中包括本节的file_exists()函数及8.2节将要介绍的函数。例如这样的引用：file_exists("http://www.sohu.com/index.mdb")（其实并不存在该文件），不论文件存在与否都将返回False。

8.2　访问文件属性

知识点讲解：光盘\视频讲解\第 8 章\访问文件属性.wmv

在进行编程时，需要使用到文件的一些常见属性，如文件的大小、文件的类型、文件的修改时间、文件的访问时间、文件的权限等。通过本节的学习，读者会发现使用 PHP 的相关函数获取文件属性是非常简单的，具体的函数如表 8.1 所示。

表 8.1　文件属性相关函数

函 数 名	作　用	参数及返回值
filesize(string)	获取文件的大小	参数 string 为一个指向文件或目录的字符型变量，函数的返回值为整型变量，返回文件的大小（字节）。如果出错则返回 False。函数参数不能为远程文件，返回结果会被缓存
filetype(string)	获取文件的类型	参数 string 为一个指向文件或目录的字符型变量，函数的返回值为字符型变量，可能出现的值有 fifo、char、dir、block、link、file 和 unknown，返回值会被缓存
filemtime(string)	获取文件的修改时间	参数 string 为一个指向文件或目录的字符型变量，函数的返回值为整型变量，返回文件的修改时间
fileatime(string)	获取文件的访问时间	参数 string 为一个指向文件或目录的字符型变量，返回值为整型变量，内容为文件的访问时间
fileperms(string)	获取文件的权限	参数 string 为一个指向文件或目录的字符型变量，返回值为整型变量，内容为文件相应的权限，同其他这一类型的函数一样，参数不能为远程文件，另外返回结果同样会被缓存

【实例 8-2】以下代码演示使用表 8.1 中的函数获取文件的属性。

实例 8-2：使用表 8.1 中的函数获取文件的属性
源码路径：光盘\源文件\08\8-2.php

```
01  <html>
02  <head>
03  <title>访问文件属性函数使用实例</title>
04  </head>
05  <body>
06  <?php
07      $filename="data.txt";                                   //定义变量
08      echo $filename."的大小为：".filesize($filename)."<br>";    //使用 filesize()函数
09      echo $filename."的类型为：".filetype($filename)."<br>";    //使用 filetype()函数
10      //使用 filemtime()函数并格式化返回日期
11      echo $filename."的修改时间为：".date("Y 年 n 月 t 日",filemtime($filename))."<br>";
12      //使用 fileatime()函数并格式化返回日期
13      echo $filename."的访问时间为：".date("Y 年 n 月 t 日",fileatime($filename))."<br>";
```

```
14          //使用 fileperms()函数
15          echo $filename."的权限为：".fileperms($filename)."<br>";
16      ?>
17      </body>
18      </html>
```

注意：在使用这个例子之前，要保证同级目录下有data.txt文件。

在 PHP 运行环境中执行以上代码，执行结果如图 8.1 所示（当然会因为文件 data.txt 的不同，得出结果有所不同）。

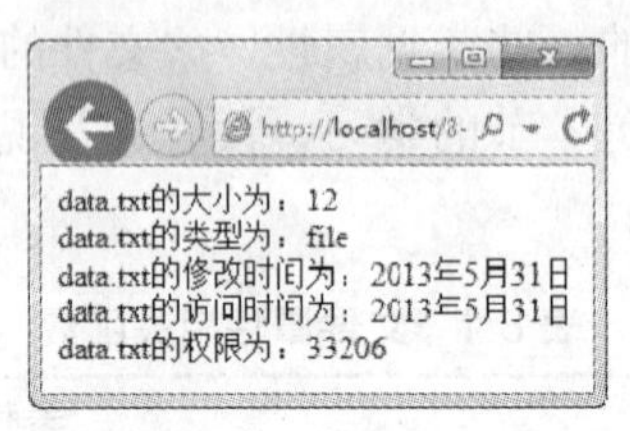

图 8.1　访问文件属性函数使用实例执行结果

读者从这个实例中能够认识到，使用 PHP 文件相关函数获得文件属性，是一件很简单的事情。

8.3　打 开 文 件

要使用一个文件，第一件事就是要把文件打开。PHP 中提供了一个很有用的库函数：fopen(string file , string mode)，它的作用就是打开本地或者远程文件。参数 filename 为一个字符型变量，代表想要打开文件的名称；参数 mode 为打开模式，可选的参数有以下 6 个，分别是 r、r+、w、w+、a、a+。根据所选参数的不同，又可以分为下面将要介绍的几种不同的打开类型。

8.3.1　用只读方式打开文件

知识点讲解：光盘\视频讲解\第 8 章\用只读方式打开文件.wmv

用只读方式打开文件使用：fopen(string file,"r")。参数 r 使打开模式为只读，文件指针指向文件开头处。这样打开的文件，不能被写入。

【实例 8-3】以下代码演示使用 fopen()函数以只读方式打开文件。

实例 8-3：使用 fopen()函数以只读方式打开文件
源码路径：光盘\源文件\08\8-3.php

```
01  <html>
02  <head>
03  <title>fopen()函数使用实例</title>
04  </head>
05  <body>
06  <?php
07          $filename="data.txt";                                    //定义变量
```

```
08        //使用 fopen()函数打开文件
09        //并且使用“r”参数设置打开模式为只读
10        $myfile=fopen($filename,"r");
11        fwrite($myfile,"hello world!");                    //试图进行写入操作
12        fclose($myfile);                                   //关闭打开的文件
13    ?>
14    </body>
15    </html>
```

在 PHP 运行环境中执行以上代码，会发现 fwrite()（对文件进行写入操作）这一句并没有被执行。打开文件 data.txt 会发现，里面也并没有多出“hello world!”这个字符串。这是因为$myfile 句柄的打开方式为只读，所以不能进行写入操作。

8.3.2　用写入方式打开文件

知识点讲解：光盘\视频讲解\第 8 章\用写入方式打开文件.wmv

用写入方式打开文件：fopen(string file,"w")、fopen(string file,"a")。参数 w、a 使打开模式为写入，这样打开的文件能够被写入。另外，使用这两个参数，当文件不存在时，能自动创建文件。两者的不同在于，使用参数 w 使文件指针指向文件开始处并将原文件清空（所以这是一个很危险的参数，除非认为原来的内容没用了，否则不要使用此参数）；而使用参数 a 使文件指针指向文件结尾而且不会清空原文件内容。

【实例 8-4】以下代码演示使用 fopen()函数以写入方式打开文件。

实例 8-4：使用 fopen()函数以写入方式打开文件
源码路径：光盘\源文件\08\8-4.php

```
01    <html>
02    <head>
03    <title>fopen()函数使用实例 2</title>
04    </head>
05    <body>
06    <?php
07        $filename="data.txt";                              //定义变量
08        //使用 fopen()函数打开文件
09        //并且使用“w”参数设置打开模式为写入
10        $myfile=fopen($filename,"w");
11        fwrite($myfile,"hello world!");                    //试图进行写入操作
12        fgets($myfile,255);                                //进行读取操作
13        fclose($myfile);                                   //关闭打开的文件
14    ?>
15    </body>
16    </html>
```

在 PHP 运行环境中执行以上代码，然后打开文件 data.txt 会发现，里面多出了“hello world!”这个字符串，说明 fwrite()这句对文件进行写入操作的语句被执行了。但是以写入方式打开的文件只能被写入而不能通过 fgetc()、fgets()等函数来读取文件的内容。如上例中的 fgets()语句就没有被顺利执行。

通过这两个实例，相信读者对文件的只读与只写这两种不同的打开方式会有深刻体会。

8.3.3 用读写方式打开文件

知识点讲解：光盘\视频讲解\第 8 章\用读写方式打开文件.wmv

用读写方式打开文件可以有 3 种形式：fopen(string file,"r+")、fopen(string file,"w+")和 fopen(string file,"a+")。参数 r+、w+、a+使打开模式为读写，这样打开的文件，既能够被读取也能够被写入。但是 3 个参数也是有所不同的：

☑ 参数 r+使文件指针指向文件开头。

☑ 参数 w+使文件指针指向文件末尾并清空原文件。

☑ 参数 a+与 w+基本类似，不同的是它并不清空原文件。

【实例 8-5】以下代码演示使用 fopen()函数以读写方式打开文件。

实例 8-5：使用 fopen()函数以读写方式打开文件

源码路径：光盘\源文件\08\8-5.php

```
01  <html>
02  <head>
03  <title>fopen()函数使用实例 3</title>
04  </head>
05  <body>
06  <?php
07      $filename="data.txt";                          //定义变量
08      //使用 fopen()函数打开文件
09      //并且使用 r+参数设置打开模式为读写
10      $myfile=fopen($filename,"r+");
11      fwrite($myfile,"hello world!");                //试图进行写入操作
12      fgets($myfile,255);                            //进行读取操作
13      fclose($myfile);                               //关闭打开的文件
14  ?>
15  </body>
16  </html>
```

在 PHP 运行环境中执行以上代码，然后打开文件 data.txt 会发现，里面多出了“hello world!”这个字符串，说明对文件的写入操作被正确执行。下面通过表 8.2 来说明这 6 个参数的异同。

表 8.2 文件打开方式的异同

参　数	r	r+	w	w+	a	a+
读写方式	只读	读写	可写	读写	可写	读写
指针位置	文件头	文件头	文件尾	文件尾	文件尾	文件尾
是否清空原文件内容	否	否	是	是	否	否
文件不存在时是否创建	否	否	是	是	否	否

8.4 读取文件内容

打开文件后就要读取文件的内容了，PHP 的文件函数提供了多种方法来完成这一任务。有读取单

个字符的 fgetc()函数、读取文件一行信息的 fgets()函数、读取整个文件内容的 file()函数等。本节将详细介绍在 PHP 编程环境中如何读取文件内容。在介绍本节内容之前，首先在有 PHP 运行权限的目录内建立 data.txt 文件，并输入以下内容：

```
<html>
<head>
<title>读取文件内容</title>
</head>
<body>
读取文件内容
<p>
<u>读取文件内容</u>
</body>
</html>
```

8.4.1　读取文件相应字符

知识点讲解：光盘\视频讲解\第 8 章\读取文件相应字符.wmv

如果只读取一个文件中的某一个字符，使用 fgetc(int fp)函数是很方便的。该函数的参数 fp 是已经被打开的文件句柄，函数返回当前文件指针所指向的字符。如果文件指针指向文件末尾，则返回 False。

【实例 8-6】以下代码演示使用 fgetc()函数读取文件中的一个字符。

实例 8-6：使用 fgetc()函数读取文件中的一个字符
源码路径：光盘\源文件\08\8-6.php

```
01   <html>
02   <head>
03   <title>fgetc()函数使用实例</title>
04   </head>
05   <body>
06   <?php
07       //打开文件的同时读取文件指针指向的字符
08       $myfile=fopen("data.txt","r");                   //用只读打开文件，文件指针指向文件开头
09       $mychar=fgetc($myfile);                          //用 fgetc()函数读取文件指针处字符并赋值给变量
10       echo $mychar;                                    //显示变量
11       fclose($myfile);                                 //关闭打开的文件
12   ?>
13   </body>
14   </html>
```

在 PHP 运行环境中执行以上代码，将返回<。因为文件指针指向文件头，指针处内容赋值给变量。

【实例 8-7】以下代码演示使用 fgetc()函数通过循环读取文件所有内容。

实例 8-7：使用 fgetc()函数通过循环读取文件所有内容
源码路径：光盘\源文件\08\8-7.php

```
01   <html>
02   <head>
```

```
03  <title>fgetc()函数使用实例 2</title>
04  </head>
05  <body>
06  <?php
07      //通过循环读取文件所有内容
08      $myfile=fopen("data.txt","r");              //用只读打开文件，文件指针指向文件开头
09      while(!feof($myfile))                        //通过循环判断指针是否指向文件末尾
10      {
11          $mychar=fgetc($myfile);                  //用 fgetc()函数读取文件指针处字符并赋值给变量
12          echo $mychar;                            //显示变量
13      }
14      fclose($myfile);                             //关闭打开的文件
15  ?>
16  </body>
17  </html>
```

在 PHP 运行环境中执行该代码，执行结果如图 8.2 所示。

图 8.2 fgetc()函数使用实例执行结果

查看打开页面的源文件，会发现内容与 data.txt 文件完全一样，这就说明文件内容被正确读取。这里顺便提一下 feof()函数，它的作用就是判断文件指针是否指向文件末尾，如果已经指向或超过文件末尾返回 True，反之则返回 False。

8.4.2 按行返回文件内容

知识点讲解：光盘\视频讲解\第 8 章\按行返回文件内容.wmv

如果需要按行读取文件内容，就使用 fgets(int fp,int)函数。和 fgetc()函数一样，fp 参数是已经被打开的文件句柄，第二个 int 参数为要读取字符的个数。函数返回当前文件指针所指向行指定的字符个数。如果文件指针指向文件末尾，则返回 False。

【实例 8-8】以下代码演示使用 fgets()函数读取文件中的一行内容。

实例 8-8：使用 fgets()函数读取文件中的一行内容
源码路径：光盘\源文件\08\8-8.php

```
01  <html>
02  <head>
03  <title>fgets()函数使用实例</title>
04  </head>
05  <body>
06  <?php
07      //打开文件的同时读取文件指针指向的行
08      $myfile=fopen("data.txt","r");              //用只读打开文件，文件指针指向文件开头
09      $myline=fgets($myfile,255);                 //用 fgets()函数读取文件指针所在行并赋值给变量
```

```
10        echo $myline;                                  //显示变量
11        fclose($myfile);                               //关闭打开的文件
12    ?>
13    </body>
14    </html>
```

在 PHP 运行环境中执行以上代码，会发现什么也没有，但查看源文件会发现“<html>”。因为文件指针指向文件头，指针指向的行为第一行即“<html>”赋值给了变量。同 fgetc()函数一样，fgets()函数也可以通过循环来实现显示文件全部内容，这里不再赘述。

8.4.3　按行返回文件内容并去除 HTML 标记

知识点讲解：光盘\视频讲解\第 8 章\按行返回文件内容并去除 HTML 标记.wmv

有时返回文件指定行内容的同时需要去除掉 HTML 标记，这时使用 fgetss(int fp,int)函数就很方便了。函数使用方法与 fgets()相同，不同的是函数返回行内容的同时去除 HTML 标记。

【实例 8-9】以下代码演示使用 fgetss()函数读取文件中的内容。

实例 8-9：使用 fgetss()函数读取文件中的内容

源码路径：光盘\源文件\08\8-9.php

```
01    <html>
02    <head>
03    <title>fgetss()函数使用实例</title>
04    </head>
05    <body>
06    <?php
07        //打开文件的同时读取文件指针指向的行
08        $myfile=fopen("data.txt","r");               //用只读打开文件，文件指针指向文件开头
09        while(!feof($myfile))
10        {
11            $myline=fgetss($myfile,255);             //用 fgetss()函数读取文件指针所在行并值赋给变量
12            echo $myline;                            //显示变量
13        }
14        fclose($myfile);                             //关闭打开的文件
15    ?>
16    </body>
17    </html>
```

在 PHP 运行环境中执行以上代码，会出现如图 8.3 所示的执行结果。

图 8.3　fgetss()函数使用实例执行结果

查看源文件，只有以下内容：

```
读取文件内容
```

```
读取文件内容

读取文件内容
```

之所以这样是因为 data.txt 文件只有第 3、第 6 和第 8 行含有文字内容，其他行均为 HTML 标记。在使用 fgetss()函数去除标记后就只剩第 3、第 6 和第 8 行被输出了。

8.4.4 将整个文件内容读入数组变量中

知识点讲解：光盘\视频讲解\第 8 章\将整个文件内容读入到数组变量中.wmv

通常把一个多行的文件的全部内容读入数组变量中会使用 file(string filename)函数。参数 filename 为一个字符型变量，内容为要读取内容的文件名。该函数返回一个数组，数组长度为文件行数，文件的一行对应数组的一个元素。

【实例 8-10】以下代码演示使用 file()函数读取整个文件到一个数组中。

实例 8-10：使用 file()函数读取整个文件到一个数组中
源码路径：光盘\源文件\08\8-10.php

```
01  <html>
02  <head>
03  <title>file()函数使用实例</title>
04  </head>
05  <body>
06  <?php
07      //使用 file()函数将整个文件内容读入到数组变量中
08      $filename="data.txt";                          //定义变量
09      $myfile=file($filename);                       //用 file()函数打开文件并赋值给变量
10      for($i=0;$i<count($myfile);$i++)               //使用 for 循环
11          echo $myfile[$i];                          //显示数组变量的每个元素
12  ?>
13  </body>
14  </html>
```

注意：如果被读入的文件过大可能会导致程序出现异常。

在 PHP 运行环境中执行以上代码，会发现执行结果与图 8.2 一致。两个实例都是通过循环显示出了文件的所有内容。不同的是，fgetc()函数是逐个显示各个字符，而 file()函数则是把文件读入数组，再通过显示数组元素来显示出文件内容的。

8.5 删 除 文 件

知识点讲解：光盘\视频讲解\第 8 章\删除文件.wmv

如果确认文件已经没有用，并且以后也不会再用到，就要把该文件删除以节省硬盘空间。在 PHP

中使用 unlink()函数来执行这一操作。其格式如下：

```
unlink(string filename)
```

该函数中参数 filename 是字符型变量，内容为想要删除的文件名。执行后删除指定文件。如果出错则返回 0 或者 False。当然，使用这一函数之前需要确认文件确实不再使用。执行 unlink()函数后文件将不可恢复。

【实例 8-11】以下代码演示使用 unlink()函数删除指定文件。

实例 8-11：使用 unlink()函数删除指定文件
源码路径：光盘\源文件\08\8-11.php

```
01  <html>
02  <head>
03  <title>unlink()函数使用实例</title>
04  </head>
05  <body>
06  <?php
07        //使用 unlink()函数删除文件
08        $filename="data.txt";                            //定义变量
09        unlink($filename);                               //用 unlink()函数删除文件
10  ?>
11  </body>
12  </html>
```

注意：使用unlink()函数前，一定要确认文件已经不再需要。

在 PHP 运行环境中执行以上代码后进入目录会发现 data.txt 文件已经被删除。

使用此函数时需要注意的是，删除的文件必须是存在的文件，如果文件名并不存在，就会出现如图 8.4 所示的出错提示。

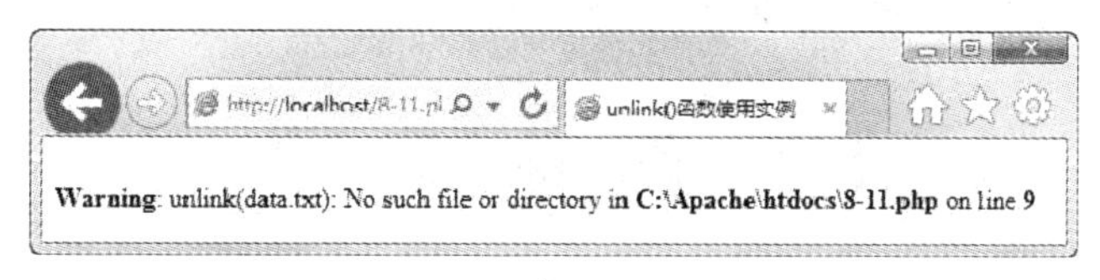

图 8.4　unlink()函数使用不当的出错提示

8.6 创建目录

知识点讲解：光盘\视频讲解\第 8 章\创建目录.wmv

有时需要在服务器上创建目录。如创建以当天日期为名字的目录来备份数据，或者创建以注册用户名为名字的目录来存放用户注册信息文件等。在 PHP 中使用 mkdir()函数来完成这一任务。

```
mkdir(string dirname,int mode)
```

该函数中参数 dirname 字符变量，表示想要创建目录的名称；参数 mode 为整型变量，表示创建模式。执行此函数将在指定目录下创建新的目录。

【实例 8-12】以下代码演示使用 mkdir()函数创建一个目录。

实例 8-12：使用 mkdir()函数创建一个目录
源码路径：光盘\源文件\08\8-12.php

```
01  <html>
02  <head>
03  <title>mkdir()函数使用实例</title>
04  </head>
05  <body>
06  <?php
07      //使用 mkdir()函数创建目录
08      $dirname="mydir";                                  //定义变量
09      mkdir($dirname,0700);                              //用 mkdir()函数来创建目录
10  ?>
11  </body>
12  </html>
```

注意：在Linux系统中需要有创建目录的权限。

在 PHP 运行环境中执行以上代码，进入目录会发现多出了一个名字为 mydir 的目录。需要注意的是，使用此函数时，创建的目录名不能与已经存在的目录名相同，如果出现了同样的目录名，就会出现如图 8.5 所示的出错提示。

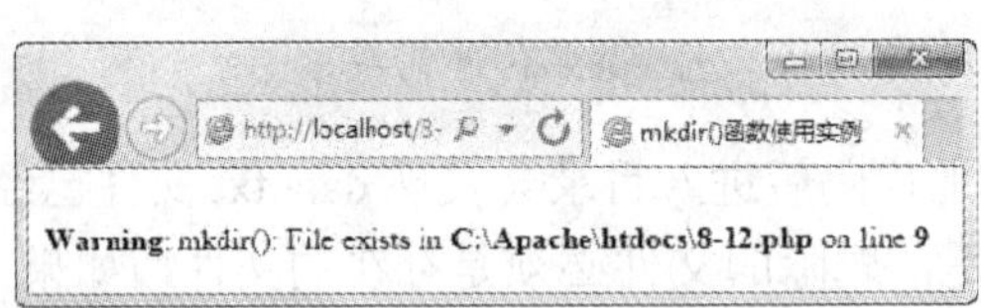

图 8.5　mkdir()函数使用不当的出错提示

8.7　删 除 目 录

知识点讲解：光盘\视频讲解\第 8 章\删除目录.wmv

同普通文件类似的，如果确认目录已经不会被使用，那么就要把目录删除。在 PHP 中使用 rmdir()函数来执行删除目录的操作。

```
rmdir(string dirname)
```

该函数中参数 dirname 为字符型变量，表示想要删除目录的名称。执行此函数会把指定目录删除。

【实例 8-13】以下代码演示使用 rmdir()函数删除指定的目录。

实例 8-13：使用 rmdir()函数删除指定的目录
源码路径：光盘\源文件\08\8-13.php

```
01  <html>
02  <head>
```

```
03  <title>rmdir()函数使用实例</title>
04  </head>
05  <body>
06  <?php
07      //使用 rmdir()函数删除目录
08      $dirname="mydir";                       //定义变量
09      rmdir($dirname);                        //用 rmdir()函数来删除目录
10  ?>
11  </body>
12  </html>
```

在 PHP 运行环境中执行以上代码，进入目录会发现名为 mydir 的目录已经被删除。在使用这个函数时有两个注意事项：

☑　目录必须为空，如果非空就会出现如图 8.6 所示的出错提示。

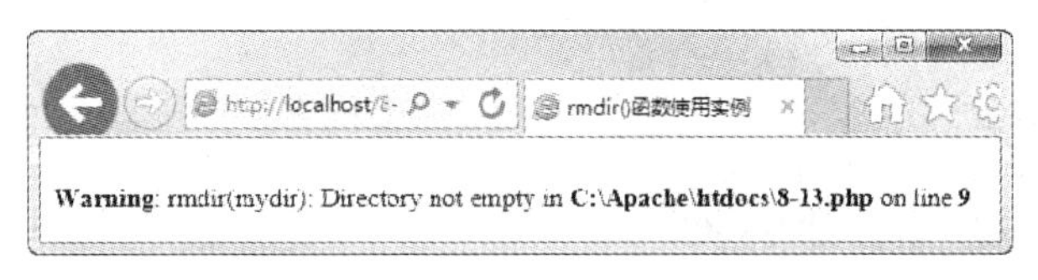

8.6　rmdir()函数使用不当的出错提示 1

☑　要删除的目录必须存在，如果删除不存在的目录，就会出现如图 8.7 所示的出错提示。

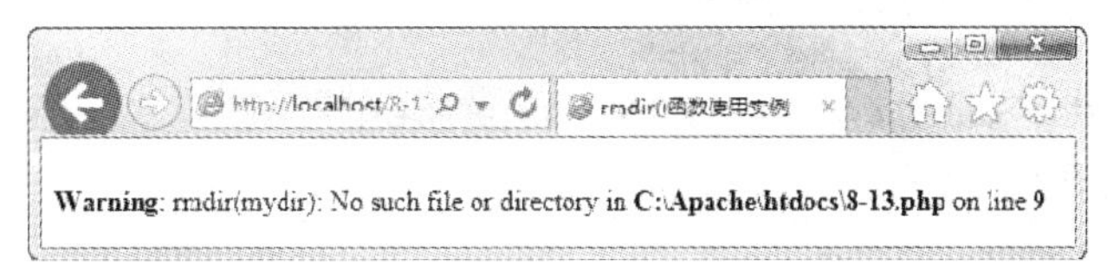

图 8.7　rmdir()函数使用不当的出错提示 2

8.8　浏览目录下的文件

知识点讲解：光盘\视频讲解\第 8 章\浏览目录下的文件.wmv

在进行 PHP 编程时，如果需要对服务器某个目录下面的文件进行浏览，这时就需要用到 opendir()、readdir()或者 closedir()函数，如表 8.3 所示。

表 8.3　查看目录下的文件相关函数

函　数　名	作　　用	参数及返回值
opendir(string path)	打开指定目录	参数 path 为目录的路径及目录名，函数返回值为可供其他目录函数使用的 int 型句柄
readdir(int dir_handle)	读取指定目录	参数 dir_handle 为已经用 opendir()函数打开的可操作目录句柄。函数返回目录中的文件名称
closedir(int dir_handle)	关闭指定目录	参数 dir_handle 为已经用 opendir()函数打开的可操作目录句柄。函数无返回值，运行后，将关闭打开指向 dir_handle 的目录

【实例 8-14】以下代码演示使用表 8.3 中所示的函数浏览目录下的文件。

实例 8-14：使用表 8.3 中所示的函数浏览目录下的文件

源码路径：光盘\源文件\08\8-14.php

```
01    <html>
03    <head>
03    <title>浏览目录中的文件实例</title>
04    </head>
05    <body>
06    <table border="1">
07    <tr>
08    <td>文件名</td>
09    <td>文件大小</td>
10    <td>文件类型</td>
11    <td>修改时间</td>
12    </tr>
13    <?php
14         $dirname="data";                                          //定义变量
15         $dir_handle=opendir($dirname);                            //用 opendir()函数打开目录
16         while($file=readdir($dir_handle))                         //循环读取目录里的内容
17         {
18              echo "<tr>";
19              echo "<td>".$file."</td>";                           //显示文件名
20              echo "<td>".filesize($file)."</td>";                 //显示文件大小
21              echo "<td>".filetype($file)."</td>";                 //显示文件类型
22              echo "<td>".date("Y 年 n 月 t 日",filemtime($file))."</td>";   //格式化显示文件修改时间
23              echo "</tr>";
24         }
25         closedir($dir_handle)                                     //关闭文件操作句柄
26    ?>
27    </table>
28    </body>
29    </html>
```

注意：在使用该实例代码前请确保同一目录下有data文件夹。

在 PHP 运行环境下执行程序，执行结果如图 8.8 所示。

文件名	文件大小	文件类型	修改时间
.	4096	dir	2013年5月31日
..	4096	dir	2013年5月31日
1.txt	6	file	2013年5月31日
1_continue_day31.png	980	file	2012年9月30日
1_continue_day31_over.png	1259	file	2012年9月30日
1_continue_over.png	1540	file	2012年9月30日
2.txt	3	file	2013年5月31日
2_unlock.png	863	file	2012年9月30日
2_unlock_over.png	1132	file	2012年9月30日
3.txt	3	file	2013年5月31日

图 8.8　浏览目录中的文件实例执行结果

当然，显示细节会因为文件夹里内容的不同而有所不同。通过以上实例可见，在 PHP 中浏览文件夹中的内容也并不是一件多么复杂的事情。

8.9　关于文件上传

知识点讲解：光盘\视频讲解\第 8 章\关于文件上传.wmv

文件的上传也是 Web 应用程序文件操作中一个很重要的组成部分。因为大部分文件存在于用户客户端的机器上，如果想让其他用户访问则必须把它上传到服务器。如图片网站上传图片、软件下载站点需要上传软件、音乐站点需要上传音乐文件等。PHP 也提供了对文件上传的支持，本节就为读者介绍 PHP 中关于文件上传的操作。

PHP 是通过 Web 表单中的 file 组件来实现文件上传的。关于与浏览用户的互动的 Web 表单将在第 15 章详细介绍，本节只是拿其中的 FILE 表单来实现文件上传的目的。

PHP 的文件上传主要是利用 form 表单提交一个 file 对象给服务器。其中 file 对象必须包含 Multipart/form-data 的 entype 属性。同时考虑到大文件上传容易造成网络超时的情况，所以可以用 set_time_limit($TimeLimit)函数来加大超时限制时间。

表单提交后，PHP 将检测上传的文件。文件存放在服务器上的一个临时目录中。同时生成几个与文件域（上传的文件）同名的变量，如_name 代表文件名称、_size 代表文件大小的字节数、_type 为文件的类型。由于临时目录会被删除，所以必须利用 move_uploaded_file ()函数将文件复制到目标路径下。

【实例 8-15】以下为文件上传的前台代码（因为前台只有 form 表单，并不涉及 PHP 操作，所以里面内容并没有 PHP 代码）。

实例 8-15：文件上传的前台代码
源码路径：光盘\源文件\08\8-15.php

```
01  <html>
02  <head>
03  <title>文件上传的前台页面实例</title>
04  </head>
05  <body>
06  <form ENCTYPE="multipart/form-data" ACTION="8-16.php" METHOD="POST">
07  <input name="upfile" type="file">
08  <p>
09  <input type=submit value="确认提交">
10  <input type=reset value="重新选择">
11  </body>
12  </html>
```

先来解释一下，以上代码中的 form 表单有一个属性是 action="8-16.php"。因为这里要使用 8-16.php 这个后台来处理表单的提交，所以要把 form 表单的 action 属性指向该文件。

【实例 8-16】以下代码演示文件上传的后台处理程序。

实例 8-16：文件上传的后台处理程序
源码路径：光盘\源文件\08\8-16.php

```
01   <html>
02   <head>
03   <title>文件上传后台处理页面实例</title>
04   </head>
05   <body>
06   <?php
07       if($_FILES['upfile']['name']==NULL)                          //没有选定文件的处理
08       {
09           echo "没有选择文件";                                      //显示提示信息
10           echo "<p>";
11           echo "点<a href=\"8-15.php\">这里</a>返回";                //给出返回链接
12       }
13       else                                                          //选定文件
14       {
15           $filepath="C:/Apache/htdocs/images/";                     //定义路径
16           $tmp_name=$_FILES['upfile']['tmp_name'];
17           $filename=$filepath.$_FILES['upfile']['name'];            //新的路径及文件名
18           echo $_FILES['upfile']['name'];                           //显示文件名
19           echo "<p>";
20           echo $_FILES['upfile']['size'];                           //显示文件大小
21           echo "<p>";
22           echo $_FILES['upfile']['type'];                           //显示文件类型
23           if(move_uploaded_file($tmp_name,$filename))               //复制文件的目标路径
24           {
25               echo "<p>";
26               echo "指定文件已经成功上传！";
27               echo "<p>";
28               echo "点<a href=\"8-15.php\">这里</a>返回";            //给出返回链接
29           }
30           else
31               echo "文件上传失败!";
32       }
33   ?>
34   </body>
35   </html>
```

注意：上传文件的大小在PHP配置文件中有限制。

先在 PHP 运行环境中执行 8-15.php 文件，其执行结果如图 8.9 所示。

图 8.9　文件上传前台页面实例执行结果

然后，先不选择任何文件，而是直接单击“确认提交”按钮，提交表单，将会出现如图 8.10 所示的执行结果。

图 8.10　不选择任何文件时的后台处理结果

单击图 8.10 中的“这里”链接，返回 8-15.php。这次选择一个文件，如 new.txt 文件。然后，单击“确认提交”按钮（在执行这一步之前，请确认 8-15.php 的同一目录下有 images 目录），8-16.php 将会返回如图 8.11 所示的结果。

图 8.11　正确选择文件上传的执行结果

从图 8.11 的结果看，是正确执行了文件上传的结果。打开 8-16.php 同一目录下的 images 文件夹，发现里面多了一个名为 new.txt 的文件，说明整个上传过程顺利完成。

8.10　文件操作综合实例：在线相册

本节将综合本章所学习的内容，来建立一个简单的基于文件及文件上传的在线相册系统。在线相册拥有的简单功能有图片文件上传、图片浏览、图片删除等。本节把本章所学的知识串联起来，使读者进一步熟悉 PHP 中关于文件的操作。

8.10.1　系统功能

知识点讲解：光盘\视频讲解\第 8 章\系统功能.wmv

整个相册管理系统要实现的功能有图片文件的上传、浏览、删除操作。下面分几小节来创建构成本系统的几个重要文件。这里先列出代码，然后再对每一个文件进行解释。

8.10.2　相册系统首页面

知识点讲解：光盘\视频讲解\第 8 章\相册系统首页面.wmv

首先来编写该系统的第一个显示页面，它将读取存放数据的文本文件的内容，从而显示出相应的图片。并且，其中还使用了分页显示，如果总上传的图片数多于 8 幅，则会显示下一页的链接。然后，判断所在的页，并显示出相应的内容。

【实例 8-17】以下代码为相册系统的首页面。

实例 8-17：相册系统的首页面
源码路径：光盘\源文件\08\8-17.php

```
01  <html>
02  <head>
03  <title>简易相册系统首页</title>
04  </head>
05  <body>
06  <center>
07  <h1>简易相册系统首页</h1>
08  <p>
09  <a href="8-18.php">上传图片</a><p>
10  <?php
11      if(!$_GET["page"])                              //如果没有参数 page
12      $page=1;                                        //则显示第一页内容
13      else
14      $page=$_GET["page"];                            //如果带有参数 page，则显示相应页内容
15      $filename="data.dat";                           //指定记录数据文件名
16      $myfile=file($filename);                        //使用 file()函数把文件所有信息读入一个数组
17      $z=$myfile[0];                                  //把数组第一条内容赋值给变量
18      if($z=="")                                      //如果文件为空，即没有任何图片上传
19          echo "目前记录条数为：0";                    //显示没有记录的信息
20      else                                            //如果有图片上传
21      {
22          $temp=explode("||",$myfile[0]);             //读出数组第一条记录到数组
23          echo "共有".$temp[0]."条内容";               //读出该数组第一个元素（代表记录总条数）
24          echo "    ";
25          $p_count=ceil($temp[0]/8);                  //计算总页数为记录总条数除以每页显示条数
26          echo "分".$p_count."页显示";                 //输入总页数
27          echo "    ";
28          echo "当前显示第".$page."页";                //当前页
29          echo "<table border='1'>";
30          if($page!=ceil($temp[0]/8))                 //如果当前页不是最后一页
31              $current_size=8;                        //当前页最多可显示 8 条记录
32          else                                        //如果当前页是最后一页
33              $current_size=$temp[0]%8;               //当前页显示的条数为总条数除以 8 的余数
34          if($current_size==0) $current_size=8;       //如果正好是 8 的倍数，则显示 8 条内容
35          for($i=0;$i<ceil($current_size/4);$i++)     //通过循环输出行，每行 4 列
36          {
37              echo "<tr>";
38              for($j=0;$j<4;$j++)                     //通过循环输出单元格，共 4 个
39              {
40                  echo "<td>";
41                  $temp=explode("||",$myfile[$i*4+$j+($page-1)*8]);//把相应的记录按“||”分割到数组
42                  if(($i*4+$j+($page-1)*8)<$z)        //如果当前数小于总数显示图片
43                  {
44                      $imgfile="images\\".$temp[1];   //显示图片为数组的第 2 个元素
45                      $flag=getimagesize($imgfile);   //获得图片的大小以供处理
46                      echo "<a href=8-20.php?id=".$temp[0]."><img src=images\\".$temp[1];
47                      if($flag[0]>180||$flag[1]>100)  //如果图片太大
48                      echo " width=180 height=".$flag[1]*180/$flag[0];
```

```
49                                    echo " border=\"0\"></a>";              //把图片按比例缩放显示
50                              }
51                              else                                          //如果当前数比总记录数大
52                              echo "暂时没有图片";                          //输出没有图片的信息
53                              echo "</td>";                                 //结束该单元格
54                        }
55                        echo "</tr>";                                       //结束行
56                  }
57                  echo "</table>";                                          //结束表格
58            }
59            echo "<p>";
60            //以下内容为分页显示链接
61            $prev_page=$page-1;                                             //前一页
62            $next_page=$page+1;                                             //下一页
63            if ($page<=1)                                                   //如果当前页小于等于 1
64                  echo "第一页 | ";
65            else                                                            //如果当前页大于 1
66                  echo "<a href='$PATH_INFO?page=1'>第一页</a> | ";
67            if ($prev_page<1)                                               //如果前一页小于 1
68                  echo "上一页 | ";
69            else                                                            //如果前一页大于等于 1
70                  echo "<a href='$PATH_INFO?page=$prev_page'>上一页</a> | ";
71            if ($next_page>$p_count)                                        //如果下一页大于总页数
72                  echo "下一页 | ";
73            else                                                            //如果下一页小于等于总页数
74                  echo "<a href='$PATH_INFO?page=$next_page'>下一页</a> | ";
75            if ($page>=$p_count)                                            //如果当前页大于等于总页数
76                  echo "最后一页</p>\n";
77            else                                                            //如果当前页小于总页数
78                  echo "<a href='$PATH_INFO?page=$p_count'>最后一页</a></p>\n";
79      ?>
80      </center>
81      </body>
82      </html>
```

8.10.3　相册系统上传前台页面

知识点讲解：光盘\视频讲解\第 8 章\相册系统上传前台页面.wmv

接下来制作上传图片的前台页面，这个页面中没有太多的 PHP 技术，不过利用了 JavaScript 技术来实现对内容是否为空的判断。

说明：关于JavaScript的内容，这里不进行介绍，请读者参阅相关书籍。

【实例 8-18】以下代码为相册系统上传前台页面。

实例 8-18：相册系统上传前台页面

源码路径：光盘\源文件\08\8-18.php

```
01      <html>
02      <head>
03            <title>相册管理系统图片上传页面</title>
```

```
04  </head>
05  <body>
06      <script language="javascript">
07          function Juge(theForm)
08          {
09              if (theForm.upfile.value == "")
10              {
11                  alert("请先选择文件！");
12                  theForm.upfile.focus();
13                  return (false);
14              }
15              if (theForm.content.value == "")
16              {
17                  alert("请输入图片说明！");
18                  theForm.content.focus();
19                  return (false);
20              }
21              if (theForm.content.value.length>60)
22              {
23                  alert("图片说明内容太多了，请删除一点再发！");
24                  theForm.content.focus();
25                  return (false);
26              }
27          }
28      </script>
29      <center>
30          <h1>相册管理系统图片上传页面</h1>
31          <p>
32          <a href="8-17.php">返回首页</a>
33          <table border="1">
34              <form ENCTYPE="multipart/form-data" ACTION="8-19.php" METHOD="POST" onsubmit
= "return Juge(this)"><tr>
35              <td>选择图片：</td>
36              <td>
37              <input name="upfile" type="file"></td></tr>
38              <tr>
39              <td>输入说明：</td>
40              <td><input name="content" type="text">(*限 30 字)</td></tr>
41              <tr>
42              <td colspan="2">
43              <center>
44                  <input type=submit value="确认提交">
45                  <input type=reset value="重新选择">
46              </center>
47              </td></tr>
48          </table>
49      </center>
50  </body>
51  </html>
```

其中的 form 表单的 enctype 属性必须为 multipart/form-data，这是实现文件上传的关键。另外，表单的 action 属性指向 8-19.php，这就是处理上传结果的页面，8.10.4 小节就来创建这个页面。

8.10.4 相册系统上传后台页面

知识点讲解：光盘\视频讲解\第 8 章\相册系统上传后台页面.wmv

该页面实现的功能不仅要把文件上传到目标文件夹，而且还要把相关信息写入记录文件之中。所以这里用到较多的 PHP 文件操作的内容。

【实例 8-19】以下代码为相册系统上传后台页面。

实例 8-19：相册系统上传后台页面

源码路径：光盘\源文件\08\8-19.php

```
01  <html>
02  <head>
03  <title>相册管理系统后台处理页面</title>
04  </head>
05  <body>
06  <?php
07      if($_FILES['upfile']['name']==NULL){                //如果没有选择相应的文件
08          echo "没有选择文件";                            //输出信息
09          echo "<p>";
10          echo "点<a href=\"8-18.php\">这里</a>返回";      //给出返回链接
11      }
12      else{
13          $filepath="C:/Apache/htdocs/images/";           //定义上传的路径
14          $tmp_name=$_FILES['upfile']['tmp_name'];
15          $filename=$filepath.$_FILES['upfile']['name'];  //定义文件名
16          if(move_uploaded_file($tmp_name,$filename))     //如果文件被顺利复制
17          {
18              $dataname="data.dat";                       //定义记录文件名
19              $myfile=file($dataname);                    //使用 file()函数把记录文件按行读入数组
20              if($myfile[0]=="")                          //如果记录文件为空
21              {
22                  $fp=fopen($dataname,"a+");
23                  fwrite($fp,"1||".$upfile_name."||".$_POST["content"]."||".date(Y 年 m 月 d 日)."\n");
24                  fclose($fp);                            //直接写入行号为 1 的内容
25              }
26              else                                        //如果记录文件非空即已经有内容
27              {
28                  $temp=explode("||",$myfile[0]);         //把第一条记录按“||”分割到数组
29                  $temp[0]++;                             //得出总记录数并自增 1
30                  $fp=fopen($dataname,"r");               //以只读方式打开文件
31                  $line_has=fread($fp,filesize("$dataname"));//使用 fread()函数读出文件已经存在的内容
32                  fclose($fp);                            //关闭文件
33                  $fp=fopen($dataname,"w");               //以写入方式打开文件
34                  fwrite($fp,$temp[0]."||".$upfile_name."||".$_POST["content"]."||".date(Y 年 m 月 d 日)."\n");
35                                                          //写入新的内容
36                  fwrite($fp,"$line_has");                //写入原来已经存在的内容
37                  fclose($fp);                            //关闭文件
```

```
38                  }
39                  echo "<p>";
40                  echo "指定文件已经成功上传！";
41                  echo "<p>";
42                  echo "点<a href=\"8-17.php\">这里</a>返回";   //给出返回链接
43              }
44              else
45              {
46                  echo "文件上传失败!";                        //如果没有复制相应文件显示失败信息
47              }
48          }
49      ?>
50      </body>
51      </html>
```

现在文件上传的任务完成了，8.10.5 小节将创建显示图片文件全部信息的页面。

8.10.5 相册系统浏览图片详细信息页面

知识点讲解：光盘\视频讲解\第 8 章\相册系统浏览图片详细信息页面.wmv

通过前两小节的页面，文件上传任务已经完成了。不过还不够完善，因为现在系统还只限于能上传图片。如何浏览图片文件的全部信息呢？本小节来创建页面用于浏览文件的详细信息。其实就是利用 explode()函数，把记录内容分割到数组中，再分别显示数组各个元素而已。

【实例 8-20】以下代码为浏览图片详细信息的页面。

实例 8-20：浏览图片详细信息的页面
源码路径：光盘\源文件\08\8-20.php

```
01  <html>
02  <head>
03  <title>简易相册系统查看图片页面</title>
04  </head>
05  <body>
06  <center>
07  <h1>简易相册系统查看图片页面</h1>
08  <p>
09  <?php
10      if(!$_GET["id"])                                          //如果没有指定 ID
11      {
12          echo "没有指定 ID";                                   //输出相应信息
13          echo "<p>";
14          echo "点<a href=\"8-17.php\">这里</a>返回";           //给出返回链接
15          exit();
16      }
17      else                                                      //如果有 ID
18      {
19      ?>
20      <a href="8-17.php">返回首页</a>    
21      <a href="8-21.php?id=<? echo $id ?>">删除图片</a><p>
```

```
22        <?
23            $id=$_GET["id"];                              //把参数赋值给变量
24            $filename="data.dat";                         //定义记录文件
25            $myfile=file($filename);                      //使用 file()函数把文件按行读入数组
26            $z=$myfile[0];                                //把数组第 1 个变量赋值为变量
27            if($z=="")                                    //如果记录数为 0
28            echo "目前记录条数为：0";                      //显示相应内容
29            else                                          //如果有内容
30            {
31                $temp=explode("||",$myfile[$z-$id]);      //用 explode()函数按“||”把相应记录分割
32                echo "<table border='1'>";
33                echo "<tr>";
34                echo "<td>";
35                echo "文件名：".$temp[1];                  //显示数组第二个元素即文件名
36                echo "</td>";
37                echo "</tr>";
38                echo "<tr>";
39                echo "<td>";
40                echo "<img src=images\\".$temp[1].">";     //显示图片
41                echo "</td>";
42                echo "</tr>";
43                echo "<tr>";
44                echo "<td>";
45                echo "图片简介：".$temp[2];                //显示图片第三个元素即图片简介
46                echo "</td>";
47                echo "</tr>";
48                echo "<tr>";
49                echo "<td>";
50                echo "上传日期：".$temp[3];                //显示图片第四个元素即上传日期
51                echo "</td>";
52                echo "</tr>";
53                echo "</table>";
54            }
55        }
56    ?>
57    </center>
58    </body>
59    </html>
```

一般情况下，有了上述几个文件，已经可以满足基本的需要了。但是，如果想要把没有价值的图片从服务器上删除该怎么办呢？所以还需要一个页面用于实现图片删除的操作。8.10.6 小节就来创建实现图片删除操作的页面。

8.10.6　相册系统图片删除页面

知识点讲解：光盘\视频讲解\第 8 章\相册系统图片删除页面.wmv

要删除文件其实很简单，使用 unlink()函数就可以了。可现在问题是不光要把文件删除，而且还要对记录文件作相应的修改。删除文件前的内容保持不变，删除后的每条记录还得减 1。下面给出能实现

该功能的文件。

【实例 8-21】以下代码为图片删除页面。

实例 8-21：图片删除页面

源码路径：光盘\源文件\08\8-21.php

```
01  <html>
02  <head>
03  <title>相册管理系统删除图片处理页面</title>
04  </head>
05  <body>
06  <?php
07      error_reporting(0);
08      if(!$_GET["id"])                                        //如果没有指定 ID
09      {
10          echo "没有指定 ID";                                  //显示相应信息
11          echo "<p>";
12          echo "点<a href=\"8-17.php\">这里</a>返回";           //给出返回链接
13          exit();
14      }
15      else                                                    //如果有 ID
16      {
17          $id=$_GET["id"];                                    //把参数 ID 赋值给变量
18          $filename="data.dat";                               //定义记录文件
19          $myfile=file($filename);                            //使用 file()函数把文件按行读入到数组
20          $z=$myfile[0];                                      //数组第一个元素赋值给变量
21          if($z==NULL)                                        //如果第一行为空
22              echo "目前记录条数为：0";                        //输出没有记录
23          else                                                //如果记录非空
24          {
25              $temp=explode("||",$myfile[$z-$id]);            //使用 explode()函数分割相应记录到数组
26              $filepath="images/";                            //定义路径
27              $imgfile=$filepath.$temp[1];                    //获得文件名
28              unlink($imgfile);                               //删除文件
29              for($i=0;$i<($z-$id);$i++)                      //从第一条记录读到欲删除的记录
30              {
31                  $temp2=explode("||",$myfile[$i]);           //使用 explode()函数分割相应记录到数组
32                  $temp2[0]--;                                //记录号实现自减
33                  if($temp2[0]>0)                             //判断是否为最后一条记录
34                      $text2=$text2.$temp2[0]."||".$temp2[1]."||".$temp2[2]."||".$temp2[3];
35                                                              //把新的内容赋值到变量
36              }
37              for($i=($z-$id+1);$i<$z;$i++)               //将欲删除记录的后一条记录作为最后一条记录
38              {
39                  $text1=$text1.$myfile[$i];                  //内容保持不变
40              }
41              $fp=fopen($filename,"w");                       //以写入方式打开文件（文件同时被清空）
42              fwrite($fp,$text2);                             //写入欲删除记录之前自减后的所有记录
43              fwrite($fp,$text1);                             //写入欲删除记录后的所有记录
44              fclose($fp);                                    //关闭文件
```

```
45                      echo "指定文件已经删除成功！";
46                      echo "<p>";
47                      echo "点<a href=\"8-17.php\">这里</a>返回";
48              }
49          }
50  ?>
51  </body>
52  </html>
```

到这里，整个相册管理系统就基本上完成了。既能实现文件上传、浏览，又可以实现对图片文件的删除操作。下面，来看一看该系统的执行结果，更直观地感受一下编程带来的乐趣。

8.10.7　测试相册系统

知识点讲解：光盘\视频讲解\第 8 章\测试相册系统.wmv

在运行此系统之前要做一些简单的准备工作。第一，在系统同一目录下建立一个名为 images 的文件夹；第二，在系统同一目录下建立一个名为 data.dat 的文本文件。读者可以先建一个文本文件，里面什么也不要输入，然后把扩展名改为 dat 即可。

准备就绪，第一步，先运行实例 8-17 中的代码。第一次运行，执行结果如图 8.12 所示。

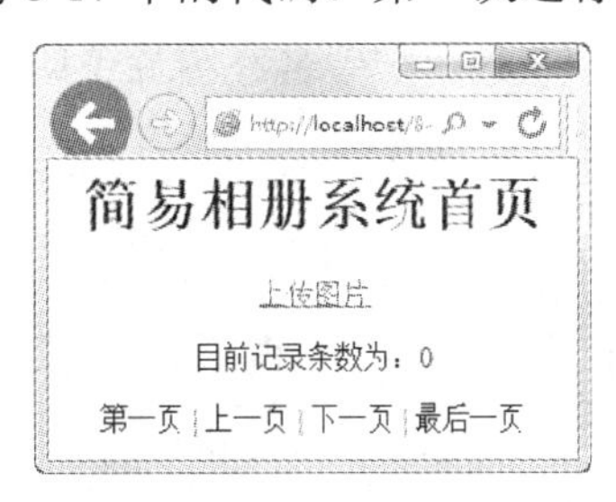

图 8.12　相册系统首页第一次运行执行结果

由于此时还没有任何图片被上传，记录文件里的记录是空的。单击“上传图片”链接，进行图片的上传。单击链接后，出现如图 8.13 所示的执行结果。

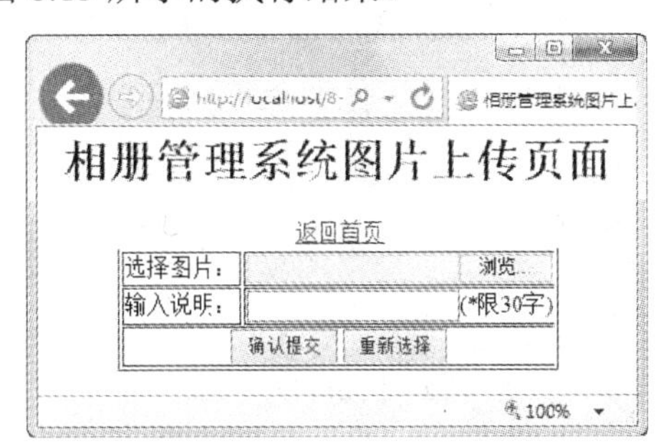

图 8.13　相册系统图片上传页面执行结果

单击“浏览”按钮，选择相应的图片。输入相应的图片说明，此处输入“用户图像第 1 幅图”。再单击“确认提交”按钮，就把图片上传到服务器上了。由于 8-19.php 的输出结果很简单，只是简单地提示上传成功，然后给出一个返回首页的链接。上传了一幅图片的 8-17.php 的效果如图 8.14 所示。

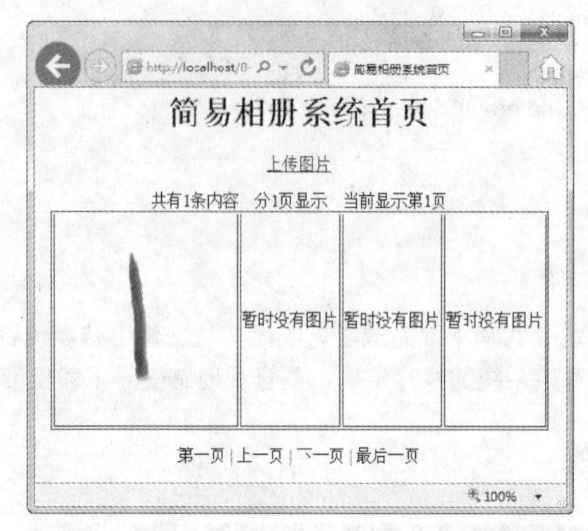

图 8.14 上传了一幅图片后的相册系统首页执行结果

打开目录下的 images 文件夹，查看里面也增加了一个图片文件。再查看相册系统目录下的 data.dat 文件，里面将会显示如下信息：

```
1||1.png||用户图像第 1 幅图||2013 年 05 月 06 日
```

这是图片的详细信息，包括图片的序号、文件名、图片说明、上传日期等。说明记录文件正确记录了相关内容。此时可以直接单击图片，以查看图片详细信息。打开后的效果如图 8.15 所示。

图 8.15 相册系统查看图片详细信息页

这里显示出了已经上传图片的详细信息。单击“返回首页”链接，以继续上传图片。

现在继续上传图片，以验证系统的分页显示功能是否正常运行。如果上传的图片超过了 8 幅，实例 8-17 运行界面的下方就会显示出到另外页的链接，如图 8.16 所示。

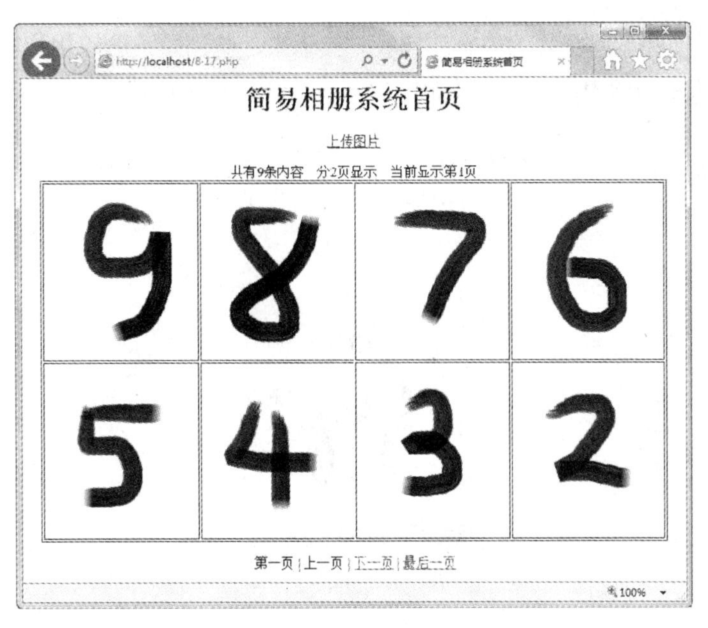

图 8.16　相册系统首页的分页功能起作用了

可以看出，最上面显示的内容是“共有 9 条内容　分 2 页显示　当前显示第 1 页”，而最下方则显示了“下一页”及“最后一页”的链接。这里单击“下一页”链接，执行结果如图 8.17 所示。

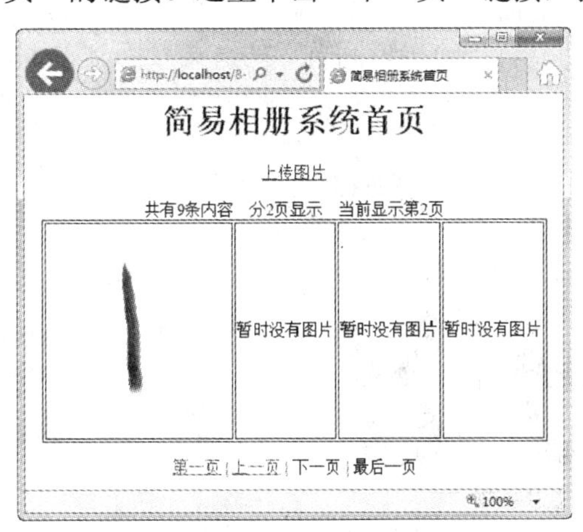

图 8.17　相册系统首页的分页功能测试

这里显示的是第 2 页的内容，说明分页功能正常。这时再单击“上一页”链接，就回到了第 1 页。这时，打开 data.dat 文件，里面将会有以下内容：

```
9||9.png||用户图像第 9 幅图||2013 年 05 月 06 日
8||8.png||用户图像第 8 幅图||2013 年 05 月 06 日
7||7.png||用户图像第 7 幅图||2013 年 05 月 06 日
6||6.png||用户图像第 6 幅图||2013 年 05 月 06 日
5||5.png||用户图像第 5 幅图||2013 年 05 月 06 日
4||4.png||用户图像第 4 幅图||2013 年 05 月 06 日
3||3.png||用户图像第 3 幅图||2013 年 05 月 06 日
2||2.png||用户图像第 2 幅图||2013 年 05 月 06 日
1||1.png||用户图像第 1 幅图||2013 年 05 月 06 日
```

记下这些内容，以便和删除图片的内容作比较。接下来，验证一下删除用户上传图片功能是否能正确运行。单击图 8.16 所示的图中第一行第 4 个图形，将出现查看图片详细信息的页面，如图 8.18 所示。

图 8.18　删除图片前的准备

由于系统没有设定对删除进行确认的功能，所以一旦单击了“删除图片”链接，对应的图片就会被删除。这时要记得已经上传了 9 幅图片，分 2 页显示。单击“删除图片”链接，直接执行了 8-21.php 文件。执行完毕会提示删除成功，直接给出返回首页的链接。回到首页，结果如图 8.19 所示。

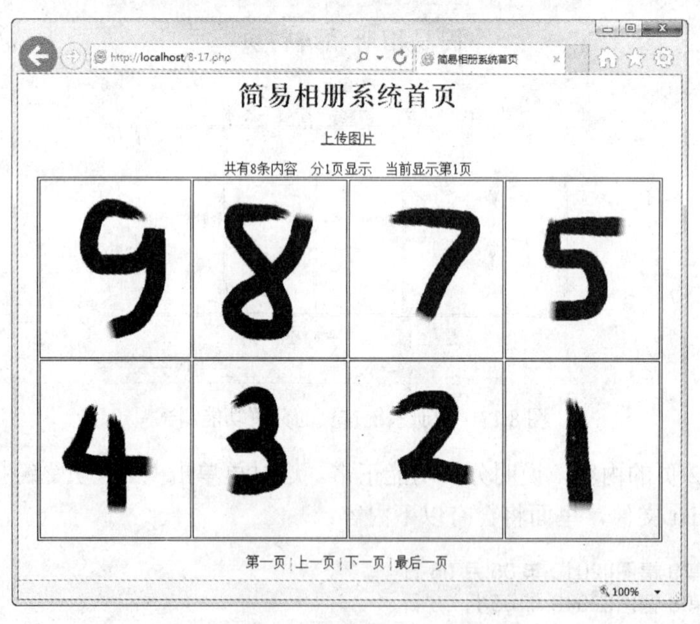

图 8.19　删除了一幅图片后的结果

内容又成了 8 条，并且那一幅图片 6.gif 已经不见了。这时打开 data.dat 文件，里面内容如下所示：

```
8||9.png||用户图像第 9 幅图||2013 年 05 月 06 日
7||8.png||用户图像第 8 幅图||2013 年 05 月 06 日
6||7.png||用户图像第 7 幅图||2013 年 05 月 06 日
```

```
5||5.png||用户图像第 5 幅图||2013 年 05 月 06 日
4||4.png||用户图像第 4 幅图||2013 年 05 月 06 日
3||3.png||用户图像第 3 幅图||2013 年 05 月 06 日
2||2.png||用户图像第 2 幅图||2013 年 05 月 06 日
1||1.png||用户图像第 1 幅图||2013 年 05 月 06 日
```

与前面的 data.dat 文件内容相比较后面的都没变，前面的序号都减少了 1。说明正常完成了删除图片的操作。

至此，本系统测试完毕。通过对这个图片管理系统的调试及运行，可以看到，里面包含了大量的文件操作的内容及技巧，对本章所学的内容是一个很好的检阅。读者一定要认真领会里面的内容，学以致用，把学到的内容用到实际的工作中去。

但是，这个系统还有一些需要完善的地方。这里简要介绍一下，请读者自己完成。

☑ 没有对用户上传内容作判断，用户可能会上传不是图片的文件。这是应该要判断的。解决办法就是判断文件的扩展名，或者使用 getimagesize()函数来判断图片类型，如果不能正确返回值，就证明不是图片，不予以上传。

☑ 没有对用户删除图片进行确认。如果用户误单击了链接就不可恢复。解决办法是再建一个中间页面，或者在实例 8-21 的代码中带上一个参数，如果没有参数则只是给出警告信息，其中有指向本页带参数的链接。如果用户仍然单击了链接，那么就执行删除文件操作。或者把链接做如下简单的改动，可以调用 JS 的 confirm 方法来达到确认的目的。

以下是未改动以前的链接：

```
<a href="8-21.php?id=<? echo $id ?>">删除图片</a><p>
```

改为如下样式：

```
<a onclick="c()" href="8-21.php?id=<? echo $id ?>">删除图片</a>
```

在链接中加入了一个 onclick 事件，然后再在实例 8-20 的源文件中加入以下 JavaScript 代码即可：

```
<script language=javascript>
function c()
{
	temp=confirm("确定要删除图片吗？");
	if(temp==0) return else;
}
</script>
```

☑ 系统存在安全隐患，因为只要是浏览该页面的用户均可以上传图片，同时也能删除图片。解决办法是判断用户来源，或者直接给上传及删除页面加上密码，只有密码正确才能执行相关操作，这样就提高了系统的安全性。

8.11　本 章 小 结

本章主要介绍了 PHP 编程中对文件的操作，包括判断文件存在、获取文件属性、读取文件内容、增删目录、浏览目录等文件操作，同时还了解了文件上传的操作，学习了 PHP 文件类库函数的使用与技巧。因为文件的操作在 PHP 编程中有着广泛的应用，所以熟练掌握这些函数的使用及文件操作的技巧，对 PHP 的 Web 编程将起到事半功倍的效果。

8.12 本 章 习 题

习题 8-1　使用 file_exists()函数判断名为 testfile.txt 的文件是否存在，并输出相关提示信息。

【分析】该习题主要考查读者对 file_exists()函数的掌握。

【关键代码】

```
if(file_exists('testfile.txt'))
	echo '该文件存在。';
else
	echo '该文件不存在';
```

习题 8-2　从当前目录下的 testfile.txt 文件中读取内容并输出。testfile.txt 文件的内容如下：

```
Happy New Year!
```

【分析】该习题主要考查读者对读取文件的掌握情况。

【关键代码】

```
$fd=fopen('testfile.txt','r');
$ch=fgets($fd);
echo $ch;
```

习题 8-3　使用在当前目录下创建一个名为 mydir 的目录并在成功后输出提示信息。

【分析】该习题考查读者对 mkdir()函数的掌握。

【关键代码】

```
if(mkdir('mydir')) echo "创建成功";
```

习题 8-4　使用 readdir()函数输出当前目录下的文件。

【分析】该习题考查读者对浏览目录下文件流程的掌握。

【关键代码】

```
$dh=opendir('./');
while($files=readdir($dh)){
	echo $files;
};
closedir($dh);
```

习题 8-5　使用 move_uploaded_file()函数将从名为 file 的 form 表单上传的文件保存到当前目录下并保持上传时的名称。

【分析】本习题考查读者对文件上传的掌握。

【关键代码】

```
$tmp_name=$_FILES['file']['tmp_name'];
$file_name=$_FILES['file']['name'];
move_uploaded_file($tmp_name,$file_name);
```

第9章　用PHP获取主机信息

在使用PHP进行网络编程时，让用户了解主机的信息及使用者的情况是十分有必要的。如主机的操作系统类型、Apache的版本、PHP解释器支持的函数、有无MySQL数据库支持以及主机的日期、时间等内容。本章就来介绍PHP中的主机函数，内容包括phpinfo()函数的使用、获取浏览器相关信息及使用日期时间函数获取相应内容等。通过本章的学习，读者对于获得主机信息将有一个深层次的了解。

9.1　phpinfo()函数的使用

知识点讲解：光盘\视频讲解\第9章\phpinfo()函数的使用.wmv

如果用户需要全面了解服务器的相关信息，使用 phpinfo()函数是最为方便的。该函数没有参数，直接返回主机的全部信息，使用非常方便，返回内容相当广泛。正因为该函数包括了太多的内容，甚至一些不希望被用户发现的内容，所以许多服务提供商往往禁用了该函数。

【实例9-1】以下代码演示如何使用phpinfo()函数返回服务器信息。

实例9-1：使用phpinfo()函数返回服务器信息
源码路径：光盘\源文件\09\9-1.php

```
01  <html>
02  <head>
03  <title>phpinfo()函数使用实例</title>
04  </head>
05  <body>
06  <?php
07      phpinfo();                                    //显示相关信息
08  ?>
09  </body>
10  </html>
```

以上代码相当简单，起实质作用的只有phpinfo();这一句PHP代码。在PHP运行环境中执行以上代码，其执行结果如图9.1所示。

注意：以上信息可能会随着版本不同而有变化。

通过图9.1可见，phpinfo()函数返回的内容相当多，几乎包括了所有与PHP主机有关的内容。

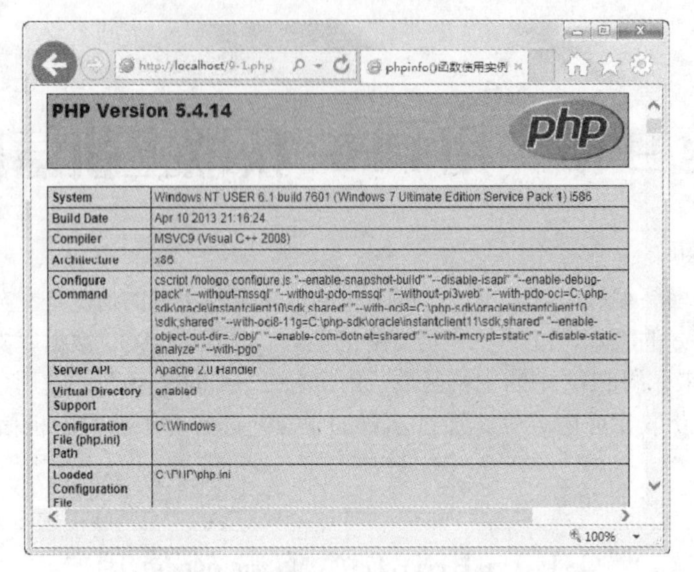

图 9.1　phpinfo()函数使用实例执行结果

9.2　获取浏览器相关信息

在使用 PHP 编写 Web 应用程序时，获取用户浏览器相关信息也是十分必要的。如用户所使用的浏览器信息、操作系统的类型、客户机的 IP 地址等。本节就来介绍 PHP 中的浏览器相关操作的内容。

9.2.1　获取访问者浏览器信息

知识点讲解：光盘\视频讲解\第 9 章\获取访问者浏览器信息.wmv

流行的浏览器有很多种，如微软公司的 IE、Google 公司的 Chrome、Opera 以及火狐（Firefox）等。不同的浏览器支持的标准不同，对相同的 HTML 也有不同的解释。所以根据浏览器的类型为用户提供相应的网页是很有必要的。在 PHP 中判断浏览器的类型也是一件很简单的事情，简单到只使用系统的内置系统变量$_SERVER["HTTP_USER_AGENT"]即可。

在第 3 章介绍到的系统变量中曾经提到过$_SERVER 是一个特殊的 PHP 保留变量，它包含了主机提供的所有信息，被称为自动全局变量（或超级全局变量）。要显示该变量，只需简单地进行如下操作，如：

```
<?php
    echo $_SERVER["HTTP_USER_AGENT"];
?>
```

说明： 该脚本的输出可能是：Mozilla/4.0(compatible; MSIE 5.01; Windows NT5.0)。

【实例 9-2】 以下代码演示在 PHP 中如何判断用户浏览器类型。

实例 9-2： 在 PHP 中如何判断用户浏览器类型
源码路径： 光盘\源文件\09\9-2.php

```
01 <html>
02 <head>
03 <title>判断浏览器类型使用实例</title>
04 </head>
05 <body>
06 <?php
07       echo "您的浏览器类型为：";
08       echo "<p>";
09       if(strstr($_SERVER["HTTP_USER_AGENT"], "MSIE"))   //使用系统变量判断用户浏览器类型
10             echo"Internet Explorer";
11 ?>
12 </body>
13 </html>
```

在 PHP 运行环境中执行以上代码，其执行结果如图 9.2 所示。

图 9.2　判断浏览器类型使用实例执行结果

9.2.2　获取访问者的 IP 地址

知识点讲解：光盘\视频讲解\第 9 章\获取访问者的 IP 地址.wmv

在实际应用中，判断用户 IP 也是很有必要的。如网上投票程序就要用 IP 地址来判断用户是否已经投过票；限制 IP 计数器用 IP 地址来判断当天用户是否已经浏览站点。在 PHP 中的$_SERVER 系统变量包含了主机的几乎所有信息，所以 IP 地址自然也可以使用这个变量获得，其获得方法是使用$_SERVER["REMOTE_ADDR"]。

【实例 9-3】以下代码演示使用$_SERVER 系统变量来获得访问者的 IP 地址。

实例 9-3：使用$_SERVER 系统变量来获得访问者的 IP 地址
源码路径：光盘\源文件\09\9-3.php

```
01 <html>
02 <head>
03 <title>获得访问者 IP 地址使用实例</title>
04 </head>
05 <body>
06 <?php
07       echo "您的 IP 地址为：";
08       echo "<p>";
09       echo $_SERVER["REMOTE_ADDR"];                    //使用系统变量输出用户 IP
10 ?>
11 </body>
12 </html>
```

在 PHP 运行环境中执行以上代码，执行结果如图 9.3 所示。

图 9.3　获得访问者 IP 地址使用实例执行结果

从图中可以发现正确显示了本机的 IP 地址。

注意：由于是在单机上进行调试程序，所以返回的只是单机的IP地址。

9.3　日期时间相关函数

在编程中了解系统的日期及时间也是很有必要的。如在制作留言簿时，需要记录用户的留言日期及时间；论坛中新用户的注册日期及时间等。在 PHP 中要获得系统的日期及时间是很容易的，本节就为读者分别作介绍。

9.3.1　检查日期的合法性

知识点讲解：光盘\视频讲解\第 9 章\检查日期的合法性.wmv

用户的输入内容不一定是想要取得的内容。如让用户输入生日，用户很有可能输入“2 月 30 日”这样不通用的日期，而不合法的日期入库，将会给统计及以后的操作带来很多不便。因此，判断用户输入的日期是否合法是很有必要的。

PHP 中有专门用来检查日期是否合法的 checkdate()函数。如果日期合法就返回 True，反之则返回 False。

【实例 9-4】以下代码说明 checkdate()函数是如何使用的。

实例 9-4：说明 checkdate()函数是如何使用的
源码路径：光盘\源文件\09\9-4.php

```
01  <html>
02  <head>
03  <title>检查日期合法性函数使用实例</title>
04  </head>
05  <body>
06  <?php
07      if(checkdate(12,30,2013))                          //如果检查日期合法
08          echo "12,30,2013 是正确的日期！";
09      else                                               //如果检查日期不合法
10          echo "12,30,2013 不是正确的日期！";
11      echo "<p>";
12      if(checkdate(2,30,2013))                           //如果检查日期合法
13          echo "2,30,2013 是正确的日期！";
```

```
14          else                                                    //如果检查日期不合法
15                  echo "2,30,2013 不是正确的日期！";
16      ?>
17      </body>
18      </html>
```

在 PHP 运行环境中执行以上代码，执行结果如图 9.4 所示。

图 9.4　检查日期合法性函数使用实例执行结果

学习过英文的读者都知道西方的日期表示习惯是“月、日、年”；所以从图 9.4 结果来看，2013 年 12 月 30 日是一个正确的日期，而 2013 年 2 月 30 日则是一个错误的日期。

9.3.2　格式化输出当前日期

知识点讲解：光盘\视频讲解\第 9 章\格式化输出当前日期.wmv

本小节来介绍在 PHP 中如何获得当前日期。在 PHP 中使用 date()函数加上不同的参数可以获得不同的日期时间信息。具体内容如表 9.1 所示。

表 9.1　date()函数的参数意义及返回值

参　　数	表 示 意 义	返　回　值
d	表示显示月份中的第几天	返回有前导零的 2 位数字，从 01 到 31
D	表示星期中的第几天，以文本形式显示	返回 3 个字母从 Mon 到 Sun
j	表示月份中的第几天	返回没有前导零的数字，从 1 到 31
l（“L”的小写字母）	表示星期几	返回完整的文本格式从 Sunday 到 Saturday
S	表示每月天数后面的英文后缀	返回 2 个字符，如 st、nd、rd 或者 th。可以和 j 一起用
w	表示星期中的第几天	返回 0（星期天）到 6（星期六）的数字
z	表示年份中的第几天	返回从 0 到 366 的数字
F	表示月份	返回完整的文本格式，例如，January 或者 March，从 January 到 December
m	以数字形式表示的月份	返回有前导零的 2 位数字，从 01 到 12
M	以字母形式表示的月份	返回三个字母缩写表示的月份，从 Jan 到 Dec
n	以数字形式表示的月份（与 m 不同）	返回无前导零的位数字，从 1 到 12
t	表示一月的天数	返回给定月份所应有的天数，从 28 到 31
L	表示是否为闰年	如果是闰年返回 1，否则返回 0
Y	表示年份	返回 4 位数字完整表示的年份，如 1999 或 2003
y	表示年份（与 Y 不同）	返回 2 位数字表示的年份，如 99 或 03
a	以小写字母表示上午或下午	返回值为 am 或 pm
A	以大写字母表示上午或下午	返回值为 AM 或 PM

续表

参　数	表 示 意 义	返　回　值
g	表示小时，12 小时格式	返回没有前导零的表示小时的数字，从 1 到 12
G	表示小时，24 小时格式	返回没有前导零的表示小时的数字，从 0 到 23
h	表示小时，12 小时格式（与 g 不同）	返回有前导零的表示小时的两位数字，从 01 到 12
H	表示小时，24 小时格式（与 G 不同）	返回有前导零的表示小时的两位数字，从 00 到 23
i	表示分钟	返回有前导零的分钟数，从 00 到 59
s	表示秒	返回有前导零的秒数，从 00 到 59
T	表示本机所在的时区	如 EST、MDT 等。在 Windows 下为完整文本格式，如“EasternStandardTime”。中文版会显示“中国标准时间”

【实例 9-5】以下代码演示如何获得系统主机的日期及时间。

实例 9-5：获得系统主机的日期及时间

源码路径：光盘\源文件\09\9-5.php

```
01    <html>
02    <head>
03    <title>输出当前日期函数使用实例</title>
04    </head>
05    <body>
06    <?php
07          echo "今天的日期是：";
08          echo "<p>";
09          echo date("Y 年 n 月 d 日");                          //格式化日期
10          echo "<p>";
11          echo "今天是星期：";
12          echo date("w");                                      //输出星期
13          echo "<p>";
14          echo "现在的时间是：";
15          echo "<p>";
16          echo date("aG 点 i 分 s 秒");
17    ?>
18    </body>
19    </html>
```

在 PHP 运行环境中执行该文件，执行结果如图 9.5 所示。

图 9.5　输出当前日期函数使用实例执行结果

从以上介绍 date()函数的参数及图 9.5 所示的执行结果可见，使用 date()函数可以返回主机的当前

的日期。

技巧：可以根据不同的用户区域，选择不同的时间格式。

9.3.3　获得时间及日期信息

知识点讲解：光盘\视频讲解\第 9 章\获得时间及日期信息.wmv

通过 9.3.2 小节对 date()函数的介绍，可以得知在 PHP 中获得时间及日期信息是一件很容易的事情，做法就是执行 date()函数再加上不同的参数即可。下面介绍另一个常用的获得日期信息 getdate()函数。它的使用格式如下所示：

```
array getdate([int timestamp])
```

该函数可包含参数，参数为一个表示日期的数字，如果没有参数则返回当前日期的信息。返回值为一个数组。其返回的数组中内容很多，返回数组的键名及相应值的情况如表 9.2 所示。

表 9.2　getdate()函数的返回值数组的键名单元

键　名	说　明	返回值例子
"seconds"	秒的数字表示	0 到 59
"minutes"	分钟的数字表示	0 到 59
"hours"	小时的数字表示	0 到 23
"mday"	月份中第几天的数字表示	1 到 31
"wday"	星期中第几天的数字表示	0（表示星期天）到 6（表示星期六）
"mon"	月份的数字表示	1 到 12
"year"	4 位数字表示的完整年份	例如：1999 或 2003
"yday"	一年中第几天的数字表示	0 到 365
"weekday"	星期几的完整文本表示	Sunday 到 Saturday
"month"	月份的完整文本表示	January 到 December

【实例 9-6】以下代码演示如何使用 getdate()函数获得时间及日期信息。

实例 9-6：使用 getdate()函数获得时间及日期信息
源码路径：光盘\源文件\09\9-6.php

```
01	<html>
02	<head>
03	<title>获得时间及日期信息函数使用实例</title>
04	</head>
05	<body>
06	<?php
07		$today=getdate();
08		echo "当前年份为：";
09		echo $today["year"];
10		echo "<p>";
11		echo "当前月份为：";
12		echo $today["month"];
13		echo "<p>";
```

```
14          echo "当前日期为：";
15          echo $today["mday"];
16          echo "<p>";
17          echo "今天是全年中的第：";
18          echo $today["yday"]."天";
19          echo "<p>";
20          echo "今天是星期：";
21          echo $today["wday"];
22    ?>
23    </body>
24    </html>
```

在 PHP 运行环境中执行该文件，执行结果如图 9.6 所示。

图 9.6　获得时间及日期信息函数使用实例执行结果

除了可以无参数调用 getdate()函数之外，也可以在 getdate()函数中使用参数，参数可以为任意合法的表示日期的数字，函数一样会返回这一日期的信息。

平时编程过程中经常用到 PHP 中的日期时间函数，熟练使用这些函数，可以为编写复杂的 Web 程序打下基础。

9.4　本章小结

无论是通过系统内置变量获得主机信息，还是通过日期时间函数获得日期时间信息，都是编写大型 Web 应用程序中不可或缺的内容，在大型应用程序中都是基础。通过本章的学习，读者应该对获取主机相关信息和日期时间信息有一个深刻的认识。

9.5　本章习题

习题 9-1　使用 checkdate()函数检查如下日期的合法性。

```
2013-6-31
```

【分析】该习题考查读者对 checkdate()函数的掌握。

【关键代码】

```
    echo '该日期是'.(checkdate(6,31,2013)?'合法':'不合法').'的';
```

习题 9-2　使用 date()函数输出当前是一年中的第几天。

【分析】该习题考查读者对格式化输出日期的掌握。

【关键代码】

```
echo '当前是一年中的第'.date('z').'天';
```

习题 9-3　使用 getdate()函数获取当前的年、月份。

【分析】该习题考查读者对 getdate()函数的使用。

【关键代码】

```
$d=getdate();
echo '当前是'.$d['year'].'第'.$d['mon'].'月';
```

第 10 章 PHP 中的图像处理

使用过 Internet 的用户都知道，一个网站不可能离开图片。各种形式的图片，会给死板的网页带来很多的生机。PHP 是嵌入式的语言，所以 PHP 页中除了 PHP 代码之外都是 HTML 标记，PHP 文件中自然可以使用图片标记。但 PHP 又不仅仅是能用图片而已，它还能对图片进行处理。本章讲解 PHP 中的图像处理，内容包括 PHP 中的简单图像函数、GD 库函数的使用、图像使用实战、使用 GD 函数创建图像、使用 GD 库函数绘制几何图形、使用 GD 库函数在图片上写字以及两个综合实例：使用 GD 库函数创建直方统计图和使用 GD 库函数创建图像的缩略图。

10.1 图 像 函 数

PHP 中有几个内置的简单图像处理函数，还有功能丰富的 GD 库函数。简单的图像函数可以用来读取图像文件的长、宽和图像的格式，而 GD 库函数功能就强大得多，可以创建图像、已有图像的缩略图、在图片文件上写字等。

10.1.1 访问图像的属性

知识点讲解：光盘\视频讲解\第 10 章\访问图像的属性.wmv

在处理一个图像文件之前，了解图像的大小是很有必要的。PHP 中有这样一个函数用来返回图像的长、宽及格式。这个函数是 getimagesize()，它的使用格式如下所示：

```
array getimagesize(string filename [,array &imageinfo]);
```

该函数的参数为指向图像文件路径及文件名的字符串，函数返回一个数组。该数组有 4 个元素，第 1 个为图像文件的长，第 2 个为图像文件的宽，第 3 个为图像元素的类型。该函数支持多种类型的图像，其值类型如表 10.1 所示。

表 10.1 getimagesize()函数图像类型值及内容

函数返回值	指代的图像类型
1	GIF 图像
2	JPG/JPEG 图像
3	PNG 图像
4	SWF（Flash）文件
5	PSD（Photoshop）文件
6	BMP 图像
7	TIFF
8	TIFF

续表

函数返回值	指代的图像类型
9	JPC 文件
10	JP2 文件
11	JPX 文件
12	JB2 文件
13	SWC 文件
14	IFF 文件
15	WBMP 文件
16	XBM 文件

说明： 这些标记与PHP 4.3.0新加的IMAGETYPE常量对应。

第 4 个参数为文本字符串，内容为“height="yyy",width="xxx"”，可直接用于 IMG 标记。

【实例 10-1】 以下代码演示如何使用 getimagesize()函数来访问图像的属性。

实例 10-1：使用 getimagesize()函数来访问图像的属性
源码路径：光盘\源文件\10\10-1.php

```
01  <html>
02  <head>
03  <title>访问图像属性函数使用实例</title>
04  </head>
05  <body>
06  <?php
07      $image="1.jpg";                          //定义指向图像文件的字符变量
08      echo "<img src=".$image.">";             //插入图像
09      $temp=getimagesize($image);              //使用函数并把返回值赋值给数组
10      echo "<p>";
11      echo "该图像的长为：";
12      echo $temp[0];                           //调用图像的长
13      echo "<p>";
14      echo "该图像的宽为：";
15      echo $temp[1];                           //调用图像的宽
16      echo "<p>";
17      echo "该图像的格式为：";
18      switch ($temp[2])                        //通过判断返回图像的格式
19      {
20          case 1:                              //如果图像为 GIF
21          echo "GIF 图像";
22          break;
23          case 2:                              //如果图像为 JPG
24          echo "JPG/JPGE 图像";
25          break;
26          case 3:                              //如果图像为 PNG
27          echo "PNG 图像";
28          break;
29          default:                             //除以上 3 种外的其他情况
```

```
30                echo "未知图像格式";
31                break;
32        }
33    ?>
34    </body>
35    </html>
```

在 PHP 运行环境中执行该文件（注意在执行该文件以前，先把 1.jpg 放在 10-1.php 的同一个目录下），其执行结果如图 10.1 所示。

图 10.1　访问图像属性函数使用实例执行结果

通过实例发现，getimagesize()函数能返回图像的长与宽及图像类型。这个函数对于网页中图像的插入是十分有用的。

10.1.2　使用 GD 库函数

知识点讲解：光盘\视频讲解\第 10 章\使用 GD 库函数.wmv

PHP 的 GD 库函数是专门用来处理图像、画图的库函数，本小节为读者介绍 PHP 中常见 GD 库函数的使用。在使用 GD 库之前要先让 PHP 解释器能加载 GD 库。方法就是修改 php.ini 文件，打开 php.ini 文件找到这一行：

```
;extension=php_gd2.dll
```

把前面的“;”去掉，然后，保存 php.ini 文件即可。这样在启动 PHP 解释器时就会加载 GD 库函数。

在前面几章中已经向读者展示过 GD 库的强大功能，如实例 6-7 和实例 7-4，第 6 章的重点是介绍如何使用非系统库函数，而第 7 章主要是讲解三角函数，下面对这两个实例作详细的说明。

以下代码为回顾实例 6-7 的代码：

```
01  <?php
02      header("Content-type:image/png");                                  //输出一个 PNG 图片文件
03      $im=imagecreatetruecolor(440,100);                                 //初始化图形区域
04      $black=imagecolorallocate($im, 0,0,0);                             //定义黑色
05      $white=imagecolorallocate($im, 255,255,255);                       //定义白色
06      $yellow=imagecolorallocate($im,255,255,0);                         //定义黄色
07      $blue=imagecolorallocate($im,0,0,255);                             //定义蓝色
08      $red=imagecolorallocate($im,255,0,0);                              //定义红色
09      $zi=imagecolorallocate($im,255,0,255);                             //定义紫色
10      $font="courbd.ttf";                                                //定义字体文件
11      imagefilledrectangle($im, 5, 5, 435, 95, $blue);                   //用蓝色画一个矩形
12      imagestring($im,5,7,10,"I:send",$white);                           //用白色写字符
13      for($i=0;$i<5;$i++)                                                //用循环画字符
14      {
15          imagettftext($im,40,0,90+$i*50,57,$yellow,$font,"Z");          //画出字符用黄色及字体
16      }
17      imagestring($im,5,270,60,"to:YOU As a gift",$white);               //用白色写字符
18      imagestring($im,5,305,80,date('Y').".".date('m').".".date('d'),$white); //写出当前日期
19      Imagepng($im);                                                     //创建图形
20      Imagedestroy($im);                                                 //关闭图形
21  ?>
```

该实例使用了 GD 库中的创建图像、画矩形、在图像上写字符等几个函数。执行结果如图 6.7 所示。下面再来回顾一下实例 7-4 中的代码：

```
01  <?php
02      header("Content-type: image/png");                      //输出文件头为 PNG 图片
03      $im = imagecreate(400,400);                             //使用 GD 库函数创建区域
04      $black = imagecolorallocate($im, 0,0,0);                //使用 GD 库函数定义黑色
05      $white = imagecolorallocate($im, 255,255,255);          //使用 GD 库函数定义白色
06      $yellow = imagecolorallocate($im,255,255,0);            //使用 GD 库函数定义黄色
07      $blue = imagecolorallocate($im,0,0,255);                //使用 GD 库函数定义蓝色
08      $red = imagecolorallocate($im,255,0,0);                 //使用 GD 库函数定义红色
09      imagefilledrectangle($im, 5, 5, 395, 395, $yellow);     //使用 GD 库函数画矩形
10      for($i=1;$i<360;$i++)                                   //通过循环画点
11      {
12          $temp=150*sin(2*(pi()/180)*$i);                     //通过三角函数计算值
13          $x=$temp*cos((pi()/180)*$i)+200;                    //通过三角函数计算点的横坐标
14          $y=$temp*sin((pi()/180)*$i)+200;                    //通过三角函数计算点的纵坐标
15          imagesetpixel ($im,$x,$y,$red);                     //通过 GD 库函数画点
16          $temp=150*cos(2*(pi()/180)*$i);                     //通过三角函数计算第二个值
17          $x=$temp*cos((pi()/180)*$i)+200;                    //通过三角函数计算点的横坐标
18          $y=$temp*sin((pi()/180)*$i)+200;                    //通过三角函数计算点的纵坐标
19          imagesetpixel ($im,$x,$y,$blue);                    //通过 GD 库函数画点
20      }
21      Imagepng($im);                                          //输出 PNG 图片
22      Imagedestroy($im);                                      //清空图片
23  ?>
```

该实例除了使用创建图像函数之外还使用了 GD 库函数中的画点函数。该函数的作用是在固定的位置画一个点。

下面附上 GD 库中的常用函数及意义如表 10.2 所示。

表 10.2　常见 GD 库函数意义

GD 库函数	意　　义
gd_info	取得当前安装的 GD 库的信息
getimagesize	取得图像大小
image_type_to_extension	取得图像类型的文件后缀
image_type_to_mime_type	取得 getimagesize，exif_read_data
exif_thumbnail，exif_imagetype	所返回的图像类型的 MIME 类型
image2wbmp	以 WBMP 格式将图像输出到浏览器或文件
imagealphablending	设定图像的混色模式
imageantialias	是否使用抗锯齿（antialias）功能
imagearc	画椭圆弧
imagechar	水平地画一个字符
imagecharup	垂直地画一个字符
imagecolorallocate	为一幅图像分配颜色
imagecolorallocatealpha	为一幅图像分配颜色 + alpha
imagecolorat	取得某像素的颜色索引值
imagecolorclosest	取得与指定的颜色最接近的颜色的索引值
imagecolorclosestalpha	取得与指定的颜色加透明度最接近的颜色
imagecolorclosesthwb	取得与给定颜色最接近的色度的黑白色的索引
imagecolordeallocate	取消图像颜色的分配
imagecolorexact	取得指定颜色的索引值
imagecolorexactalpha	取得指定的颜色加透明度的索引值
imagecolormatch	使一个图像中调色板版本的颜色与真彩色版本更能匹配
imagecolorresolve	取得指定颜色的索引值或有可能得到的最接近的替代值
imagecolorresolvealpha	取得指定颜色+ alpha 的索引值或有可能得到的最接近的替代值
imagecolorset	给指定调色板索引设定颜色
imagecolorsforindex	取得某索引的颜色
imagecolorstotal	取得一幅图像的调色板中颜色的数目
imagecolortransparent	将某个颜色定义为透明色
imageconvolution	用系数 div 和 offset 申请一个 3×3 的卷积矩阵
imagecopy	复制图像的一部分
imagecopymerge	复制并合并图像的一部分
imagecopymergegray	用灰度复制并合并图像的一部分
imagecopyresampled	重采样复制部分图像并调整大小
imagecopyresized	复制部分图像并调整大小
imagecreate	新建一个基于调色板的图像
imagecreatefromgd2	从 GD2 文件或 URL 新建一图像
imagecreatefromgd2part	从给定的 GD2 文件或 URL 中的部分新建一图像

续表

GD 库函数	意　义
imagecreatefromgd	从 GD 文件或 URL 新建一图像
imagecreatefromgif	从 GIF 文件或 URL 新建一图像
imagecreatefromjpeg	从 JPEG 文件或 URL 新建一图像
imagecreatefrompng	从 PNG 文件或 URL 新建一图像
imagecreatefromstring	从字符串中的图像流新建一图像
imagecreatefromwbmp	从 WBMP 文件或 URL 新建一图像
imagecreatefromxbm	从 XBM 文件或 URL 新建一图像
imagecreatefromxpm	从 XPM 文件或 URL 新建一图像
imagecreatetruecolor	新建一个真彩色图像
imagedashedline	画一虚线
imagedestroy	销毁一图像
imageellipse	画一个椭圆
imagefill	区域填充
imagefilledarc	画一椭圆弧且填充
imagefilledellipse	画一椭圆并填充
imagefilledpolygon	画一多边形并填充
imagefilledrectangle	画一矩形并填充
imagefilltoborder	区域填充到指定颜色的边界为止
imagefilter	对图像使用过滤器
imagefontheight	取得字体高度
imagefontwidth	取得字体宽度
imageftbbox	给出一个使用 FreeType2 字体的文本框
imagefttext	使用 FreeType2 字体将文本写入图像
imagegammacorrect	对 GD 图像应用 gamma 修正
imagegd2	将 GD2 图像输出到浏览器或文件
imagegd	将 GD 图像输出到浏览器或文件
imagegif	以 GIF 格式将图像输出到浏览器或文件
imageinterlace	激活或禁止隔行扫描
imageistruecolor	检查图像是否为真彩色图像
imagejpeg	以 JPEG 格式将图像输出到浏览器或文件
imagelayereffect	设定 alpha 混色标志以使用绑定的 libgd 分层效果
imageline	画一条线段
imageloadfont	载入一新字体
imagepalettecopy	将调色板从一幅图像复制到另一幅
imagepng	以 PNG 格式将图像输出到浏览器或文件
imagepolygon	画一个多边形
imagepsbbox	给出一个使用 PostScript Type1 字体的文本方框
imagepsencodefont	改变字体中的字符编码矢量
imagepsextendfont	扩充或精简字体
imagepsfreefont	释放一个 PostScript Type1 字体所占用的内存

续表

GD 库函数	意　义
imagepsloadfont	从文件中加载一个 PostScript Type1 字体
imagepsslantfont	倾斜某字体
imagepstext	用 PostScript Type1 字体把文本字符串画在图像上
imagerectangle	画一个矩形
imagerotate	用给定角度旋转图像
imagesavealpha	设置标记以在保存 PNG 图像时保存完整的 alpha 通道信息（与单一透明色相反）
imagesetbrush	设定画线用的画笔图像
imagesetpixel	画一个单一像素
imagesetstyle	设定画线的风格
imagesetthickness	设定画线的宽度
imagesettile	设定用于填充的贴图
imagestring	水平地画一行字符串
imagestringup	垂直地画一行字符串
imagesx	取得图像宽度
imagesy	取得图像高度
imagetruecolortopalette	将真彩色图像转换为调色板图像
imagettfbbox	取得使用 TrueType 字体的文本的范围
imagettftext	用 TrueType 字体向图像写入文本
imagetypes	返回当前 PHP 版本所支持的图像类型
imagewbmp	以 WBMP 格式将图像输出到浏览器或文件
imagexbm	将 XBM 图像输出到浏览器或文件
iptcembed	将二进制 IPTC 数据嵌入到一幅 JPEG 图像中
iptcparse	将二进制 IPTC http://www.iptc.org/块解析为单个标记
jpeg2wbmp	将 JPEG 图像文件转换为 WBMP 图像文件
png2wbmp	将 PNG 图像文件转换为 WBMP 图像文件

从表 10.2 可以看出，PHP 的 GD 库函数功能相当丰富，几乎涵盖了图像处理中的所有内容。下面将通过几节内容为读者介绍常用的 GD 库函数的使用方法。

10.2　图像使用实战

本节将用 4 个小节的内容介绍常用的 GD 库函数的使用方法，内容包括如何创建图形、在图形上画图、绘制几何图形、在图形上写字等，从中读者能够学习到常用 GD 库函数的使用及图像处理的技巧。

10.2.1　使用 GD 库函数创建图像

知识点讲解：光盘\视频讲解\第 10 章\使用 GD 库函数创建图像.wmv

在使用一个图像之前必须要先创建它。通过查看表 10.2 中的 GD 库函数可以发现，要创建一个图

像就使用 imagecreate()函数，它的使用格式如下所示：

```
resource imagecreate(int x_size,int y_size)
```

参数 x_size、y_size 为整型变量，内容为所创建图像的宽与高。该函数返回一个图像标识符，代表了一幅宽与高为 x_size 和 y_size 的空白图像。

注意： 由于要向浏览器输出一幅图像，所以使用此函数之前要使用header("Content-type: image/png");并且在使用header()函数之前不能有包括空字符在内的任何输出。

【实例 10-2】 以下代码演示如何使用 imagecreate()函数创建图像。

实例 10-2： 使用 imagecreate()函数创建图像

源码路径： 光盘\源文件\10\10-2.php

```
01  <?php
02      header("Content-type:image/png");                          //向浏览器输出文件头
03      $im=imagecreate(100,50);                                   //使用函数创建图像
04      $background_color = imagecolorallocate($im,255,255,255);  //设置背景色
05      $text_color = imagecolorallocate($im,233,14,91);           //定义文本内容颜色
06      imagestring($im,1,5,5,"A Simple Text String", $text_color); //写文本
07      imagepng($im);                                             //输出 PNG
08      imagedestroy($im);                                         //销毁图像
09  ?>
```

在 PHP 运行环境中执行以上代码，其执行结果如图 10.2 所示。

图 10.2　imagecreate()函数使用实例执行结果

通过该实例及其执行结果可见创建一个图像的过程。先创建图像，再在图像上进行操作。本实例实现的效果是先创建一个图像，再把文本输出到已经存在的图像上。

10.2.2　创建图形并在上面画图

知识点讲解：光盘\视频讲解\第 10 章\创建图形并在上面画图.wmv

10.2.1 小节介绍了如何创建图形，图形创建后就是如何操作的问题了。本小节讲解如何在图形上面画出几何图形。GD 库函数能直接在图像上绘制直线、矩形、圆形、椭圆形等几何图形。下面来分别说明这几个函数的使用方法。

☑　bool imageline()函数：

```
bool imageline(resource image,int x1,int y1,int x2,int y2,int color)
```

参数 image 为一个已经创建的图形对象，参数 x1、y1、x2、y2 均为整型数；color 为表示颜色的整型数。执行函数，将会用 color 颜色画一条从 x1，y1 到 x2，y2 的直线。

☑ bool imagerectangle()函数：

```
bool imagerectangle(resource image,int x1,int y1,int x2,int y2,int color)
```

参数内容与 imageline()函数相似。执行函数，将会用 color 颜色画一个矩形，矩形的左上角为 x1，y1；右下角坐标为 x2，y2。

☑ bool imagefilledrectangle()函数：

```
bool imagefilledrectangle(resource image,int x1,int y1,int x2,int y2,int color)
```

执行函数将会画一个矩形，与上一个函数不同的，此矩形是一个用 color 填充的矩形。

☑ bool imageellipse()函数：

```
bool imageellipse(resource image,int cx,int cy,int w,int h,int color)
```

参数 cx、cy、w、h 均为整型数。执行函数，将会画一个颜色为 color 的椭圆，该椭圆的左上角为 cx，cy，w、h 为椭圆的宽度和高度，如果两者相等画出的就是一个正圆形。

☑ bool imagefilledellipse()函数：

```
bool imagefilledellipse(resource image,int cx,int cy,int w,int h,int color)
```

基本内容同上也是绘制椭圆，不同的是此函数画出的椭圆也是填充的实心图形。

【实例 10-3】以下代码演示如何使用以上函数绘制几何图形。

实例 10-3：使用以上函数绘制几何图形

源码路径：光盘\源文件\10\10-3.php

```
01  <?php
02      header("Content-type:image/png");                           //向浏览器输出文件头
03      $im=imagecreate(500,500);                                   //使用函数创建图像
04      $black=imagecolorallocate($im, 0,0,0);                      //定义黑色
05      $white=imagecolorallocate($im, 255,255,255);                //定义白色
06      $yellow=imagecolorallocate($im,255,255,0);                  //定义黄色
07      $blue =imagecolorallocate($im,0,0,255);                     //定义蓝色
08      $red=imagecolorallocate($im,255,0,0);                       //定义红色
09      $zi=imagecolorallocate($im,255,0,255);                      //定义紫色
10      $background_color = imagecolorallocate($im,255,255,255);    //设置背景色
11      imageline($im,10,10,350,10,$white);                         //用白色画直线
12      imagerectangle($im,20,20,200,100,$blue);                    //用蓝色画一个矩形
13      imagefilledrectangle($im,100,200,200,300,$yellow);          //用黄色画一个填充矩形
14      imageellipse($im,50,50,150,150,$zi);                        //用紫色画一个椭圆
15      imagefilledellipse($im,50,50,150,350,$white);               //用白色画一个正圆形
16      imagepng($im);                                              //输出 PNG
17      imagedestroy($im);                                          //销毁图像
18  ?>
```

在 PHP 运行环境中执行该文件代码，其执行结果如图 10.3 所示。

通过上面的实例及执行结果，可以发现 GD 库函数可以绘制几乎所有的几何图形。通过自己的创意，能绘出更多的项目。

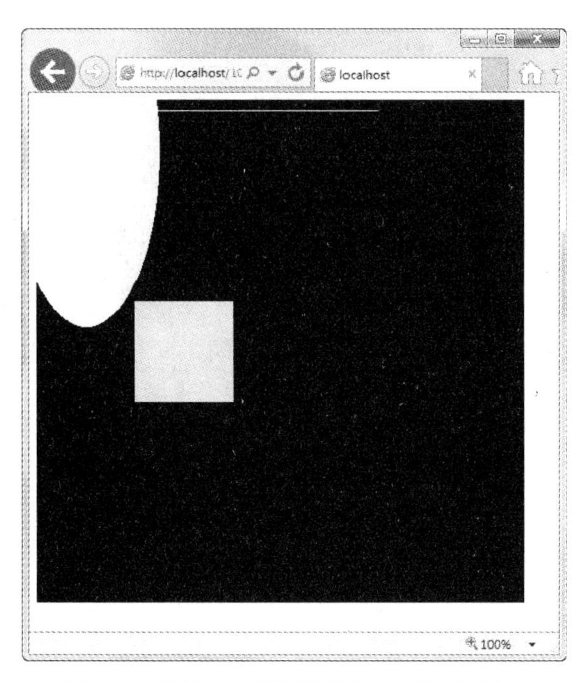

图 10.3　使用 GD 函数在图像上绘制几何图形

10.2.3　绘制几何图形更多的探索

知识点讲解：光盘\视频讲解\第 10 章\绘制几何图形更多的探索.wmv

本节利用 GD 库中的画直线函数 imageline()来做更多的探索。利用画直线函数来达到画三角形、五角星及更复杂图形的目的。

复杂的图形归根结底都是由简单的直线或者曲线构成的，只要掌握了构图的规律，就可以用简单的直线来描绘出复杂的图形。

【实例 10-4】以下代码演示使用直线画正三角形。

实例 10-4：使用直线画正三角形

源码路径：光盘\源文件\10\10-4.php

```
01  <?php
02      header("Content-type:image/png");                          //向浏览器输出文件头
03      $im=imagecreate(400,300);                                  //使用函数创建图像
04      $background_color = imagecolorallocate($im,0,0,0);         //设置背景色
05      $white=imagecolorallocate($im, 255,255,255);               //定义白色
06      imageline($im,100,50,300,50,$white);                       //画线
07      imageline($im,100,50,200,50+200*sin(pi()/3),$white);       //画线
08      imageline($im,200,50+200*sin(pi()/3),300,50,$white);       //画线
09      imagepng($im);                                             //输出 PNG
10      imagedestroy($im);                                         //销毁图像
11  ?>
```

在 PHP 运行环境中执行以上代码，其执行结果如图 10.4 所示。

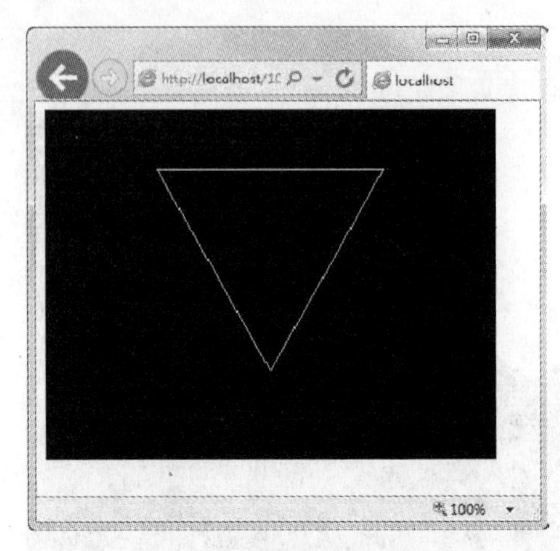

图 10.4　用画直线函数绘制正三角形

既然能用画直线函数画出正三角形，当然也可以用它来绘制五角星了。

【实例 10-5】以下代码演示使用画直线函数绘制五角星。

实例 10-5：使用画直线函数绘制五角星

源码路径：光盘\源文件\10\10-5.php

```
01  <?php
02      header("Content-type:image/png");                        //向浏览器输出文件头
03      $im=imagecreate(400,400);                                 //使用函数创建图像
04      $black=imagecolorallocate($im, 0,0,0);                    //定义黑色
05      $white=imagecolorallocate($im, 255,255,255);              //定义白色
06      $red=imagecolorallocate($im,255,0,0);                     //定义红色
07      $background_color = imagecolorallocate($im,255,255,255);  //设置背景色
08      imagefilledrectangle($im,5,5,395,395,$white);             //用白色画一个矩形
09      $m=200;                                                   //边长
10      $n=sqrt($m*$m+$m*$m-2*$m*$m*cos(3*pi()/5));               //大边长
11      $a=cos(2*pi()/5)*$n;                                      //设置变量以求顶点坐标
12      $b=sin(2*pi()/5)*$n;
13      $c=cos(pi()/5)*$m;
14      $d=sin(pi()/5)*$m;
15      imageline($im,200,50,200-$a,50+$b,$red);                  //画线
16      imageline($im,200,50,200+$a,50+$b,$red);                  //画线
17      imageline($im,200-$c,50+$d,200+$a,50+$b,$red);            //画线
18      imageline($im,200+$c,50+$d,200-$a,50+$b,$red);            //画线
19      imageline($im,200-$c,50+$d,200+$c,50+$d,$red);            //画线
20      imagepng($im);                                            //输出 PNG
21      imagedestroy($im);                                        //销毁图像
22  ?>
```

说明：以上代码的重点就是确定各个顶点的坐标。

在 PHP 运行环境中执行以上代码，执行结果如图 10.5 所示。

对于此五角星来说，画线的过程相当简单，主要是利用数学原理来求各个顶点的坐标相对麻烦。下面使用画直线函数 imageline()来绘制正十二角星。

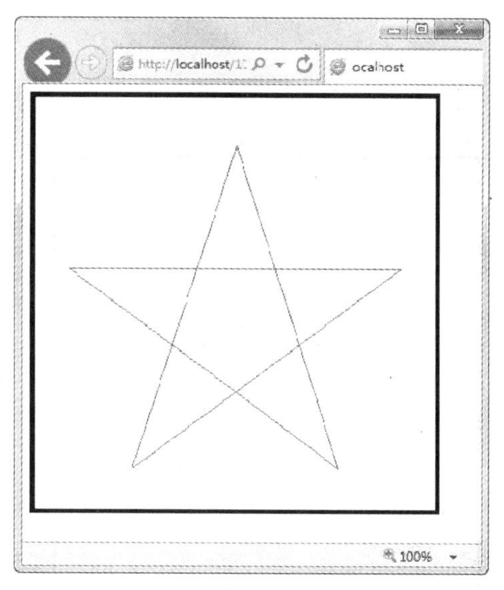

图 10.5　使用画直线函数绘制五角星

【实例 10-6】以下代码演示使用 imageline()函数绘制正十二角星。

实例 10-6：使用 imageline()函数绘制正十二角星
源码路径：光盘\源文件\10\10-6.php

```
01  <?php
02      header("Content-type:image/png");                                  //向浏览器输出文件头
03      $im=imagecreate(420,420);                                          //使用函数创建图像
04      $black=imagecolorallocate($im, 0,0,0);                             //定义黑色
05      $white=imagecolorallocate($im, 255,255,255);                       //定义白色
06      $blue=imagecolorallocate($im,0,0,255);                             //定义蓝色
07      $background_color = imagecolorallocate($im,255,255,255);           //设置背景色
08      imagefilledrectangle($im,5,5,415,415,$white);                      //用白色画一个矩形
09      imageline($im,210,10,110,210+100*sqrt(3),$blue);                   //画线
10      imageline($im,210,10,310,210+100*sqrt(3),$blue);                   //画线
11      imageline($im,210,410,110,210-100*sqrt(3),$blue);                  //画线
12      imageline($im,210,410,310,210-100*sqrt(3),$blue);                  //画线
13      imageline($im,10,210,210+100*sqrt(3),110,$blue);                   //画线
14      imageline($im,10,210,210+100*sqrt(3),310,$blue);                   //画线
15      imageline($im,410,210,210-100*sqrt(3),110,$blue);                  //画线
16      imageline($im,410,210,210-100*sqrt(3),310,$blue);                  //画线
17      imageline($im,110,210-100*sqrt(3),210+100*sqrt(3),310,$blue);      //画线
18      imageline($im,110,210+100*sqrt(3),210+100*sqrt(3),110,$blue);      //画线
19      imageline($im,210-100*sqrt(3),110,310,210+100*sqrt(3),$blue);      //画线
20      imageline($im,210-100*sqrt(3),310,310,210-100*sqrt(3),$blue);      //画线
21      imagepng($im);                                                     //输出 PNG
22      imagedestroy($im);                                                 //销毁图像
23  ?>
```

在 PHP 运行环境下执行该 PHP 文件，其执行结果如图 10.6 所示。

通过上面的 3 个例子，能够了解到利用 GD 库函数可以说是没有做不到，只有想不到。要善于利用库函数来实现特定的目的。

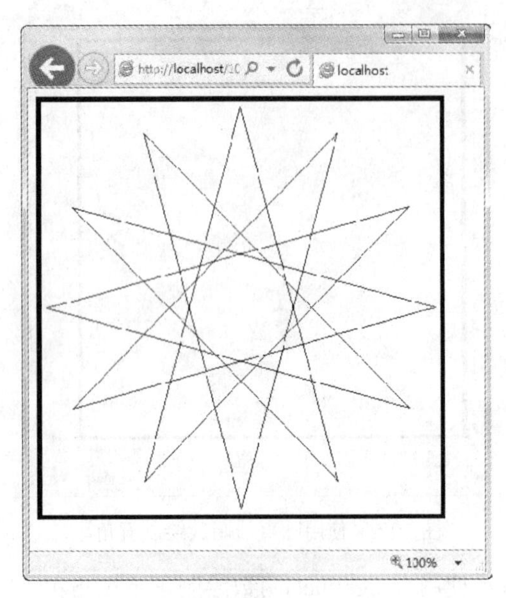

图 10.6　使用画直线函数绘制正十二角星

10.2.4　使用 GD 库函数在图片上写字

知识点讲解：光盘\视频讲解\第 10 章\使用 GD 库函数在图片上写字.wmv

本节将使用 imagestring()函数在一张已经存在的图片上写字。比较常见的作用是当用户把图片上传到服务器后，通过 PHP 程序在图片上打上网站的标记，或者版权信息。该函数的使用格式如下所示：

```
bool imagestring(resource image,int font,int x,int y,string s,int color)
```

参数 image 为一个已经打开的图像对象，参数 x、y 为整型变量，表示已经打开图像的坐标处。参数 font 为整型变量，内容为要显示的字体。如果要使用中文字体，则要把该字体文件放到程序同一个目录下。参数 string 为字符串类型，内容即为要写的文本内容。参数 color 为整型变量，内容为欲打印文本的颜色。函数的返回值为布尔型变量，即如果成功打印文本则返回 True，否则就返回 False。

【实例 10-7】以下代码演示如何使用 imagestring()函数在一张图片上写字。

实例 10-7：使用 imagestring()函数在一张图片上写字
源码路径：光盘\源文件\10\10-7.php

```
01  <?php
02      header("Content-type:image/jpeg");                          //向浏览器输出文件头
03      $image="1.jpg";                                             //定义变量指向图像文件
04      $im=imagecreatefromjpeg($image);
05      $yellow=imagecolorallocate($im,255,255,0);                  //定义黄色
06      $white=imagecolorallocate($im, 255,255,255);                //定义白色
07      imagestring($im,4,5,5,"I like this picture!",$yellow);      //用黄色在图片上写字
08      imagestring($im,5,470,400,"Beautiful flowers",$white);      //用白色在图片上写字
09      imagejpeg($im);                                             //输出 JPEG
10      imagedestroy($im);                                          //销毁图像
```

```
11    ?>
```

在 PHP 运行环境中执行该 PHP 文件（在执行该文件之前，要把 1.jpg 文件放到同一目录下），其执行结果如图 10.7 所示。

图 10.7　GD 库函数在图片上写字

在使用 imagestring()函数时有一个问题需要注意，就是这个函数不支持中文，即 string 参数只能为英文或者数字，不过可以通过安装 Freetype 字体来解决这个问题。

10.2.5　使用 GD 库函数绘制直方统计图

知识点讲解：光盘\视频讲解\第 10 章\使用 GD 库函数绘制直方统计图.wmv

前两小节读者学习了如何用 GD 库函数创建图像及如何在图片文件上输出字符。本小节为读者介绍一个实用的例子，用 GD 库函数绘制直方统计图。

【实例 10-8】以下代码演示使用 GD 库函数绘制直方统计图。

实例 10-8：使用 GD 库函数绘制直方统计图
源码路径：光盘\源文件\10\10-8.php

```
01    <?php
02          //首先定义一个数组，其内容可以表示为一个工厂全年生产效益
03          $num[0]=100;
04          $num[1]=120;
05          $num[2]=125;
06          $num[3]=130;
07          $num[4]=160;
08          $num[5]=200;
09          $num[6]=230;
10          $num[7]=250;
11          $num[8]=290;
```

```
12          $num[9]=310;
13          $num[10]=400;
14          $num[11]=200;
15          header("Content-type: image/png");                               //输出头文件
16          $im=imagecreate(420,470);
17          $black=imagecolorallocate($im, 0,0,0);                            //定义黑色
18          $white=imagecolorallocate($im, 255,255,255);                      //定义白色
19          $yellow=imagecolorallocate($im,255,255,0);                        //定义黄色
20          $blue =imagecolorallocate($im,0,0,255);                           //定义蓝色
21          $red=imagecolorallocate($im,255,0,0);                             //定义红色
22          imageline($im,5,5,5,435,$white);                                  //画出纵坐标
23          imageline($im,5,435,400,435,$white);                              //画出横坐标
24          for($i=0;$i<count($num);$i++)                                     //循环画出直方图
25               imagefilledrectangle($im,($i+1)*30,440-$num[$i]-5,($i+1)*30+20,435,$yellow);
26          for($i=0;$i<count($num);$i++)                                     //循环画出数值
27               imagestring($im,4,($i+1)*30,440-$num[$i]-5,"$num[$i]",$blue);
28          for($i=1;$i<13;$i++)                                              //循环画出横坐标单位
29               imagestring($im,4,$i*30,440,"$i",$red);
30          for($i=0;$i<5;$i++)                                               //循环画出纵坐标单位
31          {
32               $s=$i*100;
33               imagestring($im,4,5,435-$s,"$s",$white);
34          }
35          Imagepng($im);                                                    //创建图像
36          Imagedestroy($im);                                                //关闭图像
37     ?>
```

在 PHP 运行环境中执行该文件，执行结果如图 10.8 所示。

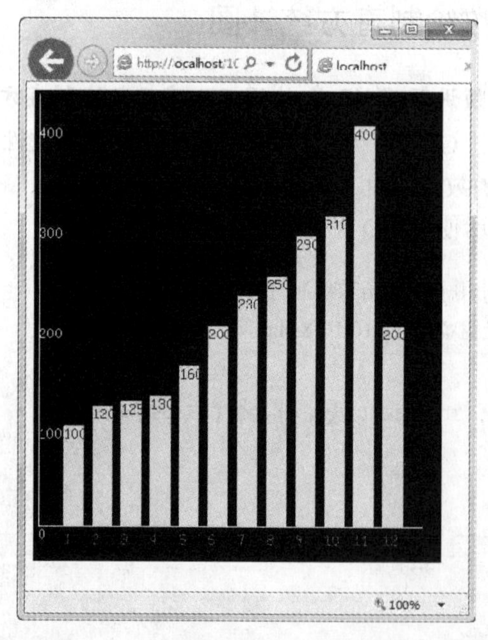

图 10.8　使用 GD 库函数绘制直方统计图使用实例执行结果

通过以上实例及执行结果可以看出，GD 库函数配合数学函数可以画出功能强大的数学图形，可以

把数字内容变为直观的图像。这样可以增加程序的亲和力，使原本枯燥的数字使用户更容易接受，从而增加程序的易用性。

10.2.6　使用 GD 库函数创建图像的缩略图

知识点讲解：光盘\视频讲解\第 10 章\用 GD 库函数创建图像的缩略图.wmv

在编写 Web 应用程序时，要考虑全面的内容。如网页加载时打开的图像太大，就会延长网页打开的速度，从而会使用户失去耐心。如果在用户打开图片前，先生成欲打开图像的缩略图让用户了解大致情况，就会改善用户的体验。GD 库函数就有创建图像缩略图的功能。本小节就来介绍如何使用 GD 库函数创建一幅图像的缩略图。

在介绍程序之前，先来认识一个 GD 库函数：imagecopyresized()函数。它的使用格式如下所示：

```
int imagecopyresized(int dst_im,int src_im,int dstX,int dstY,int srcX,int srcY,int dstW,int dstH,int srcW,int srcH);
```

该函数可以复制新图，并重新调整图片的大小尺寸。参数都是目的在前，来源在后。参数 dst_im 及 src_im 为图片的句柄。参数 dstX、dstY、srcX、srcY 分别为目的及来源的坐标。参数 dstW、dstH、srcW、srcH 分别为来源及目的的宽和高，若欲调整新图的尺寸就在这里设定。

可见，通过此函数，就可以达到调整图片大小的目的，生成缩略图自然也是可以的。

【实例 10-9】以下代码演示使用 imagecopyresized()函数创建图像的缩略图。

实例 10-9：使用 imagecopyresized()函数创建图像的缩略图
源码路径：光盘\源文件\10\10-9.php

```
01  <?php
02      function resizeimage($srcfile,$rate=0.5)                  //建立一个函数以指定比率缩放图像
03      {
04          $size=getimagesize($srcfile);                         //判断图片类型及大小
05          switch($size[2])                                      //判断图片类型，根据类型创建图片
06          {
07              case 1:
08              $img=imagecreatefromgif($srcfile);
09              break;
10              case 2:
11              $img=imagecreatefromjpeg($srcfile);
12              break;
13              case 3:
14              $img=imagecreatefrompng($srcfile);
15              break;
16          }
17          $srcw=imagesx($img);                                  //源图片的宽度
18          $srch=imagesy($img);                                  //源图片的高度
19          $dstw=floor($srcw*$rate);                             //目的图片的宽度
20          $dsth=floor($srch*$rate);                             //目的图片的高度
21          $im=imagecreate($dstw,$dsth);                         //新建一个真彩色图像
22          $black=imagecolorallocate($im,255,255,255);           //定义黑色
23          imagefilledrectangle($im,0,0,$dstw,$dsth,$black);     //画一个图色的矩形
24          imagecopyresized($im,$img,0,0,0,0,$dstw,$dsth,$srcw,$srch);        //重新定义新图像
```

```
25          imagejpeg($im);                                    //以 JPG 格式输出新图像
26          imagedestroy($im);                                 //释放源图像
27          imagedestroy($img);                                //释放目的图像
28      }
29      $im1="1.jpg";                                          //定义变量
30      resizeimage($im1);                                     //调用函数参数$rate 使用默认参数
31  ?>
```

注意：该函数的参数比较多，读者需要熟知每个参数的作用。

在 PHP 运行环境中执行以上代码（注意要把“1.jpg”放到同一目录下），执行结果如图 10.9 所示。

图 10.9　用 GD 库函数创建图像的缩略图

通过以上输出的图像，与实际使用的“1.jpg”的比较，发现程序正确输出了源图像的缩略版，达到了创建缩略图的目的。

从上面的函数也可以看出，通过此函数不仅可以创建缩略图，而且可以实现图像的任意大小的缩放，可见其功能的强大。

10.3　本章小结

本章为读者介绍了 PHP 中与图像相关的函数及 GD 库函数，重点介绍了 GD 库函数，通过几个实例实际地使用了几个常用的 GD 库函数。本章知识点有：PHP 中的获取图像信息函数 getimagesize()，使用 GD 库函数创建图像、绘制几何图形、在图片上写字等。通过本章的学习，读者可对 GD 库函数有一个初步的了解。更深层次的学习，就需要读者在实践中运用所学知识去解决实际问题。

10.4　本章习题

习题 10-1　使用 getimagesize()函数获取同目录下 test.jpg 图像文件的尺寸并输出。

【分析】该习题考查读者对 getimagesize()函数的掌握情况。

【关键代码】

```
$size=getimagesize('test.jpg');
```

```
echo "图片的宽度为：{$size[0]}px";
echo "图片的高度为：{$size[1]}px";
```

习题 10-2　使用 iamgecreate()函数创建一个宽度为 200px，高度为 300px 的画布。

【分析】该习题考查读者对创建画布函数的掌握。

【关键代码】

```
header("Content-type:image/png");
$im=imagecreate(200,300);
```

习题 10-3　在习题 10-2 的基础上使用 imagecolorallocate()函数为画布填充蓝色。

【分析】该习题主要考查读者对创建颜色函数的掌握。

【关键代码】

```
$blue =imagecolorallocate($im,0,0,255);
```

习题 10-4　在习题 10-3 的基础上以 PNG 的格式将图像输出在浏览器，并在输出后清除图像资源。

【分析】该习题考查读者对图像输出和图像资源清除的掌握。

【关键代码】

```
imagepng($im);
imagedestroy($im);
```

习题 10-5　使用 iamgeline()函数绘制如图 10.10 所示的图形，该图像的尺寸为 150px×300px。

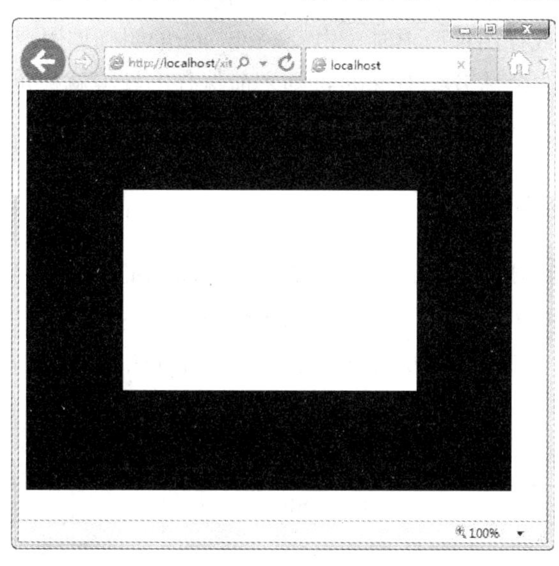

图 10.10　执行结果

【分析】该习题考查读者对画线函数的掌握以及熟练应用的能力。

【关键代码】

```
for($i=0;$i<200;$i++)
    imageline($im,100,100+$i,400,100+$i,$color2);
```

第 11 章 PHP 中的 Session 与 Cookie

编写 Web 互动程序，保存用户的登录信息是十分必要的，这样可以提高网站对用户的吸引力。目前常见的存储机制有两种：一种是把用户信息存储于服务器端的主机上的 Session 机制；另一种是把用户信息存储于客户端即客户机上的 Cookie（小甜饼）机制。这两种机制各有各的特点，本章就来为读者介绍 PHP 中的 Session 和 Cookie。本章内容包括：Session 的使用注意事项、有关的 Session 函数及它们的使用方法、Cookie 的使用、PHP 中的 Cookie 相关函数及使用、为 Cookie 设置生命期、Cookie 综合运用实例。

11.1 Session 的使用

Session 适合存储信息量比较少的用户信息。如果用户需要存储的信息量相对较少，并且对存储内容不要求长时间存储时，使用 Session 把信息存储于服务器端会比较适合。Session 会话允许用户注册任意数目的变量并保留给各个请求使用。当用户访问网站时，PHP 会自动（如果 php.ini 中的 session.auto_start 被设为 1）或在用户请求时（由 session_start()明确调用或 session_register()间接调用）检查请求中是否发送了特定的会话 ID。如果是，则之前保存的环境就被重建。本节就为读者介绍 PHP 中 Session 的使用。

11.1.1 如何使用 Session

知识点讲解：光盘\视频讲解\第 11 章\如何使用 Session.wmv

PHP 中有多个 Session 函数来实现对 Session 的操作。有了这些函数，使用 Session 就变得相当简单。本小节就为读者来介绍 PHP 中的 Session 函数及它们的使用方法。PHP 中常用的 Session 函数有以下几个，如表 11.1 所示。

表 11.1 常用的 Session 相关函数

函 数 名	作 用	参数及返回值
session_start(void)	此函数初始化一个新的 Session，若该客户已在 Session 之中，则连上原有的 Session	该函数没有参数，且返回值均为 True。需要注意的一点是在 session_start()函数之前不能有任何的内容输出，否则就会发生错误
session_destroy(void)	此函数结束目前的 Session	与 session_start()函数一样，ession_destroy()函数也没有参数，且返回值也均为 True
session_name(string [name])	本函数可取得或者重新设定目前 Session 的名称	若无可选参数，name 则表示仅获取目前 Session 名称，加上参数则表示将 Session 名称设为参数 name

续表

函　数　名	作　　用	参数及返回值
session_module_name(string [module])	本函数可取得或者重新设定目前 Session 的模组	若无可选参数，module 则表示只获取目前 Session 的模组，加上参数则表示将 Session 模组设为参数 module
session_save_path(string [path])	本函数可取得或者重新设定目前存放 Session 的路径	若无可选参数，path 则表示只有取得目前 Session 的路径目录名，加上参数 path 则表示将 Session 存在新的路径上
session_id(string [id])函数	本函数可取得或者重新设定目前存放 Session 的代号	若无参数，id 则表示只有取得目前 Session 的代号，加上参数则表示将 Session 代号设成新指定的 id。输入及传回均为字串
session_decode(string data)	本函数可将 Session 内的资料解码	参数 data 即为欲解码的资料。成功则传回 True 值，否则传回 False
session_encode(void)	本函数可将 Session 资料编码，编码以 ZEND 引擎做杂凑编码	本函数没有参数。成功则传回 True 值，否则传回 False

下面通过一个实例来说明如何在 PHP 中使用 Session。

【实例 11-1】以下代码实现了注册 Session 变量，显示 Session 变量的功能。

实例 11-1：注册 Session 变量，显示 Session 变量的功能

源码路径：光盘\源文件\11\11-1.php

```
01  <?php
02      session_start();                           //开始使用 Session
03  ?>
04  <html>
05  <head>
06  <title>Session 使用实例</title>
07  </head>
08  <body>
09  <?php
10      $username1="guest";                        //定义变量
11      if(!isset($_SESSION["username"]))          //判断 username 是否注册成功
12          $_SESSION["username"]=$username1;      //给 Session 变量赋值
13      echo $_SESSION["username"];                //显示 Session
14      session_destroy();                         //结束 Session
15  ?>
16  </body>
17  </html>
```

在 PHP 运行环境中执行该 PHP 文件（此时的 register_globals=on），执行结果如图 11.1 所示。

图 11.1　Session 使用实例执行效果

通过上面的实例及执行结果可以发现，程序正确地执行了相关操作。它的运行机制如下所示：程序先判断名字为 username 的 Session 有没有被注册。如果没有则注册 Session 变量并赋值，然后把名字为 username 的 Session 变量的内容显示出来。

11.1.2 Session 使用实例

知识点讲解：光盘\视频讲解\第 11 章\Session 使用实例.wmv

上面的实例只是 Session 最简单的应用，实际上 Session 能做的事情远不止于此，它能存储多种信息，结合程序能做更多的事情。

【实例 11-2】以下代码演示使用 Session 实现一个简单的站点计数器。

实例 11-2：使用 Session 实现一个简单的站点计数器
源码路径：光盘\源文件\11\11-2.php

```
01  <?php
02          session_start();                          //开始使用 Session
03          if(!isset($_SESSION['count']))            //如果没有注册 Session
04                  $_SESSION['count']=1;             //注册 Session 并赋值为 1
05          else                                      //如果已经注册 Session
06                  $_SESSION['count']++;             //变量在原有基础上增加 1
07  ?>
08  <html>
09  <head>
10  <title>使用 Session 的网页计数器</title>
11  </head>
12  <body>
13  <p>
14  你好，你已经浏览本网页  <?php echo $_SESSION['count']; ?>次
15  </p>
16  </body>
17  </html>
```

在 PHP 运行环境中执行该 PHP 文件，执行结果如图 11.2 所示。

图 11.2　使用 Session 的网页计数器执行结果

从图 11.2 可以了解到，该页面注册了 Session 变量 count。并且随着刷新，count 的值也随之增加，这样就实现了统计浏览次数的目的。

11.1.3 使用 Session 的注意事项

知识点讲解：光盘\视频讲解\第 11 章\使用 Session 的注意事项.wmv

在使用 Session 时有下列事项需要引起注意：

- ☑ 如果在 php.ini 文件中启用了 session.auto_start，就不能将对象放入会话中，因为类定义必须在启动会话之前加载以在会话中重建对象。
- ☑ 请求结束后所有注册的变量都会被序列化。已注册但未定义的变量被标记为未定义。在此后的访问中这些变量也未被会话模块定义，除非用户以后定义它们。
- ☑ 另外有些类型的数据不能被序列化，因此也就不能保存在会话中。包括 resource 对象类型变量或者有循环引用的对象（即某对象将一个指向自己的引用传递给另一个对象）。
- ☑ 默认情况下，所有与特定会话相关的数据都被存储在由 php.ini 文件的 session.save_path 选项所指定的目录下的一个文件中。对每个会话会建立一个文件（不论是否有数据与该会话相关）。这是由于每打开一个会话即建立一个文件，不论是否有数据写入该文件中。注意由于和文件系统协同工作的限制，此行为有个副作用，有可能造成用户定制的会话处理器（如用数据库）丢失了未存储数据的会话。
- ☑ Session 因为是存储在服务器端，所以它的生命期是很短的。注册过的变量经过一定的时间后就会自动失效。

11.2 Cookie 的使用

11.1 节给读者介绍了 PHP 中关于 Session 的使用，本节来为读者介绍 PHP 中 Cookie 的使用。通过本节的学习，读者可对 PHP 中的 Cookie 的使用有一个深刻的理解，并且能够使用 Cookie 去实际处理一些问题。

11.2.1 为什么使用 Cookie

知识点讲解：光盘\视频讲解\第 11 章\为什么使用 Cookie.wmv

同样作为互动 Web 页的存储机制，Cookie 与 Session 有其相似之处。那为什么在有了 Session 后还要使用 Cookie 呢？因为同 Session 相比 Cookie 有其独特之处。下面就来说明一下二者的异同，比较过二者的异同后，读者就会明白为什么要用 Cookie 了。

- ☑ Cookie 保存在客户端，而 Session 的内容保存在服务器端，只是把一个 session id 保存在客户端。也就是说，Session 比 Cookie 更安全，同时也可以说明 Session 是基于 Cookie 的（用 Cookie 来保存 session id）。
- ☑ 由于 Session 是保存在服务器端的，因此会占用服务器的空间，所以一般在一定时间内没有活动时 Session 就会过期，而且在浏览器关闭后也会作废。而 Cookie 就没有这方面的限制，它可以设定一个比较长的过期时间。
- ☑ 有些人会禁止浏览器接收 Cookie，而此时 Session 还是可以用的（注意 Session 也可以不通过 Cookie 来实现）。

通过以上比较可以发现：Cookie 与 Session 各有各的用处，各有各的特点，两者不能够相互替代。11.2.2 小节就来了解一下，在 PHP 中如何使用 Cookie。

11.2.2 怎样使用 Cookie

知识点讲解：光盘\视频讲解\第 11 章\怎样使用 Cookie.wmv

在 PHP 中使用 Cookie 相当简单，简单到只用一句函数就可以注册 Cookie 变量。这个函数是 setcookie()，其使用格式如下所示：

```
bool setcookie(string name[string value[int expire[string path[string domain[bool secure[bool httponly]]]]]] )
```

该函数会跟着文件头信息 header 送出一段信息字符串到浏览器。由于是同 header 一起发送，所以该函数同其他 header 函数一样，在执行前不能有任何的 HTML 输出。实际上 Cookie 也算报头的一部分。

setcookie()函数的参数除了第一个 name 之外，都是可以省略的。参数 name 表示 Cookie 的名称；value 表示这个 Cookie 的值，value 参数为空字串则表示取消浏览器中名称为 name 的 Cookie 变量的值；expire 表示该 Cookie 的有效时间；path 为该 Cookie 的相关路径；domain 表示 Cookie 的网站；secure 则需在 https 的安全传输时才有效。

注意：要设置的过期时间通常要在当前时间的基础上进行增加。

【实例 11-3】以下代码演示如何在 PHP 中使用 setcookie()函数来定义并使用 Cookie。

实例 11-3：如何在 PHP 中使用 setcookie()函数来定义并使用 Cookie
源码路径：光盘\源文件\11\11-3.php

```
01  <?php
02      $username=$_GET["username"];                          //通过 URL 获得参数
03      if(!$_GET["username"])                                //如果没有参数执行内容
04      {
05          setcookie("username","");                         //取消 username 的资料
06          echo "没有指定用户名！";
07          echo "<p>";
08          echo "或者用户名不存在！";
09      }
10      else                                                  //如果存在参数
11      {
12          setcookie("username","$username");                //注册用户名
13          echo "注册成功，点<a href=11-4.php>这里</a>查看";   //显示链接以查看 Cookie 信息
14      }
15  ?>
16  <html>
17  <head>
18  <title>注册用户信息</title>
19  </head>
20  <body>
21  </body>
22  </html>
```

保存下面的代码为 11-4.php：

```
01  <html>
```

```
02  <head>
03  <title>显示用户信息</title>
04  </head>
05  <body>
06  <?php
07      echo "注册用户名为：";
08      echo $_COOKIE['username'];                          //显示 Cookie 信息
09  ?>
10  </body>
11  <html>
```

在 PHP 运行环境中执行实例 11-3 中的文件，不带任何参数，执行结果如图 11.3 所示。

如果加上 username 参数，如 11-3.php?username=guest 再次运行，效果就会不一样，执行结果如图 11.4 所示。

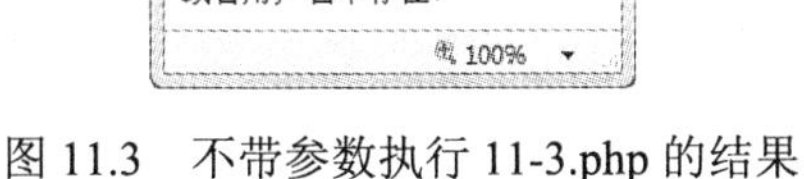

图 11.3　不带参数执行 11-3.php 的结果

图 11.4　加上参数后执行 11-3.php 的结果

这里已经把 username 注册为 Cookie，其值为 guest，然后单击“这里”链接，将会出现实例 11-4 的执行情况，如图 11.5 所示。

图 11.5　11-4.php 的执行结果

图 11.5 显示出了所注册的用户名，说明 Cookie 已经设置成功。由于没有给 Cookie 设置生命期，所以该 Cookie 的值会随着浏览器的关闭而中止。所以如果要保持 Cookie 的值长期有效，为其设置生命期是有必要的。

11.2.3　设置 Cookie 生命期

知识点讲解：光盘\视频讲解\第 11 章\设置 Cookie 生命期.wmv

在实际使用 PHP 编写 Web 应用程序时，为了方便用户，需要对 Cookie 设置生命期。如有的论坛在登录时就会有个选择：保存用户登录记录，并且还可以设置时间，如保存一个月、三个月、甚至是一年。

其实保存用户登录记录的实质就是保存了用户的登录信息到客户机上，并且为该 Cookie 设置了较长的生命期，这样就避免了用户再次登录时，需要重新输入登录信息的问题。

如何为 Cookie 设置生命期？11.2.2 小节中讲到 setcookie()函数时就提到了这个问题，就是函数的第三个参数：expire，它的作用就是为 Cookie 设置生命期。如果这一项为空，就说明最短生命期即随着浏览器的关闭而中止。那么只要带有 expire 参数，就说明要为 Cookie 设置生命期，其单位为日期和时间，一般采用如下代码：

```
time()+N
```

其中的 time()表示当前时间，后面的 N 表示秒数。time()+N 的意思就是在当前时间后多少秒过期。如果要设置过期时间为一天代码如下：

```
setcookie(name,value,time()+60*60*24);
```

其中的 60*60*24 即表示一天。以上代码即表示设置 Cookie 变量 name 的值为 value，有效期为从当前时间起 24 小时，即一天一夜。

知道了如何设置一天，那么，设置一个月，甚至一年都非常容易了。如设置有效期为一个月代码如下：

```
setcookie(name,value,time()+60*60*24*30);
```

同理，设置一年有效期代码如下：

```
setcookie(name,value,time()+60*60*24*30*365);
```

至此，相信读者对如何为 Cookie 设置生命期都有了一个深刻的理解。11.2.4 小节就为读者介绍一个综合应用的实例，来实际操作一下 Cookie。

11.2.4 Cookie 综合应用实例——网页风格转换

知识点讲解：光盘\视频讲解\第 11 章\Cookie 综合应用实例——网页风格转换.wmv

通过前几小节的介绍，读者对 PHP 中如何使用 Cookie 有了一个比较深刻的了解。Cookie 常用于用户登录记录、相关设置记录等，本小节的实例就来为读者演示这个问题。

【实例 11-4】以下代码为前台界面代码。

实例 11-4：前台界面代码

源码路径：光盘\源文件\11\11-5.php

```
01  <html>
02  <head>
03  <title>用户登录前台</title>
04  </head>
05  <body topmargin="20">
06      <center>
07          <table border=1>
08              <form method=post action=11-6.php>
09                  <tr>
10                      <td>请输入用户名：</td>
11                      <td><input type=text name=username size=20></td>
12                  </tr>
13                  <tr>
14                      <td>请输入密码：</td>
15                      <td><input type=password name=password size=20></td>
16                  </tr>
17                  <tr>
```

```
18                    <td>请选择保存期限：</td>
19                    <td>
20                        <select name=time size=1>
21                            <option value=1>不保存
22                            <option value=2>保存一天
23                            <option value=3>保存一月
24                            <option value=4>保存一年
25                        </select>
26                    </td>
27                </tr>
28                <tr>
29                    <td colspan=2><input type=submit value="确定"></td>
30                </tr>
31            </form>
32        </table>
33    </center>
34 </body>
35 <html>
```

【实例 11-5】以下代码为后台执行代码。

实例 11-5：后台执行代码
源码路径：光盘\源文件\11\11-6.php

```
01 <?php
02     $username=$_POST["username"];                          //通过 POST 获得参数
03     $time=$_POST["time"];                                  //通过 POST 获得 time 变量
04     if(isset($_POST["username"]))                          //如果没有参数，执行内容
05     {
06         switch ($time)                                     //判断有效期
07         {
08             case 1:
09                 $ctime="";
10                 break;
11             case 2:
12                 $ctime=60*60*24;
13                 break;
14             case 3:
15                 $ctime=60*60*24*30;
16                 break;
17             case 4:
18                 $ctime=60*60*24*365;
19                 break;
20         }
21         setcookie("username",$username,time()+$ctime);     //注册用户名
22         setcookie("time",$time);                           //注册过期时间
23     }
24     else                                                   //如果存在参数
25     {
26         echo "没有输入用户名";
27         echo "<p>";
```

```
28              echo "点<a href=11-5.php>这里</a>返回";
29         }
30     ?>
31     <head>
32         <meta http-equiv="refresh" content="0;url=http://localhost/11-7.php">
33     </head>
```

【实例 11-6】以下代码用于输出注册信息。

实例 11-6：输出注册信息

源码路径：光盘\源文件\11\11-7.php

```
01    <html>
02    <head>
03    <title>注册用户信息</title>
04    </head>
05    <body>
06    <?php
07        echo "注册用户名为：";
08        echo $_COOKIE['username'];
09        echo "<br />Cookie 有效期为：";
10        switch ($_COOKIE['time'])
11        {
12            case 1:
13                echo "不保存";
14                break;
15            case 2:
16                echo "一天";
17                break;
18            case 3:
19                echo "一月";
20                break;
21            case 4:
22                echo "一年";
23                break;
24        }
25    ?>
26    </body>
27    </html>
```

在 PHP 运行环境中执行实例 11-4 中的代码，执行结果如图 11.6 所示。

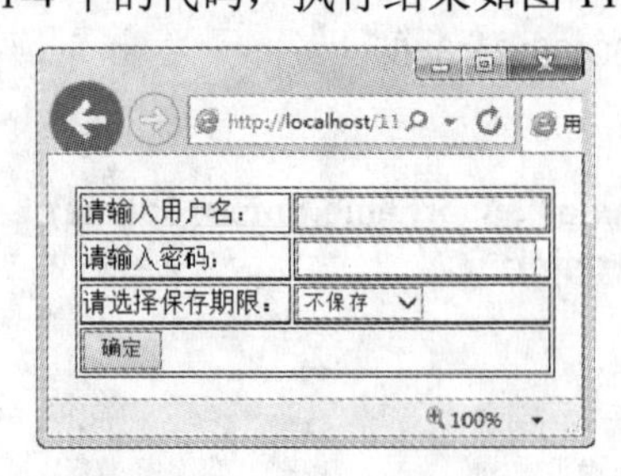

图 11.6　11-4.php 执行结果

然后，按照上面内容输入用户名、密码（因为只是测试 Cookie，所以其实这两项都是虚的，并不存在用户数据库，只要输入有内容就行）。并选择相应的 Cookie 保存期限，然后单击“确定”按钮，程序开始启用后台操作并跳转到注册信息界面，执行结果如图 11.7 所示。

图 11.7　后台处理后的执行结果

以上就是 Cookie 用于简单的用户注册登录，并保存用户记录的情况。下面再介绍一个实例，用 Cookie 保存用户选择的网站风格。某些网站或者论坛具有多种风格供用户选择，这样可以满足用户不同的需求。

下面就介绍如何用 Cookie 来实现改变网站的风格。

【实例 11-7】以下代码为主页面，该文件中大部分内容均为标准的 HTML 内容。

实例 11-7：主页面代码
源码路径：光盘\源文件\11\11-8.php

```
01  <html>
02  <head>
03  <title>用 cookie 实现改变网站风格</title>
04  <?php
05      echo "<LINK href='style".$_COOKIE["style"].".css' rel=stylesheet>";        //根据 Cookie 使用样式
06  ?>
07  </head>
08  <body>
09      <table>
10          <p>用 Cookie 实现改变网站风格</p>
11          <tr>
12              <td><a href=11-9.php?style=1>风格 1</a></td>
13              <td><a href=11-9.php?style=2>风格 2</a></td>
14              <td><a href=11-9.php?style=3>风格 3</a></td>
15              <td><a href=11-9.php>无样式</a></td>
16          </tr>
17          <tr>
18              <td colspan=4><h1>慧能</h1></td>
19          </tr>
20          <tr>
21              <td colspan=4><h2>菩提本无树</h2></td>
22          </tr>
23          <tr>
24              <td colspan=4><h2>明镜亦非台</h2></td>
25          </tr>
26          <tr>
27              <td colspan=4><h2>本来无一物</h2></td>
28          </tr>
29          <tr>
```

```
30                    <td colspan=4><h2>何处若尘埃</h2></td>
31               </tr>
32          </table>
33   </body>
34   </html>
```

【实例 11-8】以下代码为处理提交样式的 PHP 文件，其功能是根据提交内容注册相应的 Cookie。

实例 11-8：处理提交样式
源码路径：光盘\源文件\11\11-9.php

```
01   <?php
02          $style=$_GET["style"];                                        //判断参数来源
03          setcookie("style","$style",time()+60*60*24);                  //根据参数注册 Cookie
04   ?>
05   <html>
06   <head>
07   <title>正在处理</title>
08   </head>
09   <meta http-equiv="refresh" content="0; url=11-8.php">
10   <body>
11   正在处理
12   </body>
```

另外在使用这个实例之前还要编写相应的 CSS 文件，并命名为 style1.css、style2.css、style3.css。这 3 个 css 文件的内容如下所示：

style1.css：

```
BODY, TD {
          font : 400 normal 100% Arial, Helvetica, sans-serif;
}
A {
     color: #FFD700;
     text-decoration: none;
     background: Black;
     width: 80px;
     padding: 3px;
}
A:hover
{
     background: Maroon;
}

H1 {
     background: #228B22 none;
     color: #FF6347;
     font-size: 150%;
     text-align: right;
}
```

```
H2 {
    background : #FFDEAD none;
    color : #000000;
    font-size : 110%;
}
P {
    background: #A9A9A9 none;
    color: #2F4F4F;
    font: 400 normal 120% Arial, Helvetica, sans-serif;
    text-decoration: none;
    padding: 2% 2% 2% 2%;
    border: 1px solid Black;
}
```

style2.css：

```
body {
    background-color: #FFFFF0;
}
a {
    background: #FFFFAA;
    text-decoration: none;
}
a:hover {
    background: #FFFFF0;
    border: thin solid Black;
}
h1 {
    text-align: center;
}
h2 {
    text-align: center;
}
p {
    text-align: center;
    font-size: 20px;
}
```

style3.css：

```
body {
    background-color: #FFFFF0;
    background-image: url(image001.jpg);
}
a {
    text-decoration: none;
    background-color: #0000CD;
    color: White;
    font-size: 15px;
}
```

```
a:hover {
    background-color: Maroon;
}
h1 {
    text-align: center;
    background-color: #FAFAD2;
    color: Blue;
}

h2 {
    text-align: center;
    background-color: #F5F5DC;
    color: Green;
    border: 1px solid Black;
}

p {
    text-align: center;
    border: 5px ridge;
    font-size: 40px;
}
```

说明：关于css的知识本书不做讲解，读者可以参考相关书籍。

由于 style3.css 使用了图片作为背景，所以要把名称为 image001.jpg 的图片放到该 css 文件的同一个目录下。一切准备就绪，先执行实例 11-8，执行结果如图 11.8 所示。

由于此时并没有名为 style 的 Cookie 变量存在，所以现在不使用任何样式。

单击"风格 1"链接后，实例 11-8 将注册 Cookie 值为 1 的变量 style，此时网页的效果如图 11.9 所示。

图 11.8　首次执行实例 11-8 时的执行

图 11.9　使用风格 1 的效果

同理分别单击"风格 2"、"风格 3"链接，都会采用相应的样式文件，执行结果分别如图 11.10 和图 11.11 所示。

如果单击"无样式"链接，由于没有参数 style，所以实例 11-8 中的 setcookie 一句的第二个参数为空，此时即为中止使用 Cookie 变量 style。即此时的 style 无效，所以返回的结果同第一次打开时相同。

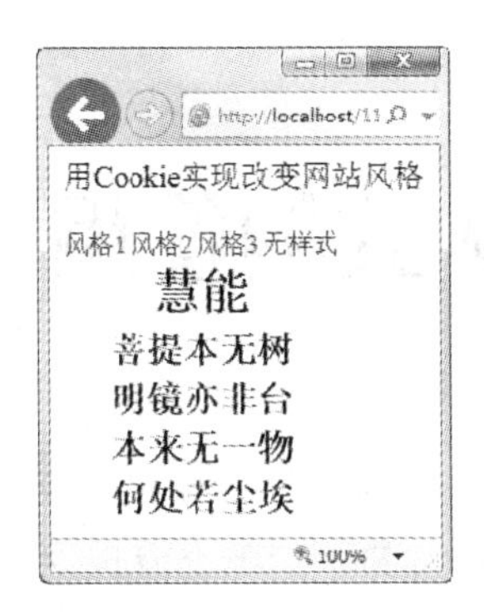

图 11.10　使用风格 2 的效果

图 11.11　使用风格 3 的效果

11.3　本章小结

本章为读者介绍了 PHP 中的两种存储用户信息的机制：Session 和 Cookie。通过本章的学习，读者可对使用这两种方式存储用户信息有一个比较深刻的认识。其实不管是采用 Session 作为存储的载体或者采用 Cookie 作为存储的载体，关键要看怎么用。二者互有特点，有时也可以把二者结合起来使用，取长补短，使自己用 PHP 编写的 Web 程序更稳定、更友好。

11.4　本章习题

习题 11-1　创建一个 Session 变量 name，它的值为 Tom。

【分析】该习题主要考查读者对 Session 最基本使用方式的掌握。

【关键代码】

```
session_start();
$_SESSION['name']='Tom';
```

习题 11-2　创建一个新的页面，并且在该页面中输出习题从 1 中 Session 变量 name 的值。

【分析】该习题考查读者对页面间传递 Session 变量的掌握。

【关键代码】

```
echo $_SESSION['name'];
```

习题 11-3　创建一个 Cookie 变量 psw，它的值为 good。

【分析】该习题主要考查读者对 Cookie 变量使用方式的掌握。

【关键代码】

```
setcookie('psw','good',time()+60*10);
```

习题 11-4　创建一个新的页面，并且在该页面中输出习题 11-3 中 Cookie 变量 psw 的值。

【分析】该习题考查读者对 Cookie 变量使用方式的掌握。

【关键代码】

```
echo $_COOKIE['psw'];
```

第 12 章　PHP 中正则表达式的使用

正则表达式在 PHP 编程中有着相当广泛的应用，它可以实现对特定内容的查找和替换。很多人因为它们看上去比较古怪而且复杂所以不敢去使用。不过，经过一点点练习之后就会发现这些复杂的表达式其实写起来还是相当简单的。而且，一旦弄懂它们就能把数小时辛苦而且易错的文本处理工作压缩在几分钟（甚至几秒钟）内完成。本章就带领读者来学习 PHP 中的正则表达式。本章内容包括：什么是正则表达式、如何使用模式匹配、正则表达式语法、Perl 兼容的正则表达式函数、正则表达式使用实例等。本章的学习会使读者揭去正则表达式神秘的面纱，一睹它的风采。

12.1　关于正则表达式

本节将介绍关于正则表达式的基础性问题，让读者了解究竟什么是正则表达式、正则表达式由什么元素组成、如何使用正则表达式等。通过本节的学习，读者会对正则表达式有一个比较全面的了解。

12.1.1　什么是正则表达式

知识点讲解：光盘\视频讲解\第 12 章\什么是正则表达式.wmv

简单地说，正则表达式就是一个字符构成的串，它定义了一个用来搜索匹配字符串的模式。它的作用是实现用正则表达式模式对一个字符串中特定的字符或字符集合进行查找与替换。正则表达式由一些普通字符和一些元字符（metacharacters）组成，它包含一个正则表达式模式。正则表达式中普通字符包括大小写字母和数字，大多数字字符在模式中表示它们自身并匹配目标中相应的字符，而元字符则具有特殊的含义，后面会给予解释。

例如，判断邮政编码是否合法的正则表达式为：

```
ereg("^([0-9]{6})(-[0-9]{5})?$")
```

其中的“0-9”、“6”、“5”为普通字符，“^”、“[]”、“?”、“$”等为元字符。

正则表达式的作用在于其能够在模式中包含选择和循环，它们通过使用元字符来编码，元字符不代表其自身，它们用一些特殊的方式来解析。

有两种不同的元字符：一种是模式中除了方括号内都能被识别的，还有一种是在方括号内被识别的，下面分别作一介绍。

方括号之外的元字符有以下内容，如表 12.1 所示。

表 12.1　正则表达式中的元字符列表

<table>
<tr><th>元　字　符</th><th>用在方括号内/外</th><th>作　　用</th></tr>
<tr><td>\</td><td>外</td><td>有数种用途的通用转义符</td></tr>
<tr><td>^</td><td>外</td><td>匹配字符串的开始（或在多行模式下行的开头，即紧随在换行符之后）</td></tr>
<tr><td>$</td><td>外</td><td>匹配字符串的结尾（或在多行模式下行的结尾，即紧随在换行符之前）</td></tr>
<tr><td>.</td><td>外</td><td>匹配除了换行符外的任意一个字符（默认情况下）</td></tr>
<tr><td>[</td><td>外</td><td>字符类定义开始</td></tr>
<tr><td>]</td><td>外</td><td>字符类定义结束</td></tr>
<tr><td>|</td><td>外</td><td>开始一个多选一的分支</td></tr>
<tr><td>(</td><td>外</td><td>子模式开始</td></tr>
<tr><td>)</td><td>外</td><td>子模式结束</td></tr>
<tr><td>?</td><td>外</td><td>扩展“(”的含义，也是 0 或 1 数量限定符，以及数量限定符最小值</td></tr>
<tr><td>*</td><td>外</td><td>匹配 0 个或多个数量限定符</td></tr>
<tr><td>+</td><td>外</td><td>匹配 1 个或多个数量限定符</td></tr>
<tr><td>{</td><td>外</td><td>最少 / 最多数量限定开始</td></tr>
<tr><td>}</td><td>外</td><td>最少 / 最多数量限定结束</td></tr>
<tr><td>\</td><td>内</td><td>通用转义字符</td></tr>
<tr><td>^</td><td>内</td><td>排除字符类（逻辑非），但仅当其为第一个字符时有效</td></tr>
<tr><td>-</td><td>内</td><td>指出字符范围</td></tr>
<tr><td>]</td><td>内</td><td>结束字符类</td></tr>
</table>

表 12.1 中列出的模式在方括号内使用的部分称为“字符类”。

在以上介绍的几种元字符中，反斜线是一类特殊的字符，反斜线字符有 4 种用法。

第一种用法就是在它后面跟上非字母或数字的特殊符号来代替这些特殊符号本身。此种将反斜线用作转义字符的用法适用于两种情况，即不论是方括号之内还是方括号之外都适用。如要匹配一个“*”字符，则在模式中用“*”。这适用于无论下一个字符是否会被当作元字符来解释，因此在非字母或数字字符之前加上一个“\”来指明该字符就代表其本身总是安全的。尤其是，如果要匹配一个反斜线，用“\\”。

第二种用法是提供了一种在模式中以可见方式去编码不可打印字符的方法，并没有不可打印字符出现的限制，除了代表模式结束的二进制零以外。但用文本编辑器来准备模式时，通常用以下的转义序列来表示那些二进制字符更容易一些，如表 12.2 所示。

表 12.2　反斜线通常用到的转义序列所表示的二进制字符列表

转 义 字 符	所表示的二进制字符
\a	alarm，即 BEL 字符（0x07）
\cx	“control-x”，其中 x 是任意字符
\e	escape（0x1B）
\f	换页符 formfeed（0x0C）
\n	换行符 newline（0x0A）
\r	回车符 carriage return（0x0D）
\t	制表符 tab（0x09）
\xhh	十六进制代码为 hh 的字符

续表

转 义 字 符	所表示的二进制字符
\ddd	八进制代码为 ddd 的字符，或 backreference
\040	另一种表示空格的方法
\40	同上，如果之前捕获的子模式少于 40 个的话
\7	总是一个逆向引用
\11	可能是个逆向引用，或者是制表符 tab
\011	总是表示制表符 tab
\0113	表示制表符 tab 后面跟着一个字符“3”
\113	表示八进制代码为 113 的字符（因为不能超过 99 个逆向引用）
\377	表示一个所有的比特都是 1 的字节
\81	要么是一个逆向引用，要么是一个二进制的零后面跟着两个字符“8”和“1”

注意：八进制值的100或大于100的值之前不能以零打头，因为不会读取（反斜线后）超过3个八进制数字。

所有定义了一个单一字节的序列可以用于字符类之中或之外。此外，在字符类之中，序列“\b”被解释为反斜线字符（0x08），而在字符类之外有不同含义（见下面）。

反斜线的第三种用法是指定通用字符类型：

- ☑ \d：任一十进制数字。
- ☑ \D：任一非十进制数的字符。
- ☑ \s：任一空白字符。
- ☑ \S：任一非空白字符。
- ☑ \w：任一“字”的字符。
- ☑ \W：任一“非字”的字符

反斜线的第四种用法是某些简单的断言。断言是指在一个匹配中的特定位置必须达到的条件，并不会消耗目标字符串中的任何字符。反斜线的断言有：

- ☑ \b：字分界线。
- ☑ \B：非字分界线。
- ☑ \A：目标的开头（独立于多行模式）。
- ☑ \Z：目标的结尾或位于结尾的换行符前（独立于多行模式）。
- ☑ \z：目标的结尾（独立于多行模式）。
- ☑ \G：目标中的第一个匹配位置。

这些断言可能不能出现在字符类中（但是注意“\b”有不同的含义，在字符类之中也就是反斜线字符）。

12.1.2 如何使用模式匹配

知识点讲解：光盘\视频讲解\第 12 章\如何使用模式匹配.wmv

12.1.1 节为读者介绍了什么是正则表达式，及表达式中的元字符。本小节就来介绍如何使用匹配模式。模式是正则表达式最基本的元素，它们是一组描述字符串特征的字符。模式可以很简单，由普通的字符串组成，也可以非常复杂，往往用特殊的字符表示一个范围内的字符重复出现，或表示上下文。

在最简单的情况下，一个正则表达式看上去就是一个普通的查找串。如正则表达式“testing”中没有包含任何元字符，它可以匹配“testing”和“123testing”等字符串，但是不能匹配“Testing”。下面详细介绍模式匹配的使用。

1．元字符“^”、“$”的使用

首先来介绍两个特别的元字符：“^”和“$”，上面说过它们是分别用来匹配字符串的开始和结束，以下分别举例说明：

```
"^The"
```

匹配以 The 开头的字符串。

```
"of despair$"
```

匹配以 of despair 结尾的字符串。

```
"^abc$"
```

匹配以 abc 开头和以 abc 结尾的字符串（实际上，只有 abc 与之匹配）。

```
"notice"
```

匹配包含 notice 的字符串。

如果没有用到“^”和“$”（最后一个例子），就是说模式（正则表达式）可以出现在被检验字符串的任何地方，因为没有被锁定到两边。

2．元字符“*”、“+”、“?”的使用

元字符“*”、“+”和“?”用来表示一个字符可以出现的次数或者顺序。这 3 个字符分别表示：0 次或者多次；1 次或者多次；0 次或者 1 次。下面给出几个例子来说明这 3 个元字符是如何匹配字符的。

```
"ab*"
```

匹配字符串 a 和 0 个或者更多 b 组成的字符串。如“a”、“ab”、“abbb”等。

```
"ab+"
```

和上面一样，但最少有一个 b。如“ab”、“abbb”等。

```
"ab? "
```

匹配 0 个或者一个 b。只有两种可能“a”和“ab”。

3．综合使用“^”、“$”、“*”、“+”、“?”

下面把以上两种模式中的 5 个字符综合起来举几个例子。

```
"a?b+$"
```

匹配以一个或者 0 个 a 再加上一个以上的 b 结尾的字符串。如“b”、“ab”、“abb”、“abbb”等。

```
"^a*b?a$"
```

匹配以 0 个或者多个 a 开头再加上 0 个或者 1 个 b 再以 a 结尾的字符串。如“a”、“aa”、“abaaa”、“aabaa”等。

4．元字符“{”、“}”的使用

上面讲了“{”、“}”分别是数量限定符开始和结束的标记，所以也可以在大括号里面加上数字来限制字符出现的个数。如：

```
"ab{2}"
```

匹配一个 a 后面跟两个 b（一个也不能少）。如“abb”。

```
"ab{2,}"
```

两个或者更多个“b”（即最少跟两个 b）。如“abb”、“abbbb”等。

```
"ab{3,5}"
```

a 后面跟 3～5 个 b（仅有 3、4、5 个 3 种情况）。如“abbb”、“abbbb”、“abbbbb”。

通过上面的例子，读者能够发现只能使用“{0,2}”，而不能使用“{,2}”。同样，“*”、“+”和“?”分别和以下 3 个范围标注是一样的：“{0,}”、“{1,}”和“{0,1}”。

5．元字符“(”、“)”的使用

介绍完大括号，再来介绍小括号。

现在把一定数量的字符放到小括号里，如：

```
"a(bc)?"
```

匹配 a 后面跟 0 个或者 1 个“bc”。如“a”、“abc”（只有此两种情况）。

```
"a(bc){1,5}"
```

匹配 a 后面跟 1～5 个“bc”。如“abc”、“abcbc”、“abcbcbc”、“abcbcbcbc”等。

6．元字符“|”的使用

还有一个字符“｜”，相当于 OR（或）操作。如：

```
"hi | hello"
```

匹配含有“hi”或者“hello”的字符串。

```
"(b | cd)ef"
```

匹配含有“bef”或者“cdef”的字符串。

```
"(a | b)*c"
```

匹配含有这样 0 到多个（包括 0 个）a 或 b，后面跟一个 c 的字符串。

7．元字符“.”的使用

下面介绍“.”符号。一个点“.”可以代表所有的单一字符，如：

```
"a.[0-9]"
```

匹配一个 a 跟一个字符再跟一个数字的字符串。

```
"^a.{3}$"
```

匹配以 a 开头 3 个任意字符结尾。

8. 元字符“[”、“]”的使用

“[]”中括号括住的部分只匹配单一字符。

```
"[ab]"
```

匹配单个 a 或者 b（和“a | b”一样）。

```
"[a-d]"
```

匹配“a”到“d”的单个字符（和“a | b | c | d”及“[abcd]”的效果一样）。

```
"^[a-zA-Z]"
```

匹配以字母开头的字符串。

```
"[0-9]%"
```

匹配含有形如 x%的字符串。

```
",[a-zA-Z0-9]$"
```

匹配以逗号再加一个数字或字母结尾的字符串。

9. 中括号内的元字符“^”的使用

具体使用时也可以把不想要的字符列在中括号里，只需要在中括号里面使用“^”作为开头。即中括号里面的“^”符号表示逻辑非。

```
"%[^a-zA-Z]%"
```

匹配两个百分号中间含有一个非字母的字符串。如“%1%”、“%5%”等。

12.2　POSIX 扩展的正则表达式函数

12.1 节为读者介绍了 PHP 中的匹配模式，但是光有模式是不能做事情的，必须得有函数与之一起使用才能起作用，所以本节就来介绍 PHP 中的正则表达式函数。PHP 支持两种模式的正则表达式函数，即 PHP 中有两类正则表达式函数。一类是比较常用的 POSIX（Portable Operating System Interface，可移植操作系统接口）扩展的正则表达式函数，另一类是 Perl 兼容的正则表达式函数。两组函数功能大同小异，但函数名称及使用方法却不尽相同。下面分别作介绍。

12.2.1　替换字符串

知识点讲解：光盘\视频讲解\第 12 章\替换字符串.wmv

```
string ereg_replace(string pattern,string replacement, string string)
```

该函数为正则表达式替换函数，此函数在 string 中扫描与 pattern 匹配的部分，并将其替换为 replacement。返回替换后的字符串。如果没有可供替换的匹配项则会返回原字符串。

【实例 12-1】以下代码演示 ereg_replace()函数的使用方法。

实例 12-1：ereg_replace()函数的使用方法
源码路径：光盘\源文件\12\12-1.php

```
01  <html>
02  <head>
03  <title>ereg_replace()函数使用实例 1</title>
04  </head>
05  <body>
06  <?php
07      $string1="abcacbcbaaab";                                  //定义字符串变量
08      $string2=ereg_replace("a","b",$string1);                  //对字符串进行替换操作
09      echo "string1 的内容为：";
10      echo $string1;                                            //输出原字符串内容
11      echo "<p>";
12      echo "经过 ereg_replace 处理（将 a 替换为 b）过的内容为：";
13      echo "<p>";
14      echo $string2;                                            //输出处理过之后的内容
15  ?>
16  </body>
17  </html>
```

在 PHP 运行环境中执行该 PHP 文件，执行结果如图 12.1 所示。

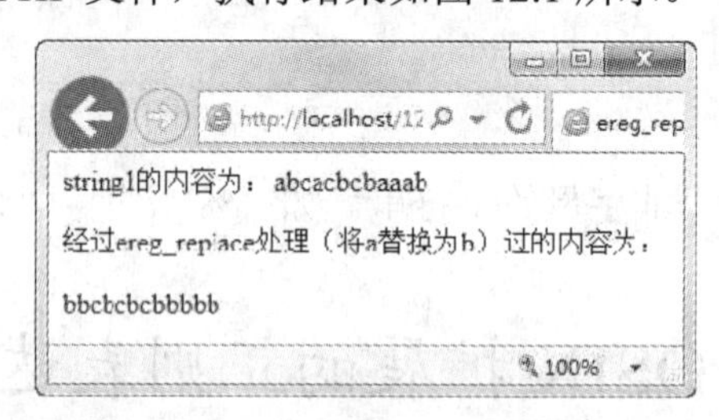

图 12.1　ereg_replace()函数使用实例 1 执行结果

上面的实例只是使用了简单的查找替换，并没有用到正则表达式模式。只是通过该实例先来了解一下 ereg_replace()函数是如何起作用的。通过上例及执行结果可见，经过 ereg_replace()函数的处理，字符串$string1 中所有为 a 的字符全被替换成 b。实现了替换字符串特定内容的目的。

【实例 12-2】以下代码演示使用正则表达式模式进行内容替换。

实例 12-2：使用正则表达式模式进行内容替换
源码路径：光盘\源文件\12\12-2.php

```
01  <html>
02  <head>
03  <title>ereg_replace()函数使用实例 2</title>
04  </head>
05  <body>
06  <?php
```

```
07        $string1="abcdacdbcbadaab";                          //定义字符串变量
08        $string2=ereg_replace("[a-b]","c",$string1);         //对字符串进行替换操作
09        echo "string1 的内容为：";
10        echo $string1;                                       //输出原字符串内容
11        echo "<p>";
12        echo "经过 ereg_replace 处理（将 a 和 b 替换为 c）过的内容为：";
13        echo "<p>";
14        echo $string2;                                       //输出处理过之后的内容
15    ?>
16    </body>
17    </html>
```

在 PHP 运行环境下执行这个 PHP 文件，执行结果如图 12.2 所示。

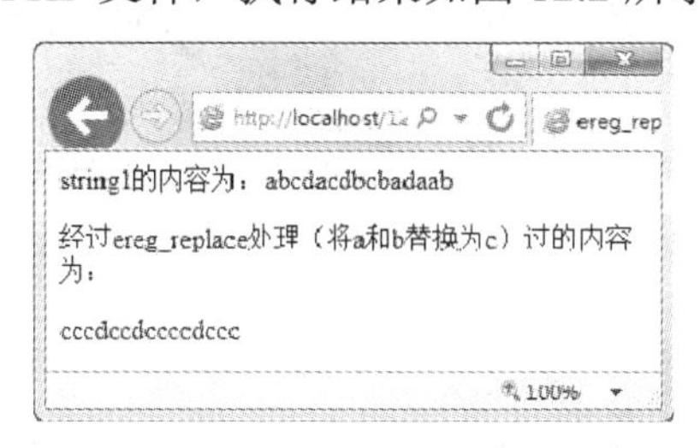

图 12.2　ereg_replace()函数使用实例 2 执行结果

上面的实例用到了正则表达式模式，实现的功能是把字符串$string1 中所有的 a 和 b 替换成 c。经过这样的处理，字符串中只有 c 和 d 了（注意观察$sting1 内容与实例 12-1 的不同之处）。

12.2.2　匹配字符串

知识点讲解：光盘\视频讲解\第 12 章\匹配字符串.wmv

```
bool ereg(string pattern,string string[,array regs])
```

该函数对 string 字符串进行查找，如果在 string 中找到 pattern 模式的匹配，则返回 True，如果没有找到匹配或出错则返回 False。

注意： 此函数与Perl兼容正则表达式语法的preg_match()函数具有相同的功能。通常使用preg_match()函数是比ereg()函数更快的方案。

【实例 12-3】以下代码演示 ereg()函数实现字符的匹配操作。

实例 12-3：ereg()函数实现字符的匹配操作
源码路径：光盘\源文件\12\12-3.php

```
01    <html>
02    <head>
03    <title>ereg()函数使用实例 1</title>
04    </head>
05    <body>
06    <?php
07        $string1="abcde";                        //定义变量$string1
```

```
08          $string2="bbcde";                              //定义变量$string2
09          echo "string1 的内容为：";
10          echo $string1;                                  //输出内容
11          echo "<p>";
12          echo "string2 的内容为：";
13          echo $string2;                                  //输出内容
14          echo "<p>";
15          function panduan($s)                            //在 ereg()函数的基础上自定义一个函数
16          {
17                if(ereg("a",$s)) echo "包含 a";           //根据 ereg()函数返回结果输出不同内容
18                else echo "不包含 a";
19          }
20          echo "string1 中包含小写字母 a 吗？";
21          panduan($string1);                              //调用自定义函数进行判断
22          echo "<p>";
23          echo "string2 中包含小写字母 a 吗？";
24          panduan($string2);                              //调用自定义函数进行判断
25    ?>
26    </body>
27    </html>
```

上面的实例中，只是简单地判断在一个字符串中有没有包含另一个字符，其中并没有用到正则表达式模式。在 PHP 运行环境中执行该 PHP 文件，执行结果如图 12.3 所示。

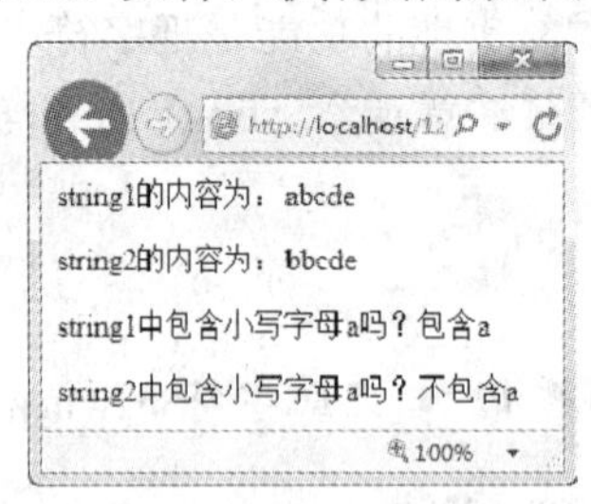

图 12.3　ereg()函数使用实例 1 执行结果

从以上实例及执行结果可以发现，通过在 ereg()函数基础上构建的自定义函数正确地输出了一个字符串中是否含有另一个字符（串）。

【实例 12-4】以下代码演示使用正则表达式模式对字符串进行是否匹配的判断。

实例 12-4：使用正则表达式模式对字符串进行是否匹配的判断

源码路径：光盘\源文件\12\12-4.php

```
01    <html>
02    <head>
03    <title>ereg()函数使用实例 2</title>
04    </head>
05    <body>
06    <?php
07          $string1="abcde";                               //定义变量$string1
08          $string2="ABCD";                                //定义变量$string2
09          echo "string1 的内容为：";
10          echo $string1;                                  //输出内容
```

```
11        echo "<p>";
12        echo "string2 的内容为：";
13        echo $string2;                                    //输出内容
14        echo "<p>";
15        function panduan($s)                              //在 ereg()函数的基础上自定义一个函数
16        {
17            if(ereg("[a-z]",$s)) echo "包含小写字母";      //根据 ereg()函数返回结果输出不同内容
18            else echo "不包含小写字母";
19        }
20        echo "string1 中包含小写字母吗？";
21        panduan($string1);                                //调用自定义函数进行判断
22        echo "<p>";
23        echo "string2 中包含小写字母吗？";
24        panduan($string2);                                //调用自定义函数进行判断
25    ?>
26    </body>
27    </html>
```

在 PHP 运行环境中执行该 PHP 文件，执行结果如图 12.4 所示。

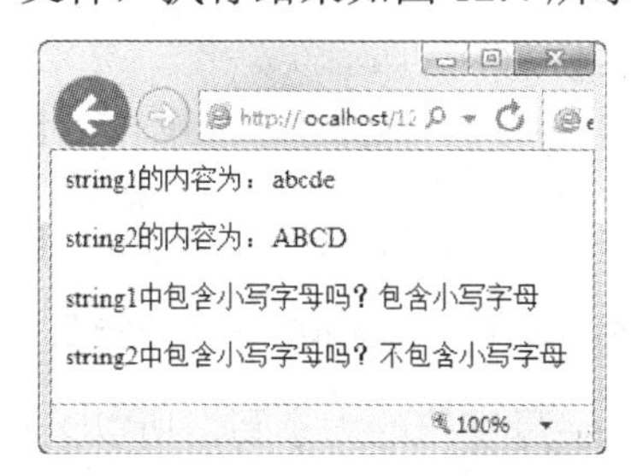

图 12.4　ereg()函数使用实例 2 执行结果

此次自定义的函数在使用 ereg()函数时，调用了正则表达式模式，即[a-z]（所有的小写字母）。对两个字符串中是否含有小写字母进行判断。从执行结果中也可以了解到，由于$string1 中包含了小写字母，所以 ereg()函数返回 True；而$string2 中没有包含小写字母（其中全为大写字母），ereg()函数返回了 False。通过该实例也可以了解此函数是如何起作用的。

12.2.3　替换字符串（忽略大小写）

知识点讲解：光盘\视频讲解\第 12 章\替换字符串（忽略大小写）.wmv

```
string eregi_replace(string pattern,string replacement,string string)
```

该函数用于不区分大小写的正则表达式替换。此函数与 ereg_replace()函数有一样的功能，除了在替换字母字符时忽略字母的大小写。

【实例 12-5】以下代码演示 eregi_replace()与 ereg_repalce()函数的区别之处。

实例 12-5：eregi_replace()与 ereg_repalce()函数的区别
源码路径：光盘\源文件\12\12-5.php

```
01    <html>
02    <head>
```

```
03  <title>eregi_replace()函数使用实例</title>
04  </head>
05  <body>
06  <?php
07      $string1="abcacbcbAAAb";                              //定义字符串变量
08      $string2=eregi_replace("a","b",$string1);             //对字符串进行替换操作
09      echo "string1 的内容为：";
10      echo $string1;                                        //输出原字符串内容
11      echo "<p>";
12      echo "经过 eregi_replace 处理（将 a 替换为 b）过的内容为：";
13      echo "<p>";
14      echo $string2;                                        //输出处理过之后的内容
15  ?>
16  </body>
17  </html>
```

在 PHP 运行环境下执行该 PHP 文件，执行结果如图 12.5 所示。

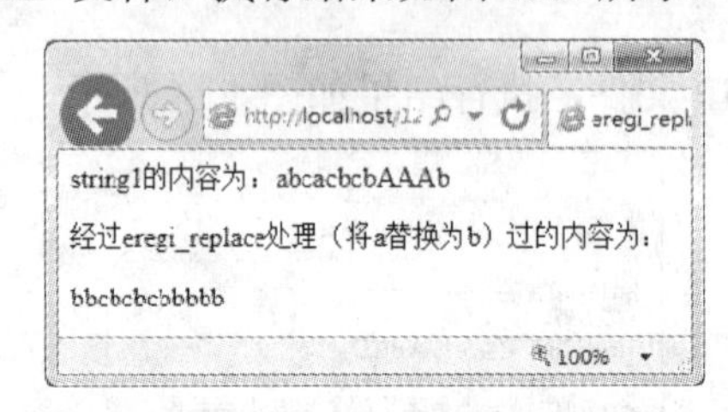

图 12.5　eregi_replace()函数使用实例执行结果

从图 12.5 可以了解，由于忽略了字母字符的大小写，所以大写字母 A 也被替换成了小写字母 b。由于该函数与 ereg_replace()函数功能大致相似，所以不再多作介绍。

12.2.4　匹配字符串（忽略大小写）

知识点讲解：光盘\视频讲解\第 12 章\匹配字符串（忽略大小写）.wmv

```
bool eregi(string pattern,string string[,array regs])
```

该函数用于不区分大小写的正则表达式匹配。此函数与 ereg()函数有一样的功能，不同的是，在进行正则表达式的匹配字母字符时也忽略字母的大小写。

【实例 12-6】以下代码演示 eregi()函数的使用方法。

实例 12-6：eregi()函数的使用方法
源码路径：光盘\源文件\12\12-6.php

```
01  <html>
02  <head>
03  <title>eregi()函数使用实例</title>
04  </head>
05  <body>
06  <?php
07      $string1="abcde";                         //定义变量$string1
08      $string2="ABCD";                          //定义变量$string2
```

```
09          echo "string1 的内容为：";
10          echo $string1;                                   //输出内容
11          echo "<p>";
12          echo "string2 的内容为：";
13          echo $string2;                                   //输出内容
14          echo "<p>";
15          function panduan($s)                             //在 eregi()函数的基础上自定义一个函数
16          {
17                if(eregi("[a-z]",$s)) echo "包含小写字母";   //根据 eregi()函数返回结果输出不同内容
18                else echo "不包含小写字母";
19          }
20          echo "string1 中包含小写字母吗？";
21          panduan($string1);                               //调用自定义函数进行判断
22          echo "<p>";
23          echo "string2 中包含小写字母吗？";
24          panduan($string2);                               //调用自定义函数进行判断
25    ?>
26    </body>
27    </html>
```

在 PHP 运行环境下执行该 PHP 文件，执行结果如图 12.6 所示。

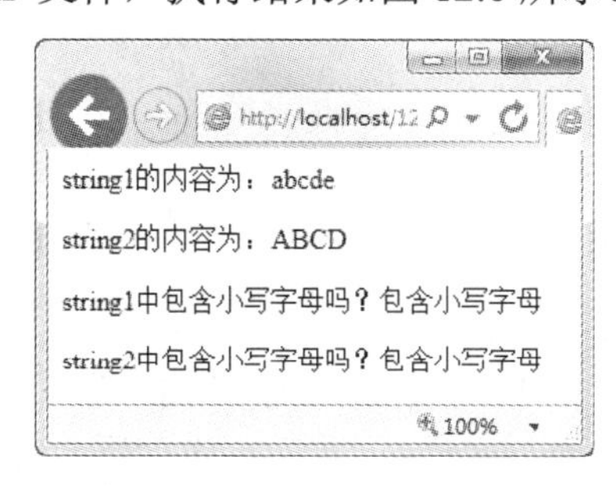

图 12.6　eregi()函数使用实例执行结果

因为 eregi()函数在进行匹配时是忽略字母字符的大小写的，所以会将所有字母字符替换。这也提醒了用户，在进行大小写字母精确匹配时应该使用 ereg()函数而不能使用 eregi()函数。

12.2.5　分割字符串到数组

知识点讲解：光盘\视频讲解\第 12 章\分割字符串到数组.wmv

```
array split(string pattern,string string[,int limit])
```

该函数使用正则表达式将字符串分割到数组中，执行成功后返回一个字符串数组，数组的每个元素为 string 经区分大小写的正则表达式 pattern 作为边界分割出的子串。如果设定了 limit，则返回的数组最多包含 limit 个单元，最后一个单元包含了 string 中剩余的所有部分。如果出错，则返回 False。

注意： 使用了Perl兼容正则表达式语法的preg_split()函数通常是比split()函数更快的替代方案。

使用数组操作函数中的 explode()函数比使用正则表达式更快，这样也不会招致正则表达式引擎的浪费。

【实例 12-7】以下代码演示 split()函数是如何把字符串切分为数组的。

实例 12-7：split()函数把字符串切分为数组
源码路径：光盘\源文件\12\12-7.php

```
01  <html>
02  <head>
03  <title>split()函数使用实例 1</title>
04  </head>
05  <body>
06  <?php
07      $string1="ab:cd:efgh:i";                    //定义变量$string1
08      echo "string1 的内容为：";
09      echo $string1;                              //输出内容
10      echo "<p>";
11      echo "经过 split 处理过之后的数组内容为：";
12      echo "<p>";
13      $temp=split(":",$string1);                  //对字符串进行 split 处理
14      for($i=0;$i<count($temp);$i++)              //通过循环输出数组内容
15      {
16          echo "temp[".$i."]为：";
17          echo $temp[$i];
18          echo "，";
19      }
20  ?>
21  </body>
22  </html>
```

在 PHP 运行环境中执行该 PHP 文件，执行结果如图 12.7 所示。

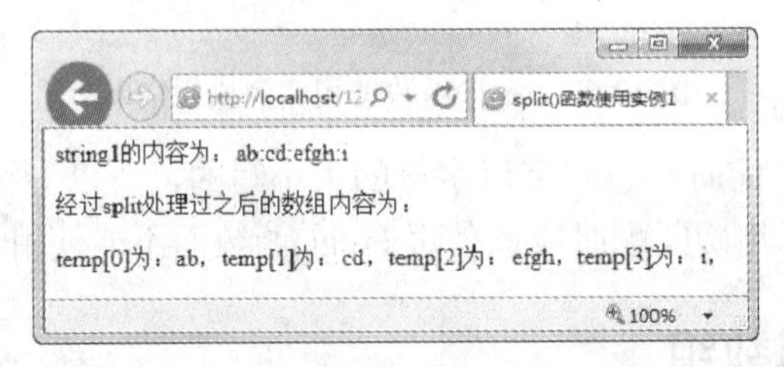

图 12.7　split()函数使用实例 1 执行结果

从图 12.7 可以了解到，经过 split()函数的处理，把原来的字符串变量$string1 按照“:”分割成了数组。

【实例 12-8】以下代码演示以正则表达式模式作为标准时，split()函数是如何起作用的。

实例 12-8：split()函数的使用
源码路径：光盘\源文件\12\12-8.php

```
01  <html>
02  <head>
03  <title>split()函数使用实例 2</title>
04  </head>
05  <body>
06  <?php
```

```
07        $string1="ab123cd2efgh890i";                          //定义变量$string1
08        echo "string1 的内容为：";
09        echo $string1;                                        //输出内容
10        echo "<p>";
11        echo "经过 split 处理过之后的数组内容为：";
12        echo "<p>";
13        $temp=split("[0-9]+",$string1);                       //对字符串进行 split 处理
14        for($i=0;$i<count($temp);$i++)                        //通过循环输出数组内容
15        {
16            echo "temp[".$i."]为：";
17            echo $temp[$i];
18            echo "，";
19        }
20    ?>
21    </body>
22    </html>
```

在 PHP 运行环境下执行该 PHP 文件，执行结果如图 12.8 所示。

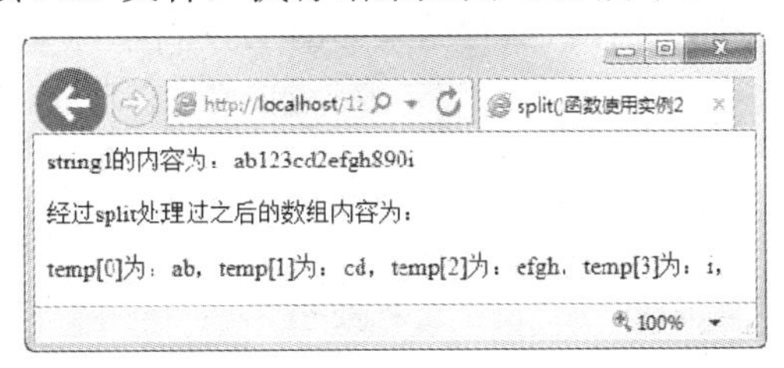

图 12.8　split()函数使用实例 2 执行结果

该实例中对字符串分割时使用的分割标准是一个正则表达式模式“[0-9]+”，即 1 到多个数字，也就是用一到多个数字作为分割的标准。

12.2.6　分割字符串到数组（忽略大小写）

知识点讲解：光盘\视频讲解\第 12 章\分割字符串到数组（忽略大小写）.wmv

```
array spliti(string pattern,string string[,int limit])
```

该函数实现功能与 split()函数完全一样，只是在对字符串进行分割时忽略字母字符的大小写。

由于此函数与 split()函数功能相似，唯一的不同就是在分割时忽略了字母字符的大小写。所以下面就只通过一个简单的实例来说明该函数是如何使用的。

【实例 12-9】以下代码演示 spliti()函数的使用。

实例 12-9：spliti()函数的使用

源码路径：光盘\源文件\12\12-9.php

```
01    <html>
02    <head>
03    <title>spliti()函数使用实例</title>
04    </head>
05    <body>
```

```
06    <?php
07        $string1="abzcdZefghzi";                      //定义变量$string1
08        echo "string1 的内容为：";
09        echo $string1;                                //输出内容
10        echo "<p>";
11        echo "经过 spliti 处理过之后的数组内容为：";
12        echo "<p>";
13        $temp=spliti("z",$string1);                   //对字符串进行 split 处理
14        for($i=0;$i<count($temp);$i++)                //通过循环输出数组内容
15        {
16            echo "temp[".$i."]为：";
17            echo $temp[$i];
18            echo "，";
19        }
20    ?>
21    </body>
22    </html>
```

在 PHP 运行环境中执行该 PHP 文件，执行结果如图 12.9 所示。

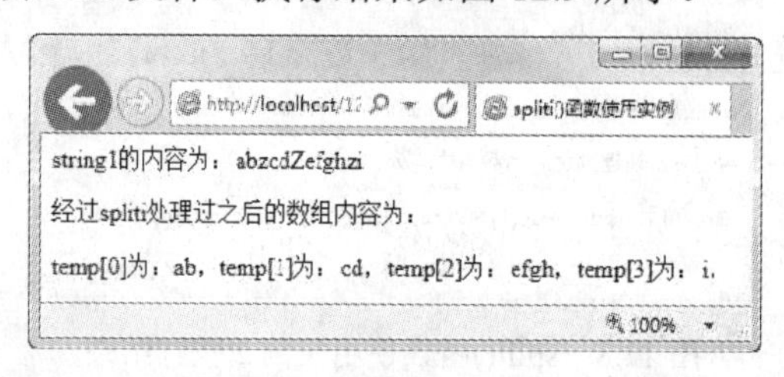

图 12.9 spliti()函数使用实例执行结果

在以上实例中，使用小写字母 z 来作为分割标准，但是字符串变量$string 中既含有小写字母 z 又有大写字母 Z。如果是使用 split()函数进行分割，会只严格地使用小写字母，返回的数组只有 3 个元素。由于 spliti()函数是忽略字母字符的，所以把大写字母也作为分割标准，这样返回的数组就有 4 个元素。

12.2.7 返回包含指定字符的正则表达式

知识点讲解：光盘\视频讲解\第 12 章\返回包含指定字符的正则表达式.wmv

```
string sql_regcase(string string)
```

该函数用于产生不区分大小写匹配的正则表达式。此函数返回与 string 相匹配的正则表达式，不论大小写字母。返回的表达式是将 string 中的每个字母字符转换为方括号表达式，该方括号表达式包含了该字母的大小写两种形式。其他非字母字符保留不变。

【实例 12-10】以下代码演示 sql_regcase()函数的使用。

实例 12-10：sql_regcase()函数的使用
源码路径：光盘\源文件\12\12-10.php

```
01    <html>
02    <head>
03    <title>sql_regcase()函数使用实例</title>
```

```
04  </head>
05  <body>
06  <?php
07      $string1="ab-zcd!Zefg?hzi";                        //定义变量$string1
08      echo "string1 的内容为：";
09      echo $string1;                                      //输出内容
10      echo "<p>";
11      echo "经过 sql_regcase 处理过之后的内容为：";
12      echo "<p>";
13      $string2=sql_regcase($string1);                     //对字符串进行 sql_regcase 处理
14      echo $string2;                                      //输出处理过的结果
15  ?>
16  </body>
17  </html>
```

在 PHP 运行环境下执行该 PHP 文件，执行结果如图 12.10 所示。

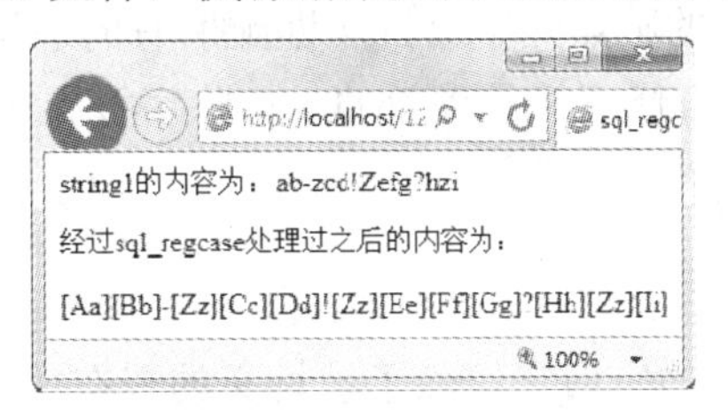

图 12.10　sql_regcase()函数使用实例执行结果

从执行结果可以了解到，经过 sql_regcase()函数处理，原来的每个字母字符都转换成了方括号表达式，该方括号表达式包含了该字母的大小写两种形式。该函数使用的场合就是对包含字母规则的正则表达式模式进行处理，使原本只支持大写或者小写的正则表达式模式（字串）转变成不区分大小写的正则表达式模式。

12.3　Perl 兼容的正则表达式函数

PHP 有两组正则表达式函数。在 12.2 节介绍 POSIX 扩展的正则表达式函数的时候就曾提到有几个可以相互替代的函数。通常情况下，二者在某些功能上具有相似性，可以替代。

12.3.1　Perl 兼容正则表达式的使用规范

知识点讲解：光盘\视频讲解\第 12 章\Perl 兼容正则表达式的使用规范.wmv

使用 Perl 兼容正则表达式函数的表达式应被包含在定界符中，如斜线（/）。任何不是字母、数字或反斜线（\）的字符都可以作为定界符。如果作为定界符的字符必须被用在表达式本身中，则需要用反斜线转义。自 PHP 4.0.4 起，也可以使用 Perl 风格的()，{}，[]和<>匹配定界符。结束定界符后可以跟上不同的修正符以影响匹配方式。

下面列出了当前在 PCRE 中可能使用的修正符。括号中是这些修正符的内部 PCRE 名。修正符中的空格和换行被忽略，其他字符会导致错误。

1. i (PCRE_CASELESS)

如果设定此修正符，模式中的字符将同时匹配大小写字母。

2. m（PCRE_MULTILINE）

默认情况下，PCRE 将目标字符串作为单一的一“行”字符（甚至其中包含换行符也是如此）。“行起始”元字符（^）仅仅匹配字符串的起始，“行结束”元字符（$）仅仅匹配字符串的结束，或者最后一个字符是换行符时其前面（除非设定了 D 修正符）的字符串。

当设定了此修正符，“行起始”和“行结束”除了匹配整个字符串开头和结束外，还分别匹配其中的换行符之后和之前的内容。这和 Perl 的/m 修正符是等效的。如果目标字符串中没有“\n”字符或者模式中没有“^”或“$”，则设定此修正符没有任何效果。

3. s（PCRE_DOTALL）

如果设定了此修正符，模式中的圆点元字符（.）匹配所有的字符，包括换行符。没有此设定的话，则不包括换行符。这和 Perl 的“/s”修正符是等效的。排除字符类如“[^a]”总是匹配换行符的，无论是否设定了此修正符。

4. x（PCRE_EXTENDED）

如果设定了此修正符，模式中的空白字符除了被转义的或在字符类中的以外完全被忽略，在未转义的字符类之外的“#”以及下一个换行符之间的所有字符，包括两头，也都被忽略。这和 Perl 的“/x”修正符是等效的，使得可以在复杂的模式中加入注释。然而注意，这仅适用于数据字符。空白字符可能永远不会出现在模式中的特殊字符序列，如引入条件子模式的序列（?）中间。

5. e

如果设定了此修正符，preg_replace()函数在替换字符串中对逆向引用作正常的替换，将其作为 PHP 代码求值，并用其结果来替换所搜索的字符串。只有 preg_replace()函数使用此修正符，其他 PCRE 函数将忽略之。

注意：此修正符在PHP 3.0中不可用。

6. A（PCRE_ANCHORED）

如果设定了此修正符，模式被强制为 anchored，即强制仅从目标字符串的开头开始匹配。此效果也可以通过适当的模式本身来实现（在 Perl 中实现的唯一方法）。

7. D（PCRE_DOLLAR_ENDONLY）

如果设定了此修正符，模式中的美元元字符仅匹配目标字符串的结尾。没有此选项时，如果最后一个字符是换行符的话，美元符号也会匹配此字符之前（但不会匹配任何其他换行符之前）。如果设定了 m 修正符则忽略此选项。Perl 中没有与其等价的修正符。

8. S

当一个模式将被使用若干次时，为加速匹配就先对其进行分析。如果设定了此修正符，则会进行额外的分析。目前，分析一个模式仅对没有单一固定起始字符的 non-anchored 模式有用。

9．U（PCRE_UNGREEDY）

此修正符反转了匹配数量的值使其不是默认的重复而变成在后面跟上“?”才变得重复。这和 Perl 不兼容。也可以通过在模式之中设定（?U）修正符或者在数量符之后跟一个问号（如.*?）来启用此选项。

10．X（PCRE_EXTRA）

此修正符启用了一个 PCRE 中与 Perl 不兼容的额外功能。模式中的任何反斜线后面跟上一个没有特殊意义的字母将导致一个错误，从而保留此组合以备将来扩充。默认情况下，和 Perl 一样，一个反斜线后面跟一个没有特殊意义的字母被当成该字母本身。当前没有其他特性受此修正符控制。

11．u（PCRE_UTF8）

此修正符启用了一个 PCRE 中与 Perl 不兼容的额外功能。模式字符串被当成 UTF-8。本修正符在 UNIX 下自 PHP 4.1.0 起可用，在 Win32 下自 PHP 4.2.3 起可用。自 PHP 4.3.5 起开始检查模式的 UTF-8 合法性。

12.3.2　返回匹配数组

知识点讲解：光盘\视频讲解\第 12 章\返回匹配数组.wmv

```
array preg_grep(string pattern,array input)
```

该函数返回与模式匹配的数组元素。返回的数组包括了 input 数组中与给定的 pattern 模式相匹配的元素。自 PHP 4.0.4 起，preg_grep()函数返回的结果使用从输入数组的键名进行索引。如果不希望这样的结果，用 array_values()函数对 preg_grep()函数返回的结果重新索引。

【实例 12-11】以下代码演示 preg_grep()函数如何从数组中提取出适合的模式匹配。

实例 12-11：preg_grep()函数如何从数组中提取出适合的模式匹配
源码路径：光盘\源文件\12\12-11.php

```
01  <html>
02  <head>
03  <title>preg_grep()函数使用实例</title>
04  </head>
05  <body>
06  <?php
07        $temp[0]="abc";                                         //定义数组元素
08        $temp[1]=123;
09        $temp[2]="us.";
10        $temp[3]=5;
11        $temp[4]=58;
12        $temp[5]="CS";
13        echo "数组 temp 的内容为：";
14        echo "<P>";
15        for($i=0;$i<count($temp);$i++)                          //通过循环输出数组内容
16        {
17              echo $temp[$i];
18              echo "，";
```

```
19          }
20          echo "<p>";
21          echo "经过 preg_grep()处理过之后的新数组为：";
22          $temp2=preg_grep("/^(\d)\d*/",$temp);                    //使用 preg_grep 进行处理
23          //上式的正则表达式模式中“//”为定界符，其内容为所有整数元素
24          echo "<P>";
25          print_r($temp2);                                          //通过循环输出新数组内容
26      ?>
27      </body>
28      </html>
```

在 PHP 运行环境下执行该 PHP 文件，执行结果如图 12.11 所示。

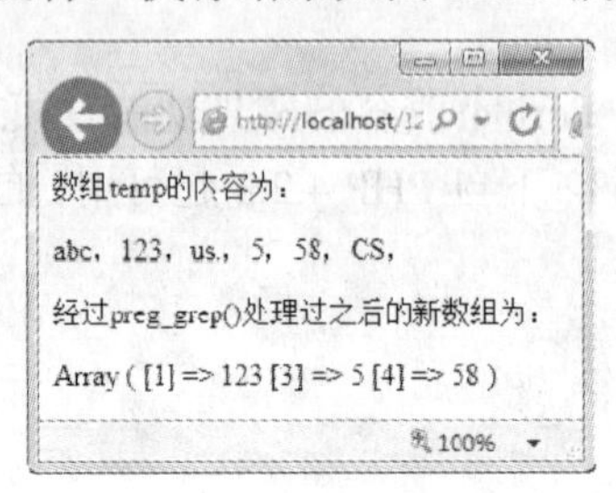

图 12.11　preg_grep()函数使用实例执行结果

从图 12.11 可以发现，经过 preg_grep()函数的处理，提取出了匹配 pattern 正则表达式的元素，组成了一个新的数组。然而新数组所使用的键名，依然是原来数组的键名。

12.3.3　全局表达式匹配

知识点讲解：光盘\视频讲解\第 12 章\全局表达式匹配.wmv

```
int preg_match_all(string pattern,string subject,array matches[,int flags])
```

该函数进行全局正则表达式匹配。在 subject 中搜索所有与 pattern 给出的正则表达式匹配的内容并将结果以 flags 指定的顺序放到 matches 中。搜索到第一个匹配项之后，接下来的搜索从上一个匹配项末尾开始。函数返回整个模式匹配的次数（可能为零），如果出错返回 False。

flags 可以是下列标记的组合（注意把 PREG_PATTERN_ORDER 和 PREG_SET_ORDER 合起来用没有意义）：

☑ PREG_PATTERN_ORDER：对结果排序使$matches[0]为全部模式匹配的数组，$matches[1]为第一个括号中的子模式所匹配的字符串组成的数组，以此类推。

【实例 12-12】以下代码演示 preg_match_all()函数是如何使用 PREG_PATTERN_ORDER 参数并对结果进行排序的。

实例 12-12：preg_match_all()函数如何使用 PREG_PATTERN_ORDER 参数并对结果进行排序
源码路径：光盘\源文件\12\12-12.php

```
01      <html>
02      <head>
03      <title>preg_match_all()函数使用实例 1</title>
04      </head>
```

```
05	<body>
06	<?php
07		$string="<b>example: </b><div align=left>this is a test</div>";		//定义字符串
08		$pattern="|<[^>]+>(.*)</[^>]+>|U";						//定义正则表达式模式
09		preg_match_all($pattern,$string,$out,PREG_PATTERN_ORDER);		//进行 preg_mathc_all 处理
10		echo $out[0][0];
11		echo ", ";
12		echo $out[0][1];
13		echo "<p>";
14		echo $out[1][0];
15		echo ", ";
16		echo $out[1][1];
17	?>
18	</body>
19	</html>
```

在 PHP 运行环境下执行该 PHP 文件，执行结果如图 12.12 所示。

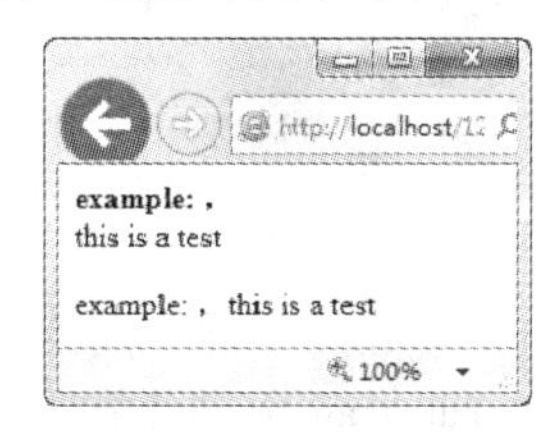

图 12.12　preg_match_all()函数使用实例 1 执行结果

先来分析$pattern 正则表达式模式所表示的含义。

```
$pattern="|<[^>]+>(.*)</[^>]+>|U";
```

其中的“|”、“|”为定界符，里面的内容表示什么含义呢？

第一个“<”表示以小于号开头的内容，后面跟 1 个到多个不为“>”的字符加上“>”结尾的内容。子模式中的“.*”表示 0 到多个任意字符。再加上以“<”开头的内容后面跟 1 个到多个不为“>”的字符加上“>”符号。模式修订符“U”的含义是：反转了匹配数量的值使其不是默认的重复。

从图 12.12 可以发现，经过加上 PREG_PATTERN_ORDER 参数的 preg_match_all()函数的处理正确地返回了数组。

☑ PREG_SET_ORDER：对结果排序使$matches[0]为第一组匹配项的数组，$matches[1]为第二组匹配项的数组，以此类推。

【实例 12-13】以下代码演示 preg_match_all()函数如何使用 PREG_SET_ORDER 对字符串进行提取及排序的。

实例 12-13：preg_match_all()函数如何使用 PREG_SET_ORDER 对字符串进行提取及排序
源码路径：光盘\源文件\12\12-13.php

```
01	<html>
02	<head>
03	<title>preg_match_all()函数使用实例 2</title>
04	</head>
05	<body>
```

```
06  <?php
07      $string="<b>example: </b><div align=left>this is a test</div>";        //定义字符串
08      $pattern="|<[^>]+>(.*)</[^>]+>|U";                                    //定义正则表达式模式
09      preg_match_all($pattern,$string,$out,PREG_SET_ORDER);                 //进行 preg_match_all 处理
10      echo $out[0][0];
11      echo ", ";
12      echo $out[0][1];
13      echo "<p>";
14      echo $out[1][0];
15      echo ", ";
16      echo $out[1][1];
17  ?>
18  </body>
19  </html>
```

在 PHP 运行环境下执行该 PHP 文件，执行结果如图 12.13 所示。

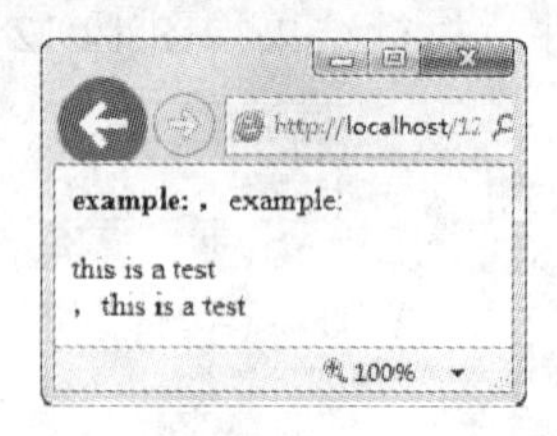

图 12.13　preg_match_all()函数使用实例 2 执行结果

从实例及图 12.13 的执行结果可以了解到，经过加上 PREG_SET_ORDER 参数的 preg_match_all()函数的处理使得$out[0]为第一组匹配的数组，$out[1]为第二组匹配的数组。从中也能了解使用此参数与 PREG_PATTERN_ORDER 参数的区别。

12.3.4　正则表达式匹配

知识点讲解：光盘\视频讲解\第 12 章\正则表达式匹配.wmv

```
int preg_match(string pattern,string subject[,array matches [,int flags]])
```

该函数进行正则表达式匹配。在 subject 字符串中，搜索与 pattern 给出的正则表达式相匹配的内容。如果提供了 matches，则其会被搜索的结果所填充。$matches[0]将包含与整个模式匹配的文本，$matches[1]将包含与第一个捕获的括号中的子模式所匹配的文本，以此类推。

【实例 12-14】以下代码演示 preg_match()函数是如何实现对所给的字符串用正则表达式模式进行匹配的。

实例 12-14：preg_match()函数如何实现对所给的字符串用正则表达式模式进行匹配
源码路径：光盘\源文件\12\12-14.php

```
01  <html>
02  <head>
03  <title>preg_match()函数使用实例</title>
04  </head>
05  <body>
```

```
06	<?php
07		$string="http://www.sohu.com";				//定义字符串
08		$pattern="/^(http:\/\/)?([^\/]+)/i";			//定义正则表达式模式
09		preg_match($pattern,$string,$matchs);			//进行 preg_match 处理
10		echo "string 的内容为：";
11		echo $string;						//输出字符串变量内容
12		echo "<p>";
13		echo "经过 preg_match 函数处理过得出的主机名为：";
14		echo $matchs[2];					//输出取得数组的第三个元素
15	?>
16	</body>
17	</html>
```

以上正则表达式模式实现了从一个网址中取得主机名。如果执行无误，将会输出 www.sohu.com。在 PHP 运行环境下执行该 PHP 文件，执行结果如图 12.14 所示。

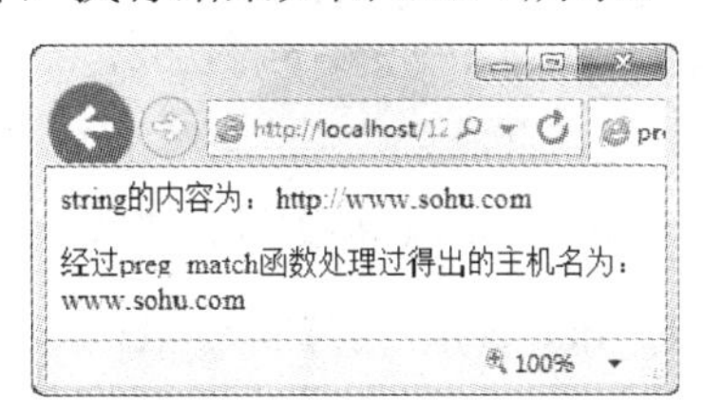

图 12.14　preg_match()函数使用实例执行结果

从图 12.14 所输出的执行结果中知道，经过 preg_match()函数的处理（即使用正则表达式模式从一个网址中取得主机名）正确得出了相匹配的结果。

12.3.5　转义正则表达式字符

知识点讲解：光盘\视频讲解\第 12 章\转义正则表达式字符.wmv

```
string preg_quote (string str[,string delimiter])
```

该函数以 str 为参数并给其中每个属于正则表达式语法的字符前面加上一个反斜线。如果需要以动态生成的字符串作为模式去匹配，则可以用此函数转义其中可能包含的特殊字符。

如果提供了可选参数 delimiter，该字符也将被转义。可以用来转义 PCRE 函数所需要的定界符，最常用的定界符是斜线“/”。正则表达式的特殊字符包括“.”、“\\”、“+”、“*”、“?”、“[”、“^”、“]”、“$”、“(”、“)”、“{”、“}”、“=”、“!”、“<”、“>”、“|”。

【实例 12-15】以下代码演示 preg_quote()函数是如何使正则表达式字符实现转义的。

实例 12-15：preg_quote()函数如何使正则表达式字符实现转义
源码路径：光盘\源文件\12\12-15.php

```
01	<html>
02	<head>
03	<title>preg_quote()函数使用实例 1</title>
04	</head>
05	<body>
06	<?php
```

```
07        $pattern="$40 for a g3/400";                          //定义正则表达式模式字符串
08        $out=preg_quote($pattern,"/");                        //进行 preg_mathc_all 处理
09        echo "pattern 的内容为：";
10        echo $pattern;                                        //输出字符串变量内容
11        echo "<p>";
12        echo "经过 preg_quote 函数处理过的结果为：";
13        echo $out;                                            //输出处理后的结果
14    ?>
15    </body>
16    </html>
```

在 PHP 运行环境中执行该 PHP 文件，执行结果如图 12.15 所示。

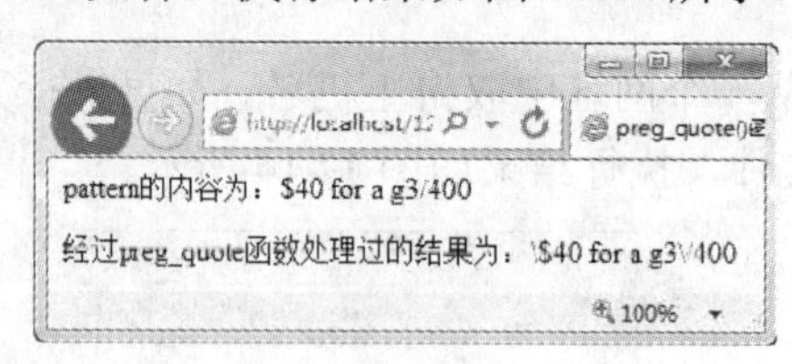

图 12.15　preg_quote()函数使用实例 1 执行结果

【实例 12-16】以下代码演示 preg_quote()函数与 preg_replace()函数配合使用给某个单词加上斜线标记。

实例 12-16：preg_quote()与 preg_replace()函数配合使用给某个单词加上斜线标记
源码路径：光盘\源文件\12\12-16.php

```
01    <html>
02    <head>
03    <title>preg_quote()函数使用实例 2</title>
04    </head>
05    <body>
06    <?php
07        $string="This book is *very* difficult to find.";     //定义字符串
08        $word="*very*";                                       //定义子字符串
09        $out=preg_quote($string,"/");                         //进行 preg_mathc_all 处理
10        echo "out 的内容为：";
11        echo $out;                                            //输出字符串变量内容
12        $stringout=preg_replace ("/".preg_quote($word)."/","<i>".$word."</i>",$string);
13        echo "<p>";
14        echo "经过 preg_replace 函数处理过的结果为：";
15        echo $stringout;                                      //输出处理后的结果
16    ?>
17    </body>
18    </html>
```

在 PHP 运行环境中执行该 PHP 文件，执行结果如图 12.16 所示。

通过这两个实例的学习，相信读者对于 preg_quote()函数的使用都有了一个比较清晰的认识。

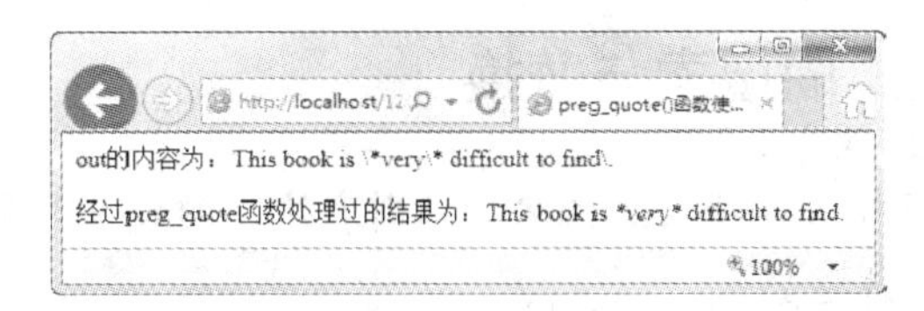

图 12.16　preg_quote()函数使用实例 2 执行结果

12.3.6　用回调函数实现正则表达式的搜索与替换

知识点讲解：光盘\视频讲解\第 12 章\用回调函数实现正则表达式的搜索与替换.wmv

```
mixed preg_replace_callback(mixed pattern,callback callback,mixed subject[,int limit])
```

该函数执行正则表达式的搜索和替换。该函数的功能几乎和 preg_replace()函数一样。除了不是提供一个 replacement 参数，而是指定一个 callback()函数。该函数将以目标字符串中的匹配数组作为输入参数，并返回用于替换的字符串。

【实例 12-17】以下代码演示 preg_repalce_callback()函数是如何使用回调函数执行正则表达式的搜索与替换的。

实例 12-17：preg_repalce_callback()函数如何使用回调函数执行正则表达式的搜索与替换
源码路径：光盘\源文件\12\12-17.php

```
01    <html>
02    <head>
03    <title>preg_replace_callback()函数使用实例</title>
04    </head>
05    <body>
06    <?php
07        $text="愚人节是：04/01/2013\n";
08        $text.="上一个圣诞节平安夜是：12/24/2012\n";                    //适应于 2012 年的文本内容
09        function next_year($matches)                                  //定义回调函数
10        {
11        //通常：$matches[0]是完整的匹配项
12        //$matches[1]是第一个括号中的子模式的匹配项
13        //以此类推
14        return $matches[1].($matches[2]+1);                           //返回函数的内容
15        }
16        echo $text;
17        echo "<p>";
18        echo preg_replace_callback("|(\d{2}/\d{2}/)(\d{4})|","next_year",$text);    //执行操作
19    ?>
20    </body>
21    </html>
```

在 PHP 运行环境中执行该 PHP 文件，执行结果如图 12.17 所示。

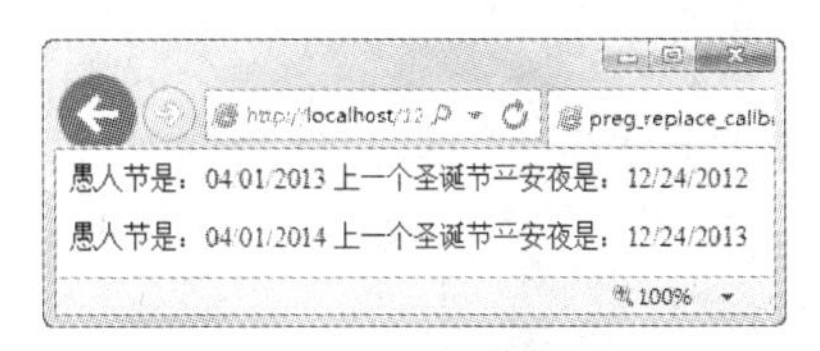

图 12.17　preg_replace_callback()函数使用实例执行结果

12.3.7 执行正则表达式的搜索与替换

知识点讲解：光盘\视频讲解\第 12 章\执行正则表达式的搜索与替换.wmv

```
mixed preg_replace(mixed pattern,mixed replacement,mixed subject[,int limit])
```

该函数执行正则表达式的搜索和替换。在 subject 中搜索与 pattern 模式相匹配的项，并替换为 replacement 参数。如果指定了 limit 参数，则仅替换 limit 个匹配。如果省略 limit 参数或者其值为-1，则所有的匹配项都会被替换。

注意：limit参数是PHP 4.0.1加入的。

【实例 12-18】以下代码演示 preg_repalce()函数是如何进行搜索与替换的。

实例 12-18：preg_repalce()函数如何进行搜索与替换
源码路径：光盘\源文件\12\12-18.php

```
01  <html>
02  <head>
03  <title>preg_replace ()函数使用实例</title>
04  </head>
05  <body>
06  <?php
07      $search = array(
08      "'<script[^>]*?>.*?</script>'si",                    //去掉 JavaScript
09      "'<[\/\!]*?[^<>]*?>'si",                             //去掉 HTML 标记
10      "'([\r\n])[\s]+'",                                   //去掉空白字符
11      "'&(quot|#34);'i",                                   //替换 HTML 实体
12      "'&(amp|#38);'i",
13      "'&(lt|#60);'i",
14      "'&(gt|#62);'i",
15      "'&(nbsp|#160);'i",
16      "'&(iexcl|#161);'i",
17      "'&(cent|#162);'i",
18      "'&(pound|#163);'i",
19      "'&(copy|#169);'i",
20      "'&#(\d+);'e");                                      //作为 PHP 代码运行
21      $replace = array ("",
22      "",
23      "\\1",
24      "\"",
25      "&",
26      "<",
27      ">",
28      " ",
29      chr(161),
30      chr(162),
31      chr(163),
32      chr(169),
33      "chr(\\1)");
34      $document="<b>I love this game</b><p><u><h1>用 PHP 编程是一件很简单的事</h1></u><p><b>
```

```
<i><h2>HELLO WORLD！</h2></i></b>";                     //定义$doucment 变量
35          $text = preg_replace ($search, $replace, $document);   //使用 preg_replace()函数进行处理
36          echo "原来的内容为：";
37          echo $document;
38          echo "<p>";
39          echo "经过 preg_replace 处理之后的内容为：";
40          echo $text;
41     ?>
42     </body>
43     </html>
```

在 PHP 运行环境中执行该 PHP 文件，执行结果如图 12.18 所示。

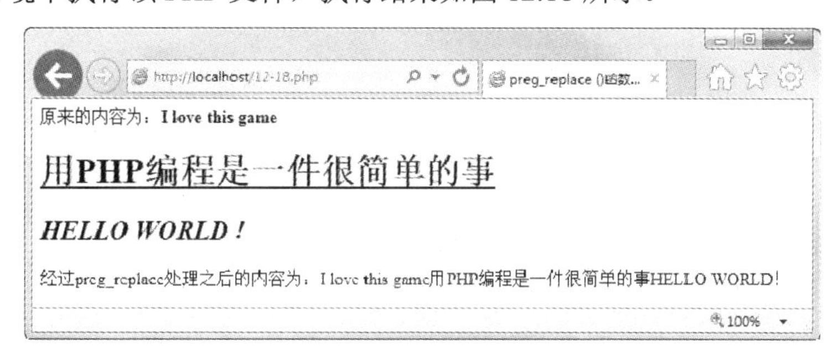

图 12.18　preg_replace()函数使用实例执行结果

从图 12.18 执行结果可以发现，经过 preg_replace()函数的处理，原来包含 HTML 格式的内容，全部被转换成了普通字符输出。

12.3.8　用正则表达式分割字符串

知识点讲解：光盘\视频讲解\第 12 章\用正则表达式分割字符串.wmv

```
array preg_split(string pattern,string subject[,int limit[,int flags]])
```

该函数使用正则表达式分割字符串。返回一个数组，包含 subject 中沿着与 pattern 模式匹配的边界所分割的子串。如果指定了 limit 参数，则最多返回 limit 个子串，如果没有指定 limit 参数或者其值是-1，则意味着没有限制，可以用来继续指定可选参数 flags。

flags 可以是下列标记的任意组合（用按位或运算符|组合）：

☑　PREG_SPLIT_NO_EMPTY：如果设定了本标记，则 preg_split()函数只返回非空的成分；

☑　PREG_SPLIT_DELIM_CAPTURE：如果设定了本标记，定界符模式中的括号表达式也会被捕获并返回。

☑　PREG_SPLIT_OFFSET_CAPTURE：如果设定了本标记，对每个出现的匹配结果也同时返回其附属的字符串偏移量。

【实例 12-19】以下代码演示 preg_split()函数是如何对字符串进行分割的。

实例 12-19：preg_split()函数如何对字符串进行分割
源码路径：光盘\源文件\12\12-19.php

```
01     <html>
```

```
02    <head>
03    <title>preg_split()函数使用实例</title>
04    </head>
05    <body>
06    <?php
07        $str='string';
08        $chars=preg_split('//',$str,-1,PREG_SPLIT_NO_EMPTY);    //使用 PREG_SPLIT_NO_EMPTY 参
数对字符串进行分割，结果保存到数组$chars 中
09        for($i=0;$i<count($chars);$i++)                          //通过循环输出数组
10        {
11            echo $chars[$i];
12            echo "，";
13        }
14    ?>
15    </body>
16    </html>
```

在 PHP 运行环境中执行该 PHP 文件，其执行结果如图 12.19 所示。

图 12.19　preg_split()函数使用实例执行结果

12.4　正则表达式使用实例

前两节为读者介绍了 PHP 中正则表达式的元字符、表达式语法、正则表达式的函数。经过前两节的学习，相信读者对在 PHP 中如何使用正则表达式都有一个比较清晰的认识了。本节将通过一些实例，来向读者做进一步的说明。这些实例都是在平常编程过程中经常可能用到的功能，了解和使用这些实例对以后使用 PHP 编写 Web 程序将起到事半功倍的效果。

12.4.1　构造检查 Email 的正则表达式

知识点讲解：光盘\视频讲解\第 12 章\构造检查 Email 的正则表达式.wmv

本小节来讨论怎么验证一个 Email 地址。通常一个完整的 Email 地址中有 3 个部分：POP 3.0 用户名（在“@”左边的内容）、“@”和服务器名（就是剩下那部分）。用户名可以含有大小写字母阿拉伯数字、句号（“.”）、减号（“-”）以及下划线（“_”）。服务器名字也是符合这个规则，当然下划线除外。

现在，用户名的开始和结束都不能是句点，服务器的名称也是这样。还有用户名中不能有两个连续的句点，它们之间至少应存在一个字符。下面就来说明怎么为用户名写一个匹配模式。

```
^[_a-zA-Z0-9-]+$
```

现在的情况还不允许句号的存在。把它加上：

```
^[_a-zA-Z0-9-]+(\.[_a-zA-Z0-9-]+)*$
```

上面的正则表达式模式的意思是：“以至少一个规范字符（除.以外）开头，后面跟着 0 个或者多个以点开始的字符串”。

要使上面的正则表达式模式更简化一点，可以用 eregi()函数取代 ereg()函数。因为 eregi()函数在进行正则表达式模式匹配时忽略字母字符的大小写，这样就不需要指定两个范围：“a-z”和“A-Z”，只需要指定一个就可以了。改进之后的正则表达式模式如下所示：

```
^[_a-z0-9-]+(\.[_a-z0-9-]+)*$
```

后面的服务器名字也是一样，但要去掉下划线：

```
^[a-z0-9-]+(\.[a-z0-9-]+)*$
```

设定好了用户名及主机名的规则，现在要做的只需要用“@”符号把用户名及主机名两部分内容连接起来：

```
^[_a-z0-9-]+(\.[_a-z0-9-]+)*@[a-z0-9-]+(\.[a-z0-9-]+)*$
```

这就是完整的 Email 认证匹配模式了，只需要调用：

```
eregi("^[_a-z0-9-]+(\.[_a-z0-9-]+)*@[a-z0-9-]+(\.[a-z0-9-]+)*$",$eamil)
```

就可以得出目标字符串是否为正确的 Email 地址了。

【实例 12-20】以下代码演示使用上面定义的匹配模式匹配 Email 地址。

实例 12-20：使用上面定义的匹配模式匹配 Email 地址
源码路径：光盘\源文件\12\12-20.php

```
01  <html>
02  <head>
03  <title>使用正则表达式检查 Email 地址</title>
04  </head>
05  <body>
06  <?php
07      $string1="username@hostname.com";                    //定义变量$string1
08      $string2="user.name@host.com.cn";                    //定义变量$string2
09      $string3="@";                                        //定义变量$string3
10      $string4="username&hostname.com";                    //定义变量$string4
11      function panduan($string)                            //基于正则定义判断函数
12      {
13          if(eregi("^[_a-z0-9-]+(\.[_a-z0-9-]+)*@[a-z0-9-]+(\.[a-z0-9-]+)*$",$string))    //判断
14          echo $string."：是正确的 Email 地址!";
15          else
16          echo $string."：不是 Email 地址！";
17      }
18      panduan($string1);
19      echo "<p>";
20      panduan($string2);
21      echo "<p>";
```

```
22        panduan($string3);
23        echo "<p>";
24        panduan($string4);
25    ?>
26    </body>
27    </html>
```

在 PHP 运行环境下执行该 PHP 文件，执行结果如图 12.20 所示。

图 12.20　使用正则表达式检查 Email 地址执行结果

12.4.2　对图像 UBB 代码进行替换

知识点讲解：光盘\视频讲解\第 12 章\对图像 UBB 代码进行替换.wmv

使用过网上留言簿、论坛的用户都知道，一般情况下为了保证网络的安全是不允许用户直接使用 HTML 代码的。但是有的留言簿、论坛等 Web 程序却允许用户使用 UBB 代码。UBB 实际上就是把用户输入的特定内容转化为无害的 HTML 代码，这样既保证了安全，又可以使用户实现如贴图、发送移动文字、粘贴程序代码等功能。本小节就带领读者来实现如何把图像 UBB 内容转化为带有图像的 HTML 代码。

UBB 图像代码的格式一般如下所示：

```
[img]url[/img]
```

其中的 url 是指向一幅图片的地址。

列出了欲替换内容的格式，思路就很清晰了。匹配内容为：以“[img]”开头以“[/img]”结尾的内容，即上边的 url 部分。

```
\[img\](.+)\[\/img\]
```

查找出内容之后就是替换了，把它替换成 HTML 代码<img src=url>。这样就完成所要求的操作了。调用 eregi_replace()函数：

```
eregi_replace("\[img\]","<img src=",$input);
eregi_replace("\[\/img\]",">",$input);
```

这样就完成了对 UBB 图像标记首尾的替换。这里为什么要调用 eregi_replace()函数，而不是 ereg_replace()函数呢？因为用户在输入时很有可能不会区分大小写，即大小写两种情况都有可能发生，所以要采用忽略大小写的 eregi_replace()函数。

【实例 12-21】以下代码验证图片的替换是否能正常运行。

实例 12-21：验证图片的替换是否能正常运行

源码路径：光盘\源文件\12\12-21.php

```
01	<html>
02	<head>
03	<title>对图像 UBB 代码进行替换实例</title>
04	</head>
05	<body>
06	<?php
07		$string1="[img]1.jpg[/img]";                                      //定义变量$string1
08		$string2="[IMG]2.jpg[/IMG]";                                      //定义变量$string2
09		$temp1=eregi_replace("\[img\]","<img src=",$string1);
10		$temp1=eregi_replace("\[\/img\]",">",$temp1);
11		$temp2=eregi_replace("\[img\]","<img src=",$string2);
12		$temp2=eregi_replace("\[\/img\]",">",$temp2);
13		echo "<table border=1>";
14		echo "<tr>";
15		echo "<td>string1 的内容为：<p>".$string1."</td>";
16		echo "<td>string2 的内容为：<p>".$string2."</td>";
17		echo "</tr>";
18		echo "<tr>";
19		echo "<td>将 string1 转化后的内容为：<p>".$temp1."</td>";
20		echo "<td>将 string2 转化后的内容为：<p>".$temp2."</td>";
21		echo "</tr>";
22		echo "</table>";
23	?>
24	</body>
25	</html>
```

在 PHP 运行环境下执行该 PHP 文件（在执行该文件之前，要把名为 1.jpg 及 2.jpg 的两个图像文件放到该 PHP 文件同一路径下），执行结果如图 12.21 所示。

图 12.21　对图像 UBB 代码进行替换实例执行结果

从图 12.21 可以发现，经过对图像的替换操作，把原本为 UBB 代码的内容转化成了 HTML 内容，而在 Web 页面上显示 HTML 内容，就显示出了图片，从而说明图像替换正则表达式的执行结果是正确的。

除了常见的查找、替换功能之外，正则表达式还具有如下两个功能：

☑ 提取字符串

ereg()和 eregi()函数有一个特性是允许用户通过正则表达式去提取字符串的一部分。如想从 path/URL 中提取文件名就可以执行下面的操作：

```
ereg("([^\\/]*)$",$pathOrUrl,$regs);
echo $regs[1];
```

☑ 高级代换

ereg_replace()和 eregi_replace()函数也是非常有用的。假设用户想把所有的间隔符号都替换成逗号，就可以使用这样的操作：

```
ereg_replace("[ \n\r\t]+", ",", trim($str));
```

12.5 本章小结

本章为读者介绍了 PHP 中的正则表达式，带领读者一步步由简入繁地学习了什么是正则表达式、正则表达式的构成、正则表达式的语法、Perl 兼容的正则表达式函数，以及通过具体的实例来进一步巩固了正则表达式的使用。正如本章开头所说的那样：正则表达式在进行 PHP 编程中有着相当广泛的应用。通过本章的学习，相信读者已经熟练地掌握了正则表达式的知识，这将会使以后的 Web 编程工作变得更加轻松。

12.6 本章习题

习题 12-1 创建一个判断一串数字是否为手机号的正则表达式：____________________。

习题 12-2 使用 ereg_replace()函数将如下字符串中的所有“o”替换为“O”。

```
A pound of pluck is worth a ton of luck.
```

【分析】该习题考查读者对 ereg_replace()函数的掌握。

【关键代码】

```
$str=ereg_replace('o','O',$str);
```

习题 12-3 使用 split()函数将习题 12-1 中的字符串以“o”为分隔符进行分割，并将分割后的子串输出。

【分析】该习题考查读者对 split()函数的掌握。

【关键代码】

```
$str=split('o',$str);
```

习题 12-4　使用 preg_grep()函数将如下数组中的字符元素存入另一个数组，并输出新数组的详细信息。

```
array('hello',1,'nihao',43,'good',37)
```

【分析】该习题考查读者使用 preg_grep()函数的能力。

【关键代码】

```
    $new_arr=preg_grep('#[a-z]#',$arr);
```

第 13 章　PHP 面向对象编程

通常的编程语言所使用的编程方式有两种：面向过程方式，如 C 语言所采用的方式；面向对象方式，如 Java 所采用的方式。PHP 是一种混合语言，它同时兼有面向过程和面向对象这两种方式。具体使用哪种方式，完全取决于用户的选择。两种方式各有优劣。本章将重点介绍 PHP 中的面向对象编程（OOP）。内容包括：面向对象编程的基础、什么是类、为什么要用到类、在 PHP 程序中如何使用对象、类的封装、为类添加属性、为类添加方法、类的继承、类的重载、类的引用、类的构造函数及 PHP 中与类、对象相关的函数和类的具体使用实例等。通过本章的学习，读者会对在 PHP 中使用对象有一个全面的认识。

13.1　面向对象编程（OOP）的基础

要想使用面向对象编程（Object-Oriented-Program，OOP），首先要了解什么是面向对象。本节就来回答什么是面向对象、面向对象的构成以及什么是类、为什么要用到类的问题。

13.1.1　什么是类（CLASS）

知识点讲解：光盘\视频讲解\第 13 章\什么是类.wmv

在了解什么是类之前，先来了解一下面向对象。在前几章为读者所提供的实例中，使用的代码基本上都是面向过程的。面向过程的代码一般形如：

```
<?php
    echo "HELLO WORLD!";
?>
```

这就是通常所用到的方法，但是可以达到同一个目的、面向对象的代码形如：

```
01  <?php
02          class helloworld                                //定义一个类
03          {
04                  function myprint()                      //该类的一个方法
05                  {
06                          print "hello, world.";          //该类的方法所实现的功能是打印字符串
07                  }
08          }
09          $myhelloworld =new helloworld();                //为类初始化一个实例（对象）
10          $myhelloworld->myprint();                       //调用该实例的方法
11  ?>
```

说明：读者在这里无需理解上面代码的具体含义。

上面这段代码就是标准的面向对象的做法，即为了完成一件事，先定义一个类，然后给该类添加相应的方法，再为该类实例化一个对象，让对象去执行相应的方法，从而完成所需要的工作。

上例中 helloworld 是一个类，通过在类中添加一个现在可以看作是一个函数的方法 myprint()。该方法完成的工作就是输出一个字符串“hello, world.”。而$myhelloworld 则是类 helloworld 的一个对象。

从以上两组代码中，读者应该能够看出面向过程与面向对象的区别。

面向过程的基础是一句一句的代码，而面向对象的基础则是对象。

那么下面就来介绍什么是类。抛开各种教材的定义，通俗一点来说，“类”就是“一类事物”的简称。什么可以作为“类”呢？人！“人”就是一个类，与这个类相区别，“动物”和“植物”就是另外的两个类。也就是说，类是具有相同的属性定义和行为表现的事物的集合。以“人”为例，这个类具有“国籍”、“种族”、“年龄”、“姓名”等属性定义，也具有“走路”、“工作”等行为表现。

但是，类不是指个体，我们可以说人具有国籍，但不能说“人”这个类的“国籍”是什么，因为“国籍”这个属性的表现是要随着类的具体化而实现的，就是说，需要具体到类中的一个单个的元素，即这个类的一个“实例”。类是虚无的东西，一个概念名词而已。真正用到的是类的实例，即对象。如一个公司，它的雇员是一个个具体的人，而不是整个“人类”。套用一些教材里的话：类是现实世界某些对象的共同特征（属性和操作）的表示，对象是类的实例。

总而言之，类是变量（类的属性）与作用于这些变量的函数（类的方法）的集合，属性与方法是构成类的基础。

13.1.2　为什么要用到类

知识点讲解：光盘\视频讲解\第 13 章\为什么要用到类.wmv

面向过程编程存在一个弊端，即代码重用时非常困难。这在大规模编程中表现得尤其突出。面向过程编程时，如果用大量的代码来完成一个工作，当需要重用时，唯一的方法就是重新调用这些代码。任务量非常大，而且很容易出错。

面向过程的这个弊端在面向对象编程模式中得到了很好的解决。类对代码进行了封装，所以在进行重用时就显得非常方便，只需要调用相关类的方法或属性即可。

使用面向对象编程还具有如下优点：

☑ 易维护。采用面向对象思想设计的结构，可读性高，由于继承的存在，即使改变需求，维护也只是在局部模块，所以维护起来是非常方便的。

☑ 质量高。在设计时，可重用现有的、在以前的项目领域中已被测试过的类，使系统满足业务需求并具有较高的质量。

☑ 效率高。在软件开发时，根据设计的需要对现实世界的事物进行抽象，产生类。使用这样的方法解决问题，接近于日常生活和自然的思考方式，势必提高软件开发的效率和质量。

☑ 易扩展。由于继承、封装、多态的特性，自然设计出高内聚、低耦合的系统结构，使得系统更灵活、更容易扩展，而且成本较低。

由于与面向过程的方法相比具有以上优点，所以在进行大型项目的开发时使用 PHP 面向对象的编程方法是必要的。

13.2 在 PHP 中创建和使用类

以前在介绍变量时就曾提到过，变量有几种类型，其中有两种类型比较特殊，一种是数组；另外一种就是对象。在 PHP 中，对象可以看成是一种特殊的变量，对象有属性、方法。PHP 中具体怎么创建并使用类呢？本节就来回答这个问题。

13.2.1 自建类——类的封装

知识点讲解：光盘\视频讲解\第 13 章\自建类——类的封装.wmv

前面提到过，类是变量与作用于这些变量的函数的集合，所以要创建类就离不开变量与函数。在介绍如何自建类之前，先来看一个实例。下面代码给出了如何创建一个类，并为类实例化一个对象及调用类的方法。

1. 创建类

在使用一个类之前必须要先创建类，创建类的语法结构如下：

```
class classname
{
}
```

说明： 上面代码定义一个最简单的类，它没有任何内容。

创建类的方法由一个 class 关键字加一个类的名称构成。以下实例构建一个购物车 cart 类。代码如下：

```
01  <?php
02          class cart
03          {
04                  private $items;                                 //购物车中的物品
05                  function add_item($artnr,$num)                  //将$num 个$artnr 物品加入购物车
06                  {
07                          $this->items[$artnr]+=$num;             //现有数量加上放入数量
08                  }
09                  function remove_item($artnr,$num)               //将$num 个$artnr 物品从购物车中取出
10                  {
11                          if($this->items[$artnr]>$num)           //如果取出数量小于现有总数
12                          {
13                                  $this->items[$artnr]-=$num;     //现有数量减去取出数量
14                                  return true;                    //返回真
15                          }
16                          elseif($this->items[$artnr]==$num)      //如果要取出数量与现有数量相等
17                          {
18                                  unset($this->items[$artnr]);    //清空现有数量值
19                                  return true;
20                          }
21                          else                                    //如果取出数量大于现有数量
```

```
22                {
23                    return false;                                   //返回错误
24                }
25            }
26        }
27    ?>
```

上面的代码创建了一个名为 cart 的类。该类由购物车中的商品构成的数组和两个用于从购物车中添加和删除商品的函数组成。接下来再来讲解如何为类实例化一个对象。

2．创建对象

只创建了类，而不为类实例化一个对象，那么类就不会起作用。创建一个类的目的就是要使用类来实例化对象。下面就来介绍，如何为类实例化对象。

创建对象的语法如下：

```
$objectname=new classname
```

即“对象名（记得前面的美元符号）+符号“=”+new+类名”即可。

而下面的例子就创建了$mycart 这样一个基于类 cart 的对象，如下所示。

```
$mycart=new cart;                          //创建$mycart 对象
$mycart->add_item("5",3);                  //调用$mycart 对象的放入购物车方法
```

上例中的$mycart 具有方法 add_item()，remove_item()和一个 items 变量，它们都是明显的函数和变量。在引用对象的变量与函数时使用：$mycart->items 及$mycart->add_item()。所以调用一个对象的变量与函数使用下面的语法格式：

```
$objectname->varname;
$objectname->functionname;
```

在使用一个对象时有一个问题需要注意，如上例中的变量名为$mycart->items，不是$mycart->$items，那是因为在 PHP 中一个变量名只有一个单独的美元符号。

另外，在定义类时，无法得知将使用什么名字的对象来访问。如在编写 cart 类时，并不知道后面对象的名称将会命名为$mycart 或者其他的名称。因而不能在类中使用$mycart->items。然而为了类定义的内部访问自身的函数和变量，可以使用伪变量$this 来达到这个目的。$this 变量可以理解为“我自己的”或者“当前对象”。因而'$this->items[$artnr]+=$num'可以理解为“我自己的物品数组的$artnr 计数器加$num”或者“在当前对象的物品数组的$artnr 计数器加$num”。

【实例 13-1】下面把前面的例子代码加以完善，让其有实际的执行结果，从而使读者直观地认识到如何定义类、实例化对象、引用类的变量及函数。

实例 13-1：使读者直观地认识到如何定义类、实例化对象、引用类的变量及函数

源码路径：光盘\源文件\13\13-1.php

```
01    <html>
02    <head>
03    <title>定义与使用类实例</title>
04    </head>
```

```
05  <body>
06  <?php
07      class cart
08      {
09          public $items;                              //购物车中的物品
10          function add_item($artnr,$num)              //将$num 个$artnr 物品加入购物车
11          {
12              if(!isset($this->items[$artnr]))
13                  $this->items[$artnr]=$num;
14              else
15                  $this->items[$artnr]+=$num;         //现有数量加上放入数量
16          }
17          function remove_item($artnr,$num)           //将$num 个$artnr 物品从购物车中取出
18          {
19              if($this->items[$artnr]>$num)           //如果取出数量小于现有总数
20              {
21                  $this->items[$artnr]-=$num;         //现有数量减去取出数量
22                  return true;                        //返回真
23              }
24              elseif($this->items[$artnr]==$num)      //如果要取出数量与现有数量相等
25              {
26                  unset($this->items[$artnr]);        //清空现有数量值
27                  return true;
28              }
29              else                                    //如果取出数比现有数还要大
30              {
31                  return false;                       //返回错误
32              }
33          }
34      }
35      $mycart=new cart;                               //创建$mycart 对象
36      $mycart->add_item("5",3);                       //调用$mycart 对象的放入购物车方法
37      echo "在实现 add_item(\"5\",3)之后";
38      echo "<p>";
39      echo "当前购物车内编号为 5 的商品数量为：";
40      echo $mycart->items["5"];                       //显示对象的 items["5"]变量
41      echo "<p>";
42      $mycart->add_item("5",10);                      //调用$mycart 对象的 add_item()函数
43      echo "在实现 add_item(\"5\",10)之后";
44      echo "<p>";
45      echo "当前购物车内编号为 5 的商品数量为：";
46      echo $mycart->items["5"];                       //显示对象的 items["5"]变量
47      echo "<p>";
48      $mycart->remove_item("5",7);                    //调用$mycart 对象的 remove_item()函数
49      echo "在实现 remove_item(\"5\",7)之后";
50      echo "<p>";
51      echo "当前购物车内编号为 5 的商品数量为：";
52      echo $mycart->items["5"];                       //显示对象的 items["5"]变量
53  ?>
54  </body>
55  </html>
```

在 PHP 运行环境下执行该 PHP 文件，将会出现如图 13.1 所示的执行结果。

图 13.1　定义与使用类实例执行结果

从图 13.1 可以看出，在实现 add_item("5",3)后（即向购物车内添加 3 个编号为 5 的商品），现在购物车内编号为 5 的商品数量为 3；实现 add_item("5",10)后（即向购物车内添加 10 个编号为 5 的商品），数量再增加 10 变为 13；实现 remove_item("5",7)（即把购物车内编号为 5 的商品减去 7 个）后，数量减去 7 变为 6。说明类通过调用类的方法，改变了对象的某些属性。

13.2.2　为类添加属性

知识点讲解：光盘\视频讲解\第 13 章\为类添加属性.wmv

使用 class 语句创建类后，为类添加必要的属性（即变量）是必要的也是必需的。通常情况下，类都有属性。

现在再来看实例 13-1。其中 cart 是一个类，而里面的 items 就是类的一个属性。类的属性通俗地说也就是存在于类中的变量。

知道了这样的概念，就明白如何为类添加属性了。为类添加属性就是向类中加入新的变量。

【实例 13-2】以下代码演示如何为类添加属性。

实例 13-2：如何为类添加属性
源码路径：光盘\源文件\13\13-2.php

```
01	<html>
02	<head>
03	<title>为类添加属性使用实例</title>
04	</head>
05	<body>
06	<?php
07		class User						//首先定义一个类
08		{
09			public $name;				//用户的名字
10			public $age;				//用户的年龄
11			public $sex;				//用户的性别
12		}
13		$user1=new User;				//创建一个对象
14		$user1->name="Jack";			//为名字赋值
15		$user1->age="20";				//为年龄赋值
```

```
16          $user1->sex="male";                                    //为性别赋值
17          echo "user1 的名字为：";
18          echo $user1->name;                                     //显示名字
19          echo "<p>";
20          echo "user1 的年龄为：";
21          echo $user1->age;                                      //显示年龄
22          echo "<p>";
23          echo "user1 的性别为：";
24          echo $user1->sex;                                      //显示性别
25   ?>
26   </body>
27   </html>
```

在 PHP 运行环境下执行该 PHP 文件，执行结果如图 13.2 所示。

图 13.2　为类添加属性使用实例执行结果

以上实例中，首先创建了一个类 User，并为类添加了 3 个属性，分别为用户的名字、年龄和性别。然后为类实例化一个对象$user1，给对象的每个属性赋值，调用对象的属性显示出相应的内容。

在类中，为类添加属性所定义的变量，可以使用 public、protected 和 private 关键字来定义。使用 public 修饰的变量可以在类外部被访问，使用 protected 和 private 修饰的变量则不可在类外部被访问。

13.2.3　为类添加方法

知识点讲解：光盘\视频讲解\第 13 章\为类添加方法.wmv

方法就是类中的函数。调用类的方法其实就是执行其中的函数，所以为类添加方法，也就是给类增加函数。

仍然通过实例 13-1 来研究如何为类添加方法。在实例 13-1 中，cart 是一个类，它有两个函数，即 add_item()和 remove_item()函数，而这两个函数也就是类 cart 的方法。要实现为类添加方法，只需向类中加入新的函数即可。

【实例 13-3】以下代码演示如何为类添加方法。

实例 13-3：为类添加方法
源码路径：光盘\源文件\13\13-3.php

```
01   <html>
02   <head>
03   <title>为类添加方法使用实例</title>
04   </head>
05   <body>
```

```
06  <?php
07      class Window                                          //首先定义一个类
08      {
09          public $state;                                    //窗户的状态
10          function close_window()                           //关窗户方法
11          {
12              $this->state="close";                         //窗户的状态为关
13              return true;
14          }
15          function open_window()                            //开窗户方法
16          {
17              $this->state="open";                          //窗户的状态为开
18              return true;
19          }
20      }
21      $mywindow=new Window;                                 //创建一个对象
22      $mywindow->state="open";                              //窗户的初始状态为开
23      echo "当前 mywindw 的状态为：";
24      echo $mywindow->state;                                //显示窗户的状态
25      echo "<p>";
26      $mywindow->close_window();                            //调用关窗户的方法
27      echo "经过 close_windw()处理后的的状态为：";
28      echo $mywindow->state;                                //显示窗户的状态
29      echo "<p>";
30      $mywindow->open_window();                             //调用开窗户的方法
31      echo "经过 open_windw()处理后的的状态为：";
32      echo $mywindow->state;                                //显示窗户的状态
33  ?>
34  </body>
35  </html>
```

在 PHP 运行环境中执行该 PHP 文件，执行结果如图 13.3 所示。

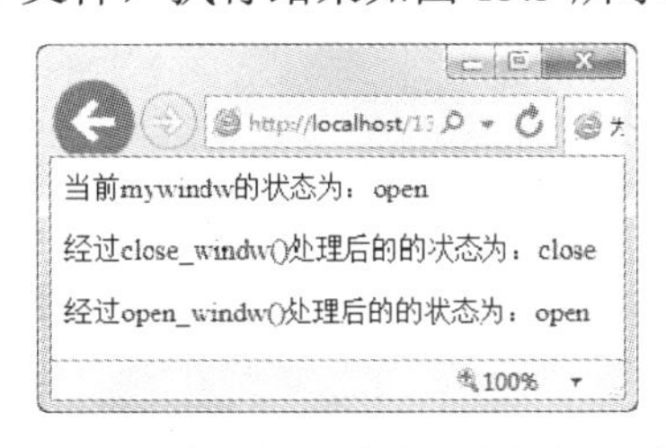

图 13.3　为类添加方法使用实例执行结果

以上实例中，定义了一个 Window 类，并为类添加了$state 属性，即窗户的开关状态。然后为类添加了两个方法，一个是关窗户的方法 close_window()，另一个是开窗户的方法 open_window()。使用这两个方法，可以改变窗户的开关状态。.定义完类后，为类创建了一个对象。可以看出通过两个方法是如何改变窗户的开关状态的。

在类中为类添加方法，可以使用 public（默认，可以省略）、protected 和 private 关键字来修饰。使用 public 修饰的方法可以在类外部被访问，使用 protected 和 private 修饰的方法则不可在类外部被访问。

如果在函数中要引用类本身的状态或者函数，这时必须使用伪变量$this 加上引用的变量或者函数名，才能实现功能。这一点需要引起读者的注意。

13.2.4　类的继承

知识点讲解：光盘\视频讲解\第 13 章\类的继承.wmv

本节来研究类的继承问题。何为类的继承呢？

通常需要这样一些类，这些类与其他现有的类拥有相同的变量和函数。为了使这一点变得更加容易，类可以从其他的类中扩展出来。扩展或派生出来的类拥有其基类或者父类的所有变量和函数，并包含所有派生类中定义的部分。类中的元素不可能减少，就是说，不可以注销任何存在的函数或者变量。一个扩充类总是依赖一个单独的基类，也即不支持多重继承。

那么 PHP 中如何实现类的继承呢？在 PHP 中使用如下语句来实现对一个类的继承：

```
class Son_class extends class
```

就是在定义一个子类 Son_class 时后面加上 extends 再加上父类的名称 class。

【实例 13-4】下面把实例 13-3 中的代码做一下修改，以便讲解如何从一个父类中继承子类。

实例 13-4：如何从一个父类中继承子类
源码路径：光盘\源文件\13\13-4.php

```
01  <html>
02  <head>
03  <title>类的继承使用实例</title>
04  </head>
05  <body>
06  <?php
07      class Window                                    //首先定义一个类
08      {
09          public $state;                              //窗户的状态
10          function close_window()                     //关窗户方法
11          {
12              $this->state="close";                   //窗户的状态为关
13          }
14          function open_window()                      //开窗户方法
15          {
16              $this->state="open";                    //窗户的状态为开
17          }
18      }
19      class Who_Window extends Window                 //定义一个子类继承父类
20      {
21          public $owner;                              //加入属性窗户的所有人
22      }
23      $my_who_window=new Who_window;                  //实例化一个对象
24      $my_who_window->owner="Jack";                   //定义窗户的所有人
25      echo "my_who_window 的 owner 为：";
26      echo "<p>";
27      echo $my_who_window->owner;                     //显示窗户的所有人
28      echo "<p>";
```

```
29          $my_who_window->close_window();                    //调用关窗户事件
30          echo "my_who_window 的开关状态为：";
31          echo "<p>";
32          echo $my_who_window->state;                        //显示窗户开关状态
33     ?>
34     </body>
35     </html>
```

在 PHP 运行环境下执行该 PHP 文件，执行结果如图 13.4 所示。

图 13.4　类的继承使用实例执行结果

下面来分析一下代码。首先定义了一个父类 Window，该类有一个$state 属性与开、关窗户两个方法。然后又定义了一个子类 Who_Window，由于使用了 extends 关键字，并且后面跟上了 Window 的类名，所以该子类继承自父类 Window。所以，Who_Window 类就拥有父类的全部属性与方法，并且该子类也有自己的属性$owner，即窗户的所有人。

为类 Who_Window 实例化了一个对象$my_who_window，由于该对象是基于 Who_Window 创建的，而 Who_Window 又继承于父类 window，那么该对象就既有$state 属性也有$owner 属性，同时也有开、关窗户的两种方法。

需要注意的是，使用 public 和 protected 修饰的属性和方法可以被子类继承，而使用 private 修饰的属性和方法则不可以被子类继承。

13.2.5　类的重载

知识点讲解：光盘\视频讲解\第 13 章\类的重载.wmv

一个子类中的属性或方法有时会与它所继承的父类中的属性或方法重名，这时就出现了类的重载。

类的重载实际上是类属性以及类的方法的重载。那么什么是类的方法的重载呢？通过前面的介绍了解到，定义一个父类后，可以再定义一个子类对其继承。这时就存在一个问题，如果子类中又定义了和父类中一样的变量和函数，会出现什么后果呢？这时，如果执行子类的某个方法，还将执行子类中同名的方法，而并不会影响父类中相应的方法。这一过程就叫做类的重载。

当然，在子类中也可以访问父类中的方法，不过要使用 self 和 parent 这两个特殊的关键字，它们是用于在类的内部对成员或方法进行访问的。

【实例 13-5】以下代码演示如何使用类的重载，及如何在子类中对其父类中的方法进行访问。

实例 13-5：如何使用类的重载，及如何在子类中对其父类中的方法进行访问
源码路径：光盘\源文件\13\13-5.php

```
01    <html>
```

```
02  <head>
03  <title>类的重载使用实例</title>
04  </head>
05  <body>
06  <?php
07      class Window                                    //首先定义一个类
08      {
09          public $state;                              //窗户的状态
10          function close_window()                     //关窗户方法
11          {
12              $this->state="close";                   //窗户的状态为关
13          }
14          function open_window()                      //开窗户方法
15          {
16              $this->state="open";                    //窗户的状态为开
17          }
18      }
19      class Who_Window extends Window                 //创建一个子类
20      {
21          public $owner;                              //加入属性
22          function close_window()                     //方法的重载
23          {
24              $this->state="close";                   //此处改变窗户的状态
25              $this->owner="Jack";                    //此处改变窗户的所有者
26          }
27          function open_window()                      //方法重载
28          {
29              parent::open_window();                  //执行父类的方法，并不改变所有者
30          }
31      }
32      $my_who_window=new Who_window;                  //创建一个基于子类的对象
33      $my_who_window->close_window();                 //调用关窗户事件
34      echo "my_who_window 的状态为：";
35      echo "<p>";
36      echo $my_who_window->state;                     //窗户状态此时为关
37      echo "<p>";
38      echo "my_who_window 的 owner 为：";
39      echo "<p>";
40      echo $my_who_window->owner;                     //窗户的所有者现在为 jack
41      echo "<p>";
42      $my_who_window->owner="Li";                     //改变窗户所有者
43      $my_who_window->open_window();                  //调用开窗户事件
44      echo "my_who_window 的状态为：";
45      echo "<p>";
46      echo $my_who_window->state;                     //显示状态
47      echo "<p>";
48      echo "my_who_window 的 owner 为：";             //显示所有者
49      echo "<p>";
50      echo $my_who_window->owner;
51  ?>
52  </body>
```

```
53    </html>
```

在 PHP 运行环境下执行该 PHP 文件，执行结果如图 13.5 所示。

图 13.5　类的重载使用实例执行结果

以上实例中的子类含有和父类中同名的方法，即进行了重载。其中的 close_window()方法，不仅把窗户开关状态设置为关，而且还把窗户的主人设置为 Jack。而 open_window()方法只是执行父类中的方法改变窗户的开关状态，并没有改变窗户的所有人。从这里也可以看到在子类中引用父类方法的使用模式：使用 parent 关键字，后面加上“::”符号，然后在后面加上方法名。即像下面这样的语法：

```
parent::method_name()
```

从以上实例及执行结果中可以了解到方法的重载是如何使用的。

13.2.6　类的引用

知识点讲解：光盘\视频讲解\第 13 章\类的引用.wmv

在一个类中使用了其他类的属性或方法就称为类的引用。虽然这在理论上是可行的，但不推荐这么做。因为使用类的目的就是把一类有共同属性的东西封装起来，如果在这些有共同属性的东西中再引用其他类的内容就不符合面向对象编程的初衷。不过有关联的类与类之间还是可以互相引用的，关键看这些类的关系。

【实例 13-6】以下代码演示如何实现类的引用。

实例 13-6：如何实现类的引用
源码路径：光盘\源文件\13\13-6.php

```
01    <html>
02    <head>
03    <title>类的引用使用实例</title>
04    </head>
05    <body>
06    <?php
07          class A                                                    //创建类 A
08          {
09                function a_method()                                  //创建方法
10                {
```

```
11                  echo "I'm classA's method!";              //输出相应内容
12              }
13          }
14          class B                                           //创建类 B
15          {
16              function b_method()                           //创建方法
17              {
18                  echo "I'm classB's method!<br />";        //输出相应内容
19                  A::A_method();                            //引用类 A 中的方法
20              }
21          }
22          $my_b=new B;                                      //为类 B 实例化一个对象
23          $my_b->b_method();                                //调用对象的方法
24      ?>
25      </body>
26      </html>
```

在 PHP 运行环境下执行该 PHP 文件，执行结果如图 13.6 所示。

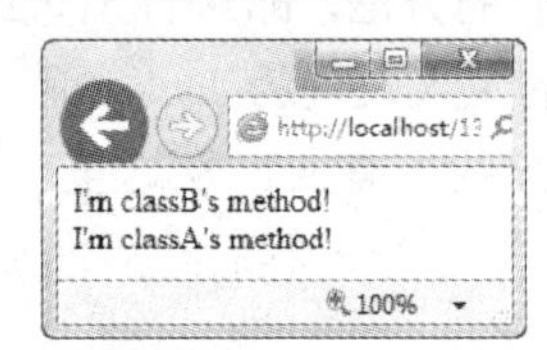

图 13.6　类的引用使用实例执行结果

通过以上实例及执行结果可以看出，在一个类中是可以引用另外一个类的方法的。使用如下语法：

```
class_name::method_name;
```

即类名加上双冒号再加上方法名。可以发现，这与在子类中引用父类的方法有相似之处。在子类中引用文类不需要使用类名，只用 parent 关键字代替父类的类名即可。

13.2.7　类的构造函数

知识点讲解：光盘\视频讲解\第 13 章\类的构造函数.wmv

构造函数是类中的一种特殊函数，当使用 new 操作符创建一个类的实例时，构造函数将会自动调用。PHP 3.0 和 PHP 4.0 中，当函数与类同名时，这个函数将成为构造函数。而在 PHP 5 中，虽然支持 PHP 3.0 和 PHP 4.0 中的用法，但是推荐使用__construct()作为类的构造函数，这样做的好处是构造方法无需随着类名的改变而做修改。构造函数就是当对象被创建时类中被自动调用的函数。

【实例 13-7】以下代码演示在 PHP 中如何创建并使用构造函数。

实例 13-7：在 PHP 中如何创建并使用构造函数
源码路径：光盘\源文件\13\13-7.php

```
01      <html>
02      <head>
03      <title>类的构造函数使用实例</title>
04      </head>
```

```
05  <body>
06  <?php
07      class Window                                    //首先定义一个类
08      {
09          function __construct()
10          {
11              $this->close_window();
12          }
13          public $state;                              //窗户的状态
14          function close_window()                     //关窗户方法
15          {
16              $this->state="close";                   //窗户的状态为关
17          }
18          function open_window()                      //开窗户方法
19          {
20              $this->state="open";                    //窗户的状态为开
21          }
22      }
23      $my_window=new Window;
24      echo "my_window 的开关状为：";
25      echo "<p>";
26      echo $my_window->state;
27  ?>
28  </body>
29  </html>
```

在 PHP 运行环境下执行该 PHP 文件，执行结果如图 13.7 所示。

图 13.7　类的构造函数使用实例执行结果

为什么窗户的状态会是关闭的？因为在创建对象时调用了类的构造函数。在以上实例中，构造函数的内容是什么呢？是调用本类的 close_window()方法。由于创建对象时调用了构造函数，而构造函数又调用了 close_window()方法，也就是说，在创建对象时就把窗户的开关状态设置为关了，所以才会出现如图 13.7 所示的执行结果。

注意： 如果构造函数带有参数，那么在为类创建对象时也需要带上参数。否则，就会有“缺少参数”的出错提示。

【实例 13-8】 以下代码演示带有参数的构造函数的创建及使用方法。

实例 13-8： 带有参数的构造函数的创建及使用方法

源码路径： 光盘\源文件\13\13-8.php

```
01  <html>
02  <head>
```

```
03  <title>构造函数的参数使用实例</title>
04  </head>
05  <body>
06  <?php
07      class Temp                                          //首先定义一个类
08      {
09          function __construct($str)
10          {
11              echo $str;
12          }
13      }
14      $my_temp=new Temp("hello world!");
15  ?>
16  </body>
17  </html>
```

在 PHP 运行环境中执行该 PHP 文件，将会输出“hello world!”字样。这是因为类 Temp 的构造函数的作用是将参数的内容输出。

13.3 PHP 中与类、对象相关的函数

知识点讲解：光盘\视频讲解\第 13 章\PHP 中与类、对象相关的函数.wmv

PHP 中提供了函数来实现对类的相关操作。本节就介绍 PHP 中与类相关的常用函数。

1. class_exists()函数

class_exists()函数的格式如下：

```
bool class_exists(string class_name[,bool autoload])
```

该函数检查类是否已定义，如果由字符串变量 class_name 所指的类已经定义，此函数返回 True，否则返回 False。

在进行 PHP 编程时判断一个类是否被定义是很有必要的，如果类已经被定义就可以为该类创建一个对象。但如果类不存在，也就无法创建对象。

【实例 13-9】以下代码演示如何使用 class_exists()函数来判断类是否被定义。

实例 13-9：如何使用 class_exists()函数来判断类是否被定义
源码路径：光盘\源文件\13\13-9.php

```
01  <html>
02  <head>
03  <title>class_exists()函数使用实例</title>
04  </head>
05  <body>
06  <?php
07      class Window                                        //首先定义一个类
08      {
09          public $state;                                  //窗户的状态
```

```
10          function close_window()                         //关窗户方法
11          {
12                  $this->state="close";                   //窗户的状态为关
13          }
14          function open_window()                          //开窗户方法
15          {
16                  $this->state="open";                    //窗户的状态为开
17          }
18      }
19      class Who_Window extends Window                     //创建子类
20      {
21          public $owner;
22          function close_window()                         //方法继承
23          {
24                  $this->state="close";
25                  $this->owner="Jack";
26          }
27      }
28      function f_e($string)                               //创建一个基于 class_exists()的自定义函数
29      {
30          if(class_exists($string))                       //如果类名存在
31                  echo "名为".$string."的类已经存在！";     //打印相应信息
32          else                                            //如果类不存在
33                  echo "名为".$string."的类并不存在！";     //打印相应信息
34      }
35      f_e("Window");                                      //调用函数
36      echo "<p>";
37      f_e("Who_Window");                                  //调用函数
38      echo "<p>";
39      f_e("temp_class");                                  //调用函数
40      echo "<p>";
41  ?>
42  </body>
43  </html>
```

在 PHP 运行环境中执行该 PHP 文件，执行结果如图 13.8 所示。

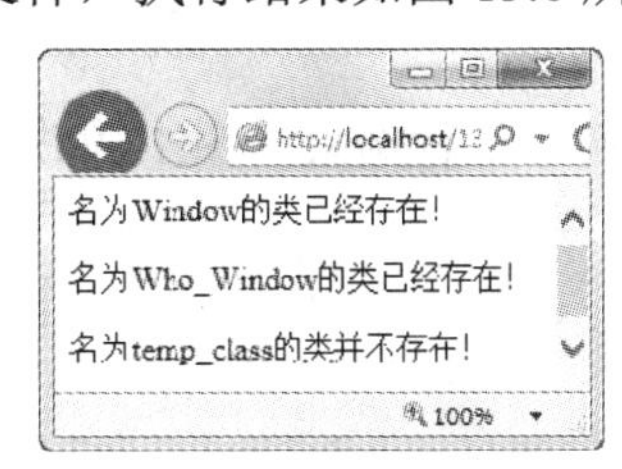

图 13.8　class_exists()函数使用实例执行结果

通过以上实例及执行结果可了解，用 class_exists()函数来判断类是否被定义是很方便的，而且该函数使用起来也很简单，这里不做过多解释。

2．get_class_methods()函数

get_class_methods()函数的格式如下：

```
array get_class_methods(mixed class_name)
```

该函数返回由类的方法名组成的数组。调用该函数，将返回名称为 class_name 的类的全部方法名。通过此函数就能了解某一个类的方法的情况。

了解一个类的方法名的详细情况也是很有必要的。知道类的方法名后，就可以对其进行引用。

【实例 13-10】以下代码演示如何使用 get_class_methods()函数来获得类的全部方法名。

实例 13-10：如何使用 get_class_methods()函数来获得类的全部方法名

源码路径：光盘\源文件\13\13-10.php

```
01  <html>
02  <head>
03  <title>get_class_methods()函数使用实例</title>
04  </head>
05  <body>
06  <?php
07      class Window                                        //首先定义一个类
08      {
09          public $state;                                  //窗户的状态
10          function close_window()                         //关窗户方法
11          {
12              $this->state="close";                       //窗户的状态为关
13          }
14          function open_window()                          //开窗户方法
15          {
16              $this->state="open";                        //窗户的状态为开
17          }
18      }
19      $temp=get_class_methods("Window");
20      echo "类 Window 中的方法有以下几个：";
21      echo "<p>";
22      for($i=0;$i<count($temp);$i++)
23          echo $temp[$i].", ";
24  ?>
25  </body>
26  </html>
```

在 PHP 运行环境下执行该 PHP 文件，执行结果如图 13.9 所示。

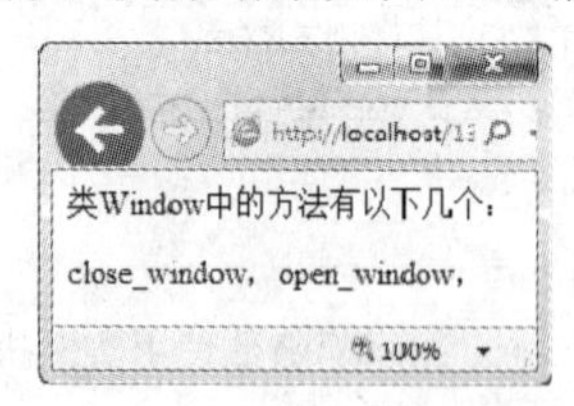

图 13.9　get_class_methods()函数使用实例执行结果

3．get_class_vars()函数

get_class_vars()函数的格式如下：

```
array get_class_vars(string class_name)
```

调用该函数将会返回由类的默认公有属性组成的关联数组，此数组的元素以 varname=>value 的形式存在。

在使用一个类并为其定义对象之前也有必要了解类中变量的情况。

【实例 13-11】以下代码演示如何使用该函数来获取相应的内容。

实例 13-11：如何使用 get_class_vars()函数来获取相应的内容

源码路径：光盘\源文件\13\13-11.php

```
01  <html>
02  <head>
03  <title>get_class_vars()函数使用实例</title>
04  </head>
05  <body>
06  <?php
07          class Dog                                   //首先定义一个类
08          {
09                  public $name;                       //狗的名字
10                  public $age;                        //狗的年龄
11                  public $birthday="3/15";            //狗的生日
12                  public $sex="male";                 //狗的性别
13          }
14          $temp=array_keys(get_class_vars("Dog"));   //调用 get_class_vars()函数
15          echo "类 Dog 的属性有以下几个：";
16          echo "<p>";
17          print_r($temp);
18  ?>
19  </body>
20  </html>
```

在 PHP 运行环境中执行该 PHP 文件，执行结果如图 13.10 所示。

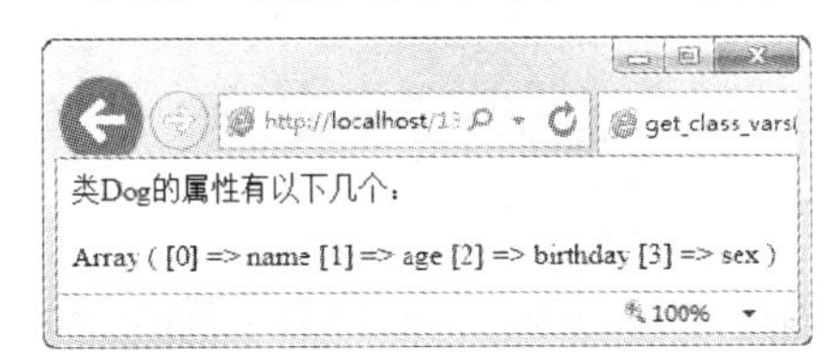

图 13.10　get_class_vars()函数使用实例执行结果

4．get_class()函数

get_class()函数的格式如下：

```
string get_class([object obj])
```

调用该函数将会返回对象实例 obj 所属类的名字。如果 obj 不是一个对象则返回 False。

对象都是基于类创建的，一般情况下，知道了对象名就知道相应的类名。但是如果对象特别多，可以使用该函数来确定对象所属的类。

注意：使用该函数时，在PHP扩展库中定义的类返回其原始定义的名字。在PHP 4.0中，get_class()函数返回用户定义的类名的小写形式，但是在PHP 5中将返回类名定义时的名字，如同扩展库中的类名一样。自PHP 5起，如果在对象的方法中调用则obj为可选项。

【实例 13-12】以下代码演示 get_class()函数的使用方法。

实例 13-12：get_class()函数的使用方法
源码路径：光盘\源文件\13\13-12.php

```
01  <html>
02  <head>
03  <title>get_class ()函数使用实例</title>
04  </head>
05  <body>
06  <?php
07      class Dog                                   //首先定义一个类
08      {
09          public $name;                           //狗的名字
10          public $age;                            //狗的年龄
11          public $birthday;                       //狗的生日
12          public $sex;                            //狗的性别
13      }
14      $mydog=new Dog;                             //实例化一个对象
15      $mydog->name="wang";                        //定义名字
16      $mydog->age="two month";                    //定义年龄
17      $mydog->birthday="3/15";                    //定义生日
18      $mydog->sex="male";                         //定义性别
19      echo "对象 mydog 所属的类为：";
20      echo get_class($mydog);                     //调用函数输出对象所属的类
21  ?>
22  </body>
23  </html>
```

在 PHP 运行环境中执行该 PHP 文件，执行结果如图 13.11 所示。

图 13.11　get_class()函数使用实例执行结果

通过以上实例及执行结果可以看出，调用 get_class()函数，返回了对象$mydog 所属的类 Dog，从而说明函数正确运行。

5．get_declared_classes()函数

get_declared_classes()函数的格式如下：

```
array get_declared_classes()
```

调用该函数将会返回由当前脚本中已定义类的名字组成的数组。

由于 PHP 中有预定义类，即系统自动生成的类，所以使用该函数，将会有以下几个预定义类存在于返回的数组中：stdClass、OverloadedTestClass、Directory。同时，由于有这些预定义类的存在，在创

建类时不能使用这些预定义类名作为类的名称。

【实例 13-13】以下代码演示 get_declared_classes()函数的使用方法。

实例 13-13：get_declared_classes()函数的使用方法

源码路径：光盘\源文件\13\13-13.php

```
01  <html>
02  <head>
03  <title>get_declared_classes()函数使用实例</title>
04  </head>
05  <body>
06  <?php
07      class Dog                                   //定义一个类 Dog
08      {
09          public $name;                           //狗的名字
10          public $age;                            //狗的年龄
11          public $birthday;                       //狗的生日
12          public $sex;                            //狗的性别
13      }
14      class Window                                //定义一个类 Window
15      {
16          public $state;                          //窗户的状态
17          function close_window()                 //关窗户方法
18          {
19              $this->state="close";               //窗户的状态为关
20          }
21          function open_window()                  //开窗户方法
22          {
23              $this->state="open";                //窗户的状态为开
24          }
25      }
26      class Who_Window extends Window             //创建 Window 的子类 Who_Window
27      {
28          public $owner;
29          function close_window()                 //方法继承
30          {
31              $this->state="close";
32              $this->owner="Jack";
33          }
34      }
35      /*至此，此 PHP 文件中一共定义有 3 个类，分别是 Dog、Window、Who_Window。
36      现在调用 get_declared_classes()函数，看能否正确返回*/
37      $temp=get_declared_classes();               //调用函数，把结果保存到变量中
38      for($i=0;$i<count($temp);$i++)              //通过循环显示数组所有元素
39      {
40          echo "数组的第".$i."个元素为：";
41          echo $temp[$i];
42          echo "<p>";
43      }
44  ?>
```

```
45    </body>
46    </html>
```

在 PHP 运行环境中执行该 PHP 文件，执行结果如图 13.12 所示。

图 13.12　get_declared_classes()函数使用实例执行结果

从图 13.12 可以看出，由于有预定义类的存在，所以函数首先返回预定义类，然后才返回 3 个用户自定义类：Dog、Window 和 Who_Window。

6．get_object_vars()函数

get_object_vars()函数的格式如下：

```
array get_object_vars(object obj)
```

该函数返回由对象属性组成的关联数组。

注意： 在PHP 4.2.0之前的版本中，如果在obj对象实例中声明的变量没有被赋值，则它们将不会在返回的数组中，而在PHP 4.2.0以后的版本中，这些变量作为键名被赋予NULL值。

【实例 13-14】以下代码演示 get_object_vars()函数是如何获得对象属性的。

实例 13-14：get_object_vars()函数是如何获得对象属性的
源码路径：光盘\源文件\13\13-14.php

```
01    <html>
02    <head>
03    <title>get_object_vars()函数使用实例</title>
04    </head>
05    <body>
06    <?php
07        class Dog                                   //首先定义一个类
08        {
09            public $name;                           //狗的名字
10            public $age;                            //狗的年龄
11            public $birthday;                       //狗的生日
12            public $sex;                            //狗的性别
13        }
14        $mydog=new Dog;                             //实例化一个对象
15        $mydog->name="wang";                        //定义名字
16        $mydog->age="two month";                    //定义年龄
17        $mydog->birthday="3/15";                    //定义生日
```

```
18        $mydog->sex="male";                          //定义性别
19        $temp=get_object_vars($mydog);               //调用函数把对象的属性赋值给数组
20        print_r($temp);
21    ?>
22    </body>
23    </html>
```

在 PHP 运行环境下执行该 PHP 文件，执行结果如图 13.13 所示。

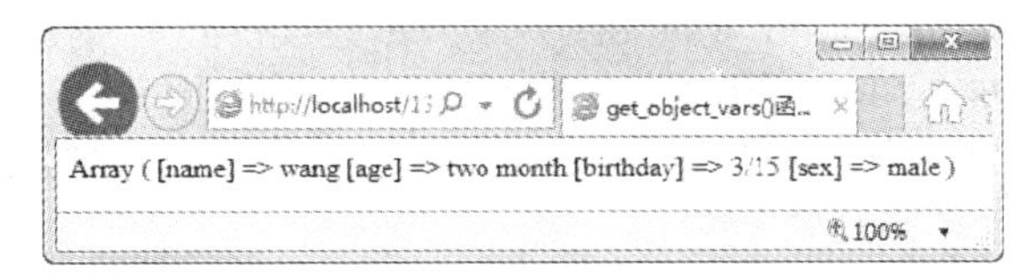

图 13.13　get_object_vars()函数使用实例执行结果

从图 13.13 所示的执行结果中可以看出，函数返回了对象 mydog 的所有属性及值，说明 get_object_vars()函数正确运行。

7. get_parent_class()函数

get_parent_class()函数的格式如下：

```
string get_parent_class([mixed obj])
```

该函数返回对象或类的父类名。如果 obj 是对象，则返回对象实例 obj 所属类的父类名；如果 obj 是字符串，则返回以此字符串为名的类的父类名。此功能是在 PHP 4.0.5 中增加的。自 PHP 5 起，如果在对象的方法内调用，则 obj 为可选项。

【实例 13-15】以下代码演示如何使用 get_parent_class()函数来返回对象或类的父类名。

实例 13-15：如何使用 get_parent_class()函数来返回对象或类的父类名

源码路径：光盘\源文件\13\13-15.php

```
01    <html>
02    <head>
03    <title>get_parent_class()函数使用实例</title>
04    </head>
05    <body>
06    <?php
07        class Window                                  //定义一个类 Window
08        {
09            public $state;                            //窗户的状态
10            function close_window()                   //关窗户方法
11            {
12                $this->state="close";                 //窗户的状态为关
13            }
14            function open_window()                    //开窗户方法
15            {
16                $this->state="open";                  //窗户的状态为开
17            }
18        }
19        class Who_Window extends Window               //创建 Window 的子类 Who_Window
```

```
20        {
21            public $owner;
22            function close_window()                            //方法继承
23            {
24                $this->state="close";
25                $this->owner="Jack";
26            }
27        }
28        $my_who_window=new Who_Window;                         //实例化一个对象
29        $temp1=get_parent_class("Who_Window");                 //调用 get_parent_class()函数把结果赋值给变量
30        $temp2=get_parent_class($my_who_window);               //调用 get_parent_class()函数把结果赋值给变量
31        echo "类 Who_Window 的父类为：";
32        echo "<p>";
33        echo $temp1;                                           //输出结果
34        echo "<p>";
35        echo "对象 my_who_window 所属类的父类为：";
36        echo "<p>";
37        echo $temp2;                                           //输出结果
38    ?>
39    </body>
40    </html>
```

在 PHP 运行环境中执行该 PHP 文件，其执行结果如图 13.14 所示。

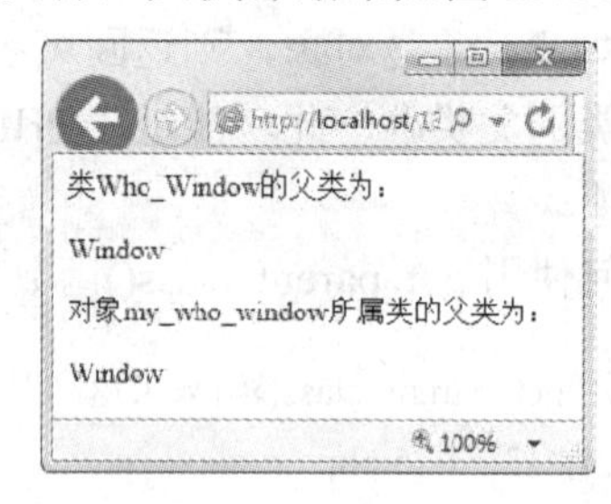

图 13.14　get_parent_class()函数使用实例执行结果

通过以上实例可以看出，第一次调用 get_parent_class()函数时使用的参数是字符串，即子类的名称，函数能正确返回父类的名称；第二次调用时使用的参数是对象名，函数返回了对象$my_who_window 所属的类 Who_Window 的父类 Window。通过两次调用可以看出，get_parent_class()函数不仅能返回子类的父类名称，也能返回对象所属子类的父类。

8．is_subclass_of()函数

is_subclass_of()函数的格式如下：

```
bool is_subclass_of(object object,string class_name)
```

如果对象 object 所属类是类 class_name 的子类，则该函数返回 True，否则返回 False。此函数的目的就是判断某个对象是否属于某个类或者是其父类。

【实例 13-16】 以下代码演示如何使用 is_subclass_of()函数来进行对象与类的关系的判断。

实例 13-16： 演示如何使用 is_subclass_of()函数来进行对象与类的关系的判断
源码路径： 光盘\源文件\13\13-16.php

```
01  <html>
02  <head>
03  <title>is_subclass_of()函数使用实例</title>
04  </head>
05  <body>
06  <?php
07      class Window                                        //首先定义一个类
08      {
09          public $state;                                  //窗户的状态
10          function close_window()                         //关窗户方法
11          {
12              $this->state="close";                       //窗户的状态为关
13          }
14          function open_window()                          //开窗户方法
15          {
16              $this->state="open";                        //窗户的状态为开
17          }
18      }
19      class Who_Window extends Window                     //创建 Window 的子类 Who_Window
20      {
21          public $owner;
22          function close_window()                         //方法继承
23          {
24              $this->state="close";
25              $this->owner="Jack";
26          }
27      }
28      function is_sub_e($obj,$string)                 //创建一个基于 is_subclass_of()的自定义函数
29      {
30          if(is_subclass_of($obj,$string))                //如果类名存在
31          {
32              echo "对象属于名为".$string."的类的子类的对象！"; //打印相应信息
33          }
34          else                                            //如果类不存在
35          {
36              echo "对象不属于名为".$string."的类的子类的对象！";//打印相应信息
37          }
38      }
39      class Dog                                           //首先定义一个类
40      {
41          public $name;                                   //狗的名字
42          public $age;                                    //狗的年龄
43          public $birthday;                               //狗的生日
44          public $sex;                                    //狗的性别
45      }
46      $my_window=new Who_Window;
47      is_sub_e($my_window,"Who_Window");                  //调用自定义函数
48      echo "<p>";
49      is_sub_e($my_window,"Window");                      //调用自定义函数
50      echo "<p>";
```

```
51          is_sub_e($my_window,"Dog");                              //调用自定义函数
52      ?>
53      </body>
54      </html>
```

在 PHP 运行环境中执行该 PHP 文件，执行结果如图 13.15 所示。

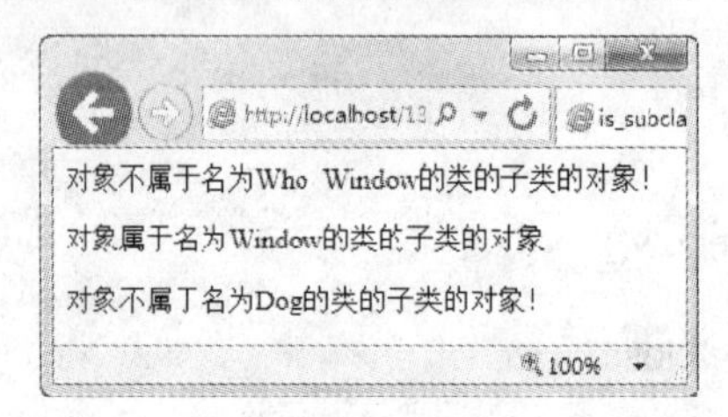

图 13.15　is_subclass_of()函数使用实例执行结果

从图 13.15 可以看出，由于对象 my_window 是基于类 Who_Window 建立的，而类 Who_Window 又是类 Window 的子类，所以执行 is_subclass_of()函数，在列出的 3 个类中只有 Window 类是符合条件的。所以图 13.15 中只有第二次输出了“属于”的信息，其他两次都输出“不属于”的信息。

9．method_exists()函数

method_exists()函数的格式如下：

```
bool method_exists(object object,string method_name)
```

该函数检查 object 类的 method_name()方法是否存在。如果存在，函数返回 True，反之则返回 False。

【实例 13-17】以下代码演示 method_exists()函数是如何对对象的方法进行操作的。

实例 13-17：method_exists()函数是如何对对象的方法进行操作的
源码路径：光盘\源文件\13\13-17.php

```
01      <html>
02      <head>
03      <title>method_exists()函数使用实例</title>
04      </head>
05      <body>
06      <?php
07          class Window                                              //首先定义一个类
08          {
09              public $state;                                        //窗户的状态
10              function close_window()                               //关窗户方法
11              {
12                  $this->state="close";                             //窗户的状态为关
13              }
14              function open_window()                                //开窗户方法
15              {
16                  $this->state="open";                              //窗户的状态为开
17              }
18          }
19          function method_e($obj,$string)                 //创建一个基于 method_exists()的自定义函数
20          {
```

```
21            if(method_exists($obj,$string))                    //如果类名存在
22            {
23                echo "对象中名为".$string."的类已经存在！";        //打印相应信息
24            }
25            else                                               //如果类名不存在
26            {
27                echo "对象中名为".$string."的类并不存在！";        //打印相应信息
28            }
29        }
30        $my_window=new Window;
31        method_e($my_window,"open_window");                    //调用自定义函数
32        echo "<p>";
33        method_e($my_window,"close_window");                   //调用自定义函数
34        echo "<p>";
35        method_e($my_window,"temp_method");                    //调用自定义函数
36    ?>
37    </body>
38    </html>
```

在 PHP 运行环境下执行该 PHP 文件，执行结果如图 13.16 所示。

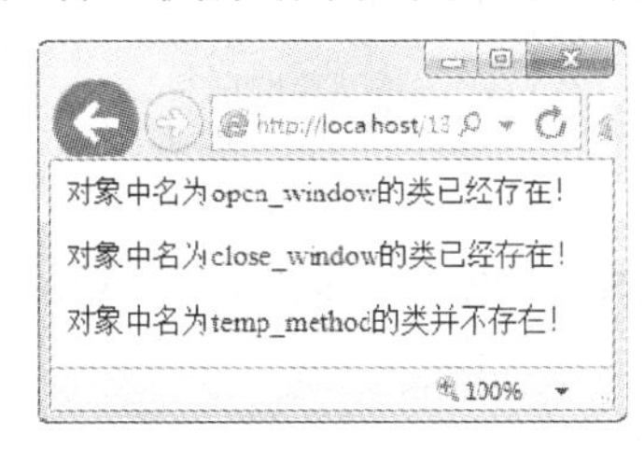

图 13.16　method_exists()函数使用实例执行结果

从图 13.16 可以看出，通过调用基于 method_exists()函数的自定义函数，正确地对对象中的方法情况进行了判断。以上实例中，由于 open_window()与 close_window()方法均已经存在，所以返回方法存在的信息，而 temp_method 不存在，所以返回方法不存在的信息。

13.4　类的具体使用实例

知识点讲解：光盘\视频讲解\第 13 章\类的具体使用实例.wmv

本节将综合前面几节所学习的内容，通过一个实例来实际应用学到的知识。

【实例 13-18】以下代码是用 PHP 面向对象的特性写一个完全的购物车类。

实例 13-18：用 PHP 面向对象的特性写一个完全的购物车类

源码路径：光盘\源文件\13\13-18.php

```
01    <html>
02    <head>
03    <title>面向对象的具体使用——购物车类</title>
04    </head>
05    <body>
```

```
06  <?php
07      class ShopCar                                              //类名购物车类
08      {
09          public $carName;                                       //属性购物车名字
10          public $debug;                                         //属性
11          function __construct($carName)                         //创建购物车方法（构造函数）
12          {
13              $this->carName=$carName;                           //将购物车命名为指定名称
14              if(!isset($_SESSION[$carName]))                    //如果没有保存为 session
15              {
16                  $_SESSION[$carName]=array();                   //把购物车名称保存到 session
17              }
18          }
19          function addCar($type,$name,$val)                      //向购物车中增加商品方法
20          {
21              if(array_key_exists($type,$_SESSION[$this->carName]))//如果类别已经存在
22              {
23                  if(array_key_exists($name,$_SESSION[$this->carName][$type]))//如果商品存在
24                  {
25                  if($this->debug)echo "<p>已有{$name}商品,不必增加<p>";      //输出相应信息
26                  return false;                                             //返回假
27                  }
28                  else                                                      //如果商品不存在
29                  {
30                      $_SESSION[$this->carName][$type][$name]=$val;         //在 session 中设定
31                  }
32              }
33              else                                                          //如果类别不存在
34              {
35                  $_SESSION[$this->carName][$type]=array($name=>$val);      //在 session 中设定
36              }
37              return true;                                                  //返回真值
38          }
39          function editCar($type,$name,$var)                                //编辑购物车方法
40          {
41              if(!array_key_exists($name,$_SESSION[$this->carName][$type]))  //如果类别不存在
42              {
43                  if($this->debug)echo "<p>没有{$name}商品,修改失败<p>";     //输出错误信息
44                  return false;                                             //返回假值
45              }
46              $_SESSION[$this->carName][$type][$name]=$var;                 //在 session 中设定
47              return true;
48          }
49          function delCarType($type)                                        //删除购物车类别
50          {
51              if(!array_key_exists($type,$_SESSION[$this->carName]))        //如果类别不存在
52              {
53                  if($this->debug)echo "<p>没有{$type}类别,删除失败<p>";     //输出错误信息
54                  return false;                                             //返回假值
55              }
56              unset($_SESSION[$this->carName][$type]);                      //在 session 中删除
```

```
57                  return true;                                                    //返回真值
58              }
59              function delCarPro($type,$name)                                     //删除商品
60              {
61                  if(!array_key_exists($name,$_SESSION[$this->carName][$type]))  //如果商品不存在
62                  {
63                      if($this->debug)echo "<p>没有{$name}商品,删除失败<p>";      //输出错误信息
64                      return false;                                               //返回假值
65                  }
66                  unset($_SESSION[$this->carName][$type][$name]);                 //在 session 中删除
67                  return true;                                                    //返回真值
68              }
69              function delCar()                                                   //删除购物车
70              {
71                  session_unregister($this->carName);                             //在 session 中注销
72              }
73              function getCarData()                                               //获取购物车数据
74              {
75                  return $_SESSION[$this->carName];                               //通过 session 返回
76              }
77          }
78          $my_car=new Shopcar("my_shopcar");                   //创建对象时一定要带参数，否则会有出错提示
79          $my_car->addCar("水果","苹果",10);                                      //为购物车添加商品
80          $my_car->addCar("水果","香蕉",5);
81          $my_car->addCar("水果","梨",4);
82          $my_car->addCar("蔬菜","白菜",10);
83          $my_car->addCar("蔬菜","萝卜",3);
84          $my_car->addCar("蔬菜","菠菜",12);
85          $my_car->addCar("蔬菜","茄子",8);
86          $temp=$my_car->getCarData();
87          print_r ($temp);
88      ?>
89      </body>
90      </html>
```

以上实例创建了一个功能完善的购物车类，既可以单独使用，也可以通过连接数据库，形成一个功能强大的在线购物平台。在 PHP 运行环境中执行该 PHP 文件，执行结果如图 13.17 所示。

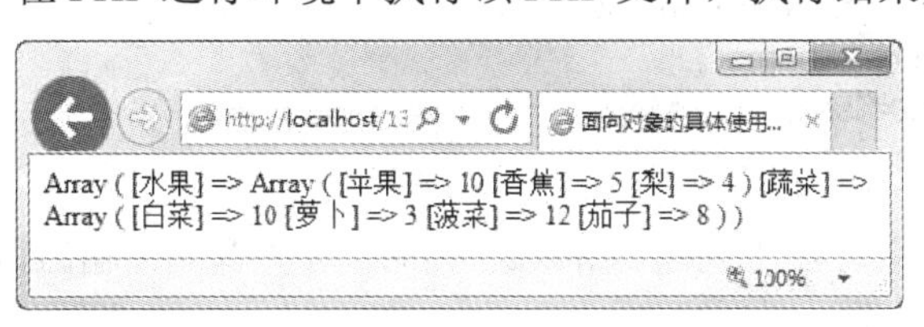

图 13.17　购物车类执行结果

由图 13.17 可以看到，通过 addCar()方法向购物车中添加了部分商品，又通过 getCarData()方法获取各类商品的相关信息。另外，该类中删除商品、删除购物车等方法也都是非常有用的，有兴趣的读者可以继续完善上面的代码，以验证各种方法的正确性。

13.5 本 章 小 结

本章主要带领读者学习了 PHP 的面向对象编程的特性，学习了什么是类、什么是对象、如何使用类、PHP 中与类及对象相关的函数等。正如本章开头所提到的那样，编程语言的方法有面向对象与面向过程两种，具体采用哪种方法，完全取决于用户。但是作者还是提议：在写小型程序，代码不多的情况下，采用面向过程的方法要好一点。同理，当开发大型项目，代码动辄成千上万行时，采用面向对象的编程方法可以提高工作效率。

13.6 本 章 习 题

习题 13-1 定义 human 类，该类应该具有 name、sex 成员属性以及 sayhello()成员方法，调用 sayhello()方法会输出“Hello！”字符串。

【分析】该习题主要考查读者对创建类的知识的掌握。

【关键代码】

```
class human{
    public $name;
    public $sex;
    public function sayhello(){
        echo 'Hello!';
    }
}
```

习题 13-2 为习题 13-1 创建的 human 类创建构造函数，该构造函数用来初始化成员属性 name 和 sex 的值。

【分析】该习题主要考查读者对构造函数的掌握。

【关键代码】

```
    public function __construct($name,$sex){
        $this->name=$name;
        $this->sex=$sex;
    }
```

习题 13-3 实例化习题 13-2 中创建的 human 类的一个对象，并输出该对象的 name 以及调用该对象的 sayhello()成员方法。

【分析】该习题主要考查读者对对象的属性和方法的访问。

【关键代码】

```
$human1=new human('Tom','boy');
echo $human1->name;
$human1->sayhello();
```

习题 13-4　创建一个继承自 human 类的子类 superman 并实例化该类的一个对象来访问其成员方法 sayhello()。

【分析】该习题主要考查读者对类的继承的掌握。

【关键代码】

```
class superman extends human{

}
$human1=new superman('Tom','boy');
$human1->sayhello();
```

习题 13-5　在习题 13-4 的基础上将父类的成员方法 sayhello()重载为输出“What’s your name?”，并且实例化一个对象来调用该方法。

【分析】该习题考查读者对类的重载的理解。

```
class superman extends human{
    public function sayhello(){
        echo "What`s your name?";
    }
}
$human1=new superman('Tom','boy');
    $human1->sayhello();
```

第 14 章　使用 MySQL 数据库

只有与数据库相结合，才能发挥动态网页编程语言的魅力。因为网上的众多应用都是基于数据库的。虽然 PHP 支持多种数据库，但 PHP 与 MySQL 可称得上是黄金组合。MySQL 是一个轻型 SQL 数据库服务器，可运行在多种平台上，包括 Windows NT 和 Linux。MySQL 被认为是建立数据库驱动的动态网站的最佳产品。

本章就带领读者学习 MySQL，包括：关系型数据库基础、PHP 中与 MySQL 数据库相关函数、如何创建一个数据库、如何在 PHP 文档中执行 SQL 语句、MySQL 的高级查询等内容。最后还将通过一个实例——学生档案管理系统来巩固本章的知识。通过本章的学习，读者能够熟练地写出基于数据库的 Web 应用程序。

14.1　关系型数据库基础

通常所说的数据库有两种类型：一种是以库、表为基础的关系型数据库；另一类是用文本文件或者二进制文件作为数据载体的文本型数据库。本节来介绍关系型数据库。

14.1.1　什么是关系型数据库

知识点讲解：光盘\视频讲解\第 14 章\什么是关系型数据库.wmv

关系型数据库以行和列的形式存储数据，以便于用户理解。这一系列的行和列被称为表，一组表组成了数据库。用户用查询（Query）来检索数据库中的数据。一个 Query 是一个用于指定数据库中行和列的 SELECT 语句。

关系型表（Table）是构成关系型数据库（Database）的基础。表是由这样的结构构成：用列（Cols）表示的字段与用行（Rows）表示的记录。这样说还是有点抽象，举一个实际的例子来说明这个问题。如某一个班级全体学生的考试成绩表是一个表。用列来表示每一个科目，用行来表示每一个学生的成绩情况。这样，这个表里面的每一个科目，如语文、数学、英语、物理、化学、政治、历史等科目的成绩就可以被看作是表字段。而记录每一个学生分数的行，如学生张三、李四、王五、赵六这些信息就可以被看作是表的记录。

14.1.2　关系型数据库的功能

知识点讲解：光盘\视频讲解\第 14 章\关系型数据库的功能.wmv

数据库最基本的功能就是作为数据存储的载体。所以，存储各种各样的数据是数据库最基本的功能。当然除了这个最基本的功能之外，关系型数据库还具有如下功能：

☑ 复杂的数据计算。把数据存放于数据库后并不是已经完成任务了。加入数据只是数据库应用的开始。可以利用数据库的强大计算功能来实现复杂的数据计算。

☑ 数据统计。有时还需要对存放于数据库中的数据进行某一类别的统计。如果这项工作靠人力来完成，工作量是相当可观的。而依靠数据库则可以在很短时间内完成对数据的统计工作。

☑ 数据检索。有时还需要对数据进行搜索。在关系型数据库中执行 SELECT 语句能够在很短时间内检索出所要的结果。

☑ 其他功能。除此之外，关系型数据库还有其他一些功能。如构建搜索引擎、游戏服务器存放游戏玩家数据等。

14.2　PHP 中的 MySQL 数据库相关函数

知识点讲解：光盘\视频讲解\第 14 章\ PHP 中的 MySQL 数据库相关函数.wmv

本节先来学习 PHP 中的与 MySQL 数据库操作相关的函数。通过对这些函数的学习，会使读者对在 PHP 中如何操作数据库有一个比较全面的了解。

下面就分别为读者逐个介绍 PHP 中与 MySQL 数据库操作相关的常用函数（如果读者觉得下面的内容枯燥无味可以先简单浏览一下，跳过这一节，直接看后面的内容，遇到相关的函数再回来查阅）。

1．mysql_affected_rows()函数

```
int mysql_affected_rows([resource link_identifier])
```

调用此函数将返回前一次 MySQL 操作所影响的记录行数。此操作包括 INSERT、UPDATE、DELETE 3 项查询的操作。

2．mysql_close()函数

```
bool mysql_close([resource link_identifier])
```

该函数用于关闭 MySQL 连接。mysql_close()函数关闭指定的连接标识所关联的到 MySQL 服务器的非持久连接。如果没有指定 link_identifier，则关闭上一个打开的连接。通常不需要使用 mysql_close()函数来关闭连接，因为已打开的非持久连接会在脚本执行完毕后自动关闭。

3．mysql_connect()函数

```
resource mysql_connect([string server[,string username[,string password[,bool new_link[, int client_flags]]]]])
```

该函数用于打开一个到 MySQL 服务器的连接。该函数的参数如下：

☑ server，可用的 MySQL 服务器。可以包括端口号，如“hostname:port”，或者到本地套接字的路径，例如，对于 localhost 的“:/path/to/socket”。如果在 php.ini 中指令 mysql.default_host 未定义（默认情况），则默认值是 localhost:3306。

☑ username，用户名。默认值是服务器进程所有者的用户名。

☑ password，密码。默认值是空密码。

☑ new_link，如果用同样的参数第二次调用 mysql_connect()函数，将不会建立新连接，而将返回已经打开的连接标识。参数 new_link 改变此行为并使 mysql_connect()函数总是打开新的连接，

甚至当 mysql_connect()函数曾在前面被用同样的参数调用过。

☑ client_flags，该参数可以是以下常量的组合：MYSQL_CLIENT_SSL、MYSQL_CLIENT_COMPRESS、MYSQL_CLIENT_IGNORE_SPACE 或 MYSQL_CLIENT_INTERACTIVE。这几个参数的意义分别如表 14.1 所示。

表 14.1　MySQL 客户端常量

常　量	说　明
MYSQL_CLIENT_COMPRESS	使用压缩的通讯协议
MYSQL_CLIENT_IGNORE_SPACE	允许在函数名后留空格位
MYSQL_CLIENT_INTERACTIVE	允许设置断开连接之前所空闲等候的 interactive_timeout 时间（代替 wait_timeout）
MYSQL_CLIENT_SSL	使用 SSL 加密。本标志仅在 MySQL 客户端库版本为 4.x 或更高版本时可用。在 PHP 4.0 和 Windows 版的 PHP 5 安装包中绑定的都是 3.23.x

如果成功则返回一个 MySQL 连接标识，失败则返回 False。

4．mysql_create_db()函数

```
bool mysql_create_db(string database name[,resource link_identifier])
```

调用该函数将尝试在指定的连接标识所关联的服务器上建立一个新数据库。参数 database_name 为想要创建的数据库名。参数 link_identifier 为 MySQL 的连接标识符。如果没有指定，默认使用最后被 mysql_connect()函数打开的连接。如果没有找到该连接，函数会尝试调用 mysql_connect()函数建立连接并使用它。如果发生意外，如没有找到连接或无法建立连接，系统发出 E_WARNING 级别的警告信息。如果成功则返回 True，失败则返回 False。

5．mysql_data_seek()函数

```
bool mysql_data_seek(resource result,int row_number )
```

该函数用于移动内部结果的指针，将指定的结果标识 result 所关联的 MySQL 结果内部的行指针移动到 row_number 所指定的行号。row_number 从 0 开始，row_number 的取值范围应该从 0 到（mysql_num_rows-1）。但是如果结果集为空（mysql_num_rows()==0），即数据库表中并没有任何记录，要将指针移动到 0 会失败并发出 E_WARNING 级的错误，同时 mysql_data_seek()函数将返回 False。本函数的参数为：result 为返回类型为 resource 的结果集，该结果集从 mysql_query()函数的调用中得到；row_number 为想要设定的新的结果集指针的行数。如果成功则返回 True，失败则返回 False。

6．mysql_db_name()函数

```
string mysql_db_name(resource result,int row[,mixed field])
```

调用该函数将取得 mysql_list_dbs()函数调用所返回的数据库名。参数 result 为 mysql_list_dbs()函数调用所返回的结果指针。row 为结果集中的行号，field 为某一个字段名。此函数的返回值：如果成功则返回数据库名，失败返回 False。如果返回了 False，用 mysql_error()函数来判断错误的种类。

7．mysql_errno()函数

```
int mysql_errno([resource link_identifier])
```

该函数用于返回上一个 MySQL 操作中的错误信息的数字编码。如果没有出错则返回 0。从 MySQL 数据库后端来的错误不再发出警告，要用 mysql_errno()函数来提取错误代码。

注意： 本函数仅返回最近一次MySQL函数的执行（不包括mysql_error()和mysql_errno()函数）的错误代码，因此如果要使用此函数，确保在调用另一个MySQL函数之前检查它的值。如果指定了可选参数，则用给定的连接提取错误代码，否则使用上一个打开的连接。

8．mysql_error()函数

```
string mysql_error([resource link_identifier])
```

该函数用于返回上一个 MySQL 操作产生的文本错误信息。如果没有出错，则返回 NULL。如果没有指定连接资源号，则使用上一个成功打开的连接从 MySQL 服务器提取错误信息。从 MySQL 数据库后端来的错误不再发出警告，要用 mysql_error()函数来提取错误文本。

注意： 和mysql_errno()函数一样，本函数仅返回最近一次MySQL函数的执行（不包括mysql_error()和mysql_errno()函数的错误文本），因此如果要使用此函数，确保在调用另一个MySQL函数之前检查它的值。

9．mysql_escape_string()函数

```
string mysql_escape_string(string unescaped_string)
```

本函数将 unescaped_string 转义，使之可以安全用于 mysql_query()函数。

注意： mysql_escape_string()函数并不转义“%”和“_”。

10．mysql_fetch_array()函数

```
array mysql_fetch_array(resource result[,int result_type])
```

该函数返回根据从结果集取得的行生成的数组，如果没有更多行则返回 False。mysql_fetch_array()函数是 mysql_fetch_row()函数的扩展版本。除了将数据以数字索引方式存储在数组中之外，还可以将数据作为关联索引存储，用字段名作为键名。

注意： 如果结果中的两个或两个以上的列具有相同字段名，最后一列将优先。要访问同名的其他列，必须用该列的数字索引或给该列起个别名。对有别名的列，不能再用原来的列名访问其内容。

11．mysql_fetch_assoc()函数

```
array mysql_fetch_assoc(resource result)
```

该函数返回根据从结果集取得的行生成的关联数组，如果没有更多行则返回 False。用 mysql_fetch_assoc()函数和用 mysql_fetch_array()函数加上第二个可选参数 mysql_assoc 的结果是完全相同的。它仅仅返回关联数组。这也是 mysql_fetch_array()函数初始的工作方式。如果在关联索引之外还需要数字索引，还是要用 mysql_fetch_array()函数。

注意： 如果结果中的两个或两个以上的列具有相同字段名，最后一列将优先。要访问同名的其他列，要么用mysql_fetch_row()函数来取得数字索引或给该列起个别名。参见mysql_fetch_array()函数例子中有关别名说明。本函数返回的字段名是区分大小写的。

12．mysql_fetch_field()函数

```
object mysql_fetch_field(resource result[,int field_offset])
```

该函数用于从结果集中取得列信息并作为对象返回。如果没有指定字段偏移量，则下一个尚未被mysql_fetch_field()函数取得的字段将会被提取。

对象的属性有以下几项，分别为：

- ☑ name 属性为列名。
- ☑ table 属性为该列所在的表名。
- ☑ max_length 为该列最大长度。如果该列不能为 NULL，则 not_null 属性为 1；如果该列是 primary key，则 primary_key 属性为 1；如果该列是 unique key，则 unique_key 属性为 1；如果该列是 non-unique key，则 multiple_key 为属性 1；如果该列是 numeric，则 numeric 属性为 1；如果该列是 blob，则 blob 属性为 1。
- ☑ type 属性为该列的类型。如果该列是无符号数，则 unsigned 属性为 1；如果该列是 zero-filled，则 zerofill 属性为 1。

注意：本函数返回的字段名是区分大小写的。

13．mysql_fetch_lengths()函数

```
array mysql_fetch_lengths(resource result)
```

该函数用于取得结果集 result 中每个输出的长度。如果出错返回 False。mysql_fetch_lengths()函数将上一次 mysql_fetch_row()、mysql_fetch_array()和 mysql_fetch_object()函数所返回的每个列的长度存储到一个数组中，偏移量从 0 开始。

14．mysql_fetch_object()函数

```
object mysql_fetch_object(resource result)
```

该函数用于从结果集 result 中取得一行作为对象。如果没有更多行，则返回 False。mysql_fetch_object()和 mysql_fetch_array()函数有一定的类似，只有一点区别就是返回的是一个对象而不是数组。间接地也意味着只能通过字段名来访问数组，而不是偏移量（数字是合法的属性名）。

注意：本函数返回的字段名是区分大小写的。

15．mysql_fetch_row()函数

```
array mysql_fetch_row(resource result)
```

该函数用于返回根据所取得的行生成的数组，如果没有更多行，则返回 False。mysql_fetch_row()函数从和指定的结果标识关联的结果集中取得一行数据并作为数组返回。每个结果的列存储在一个数组的单元中，偏移量从 0 开始。依次调用 mysql_fetch_row()函数将返回结果集中的下一行，如果没有更多行，则返回 False。

注意：本函数返回的字段名是区分大小写的。

16．mysql_field_flags()函数

```
string mysql_field_flags(resource result,int field_offset)
```

该函数返回指定字段的字段标志。每个标志都用一个单词表示，之间用一个空格分开，因此可以用 explode()函数把字符串分割到数组中。

17．mysql_field_len()函数

```
int mysql_field_len(resource result,int field_offset)
```

该函数用于返回指定字段的长度。

18．mysql_field_name()函数

```
string mysql_field_name(resource result,int field_index)
```

该函数返回指定字段索引的字段名。其中 result 参数必须是一个合法的结果标识符，field_index 是该字段的数字偏移量。

注意： field_index从0开始。如第三个字段的索引值其实是2，第四个字段的索引值是3，以此类推。本函数返回的字段名是区分大小写的。

19．mysql_field_seek()函数

```
int mysql_field_seek(resource result,int field_offset)
```

该函数用于按照指定的字段偏移量检索。如果下一个 mysql_fetch_field()函数的调用不包括字段偏移量，则会返回本次 mysql_field_seek()函数中指定的偏移量的字段。

20．mysql_field_table()函数

```
string mysql_field_table(resource result,int field_offset)
```

该函数用于取得指定字段所在的表名。

21．mysql_field_type()函数

```
string mysql_field_type(resource result,int field_offset)
```

该函数用于取得结果集中指定字段的类型。该函数和 mysql_field_name()函数相似。参数完全相同，但该函数返回的是字段类型而不是字段名。字段类型有 int、real、string、blob 以及其他类型。

22．mysql_free_result()函数

```
bool mysql_free_result(resource result)
```

该函数用于释放结果标识符 result 所占用的内存。该函数仅需要在考虑到返回很大的结果集时会占用多少内存时调用。在脚本结束后所有关联的内存都会被自动释放。如果成功释放内存则返回 True，失败则返回 False。

23．mysql_get_client_info()函数

```
string mysql_get_client_info()
```

调用该函数将取得 MySQL 客户端信息，函数返回一个字符串，该字符串代表了 MySQL 的版本。

24．mysql_get_host_info()函数

```
string mysql_get_host_info([resource link_identifier])
```

该函数用于取得 MySQL 主机信息。mysql_get_host_info()函数返回一个字符串说明了连接 link_identifier 所使用的连接方式，包括服务器的主机名。如果省略函数 link_identifier，则使用上一个打开的连接。

25．mysql_get_proto_info()函数

```
int mysql_get_proto_info([resource link_identifier])
```

该函数返回参数 link_identifier 所使用的协议版本。如果省略参数 link_identifier，则使用上一个打开的连接。

26．mysql_get_server_info()函数

```
string mysql_get_server_info([resource link_identifier])
```

该函数返回参数 link_identifier 所使用的服务器版本。如果省略参数 link_identifier，则使用上一个打开的连接。

27．mysql_info()函数

```
string mysql_info([resource link_identifier])
```

该函数返回通过给定的参数 link_identifier 所进行的最新一条查询的详细信息。如果没有指定参数 link_identifier，则假定为上一个打开的连接。

mysql_info()函数对以下列出的所有语句返回一个字符串。对于其他任何语句返回 False。字符串的格式取决于给出的语句。起作用的语句如下所示：

- ☑ INSERT INTO SELECT 插入语句。
- ☑ INSERT INTO VALUES 插入语句。
- ☑ LOAD DATA INFILE 载入数据语句。
- ☑ ALTER TABLE 改变表结构语句。
- ☑ UPDATE 更新记录语句。

28．mysql_insert_id()函数

```
int mysql_insert_id([resource link_identifier])
```

调用该函数将返回给定的参数 link_identifier 中上一步 INSERT 查询中产生的 AUTO_INCREMENT 的 ID 号。如果没有指定参数 link_identifier，则使用上一个打开的连接。如果上一查询没有产生 AUTO_INCREMENT 的值，则 mysql_insert_id()函数将会返回 0。如果需要保存该值以后使用，要确保在产生了值的查询后立即调用 mysql_insert_id()函数。

注意： MySQL中的SQL函数last_insert_id()总是保存着最新产生的AUTO_INCREMENT值，并且不会在查询语句之间被重置。mysql_insert_id()函数将MySQL内部的C API函数mysql_insert_id()的返回值转换成long（PHP中命名为int）。如果AUTO_INCREMENT的列的类型是BIGINT，则mysql_insert_id()函数返回的值将可能不正确。可以在SQL查询中用MySQL内部的SQL函数

last_insert_id()来替代以取得上一步INSERT操作产生的ID。

29．mysql_list_dbs()函数

```
resource mysql_list_dbs([resource link_identifier])
```

调用该函数将返回一个结果指针，包含了当前 MySQL 进程中所有可用的数据库。用 mysql_tablename()函数来遍历此结果指针，或者任何使用结果表的函数。

30．mysql_list_processes()函数

```
resource mysql_list_processes([resource link_identifier])
```

该函数返回一个结果指针，说明了当前服务器的线程。

31．mysql_num_fields()函数

```
int mysql_num_fields(resource result)
```

调用该函数将会返回结果集中字段的数目。

32．mysql_num_rows()函数

```
int mysql_num_rows(resource result)
```

调用此函数将会返回结果集中行的数目。此命令仅对 SELECT 语句有效。要取得被 INSERT 插入、UPDATE 更新或者 DELETE 删除查询所影响到的行的数目，用 mysql_affected_rows()函数。

33．mysql_pconnect()函数

```
resource mysql_pconnect(string server[,string username[,string password[,int client_flags]]]])
```

该函数调用成功则返回一个正确的 MySQL 持久连接标识符，出错则返回 False。mysql_pconnect()函数建立一个到 MySQL 服务器的连接。如果没有提供可选参数，则使用如下默认值：server= 'localhost:3306'，username=服务器进程所有者的用户名，password=空密码。client_flags 参数可以是以下常量的组合：MySQL_CLIENT_COMPRESS、MySQL_CLIENT_IGNORE_SPACE 或者 MySQL_ CLIENT_ INTERACTIVE。server 参数也可以包括端口号，如"hostname:port"，或者是本机套接字的路径，如":/path/to/socket"。

注意： 对":port"端口的支持是PHP 3.0B4版添加的。对本机套接字的路径":/path/to/socket"的支持是PHP 3.0.10版添加的。可选参数client_flags自PHP 4.3.0版起作用。此种连接称为“持久的”。

mysql_pconnect()和 mysql_connect()函数非常相似，但有两个主要区别：

☑ 当连接的时候本函数将先尝试寻找一个在同一个主机上用同样的用户名和密码已经打开的（持久）连接，如果找到，则返回此连接标识而不打开新连接。

☑ 当脚本执行完毕后到 SQL 服务器的连接不会被关闭，此连接将保持打开以备以后使用（mysql_close()函数不会关闭由 mysql_pconnect()函数建立的连接）。

注意： 此种连接仅能用于模块版本的PHP。

34．mysql_ping()函数

```
bool mysql_ping([resource link_identifier ])
```

mysql_ping()函数检查到服务器的连接是否正常。如果断开，则自动尝试连接。本函数可用于空闲很久的脚本来检查服务器是否关闭了连接，如果有必要则重新连接上。如果到服务器的连接可用，则mysql_ping()函数返回 True，否则返回 False。

35．mysql_query()函数

```
resource mysql_query(string query[,resource link_identifier])
```

mysql_query()函数向与指定的连接标识符关联的服务器中的当前活动数据库发送一条查询。如果没有指定参数 link_identifier，则使用上一个打开的连接。如果没有打开的连接，本函数会尝试无参数调用 mysql_connect()函数来建立一个连接并使用之。查询结果会被缓存。

注意：查询字符串不应以分号结束。

另外，mysql_query()函数仅对 SELECT、SHOW、EXPLAIN 或 DESCRIBE 语句返回一个资源标识符，如果查询执行不正确则返回 False。对于其他类型的 SQL 语句，mysql_query()函数在执行成功时返回 True，出错时返回 False。非 False 的返回值意味着查询是合法的并能够被服务器执行。这并不说明任何有关影响到的或返回的行数。很有可能一条查询执行成功了但并未影响到或并未返回任何行。

如果没有权限访问查询语句中引用的表时，mysql_query()函数也会返回 False。

假定查询成功，可以调用 mysql_num_rows()函数来查看对应于 SELECT 语句返回了多少行，或者调用 mysql_affected_rows()函数来查看对应于 DELETE、INSERT、REPLACE 或 UPDATE 语句影响到了多少行。

仅对 SELECT、SHOW、DESCRIBE 或 EXPLAIN 语句 mysql_query()函数才会返回一个新的结果标识符，可以将其传递给 mysql_fetch_array()函数和其他处理结果表的函数。处理完结果集后可以通过调用 mysql_free_result()函数来释放与之关联的资源，尽管脚本执行完毕后会自动释放内存。

36．mysql_real_escape_string()函数

```
string mysql_real_escape_string(string unescaped_string[,resource link_identifier])
```

本函数将 unescaped_string 中的特殊字符转义，并计及连接的当前字符集，因此可以安全用于mysql_query()函数。

注意：mysql_real_escape_string()函数并不转义“%”和“_”。

37．mysql_result()函数

```
mixed mysql_result(resource result,int row[,mixed field])
```

调用该函数将返回 MySQL 结果集中一个单元的内容。字段参数可以是字段的偏移量或者字段名，或者是字段表点字段名（tablename.fieldname）。如果给列起了别名（'select foo as bar from...'），则用别名替代列名。

当作用于很大的结果集时，应该考虑使用能够取得整行的函数（在下边指出）。这些函数在一次函数调用中返回了多个单元的内容，比 mysql_result()函数快得多。此外注意在字段参数中指定数字偏移量比指定字段名或者 tablename.fieldname 要快得多。

注意：调用mysql_result()函数不能和其他处理结果集的函数混合调用。

38．mysql_select_db()函数

```
bool mysql_select_db(string database_name[,resource link_identifier])
```

该函数将选择指定的 MySQL 数据库。如果成功则返回 True，失败则返回 False。mysql_select_db()函数设定与指定的连接标识符所关联的服务器上的当前激活数据库。如果没有指定连接标识符，则使用上一个打开的连接。如果没有打开的连接，本函数将无参数调用 mysql_connect()函数来尝试打开一个并使用之。

39．mysql_stat()函数

```
string mysql_stat([resource link_identifier])
```

mysql_stat()函数返回当前服务器状态。

注意： mysql_stat()函数目前只返回uptime、threads、queries、open tables、flush tables和queries per second。要得到其他状态变量的完整列表，只能使用SQL命令SHOW STATUS，取得当前系统状态。

40．mysql_tablename()函数

```
string mysql_tablename(resource result,int i)
```

mysql_tablename()函数接受 mysql_list_tables()函数返回的结果指针以及一个整数索引作为参数并返回表名。可以用 mysql_num_rows()函数来判断结果指针中的表的数目。用 mysql_tablename()函数来遍历此结果指针，或者任何处理结果表的函数。

41．mysql_thread_id()函数

```
int mysql_thread_id([resource link_identifier])
```

mysql_thread_id()函数返回当前线程的 ID。如果连接丢失了并用 mysql_ping()函数重新连接上，线程 ID 会改变。这意味着不能取得线程的 ID 后保存起来备用。当需要的时候再去获取之。

42．mysql_unbuffered_query()函数

```
resource mysql_unbuffered_query(string query[,resource link_identifier])
```

该函数向 MySQL 发送一条 SQL 查询 query，但不像 mysql_query()函数那样自动获取并缓存结果集。一方面，这在处理很大的结果集时会节省可观的内存；另一方面，可以在获取第一行后立即对结果集进行操作，而不用等到整个 SQL 语句都执行完毕。当使用多个数据库连接时，必须指定可选参数 link_identifier。

PHP 中的 MySQL 函数就为读者介绍到这里。实际上这些函数中，有一些是不太常用的。读者不必完全掌握，如果在实际操作中见到这样的函数，知道是如何起作用的即可。但对于一些常用的函数则必须要熟练掌握，因为熟练掌握其中的常用函数是学好数据库的前提。

14.3　数据库操作

本节就来学习实际对数据库的操作。内容包括如何连接 MySQL 服务器、如何显示目前的数据库如何创建一个数据库、如何在选定数据库中创建表及如何删除已存在的库和表等。

14.3.1 连接 MySQL 服务器

知识点讲解：光盘\视频讲解\第 14 章\连接 MySQL 服务器.wmv

所有对 MySQL 数据库的操作都要在主机提供 MySQL 服务的前提下进行。连接提供了此项服务的主机是进行数据库操作的前提。所以在进行数据库操作前必须要连接到 MySQL 服务器。

在 PHP 编程环境下要连接到 MySQL 服务器，需要使用 mysql_connect()函数。该函数有 3 个参数，第一个参数为主机名；第二个参数为用户名；第三个参数为该用户的密码。此函数连接到 MySQL 服务器，如果成功返回 True，反之返回 False。

【实例 14-1】以下代码演示如何使用 mysql_connect()函数来连接到 MySQL 服务器。

实例 14-1：使用 mysql_connect()函数来连接到 MySQL 服务器
源码路径：光盘\源文件\14\14-1.php

```
01  <html>
02  <head>
03  <title>连接 MySQL 服务器</title>
04  </head>
05  <body>
06  <?php
07      $db_host="localhost";                              //MySQL 服务器名
08      $db_user="root";                                   //MySQL 用户名
09      $db_pass="admin";                                  //MySQL 用户对应密码
10      //使用 mysql_connect()函数对服务器进行连接，如果出错，则返回相应信息
11      $link=mysql_connect($db_host,$db_user,$db_pass)or die("不能连接到服务器".mysql_error());
12      echo "成功连接到服务器";                           //如果连接成功，则显示信息
13  ?>
14  </body>
15  </html>
```

开启 Apache 服务及 MySQL 服务（本章实例均需要两种服务共同支持，下同），在 PHP 运行环境下执行该 PHP 文件，执行结果如图 14.1 所示。

图 14.1　连接 MySQL 服务器执行结果

上面代码中 mysql_connect()函数的作用是连接到 MySQL 服务器，它带有 3 个 string 参数。第一个参数指主机名，第二个参数是用户名，第三个参数是用户密码。这些信息都由 MySQL 服务提供者提供。后面的 or die()函数指如果不能正确连接 MySQL 服务器的返回信息。

执行以上操作，如果正确无误就能正确连接到 MySQL 服务器，如图 14.1 所示。如果关闭 MySQL 服务就会导致无法连接到服务器，则程序会输出如下信息：

```
不能连接到服务器 Can't connect to MySQL server on 'localhost' (10061)
```

14.3.2　连接到服务器并显示可用数据库

知识点讲解：光盘\视频讲解\第 14 章\连接到服务器并显示可用数据库.wmv

连接到 MySQL 服务器后，下一步就是了解当前数据库的状况。因为只有了解服务器上的可用数据库信息，才能使用户决定下一步要如何操作。下面讲解如何显示可用的数据库。要显示服务器上的数据库情况，需使用 mysql_list_dbs()函数。该函数有一个参数，此参数为已经建立的服务器连接。

【实例 14-2】以下代码演示如何使用 mysql_list_dbs()函数来显示服务器上的可用数据库。

实例 14-2：使用 mysql_list_dbs()函数来显示服务器上的可用数据库
源码路径：光盘\源文件\14\14-2.php

```
01  <html>
02  <head>
03  <title>显示数据库</title>
04  </head>
05  <body>
06  <?php
07          $db_host="localhost";                              //MySQL 服务器名
08          $db_user="root";                                   //MySQL 用户名
09          $db_pass="admin";                                  //MySQL 用户对应密码
10          //使用 mysql_connect()函数对服务器进行连接，如果出错，则返回相应信息
11          $link=mysql_connect($db_host,$db_user,$db_pass)or die("不能连接到服务器".mysql_error());
12          $db_list=mysql_list_dbs($link);                    //显示数据库，参数为上一步的服务器连接
13          while($db=mysql_fetch_object($db_list))            //通过循环遍历返回的结果集
14          {
15                  echo $db->Database;                        //显示数据库名，注意大小写
16                  echo "<p>";
17          }
18  ?>
19  </body>
20  </html>
```

在 PHP 运行环境下执行该 PHP 文件，执行结果如图 14.2 所示。

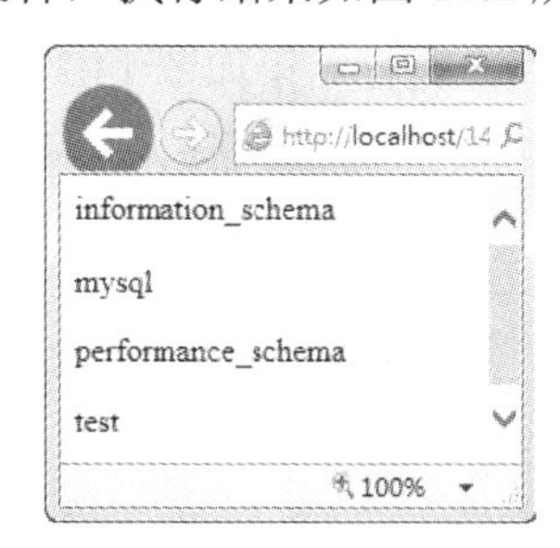

图 14.2　显示数据库执行结果

14.3.3　在服务器上创建新的数据库

知识点讲解：光盘\视频讲解\第 14 章\在服务器上创建新的数据库.wmv

对数据库进行操作时，系统提供的数据库通常是有限的，所以需要在服务器上建立新的数据库。

下面介绍如何在服务器上创建一个新的数据库。

创建数据库时使用 mysql_query()函数来发送一条 SQL 语句达到创建数据库的目的。

【实例 14-3】以下代码演示使用 mysql_query()函数创建新的数据库。

实例 14-3：使用 mysql_query()函数创建新的数据库

源码路径：光盘\源文件\14\14-3.php

```
01  <html>
02  <head>
03  <title>使用 SQL 语句创建新的数据库</title>
04  </head>
05  <body>
06  <?php
07      $db_host="localhost";                              //MySQL 服务器名
08      $db_user="root";                                   //MySQL 用户名
09      $db_pass="admin";                                  //MySQL 用户对应密码
10      //使用 mysql_connect()函数对服务器进行连接，如果出错，则返回相应信息
11      $link=mysql_connect($db_host,$db_user,$db_pass)or die("不能连接到服务器".mysql_error());
12      $sql="CREATE DATABASE database1";                  //创建数据库的 SQL 语句
13      if(mysql_query($sql,$link))                        //发送 SQL 语句
14          echo "数据库创建成功";                          //如果创建成功，则显示信息
15      echo "<p>";
16      echo "当前服务器上的所有数据库为：";
17      echo "<p>";
18      $db_list=mysql_list_dbs($link);                    //显示数据库
19      while($db=mysql_fetch_object($db_list))            //通过循环遍历返回的结果集
20      {
21          echo $db->Database;                            //显示数据库名，注意大小写
22          echo "<p>";
23      }
24  ?>
25  </body>
26  </html>
```

在 PHP 运行环境下执行该 PHP 文件，执行结果如图 14.3 所示。

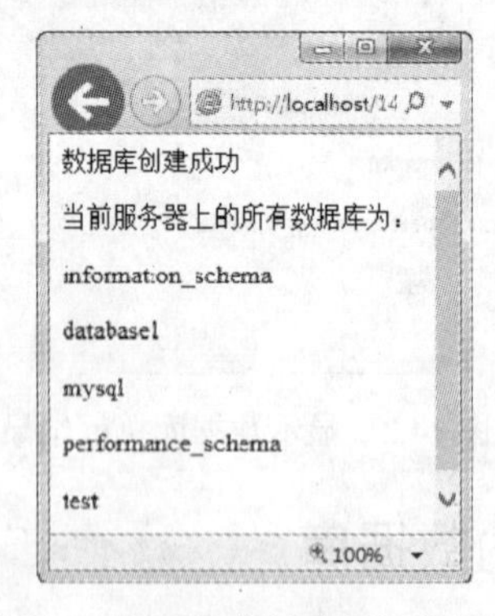

图 14.3　使用 SQL 语句来创建新的数据库执行结果

要注意的是，创建数据库的 SQL 语句的语法为“CREATE DATABASE”后面加上想要创建的数

据库名称即可。然后使用 mysql_query()函数来发送 SQL 语句，来达到创建数据库的目的。

14.3.4　在选定数据库里创建表

知识点讲解：光盘\视频讲解\第 14 章\在选定数据库里创建表.wmv

通过前面的介绍读者能了解到，表是数据库的主要构成元素。有了数据库还必须有特定的表才能发挥作用，因为基本上所有的数据库操作都是在表中进行的。本小节就来介绍如何在数据库里创建表。

注意： 服务器上MySQL数据库是运行MySQL服务的关键库，不要尝试对该库进行操作，更不要对里面的表进行添加、删除、修改等操作。

要想在数据库中创建表，要使用 mysql_query()函数发送 SQL 语句来实现。

创建表的 SQL 语句的语法如下所示：

```
create table table_name (column_name data {identity |null|not null}, …)
```

其中参数 table_name（表名）和 column_name（列名）即字段名必须满足用户数据库中的识别器（identifier）的要求，参数 data 是一个标准的 SQL 类型或由用户数据库提供的类型。用户要使用 non-null 从句为各字段输入数据。

create table 还有一些其他选项，如创建临时表和使用 SELECT 子句从其他的表中读取某些字段组成新表等。还有，在创建表时可用 PRIMARY KEY、KEY、INDEX 等标识符设定某些字段为主键或索引等。

书写上要注意：

☑ 在一对圆括号里的列出完整的字段清单。
☑ 字段名间用逗号隔开。
☑ 字段名间的逗号后要加一个空格。
☑ 最后一个字段名后不用逗号。
☑ 所有的 SQL 陈述都以分号“;”结束。

如下面的这一句：

```
$sql="create table table1(id int(5) not null auto_increment primary key, name varchar(12) not null,mail varchar(30) not null,phone varchar(14) not null,address varchar(30) not null)";
```

上面的 SQL 语句定义了一个表，表有这样几个字段：id、name、mail、phone、address 等。并且还为每个字段指定了类型。其中的 id 字段有 primart 属性和 auto_increment 这样的属性。其中 primary 指明该字段为表的主键（有唯一值）；而 auto_increment 则指明这个字段是自动增加的。

【实例 14-4】 以下代码演示使用上面定义的 SQL 语句在 test 库中创建一个名为 test1 的表。

实例 14-4： 使用 SQL 语句在 test 库中创建一个名为 test1 的表
源码路径： 光盘\源文件\14\14-4.php

```
01	<html>
02	<head>
03	<title>在库中创建新表</title>
04	</head>
05	<body>
```

```
06    <?php
07        $db_host="localhost";                              //MySQL 服务器名
08        $db_user="root";                                   //MySQL 用户名
09        $db_pass="admin";                                  //MySQL 用户对应密码
10        $db_name="test";                                   //要操作的数据库
11        //使用 mysql_connect()函数对服务器进行连接，如果出错，则返回相应信息
12        $link=mysql_connect($db_host,$db_user,$db_pass)or die("不能连接到服务器".mysql_error());
13        mysql_select_db($db_name,$link);                   //选择相应的数据库，这里选择 test 库
14        //下面的$sql 就为创建表的 SQL 语句
15        $sql="create table test1(id int(5) not null auto_increment primary key, name varchar(12) not
null,mail varchar(30) not null,phone varchar(14) not null,address varchar(30) not null)";
16        if(mysql_query($sql,$link))                        //发送 SQL 语句执行创建表的操作
17            echo "表 test1 创建成功";                        //如果创建成功，则显示信息
18        echo "<p>";
19        echo "当前".$db_name."上的所有数据表为：";
20        echo "<p>";
21        $table_list=mysql_list_tables($db_name,$link); //显示数据库中的表
22        while($row=mysql_fetch_row($table_list))           //通过循环遍历返回的结果集
23        {
24            echo $row[0];                                  //显示表名
25            echo "<p>";
26        }
27    ?>
28    </body>
29    </html>
```

在 PHP 运行环境中执行该 PHP 文件，执行结果如图 14.4 所示。

图 14.4　在库中创建新表执行结果

以上实例中使用了 mysql_list_tables()函数，该函数的作用是显示库中所有的表。就像前面讲到的创建数据库函数 mysql_create_db()一样，该函数也已经被废弃，所以不推荐使用，可以用 mysql_query()函数发送一条 SQL 语句来达到和函数一样的目的。显示所有数据表的 SQL 语句是：show tables。

下面把上面的代码做一下调整，把其中的：

```
$table_list=mysql_list_tables($db_name,$link);
```

一句更换为：

```
$table_list=mysql_query("show tables",$link);
```

然后，重新执行修改过的 PHP 文件，可以看到执行结果是完全相同的（再次执行时要把创建表相关几行都注释掉，或者再换个表名进行创建才行。因为对已经存在的表进行创建就会导致错误）。

14.3.5　如何删除已经存在的库和表

知识点讲解：光盘\视频讲解\第 14 章\如何删除已经存在的库和表.wmv

如果确认数据库或者里面的表已经不再需要，就可以将库或者表删除。如何删除库或者表呢？

删除一个库可以通过 mysql_query()函数发送 SQL 语句：drop database database_name。

而删除一个表则通过 mysql_query()函数发送 SQL 语句：drop table table_name。

下面分别来介绍如何删除表及库。

先来看如何删除一个表。删除表是靠 mysql_query()函数来发送 SQL 语句：drop table_name 来实现，其中的 table_name 指代将要被删除的表名。

【实例 14-5】以下代码演示如何删除 test 库中的表 test1。

实例 14-5：如何删除 test 库中的表 test1

源码路径：光盘\源文件\14\14-5.php

```
01  <html>
02  <head>
03  <title>在库中删除表</title>
04  </head>
05  <body>
06  <?php
07      $db_host="localhost";                                   //MySQL 服务器名
08      $db_user="root";                                        //MySQL 用户名
09      $db_pass="admin";                                       //MySQL 用户对应密码
10      $db_name="test";                                        //要操作的数据库
11      //使用 mysql_connect()函数对服务器进行连接，如果出错，则返回相应信息
12      $link=mysql_connect($db_host,$db_user,$db_pass)or die("不能连接到服务器".mysql_error());
13      mysql_select_db($db_name,$link);                        //选择相应的数据库，这里选择 test 库
14      echo "当前".$db_name."上的所有数据表为：";              //先显示表删除之后再显示以作比较
15      echo "<p>";
16      $table_list=mysql_list_tables($db_name,$link);          //显示数据库中的表
17      while($row=mysql_fetch_row($table_list))                //通过循环遍历返回的结果集
18      {
19          echo $row[0];                                       //显示表名
20          echo "<p>";
21      }
22      $sql="drop table test1";                                //删除表的 SQL 语句
23      if(mysql_query($sql,$link))                             //执行 SQL 语句
24      echo "表 test1 已经被删除！";
25      echo "<p>";
26      echo "当前".$db_name."上的所有数据表为：";              //再次显示删除之后的表以作比较
27      echo "<p>";
28      $table_list=mysql_query("show tables",$link);           //显示数据库中的表
29      while($row=mysql_fetch_row($table_list))                //通过循环遍历返回的结果集
30      {
31          echo $row[0];                                       //显示表名
32          echo "<p>";
33      }
```

```
34  ?>
35  </body>
36  </html>
```

在 PHP 运行环境下执行该 PHP 文件（在执行前要确认已经建立了 test 库及 test1 表），执行结果将会如图 14.5 所示。

图 14.5　删除库中的表执行结果

通过图 14.5 可以看到，在执行删除表的 SQL 语句之前，对库进行遍历，库中有表 test1。在执行完删除表的 SQL 语句后，再次遍历库已经不存在 test1 表了。说明该表已经被成功删除。接下来学习如何删除库。

【实例 14-6】以下代码实现了把服务器上的名为 data2 的数据库进行删除（在执行前请确保 MySQL 服务器中有 data2 这个数据库）。

实例 14-6：把服务器上的名为 data2 的数据库进行删除
源码路径：光盘\源文件\14\14-6.php

```
01  <html>
02  <head>
03  <title>删除服务器上的数据库</title>
04  </head>
05  <body>
06  <?php
07          $db_host="localhost";                                    //MySQL 服务器名
08          $db_user="root";                                         //MySQL 用户名
09          $db_pass="admin";                                        //MySQL 用户对应密码
10          //使用 mysql_connect()函数对服务器进行连接，如果出错，则返回相应信息
11          $link=mysql_connect($db_host,$db_user,$db_pass)or die("不能连接到服务器".mysql_error());
12          $db_list=mysql_list_dbs($link);                          //先显示数据库以与删除后作比较
13          while($db=mysql_fetch_object($db_list))                  //通过循环遍历返回的结果集
14          {
15                  echo $db->Database;                              //显示数据库名，注意大小写
16                  echo "<p>";
17          }
18          $sql="drop database data2";                              //删除数据库的 SQL 语句
19          if(mysql_query($sql,$link))                              //执行 SQL 语句
20          echo "数据库 data2 已经被删除！";
21          echo "<p>";
22          echo "当前服务器上的所有数据库为：";                     //再次显示删除后的数据库以作比较
```

```
23          echo "<p>";
24          $db_list=mysql_list_dbs($link);                          //显示数据库
25          while($db=mysql_fetch_object($db_list))                  //通过循环遍历返回的结果集
26          {
27              echo $db->Database;                                  //显示数据库名，注意大小写
28              echo "<p>";
29          }
30      ?>
31      </body>
32      </html>
```

在 PHP 运行环境中执行该 PHP 文件，执行结果如图 14.6 所示。

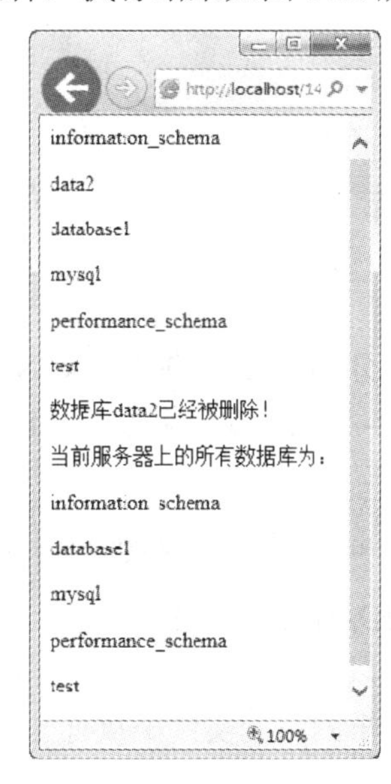

图 14.6　删除服务器上的数据库执行结果

通过对照 SQL 执行前后对服务器上数据库的遍历可以看到，执行完 SQL 语句后，名为 data2 的数据库被删除了，说明以上程序正常运行。

在使用对数据库操作时有一点需要注意，由于当前的服务提供商一般对于一个用户只提供一个数据库，所以普通用户只能在该库内对表进行操作，无权创建或者删除数据库。所以在执行相关操作时是不会有结果的，如果在本机上进行调试，就没有这个限制了。

14.4　对 MySQL 表进行操作

在创建了库，并为库创建了相应的表后，就可以对表中的数据进行操作了。其实对表的操作无非就是插入、浏览、修改、删除，而这几项操作都可以通过 mysql_query()函数发送相关的 SQL 语句来实现。本节就来介绍如何实现对数据表中记录的插入、浏览、修改及删除操作。认真学过本节内容后，读者能对如何操作数据表有一个充分的认识。

14.4.1 执行 INSERT INTO 语句插入记录

知识点讲解：光盘\视频讲解\第 14 章\执行 INSERT INTO 语句插入记录.wmv

一个表在创建之后是没有任何记录的，只有在表中插入记录才能发挥表的作用。要对表中插入记录，可以使用 mysql_query()函数发送 SQL 请求。SQL 语句的内容如下所示：

```
insert into table_name(field01,field02…) values(values1,value2…)
```

其中 table_name 是表的名称，field01、field02 是指表的字段名称，values1、values2 是指想要插入记录中对应字段的值。

假如有名为 test1 的表，它的结构如下所示：

```
id int(5) not null auto_increment primary key,
name varchar(12) not null,
mail varchar(30) not null,
phone varchar(14) not null,
address varchar(30) not null
```

可以看出，该表有 5 列（字段）。分别是 ID（编号）、NAME（名称）、MAIL（电子信箱）、PHONE（电话）、ADDRESS（地址）。如果想要把名字为“张三”的记录插入 test1 表中，就应该执行这样的操作：

```
insert into test1(name,mail,phone,address) values("张三","zhangsan@homail.com","1234567","某省某市某区某街")
```

为什么没有给 ID 赋值？因为字段 ID 为关键字段，并且具有自动增加 1 的属性，所以不用为其单独赋值。第一条记录的 ID 号自动为 1，以后每插入一条，ID 号就会自动向后增加。

【实例 14-7】以下代码把以上的分析归结到实例中执行一下，以检测能否正确插入记录（在执行前，请确保 test 库中有 test1 这个表）。

实例 14-7：检测能否正确插入记录
源码路径：光盘\源文件\14\14-7.php

```
01	<html>
02	<head>
03	<title>在表中插入记录</title>
04	</head>
05	<body>
06	<?php
07		$db_host="localhost";				//MySQL 服务器名
08		$db_user="root";					//MySQL 用户名
09		$db_pass="admin";					//MySQL 用户对应密码
10		$db_name="test";					//要操作的数据库
11		//使用 mysql_connect()函数对服务器进行连接，如果出错，则返回相应信息
12		$link=mysql_connect($db_host,$db_user,$db_pass)or die("不能连接到服务器".mysql_error());
13		mysql_select_db($db_name,$link);		//选择相应的数据库，这里选择 test 库
14		$sql="select * from test1";			//先执行 SQL 语句显示所有记录以与插入后相比较
15		$result=mysql_query($sql,$link);		//使用 mysql_query()函数发送 SQL 请求
16		echo "当前表中的记录有：";
```

```
17          echo "<p>";
18          while($row=mysql_fetch_array($result))          //遍历 SQL 语句执行结果，把值赋给数组
19          {
20                echo $row['id']."，";                      //显示 ID
21                echo $row['name']."，";                    //显示姓名
22                echo $row['mail']."，";                    //显示邮箱
23                echo $row['phone']."，";                   //显示电话
24                echo $row['address']."，";                 //显示地址
25                echo "<p>";
26          }
27          //以下 SQL 语句为插入记录操作
28          $sql="insert into test1(name,mail,phone,address) values(' 张 三 ','zhangsan@homail.com',
'1234567','某省某市某区某街')";
29          if(mysql_query($sql))                           //判断并执行 SQL 语句
30          echo "记录已经成功插入";
31          echo "<p>";
32          $sql="select * from test1";                     //先执行 SQL 语句显示所有记录以与插入后相比较
33          $result=mysql_query($sql,$link);                //使用 mysql_query()函数发送 SQL 请求
34          echo "当前表中的记录有：";
35          echo "<p>";
36          while($row=mysql_fetch_array($result))          //再次遍历结果
37          {
38                echo $row['id']."，";                      //显示 ID
39                echo $row['name']."，";                    //显示姓名
40                echo $row['mail']."，";                    //显示邮箱
41                echo $row['phone']."，";                   //显示电话
42                echo $row['address']."，";                 //显示地址
43                echo "<p>";
44          }
45    ?>
46    </body>
47    </html>
```

在 PHP 运行环境下执行该 PHP 文件，执行结果如图 14.7 所示。

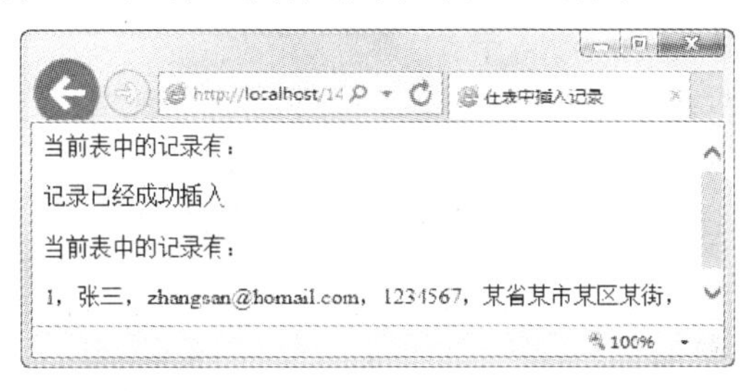

图 14.7　在表中插入记录执行结果

通过图 14.7 可以看到，在第一次对表进行浏览操作时，由于没有任何记录，所以并没有任何值返回。当执行完 SQL 语句后再对表进行遍历时就有了一条记录，并且显示出了记录的内容。说明在表中顺利插入了一条记录。

下面对以上实例中相关的一些函数作用做一简单的介绍。

mysql_fetch_array()函数：返回根据从结果集取得的行生成的数组。

以上实例中执行了 SELECT 查询，对表的内容进行浏览，结果保存到$result，而使用mysql_fetch_array()函数将返回根据从$result 取得的行生成一个数组。

14.4.2 执行 SELECT 查询

知识点讲解：光盘\视频讲解\第 14 章\执行 SELECT 查询.wmv

显示表中的内容，或者对表中特定内容进行搜索时都需要对表进行查询。所以对表的查询操作也是用得最多的 SQL 命令之一。对表中记录进行浏览要使用 mysql_query()函数发送 SQL 请求。查询是使用最多的 SQL 命令。查询数据库需要凭借结构、索引和字段类型等因素。SELECT 查询的基本语法如下所示：

```
SELECT [STRAIGHT_JOIN] [SQL_SMALL_RESULT] [SQL_BIG_RESULT] [HIGH_PRIORITY]
[DISTINCT | DISTINCTROW | ALL]
select_expression,...
[INTO {OUTFILE | DUMPFILE} 'file_name' export_options]
[FROM table_references
][WHERE where_definition]
[GROUP BY col_name,...]
[HAVING where_definition]
[ORDER BY {unsigned_integer | col_name | formula} ][ASC | DESC],...]
[LIMIT ][offset,] rows]
[PROCEDURE procedure_name] ]
```

很多语法暂时还用不到，以后在高级查询中专门为读者讲解，现在只是要浏览表中所有的记录，只需要使用：

```
select * from tablename
```

“*”号表示所有内容，所以这一句表示查询 tablename 表中的所有记录。这在 14.4.1 小节对数据表插入记录时已经见到过。

【实例 14-8】以下代码演示如何使用 SELECT 查询获得表中的记录。

实例 14-8：如何使用 SELECT 查询获得表中的记录
源码路径：光盘\源文件\14\14-8.php

```
01  <html>
02  <head>
03  <title>浏览表中记录</title>
04  </head>
05  <body>
06  <center>
07  <?php
08          $db_host="localhost";                           //MySQL 服务器名
09          $db_user="root";                                //MySQL 用户名
10          $db_pass="admin";                               //MySQL 用户对应密码
11          $db_name="test";                                //要操作的数据库
12          //使用 mysql_connect()函数对服务器进行连接，如果出错，则返回相应信息
13          $link=mysql_connect($db_host,$db_user,$db_pass)or die("不能连接到服务器".mysql_error());
```

```
14	mysql_select_db($db_name,$link);			//选择相应的数据库，这里选择 test 库
15	$sql="select * from test1";			//先执行 SQL 语句显示所有记录以与插入后相比较
16	$result=mysql_query($sql,$link);			//使用 mysql_query()函数发送 SQL 请求
17	echo "当前表中的记录有：";
18	echo "<table border=1>";			//使用表格格式化数据
19	echo "<tr><td>ID</td><td>姓名</td><td>邮箱</td><td>电话</td><td>地址</td></tr>";
20	while($row=mysql_fetch_array($result))		//遍历 SQL 语句执行结果，把值赋给数组
21	{
22		echo "<tr>";
23		echo "<td>".$row['id']."</td>";		//显示 ID
24		echo "<td>".$row['name']." </td>";		//显示姓名
25		echo "<td>".$row['mail']." </td>";		//显示邮箱
26		echo "<td>".$row['phone']." </td>";		//显示电话
27		echo "<td>".$row['address']." </td>";	//显示地址
28		echo "</tr>";
29	}
30	echo "</table>";
31 ?>
32 </center>
33 </body>
34 </html>
```

在 PHP 运行环境中执行该 PHP 文件，执行结果如图 14.8 所示。

图 14.8　浏览表中记录执行结果

14.4.3　使用表单扩展添加记录功能

知识点讲解：光盘\视频讲解\第 14 章\使用表单扩展添加记录功能.wmv

虽然 INSERT INTO 是执行添加记录操作的核心，但总不能插入一条记录就把实例 14-7 中的内容修改一次。所以应该采用互动的形式，用户输入什么数据，就插入相应的记录。本小节把前两小节的内容结合起来，再利用 Web 表单，实现用户输入记录的添加，来做一个简易的通讯录。其中的表还使用 test 库中的 test1 表。

显示记录的页面，只需要把实例 14-8 作简单修改即把标题修改后并加入指向添加记录前台（实例 14-9 的代码）连接即可。

【实例 14-9】下面制作添加记录的前台，主要是使用了 Web 表单，并把 form 的 action 属性指向目标页面即可。

实例 14-9：添加记录的前台
源码路径：光盘\源文件\14\14-9.php

```
01 <html>
```

```
02  <head>
03  <title>简易通讯录添加记录前台</title>
04  </head>
05  <body>
06      <script language="javascript">
07          function Juge(theForm)
08          {
09              if (theForm.name.value == "")
10              {
11                  alert("请输入姓名！");
12                  theForm.name.focus();
13                  return (false);
14              }
15              if (theForm.phone.value == "")
16              {
17                  alert("请输入电话号码！");
18                  theForm.phone.focus();
19                  return (false);
20              }
21              if (theForm.address.value == "")
22              {
23                  alert("请输入地址！");
24                  theForm.address.focus();
25                  return (false);
26              }
27          }
28      </script>
29      <center>
30          <h1>简易通讯录添加记录前台</h1>
31          <p>
32          <a href="14-10.php">返回首页</a>
33          <table border=1>
34              <form action="14-12.php" method="post" onsubmit="return Juge(this)">
35                  <tr>
36                      <td>输入姓名：</td>
37                      <td><input name="name" type="text"></td>
38                  </tr>
39                  <tr>
40                      <td>输入邮箱：</td>
41                      <td><input name="mail" type="text"></td>
42                  </tr>
43                  <tr>
44                      <td>输入电话：</td>
45                      <td><input name="phone" type="text"></td>
46                  </tr>
47                  <tr>
48                      <td>输入地址：</td>
49                      <td><input name="address" type="text"></td>
50                  </tr>
51                  <tr>
52                      <td colspan="2"><center><input type=submit value="确认提交">
```

```
53                          <input type=reset value="重新选择"></center></td>
54                      </tr>
55                  </form>
56              </table>
57          </center>
58      </body>
59      </html>
```

最后制作对输入记录的后台处理页面。添加记录的核心还是使用 INSERT INTO 这样一条 SQL 语句，把记录插入表中。

【实例 14-10】以下代码演示如何获取表单输入的数据，并把记录存入注册表，这是实现与用户互动的关键技术。

实例 14-10：获取表单输入的数据，并把记录存入注册表

源码路径：光盘\源文件\14\14-10.php

```
01  <?php
02      /*下面内容为获取表单输入，并去掉 HTML 格式。
03      由于表单采用 post 方式传递数据，所以用 post 来获取输入*/
04      $name=htmlspecialchars($_POST['name']);             //获取姓名
05      $mail=htmlspecialchars($_POST['mail']);             //获取邮箱
06      $phone=htmlspecialchars($_POST['phone']);           //获取电话
07      $address=htmlspecialchars($_POST['address']);       //获取地址
08      $db_host="localhost";                               //MySQL 服务器名
09      $db_user="root";                                    //MySQL 用户名
10      $db_pass="admin";                                   //MySQL 用户对应密码
11      $db_name="test";                                    //要操作的数据库
12      $table_name="test1";                                //表名
13      $myconn=mysql_connect("$db_host","$db_user","$db_pass"); //连接服务器
14      mysql_select_db($db_name,$myconn);                  //选择操作库
15      $strSql="insert into $table_name(name,mail,phone,address) values ('$name','$mail', '$phone',
'$address')";                                               //对表进行插入操作
16      mysql_query($strSql,$myconn) or die("插入时出错".mysql_error()); //发送 SQL 请求
17  ?>
18  <html>
19  <head>
20  <title>简易通讯录添加记录处理</title>
21  </head>
22  <meta http-equiv="refresh" content="2; url=14-8.php">
23  <body>
24  已经成功添加记录，两秒后返回。
25  </body>
26  </html>
```

至此，整个简易通讯录程序就算是制作完毕了。到底能否实现，手动输入记录信息，并把记录插入表中呢？下面就来运行一下整个程序，看执行结果。

首先运行修改后的实例 14-8，执行结果如图 14.9 所示。

从图 14.9 的执行结果可见，显示出了原有的数据（这个数据是在前面讲的内容中添加的）。接下来，单击“添加记录”链接，相当于执行实例 14-9。单击链接后的结果如图 14.10 所示。

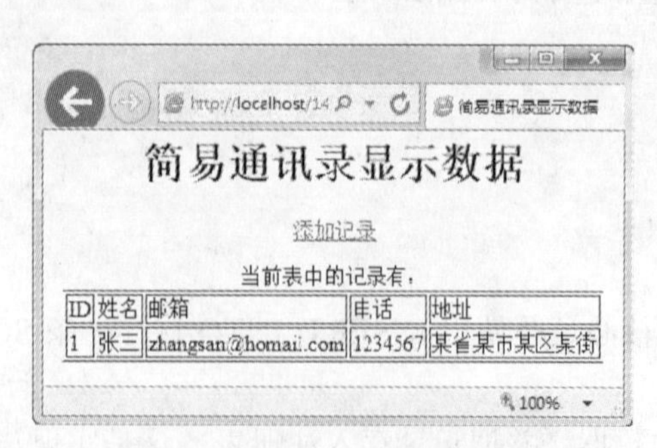

图 14.9　简易通讯录显示数据页执行结果

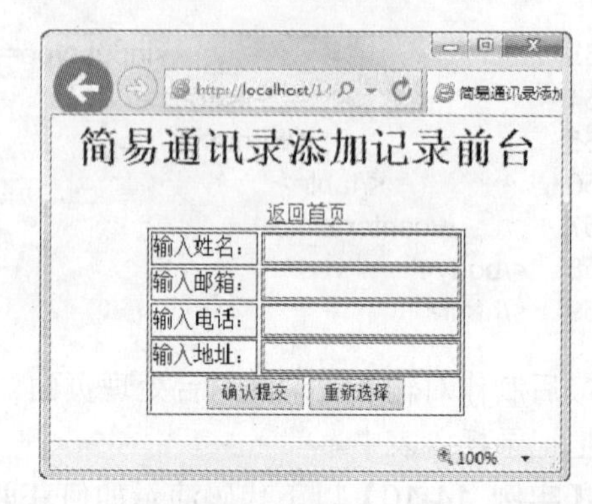

图 14.10　简易通讯录添加记录前台执行结果

由于表中记录只有 5 项，而 ID 一项还是主键并且具有自动增加的属性。所以不必为其添加值。只需要输入图 14.11 所示的 4 项内容即可。按照提示输入相应的信息。这里输入以下简单信息：李四、lisi@mircosoft.com、2345678、北京市海淀区（读者也可以根据自己需要输入合适的信息）。输入完后单击“确认提交”按钮，将转到实例 14-10。

而实例 14-10 只对数据进行了处理，马上又自动跳转到了实例 14-8，如图 14.11 所示。

图 14.11　插入后的数据显示页结果

通过图 14.11 可见，显示的记录中在原有的张三后，又显示了刚刚插入的李四的记录，说明记录已经被插入数据库之中。该简易通讯录程序测试通过。

14.4.4　执行 UPDATE 语句更新记录

知识点讲解：光盘\视频讲解\第 14 章\执行 UPDATE 语句更新记录.wmv

记录在入库后，并不是一成不变的，有时可能需要对某些内容作相应的调整，这时就要用到 UPDATE 语句对记录进行更新。UPDATE 语句的使用格式如下：

```
update table_name set field01="value1",field02="value02" where where_definition
```

其中的 table_name 为欲操作的表名，field01、field02 为字段名，而后面的 value1、value2 为想要更改为的内容。后面的 where_definition 为更改源记录的条件。如想把 test1 表中张三的记录改为王五的，可以执行这样的操作：

```
update test1 set name="王五",mail="wangwu@tom.com",phone="3456789",address="上海市高新开发区"
where name="张三";
```

后面的 where name="张三"如果改成 id=1 会更合适。因为字段 id 是主键，并且具有唯一性，所以不可能出现重复。而 name 则不一样，如果有重名的“张三”则执行相应的操作会把所有的都进行更新。

【实例 14-11】以下代码演示如何使用 UPDATE 语句来更改已经存在的记录。

实例 14-11：如何使用 UPDATE 语句来更改已经存在的记录

源码路径：光盘\源文件\14\14-11.php

```
01  <html>
02  <head>
03  <title>更改表中记录</title>
04  </head>
05  <body>
06  <center>
07  <?php
08      $db_host="localhost";                        //MySQL 服务器名
09      $db_user="root";                             //MySQL 用户名
10      $db_pass="admin";                            //MySQL 用户对应密码
11      $db_name="test";                             //要操作的数据库
12      //使用 mysql_connect()函数对服务器进行连接，如果出错，则返回相应信息
13      $link=mysql_connect($db_host,$db_user,$db_pass)or die("不能连接到服务器".mysql_error());
14      mysql_select_db($db_name,$link);             //选择相应的数据库，这里选择 test 库
15      function show_con()                          //把显示记录功能做成函数以便多次调用
16      {
17          $link=mysql_connect('localhost','root','admin');
18          mysql_select_db(test);
19          $sql="select * from test1";              //先执行 SQL 语句显示所有记录以与更改后相比较
20          $result=mysql_query($sql,$link);         //使用 mysql_query()函数发送 SQL 请求
21          echo "<table border=1>";                 //使用表格格式化数据
22          echo "<tr><td>ID</td><td>姓名</td><td>邮箱</td><td>电话</td><td>地址</td></tr>";
23          while($row=mysql_fetch_array($result))   //遍历 SQL 语句执行结果，把值赋给数组
24          {
25              echo "<tr>";
26              echo "<td>".$row['id']."</td>";          //显示 ID
27              echo "<td>".$row['name']." </td>";       //显示姓名
28              echo "<td>".$row['mail']." </td>";       //显示邮箱
29              echo "<td>".$row['phone']." </td>";      //显示电话
30              echo "<td>".$row['address']." </td>";    //显示地址
31              echo "</tr>";
32          }
33          echo "</table>";
34      }
35      echo "更新前的记录为：";
36      show_con();                                  //调用函数，显示表中所有记录
37      $sql="update test1 set name='王五',mail='wangwu@tom.com',phone='3456789',address='上海
市高新开发区' where id=1";                         //创建更新记录 SQL 语句
38      mysql_query($sql,$link);                     //发送 SQL 请求
39      echo "更新后的记录为：";
40      show_con();                                  //再次调用函数，显示表中记录以做比较
41  ?>
42  </center>
```

```
43   </body>
44   </html>
```

在 PHP 运行环境下执行该 PHP 文件，执行结果如图 14.12 所示。

图 14.12　更改表中记录执行结果

从图 14.12 可以看到在执行更新数据操作之前，调用显示记录函数返回的第一条记录为张三。而执行完更新操作后，再次调用显示记录函数，返回的第一条记录已经成了王五，说明顺利地把表中记录号为 1 的记录进行了更改。

14.4.5　使用表单扩展更改记录功能

知识点讲解：光盘\视频讲解\第 14 章\使用表单扩展更改记录功能.wmv

就像插入记录操作一样，不可能每更改一条记录就修改一次实例 14-11 中的内容，并执行一次该 PHP 文件。如果能与 Web 表单结合起来，实现用户输入什么内容，就更改什么内容，那样就会方便很多。下面就来介绍，如何使用 Web 表单与更改数据记录的操作结合起来。

【实例 14-12】以下代码把 14.4.2 小节所制作的显示记录文件作简单的修改。

实例 14-12：完善 14.4.2 中的代码
源码路径：光盘\源文件\14\14-12.php

```
01   <html>
02   <head>
03   <title>浏览表中记录</title>
04   </head>
05   <body>
06   <center>
07   <?php
08        $db_host="localhost";                          //MySQL 服务器名
09        $db_user="root";                               //MySQL 用户名
10        $db_pass="admin";                              //MySQL 用户对应密码
11        $db_name="test";                               //要操作的数据库
12        //使用 mysql_connect()函数对服务器进行连接，如果出错，则返回相应信息
13        $link=mysql_connect($db_host,$db_user,$db_pass)or die("不能连接到服务器".mysql_error());
14        mysql_select_db($db_name,$link);               //选择相应的数据库，这里选择 test 库
15        $sql="select * from test1";                    //先执行 SQL 语句显示所有记录以与插入后相比较
16        $result=mysql_query($sql,$link);               //使用 mysql_query()函数发送 SQL 请求
17        echo "当前表中的记录有：";
```

```
18        echo "<table border=1>";                          //使用表格格式化数据
19        echo "<tr><td>ID</td><td>姓名</td><td>邮箱</td><td>电话</td><td>地址</td><td>  </td> </tr>";
20        while($row=mysql_fetch_array($result))            //遍历 SQL 语句执行结果，把值赋给数组
21        {
22            echo "<tr>";
23            echo "<td>".$row['id']."</td>";               //显示 ID
24            echo "<td>".$row['name']." </td>";            //显示姓名
25            echo "<td>".$row['mail']." </td>";            //显示邮箱
26            echo "<td>".$row['phone']." </td>";           //显示电话
27            echo "<td>".$row['address']." </td>";         //显示地址
28            echo "<td><a href='14-15.php?id=".$row['id']."'>修改</a></td>";
29            echo "</tr>";
30        }
31        echo "</table>";
32    ?>
33    </center>
34    </body>
35    </html>
```

可以看出，与实例 14-8 不同的是，为显示的表格增加了一列，列中显示指向修改记录前台页面的连接。

【实例 14-13】以下代码为修改记录的前台页面。该页面与实例 14-9 的前台基本相似，不同的是，由于是修改已经存在的记录，所以要能显示原有的记录内容。

实例 14-13：修改记录的前台页面

源码路径：光盘\源文件\14\14-13.php

```
01    <html>
02    <head>
03    <title>简易通讯录修改记录前台</title>
04    </head>
05    <body>
06        <script language="javascript">
07            function Juge(theForm)
08            {
09                if (theForm.name.value == "")
10                {
11                    alert("请输入姓名！");
12                    theForm.name.focus();
13                    return (false);
14                }
15                if (theForm.phone.value == "")
16                {
17                    alert("请输入电话号码！");
18                    theForm.phone.focus();
19                    return (false);
20                }
21                if (theForm.address.value == "")
22                {
23                    alert("请输入地址！");
```

```
24                          theForm.address.focus();
25                          return (false);
26                      }
27                  }
28          </script>
29          <center>
30              <h1>简易通讯录修改记录前台</h1>
31              <p>
32              <a href="14-14.php">返回首页</a>
33              <table border=1>
34                  <form action="14-16.php" method="post" onsubmit="return Juge(this)">
35                      <?php
36                          $link=mysql_connect("localhost","root","admin");
37                          mysql_select_db('test',$link);                  //选择相应的数据库，这里选择 test 库
38                          $sql="select * from test1 where id=".$_GET['id'];      //只显示请求 ID 号的内容
39                          $result=mysql_query($sql);
40                          $row=mysql_fetch_array($result);                    //把结果赋值给数组
41                      ?>
42                      <input type="hidden" name="id" value="<?echo $row[id]?>">
43                      <tr>
44                          <td>输入姓名：</td>
45                          <td><input name="name" type="text" value="<?php echo $row['name']?>"></td>
46                      </tr>
47                      <tr>
48                          <td>输入邮箱：</td>
49                          <td><input name="mail" type="text" value="<?php echo $row['mail']?>"></td>
50                      </tr>
51                      <tr>
52                          <td>输入电话：</td>
53                          <td><input  name="phone"  type="text"  value="<?php  echo  $row['phone']?>">
</td>
54                      </tr>
55                      <tr>
56                          <td>输入地址：</td>
57                          <td><input name="address" type="text" value="<?php echo $row['address']?>">
</td>
58                      </tr>
58                      <tr>
59                          <td colspan="2"><center><input type=submit value="确认提交">
60                          <input type=reset value="重新选择"></center></td>
61                      </tr>
62                  </form>
63              </table>
64          </center>
65      </body>
66      </html>
```

可以看出，上面代码与实例 14-8 的不同，就是多了一项从表中查找出想要修改的记录的原始内容，并把相应的值赋给相应的表单元素。同时，该表单中多了一个隐藏的表单元素 ID，它指向记录的 ID，作为提交表单并且修改记录的条件。

【实例 14-14】以下代码为修改记录的后台操作页面。

实例 14-14：修改记录的后台操作页面
源码路径：光盘\源文件\14\14-14.php

```
01  <?php
02      /*下面内容为获取表单输入，并去掉 HTML 格式。
03      由于表单采用 post 方式传递数据，所以用 post 来获取输入*/
04      $name=htmlspecialchars($_POST['name']);          //获取姓名
05      $mail=htmlspecialchars($_POST['mail']);          //获取邮箱
06      $phone=htmlspecialchars($_POST['phone']);        //获取电话
07      $address=htmlspecialchars($_POST['address']);    //获取地址
08      $id=$_POST['id'];                                //获取 ID
09      $db_host="localhost";                            //MySQL 服务器名
10      $db_user="root";                                 //MySQL 用户名
11      $db_pass="admin";                                //MySQL 用户对应密码
12      $db_name="test";                                 //要操作的数据库
13      $table_name="test1";                             //表名
14      $myconn=mysql_connect("$db_host","$db_user","$db_pass");    //连接服务器
15      mysql_select_db("$db_name",$myconn);             //选择操作库
16      $strSql="update $table_name set name='$name',mail='$mail',phone='$phone',address='$address'
where id=$id";                                           //对表进行修改操作
17      mysql_query($strSql,$myconn) or die("插入时出错".mysql_error());  //发送 SQL 请求
18  ?>
19  <html>
20  <head>
21  <html>
22  <head>
23  <title>简易通讯录修改记录处理</title>
24  </head>
25  <meta http-equiv="refresh" content="2; url=14-12.php">
26  <body>
27  已经成功修改记录，两秒后返回。
28  </body>
29  </html>
```

可以看出以上代码与实例 14-10 也基本类似，除了 SQL 语句内容有所不同，其他地方都相同。

这 3 个文件创建完毕，开始测试更改功能是否起作用。第一步先在 PHP 运行环境中执行实例 14-12，执行结果如图 14.13 所示。

图 14.13　浏览表中记录带修改连接执行结果

从图 14.13 可以看出与图 14.9 的不同之处就在于表格多出一列“修改”的链接。单击“修改”链

接，进入相应的修改页面。这里单击第一条记录后面的链接，就连接到 14-13.php，其执行结果如图 14.14 所示。

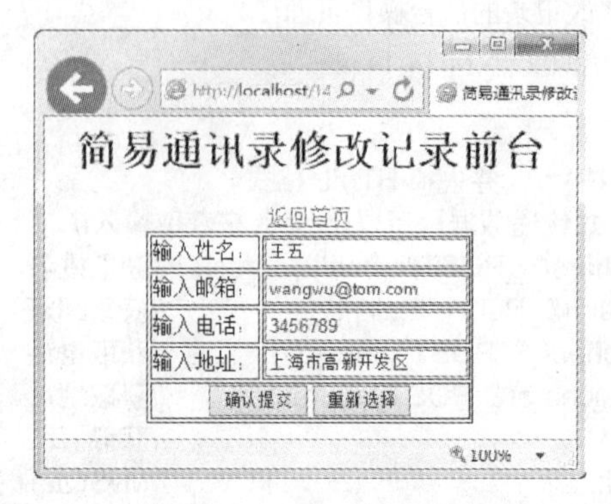

图 14.14　简易通讯录修改记录前台执行结果

从图 14.14 可以看出，连接到此页，显示出了原来存在的记录的内容。下面对该记录进行适当修改。为了便于对照，只把其中的电话由 3456789 改为 1234567；把上海市高新开发区，修改为上海市南京路（读者也可以根据自己的需要进行相应的修改）；其他内容保持不变。输入相应内容后，单击“确认提交”按钮。将跳转到实例 14-14 对数据进行处理，执行结果如图 14.15 所示。

图 14.15　修改记录后台处理执行结果

由于实例 14-14 使用了页面自动跳转，所以在执行完修改记录操作后，直接跳转到了实例 14-12。不过，比较图 14.13 与图 14.15 可以发现：ID 号为 1 的记录中的电话号码和地址都已经发生了改变，由原来的内容变成了对图 14.14 修改后的内容，说明对数据的重新记录操作顺利执行。

如果把本小节所介绍的内容与 14.4.3 小节所介绍的功能结合起来，就是一个功能完善（添加记录、修改记录）的简易通讯录程序了。

14.4.6　执行 DELETE 语句删除记录

知识点讲解：光盘\视频讲解\第 14 章\执行 DELETE 语句删除记录.wmv

数据表中的内容如果不再需要，为了节省空间，把多余的记录从表中删除是有必要的。本小节为读者介绍如何删除表中的记录。

要想删除表中不再需要的记录，可以使用 mysql_query()函数发送一条 DELETE 的 SQL 语句。DELETE 的使用语法如下所示：

```
delete from table_name where t field01="value1"
```

其中的 table_name 为欲删除的记录所在的表名，后面的 where 子句表示执行操作的条件，field01 指字段名，value1 指对应于字段 field01 的值。如想把 test1 表中王五的记录删除，可以执行这样的操作：

```
delete from test1 where t name="王五"
```

正如 14.4.4 小节提到的那样，字段 ID 是表 test1 的主键，并且具有唯一性。所以如果把上面代码中的 name="王五"更改为 id=1 会更好地执行操作。

【实例 14-15】以下代码演示如何使用 DELETE 语句来删除已经存在且不再需要的记录。

实例 14-15：如何使用 DELETE 语句来删除已经存在且不再需要的记录

源码路径：光盘\源文件\14\14-15.php

```
01  <html>
02  <head>
03  <title>删除表中记录</title>
04  </head>
05  <body>
06  <center>
07  <?php
08      //使用 mysql_connect()函数对服务器进行连接，如果出错，则返回相应信息
09      $link=mysql_connect("localhost","root","admin")or die("不能连接到服务器".mysql_error());
10      mysql_select_db('test',$link);                  //选择相应的数据库，这里选择 test 库
11      function show_con()                             //把显示记录功能做成函数以便多次调用
12      {
13          $link=mysql_connect('localhost','root',"admin");
14          mysql_select_db('test');
15          $sql="select * from test1";                 //先执行 SQL 语句显示所有记录以与更改后相比较
16          $result=mysql_query($sql,$link);            //使用 mysql_query()函数发送 SQL 请求
17          echo "<table border=1>";                    //使用表格格式化数据
18          echo "<tr><td>ID</td><td>姓名</td><td>邮箱</td><td>电话</td><td>地址</td></tr>";
19          while($row=mysql_fetch_array($result))      //遍历 SQL 语句执行结果，把值赋给数组
20          {
21              echo "<tr>";
22              echo "<td>".$row['id']."</td>";         //显示 ID
23              echo "<td>".$row['name']." </td>";      //显示姓名
24              echo "<td>".$row['mail']." </td>";      //显示邮箱
25              echo "<td>".$row['phone']." </td>";     //显示电话
26              echo "<td>".$row['address']." </td>";   //显示地址
27              echo "</tr>";
28          }
29          echo "</table>";
30      }
31      echo "删除前的记录为：";
32      show_con();                                     //调用函数，显示表中所有记录
33      $sql="delete from test1 where id=1";            //创建更新记录 SQL 语句
34      mysql_query($sql,$link);                        //发送 SQL 请求
35      echo "<p>";
36      echo "删除后的记录为：";
37      show_con();                                     //再次调用函数，显示表中记录以做比较
38  ?>
39  </center>
40  </body>
41  </html>
```

在 PHP 运行环境下执行该 PHP 文件，执行结果如图 14.16 所示。

ID	姓名	邮箱	电话	地址
1	王五	wangwu@tom.com	1234567	上海市南京路
2	李四	lisi@mircosoft.com	2345678	北京市海淀区

ID	姓名	邮箱	电话	地址
2	李四	lisi@mircosoft.com	2345678	北京市海淀区

图 14.16　删除表中记录执行结果

通过图 14.16 可以看出，在执行删除操作前，遍历表的结果，表中有两条记录，而在执行了删除操作后，ID 号为 1 的记录已经从表中被删除了，说明删除操作顺利执行。

14.4.7　执行 ALTER TABLE 语句改变表的结构

知识点讲解：光盘\视频讲解\第 14 章\执行 ALTER TABLE 语句改变表的结构.wmv

数据表在建立后并不是一成不变的，有时需要增删表的某些字段。如通讯录表在建立后，只有姓名、邮箱、电话、地址几项可能还不能满足需要，还要再加上手机号一项新的内容，或者其中邮箱一项不再需要要予以删除。这时就要使用到 ALTER TABLE 语句来改变表的结构，该语句的使用格式如下所示：

```
alter table table_name add column field_name1 date,add column field_name2 time…;
```

其中的 table_name 是想要改变结构的表名，field_name1 与 field_name2 为想要添加的字段名，跟在它们后面的 date 和 time 表示该字段的类型。如要给表 test1 增加手机和生日列，就可以使用这样的格式：

```
alter table test1 add column mob_phone varchar(11),add column birthday varchar(8);
```

可见要增加表的字段，后面要加上 add column 关键字。

删除字段也是使用 ALTER TABLE 语句，只不过跟上 drop column 关键字。具体格式如下所示：

```
alter table table_name drop column field_name1,drop column field_name2…;
```

如要删除表 test1 中的邮箱一项，就可以使用这样的格式：

```
alter table test1 drop mail;
```

通过对上面两种情况的介绍后，读者可以发现，无论是为表添加字段，还是删除表中已有字段，均是使用 ALTER TABLE 语句。不同的是，增加字段后面跟的是 add column 关键字，而删除字段使用的是 drop column 关键字。

说明：在实际执行这些操作之前首先应该返回指定表的所有字段，可以使用mysql_query()函数发送SQL请求（show columns from table_name）来替换完成。

【实例 14-16】以下代码演示如何对表的结构进行修改。

实例 14-16：如何对表的结构进行修改

源码路径：光盘\源文件\14\14-16.php

```
01  <html>
02  <head>
03  <title>改变表的结构</title>
04  </head>
05  <body>
06  <center>
07  <?php
08      //使用 mysql_connect()函数对服务器进行连接，如果出错，则返回相应信息
09      $link=mysql_connect("localhost","root","admin")or die("不能连接到服务器".mysql_error());
10      mysql_select_db('test',$link);                  //选择相应的数据库，这里选择 test 库
11      function show_field()                           //把显示字段功能做成函数以便多次调用
12      {
13          $link=mysql_connect('localhost','root',"admin")or die("不能连接到服务器".mysql_error());
14          mysql_select_db('test',$link);              //选择相应的数据库，这里选择 test 库
15          $result=mysql_query("show columns from test1",$link);
16          echo "test1 表中现有的字段内容为：";
17          while($row=mysql_fetch_array($result))  //遍历表中的所有字段
18          {
19              echo $row["Field"];
20              echo "<p>";
21          }
22      }
23      echo "删除前：";
24      echo "<p>";
25      show_field();                                   //显示表的所有字段
26      echo "<p>";
27      echo "删除后：";
28      echo "<p>";
29      $sql="alter table test1 add column mob_phone varchar(11),add column birthday varchar(8)";
30      mysql_query($sql);                              //执行添加字段的 SQL 语句
31      $sql="alter table test1 drop mail";
32      mysql_query($sql);                              //执行删除字段的 SQL 语句
33      show_field();                                   //再次显示表的所有字段
34  ?>
35  </center>
36  </body>
37  </html>
```

在 PHP 运行环境中执行该 PHP 文件，执行结果如图 14.17 所示。

从图 14.17 中可以看出，在执行改变表结构前表中有 5 个字段，分别是 id、name、mail、phone、address。可是在执行改变表的结构的操作后，字段变为了 6 个，分别是 id、name、phone、address、mob_phone、birthday。原来的 mail 字段被删除了，而又新添加了 mob_phone 和 birthday 两个字段。通过执行结果可以明显发现，改变表的结构的语句是如何发生作用的。

如何插入、浏览、更新记录，如何改变表的结构等内容是使用 MySQL 数据库时最常要用到的。只有熟练掌握了这些基本内容，才能在这些基础上开发出基于 MySQL 数据库的高效率的 Web 应用程序。

图 14.17　改变表的结构执行结果

14.5　对 MySQL 表的高级查询

14.4 节介绍的对数据表的浏览，只是简单地显示所有记录，并没有附加任何的条件，也没有对输出结果的约束。本节来介绍常用在 SELECT、DELETE 和 UPDATE 操作中所附加的子句。通过这些子句一方面能对执行的操作附加条件；另一方面也对显示的结果有所限制。这样就可以实现更多的功能。

14.5.1　使用 WHERE 子句

知识点讲解：光盘\视频讲解\第 14 章\使用 WHERE 子句.wmv

不管是进行查询、删除或者修改操作时通常都是需要附加条件的，而 WHERE 子句就为执行 SELECT、DELETE 和 UPDATE 操作的附加条件。如想要浏览表 test1 中 ID 号小于 10 的用户记录就可以这样使用 WHERE 子句：

```
select * from test1 where id<10
```

这样，只有满足条件（ID 小于 10 的记录）才会被浏览到。

同时 WHERE 也可以用来作为数据搜索的条件。如果记录特别多，从所有的记录中找出一条记录就非常麻烦，这时使用 WHERE 子句就简单得多了。如要查看某一个人（如张三）的详细信息，就可以这样使用 WHERE 子句：

```
select * from test1 where name='张三'
```

这样就可以显示出所有名字为张三的记录（可能不止一个人，因为可能有重名的情况）。

同时，WHERE 子句也可以用到 UPDATE 更新操作及 DELETE 删除操作中。

如在一个论坛中有很多用户，其中有普通会员、版主、超级版主、管理员等。到了节日时，要给所有的会员加分（实际上是改变积分的值），就可以根据用户不同的身份，给予不同的处理。

下面这一句给普通用户增加 10 分：

```
update table_name set score=score+10 where shenfen="normal";
```

下面这一句给版主增加 100 分：

```
update table_name set score=score+100 where shenfen="banzhu";
```

下面这一句给超级版主增加 200 分：

```
update table_name set score=score+200 where shenfen="super";
```

经过以上 3 条 SQL 语句的操作，不同的用户就会被给予不同的积分奖励。

为什么非要用 3 句？用 1 句加上 3 个条件不是更好？注意这一点是不被允许的，因为 MySQL 并不支持多重 WHERE。所以以上 3 步操作不能放到一条语句中。

虽然 MySQL 并不支持多重 WHERE，但是可以使用 AND（和）、OR（或）这两个关键字，把多重条件组合起来使用。如要搜索 ID 号为 1 和 ID 号为 10 的用户的记录就可以使用：

```
select * from table_name where id=1 or id=10
```

这样就会查询出所需要的信息。同理，AND 操作是同时满足两个条件的内容才会被查询出。

WHERE 子句用于 DELETE 操作时是什么情况呢？如一个论坛中用户太多了，如果要删除连续一年没有登录的用户（一般是没有这样的操作的）。就可以这样使用：

```
delete from table_name where no_login>365;
```

这样，未登录时间超过一年的用户就会被删除。

还有一点需要注意，WHERE 子句的操作符不仅有“=”、“<”、“>”等这些数学符号，还可以使用“not”表示逻辑非。如要搜索所有性别不为男的成员的信息就可以使用这样的格式：

```
select * from table_name where sex not male
```

这样就可以选出所有性别不是男的记录。

还有一个操作符 LIKE 可以用于模糊查询，它的使用格式如下所示：

```
select * from table_name where field_name like value
```

其中的 field_name 为字段（实际指代该字段的值），value 为某一个值。这样的使用是检查左边的字段的值 field_name 是否为右边的 value 的子串。

另外，在使用 LIKE 操作符时还可以加上简单的通配符“%”、“_”。其中“%”指代 0 个或多个字符的字符串，“_”指代任何一个单个字符。这样就可以通过 LIKE 的模糊查找功能找出包含某个字串的记录。如下面的操作：

```
select * from table_name where address like "%北京%"
```

这样就可以搜索出所有地址在北京的用户或者地址中包括“北京”内容的用户记录。

WHERE 子句包含的内容相当广泛，善于利用该子句可以大大提高相关 SQL 语句的执行效率。

14.5.2 使用 LIMIT 子句对结果进行分页显示

知识点讲解：光盘\视频讲解\第 14 章\使用 LIMIT 子句对结果进行分页显示.wmv

在使用 SELECT 进行查询时，如果表中的结果太多，可能就会查找出很多的结果。如果只是想要其中的几条该怎么办？实际这种情况常出现在分页操作中。如一个留言簿一共有 100 条记录，如果只想让一页出现 10 条记录该怎么办？这时就要用到 LIMIT 子句。

LIMIT 跟 1 个或 2 个数字参数，如果给定 2 个参数，第一个指定要返回的第一行的偏移量，第二个指定返回行的最大数目。注意初始行的偏移量是 0（不是 1）。它的使用格式如下所示：

```
select field_nam from table_name limit 10
```

【实例 14-17】下面使用一个实例来说明使用 LIMIT 与不使用 LIMIT 的区别（这里的表还使用 test1 表，在使用前使用前面的实例 14-9～实例 14-11 给表中加入记录。不过表的结构在 14.4.7 小节中被改变，使用前还要再改回来）。

实例 14-17：说明使用 LIMIT 与不使用 LIMIT 的区别
源码路径：光盘\源文件\14\14-17.php

```
01  <html>
02  <head>
03  <title>使用 limit 子句</title>
04  </head>
05  <body>
06  <center>
07  <?php
08      $db_host='localhost';                          //MySQL 服务器名
09      $db_user='root';                               //MySQL 用户名
10      $db_pass='admin';                              //MySQL 用户对应密码
11      $db_name='test';                               //要操作的数据库
12      //使用 mysql_connect()函数对服务器进行连接，如果出错，则返回相应信息
13      $link=mysql_connect($db_host,$db_user,$db_pass)or die("不能连接到服务器".mysql_error());
14      mysql_select_db($db_name,$link);              //选择相应的数据库，这里选择 test 库
15      $sql="select * from test1";                    //没有加入 LIMIT 的 SQL 语句
16      $result=mysql_query($sql,$link);               //使用 mysql_query()函数发送 SQL 请求
17      echo "没有使用 limit 子句的输出结果：";
18      echo "<p>";
19      echo "<table border=1>";                       //使用表格格式化数据
20      echo "<tr><td>ID</td><td>姓名</td><td>邮箱</td><td>电话</td><td>地址</td></tr>";
21      while($row=mysql_fetch_array($result))        //遍历 SQL 语句执行结果，把值赋给数组
22      {
23          echo "<tr>";
24          echo "<td>".$row['id']."</td>";            //显示 ID
25          echo "<td>".$row['name']." </td>";         //显示姓名
26          echo "<td>".$row['mail']." </td>";         //显示邮箱
27          echo "<td>".$row['phone']." </td>";        //显示电话
```

```
28          echo "<td>".$row['address']." </td>";        //显示地址
29          echo "</tr>";
30      }
31      echo "</table>";
32      echo "<p>";
33      echo "使用 limit 子句后的输出结果：";
34      echo "<p>";
35      $sql="select * from test1 limit 3";               //加入 LIMIT 子句的 SQL 语句
36      $result=mysql_query($sql,$link);                  //使用 mysql_query()函数发送 SQL 请求
37      echo "<table border=1>";                          //使用表格格式化数据
38      echo "<tr><td>ID</td><td>姓名</td><td>邮箱</td><td>电话</td><td>地址</td></tr>";
39      while($row=mysql_fetch_array($result))            //遍历 SQL 语句执行结果，把值赋给数组
40      {
41          echo "<tr>";
42          echo "<td>".$row['id']."</td>";               //显示 ID
43          echo "<td>".$row['name']." </td>";            //显示姓名
44          echo "<td>".$row['mail']." </td>";            //显示邮箱
45          echo "<td>".$row['phone']." </td>";           //显示电话
46          echo "<td>".$row['address']." </td>";         //显示地址
47          echo "</tr>";
48      }
49      echo "</table>";
50  ?>
51  </center>
52  </body>
53  </html>
```

在 PHP 运行环境中执行该 PHP 文件，执行结果如图 14.18 所示。

ID	姓名	邮箱	电话	地址
2	李四	lisi@mircosoft.com	2345678	北京市海淀区
3	王五	wangwu@tom.com	1234567	某省市区街
4	赵六	zhaoliu@126.com	1111111	北京市东城区
5	陈小二	xiaoer@sohu.com	2222222	河南省
6	赵匡胤	kuangyin@126.com	没有	北宋

ID	姓名	邮箱	电话	地址
2	李四	lisi@mircosoft.com	2345678	北京市海淀区
3	王五	wangwu@tom.com	1234567	某省市区街
4	赵六	zhaoliu@126.com	1111111	北京市东城区

图 14.18　使用 LIMIT 子句执行结果

现在再对上面的实例做小小的改动，把 LIMIT 子句后面的参数 3 改为 2，3。即把原来的 1 个参数变为 2 个参数。第一个参数 2 为偏移量，第二个参数 3 为显示的结果。然后再来执行实例 14-17，执行结果如图 14.19 所示。

比较两次的执行结果可以明显看出 LIMIT 子句的显示区别。不使用该子句将显示所有记录，而使

用该子句后将显示指定条数的记录。加入一个参数只显示指定条数记录，加入两个参数把搜索结果按第一个参数进行偏移再显示指定条数的记录。

图 14.19　使用 LIMIT 子句加两个参数的执行结果

14.5.3　使用 ORDER BY 对查询结果进行排序

知识点讲解：光盘\视频讲解\第 14 章\使用 ORDER BY 对查询结果进行排序.wmv

使用 SELECT 语句对数据表进行浏览查询，所查出的记录都是按照记录插入的先后顺序排列的，有时这样的结果并不是用户所希望的，如果希望结果按照某一字段的某一顺序进行排列，这时就需要用到 ORDER BY 子句。该子句的使用格式如下所示：

```
select field_name from table_name order by field_name desc
```

其中的 field_name 为字段，table_name 为表名，参数 desc 为降序即从大到小的顺序排列，如果要使用升序即从小到大的顺序排列就要使用参数 asc。如果不使用参数，默认为按照升序进行排序。如对表 test1 中的记录按电话号码一项按降序排列就可以这样使用：

```
select * from test1 order by phone desc;
```

【实例 14-18】 以下代码演示如何使用 ORDER BY 子句对查询结果进行排序。

实例 14-18： 如何使用 ORDER BY 子句对查询结果进行排序
源码路径： 光盘\源文件\14\14-18.php

```
01  <html>
02  <head>
03  <title>使用 order by 子句</title>
04  </head>
05  <body>
06  <center>
07  <?php
08          $db_host='localhost';                               //MySQL 服务器名
09          $db_user='root';                                    //MySQL 用户名
10          $db_pass='admin';                                   //MySQL 用户对应密码
```

```
11        $db_name="test";                              //要操作的数据库
12        //使用 mysql_connect()函数对服务器进行连接，如果出错，则返回相应信息
13        $link=mysql_connect($db_host,$db_user,$db_pass)or die("不能连接到服务器".mysql_error());
14        mysql_select_db($db_name,$link);              //选择相应的数据库，这里选择 test 库
15        $sql="select * from test1";                   //没有加入 ORDER BY 子句的 SQL 语句
16        $result=mysql_query($sql,$link);              //使用 mysql_query()函数发送 SQL 请求
17        echo "没有使用 order by 子句的输出结果：";
18        echo "<p>";
19        echo "<table border=1>";                      //使用表格格式化数据
20        echo "<tr><td>ID</td><td>姓名</td><td>邮箱</td><td>电话</td><td>地址</td></tr>";
21        while($row=mysql_fetch_array($result))        //遍历 SQL 语句执行结果，把值赋给数组
22        {
23             echo "<tr>";
24             echo "<td>".$row['id']."</td>";          //显示 ID
25             echo "<td>".$row['name']." </td>";       //显示姓名
26             echo "<td>".$row['mail']." </td>";       //显示邮箱
27             echo "<td>".$row['phone']." </td>";      //显示电话
28             echo "<td>".$row['address']." </td>";    //显示地址
29             echo "</tr>";
30        }
31        echo "</table>";
32        echo "<p>";
33        echo "使用 order by 子句后的输出结果：";
34        echo "<p>";
35        $sql="select * from test1 order by phone";    //加入 ORDER BY 子句的 SQL 语句
36        $result=mysql_query($sql,$link);              //使用 mysql_query()函数发送 SQL 请求
37        echo "<table border=1>";                      //使用表格格式化数据
38        echo "<tr><td>ID</td><td>姓名</td><td>邮箱</td><td>电话</td><td>地址</td></tr>";
39        while($row=mysql_fetch_array($result))        //遍历 SQL 语句执行结果，把值赋给数组
40        {
41             echo "<tr>";
42             echo "<td>".$row['id']."</td>";          //显示 ID
43             echo "<td>".$row['name']." </td>";       //显示姓名
44             echo "<td>".$row['mail']." </td>";       //显示邮箱
45             echo "<td>".$row['phone']." </td>";      //显示电话
46             echo "<td>".$row['address']." </td>";    //显示地址
47             echo "</tr>";
48        }
49        echo "</table>";
50   ?>
51   </center>
52   </body>
53   </html>
```

在 PHP 运行环境中执行该 PHP 文件，执行结果如图 14.20 所示。

从执行结果可以看出，下部的输出结果是按照所有记录的电话升序进行排序。

现在把以上实例中的 ORDER BY 子句后面加上参数 desc。再次执行，结果如图 14.21 所示。

从运行结果可以得知，下部的输出按所有记录的电话进行降序排列。

从以上两次执行结果中可以清晰地看出使用 ORDER BY 子句与不使用该子句的区别。

图 14.20　使用 ORDER BY 子句执行结果

图 14.21　加上 DESC 参数后的执行结果

另外在使用 ORDER BY 子句时有一项需要注意，ORDER DY 子句允许多次使用。这样就可以实现多重排序，如下所示：

```
select field_nam from table_name order by field_name,order by field_name2
```

如何理解呢？就是说，先对查询结果按照 field_name 字段按升序进行排列，如果有多个记录的 field_name 字段都相同，这时再按照 field_name2 字段按升序进行排列。这就是多重排序。例如，对某个班级的学生成绩先按照总成绩进行排序，以排出名次。如果两个学生的总成绩都相同，再按照语文的成绩进行排序。

当然也可以使用 3 种甚至多种排序，即 ORDER BY 子句可以多次使用。

利用本节介绍的几种高级查询子句不仅可以提高 SQL 语句执行效率，还可以结合不同的功能扩展 SQL 语句的功能。

14.6　MySQL 数据库使用实例

本节将使用前面所学习的知识来完成一个数据使用的综合实例。主要内容包括明确设计目的、连接 MySQL 服务器和显示学生数据页、添加记录页、修改记录页、查找记录页的创建。

14.6.1　明确设计目的——学生档案管理系统

知识点讲解：光盘\视频讲解\第 14 章\明确设计目的.wmv

本小节结合本章所学 MySQL 数据库的内容，来做一个学生档案管理系统。

一个班级学生档案管理系统必备的功能就是对学生信息的管理，包括添加、浏览、修改、删除信息等操作。

这里先建立一个表 student 以存放学生的信息。该表中有以下字段：ID（记录号）、NAME（姓名）、SEX（性别）、BIRTHDAY（出生日期）、S_ID（学号）、PARENT（家长姓名）、PHONE（家庭电话）、ADDRESS（家庭地址）等。

【实例 14-19】以下代码把一些变量存为一个配置文件中，以便多次调用。

实例 14-19：创建配置文件
源码路径：光盘\源文件\14\14-19.php

```
01  <?php
02      $host_name="localhost";                    //主机名
03      $db_user="root";                           //用户名
04      $db_pass="admin";                          //用户密码
05      $db_name="test";                           //数据库名
06      $table_name="student";                     //数据表名
07      $list_num=10;                              //每页显示记录数
08  ?>
```

该文件存放了连接数据库时必需的各项内容，这样需要时只需使用 include()或者 require 调用该文件即可，避免了多次定义。

14.6.2　连接 MySQL 服务器建立学生档案表

知识点讲解：光盘\视频讲解\第 14 章\连接 MySQL 服务器建立学生档案表.wmv

本小节来介绍连接到服务器创建学生档案表：student。

【实例 14-20】以下代码在数据库中创建学生档案表。

实例 14-20：在数据库中创建学生档案表
源码路径：光盘\源文件\14\14-20.php

```
01  <?php
02      require "14-19.php";                                    //调用配置文件
03      //连接 MySQL 服务器
04      $link=mysql_connect($host_name,$db_user,$db_pass)or die("不能连接到服务器".mysql_error());
05      mysql_select_db($db_name,$link);                        //选择 test 数据库
06      //下面的$sql 就为创建表的 SQL 语句
07      $sql="create table $table_name(
08          id int(5) not null auto_increment primary key,
09          name varchar(12) not null,
10          sex varchar(4) not null,
11          birthday varchar(16) not null,
12          s_id varchar(10) not null,
13          parent varchar(12) not null,
14          phone varchar(14) not null,
15          address varchar(30) not null
16      )";
17      if(mysql_query($sql,$link))                             //发送 SQL 语句执行创建表的操作
18          echo "表".$table_name."创建成功";                   //如果创建成功显示信息
19      else
20      echo "创建数据库出错！";
21  ?>
```

在 PHP 运行环境中执行该 PHP 文件，将会出现如图 14.22 所示的执行结果。

图 14.22　建立学生档案表执行结果

创建表是建立系统的基础，其他一切操作都要在表中进行。表创建完成后，下一步就是为表中添加相应的数据了。14.6.3 小节将介绍显示数据页面及添加数据页面的创建过程。

14.6.3　显示学生数据页的创建

知识点讲解：光盘\视频讲解\第 14 章\显示学生数据页的创建.wmv

本小节为读者介绍如何显示表中的数据。显示数据当然还是要使用 SELECT 查询，但本小节的 SELECT 查询不同于前面介绍的内容。本小节所使用的 SELECT 查询包括更多的内容，最重要的一项就是使用 LIMIT 子句以实现分页功能。

【实例 14-21】显示学生数据页的创建。

实例 14-21：显示学生数据页的创建
源码路径：光盘\源文件\14\14-21.php

```
01  <?php
02      error_reporting(0);
03      require "14-19.php";                            //调用配置文件
04      if(!$_GET['page'])
05          $page=1;
06      else
07          $page=$_GET['page'];
08      //连接 MySQL 服务器
09      $link=mysql_connect($host_name,$db_user,$db_pass)or die("不能连接到服务器".mysql_error());
10      mysql_select_db($db_name,$link);                //选择 test 数据库
11      //下面的$sql 就为创建表的 SQL 语句
12      $sql="select id from $table_name";              //查询所有记录
13      $result=mysql_query($sql,$link);                //发送 SQL 请求
14      $num=mysql_num_rows($result);                   //获得记录数
15  ?>
16  <html>
17  <head>
18  <title>学生档案管理系统——记录显示页</title>
19  </head>
20  <body>
21  <center>
22  <h1>学生档案管理系统——记录显示页</h1>
23  <p>
24  <a href=14-22.php>添加记录</a>   <a href=14-24.php>查找记录</a>
25  <p>
26  <?php
```

```
27        echo "目前共有".$num."条记录  ";                    //输出记录数
28        $p_count=ceil($num/$list_num);                                 //总页数为总条数除以每页显示数
29        echo "共分".$p_count."页显示  ";                    //输出页数
30        echo "当前显示第".$page."页";
31        echo "<p>";
32        if($num>0)                                                     //如果记录数大于 0，则输出记录内容
33        {
34    ?>
35    <p>
36    <table border="1">
37    <tr>
38    <td>ID</td>
39    <td>姓名</td>
40    <td>性别</td>
41    <td>出生日期</td>
42    <td>学号</td>
43    <td>家长姓名</td>
44    <td>家庭电话</td>
45    <td>家庭住址</td>
46    <td> </td>
47    </tr>
48    <?php
49        $temp=($page-1)*$list_num;
50        $sql="select * from $table_name limit $temp,$list_num";
51        $result=mysql_query($sql);                                     //执行 SQL 语句
52        while($row=mysql_fetch_array($result))                         //通过循环遍历记录集
53        {
54            echo "<tr>\n";
55            echo "<td>".$row['id']."</td>\n";
56            echo "<td>".$row['name']."</td>\n";
57            echo "<td>".$row['sex']."</td>\n";
58            echo "<td>".$row['birthday']."</td>\n";
59            echo "<td>".$row['s_id']."</td>\n";
60            echo "<td>".$row['parent']."</td>\n";
61            echo "<td>".$row['phone']."</td>\n";
62            echo "<td>".$row['address']."</td>\n";
63            echo "<td><a href=14-23.php?id=".$row['id'].">修改</a></td>\n";
64            echo "</tr>\n";
65        }
66        echo "</table>";
67        //以下为显示分页的连接的内容
68        $prev_page=$page-1;                                            //定义上一页为该页减 1
69        $next_page=$page+1;                                            //定义下一页为该页加 1
70        echo "<p align=\"center\"> ";
71        if ($page<=1)                                                  //如果当前页小于等于 1，则只有显示
72            echo "第一页 | ";
73        else                                                           //如果当前页大于 1，则显示指向第一页的链接
74            echo "<a href='$PATH_INFO?page=1'>第一页</a> | ";
75        if ($prev_page<1)                                              //如果上一页小于 1，则只显示文字
76            echo "上一页 | ";
77        else                                                           //如果大于 1，则显示指向上一页的链接
```

```
78            echo "<a href='$PATH_INFO?page=$prev_page'>上一页</a> | ";
79        if ($next_page>$p_count)                          //如果下一页大于总页数，则只显示文字
80            echo "下一页 | ";
81        else                                              //如果小于总页数，则显示指向下一页的链接
82            echo "<a href='$PATH_INFO?page=$next_page'>下一页</a> | ";
83        if ($page>=$p_count)                              //如果当前页大于或者等于总页数，只显示文字
84            echo "最后一页</p>\n";
85        else                                              //如果当前页小于总页数，显示最后页的链接
86            echo "<a href='$PATH_INFO?page=$p_count'>最后一页</a></p>\n";
87        }
88        else                                              //如果没有记录时输出信息
89            echo "暂时还没有记录！";
90    ?>
91    </body>
92    </html>
```

可以看出，该实例中的 SELECT 与前几节介绍的略有不同，不同之处就在于它使用了 LIMIT 的两个参数。第一个参数为返回查询的偏移量，第二个参数为显示的记录数。记录数很简单，直接限制为每页最多显示数就可以了。而偏移量怎么计算呢？如当前页为第一页，偏移量为 0 就可以了；当前页为第二页，偏移量就为 10；当前页为第三页，偏移量就为 20……以此类推。如果当前页为 N，偏移量就为(N-1)*$list_num，即前面页面显示的所有记录数，这样就实现了分页的显示。

14.6.4 添加记录页的创建

知识点讲解：光盘\视频讲解\第 14 章\添加记录页的创建.wmv

本小节就开始着手来为表中添加记录。这里还是采用前台输入加后台处理的方式来进行。不过本小节把前台的表单输入和后台的数据处理整合到一个文件中，以使程序更加简洁。

【实例 14-22】以下为添加记录页代码。

实例 14-22：添加记录页
源码路径：光盘\源文件\14\14-22.php

```
01    <?php
02        error_reporting(0);
03        if(!$_POST['name'])                                    //如果没有记录输入
04        {
05    ?>
06    <html>
07    <head>
08    <title>学生档案管理系统——记录添加页</title>
09    </head>
10    <body>
11    <script language="javascript">
12        function Juge(theForm)
13        {
14            if (theForm.name.value == "")
15            {
16                alert("请输入姓名！");
```

```
17                      theForm.name.focus();
18                      return (false);
19                  }
20                  if (theForm.s_id.value == "")
21                  {
22                      alert("请输入学号！");
23                      theForm.s_id.focus();
24                      return (false);
25                  }
26          }
27  </script>
28  <center>
29  <h1>学生档案管理系统——记录添加页</h1>
30  <a href="14-21.php">返回首页</a>
31  <table border=1>
32  <form action="<?php echo $PATH_INFO ?>" method="post" onsubmit="return Juge(this)">
33  <tr>
34  <td>输入姓名：</td>
35  <td><input name="name" type="text"></td>
36  </tr>
37  <tr>
38  <td>输入性别：</td>
39  <td>
40  <input type=radio name=sex value=男  checked>男
41  <input type=radio name=sex value=女>女
42  </td>
43  </tr>
44  <tr>
45  <td>出生日期：</td>
46  <td>
47  <select name=b_y>
48  <?php
49          for($i=1980;$i<2004;$i++)                                   //循环输出出生年
50                  echo "<option value=".$i.">".$i."\n";
51  ?>
52  </select>年
53  <select name=b_m>
54  <?php
55          for($i=1;$i<13;$i++)                                        //循环输出出生月
56                  echo "<option value=".$i.">".$i."\n";
57  ?>
58  </select>月
59  <select name=b_d>
60  <?php
61          for($i=1;$i<32;$i++)                                        //循环输出出生日
62                  echo "<option value=".$i.">".$i."\n";
63  ?>
64  </select>日
65  </td>
66  </tr>
67  <tr>
```

```
68          <td>输入学号：</td>
69          <td><input name="s_id" type="text"></td>
70      </tr>
71      <tr>
72          <td>监护人姓名：</td>
73          <td><input name="parent" type="text"></td>
74      </tr>
75      <tr>
76          <td>家庭电话：</td>
77          <td><input name="phone" type="text"></td>
78      </tr>
79      <tr>
80          <td>家庭住址：</td>
81          <td><input name="address" type="text"></td>
82      </tr>
83      <tr>
84          <td colspan="2"><center><input type=submit value="确认提交">
85          <input type=reset value="重新选择"></center></td>
86      </tr>
87      </form>
88      </table>
89      <?php
90          }
91          else
92          {
93              //以下内容为获取表单传递的变量
94              $name=$_POST['name'];
95              $sex=$_POST['sex'];
96              $birthday=$_POST['b_y']."年".$_POST['b_m']."月".$_POST['b_d']."日";
97              $s_id=$_POST['s_id'];
98              $parent=$_POST['parent'];
99              $phone=$_POST['phone'];
100             $address=$_POST['address'];
101             require "14-19.php";
102             $link=mysql_connect($host_name,$db_user,$db_pass)or die("不能连接到服务器".mysql_error());
103             mysql_select_db($db_name,$link);                    //选择 test 数据库
104             $sql="insert into $table_name (name,sex,birthday,s_id,parent,phone,address) values('$name',
'$sex','$birthday','$s_id','$parent','$phone','$address')";
105             mysql_query($sql,$link);                            //执行插入记录的 SQL 语句
106     ?>
107     <html>
108     <head>
109     <title>学生档案管理系统——记录添加页</title>
110     </head>
111     <meta http-equiv="refresh" content="2; url=14-21.php">
112     <body>
113     已经成功添加记录，两秒后返回。
114     </body>
115     </html>
116     <?php
117         }
```

```
118 ?>
```

可以看出，该文件与前面对表进行操作时的实例有所不同。不同之处在于前面实例中输入数据的前台与处理数据的后台是分开的，是不同的两个文件，现在把前台与后台的功能整合到一个文件中了。其中的关键就是表单的 action 属性要指向自身，这里使用了 PHP 的系统变量$PATH_INFO 指代文件自身，同时还用 POST 变量来判断前后台操作。如果没有使用 POST 变量，则判定为向前台添加数据操作；如果有了 POST 变量，则判定为后台处理添加数据的操作。

14.6.5　修改记录页的创建

知识点讲解：光盘\视频讲解\第 14 章\修改记录页的创建.wmv

实例 14-21 中有一个指向 14-23.php 的链接，该文件的作用就是对原有的数据进行修改。本小节就来创建这个修改原有记录的文件。同 14.6.4 小节一样，这个文件仍然把前台输入修改内容与后台处理修改结果整合为一个文件。

【实例 14-23】以下为修改记录页代码。

实例 14-23：修改记录页
源码路径：光盘\源文件\14\14-23.php

```
01  <?php
02      error_reporting(0);
03      if(!$_POST['name'])                                    //如果没有记录输入
04      {
05  ?>
06  <html>
07  <head>
08  <title>学生档案管理系统——记录修改页</title>
09  </head>
10  <body>
11  <script language="javascript">
12      function Juge(theForm)
13      {
14          if (theForm.name.value == "")
15          {
16              alert("请输入姓名！");
17              theForm.name.focus();
18              return (false);
19          }
20          if (theForm.s_id.value == "")
21          {
22              alert("请输入学号！");
23              theForm.s_id.focus();
24              return (false);
25          }
26      }
27  </script>
28  <center>
29  <h1>学生档案管理系统——记录修改页</h1>
```

```
30  <a href="14-21.php">返回首页</a>
31  <table border=1>
32  <form action="<?php echo $PATH_INFO ?>" method="post" onsubmit="return Juge(this)">
33  <?php
34      if(!$_GET['id'])
35      {
36          echo "没有选择 ID 值";
37          exit();
38      }
39      else
40      {
41          $id=$_GET['id'];
42      }
43      require "14-19.php";
44      $link=mysql_connect($host_name,$db_user,$db_pass)or die("不能连接到服务器".mysql_error());
45      mysql_select_db($db_name,$link);                          //选择 test 数据库
46      $sql="select * from $table_name where id='$id'";          //创建 SQL 语句
47      $result=mysql_query($sql,$link);                          //执行 SQL 查询
48      $row=mysql_fetch_array($result);                          //获取数组
49      $temp=$row['birthday'];                                   //把出生日期赋值给变量
50      //以下代码为通过不同情况分离出出生的年月日
51      $b_y=substr($temp,0,4);                                   //从出生日期中提取年
52      if(strrpos($temp,"月")=="7")                              //查找月的位置以判断月份的位数
53      {
54          $b_m=substr($temp,6,1);                               //从出生日期中提取出月
55          if(strrpos($temp,"日")=="10")                         //查找日的位置以判断日期的位数
56          {
57              $b_d=substr($temp,9,1);                           //从出生日期中提取出日
58          }
59          else
60          $b_d=substr($temp,9,2);                               //从出生日期中提取出日
61      }
62      else
63      {
64          $b_m=substr($temp,6,2);
65          if(strrpos($temp,"日")=="11")
66          {
67              $b_d=substr($temp,10,1);
68          }
69          else
70          $b_d=substr($temp,10,2);
71      }
72  ?>
73  <tr>
74  <td>输入姓名：</td>
75  <td><input name="name" type="text" value="<?php echo $row['name']?>"></td>
76  </tr>
77  <tr>
78  <td>输入性别：</td>
79  <td>
80  <input type=radio name=sex value=男  <?php if ($row['sex']=="男") echo "checked"?>>男
```

```
81  <input type=radio name=sex value=女 <?php if ($row['sex']=="女") echo "checked"?>>女
82  </td>
83  </tr>
84  <tr>
85  <td>出生日期：</td>
86  <td>
87  <select name=b_y>
88  <?php
89      for($i=1980;$i<2004;$i++)                              //循环输出出生年
90      {
91          echo "<option value=".$i;
92          if($b_y==$i) echo " selected=1";
93          echo ">".$i."\n";
94      }
95  ?>
96  </select>年
97  <select name=b_m>
98  <?php
99      for($i=1;$i<14;$i++)                                   //循环输出出生月
100     {
101         echo "<option value=".$i;
102         if($b_m==$i) echo " selected=1";
103         echo ">".$i."\n";
104     }
105 ?>
106 </select>月
107 <select name=b_d>
108 <?php
109     for($i=1;$i<32;$i++)                                   //循环输出出生日
110     {
111         echo "<option value=".$i;
112         if($b_d==$i) echo " selected=1";
113         echo ">".$i."\n";
114     }
115 ?>
116 </select>日
117 </td>
118 </tr>
119 <tr>
120 <td>输入学号：</td>
121 <td><input name="s_id" type="text" value="<?php echo $row['s_id']?>"></td>
122 </tr>
123 <tr>
124 <td>监护人姓名：</td>
125 <td><input name="parent" type="text" value="<?php echo $row['parent']?>"></td>
126 </tr>
127 <tr>
128 <td>家庭电话：</td>
129 <td><input name="phone" type="text" value="<?php echo $row['phone']?>"></td>
130 </tr>
131 <tr>
```

```
132 <td>家庭住址：</td>
133 <td><input name="address" type="text" value="<?php echo $row['address']?>"></td>
134 </tr>
135 <tr>
136 <td colspan="2"><center><input type=submit value="确认提交">
137 <input type=reset value="重新选择"></center></td>
138 </tr>
139 </form>
140 </table>
141 <?php
142         }
143         else
144         {
145                 //以下内容为获取表单传递的变量
146                 $name=$_POST['name'];
147                 $sex=$_POST['sex'];
148                 $birthday=$_POST['b_y']."年".$_POST['b_m']."月".$_POST['b_d']."日";
149                 $s_id=$_POST['s_id'];
150                 $parent=$_POST['parent'];
151                 $phone=$_POST['phone'];
152                 $address=$_POST['address'];
153                 require "14-19.php";
154                 $link=mysql_connect($host_name,$db_user,$db_pass)or die("不能连接到服务器".mysql_error());
155                 mysql_select_db($db_name,$link);                    //选择 test 数据库
156                 $sql="update  $table_name  set  name='$name',sex='$sex',birthday='$birthday',s_id='$s_id',
parent='$parent',phone='$phone',address='$address'";
157                 mysql_query($sql,$link);                            //执行更新记录的 SQL 语句
158 ?>
159 <html>
160 <head>
161 <title>学生档案管理系统——记录添加页</title>
162 </head>
163 <meta http-equiv="refresh" content="2; url=14-21.php">
164 <body>
165 已经成功更改记录，两秒后返回。
166 </body>
167 </html>
168 <?php
169         }
170 ?>
```

该文件的一个特征是把修改记录的前台输入内容与后台处理数据结合了起来，但这里还存在一个问题，在输入学生的出生日期时，把输入记录格式化后存入表中，当需要修改时，如果要求显示原来的出生日期，就必须把原来的数据还原。这里用了比较笨一点的方法按位数分别提取出年月日来实现。其实如果在创建表时把出生年、月、日分别创建成字段就不会有这样的问题存在了。

14.6.6　查找记录页的创建

知识点讲解：光盘\视频讲解\第 14 章\查找记录页的创建.wmv

如果班级学生的人数特别多，记录分了好多页显示。要从表中查找某一条或几条特定的记录是相

当困难的。所以，有必要创建一个查找记录的页面，本小节就来设计该页面。该页面首先让用户选择查找记录所依据的条件；然后输入该条件的内容，如用户先选择学号；再输入学号的内容，如 200602003；最后就把结果交给后台来处理了。同前两小节一样，查找记录的页面，依然采用前台与后台整合在一起的模式。

【实例 14-24】以下为查找记录页代码。

实例 14-24：查找记录页
源码路径：光盘\源文件\14\14-24.php

```
01  <html>
02  <head>
03  <title>学生档案管理系统——记录查找页</title>
04  </head>
05  <body >
06  <center>
07  <h1>学生档案管理系统——记录查找</h1>
08  <p>
09  <a href=14-21.php>返回</a>
10  <p>
11  <?php
12      error_reporting(0);
13      if(!$_POST["find_v"])                              //如果没有查找类别，则显示 HTML 内容
14      {
15  ?>
16  <script language="javascript">
17      function Juge(theForm)
18      {
19          if (theForm.find_v.value == "")
20          {
21              alert("请输入查询内容！");
22              theForm.find_v.focus();
23              return (false);
24          }
25      }
26  </script>
27  <table border="1">
28  <form action="<?php echo $PATH_INFO ?>" method="post" onsubmit="return Juge(this)">
29  <tr>
30  <td>选择查询类别：</td>
31  <td><select name="find_t">
32  <option value='name'>姓名</option>
33  <option value=s_id>学号</option>
34  <option value=birthday>出生日期</option>
35  <option value=parent>监护人</option>
36  <option value=phone>电话</option>
37  <option value=address>住址</option>
38  </select></td>
39  </tr>
40  <tr>
```

```
41  <td>输入查询内容：</td>
42  <td><input type=text name="find_v"></td>
43  </tr>
44  <tr>
45  <td colspan=2><center><input type=submit value=确认提交>
46  <input type=reset value=重新填写></center></td>
47  </tr>
48  </table>
49  </center>
50  <?php
51        }
52        else
53        {
54        require "14-19.php";                                                          //调用配置文件
55        $link=mysql_connect($host_name,$db_user,$db_pass)or die("不能连接到服务器".mysql_error());
56        mysql_select_db($db_name,$link);                                              //选择 test 数据库
57        $strsql="select*from $table_name where ".$_POST['find_t']." like '".$_POST['find_v']."'";
58        $result=mysql_query($strsql,$link) or die(mysql_error());
59        $amount=mysql_num_rows($result);
60        if($amount=="0") echo "<p>没有记录";                                          //如果没有找到匹配记录，则输出提示
61        else
62        {
63  ?>
64  <h3>下面是查出来的结果</h3>
65  <p>
66  <table border=1>
67  <tr>
68  <td>ID</td>
69  <td>姓名</td>
70  <td>性别</td>
71  <td>出年日期</td>
72  <td>学号</td>
73  <td>监护人</td>
74  <td>电话</td>
75  <td>地址</td>
76  </tr>
77  <?php
78        while($row=mysql_fetch_array($result))
79        {
80              echo "<tr>
81              <td>".$row["id"]."</td>
82              <td>".$row["name"]."</td>
83              <td>".$row["sex"]."</td>
84              <td>".$row["birthday"]."</td>
85              <td>".$row["s_id"]."</td>
86              <td>".$row["parent"]."</td>
87              <td>".$row["phone"]."</td>
88              <td>".$row["address"]."</td>
89              </tr>";
90        }
91        echo "</table></center>";
```

```
92 }
93 }
94 ?>
95 </body>
96 </html>
```

该文件有两个要点，一个是使用了 WHERE 子句；另外一个是使用了 WHERE 子句的 LIKE 操作符，即带条件的模糊查找。这样虽然降低了查找精度，但却提高了查找的准确性。

随着该文件的创建完毕，该学生档案管理系统也基本上成型了。下面就来实际地测试一下该系统的使用情况，以排除 BUG。

14.6.7　学生档案管理系统实际使用

知识点讲解：光盘\视频讲解\第 14 章\学生档案管理系统实际使用.wmv

由于表已经在 14.6.2 小节创建完毕，所以直接从实例 14-21 开始执行。由于表中并没有任何记录，所以首次执行该系统，其执行结果如图 14.23 所示。

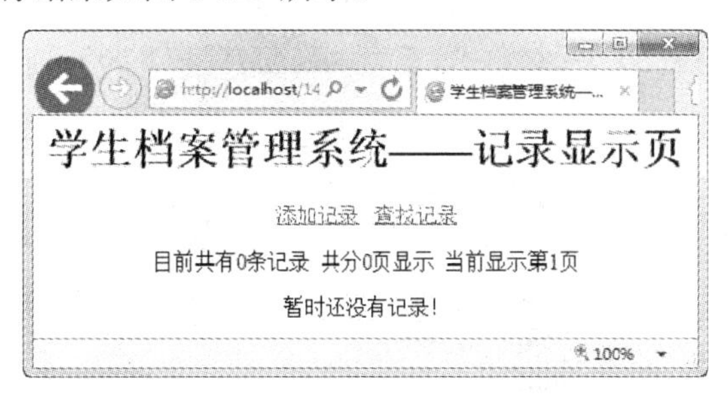

图 14.23　记录显示页第一次执行结果

这时就算执行“查找记录”也会一无所获。所以还是老老实实地执行“添加记录”吧。单击“添加记录”链接后，出现如图 14.24 所示的执行结果。

学生档案管理系统——记录添加页

返回首页

输入姓名：	
输入性别：	◉男 ○女
出生日期：	1980 年 1 月 1 日
输入学号：	
监护人姓名：	
家庭电话：	
家庭住址：	
确认提交	重新选择

图 14.24　执行记录添加页执行结果

这里，按要求填入适当的学生信息。如比利、男、1999 年 5 月 20 日、201301001、大比利、1234567、东区十三街 28 号。输入内容后，单击“确认提交”按钮。由于系统在处理完提交的记录后就会直接转到记录显示页，所以提交后的记录显示页如图 14.25 所示。

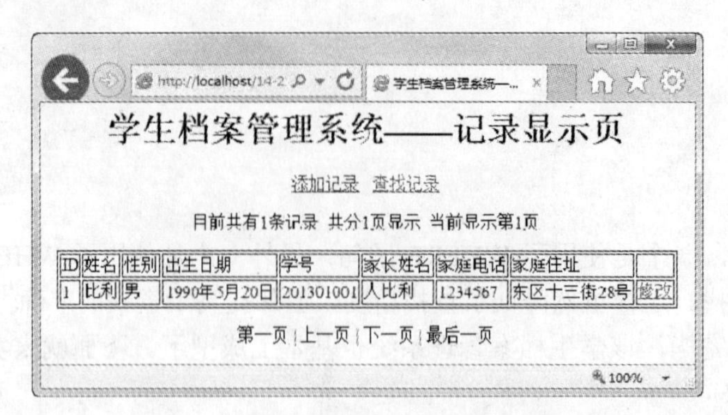

图 14.25　已经存在记录的记录显示执行结果

可以看出，已经显示出了所添加的记录，说明添加记录及显示记录均执行正常。

这时就可以对记录 1 进行修改了。如记错了门牌号，把原本 26 号写成了 28 号，那么现在把门牌号改过来。单击记录后面的“修改”链接，其结果如图 14.26 所示。

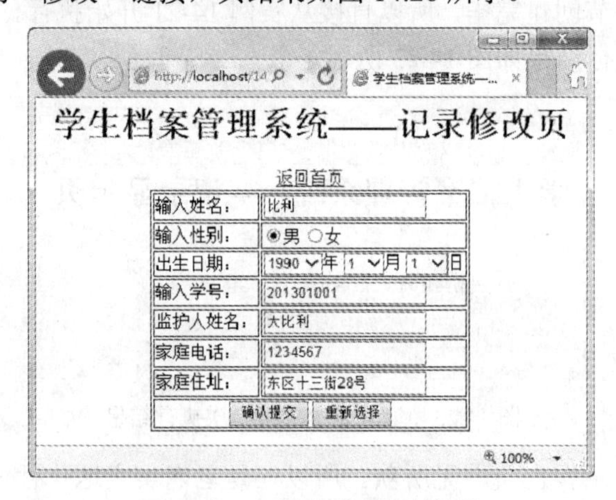

图 14.26　记录修改页执行结果

从图 14.26 可以看出，该页正确显示出了原有的记录内容，并等待用户输入新的信息。这里把家庭住址一项的“东区十三街 28 号”中的 28 号改为 26 号。然后单击“确认提交”按钮，直接跳转到了记录显示页。结果如图 14.27 所示。

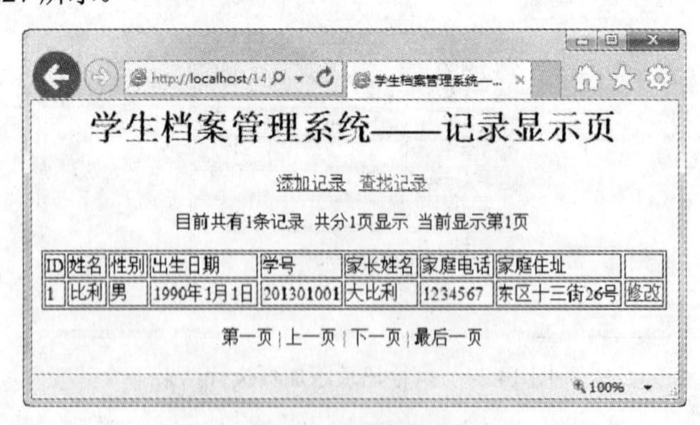

图 14.27　记录修改后记录显示页执行结果

从图 14.27 的执行结果可以看出家庭住址一项已经由原来的“东区十三街 28 号”变成了“东区十

三街 26 号”，说明修改记录页也执行正常。

下面测试记录显示页的分页功能。要想测试此功能的前提是：表中存放的记录数要多于在实例 14-19 中所定义的$list_num 每页显示数。这里继续为表中添加记录，以测试分页显示的功能。为了方便查看分页功能，暂时把$list_num 改为 3。当表中记录多于 3 条时，实例 14-21 的执行结果将如图 14.28 所示。

图 14.28　记录多于一页的执行结果

从图 14.28 可以看出，这时已经显示出了指向“下一页”链接。单击该链接将显示后面的两条记录，如图 14.29 所示。

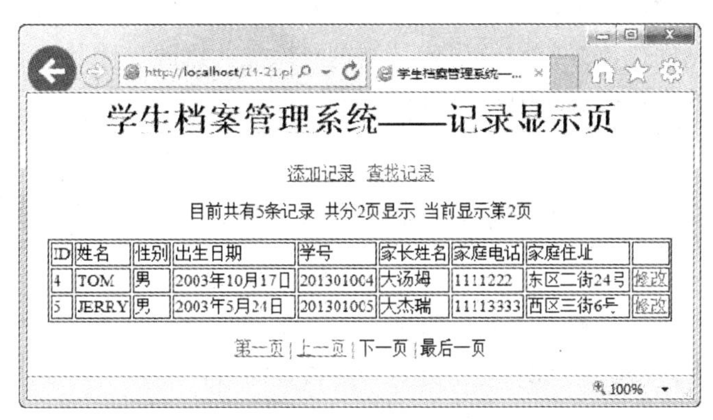

图 14.29　打开“最后一页”链接的执行结果

从图 14.28 及图 14.29 可以发现，分页功能已经得到实现。

下面继续来测试查找记录的功能。在主页面上单击“查找记录”链接，将会转到查找记录页，执行结果如图 14.30 所示。

图 14.30　查找记录前台输入执行结果

这里，选择“姓名”作为选择条件，在查询内容一栏中输入 TOM，然后单击“确认提交”按钮，将出现如图 14.31 所示的执行结果。

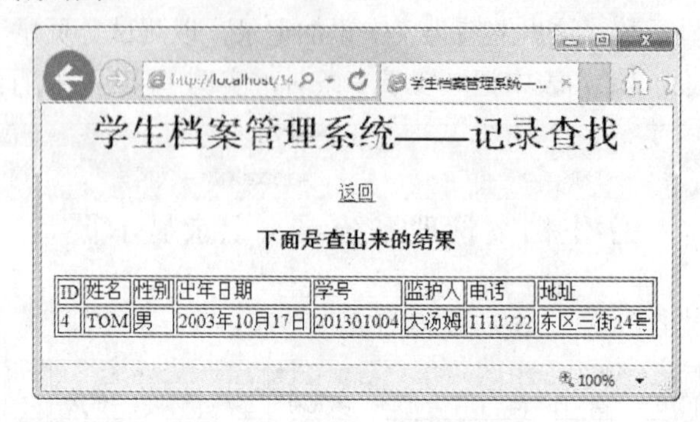

图 14.31　查找记录查找结果

结果显示出了姓名为 TOM 的学生的记录，说明记录查找功能正常运行。至此，该系统基本上已经测试完毕。

不过系统还有个模块，如学生转学，就不用继续保留其记录。就要将相应的记录从库表中删除，即记录的删除模块。结合前面所介绍的内容，这个功能也是很容易实现的。有兴趣的读者不妨自己动手把删除记录这个功能添加上，这样整个系统就更加完善了。

本节通过一个简单的实例，使读者把常用的数据库表操作组织起来。可以说是对学过知识的一次检阅。其实说到底，数据库操作最常用的也就是浏览、添加、修改、删除这几项。至于用何种方式，如何去实现这些功能，就需要在实践中不断摸索了。

14.7　本 章 小 结

数据库应用是动态网页技术最重要的应用之一。动态网页技术只有充分与数据库结合，才能发挥动态网页技术的真正魅力。PHP 与 MySQL 更是一对黄金组合，所以学习 PHP 自然就要学习 MySQL 数据库。

本章为读者介绍了 MySQL 数据库的知识。先从关系型数据库入手，介绍了什么是关系型数据库及关系型数据库所能实现的功能。然后，又为读者介绍了 PHP 中常用的 MySQL 函数。熟练掌握这些函数对编写基于数据库的 Web 程序将起到事半功倍的效果。

这之后为读者介绍了 MySQL 数据库的相关操作，包括如何连接到 MySQL 服务器、显示可用数据库、创建新的数据库、在库中建表及删除数据库等内容。数据操作的核心是对表的操作，所以接下来就为读者详细介绍了如何对表执行 INSERT INTO 插入、SELECT 查询、UPDATE 更新、DELETE 删除操作以及 ALERT 修改表结构操作等关键内容。

其后又介绍了高级查询的使用，包括 WHERE、LIMIT、ORDER BY 子句的用法。最后，通过一个实际的例子，把本章所学的内容综合起来，对所学的内容做了一个很好的实际应用及总结。

通过本章的学习，相信读者对于如何使用 MySQL 与 PHP 结合创建 Web 应用程序都会有一个深刻的认识。

14.8　本章习题

习题 14-1　开启 MySQL 服务并且使用 mysql_connect()函数连接服务器并在连接出错时终止程序运行，输出错误信息。

【分析】该习题主要考查读者对 PHP 连接 MySQL 方法的掌握。

【关键代码】

```
$link=mysql_connect('localhost','root','admin')or die(mysql_error());
```

习题 14-2　在习题 14-1 连接数据库的基础上使用 mysql_list_dbs()函数列出数据库中存在的所有库。

【分析】该习题主要考查读者对 mysql_list_dbs()函数的使用。

【关键代码】

```
$db_list=mysql_list_dbs($link);
while($db=mysql_fetch_object($db_list))
{
	echo $db->Database;
}
```

习题 14-3　在习题 14-1 的基础上使用 mysql_select_db()函数选择名为 test 的数据库。

【分析】该习题主要考查读者对选择数据库函数 mysql_select_db()的使用。

【关键代码】

```
mysql_select_db('test',$link);
```

习题 14-4　在习题 14-3 的基础上使用 mysq_query()函数发送一条查询当前数据库中所有数据表的 SQL 查询语句。

【分析】该习题主要考查读者对发送 SQL 查询语句及 mysql_query()函数的使用。

【关键代码】

```
$res=mysql_query("SHOW TABLES",$link);
```

习题 14-5　在习题 14-4 的基础上将查询结果输出。

【分析】该习题主要考查读者对查询结果进行输出的掌握。

【关键代码】

```
$res=mysql_query("SHOW TABLES",$link);
while($tb_name=mysql_fetch_array($res)){
		echo $tb_name[0];
	}
```

第4篇　应用篇

本篇是本书的最后一篇，主要介绍了使用PHP实现人机交互以及四个简易程序：计数器程序、投票程序、留言板程序以及博客程序，两个系统：BBS系统和网上商城全站系统。通过本篇的学习，读者可以了解开发实际项目的流程以及掌握开发实际项目的能力。

第 15 章　用 PHP 实现人机交互

在本书的第 1 章曾就动态网页与静态网页的区别为读者做了介绍，其中动态网页的一个显著特征就在于它能实现人机互动。对用户输入或者选择的内容能做出相应的回应，这也是动态网页区别于静态网页的一个特征。其他动态技术是这样，PHP 当然也不例外。用 PHP 也能实现人机互动，本章就为读者介绍如何用 PHP 实现人机互动。

人机互动一般采用两种方式：一种采用表单，通过不同的选项，或者输入不同的内容，返回结果也不同；另一种是采用 URL 地址加上各种参数实现互动，参数不同，返回的内容也有所不同。基于这两种方式，本章内容主要也分为两大部分：用表单实现人机互动；URL 参数与 PHP。通过本章的学习，读者能够熟练地使用这两种方式实现人机互动，从而能在此基础上写出丰富的 Web 应用程序。

15.1　用表单实现人机互动

表单（Form）是最常用的网页组件，同时也是交互式网页，实现人机互动的最常用的方式。不管是在动态的 ASP、PHP、JSP 文件中，还是在静态的 HTM、HTML 等文件中都可以发现表单的身影。本节就来为读者介绍表单的使用以及如何使用表单来实现人机互动。

15.1.1　表单元素的组成

知识点讲解：光盘\视频讲解\第 15 章\表单元素的组成.wmv

表单由表单元素构成，常用的表单元素有以下几种：TEXT（文本框）、PASSWORD（密码输入框）、BUTTON（普通按钮）、RADIO（单选按钮）、CHECKBOX（复选框）、SELECT（列表框）、TEXTAREA（文本域）、SUBMIT（提交按钮）、RESET（重置按钮）、HIDDEN（隐藏域）等。下面分别对这些表单元素做简单的介绍。

1．TEXT（文本框）

文本框允许用户输入字符、数字或者中文字符等内容，它常用的属性有 name、value、size 等。

文本框的使用如下所示：

```
<input type="text" name="username" value="在这里输入用户名" size="20">
```

其中，name 属性指该表单元素的名称，一是区别于其他表单元素的标志，另外设置该属性以便在程序中能够调用该表单元素。一个表单元素有属于自己的 name（或者 ID）属性，才能被正常调用。value 属性指代文本输入框的默认值，即在用户没有任何输入的情况下显示的值。size 属性指该文本输入框在浏览器中表现出的长度，值越大，文本框就越长。在多数浏览器中，文本框的 size 属性默认是 20 个字符。

2. PASSWORD（密码输入框）

基本属性与 TEXT 相同。不同的是，文本框中可以输入中文或者其他字符，而一旦 PASSWORD 获得焦点，中文输入法将不再起作用。PASSWORD 里面只能输入键盘上所标出的符号，而不能输入中文。另外，TEXT 中所输入的内容全都是可见的，而 PASSWORD 中输入的所用信息都将以星号（*）显示。之所以这样就是为了保护密码不被别人发现。

3. BUTTON（普通按钮）

普通按钮的使用如下所示：

```
<input type="button" value="点击这里" onclick="functionname()">
```

该表单元素，也具有 NAME 属性与 VALUE 属性，属性的意义与 TEXT 大同小异。通常情况下，BUTTON 元素还会有 onclick（单击）事件，该事件通常指向 JavaScript 函数。这样，在按钮按下的情况下就能够执行相应的操作。

4. RADIO（单选按钮）

单选按钮的使用如下所示：

```
<input type="radio" name="sex" value="男" checked>
```

单选按钮通常是以一组出现，该组应具有相同的 name 属性和不同的 value 属性。在出现的一组单选按钮中，只允许用户选择一个，所以叫单选按钮。如果某个单选按钮的初始状态为选中状态，则该单选按钮有 checked 属性。

5. CHECKBOX（复选框）

复选框的使用如下所示：

```
<input type="checkbox" name="fav" value="游戏">
```

该表单元素和 RADIO 类似，通常也是以一组出现，该组具有相同的 name 属性和不同的 value 属性。不过与 RADIO 不同的是，在一组中允许用户进行多项选择，所选择的结果都将被发送到指定的 URL 进行处理。

6. SELECT（列表框）

列表框的使用如下所示：

```
<select name="type" size="1">
        <option value="1">1</option>
        <option value="2">2</option>
        <option value="3">3</option>
</select>
```

该表单元素与前面提到的几种有一定的区别。select 元素既有 name 属性，也有 size 属性，它的每个 value 属性却包括在其下的每个<option>项里面，即每个<option>项对应一个 value，不应有重复。另外，根据 size 属性的不同，select 元素在浏览器中会有不同的形式。当 size 等于 1 时，表现为下拉菜单的形式；当 size 大于 1 时，则表现为列表框形式。

7．TEXTAREA（文本域）

文本域的使用如下所示：

```
<textarea name="content" rows="5" cols="40">内容在这里输入</textarea>
```

TEXTAREA 又叫多行文本框，这是相对于 TEXT 而言的。因为 TEXT 所输入的内容只能是一行，中间不允许也不会出现换行。而 TEXTAREA 则不然，里面可以随意换行。表征该元素样式的属性有两个，分别是 rows（行）与 cols（列）。rows（行）的大小决定了 TEXTAREA 的高度，而 cols（列）的大小则决定了 TEXTAREA 的宽度。另外，该表单元素也没有 value 属性。如果要为文本域设定初始值，把想要设定的内容放在“<textarea>”标记与“</textarea>”标记之间即可。

8．SUBMIT（提交按钮）

提交按钮的使用如下所示：

```
<input type="submit" value="提交">
```

提交按钮的作用是把表单输入结果发送到指定的 URL，当单击事件发生时，结果将会被提交。该表单元素也有 name 与 value 属性。作用与上面介绍的元素的作用相类似，此处不再赘述。

9．RESET（重置按钮）

重置按钮的使用如下所示：

```
<input type="reset" value="重新填写">
```

重置按钮的作用是把表单中所有填写好的内容恢复到原始值，当表单中的内容需要重新填写时单击该按钮。同时该元素也具有 name 与 value 属性。

10．HIDDEN（隐藏域）

隐藏域的使用如下所示：

```
<input type="hidden" name="hide" value="hideinfo">
```

如果有一些信息不方便或者不必要显示出来，使用 HIDDEN 是比较方便的，该元素并不在浏览页面上显示。由于它不能显示的特性，所以通常情况下都要为 HIDDEN 指定一个 value 值，并且该值是不能被用户改变的。而 name 属性则与上面介绍的其他表单元素类似。

15.1.2　在普通 Web 页中插入表单

知识点讲解：光盘\视频讲解\第 15 章\在普通 Web 页中插入表单.wmv

在普通的 Web 页中插入表单的操作步骤如下所示。

（1）在网页的适当位置放置如下的代码：

```
<form name=f_name action=url method=get or post>
</form>
```

其中的 f_name 指该整个表单域的名称；URL 为处理该表单结果的 URL 地址；method 则表明采用何种方式发送表单域的数据。

（2）把所需要的表单元素放入“<form>”标记与“</form>”标记之间即可。

【实例 15-1】以下代码在一个普通 Web 页中插入一组表单。

实例 15-1：在一个普通 Web 页中插入一组表单

源码路径：光盘\源文件\15\15-1.php

```
01  <html>
02  <head>
03      <title>插入表单实例</title>
04  </head>
05  <body>
06      <center>
07          <h3>插入表单实例</h3>
08          <p>
09          <table border=1>
10              <form>
11                  <tr>
12                      <td>姓名：</td>
13                      <td><input type=text name="name" size="12"></td>
14                  </tr>
15                  <tr>
16                      <td>性别：</td>
17                      <td>
18                          <input type=radio name=sex value="男" checked>男
19                          <input type=radio name=sex value="女">女
20                      </td>
21                  </tr>
22                  <tr>
23                      <td>生日：</td>
24                      <td>
25                          <select name=month>
26                              <option value=1>1</option>
27                              <option value=2>2</option>
28                              <option value=3>3</option>
29                              <option value=4>4</option>
30                              <option value=5>5</option>
31                              <option value=6>6</option>
32                              <option value=7>7</option>
33                              <option value=8>8</option>
34                              <option value=9>9</option>
35                              <option value=10>10</option>
36                              <option value=11>11</option>
37                              <option value=12>12</option>
38                          </select>月
39                          <select name=date>
40                              <option value=1>1</option>
41                              <option value=2>2</option>
42                              <option value=3>3</option>
43                              <option value=4>4</option>
```

```
44                              <option value=5>5</option>
45                              <option value=6>6</option>
46                              <option value=7>7</option>
47                              <option value=8>8</option>
48                              <option value=9>9</option>
49                              <option value=10>10</option>
50                              <option value=11>11</option>
51                              <option value=12>12</option>
52                              <option value=13>13</option>
53                              <option value=14>14</option>
54                              <option value=15>15</option>
55                              <option value=16>16</option>
56                              <option value=17>17</option>
57                              <option value=18>18</option>
58                              <option value=19>19</option>
59                              <option value=20>20</option>
60                              <option value=21>21</option>
61                              <option value=22>22</option>
62                              <option value=23>23</option>
63                              <option value=24>24</option>
64                              <option value=25>25</option>
65                              <option value=26>26</option>
66                              <option value=27>27</option>
67                              <option value=28>28</option>
68                              <option value=29>29</option>
69                              <option value=30>30</option>
70                              <option value=31>31</option>
71                          </select>日
72                      </td>
73                  </tr>
74                  <tr>
75                      <td>爱好：</td>
76                      <td>
77                          <input type=checkbox name=favior[] value="旅游">旅游
78                          <input type=checkbox name=favior[] value="运动">运动
79                          <input type=checkbox name=favior[] value="看电影">看电影<p>
80                          <input type=checkbox name=favior[] value="游戏">游戏
81                          <input type=checkbox name=favior[] value="上网">上网
82                          <input type=checkbox name=favior[] value="听音乐">听音乐<p>
83                          <input type=checkbox name=favior[] value="登山">登山
84                          <input type=checkbox name=favior[] value="聊天">聊天
85                      </td>
86                  </tr>
87                  <tr>
88                      <td>其他：</td>
89                      <td>
90                          <textarea cols=24 rows=5 name=other>
91                          其他信息在这里输入：
92                          </textarea>
```

```
93                          </td>
94                      </tr>
95                      <tr>
96                          <td colspan="2">
97                              <center>
98                                  <input type=submit value="提交">
99                                  <input type=reset value="重置">
100                             </center>
101                         </td>
102                     </tr>
103                 </form>
104             </table>
105         </center>
106 </body>
107 </html>
```

在 PHP 运行环境下执行该 PHP 文件，执行结果如图 15.1 所示。

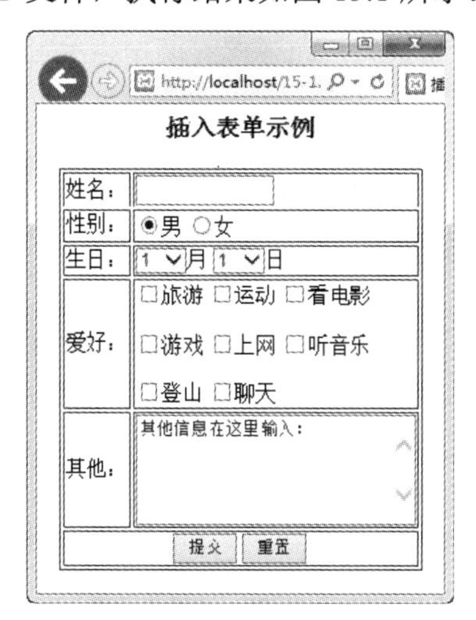

图 15.1　插入表单实例执行结果

以上代码中使用了多种表单元素。通过实例代码及其执行结果可以了解如何在普通 Web 页中插入表单元素及如何使用各种表单元素。

15.1.3　更改表单的 action 属性到 PHP 程序

知识点讲解：光盘\视频讲解\第 15 章\更改表单的 action 属性到 PHP 程序.wmv

只有表单，相当于只有前台，如果没有后台的支撑，只有表单的前台就什么也做不了。连接前台与后台之间的纽带就是表单的 action 属性。所以，要想让表单起作用，就必须有特定的后台处理程序；而要想让后台处理程序为前台表单服务，就必须为表单指定 action 属性。表单的 action 属性通常为一个 URL 地址。

在实例 15-1 中的 form 标签没有任何属性，这里为其指定 action=15-2.php（现在这个文件并不存在，在 15.1.5 小节将会创建）。

15.1.4 表单 method 属性 POST 与 GET 区别

知识点讲解：光盘\视频讲解\第 15 章\表单 method 属性 POST 与 GET 区别.wmv

在 15.1.2 小节就曾为读者介绍过，表单的 method 属性指代表单数据的发送方式。通常表单数据通过两种方式发送到目标 URL。一种是 POST 方式，另一种是 GET 方式。这两种方式是有一定区别的。

理论上两者的区别：用 GET 方法提交的表单，提交的数据被附加到 URL 上，作为 URL 的一部分发送到服务器端，这种方式就类似于采用 URL 方式实现互动（后面将会讲到）；而 POST 方式则是将表单中的信息作为一个数据块发送到服务器端，这种方式不依赖 URL。

形式上两者的区别：在实际应用时，两者的区别也是很明显的。由于 GET 方法提交的数据是被附加到 URL 上发送的，所以在地址栏中将会显示出用户所输入的数据作为参数附加在 URL 后面。反之由于 POST 方法不依赖于 URL，所以使用 POST 方法传送数据时，地址栏只会显示表单 ACTION 所指向的 URL，而不会显示用户输入的数据。

通过以上分析可以得知两种方式的区别。应该在何种情况下使用何种数据提交方式呢？一般情况下，如果用户提交的信息不含私密性的东西，如使用者的用户名等信息时，使用 GET 方式提交表单数据。反之，如果是论坛、聊天室或者其他 Web 程序的登录页，其中包含使用者的密码内容，这时就一定要使用 POST 来提交表单数据。

15.1.5 用 PHP 作后台处理表单提交数据

知识点讲解：光盘\视频讲解\第 15 章\用 PHP 作后台处理表单提交数据.wmv

在普通 Web 页中插入了相应的表单元素，为表单指定了 action 属性，并且也使用了相应的 method 提交方式。这一小节，就来创建对表单提交数据进行处理的后台程序。

表单提交后，一般的处理是对用户提交的数据进行分析。明确要采取的动作是要存入文本文件或者存入数据库，还是对用户提交的信息与已经存在的记录进行对比。不过执行这些动作的前提是先要获得用户提交数据的内容。

这里要提到 php.ini 中的 global 值。在老版本的 PHP 中，默认值是开启的。表现在 php.ini 中就是：global=on。这样就会存在一些问题，所有用户提交的变量，都可以当作全局变量直接被引用，如用户提交页中有如下一个表单：

```
<form method=post action=url>
    请输入用户名：<input type=text name=username>
    <p>
    请输入密码：<input type=password name=pass>
    <p>
    <input type=submit value="确认提交">
</form>
```

如果此时 php.ini 中的 global 值为 ON，则这些被提交的变量（usernma、pass）在目标页面中都可以被直接引用。

如果是这样就会存在一定的安全隐患。所以在后来的 PHP 版本中，该 global 项都被关闭了。如果该选项值为 OFF 的话，这些被提交的变量就不能被直接引用，要引用这些变量必须通过相应的 POST

或者 GET 数组。

如上面提交的表单在 php.ini 中的 global 值为 OFF 时，就要这样引用：$_POST['username']、$_POST['pass']。如果 method 属性为 GET，则要这样引用：$_GET['username']、$_GET['pass']。

以下讲到例子，及本书中所有的有关表单提交变量的情况均采用 global=OFF 的值来设定。

准备工作做完，就开始来创建对实例 15-1 的处理页面。

【实例 15-2】这里并不对数据采取其他处理，只是先获取提交的内容并显示出来。

实例 15-2：获取提交的内容并显示出来

源码路径：光盘\源文件\15\15-2.php

```
01  <?php
02          if(!$_POST['name'])                                   //判断有无数据被提交
03          {
04                  echo "没有相应的用户名";
05                  echo "<p>";
06                  echo "点<a href=15-1.php>这里</a>返回";
07                  exit();                                       //中止所有 PHP 运行
08          }
09          else                                                  //如果有数据提交，则显示相应 HTML
10          {
11  ?>
12  <html>
13  <head>
14          <title>提交表单的处理示例</title>
15  </head>
16  <body>
17          <center>
18                  <h3>提交表单处理示例</h3>
19                  <table border=1>
20                          <tr>
21                          <td colspan=2>以下为用户提交内容</td>
22                          <tr>
23                          <td>姓名：</td>
24                          <td><?php echo $_POST['name']?></td>
25                          </tr>
26                          <tr>
27                          <td>性别：</td>
28                          <td><?php echo $_POST['sex']?></td>
29                          </tr>
30                          <tr>
31                          <td>生日：</td>
32                          <td><?php echo $_POST['month']."月".$_POST['date']."日"?></td>
33                          </tr>
34                          <tr>
35                          <td>爱好：</td>
36                          <td>
37          <?php
38                  for($i=0;$i<count($_POST['favior']);$i++)
39                  {
```

```
40                      echo $_POST['favior'][$i];
41                      echo "、";
42                  }
43          ?>
44                      </td>
45                      </tr>
46                      <tr>
47                      <td>其他：</td>
48                      <td>
49          <?php
50                $other=htmlspecialchars($_POST['other']);          //去掉特殊字符
51                $other=ereg_replace("\r\n","<br>",$other);          //转行回车
52                $other=ereg_replace("\r","<br>",$other);            //转行换行
53                echo $other;
54          ?>
55                      </td>
56                      </tr>
57                      <tr>
58                      <td colspan=2>
59                      <center><a href=15-1.php>返回</a></center>
60                      </td>
61                      </tr>
62                      </table>
63          </center>
64      </body>
65      </html>
66          <?php
67                  }
68          ?>
```

在 PHP 运行环境下执行实例 15-1 的代码（记得在运行前，要把 15-1.php 中 form 的 method 属性设为 POST，action 属性设为 15-2.php）。按要求完整填写相应信息，然后单击“确认提交”按钮，执行结果如图 15.2 所示。

图 15.2　提交表单处理的实例执行结果

从图 15.2 可以发现，正确返回了用户提交的各项信息，这是对这些信息进行下一步操作的关键。

需要注意的是，多选框 checkbox 的值的获取。在命名表单时使用 name[]这样的形式。这样在提交时，提交的内容就会以 name[0]、name[1]、…、name[n]的形式出现。获取时也要使用循环来遍历数组。

15.2　URL 参数与 PHP

使用 URL 参数，也是与用户实现互动的一种重要方式。不过该种方式与使用表单相比的缺点也显而易见，就是可视化及友好程度都要差一些。表单使用各种表单元素来供用户进行输入信息或者选择某些选项，而 URL 则只能提供超链接的形式来供用户选择或者使用某些信息。同时由于 URL 的数据发送方式与表单提交的 GET 方式类似，所以使用 URL 所附带的各种参数都会完全显示在浏览器的地址栏上。所以，它在安全性方面也存在局限性。

15.2.1　在 PHP 的 URL 地址上加入参数

知识点讲解：光盘\视频讲解\第 15 章\在 PHP 的 URL 地址上加入参数.wmv

使用 URL 参数方式传递数据，就是在 URL 地址后面加上适当的参数。URL 实体将对这些参数进行处理。简单的使用方法如下所示：

```
http://127.0.0.1/15-3.php?username=JACK&sex=男&age=23
```

然后，直接在地址栏中输入这些内容即可（由于还没有编写相应的 PHP 文件，所以现在执行还不会有任何如果）。

通过以上代码了解到，在 URL 地址后面加参数就是要在完整的 URL 后加“?”符号。然后是“参数名称=参数值”，如上面的“username=JACK”。多个参数之间要使用“&”符号，它表示参数与参数之间的连接。

15.2.2　用 PHP 处理提交的参数

知识点讲解：光盘\视频讲解\第 15 章\用 PHP 处理提交的参数.wmv

前面在介绍表单的提交方式时曾提到过：采用表单的 GET 提交方式提交的数据被附加到 URL 上，作为 URL 的一部分发送到服务器端。这种方式就类似于采用 URL 方式实现互动。所以对于采用 URL 参数方式提交表单数据的获取也采用$_GET['参数名称']的方式来获取。

如下面的：

```
http://127.0.0.1/15-3.php?username=JACK&sex=男&age=23
```

调用时就可以采用$_GET['usernma']、$_GET['sex']、$_GET['age']来获取。

【实例 15-3】以下代码演示处理用户以 URL 加参数形式提交内容的 PHP 页面。

实例 15-3：处理用户以 URL 加参数形式提交内容的 PHP 页面
源码路径：光盘\源文件\15\15-3.php

```
01  <?php
02      if(!$_GET['username'] )                              //判断有无数据被提交
03      {
04          echo "没有相应的用户名";
```

```
05              echo "<p>";
06              exit();                                             //中止所有 PHP 运行
07          }
08          else                                                    //如果有数据提交，则显示相应 HTML
09          {
10  ?>
11  <html>
12  <head>
13      <title>提交 URL 参数的处理实例</title>
14  </head>
15  <body>
16      <center>
17          <h3>提交 URL 参数处理实例</h3>
18          <table border=1>
19              <tr>
20                  <td colspan=2>以下为用户提交内容</td>
21                  <tr>
22                      <td>姓名：</td>
23                      <td><?php echo $_GET['username']?></td>
24                  </tr>
25                  <tr>
26                      <td>性别：</td>
27                      <td>
28      <?php
29          if($_GET['sex'])
30          echo $_GET['sex'];
31          else
32          echo "没有相应的性别";
33      ?>
34                      </td>
35                  </tr>
36                  <tr>
37                      <td>年龄：</td>
38                      <td>
39      <?php
40          if($_GET['age'])
41          echo $_GET['age'];
42          else
43          echo "没有相应的年龄";
44      ?>
45                      </td>
46                  </tr>
47              </table>
48      </center>
49  </body>
50  </html>
51      <?php
52          }
53      ?>
```

在 PHP 运行环境中执行以上代码，将输出如图 15.3 所示的执行结果。

图 15.3　提交 URL 参数的处理实例（无参数）执行结果

为什么会这样？因为上面的代码使用了有无参数提交的判断，而在执行时并没有附加任何参数，所以才会出现如图 15.3 所示的执行结果。下面带参数再运行一次，在地址栏中输入下面的内容：

```
http://127.0.0.1/15-3.php?username=JACK&sex=男&age=23
```

执行结果如图 15.4 所示。

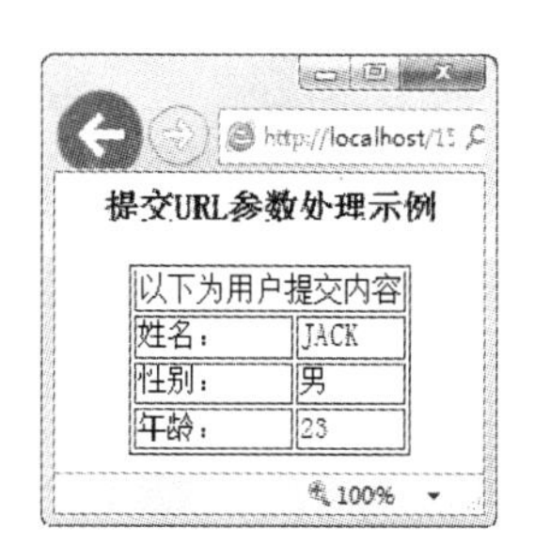

图 15.4　提交 URL 参数的处理实例（有参数）执行结果

通过图 15.4 可以发现，在加上相应的参数之后，程序正确显示出了用户所提交的内容，实现了互动的目的。

15.3　表单使用实例

知识点讲解：光盘\视频讲解\第 15 章\表单使用实例.wmv

本节通过一个实例来向读者介绍如何使用表单。与前面几小节介绍的不同，本节的实例将会把表单输入的前台与表单数据处理的后台整合在一个文件之中。把表单相关的前台与后台整合起来，一方面可以减少文件个数；另一方面也更便于管理，而且当文件需要移动时，只用移动一个文件即可。

该实例实现如下功能：当有用户表单提交操作时，把用户所输入的表单内容存放到一个以该用户所输入的用户名为文件名的文本文件中。

【实例 15-4】以下为表单使用实例代码。

实例 15-4：表单使用实例
源码路径：光盘\源文件\15\15-4.php

```
01  <?php
02      if(!$_POST['name'])                          //判断有无数据被提交
03      {                                            //如果没有数据被提交，显示提交表单内容
04  ?>
05  <html>
06  <head>
07      <title>表单使用实例</title>
```

```
08  </head>
09  <body>
10        <center>
11        <h3>表单使用实例</h3>
12        <p>
13        <table border=1>
14              <form method=post action=<?phpecho $PATH_INFO?>>
15                    <tr>
16                          <td>姓名：</td>
17                          <td><input type=text name="name" size="12"></td>
18                    </tr>
19                    <tr>
20                          <td>性别：</td>
21                          <td>
22                          <input type=radio name=sex value="男" checked>男
23                          <input type=radio name=sex value="女">女
24                          </td>
25                    </tr>
26                    <tr>
27                          <td>生日：</td>
28                          <td>
29                                <select name=month>
30                                      <option value=1>1</option>
31                                      <option value=2>2</option>
32                                      <option value=3>3</option>
33                                      <option value=4>4</option>
34                                      <option value=5>5</option>
35                                      <option value=6>6</option>
36                                      <option value=7>7</option>
37                                      <option value=8>8</option>
38                                      <option value=9>9</option>
39                                      <option value=10>10</option>
40                                      <option value=11>11</option>
41                                      <option value=12>12</option>
42                                </select>月
43                                <select name=date>
44                                      <option value=1>1</option>
45                                      <option value=2>2</option>
46                                      <option value=3>3</option>
47                                      <option value=4>4</option>
48                                      <option value=5>5</option>
49                                      <option value=6>6</option>
50                                      <option value=7>7</option>
51                                      <option value=8>8</option>
52                                      <option value=9>9</option>
53                                      <option value=10>10</option>
54                                      <option value=11>11</option>
55                                      <option value=12>12</option>
56                                      <option value=13>13</option>
57                                      <option value=14>14</option>
58                                      <option value=15>15</option>
```

```
59                                  <option value=16>16</option>
60                                  <option value=17>17</option>
61                                  <option value=18>18</option>
62                                  <option value=19>19</option>
63                                  <option value=20>20</option>
64                                  <option value=21>21</option>
65                                  <option value=22>22</option>
66                                  <option value=23>23</option>
67                                  <option value=24>24</option>
68                                  <option value=25>25</option>
69                                  <option value=26>26</option>
70                                  <option value=27>27</option>
71                                  <option value=28>28</option>
72                                  <option value=29>29</option>
73                                  <option value=30>30</option>
74                                  <option value=31>31</option>
75                              </select>日
76                          </td>
77                      </tr>
78                      <tr>
79                          <td>爱好：</td>
80                          <td>
81                              <input type=checkbox name=favior[] value="旅游">旅游
82                              <input type=checkbox name=favior[] value="运动">运动
83                              <input type=checkbox name=favior[] value="看电影">看电影<p>
84                              <input type=checkbox name=favior[] value="游戏">游戏
85                              <input type=checkbox name=favior[] value="上网">上网
86                              <input type=checkbox name=favior[] value="听音乐">听音乐<p>
87                              <input type=checkbox name=favior[] value="登山">登山
88                              <input type=checkbox name=favior[] value="聊天">聊天
89                          </td>
90                      </tr>
91                      <tr>
92                          <td>其他：</td>
93                          <td>
94                              <textarea cols=24 rows=5 name=other></textarea>
95                          </td>
96                      </tr>
97                      <tr>
98                          <td colspan="2">
99                              <center>
100                                 <input type=submit value="提交">
101                                 <input type=reset value="重置">
102                             </center>
103                         </td>
104                     </tr>
105                 </form>
106             </table>
107             </center>
108 </body>
109 </html>
```

```
110 <?php
111         }
112         else                                                            //如果有数据提交，则执行相关操作
113         {
114                 $name=$_POST['name'];
115                 $sex=$_POST['sex'];
116                 $birthday=$_POST['month']."月".$_POST['date']."日";
117                 for($i=0;$i<count($_POST['favior']);$i++)
118                 {
119                         $f=$f.$_POST['favior'][$i]."+";
120                 }
121                 $other=htmlspecialchars($_POST['other']);               //去掉特殊字符
122                 $other=ereg_replace("\r\n","<br>",$other);              //转行回车
123                 $other=ereg_replace("\r","<br>",$other);                //转行换行
124                 $s=$name."``".$sex."``".$birthday."``".$f."``".$other."\n";
125                 $myfile=fopen($name,"w");                              //创建文件
126                 fwrite($myfile,$s);                                    //置入相应内容
127                 fclose($myfile);                                       //关闭文件
128                 echo "用户输入内容为：";
129                 echo $name."<p>";
130                 echo $sex."<p>";
131                 echo $birthday."<p>";
132                 echo $f."<p>";
133                 echo $other;
134                 echo "<p>";
135                 echo "用户文件已经创建完毕！";
136         }
137 ?>
```

在 PHP 执行环境中运行该 PHP 文件，将会出现与实例 15-1 基本类似的执行结果，因为它们采用的前台内容及格式基本上是相同的。

在执行界面上的表单中输入相应内容，这里输入以下内容（读者也可以根据自己喜好，输入相应内容）：

```
姓名：JACK；性别：男；生日：11 月 5 日；爱好：运动+看电影+听音乐+登山；其他：该同志为美籍华人。现住美国纽约市。
```

输入完毕后，单击“提交”按钮，将会出现如图 15.5 所示的执行结果。

图 15.5　表单使用实例处理结果

从图 15.5 的执行结果可以发现，程序正确显示出了用户输入的各项内容，并且还提示用户文件已经创建完毕。

然后到 15-4.php 所在目录里能够发现名为 JACK 的文件，用记事本打开它，里面有以下内容：

```
JACK``男``11 月 5 日``运动+看电影+听音乐+登山+``该同志为美籍华人。\<br />现住美国纽约市。
```

说明用户文件已经被正确创建。

这个表单使用的实例就为读者介绍到这里。具体使用中 Web 表单还有更多的用途，如把用户记录存入数据库、获得用户提交信息与库中内容相比较、通过用户提交表单执行相关操作等。可以说，表单的使用非常广泛。所以只有熟练掌握了表单的使用，才能开发出高效的人机交互 Web 程序。

15.4　本 章 小 结

实现人机交互是动态网页技术的重要特点之一。本章主要介绍用 PHP 实现人机交互的两种方式：表单方式和 URL 参数方式。其中表单方式常用于论坛中的用户注册、用户登录信息录入等，而 URL 参数方式多见于留言本中的分页显示、论坛中的分主题显示、论坛中不同子论坛之间的跳转等。可以说，两种方式都有着广泛的应用，并且它们各有其优缺点，互为补充。

通过本章对两种实现人机交互方式的学习，及对具体使用实例的介绍，相信读者对于如何通过 PHP 代码实现人机交互会有一个深刻的认识，从而为写出高效率的 Web 应用程序打下坚实的基础。

编写人机交互程序有一个问题需要引起读者的注意，那就是要了解 php.ini 中 global 的状态，对于该值不同的状态采用不同的变量获取形式。

第16章 计数器程序

计数器在网络上的运用非常广泛，比较常见的应用的是访客浏览量计数器。在网站里放置一个访客浏览量计数器，可以帮助站长了解站点的访问情况。本章就来介绍怎样使用PHP来开发计数器小程序，主要包括简单计数器（计数器原理、计数器算法的设计、具体代码实现计数器）、图形化计数器（设计算法、用图片替换文本、代码实现）、添加“防止恶意刷新”功能和多用户计数器等内容。

16.1 简单计数器

计数器的功能虽然单一，但根据存储及表现方式的不同也有多种多样。有简单的文本计数器、在文本计数器基础上的图形计数器、以数据库为基础的数据库计数器等。本节先来介绍简单的文本计数器。

16.1.1 计数器的原理

知识点讲解：光盘\视频讲解\第16章\计数器的原理.wmv

计数器的原理很简单，就是累加。如果原始值是0，就在0的基础上累加1，结果就是1。每浏览一次就在原来浏览量的基础上累加1。

既然是简单的文本计数器，就采用文本文件作为载体。第一次运行程序时，先判断有没有相应的文本文件，如果没有就创建文件，并置入0。以后程序运行时，先读出文本文件中存储的数值，把原值自增1再把增加的值显示出来，然后把增加的值重新写入文本文件即可。

16.1.2 设计算法

知识点讲解：光盘\视频讲解\第16章\设计算法（简单计数器）.wmv

把文本文件名定义给变量。先判断文件是否存在，这里要用到fileexists()函数。如果不存在，使用读写方式创建文件，这里要使用open("文件名","a")函数；并置入0，这里要使用fwrite()函数。然后使用file("文件名")函数读出文件数据内容，给原值加1。使用echo函数显示到用户界面，再把增加过的值重新写入文本文件，关闭文件结束程序。

16.1.3 代码实现

知识点讲解：光盘\视频讲解\第16章\代码实现（简单计数器）.wmv

【实例16-1】下面具体来实现16.1.2小节中所要求的功能。

实例 16-1：具体代码实现

源码路径：光盘\源文件\16\16-1.php

```
01  <html>
02  <head>
03  <title>PHP 文本计数器</title>
04  </head>
05  <body>
06  <?php
07      $c_file="counter.txt";                    //文件名赋值给变量
08      if(!file_exists($c_file))                 //如果文件不存在的操作
09      {
10          $myfile=fopen($c_file,"w");           //创建文件
11          fwrite($myfile,"0");                  //置入 0
12          fclose($myfile);                      //关闭文件
13      }
14      $t_num=file($c_file);                     //把文件内容读入变量
15      $t_num[0]++;                              //文件内容自增 1
16      echo "欢迎！您是本站第".$t_num[0]."位访客！";   //显示文件内容
17      $myfile=fopen($c_file,"w");               //打开文件
18      fwrite($myfile,$t_num[0]);                //写入新内容
19      fclose($myfile);                          //关闭文件
20  ?>
21  </body>
22  </html>
```

在 PHP 运行环境中执行以上 PHP 文件，第一次运行的执行结果如图 16.1 所示。

同时打开程序运行的文件夹，会发现多了一个名为 counter.txt 的文件，说明程序正常运行。

刷新该页面，相当于程序重新加载一次，执行结果如图 16.2 所示。

图 16.1　文本计数器第一次运行的执行结果

图 16.2　文本计数器第二次运行的执行结果

说明程序已经正常运行，并已经能实现累加，经得起多次考验。

本节简单文本计数器就介绍到这里，16.2 节将介绍图形化计数器。

16.2　图形化计数器

文本计数器虽然简单易行，但是美观程度上要欠缺一点。如果采用图形的方式来表达计数器内容，就既能实现计数功能，又让人印象深刻。本节就来讲解在 PHP 中怎样在文本计数器的基础上实现图形化的计数器。

16.2.1 设计算法（图形化计数器）

知识点讲解：光盘\视频讲解\第 16 章\设计算法（图形化计数器）.wmv

图形计数器是在文本计数器的基础上建立起来的，它们的算法是完全相同的，都是简单的累加。不同的是，文本计数器只是把文本内容简单地表现给用户，而图形计数器则是采用图片的方式来表达文本的内容。

16.2.2 用图片替代文本

知识点讲解：光盘\视频讲解\第 16 章\用图片替代文本.wmv

在讲解本小节实现图形化计数器之前，请先准备内容为 0～9 的 10 张小图片，文件名要与内容一致，分别为 0.gif、1.gif…8.gif、9.gif。

要实现图片替代文本，一位数不会出现任何问题，但是超过一位就有麻烦了，总不能再准备 11～99 的图片吧。所以要把文本逐个分开，再分别用相应的图片来替换。这样的话，file()函数就不能满足需要了，因为它是把文件按行读入数组。所以这里要采用 getc()函数，因为这个函数是按字符来读取文件内容的。

16.2.3 代码实现（图形化计数器）

知识点讲解：光盘\视频讲解\第 16 章\代码实现（图形化计数器）.wmv

本小节具体讲解怎么用代码来实现图形化计数器，同时也来对比一下 file()与 getc()函数的区别。

【实例 16-2】以下代码为实现图形化计数器。

实例 16-2：实现图形化计数器

源码路径：光盘\源文件\16\16-2.php

```
01  <html>
02  <head>
03  <title>PHP 图形化计数器</title>
04  </head>
05  <body>
06  <?php
07      $c_file="counter.txt";                       //文件名赋值给变量
08      if(!file_exists($c_file))                    //如果文件不存在的操作
09      {
10          $myfile=fopen($c_file,"w");              //创建文件
11          fwrite($myfile,"0");                     //置入 0
12          fclose($myfile);                         //关闭文件
13      }
14      $t_num=file($c_file);                        //把文件内容读入变量
15      $t_num[0]++;                                 //原始数据自增 1
16      $myfile=fopen($c_file,"w");                  //写入方式打开文件
17      fwrite($myfile,$t_num[0]);                   //写入新数值
18      fclose($myfile);                             //关闭文件
```

```
19        echo "欢迎！您是本站第";                          //显示内容头部
20        $myfile=fopen($c_file,"r");                       //以只读方式打开文件
21        while(!feof($myfile))                             //循环读出文件内容
22        {
23            $num=fgetc($myfile);                          //当前指针处字符赋值给变量
24            if($num)                                      //如果数值存在执行操作
25            {
26                echo "<img src=images\\".$num.".gif>";   //显示相应图片
27            }
28        }
29        fclose($myfile);                                  //关闭文件
30        echo "位访客！";                                  //显示内容尾部
31    ?>
32    </body>
33    </html>
```

在 PHP 运行环境下执行这个 PHP 文件，执行结果如图 16.3 所示。

图 16.3　图形化计数器执行结果

该计数器程序在 1 位数的情况下能够正常运行，下面持续刷新，直到该计数器达到 9 以上，执行结果如图 16.4 所示。

图 16.4　图形化计数器在浏览量超过两位时的执行结果

执行结果表明，即使是在浏览量为两位的情况下，该计数器程序依然是经得起考验的。

通过本小节的介绍，一个既简单又美观的图形化计数器已经完成了。还可以去掉代码中的 HTML 部分，只保留 PHP 代码，这样就可以在其他 PHP 页面中引用这个文件了。

16.3　添加“防止恶意刷新”功能

虽然现在已经实现了计数器的功能，但是有一点不太完美，就是每当用户刷新一下就会使计数器运行一次。这样获得的情况往往不太准确，因为可能有别有用心的人会不停地刷新，以达到计数器疯狂增加的目的。怎么样避免这种状况发生呢？这里就要用到功能强大的 Cookie 了。本节来讲解怎样通过 Cookie 来完善图形化计数器。

16.3.1 设计算法（添加“防止恶意刷新”功能）

知识点讲解：光盘\视频讲解\第 16 章\设计算法（添加“防止恶意刷新”功能）.wmv

防刷新功能的算法如下：先判断有没有 Cookie，如果没有 Cookie 就启动一次计数器并且写入当天系统日期到 Cookie 数据。当用户刷新或者第二次浏览时，就判断 Cookie 数据是否与系统日期一致，如果两者一致则只读出原始数据，并不执行自增这一步。这样不论用户如何刷新，计数器就只能够显示，而不能增加了。

16.3.2 代码实现（添加“防止恶意刷新”功能）

知识点讲解：光盘\视频讲解\第 16 章\代码实现（添加“防止恶意刷新”功能）.wmv

本小节将通过具体的代码来实现增强版的计数器，通过此实例也能加深读者对 Cookie 的认识。由于 setcookie 在使用之前不能有任何的输出操作，所以本小节的代码要对 16.2 节的图形化计数器代码做较大改动。

【实例 16-3】以下代码为防止恶意刷新的计算器程序。

实例 16-3：防止恶意刷新的计算器程序
源码路径：光盘\源文件\16\16-3.php

```
01  <?php
02      $c_file="counter.txt";                         //文件名赋值给变量
03      if(!file_exists($c_file))                      //如果文件不存在的操作
04      {
05          $myfile=fopen($c_file,"w");                //创建文件
06          fwrite($myfile,"0");                       //置入 0
07          fclose($myfile);                           //关闭文件
08      }
09      $t_num=file($c_file);                          //把文件内容读入变量
10      if($_COOKIE["date"]!=date('Y 年 m 月 d 日'))   //判断 Cookie 内容与当前日期是否一致
11      {
12          $t_num[0]++;                                   //原始数据自增 1
13          $myfile=fopen($c_file,"w");                    //写入方式打开文件
14          fwrite($myfile,$t_num[0]);                     //写入新数值
15          fclose($myfile);                               //关闭文件
16          setcookie("date",date("Y 年 m 月 d 日"),time()+60*60*24); //重新将当前日期写入 Cookie 并设定
Cookie 的有效期为 24 小时
17      }
18  ?>
19  <html>
20  <head>
21      <title>PHP 图形化计数器</title>
22  </head>
23  <body>
24  <?php
25      echo "欢迎！您是本站第";                             //显示内容头部
26      $myfile=fopen($c_file,"r");                        //以只读方式打开文件
```

```
27      while(!feof($myfile))                              //循环读出文件内容
28      {
29              $num=fgetc($myfile);                       //当前指针处字符赋值给变量
30              if($num)                                   //如果数值存在执行操作
31              {
32                      echo "<img src=images\\".$num.".gif>";   //显示相应图片
33              }
34      }
35      fclose($myfile);                                   //关闭文件
36      echo "位访客！";                                    //显示内容尾部
37  ?>
38  </body>
39  </html>
```

在 PHP 运行环境中执行以上代码，会发现虽然第一次能正确显示，但当刷新页面的时候，显示的还是原来的值。因为第二次执行时 Cookie 中的值与当前日期一致，程序并不执行自增操作，所以显示的还是原始值。至此，增强型的防恶意刷新计数器完成。

16.4　多用户计数器

在网上经常能找到面向多用户的计数器。任何人都可以注册一个用户名，然后系统给出一段 SCRIPT 代码，只要把代码贴到自己的页面上就可以实现计数器功能。那么怎样才能实现多用户的计数器呢？本节就来介绍如何在 PHP 环境中编写多用户计数器。

16.4.1　多用户计数器的原理

知识点讲解：光盘\视频讲解\第 16 章\多用户的原理.wmv

要想实现多用户计数器，就要有多个记录，并且各个记录之间要互不影响。访问其中一个用户的记录，只在此用户的原有记录上自增，然后重新保存在该用户记录里即可。这样就可以实现多用户计数器了。

16.4.2　实现方法

知识点讲解：光盘\视频讲解\第 16 章\多用户计数器实现方法.wmv

通常有两种方法可以实现多用户计数器。实际上也就是两种存储机制的问题：

☑　采用文本文件作为存储载体。每个用户记录对应一个文本文件。第一次访问时先判断该用户的文件是否存在，如果不存在就创建文件并写入 0。如果文件存在就读出原值并自增 1。显示新值，把自增后的值写入用户文件即可。

☑　采用数据库作为存储载体。每个用户对应表里的一条记录。记录内容为相应的用户及访问量。第一次访问时先判断表中有无该用户的记录，如果没有就写入记录并初始化访问量为 0。如果记录存在就读出记录中访问量的值并自增 1。显示出新值，再把自增后的值写入表中用户记录即可。

说明： 关于采用文本文件作为存储载体的实现，与前面介绍的例子差不多，只是多了一个文件名的判断。这里不再多介绍，有兴趣的读者可以自己研究，这里重点介绍采用数据库作为存储载体的实现。

16.4.3 代码实现

知识点讲解：光盘\视频讲解\第 16 章\多用户计数器代码实现.wmv

本小节将通过具体的代码来介绍数据库版的面向多用户计数器。通过此实例也能加深读者对数据库的操作。由于要用到数据库、表，所以要先在库里创建表 counter。表应包含字段 id、username、count 等内容。

第一步，运行实例 16-4 来创建数据表。

【实例 16-4】以下代码用来创建 mysql 表。

实例 16-4：创建 mysql 表

源码路径：光盘\源文件\16\16-4.php

```
01  <?php
02      $myconn=mysql_connect("localhost","root","admin");                //连接到服务器
03      mysql_select_db('test',$myconn);                                  //连接到 test 库
04      $query="create table counter (id int(5) not null auto_increment primary key,username varchar(20) not
null,count int(5) not null default 0)";                                   //创建 counter 表语句
05      mysql_query($query);                                              //执行语句
06      mysql_close($myconn);                                             //关闭对数据库的连接
07      echo "你已经成功创建数据表";                                        //创建成功提示
08  ?>
```

先打开 MySQL 服务器，然后在 PHP 运行环境下执行以上代码。如果成功就会输出创建数据表成功提示。

第二步，以下实例代码为多用户计数器的核心文件。

【实例 16-5】以下代码为多用户计数器的核心文件。

实例 16-5：多用户计数器的核心文件

源码路径：光盘\源文件\16\16-5.php

```
01  <?php
02      if($_GET["username"])
03      {
04          $username=$_GET["username"];
05          $myconn=mysql_connect("localhost","root","admin");            //连接到服务器
06          mysql_select_db('test',$myconn);                              //连接到 test 库
07          $sqlstr="select * from counter where username='$username'";   //查询用户名语句
08          $result=mysql_query($sqlstr) or die(mysql_error());           //执行查询语句
09          $num=mysql_num_rows($result);                                 //查询结果保存到变量
10          if($num==0)                                                   //如果结果为 0，执行操作
11          {
12              $sqlstr="insert into counter (username) values ('$username')"; //插入记录语句
13              mysql_query($sqlstr) or die(mysql_error());               //执行语句
```

```
14            }
15            $sqlstr="select count from counter where username='$username'";  //重新查询
16            $result=mysql_query($sqlstr) or die(mysql_error());             //执行查询语句
17            $count=mysql_fetch_array($result);                              //结果保存到变量
18            $count[0]++;                                                    //自增 1
19            echo $count[0];                                                 //显示新结果
20            $sqlstr="update counter set count=count+1 where username='$username'";   //更新数据表
21            $result=mysql_query($sqlstr) or die(mysql_error());             //执行更新语句
22            mysql_close($myconn);                                           //关闭数据库连接
23        }
24        else echo "用户名不能为空";
25    ?>
```

在需要调用的 Web 页中插入以下代码：

```
<body>
<head>
    <title>计数器测试页</title>
</head>
    <a href="http://127.0.0.1/16-5.php?username=test">测试计数器</a>
</body>
```

其中的 href 中的 username 为用户名，然后再浏览用户的普通 Web 页面就可以顺利执行，执行结果如图 16.5 所示。

这里可以更改 username 以验证是否支持多用户。更改用户名为 test2，可以发现执行结果与用户名为 test 类似，只不过又从 1 开始计数。

图 16.5 多用户计数器测试执行结果

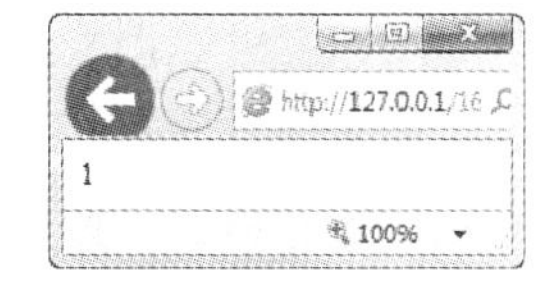

图 16.6 多用户计数器在更改用户后的执行结果

使用 phpMyAdmin 打开数据库，查看 test 库中的 counter 表，发现已经有了两条记录，一条为 test，另一条为 test2。这就说明多用户计数器已经完成。

16.5 本章小结

本章为读者介绍了可以经常用到的 PHP 计数器。详细说明了在 PHP 编程环境下，怎样开发计数器。通过本章学习，读者不仅学到了计数器的算法，同时也复习了 PHP 对文件的操作、PHP 中 Cookie 的使用、PHP 对 MySQL 数据库的操作等内容。计数器的功能虽然简单，但要做一个完善的计数器，是要结合多方面知识才能实现的。

第17章 网上投票程序

投票程序在网络中有着广泛的应用，如对某一个问题的问卷调查，或者网站站长对网站满意度的调查等。本章将介绍如何使用PHP制作一个投票系统。通常的投票系统按照数据存储机制的不同可分为文本类和数据库类，本章将重点介绍后者。本章内容包括网上投票程序的原理、数据表的设计、管理页面的编写、用户提交内容的处理等。通过本章的学习，读者能够轻松地使用PHP编写出投票程序。

17.1 投票程序的原理

知识点讲解：光盘\视频讲解\第17章\投票程序的原理.wmv

投票程序的实现方法其实并不复杂，通常采用这样的算法：事先建立好投票项，当用户通过前台对某一项（适用于单项选择）或者几项（适用于多项选择）投票项进行选择并提交时，后台处理就在相应的记录上增加1。显示投票内容时一并显示相应投票项的记录情况。这样就可以实现一个投票程序了。

当然，单选项的计票方式很简单，每投一票计数一次即可。不过这里面涉及一个问题，那就是关于多选项如何计票的问题。可以把一次多选的所有选择项当作一次计数，如一次多选择了3项，就当作一次计数。也可以把一次多选的几项当作几次计数，如一次多选择了3项内容，就当作3次计数。本章的实例将采用后一种方式来计票。

17.2 本实例的特点

知识点讲解：光盘\视频讲解\第17章\本实例的特点.wmv

本节将介绍一个简单的网上投票系统。本系统大致有如下几个特点：

☑ 用户可以无限增加投票项目，每个项目可以设定为单选或者多选。

☑ 每个项目也可以自定义投票项数目、投票项内容。

☑ 投票结果采用图片和数字百分比两种方式显示，用户也可以自定义每个投票项的图片颜色。

☑ 投票显示采用JS方式调用，所以可以在普通Web页里插入相应的JS代码来显示。

☑ 可以设置是否用Cookie保存投票人的IP记录，同时可以设置是否允许同一IP地址的多次投票，若设置为不允许，可以防止重复投票。

以上就是本章所要介绍的投票系统的主要特点，17.3节将介绍数据表的结构及各项内容。

17.3　投票实例数据表设计

知识点讲解：光盘\视频讲解\第 17 章\投票实例数据表设计.wmv

数据表的设计是一个数据库应用程序最为重要的环节之一。因为数据表设计的适当与否直接关系着程序的运行效率，良好的、设计合理的数据表将对程序的运行起到事半功倍的效果。相反，如果数据表设计混乱，那么程序运行时要完成同一个操作就需要执行更多的指令。这样程序运行就会受到相当大的影响。

说明： 为了简化操作，使程序更容易理解，本章的投票程序实例的表采用两个表来设计。采用两个表来包含整个系统的全部信息势必比采用一个表设计要复杂，但这样会使得思路清晰，使读者更容易理解。

本章的投票程序实例共有投票项记录表和投票项选择支表两个表，具体介绍如下。

1. 投票项记录表

表名：vote，共有 4 个字段，每个字段及其含义如表 17.1 所示。

表 17.1　投票项记录表 vote 字段列表

字 段 名	类　　别	长　　度	内　　容	其　　他
ID	数值型	5	记录投票项的 ID 号	表的主关键字，有自动增加的特性
V_NAME	字符型	20	投票项的名称，实际上是一个投票项的标题	无
V_NUM	数值型	5	记录投票项的结果。该字段存放投票的总数。如果投票项为单选项，则每有一次投票，该值增加 1；如果投票项为多选项，则每有一次投票，该值增加投票选择项的项目数	无
V_TYPE	数值型	1	记录投票项的类型。该字段保存投票类型的标记。如果该值为 0，表示为单选项；如果该值为 1，表示为多选项。在显示投票时将调用该值，以确定显示的表单元素是 radio 还是 checkbox。然后就是在处理投票结果时调用该值，如果值是单选项，则采用一次计数；如果是多选项，则采用多次计数	无

以上是记录投票项的表，下面是记录每一个投票项的选择支的表。

2. 投票项选择支表

表名：record，共有 5 个字段，每个字段及含义如表 17.2 所示。

表 17.2　投票项选择支表 record 字段列表

字 段 名	类　　别	长　　度	内　　容	其　　他
ID	数值型	5	记录投票项的 ID 号，以此对每个投票选择支进行区别	表的主关键字，有自动增加的特性
R_ID	数值型	5	记录该投票支所对应的 vote 中投票项的 ID，以表明该选择支属于哪一个投票项	无

续表

字段名	类别	长度	内容	其他
R_NAME	字符型	50	记录选择支的内容，实际上存放一个投票选择项的内容	无
R_NUM	数值型	5	记录该选择支的被选结果，存放该选择支被选择的次数	无
R_COLOR	数值型	1	记录该选择支的显示颜色，实际是用相应的小图片来显示	无

由于采用的是两个表设计，所以 vote 表中存放投票项的总情况，具体每一项内容存放到 record 表中。这样的表结构虽然比采用单一表设计的表稍显复杂，但实际运行起来，却会比采用单表的设计效率更高。

17.4 代码实现

本节通过具体的代码来一步一步完成这个投票程序，该投票程序由新建投票项、显示所有投票项、单一投票项的 JS 显示、处理提交的内容等模块组成。下面分别进行介绍。

17.4.1 准备工作

知识点讲解：光盘\视频讲解\第 17 章\准备工作.wmv

在开发投票程度之前，有两项工作是必须要事先完成的。首先，是建立一个配置文件，存放程序所要调用的一些重要变量，如主机名、用户名、用户密码、库名、表名等内容。

【实例 17-1】以下代码用来保存程序需要使用的变量。

实例 17-1：保存程序需要使用的变量

源码路径：光盘\源文件\17\17-1.php

```
01  <?php
02      $db_host="localhost";              //主机名
03      $db_user="root";                   //用户名
04      $db_pass="admin";                  //用户密码
05      $db_name="test";                   //操作库名
06      $table_vote="vote";                //表名 1
07      $table_record="record";            //表名 2
08      $re_vote=false;                    //是否允许重复投票
09  ?>
```

其次，由于所有操作都需要通过对相应的表的操作来完成，所以必须事先把表创建好。

【实例 17-2】以下代码用于创建数据表。

实例 17-2：创建数据表

源码路径：光盘\源文件\17\17-2.php

```
01  <?php
02      require "17-1.php";                                          //调用配置文件
03      $link=mysql_connect($db_host,$db_user,$db_pass)or die(mysql_error());     //连接主机
04      mysql_select_db($db_name,$link);                             //选择数据库
```

```
05      $sql="create table $table_vote(
06              id int(5) not null auto_increment primary key,
07              v_name varchar(50) not null,
08              v_num int(5) not null default 0,
09              v_type int(1) not null
10      )";                                             //创建 vote 表的 SQL 语句
11      if(mysql_query($sql,$link))                     //发送 SQL 请求
12              echo "投票表已经创建成功！<p>";          //如果 SQL 语句成功执行显示信息
13      else
14              echo "创建表时出现错误，表未被成功创建。<p>";
15      $sql="create table $table_record(
16              id int(5) not null auto_increment primary key,
17              r_id int(5) not null,
18              r_name varchar(50) not null,
19              r_num int(5) not null default 0,
20              r_color int(1) not null
21      )";                                             //创建 record 表的 SQL 语句
22      if (mysql_query($sql,$link))                    //发送 SQL 请求并做判断
23              echo "记录表已经创建成功！<p>";          //如果 SQL 语句被成功执行，显示创建成功信息
24      else                                            //如果创建表失败，显示信息
25              echo "创建记录表时出错，记录表未被成功创建。<p>";
26  ?>
```

注意：应该注意SQL语句的默认值设置。

在 PHP 运行环境下执行该 PHP 文件，执行结果如图 17.1 所示。

图 17.1　创建数据表执行结果

从图 17.1 所示的执行结果可以发现，相应的表已经被正确创建。随着表的创建完成，编写投票程序的准备工作就完成了。从 17.4.2 节开始就来创建投票系统的各个子模块。

17.4.2　创建显示所有投票项的页面

知识点讲解：光盘\视频讲解\第 17 章\创建显示所有投票项的页面.wmv

本节来编写显示所有投票项的页面，该页面的作用是把所有已经存在的投票项显示给管理者，以便于用户对这些投票项进行相应的管理。

【实例 17-3】下面为显示所有投票项页面的代码。

实例 17-3：显示所有投票项的代码
源码路径：光盘\源文件\17\17-3.php

```
01  <html>
```

```
02  <head>
03  <title>投票程序——显示所有投票项</title>
04  </head>
05  <body>
06  <center>
07  <h1>投票程序——显示所有投票项</h1>
08  <p>
09  <a href=17-4.php>添加记录</a>
10  <p>
11  <?php
12      require "17-1.php";
13      $link=mysql_connect($db_host,$db_user,$db_pass)or die(mysql_error());
14      mysql_select_db($db_name,$link);                    //连接主机选择数据库
15      $sql="select * from $table_vote";                   //选择所有投票项记录
16      $result=mysql_query($sql,$link);                    //发送 SQL 请求
17      $rows=mysql_fetch_array($result);                   //计算总记录数
18      if($rows==0)                                        //如果没有记录，显示内容
19      {
20          echo "现在还没有记录！";
21      }
22      else                                                //如果存在记录，显示出记录
23      {
24          echo "<table border='1'>";
25          echo "<tr>";
26          echo "<td width='10%'>";
27          echo "项";
28          echo "</td>";
29          echo "<td width='80%'>";
30          echo "名称";
31          echo "</td>";
32          echo "<td width='10%'>";
33          echo " ";
34          echo "</td>";
35          echo "</tr>";
36          $i=0;
37          $sql="select * from $table_vote";               //再次执行 SQL 请求
38          $result=mysql_query($sql,$link);
39          while($row=mysql_fetch_array($result))          //遍历结果
40          {
41              $i++;                                       //循环变量，显示数值
42              echo "<tr>";
43              echo "<td>";
44              echo "第".$i."条";                          //显示数值
45              echo "</td>";
46              echo "<td>";
47              echo "<a href=17-6.php?id=".$row['id'].">".$row['v_name']."</a>";
48              echo "</td>";
49              echo "<td>";
50              echo "<a href=17-5.php?id=".$row['id'].">删除</a>";
51              echo "</td>";
52              echo "</tr>";
```

```
53                  }
54                  echo "</table>";
55          }
56  ?>
57  </center>
58  </body>
59  </html>
```

技巧：读者应该体会到，实例中的PHP代码可以很容易结合HTML代码。

17.4.3　创建添加投票记录页面

知识点讲解：光盘\视频讲解\第 17 章\创建添加投票记录页面.wmv

本小节来创建管理者添加新的投票项的页面。当用户执行该页面后，该添加操作分三步进行。第一步，用户输入要创建的投票项的名称，选择投票子项的条数，并选择该投票项是多选还是单选。第二步，要求用户分别输入每一条投票子项的内容，并选择每一条子项对应的颜色。第三步单击“确定”按钮，完成所有的创建工作。

技巧：由于该文件整合了添加投票记录的三步操作，所以要对每一步操作进行判断。这样把所有操作整合起来虽然会使代码比较长，但却减少了文件的个数，更便于用户对整个系统的管理。

【实例 17-4】以下代码为创建添加投票记录的页面。

实例 17-4：创建添加投票记录的页面
源码路径：光盘\源文件\17\17-4.php

```
01  <?php
02          if((!$_POST['v_name']) &&(!$_POST['r'][1]))                    //没有任何参数为第一步
03          {
04  ?>
05  <html>
06  <head>
07  <title>投票程序——增加投票项第一步</title>
08  </head>
09  <body>
10  <script language=javascript>
11  function juge(form)
12  {
13          if (form.v_name.value == "")
14          {
15                  alert("请输入投票项名称!");
16                  theForm.v_name.focus();
17                  return (false);
18          }
19  }
20  </script>
21  <center>
22  <h1>投票程序——增加投票项第一步</h1>
```

```
23  <p>
24  <h3>投票项属性</h3>
25  <p>
26  <table border=1>
27        <form method="post" action=<?php echo $PATH_INFO; ?> onsubmit="return juge(this)">
28              <tr>
29                    <td>输入投票项内容：</td>
30                    <td><input type=text name=v_name></td>
31              </tr>
32              <tr>
33                    <td>选择投票项的类型</td>
34                    <td>
35                          <input type=radio name=v_type value=0 checked>单选
36                          <input type=radio name=v_type value=1>多选
37                    </td>
38              </tr>
39              <tr>
40                    <td>选择投票项的项数</td>
41                    <td>
42                          <select name=v_m size=1>
43                                <option value=2>2</option>
44                                <option value=3>3</option>
45                                <option value=4>4</option>
46                                <option value=5>5</option>
47                                <option value=6>6</option>
48                                <option value=7>7</option>
49                                <option value=8>8</option>
50                                <option value=9>9</option>
51                                <option value=10>10</option>
52                          </select>
53                    </td>
54              </tr>
55              <tr>
56                    <td colspan="2">
57                          <center><input type=submit value="下一步"></center>
58                    </td>
59              </tr>
60        </form>
61  </table>
62  </center>
63  </body>
64  </html>
65  <?php
66        }
67        else if(!$_POST['r'][1])                                    //没有选择项参数为第二步
68        {
69  ?>
70  <html>
71  <head>
72  <title>投票程序——增加投票项第二步</title>
73  </head>
```

```
74  <body>
75  <script language=javascript>
76  function juge(form)
77  {
78      if (form.v_name.value == "")
79      {
80          alert("请输入投票项名称!");
81          theForm.v_name.focus();
82          return (false);
83      }
84  }
85  </script>
86  <center>
87  <h1>投票程序——增加投票项第二步</h1>
88  <p>
89  <h3>投票项每项选择项属性</h3>
90  <p>
91  <table border=1>
92  <form method="post" action=<?php echo $PATH_INFO;?> onsubmit="return juge(this)">
93  <?php
94      $v_name=$_POST['v_name'];                                   //获取传入变量
95      $v_type=$_POST['v_type'];
96      $v_m=$_POST['v_m'];
97      echo "<tr><td colspan=4><center>".$v_name."</center></td></tr>\n";
98      echo "<input type=hidden name=v_name value=".$v_name.">\n";
99      echo "<input type=hidden name=v_type value=".$v_type.">\n";
100     echo "<input type=hidden name=v_m value=".$v_m.">\n";
101     for($i=1;$i<($v_m+1);$i++)                                  //循环显示每个选择项
102     {
103         echo "<tr>";
104         echo "<td>选择项".$i."内容：</td>\n";
105         echo "<td>";
106         echo "<input type=text name=r[]>";
107         echo "</td>\n";
108         echo "<td>";
109         echo "颜色";
110         echo "</td>\n";
111         echo "<td>\n";
112         echo "<select size=1 name=c[]>\n";
113         echo "<option value=1>红</option>\n";
114         echo "<option value=2>蓝</option>\n";
115         echo "<option value=3>绿</option>\n";
116         echo "<option value=4>黄</option>\n";
117         echo "<option value=5>紫</option>\n";
118         echo "</td>\n";
119         echo "</tr>\n";
120     }
121 ?>
122 <tr>
123 <td colspan="4">
124 <center>
```

```
125         <input type=button value="上一步" onclick=history.go(-1)>
126         <input type=submit value="下一步">
127  </center>
128  </td>
129  </tr>
130  </form>
131  </table>
132  </center>
133  </body>
134  </html>
135  <?php
136         }
137         else                                                    //除以上两种情况之外为第三步
138         {
139              $v_name=$_POST['v_name'];                          //获取传入变量
140              $v_type=$_POST['v_type'];
141              $v_m=$_POST['v_m'];
142              for($i=0;$i<$v_m;$i++)                             //循环读取数组变量
143              {
144                   $r[]=$_POST['r'][$i];
145                   $c[]=$_POST['c'][$i];
146              }
147              require "17-1.php";
148              $link=mysql_connect($db_host,$db_user,$db_pass);
149              mysql_select_db($db_name,$link);                   //连接服务器选择库
150              $sql="insert into $table_vote(v_name,v_type) values('$v_name','$v_type')";
151              mysql_query($sql,$link);                           //插入投票记录
152              $sql="select max(id) from $table_vote";
153              $result=mysql_query($sql,$link);
154              $row=mysql_fetch_array($result);
155              for($i=0;$i<$v_m;$i++)                             //循环插入选择项记录
156              {
157                   $temp=$r[$i];
158                   $temp2=$c[$i];
159                   $sql="insert into $table_record(r_id,r_name,r_color) values('$row[0]','$temp','$temp2')";
160                   mysql_query($sql,$link);                      //插入记录
161              }
162  ?>
163  <html>
164  <head>
165  <meta http-equiv="refresh" content="2; url=17-3.php">
166  <title>投票程序——增加投票项第三步</title>
167  </head>
168  <body>
169  投票项创建成功！<p>
170  两秒后返回
171  </body>
172  <?php
173         }
174  ?>
```

17.4.4　创建删除投票项的页面

知识点讲解：光盘\视频讲解\第 17 章\创建删除投票项的页面.wmv

本小节来创建删除投票项的页面。该文件首先要获取用户提交的 ID，然后从表中选择相应的 ID 并进行删除操作。删除投票的实质是要对两个表进行操作。首先要删除表 vote 中指定 ID 的记录，接着要删除表 record 中 R_ID 等于指定 ID 的记录，也就是删除投票项相应的选择项。

【实例 17-5】以下代码为创建删除投票项的页面。

实例 17-5：删除投票项的页面

源码路径：光盘\源文件\17\17-5.php

```
01  <?php
02      if(!$_GET['id'])                                    //如果没有指定删除 ID，显示信息
03      {
04          echo "没有指定 ID！";
05          exit();
06      }
07      else                                                //如果指定了删除 ID，执行操作
08      {
09      require "17-1.php";                                 //调用配置文件
10      $link=mysql_connect($db_host,$db_user,$db_pass)or die(mysql_error());    //连接主机
11      mysql_select_db($db_name,$link);                    //选择数据库
12      $sql="delete from $table_vote where id='$_GET[id]'";    //删除指定投票项
13      if(mysql_query($sql,$link));                        //发送 SQL 请求并对结果进行判断
14      {
15          echo "成功删除投票项！";
16      }
17      else
18      {
19          echo "删除投票项时出现错误！";
20      }
21      echo "<p>";
22      $sql2="delete from $table_record where r_id='$_GET[id]'";//删除指定选择项，即某个投票项的所有选
择支
23      if(mysql_query($sql2,$link));                       //发送 SQL 请求并判断结果
24      {
25          echo "成功删除选择项！";
26      }
27      else
28      {
29          echo "删除选择项时出现错误！";
30      }
31      echo "<html>";
32      echo "<head>";
33      echo "<title>投票程序——删除投票项</title>";
34      echo "<meta http-equiv=\"refresh\" content=\"2; url=17-3.php\">";
35      echo "</head>";
36      echo "<body>";
```

```
37          echo "成功删除投票项记录！";
38          echo "<p>";
39          echo "两秒后返回";
40          echo "</body>";
41     ?>
```

注意：本实例中应该注意SQL语句的准确性。

17.4.5 创建显示投票项页面

知识点讲解：光盘\视频讲解\第 17 章\创建显示投票项页面.wmv

本小节来编写投票项的显示页面。注意本节与 17.4.2 小节的不同。本小节是显示单一投票项的详细情况，即每一个投票项和它所包括的选择项。

这里采用两种方式来显示，一种是采用通常的页面方式显示；另一种是采用 JavaScript 方式来显示。为什么这样呢？因为通常网上的普通空间并不支持 PHP，而采用 JavaScript 方式显示，只需提供相应的 JS 代码就可以实现投票功能。如果采用普通的显示方式，则是提供给支持 PHP 代码的用户，因为这些用户完全可以直接拿来使用。

【实例 17-6】以下代码为创建显示某一条投票项的页面。

实例 17-6：创建显示某一条投票项的页面
源码路径：光盘\源文件\17\17-6.php

```
01     <?php
02          if(!$_GET['id'])                                    //如果没有指定 ID 号
03          {
04               echo "没有指定 ID！";
05               exit();
06          }
07          else
08          {
09          echo "<html>";
10          echo "<head>";
11          echo "<title>投票程序——显示投票项</title>";
12          echo "</head>";
13          echo "<body>";
14          echo "<center>";
15          require "17-1.php";                                 //调用配置文件
16          $link=mysql_connect($db_host,$db_user,$db_pass)or die(mysql_error());
17          mysql_select_db($db_name,$link);                    //选择数据库
18          $sql="select * from $table_vote where id='$_GET[id]'";   //显示指定投票项
19          $result=mysql_query($sql,$link);                    //发送 SQL 请求
20          $row=mysql_fetch_array($result);                    //计算总列数
21          $s=$row['v_num'];                                   //赋值给变量
22          echo "<h1>$row[v_name]</h1>";                       //显示投票项标题
23          echo "<p>";
24          echo "<table border=\"1\" width=60%>";
25          echo "<form action=17-9.php method=post>";
```

```
26        echo "<input type=hidden name=id value=".$row['id'].">";
27        echo "<input type=hidden name=v_type value=".$row['v_type'].">";
28        echo "<tr>";
29        echo "<td> </td><td>选项</td><td>被选择情况</td>";
30        echo "</tr>";
31        $sql2="select * from $table_record where r_id=$_GET[id]";
32        $result2=mysql_query($sql2,$link);                    //发送 SQL 请求以显示选择项
33        while($rows=mysql_fetch_array($result2))
34        {
35            echo "<tr>";
36            echo "<td>";
37            if($row['v_type']==0)                             //如果选择类型是单选
38            {
39                echo "<input type=radio name=r value=".$rows['id'].">";
40            }
41            else                                              //如果选择类型是多选
42            {
43                echo "<input type=checkbox name=r[] value=".$rows['id'].">";
44            }
45            echo "</td>";
46            echo "<td>".$rows['r_name']."</td>";
47            echo "<td>";
48            if($rows['r_num']==0)                             //如果被投票数为 0
49                $width=0;                                     //图片宽度为 0
50            else
51                $width=$rows['r_num']/$s;                     //图片宽度为得票数除以总投票数
52            if($width!=0)                                     //如果被投票数不为 0，显示图片
53            {
54                echo "<img src=".$rows['r_color'].".bmp width=".($width*200)." height=10>\n";
55            }
56            echo $rows['r_num']."/".$row['v_num'];            //显示数字
57            echo "</td>";
58            echo "</tr>";
59        }
60        echo "<tr><td colspan=3><center><input type=submit value=\"确认提交\"></center></td></tr>";
61        echo "</form>";
62        echo "</table>";
63        }
64    ?>
```

说明： 本实例的核心就是判断并遍历输出操作。

【实例 17-7】以下代码为调用 JS 显示相应内容的 PHP 文件。

实例 17-7：调用 JS 显示相应内容的 PHP 文件

源码路径：光盘\源文件\17\17-7.php

```
01    document.write("<?php require '17-1.php';
02        $link=mysql_connect($db_host,$db_user,$db_pass);
03        mysql_select_db($db_name,$link);
04        $sql="select * from $table_vote where id=$_GET[id]";
```

```
05          $result=mysql_query($sql,$link)or die(mysql_error());
06          $row=mysql_fetch_array($result);
07          $s=$row['v_num'];
08          echo "<center>";
09          echo '<h1>'.$row['v_name'].'</h1>';
10          echo "<p>";
11          echo '<table border=1 width=60%>';
12          echo '<form action=17-9.php method=post>';
13          echo '<input type=hidden name=id value='.$row['id'].'>';
14          echo '<input type=hidden name=v_type value='.$row['v_type'].'>';
15          echo '<tr>';
16          echo '<td> </td><td>选项</td><td>被选择情况</td>';
17          echo '</tr>';
18          $sql2="select * from $table_record where r_id=$_GET[id]";
19          $result2=mysql_query($sql2,$link)or die(mysql_error());
20          while($rows=mysql_fetch_array($result2))
21          {
22                echo '<tr>';
23                echo '<td>';
24                if($row['v_type']==0)
25                {
26                      echo '<input type=radio name=r value='.$rows['id'].'>';
27                }
28                else
29                {
30                      echo '<input type=checkbox name=r[] value='.$rows['id'].'>';
31                }
32                echo '</td>';
33                echo '<td>'.$rows['r_name'].'</td>';
34                echo '<td><br />';
35                if($rows['r_num']==0)
36                      $width=0;
37                else
38                      $width=$rows['r_num']/$s;
39                if($width!=0)
40                {
41                      echo '<img src='.$rows['r_color'].'.bmp width='.($width*200).' height=10>';
42                }
43                echo $rows['r_num'].'/'.$row['v_num'];
44                echo '</td>';
45                echo '</tr>';
46          }
47          echo '<tr><td colspan=3><center><input type=submit value=确认提交></center></td></tr>';
48          echo '</form>';
49          echo '</table>';
50          echo '</center>';
51    ?>
52    ");
```

【实例 17-8】以下代码是调用该 JS 页的普通 HTML 页面。

实例 17-8：调用实例 17-7 的普通 HTML 页面
源码路径：光盘\源文件\17\17-8.php

```
01  <html>
02  <head>
03  <title>投票程序——调用 JS 页</title>
04  </head>
05  <body>
06      <script language=javascript src="17-7.php?id=1">
07  </script>
08  </body>
09  </html>
```

由于该页面中没有任何可执行的 PHP 代码，所以该页面可以是普通的 HTML 页。通过以上代码可见，调用 JS 页时要使用以下样式：

```
<script language=javascript src="17-7.php?id=1">
</script>
```

其中的 src 为 17-7.php 的相对或者绝对路径，同时也不能省略 id 值。这样就可以在不支持 PHP 的网站上调用该投票程序了。当然，如果是提供给普通用户使用，其中的 src 就一定要为绝对路径，因为用户的文件等不可能和服务器上的程序在一个路径之下。

另外，单独使用这样的调用即显示投票情况，是会成功的。但要处理这样的提交结果，就一定要把下面要讲到的提交处理页面（实例 17-9）中最后回退的页面改为用户的页面，这就需要程序在处理时使用系统变量$_SERVER['HTTP_REFERER']记录用户上一页的内容，然后在处理结束后，重新返回用户的页面。

17.4.6　创建选择项提交处理页面

知识点讲解：光盘\视频讲解\第 17 章\创建选择项提交处理页面.wmv

本节来编写对选择项的提交进行处理的页面，该页面实现的功能是依照用户选择的项目，更新相应的记录的数值。

【实例 17-9】以下代码为创建选项提交处理页面。

实例 17-9：创建选项提交处理页面
源码路径：光盘\源文件\17\17-9.php

```
01  <?php
02      $id=$_POST['id'];                                   //获取用户提交的 ID 值
03      $v_type=$_POST['v_type'];                           //获取投票项的类型
04      $r=$_POST['r'];                                     //获取投票项内容
05      require "17-1.php";
06      $link=mysql_connect($db_host,$db_user,$db_pass);
07      mysql_select_db($db_name,$link);
08      if($v_type==0)                                      //如果投票类型是单选
09      {
10          $sql="update $table_vote set v_num=v_num+1 where id=$id";   //更新投票记录+1
```

```
11                mysql_query($sql,$link);
12                $sql2="update $table_record set r_num=r_num+1 where id=$r";      //更新选择支记录+1
13                mysql_query($sql2,$link);
14            }
15            else                                                              //如果投票项是多选
16            {
17                for($i=0;$i<count($r);$i++)                                   //通过循环实现记录的更新
18                {
19                    $sql="update $table_vote set v_num=v_num+1 where id=$id";
20                    mysql_query($sql,$link);
21                    $temp=$r[$i];
22                    $sql2="update $table_record set r_num=r_num+1 where id=$temp";
23                    mysql_query($sql2,$link);
24                }
25            }
26            echo "<html>";                                                    //处理结束显示 HTML 内容
27            echo "<head>";
28            echo "<title>投票程序——处理投票结果</title>";
29            echo "<meta http-equiv=\"refresh\" content=\"2; url=17-6.php?id=$id\">";  //返回 17-6.php
30            echo "</head>";
31            echo "<body>";
32            echo "投票成功！";
33            echo "<p>";
34            echo "两秒后返回";
35            echo "</body>";
36        ?>
```

说明：本实例的核心就是获取选择项并更新数据库中相应的数据。

至此，该投票程序的全部主要功能已经编写完毕。17.5 节开始对所有功能进行调试。

17.5 测 试 程 序

知识点讲解：光盘\视频讲解\第 17 章\测试程序.wmv

程序测试是程序编写后一个重要的环节，程序在编写完成后都要进行测试。通过对代码的测试可以发现其中的 BUG，然后就可以排除 BUG，使程序更好地运行。

由于配置文件、创建表的准备工作在 17.4.1 节中已经完成，本节就直接从显示投票项开始。所以，第一步，在 PHP 运行环境中执行实例 17-3，将显示如图 17.2 所示的执行结果。

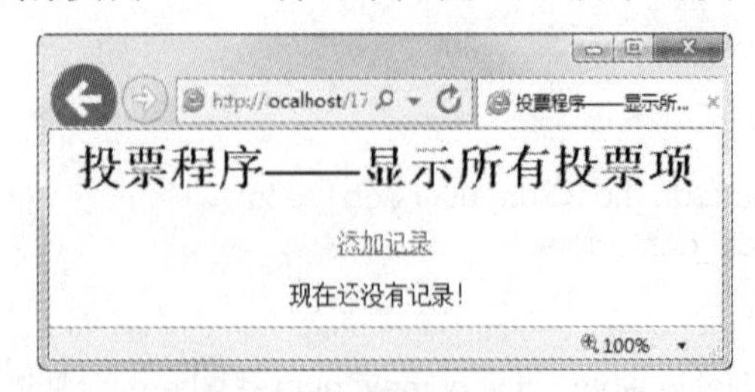

图 17.2　第一次运行显示投票项页面时的执行结果

虽然已经创建了相应的表，但是表中并没有任何记录，所以图 17.2 显示还没有记录。这时单击“添加记录”超链接来添加投票记录，即执行实例 17-4。其执行结果如图 17.3 所示。

图 17.3　增加投票项第一步执行结果

由于实例 17-4 把增加投票项的三步操作化为了一步，所以第一步执行时，将会发现图 17.3 所示的提示开始按需要创建新的投票项。这里投票项的内容定为：你对本站印象如何、投票项的类型选择单选项和投票项的项数选择 3 项。然后单击“下一步”按钮，就会转到增加投票项的第二步。第二步的执行结果如图 17.4 所示。

图 17.4　增加投票项第二步执行结果

由于在上一步选择了 3 个选择项，所以这一步就是确定每个选择项的内容。这里分别输入“好极了”、“很一般”、“糟透了”3 项内容，颜色分别选用红、黄、蓝 3 种颜色。按照要求填写完整相应项目后，再单击“下一步”按钮，就转到了增加投票项的第三步。由于第三步的操作是把相应记录添加到表中，所以执行都是在后台运行。并且执行完毕后，直接跳转到显示所有投票项页面，即实例 17-3。跳转后的结果如图 17.5 所示。

说明：当然，这里读者可以添加自己喜欢的条目。

通过图 17.5 的执行结果可以发现，已经正常显示出了前面添加过的投票项“你对本站印象如何”，说明程序正常运行。单击投票项名称超链接，将会转到显示投票项的页面，即相当于执行实例 17-6。执行结果如图 17.6 所示。

从图 17.6 了解到，投票程序正确地显示了投票项及其选择项的内容。由于此时并没有任何投票，或者说没有做任何的选择，所以每一个选择项的选择次数都是 0 次。下面尝试选择图 17.6 中的“好极了”，然后单击“确认提交”按钮。由于该页表单的 action 属性指向 17-9.php，所以将会调用 17-9.php

来处理提交结果。

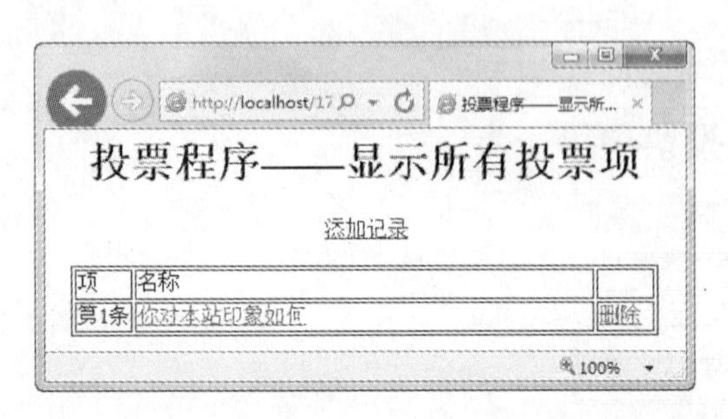

图 17.5　添加完投票项后的显示投票项页面执行结果

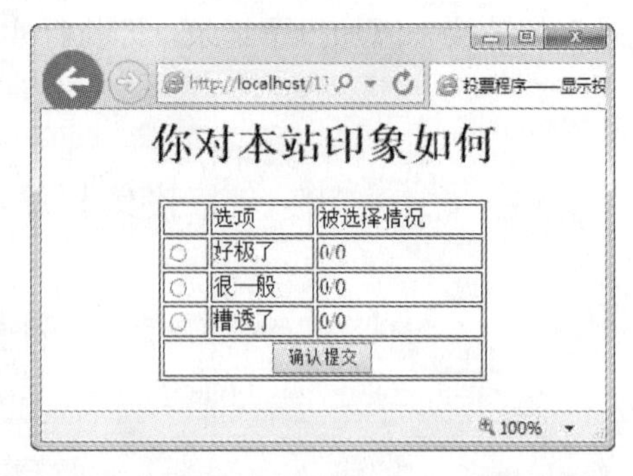

图 17.6　显示投票项详细信息页面执行结果

像上面添加记录一样，处理页面更新表中的内容，即把 vote 表中的 v_num 增加 1，再把 record 表中的相应项的 r_num 增加 1。处理完成后，将返回显示投票项详细信息的页面。处理结果如图 17.7 所示。

每一项投票结果都被正确地显示了出来，说明该程序正确处理了用户提交的投票结果。

下一步来测试一下多项选择是否能正确执行。先运行实例 17-4 创建一个多项投票项，如标题为“你觉得本站还应增加哪些内容？”，选择项为游戏、动漫、软件、硬件、小说、玄幻、体育等。把每一项都设定好相应的颜色，创建后的显示信息如图 17.8 所示。

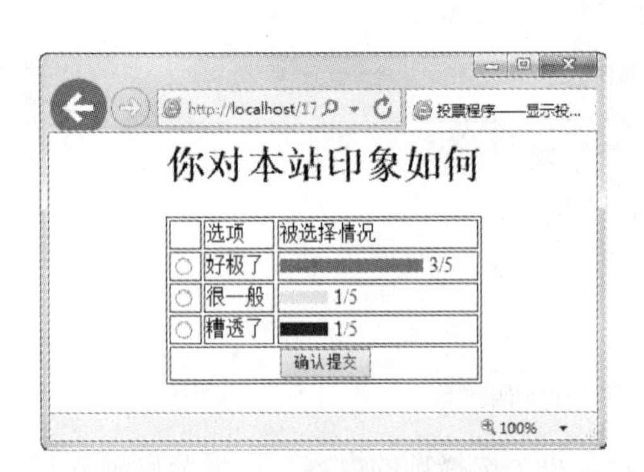

图 17.7　显示投票项的投票结果

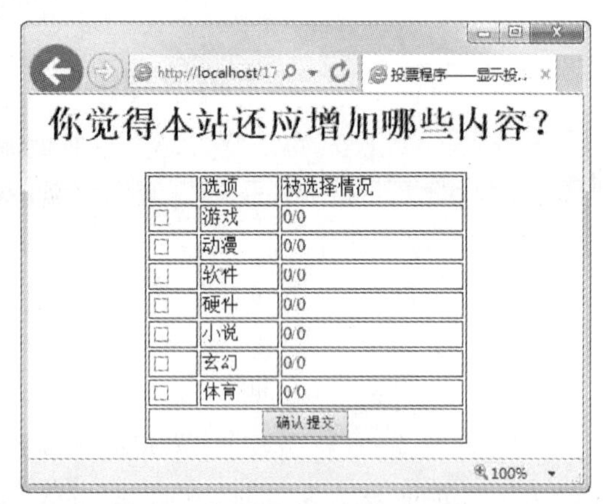

图 17.8　显示多选投票项详细情况

下面分别一次选择其中的多项内容以测试多选项是否成功执行，执行结果如图 17.9 所示。

如图 17.9 所示，如果用户一次选择 4 项，就会当作单选的 4 次的投票被计入库中，而每被投中的一次将会作为一次投票。经测试达到了正确处理多项选择的目的：把一次多选的几项当作几次计数，如一次多选了多项内容，就当作多次计数。

重新回到实例 17-3 的执行页面。因为接下来要测试删除投票项的功能。在执行删除操作之前，共有两条投票项（即测试时添加的两条），如图 17.10 所示。

这时单击其中一条后面对应的“删除”超链接，将会执行 17-9.php。该页面的功能就是把参数 ID 所对应的投票项及其在 record 表中的所有选择项全部删除。在执行完全部操作后，又会自动跳回到 17-3.php。所以只有通过操作前后的对比才能发现程序是否正确执行，结果如图 17.11 所示。

通过图 17.10 与图 17.11 的对比可以发现第 2 条记录不见了，实际上它已经被成功删除。

测试完以上功能后，来测试 JS 调用页面的功能。要测试这项功能直接在浏览器地址栏中执行

17-8.php 即可，执行结果如图 17.12 所示。

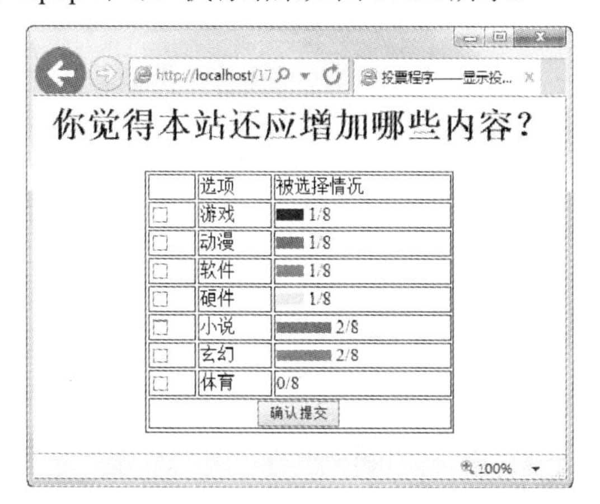

图 17.9　显示多项投票项投票执行结果

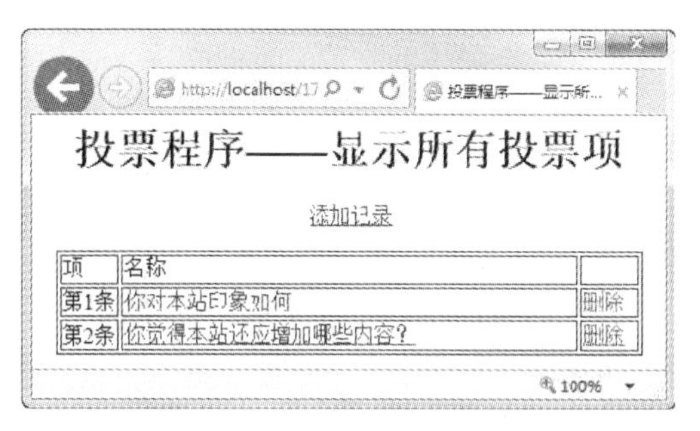

图 17.10　删除前的所有投票项

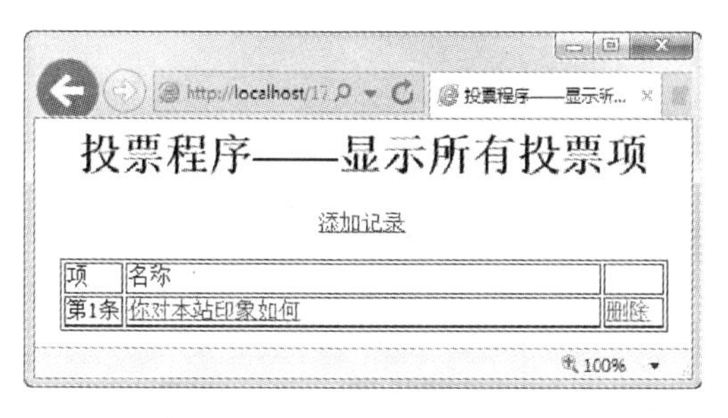

图 17.11　删除后的所有投票项

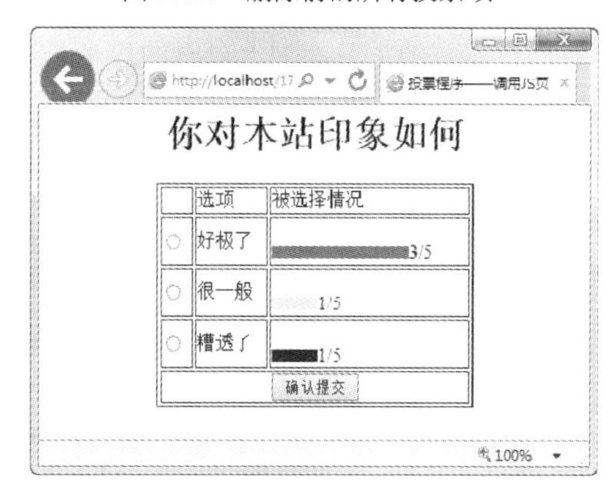

图 17.12　使用 JS 调用页面的执行结果

由图 17.12 可以发现，通过 JS 调用，显示出了与直接使用显示投票项页面几乎完全一致的内容。说明该功能也使用正常。需要注意的是，当用户使用 JS 调用的页面提交时，必须要把实例 17-9 处理操作结束后所要回转的页面地址做一下改动，使用系统变量$_SERVER['HTTP_REFERER']重新返回用户的页面。

17.6　如何防止重复投票

知识点讲解：光盘\视频讲解\第 17 章\如何防止重复投票.wmv

投票程序应该具有的功能已经比较完善了，但还是不能限制用户重复投票。这里只给出一个思路，由于实现起来相当简单，有兴趣的读者可以自己通过实践来解决。

在实例 17-1 中有一个$re_vote（重复投票）变量。读者可以在执行实例 17-9 处理用户提交操作之前先来判断该值，如果该值设定为 True，即允许用户重复投票，则不执行任何操作；如果该值为 False，则先判断有无某个 Cookie 值，如果没有，把用户 IP 写入某个 Cookie 值（如何获得用户 IP，请参阅第 9 章的内容）。如果存在该 Cookie 值，则把用户的 IP 与该值相比较，如果二者不一致就继续执行下面的操作，如果二者一致就给出不允许重复投票的提示，并且使用 exit()函数中止所有 PHP 语句的执行。

说明：这是一种简单有效的防止重复投票的方法。

这样一来就可以有效防止用户重复投票，既增加了投票结果的真实性、可信度，又可以减轻服务器的负担。

17.7 本章小结

本章和读者一起完成了一个网上投票程序。通过本章的学习，一方面复习了数据库的知识；另一方面也使读者了解到如何采用不同的方法来解决相同的问题，进一步增强了读者使用 PHP 来处理实际问题的能力。但是本章所介绍的投票程序实例毕竟是十分简单的，实际应用时投票程序往往需要有多方面的要求。不管它们的功能有多少，内容多么复杂，其最核心的内容还是对数据表的操作。相信各位读者通过本章的学习，加上自己的思考与努力，一定能写出高效、简洁的网上投票程序。

第 18 章　文本留言板程序

留言板在网络上有着极为广泛的应用，它是沟通网站管理人员与普通浏览者的一个强有力的纽带。不论是个人的小型网站，还是企业的大型站点，都可以发现留言板的影子。如果一个网站中没有留言板，那就无法和普通浏览的用户进行有效的沟通。既然留言板有如此广泛的应用，那么编写留言板就成了编写大型 Web 应用程序的基础。

本章介绍如何编写一个文本型的留言板，包括留言板分类、文本留言板的实现原理、文本留言板实例的构成、文本留言板配置文件的建立、编写显示留言及提交留言页、后台修改留言功能的实现、后台删除留言功能的实现以及进一步完善等内容。通过本章的学习，读者能掌握编写 PHP 文本留言板的技能。

18.1　留言板分类

留言板是网络上使用最广的互动 Web 应用程序之一。由于其使用灵活、方法简单、用户与管理者之间互动效果明显，所以一直深受网络管理者与使用者的欢迎。网上常见的留言板按照它们存储机制的不同大致可以分为以下两大类：文本留言板和数据库留言板，本节将为读者分别作介绍。

18.1.1　文本型留言板

知识点讲解：光盘\视频讲解\第 18 章\文本型留言板.wmv

所谓文本留言板，就是采用文本文件作为数据存储方式的一类留言板。文本留言板由于采用文本文件作为数据存储的载体，所以与其他类型的留言板相比较，具有以下几个特征：

☑ 由于不需要数据库支持，所以文本留言板只要服务提供商支持普通 PHP 程序就可以使用。

☑ 与其他类型留言板程序相比，可移植性强。数据备份也更为简单，只需要将相应数据文件备份即可。

☑ 文本留言板在处理内容比较少的数据时往往速度比较快，但是在处理大量数据，如留言数据达到千万的数量级时就会显得力不从心。

☑ 由于没有专门的函数，所以与数据库留言本相比，插入、修改、删除记录操作起来相对要麻烦一些。

☑ 由于文本留言板的数据采用纯文本的方式进行排列，所以记录检索起来也不如数据库留言板那么方便。

以上列出了文本留言板的几个特点，可见与其他类型的留言板相比，文本留言板有一定不足，但它的优点也是相当明显的。所以，文本留言板在网络上有相当多的拥护者。这也是本章所要介绍的重点。

18.1.2 数据库型留言板

知识点讲解：光盘\视频讲解\第 18 章\数据库型留言板.wmv

文本留言板固然有很多优点，但不足之处也是显而易见的。如不具备搜索功能；插入、修改、删除留言相对比较麻烦等。这些不足，在数据库留言板中就变得非常轻松。由于数据库留言板采用数据库作为数据载体，所以插入、修改、删除留言时只需执行相应的 SQL 语句即可，而留言搜索更是可以轻松实现。下面来了解一下数据库留言板的特点：

☑ 数据库留言板是以数据库、数据表作为留言数据存储载体的一类留言板程序的统称。由于用数据库作为数据载体，相对于文本留言板来说，它的优点非常明显。但与之相比，缺点也是显而易见的。
☑ 由于使用数据库作为载体，所以在处理留言信息时速度很快，特别是在处理大量数据时，速度优势更为明显。
☑ 有 PHP 数据库函数库的支持，依托高效 SQL 的语句，数据库留言板实现数据插入、修改、删除都非常方便快捷。
☑ 留言记录搜索功能对于数据库留言板来说更是小菜一碟，甚至它还支持任何字段的模糊查找。
☑ 由于需要数据库支持，所以对服务提供商要求较多。一旦服务供应商不支持这项服务，那么这种类型的留言板将无法运行。
☑ 可移植性与文本留言板比较起来较差。在一个空间运行正常的程序到了另一个地方，就要修改相关配置选项，而文本留言板几乎可以不做任何修改就可以在不同的空间上正常运行。
☑ 相对文本留言板来说，数据备份相对麻烦。虽然有高效的数据库管理程序如 phpMyAdmin 之类的可以轻松实现数据库的导出导入，但相对于只用使用复制、粘贴就可以轻松备份的文本留言板来说还是显得有些麻烦。

说明： 以上列出了数据库留言板的一些特点。通过对比可以发现，两种留言板互有长短，互为补充，不能说哪种更好。

如果是个人用户，推荐使用文本留言板，因为该种类型留言本小巧玲珑，管理方便。在留言数量相对少的情况下使用者能体会到文本留言板的快捷与便利。如果是企业级的用户，还是推荐使用数据库留言板。对于企业服务器来说，数据库支持不是问题。另外，企业也不可能经常更换服务器或者空间，可移植性与数据备份的麻烦可以忽略不计。最主要的是，使用数据库留言板，可以使用数据库的强大功能，并且数据存储量可以不受限制。

留言板的类型就介绍到这里，从 18.2 节开始就来为读者介绍如何具体实现 PHP 文本留言板。

18.2 文本留言板的实现原理

知识点讲解：光盘\视频讲解\第 18 章\文本留言板的实现原理.wmv

本节来介绍文本留言板的实现原理。文本留言板是把用户输入的数据存入一个文本文件。虽说是文本文件，但这个文件的扩展名不一定是 txt，它可以是任意的扩展名，如 php、dat、gif、mp3、jpg、

rm，甚至可以不加任何扩展名。用户输入数据的存储格式一般是一条记录占用一行，每一行都有一个行标，以及所输入的各项内容。各项内容之间使用特殊符号将它们分隔开来。特殊符号，可以自由定义。但是为了区别于普通输入内容，一般不采用标准的字符，而是用一些不常用的字符，如“||”、“@@”、“~~”、“***”、“$$$”等。如下面这一段就显示了一行文本留言板的记录：

```
15||JACK||jack@hotmail.com||欢迎大家来到这里并留言！<br>我祝大家心情愉快，工作顺利！||2013 年 5 月 5 日
11:42||127.0.0.1
```

通过查看上面的内容，可以发现，该文本留言板程序使用了“||”来分割用户所输入的各项内容。各项内容的含义大致如下所示：

```
15                              行号
JACK                            姓名
jack@hotmail.com                电子信箱
欢迎大家来……                    留言内容
2013 年 5 月 5 日 11:42          留言日期及时间
127.0.0.1                       IP 地址
```

将留言内容按特定格式存入文本文件，在需要显示时，再按照相应的格式显示出来即可。

另外一点就是文本留言板的分页显示。它不像数据库那样读取相应的记录即可，文本留言板分页的实现原理是读取相应的行。如一共有 25 条记录，共分 25 行。如果是第一页，就显示第 25～16 条记录；如果是第二页就显示第 15～6 条记录；如果是第三页就显示第 5～1 条记录，以此类推。这样就可以实现多页的显示了。

还有就是修改与删除留言数据，与数据库留言板相比，这也有点麻烦。需要对相应的记录读出后按要求进行修改或者删除操作。

18.3　本章文本留言板实例的组成

知识点讲解：光盘\视频讲解\第 18 章\本章文本留言板实例的组成.wmv

本节来介绍文本留言板实例的组成。

将要讲解到的文本留言板程序由以下文件组成：

- ☑ 实例 18-1（18-1.php）是系统的配置文件，里面放置几个重要的全局变量。包括文件名、管理者密码、每页显示的留言条数等内容。
- ☑ 实例 18-2（18-2.php）是系统的最主要的文件。该文件把留言显示、留言的提交前台、留言的提交后台处理三项功能整合到一个文件之中。这样做既减少了文件个数，又便于管理。
- ☑ 实例 18-3（18-3.php）是系统管理的登录页。通过该文件，管理者可以登录到服务器后注册 Cookie。然后就可以对留言执行修改、删除等操作。
- ☑ 实例 18-4（18-4.php）是系统的修改留言处理页面。在执行修改操作前会先判断 Cookie 值，如果 Cookie 值与系统配置文件（18-1.php）中给定的不一致则返回错误提示，如果一致则执行修改操作。
- ☑ 实例 18-5(18-5.php)系统的删除留言处理页面。在执行删除操作前会先判断 Cookie 值，如果 Cookie 值与系统配置文件（18-1.php）中给定的不一致则返回错误提示。如果一致就执行删除操作。

18.4 节就来实现上述所介绍的文件。

18.4　文本留言板代码的实现

前面几节讲到了留言板的分类、文本留言板的实现原理以及要讲到的文本留言板的构成。这些都是为本节要讲到的内容做准备。本节就来逐个实现整个系统的功能。

18.4.1　配置文件的建立

知识点讲解：光盘\视频讲解\第 18 章\配置文件的建立.wmv

本小节首先来创建文本留言板系统的配置文件，该文件在程序运行时起关键作用。因为配置文件定义了几个对系统运行起关键作用的全局变量，所以它决定了系统所使用的存储数据的文件名、管理者对留言进行管理（修改、删除操作）登录时所使用的密码、显示留言页每页显示的留言条数等内容。

【实例 18-1】以下是该配置文件的全部内容。

实例 18-1：配置文件

源码路径：光盘\源文件\18\18-1.php

```
01  <?php
02      $file_name="data.dat";                    //数据文件名
03      $super_pass="super_man";                  //管理员名称
04      $list_num=10;                             //每页显示留言数
05  ?>
```

说明： 这里的匹配值选项内容是可以根据情况进行更改的。

18.4.2　显示和提交留言文件的建立

知识点讲解：光盘\视频讲解\第 18 章\显示和提交留言文件的建立.wmv

本小节要来创建文本留言板系统的留言显示代码。由于使用了整合功能，所以该文件还包含留言提交前台、留言提交后台等功能。可以说该文件是整个系统中最为重要的一个文件。如果不需要留言修改、留言删除的功能，只要最简单的发布留言、查看留言功能，那么只需要这一个文件就已经够了。可见该文件在整个系统中的重要地位。

一般常见的显示与提交留言在一起的情况是：页面上半部分显示留言，下面有一个表单供用户输入留言。这种情况很方便，但影响了美观。这里要做的是使用 JavaScript 技术，把用户提交留言的表单放置到一个层中。用户浏览留言时，该层是隐藏的，只有当用户需要留言，并单击相应链接时，才出现该层。关于层的隐藏与显示属于 JavaScript 的内容，不在本书讨论范围，有兴趣的读者可以参考相关书籍。

【实例 18-2】以下代码为显示和提交留言的代码。

实例 18-2：显示和提交留言

源码路径：光盘\源文件\18\18-2.php

```
01  <?php
02        error_reporting(0);
03        require "18-1.php";
04        if(!$_POST['name'])                                    //如果没有数据提交显示记录
05        {
06  ?>
07  <html>
08  <head>
09  <title>文本留言板——记录显示页</title>
10  <script language=javascript>
11  function Showhide(id,flag)
12  {
13        if(flag==1)
14        {
15              id.style.display='';
16        }
17        if(flag==0)
18        {
19              id.style.display='none';
20        }
21  }
22  </script>
23  </head>
24  <body>
25  <center>
26  <h1>文本留言板——记录显示页</h1>
27  <p>
28  <a href=# onClick="Showhide(huifu,1)">签写留言</a>  <a href=18-3.php>管理入口</a>
29  <p>
30  <?php
31        if(!$_GET["page"])                                     //如果没有参数 page
32              $page=1;                                         //则显示第一页内容
33        else
34              $page=$_GET["page"];                             //如果带有参数 page，则显示相应页内容
35        if(!file_exists($file_name))                           //如果是第一次运行（文件不存在）
36        {
37              $fp=fopen($file_name,"w");                       //创建文件
38              fclose($fp);
39        }
40        $myfile=file($file_name);                              //使用 file()函数把所有信息读入一个数组
41        if($myfile[0]=="")                                     //如果文件为空，即没有任何留言信息
42        echo "目前记录条数为：0";                              //显示没有记录的信息
43        else
44        {
45              $temp=explode("||",$myfile[0]);                  //读出数组第一条记录到数组
46              echo "共有".$temp[0]."条内容";                   //读出该数组第一个元素（代表记录总条数）
47              echo "    ";
48              $p_count=ceil($temp[0]/$list_num);               //计算总页数为记录总条数除以每页显示条数
49              echo "分".$p_count."页显示";                     //输入总页数
50              echo "    ";
51              echo "当前显示第".$page."页";                    //当前页
```

```
52              if($page!=ceil($temp[0]/$list_num))              //如果当前页不是最后一页
53              $current_size=$list_num;                         //当前页最多可显示$list_num 条记录
54              else                                             //如果当前页是最后一页
55              $current_size=$temp[0]%$list_num;                //当前页显示的条数为总条数除以$lsit_num 的余数
56              if($current_size==0)
57              $current_size=$list_num;                         //如果正好是显示条数的倍数则显示$list_num 条内容
58              echo "<table border='1'>";
59              for($i=0;$i<$current_size;$i++)
60              {
61                  $temp=explode("||",$myfile[($page-1)*$list_num+$i]);//把相应的记录按"||"分割到数组
62                  echo "<tr>";
63                  echo "<td>";
64                  echo "第".$temp[0]."条留言";                  //显示记录号
65                  echo "</td>";
66                  echo "<td>";
67                  echo "作者：".$temp[1];                        //显示作者
68                  echo "</td>";
69                  echo "<td>";
70                  echo "写于".$temp[4];                          //显示留言时间
71                  if($_COOKIE[pass]==$super_pass)              //如果管理者登录，显示操作链接
72                  {
73                      echo "<a href='18-4.php?id=".$temp[0]."'>修改</a>";
74                      echo "  ";
75                      echo "<a href='18-5.php?id=".$temp[0]."'>删除</a>";
76                  }
77                  echo "</td>";
78                  echo "</tr>";
79                  echo "<tr>";
80                  echo "<td colspan='3'>";
81                  echo "主题：".$temp[2];                        //显示留言主题
82                  echo "</td>";
83                  echo "</tr>";
84                  echo "<tr>";
85                  echo "<td colspan='3'>";
86                  echo "内容：<br>".$temp[3];                    //显示留言内容
87                  echo "</td>";
88                  echo "</tr>";
89              }
90              echo "</table>";
91      }
92      echo "<p>";
93  ?>
94  <div id="huifu" style="display:none; position:absolute; left:15px; top:265px;">
95  <table border=1 bgcolor="#ffffff">
96      <form method="post" action="<?php echo $PATH_INFO; ?>">
97          <tr>
98              <td colspan="2">请输入留言内容</td>
99          </tr>
100         <tr>
101             <td>姓名：</td>
102             <td><input name="name" type="text"></td>
```

```
103             </tr>
104             <tr>
105                 <td>主题：</td>
106                 <td><input name="subject" type="text"></td>
107             </tr>
108             <tr>
109                 <td colspan="2">内容：</td>
110             </tr>
111             <tr>
112                 <td colspan="2">
113                 <textarea name="content" cols="36" rows="8"></textarea></td>
114             </tr>
115             <tr>
116                 <td colspan="2">
117                     <input type="submit" name="Submit" value="确定">
118                     <input type="reset" name="Submit2" value="清除">
119                     <input name="Submit3" type="button" onClick="Showhide(huifu,0)" value="关闭">
120                 </td>
121             </tr>
122         </form>
123 </table>
124 </div>
125 <?php
126         //以下内容为分页显示链接
127         $prev_page=$page-1;                                    //前一页
128         $next_page=$page+1;                                    //下一页
129         if ($page<=1)
130         {
131             echo "第一页 | ";
132         }
133         else
134         {
135             echo "<a href='$PATH_INFO?page=1'>第一页</a> | ";
136         }
137         if ($prev_page<1)
138         {
139             echo "上一页 | ";
140         }
141         else
142         {
143             echo "<a href='$PATH_INFO?page=$prev_page'>上一页</a> | ";
144         }
145         if ($next_page>$p_count)
146         {
147             echo "下一页 | ";
148         }
149         else
150         {
151             echo "<a href='$PATH_INFO?page=$next_page'>下一页</a> | ";
152         }
153         if ($page>=$p_count)
```

```
154         {
155             echo "最后一页</p>\n";
156         }
157         else
158         {
159             echo "<a href='$PATH_INFO?page=$p_count'>最后一页</a></p>\n";
160         }
161         }
162         else
163         {
164             $name=$_POST['name'];                              //获取作者
165             $subject=$_POST['subject'];                        //获取主题
166             $content=$_POST['content'];                        //获取内容
167             $time= date('Y 年 m 月 d 日');                      //获取日期
168             $s=$name."||".$subject."||".$content."||".$time."\n";  //把内容赋给变量
169             $myfile=file($file_name);                          //使用 file()函数把记录文件按行读入数组
170             if($myfile[0]=="")                                 //如果文件为空
171             {
172                 $fp=fopen($file_name,"a+");                    //写入方式打开文件
173                 fwrite($fp,"1||".$s);                          //直接写入行号为 1 的内容
174                 fclose($fp);                                   //关闭文件
175             }
176             else
177             {
178                 $temp=explode("||",$myfile[0]);                //把第一条记录按"||"分割到数组
179                 $temp[0]++;                                    //得出总记录数并自增 1
180                 $fp=fopen($file_name,"r");                     //以只读方式打开文件
181                 $line_has=fread($fp,filesize("$file_name"));   //使用 fread()函数读出文件已经存在的内容
182                 fclose($fp);                                   //关闭文件
183                 $fp=fopen($file_name,"w");                     //以写入方式打开文件
184                 fwrite($fp,$temp[0]."||".$s);                  //写入新的内容
185                 fwrite($fp,"$line_has");                       //写入原来已经存在的内容
186                 fclose($fp);                                   //关闭文件
187             }
188 ?>
189 <html>
190 <head>
191 <title>文本留言板——记录添加页</title>
192 </head>
193 <meta http-equiv="refresh" content="2; url=18-2.php">
194 <body>
195 已经成功更改记录，两秒后返回。
196 </body>
197 </html>
198 <?php
199     }
200 ?>
201 </body>
202 </html>
```

技巧：在实例的form中，action值使用了“$PATH_INFO”预定义变量简化URL。

通过查看以上代码，可以发现主要是使用了对文件的操作，包括按行读取文件内容，把文件内容读入到数组等。

18.4.3　管理入口页的创建

知识点讲解：光盘\视频讲解\第 18 章\管理入口页的创建.wmv

管理入口页的作用是把有管理权限的登录资料保存为 Cookie，以便管理者对留言信息做相应的修改。登录密码从配置文件 18-1.php 中获取。

【实例 18-3】以下代码为管理入口页。

实例 18-3：管理入口
源码路径：光盘\源文件\18\18-3.php

```
01  <?php
02        error_reporting(0);
03        if(!$_POST['pass'])                              //如果没有输入管理员名称，则显示 HTML 内容
04        {
05  ?>
06  <html>
07  <head>
08  <title>管理入口</title>
09  </head>
10  <body topmargin="50" >
11  <script language=javascript>
12  function juge(form)
13  {
14        if (form.pass.value == "")
15        {
16              alert("请输入密码!");
17              theForm.pass.focus();
18              return (false);
19        }
20  }
21  </script>
22  <center>
23  <h1>管理留言板入口</h1>
24  <p>
25  <a href="18-2.php">返回首页</a>
26  <table border="1">
27  <form action="<?php echo $PATH_INFO; ?>" method=post onsubmit="return juge(this)">
28  <tr>
29  <td colspan="2"><center>管理留言板</center></td>
30  </tr>
31  <tr>
32  <td>密码</td>
33  <td><input type=password name=pass></td>
34  </tr>
35  <tr>
36  <td colspan="2"><center><input type=submit value="登录"></center></td>
```

```
37  </tr>
38  </form>
39  </table>
40  </center>
41  </body>
42  </html>
43  <?php
44      }
45      else                                             //如果存在密码，则执行操作
46      {
47          require "18-1.php";                          //调用配置文件
48          if($_POST['pass']!=$super_pass)              //如果密码错误
49          {
50  ?>
51  <html>
52  <head>
53  <title>文本留言板——管理入口</title>
54  </head>
55  <meta http-equiv="refresh" content="2; url=18-3.php">
56  <body>
57  登录失败，密码错误！<p>
58  两秒后返回。
59  </body>
60  </html>
61  <?php
62          }
63          else                                         //如果密码正确
64          {
65              setcookie("pass",$_POST['pass']);        //注册 Cookie
66  ?>
67  <html>
68  <head>
69  <title>文本留言板——管理入口</title>
70  </head>
71  <meta http-equiv="refresh" content="2; url=18-2.php">
72  <body>
73  登录成功！<p>
74  两秒后进入管理页。
75  </body>
76  </html>
77  <?php
78          }
79      }
80  ?>
```

说明： 该实例中主要的工作就是进行一个简单的登录判断。

该文件只是进行了简单的判断，并根据不同的结果跳转到不同的页面。如果密码正确，则把信息写入 Cookie 数据。

18.4.4　修改留言页面的创建

知识点讲解：光盘\视频讲解\第 18 章\修改留言页面的创建.wmv

如果留言中出现了不合适的内容，理应把它们修改掉，这时就需要使用修改留言页面来操作。修改留言的实质是读出某一条留言的内容并用新内容代替该原有内容，其实质还是对文件的操作。

【实例 18-4】以下代码为修改留言内容的页面。

实例 18-4：修改留言内容

源码路径：光盘\源文件\18\18-4.php

```
01  <?php
02      error_reporting(0);
03      require "18-1.php";
04      if(!$_POST['content'])                              //如果没有提交 ID
05      {
06          if(!$_GET['id'])                                //如果没有指定修改 ID
07          {
08              echo "没有指定 ID";
09              exit();
10          }
11          $id=$_GET["id"];                                //把参数 ID 赋值给变量
12          $myfile=file($file_name);                       //使用 file()函数把文件按行读入到数组
13          $z=$myfile[0];                                  //数组第一个元素赋值给变量
14          $temp=explode("||",$myfile[$z-$id]);            //使用 explode 分割相应记录到数组
15  ?>
16  <html>
17  <head>
18  <title>文本留言板——修改留言</title>
19  </head>
20  <body>
21  <center>
22  <h1>文本留言板——修改留言</h1>
23  <p>
24  <h3>只有留言主题与留言内容是可以改变的</h3>
25  <p>
26  <a href=18-2.php>返回首页</a>
27  <table border=1>
28  <form method="post" action="<?php echo $PATH_INFO; ?>">
29  <input type=hidden value="<?php echo $temp[0]; ?>" name=id>
30  <tr>
31  <td colspan="2">以下为第<?php echo $temp[0]; ?>条留言的内容</td>
32  </tr>
33  <tr>
34  <td>姓名：</td>
35  <td><?php echo $temp[1]; ?></td>
36  </tr>
37  <tr>
38  <td>主题：</td>
```

```
39  <td><input name="subject" type="text" value=<?php echo $temp[2]; ?>></td>
40  </tr>
41  <tr>
42  <td colspan="2">内容：</td>
43  </tr>
44  <tr>
45  <td colspan="2">
46  <textarea name="content" cols="36" rows="8"><?php echo $temp[3]; ?></textarea>
47  </td>
48  </tr>
49  <tr>
50  <td colspan="2">
51  <input type="submit" name="Submit" value="确定">
52  <input type="reset" name="Submit2" value="清除">
53  </td>
54  </tr>
55  </form>
56  </table>
57  </center>
58  </body>
59  </html>
60  <?php
61      }
62      else
63      {
64          $id=$_POST['id'];                                   //定义 ID
65          $subject=$_POST['subject'];
66          $content=$_POST['content'];                         //定义内容
67          $myfile=file($file_name);                           //使用 file()函数把文件按行读入到数组
68          $z=$myfile[0];                                      //数组第一个元素赋值给变量
69          $temp=explode("||",$myfile[$z-$id]);                //使用 explode 分割相应记录到数组
70          $s=$temp[0]."||".$temp[1]."||".$subject."||".$content."||".$temp[4];
71          for($i=0;$i<($z-$id);$i++)
72          {
73              $text2=$text2.$myfile[$i];                      //内容保持不变
74          }
75          for($i=($z-$id+1);$i<$z;$i++)                  //将欲删除记录的后一条记录作为最后一条记录
76          {
77              $text1=$text1.$myfile[$i];                      //内容保持不变
78          }
79          $fp=fopen($file_name,"w");                          //以写入方式打开文件（文件同时被清空）
80          fwrite($fp,$text2);                                 //写入欲删除记录之前的所有记录
81          fwrite($fp,$s);                                     //写入更改过的记录
82          fwrite($fp,$text1);                                 //写入欲删除记录之后的所有记录
83          fclose($fp);                                        //关闭文件
84  ?>
85  <html>
86  <head>
87  <title>文本留言板——修改留言</title>
88  </head>
89  <meta http-equiv="refresh" content="2; url=18-2.php">
```

```
90	<body>
91	修改成功！<p>
92	两秒后返回。
93	</body>
94	</html>
95	<?php
96		}
97	?>
```

说明： 该实例的核心就是将数据库中的信息进行显示并将修改后的内容写回数据库。

以上代码实现了对文本文档的复杂操作。不过从以上代码可以发现，文本留言板相当低效。为了修改一条留言，就不得不把所有留言内容读入内存。不过因为现在连最一般的 PC 机处理数据的速度也是相当快的，所以使用文本留言板的速度瓶颈并不是特别明显。

18.4.5　删除留言页面的创建

知识点讲解：光盘\视频讲解\第 18 章\删除留言页面的创建.wmv

网上的所有留言板都面临着一个问题的困扰——恶意灌水。对那些恶意灌水的留言记录，要及时删除。这样一方面可以减少空间的占用，另一方面还可以使整个留言本页面显得干净整洁。

【实例 18-5】以下代码为删除留言页面。

实例 18-5：删除留言

源码路径：光盘\源文件\18\18-5.php

```
01	<?php
02		error_reporting(0);
03		require "18-1.php";
04		$id=$_GET["id"];						//把参数 ID 赋值给变量
05		if(!$id)						//如果没有指定删除 ID
06		{
07			echo "没有指定 ID";
08			exit();
09		}
10		$myfile=file($file_name);					//使用 file()函数把文件按行读入到数组
11		$z=$myfile[0];						//数组第一个元素赋值给变量
12		$temp=explode("||",$myfile[$z-$id]);			//使用 explode 分割相应记录到数组
13		for($i=0;$i<($z-$id);$i++)
14		{
15			$temp2=explode("||",$myfile[$i]);			//使用 explode 分割相应记录到数组
16			$temp2[0]--;					//记录号实现自减
17			$text2=$text2.$temp2[0]."||".$temp2[1]."||".$temp2[2]."||".$temp2[3]."||".$temp2[4];
18								//把新的内容赋值到变量
19		}
20		for($i=($z-$id+1);$i<$z;$i++)				//将欲删除记录的后一条记录作为最后一条记录
21		{
22			$text1=$text1.$myfile[$i];				//内容保持不变
23		}
```

```
24          $fp=fopen($file_name,"w");              //以写入方式打开文件（文件同时被清空）
25          fwrite($fp,$text2);                     //写入欲删除记录之前的所有记录
26          fwrite($fp,$text1);                     //写入欲删除记录之后的所有记录
27          fclose($fp);                            //关闭文件
28  ?>
29  <html>
30  <head>
31  <title>文本留言板——删除留言</title>
32  </head>
33  <meta http-equiv="refresh" content="2; url=18-2.php">
34  <body>
35  删除成功！<p>
36  两秒后返回。
37  </body>
38  </html>
```

说明： 该实例的实现非常简单，就是删除指定ID的留言内容。

该文件的实现方法是先读出欲删除留言记录之前的所有记录，并把它们的记录号全部自减1。再读出欲删除留言记录后的所有记录，保持不变。然后，再把修改过的记录全部写入文件，这样原有的欲删除的记录就会从文件中“删除”。实质上是重新写入了不被删除的文件。

至此，该文本留言板的所有页面就全部完成了。18.5 节就要对该系统做一下测试了。

18.5 调试运行留言板

知识点讲解：光盘\视频讲解\第 18 章\调试运行留言板.wmv

第一步，先在 PHP 运行环境下执行实例 18-2。由于是第一次运行，所以结果如图 18.1 所示。

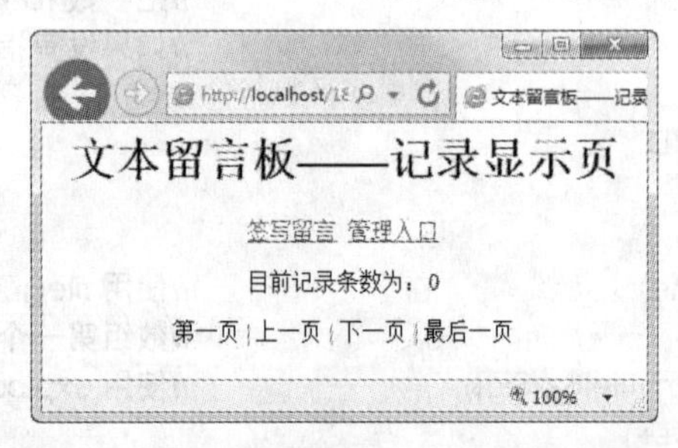

图 18.1 第一次执行显示留言页执行结果

由于此时还没有任何留言，所以显示记录条数为 0。不过查看 18-2.php 所在的路径会发现多了一个名为 data.dat 的空文件，说明创建数据文件成功。这时可以单击“签写留言”链接来测试插入记录功能是否正常。单击该链接后，在页面下方会出现输入表单，如图 18.2 所示。

在如图 18.2 所示的表单中输入相应的内容，然后单击“确定”按钮。出现如图 18.3 所示的结果。

留言添加成功后，直接又跳转了回来。从图 18.3 可以看出，留言已经成功添加并显示。打开留言板程序目录下的 data.dat 文件，其中内容如下所示：

```
1||无名氏||今天天气不错||今天天气不错，不热也不冷。||2013 年 05 月 13 日
```

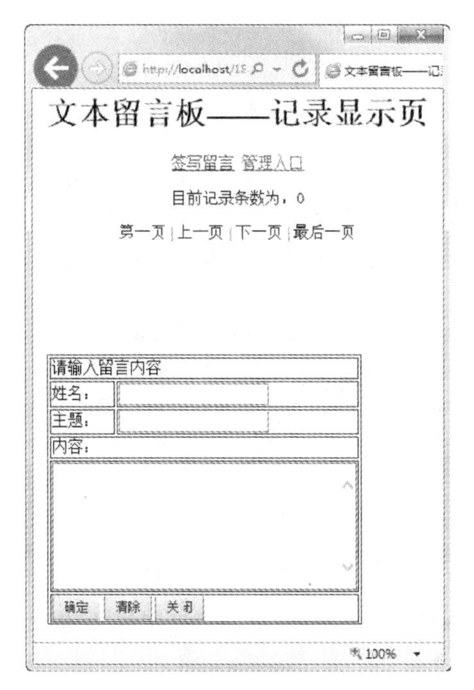

图 18.2　显示隐藏的表单执行结果

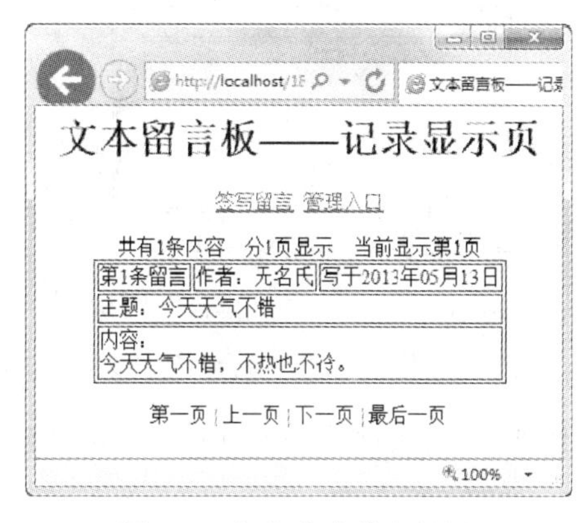

图 18.3　添加留言执行结果

可见，已经将相关信息正确添加至记录文件。

下面来测试管理入口。单击“管理入口”链接后，出现如图 18.4 所示的执行结果。

输入正确的密码（这里输入前面 18-1.php 中定义的$super_pass 的值），并单击“登录”按钮后，执行结果如图 18.5 所示。

图 18.4　管理留言板执行结果

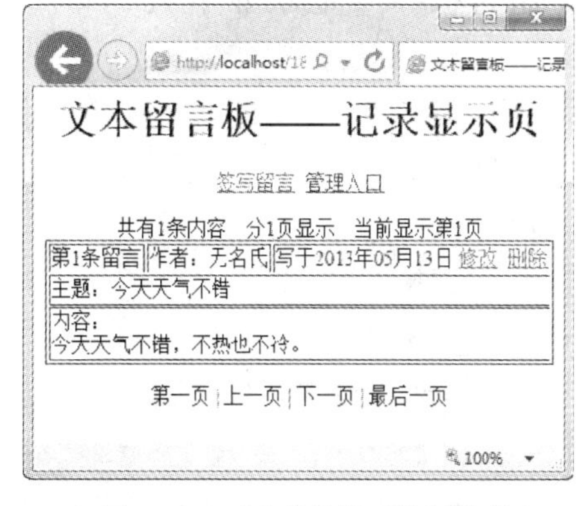

图 18.5　正确登录管理执行结果

对比图 18.3 与图 18.5 可以发现，图 18.5 比图 18.3 上每一条留言后面都多了“修改”与“删除”的链接，说明已经正常登录并可以进行相关操作。

由于现在留言板中记录较少，所以继续添加一些记录，以测试相关内容。

单击图 18.5 中的“修改”链接，将打开如图 18.6 所示的执行结果。

按照需要进行修改，这里把主题中的“今天天气不错”改为“今天天气为什么不错？”，其他的内容保持不变，单击“确定”按钮，执行结果如图 18.7 所示。

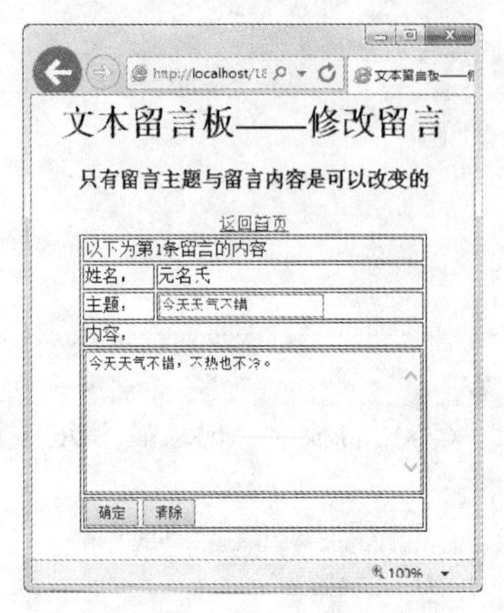

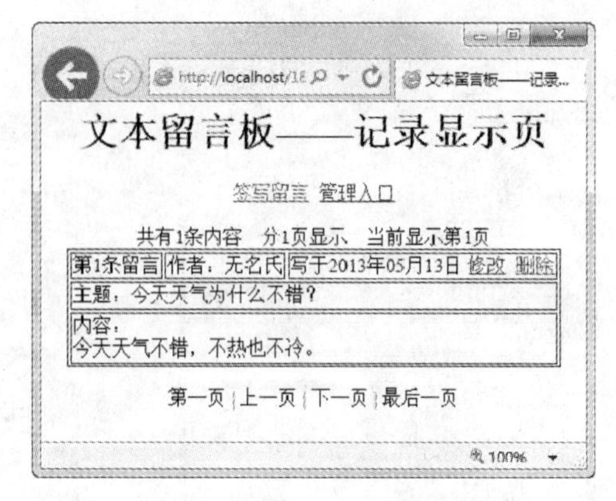

图 18.6 修改记录的前台执行结果　　　　图 18.7 修改后的执行结果

从图 18.7 的执行结果可以看出，留言内容已经按照用户的输入进行了更改，说明修改留言功能运行正常。

下面测试程序的删除功能。删除前的记录情况如图 18.8 所示。

下面把图 18.8 中的第 2 条留言删除。单击“删除”链接执行 18-5.php。删除操作后的执行结果如图 18.9 所示。

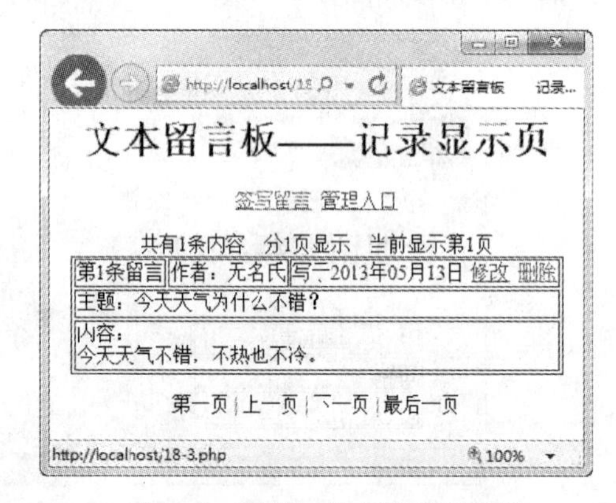

图 18.8 删除操作前的执行结果　　　　图 18.9 删除操作后的执行结果

对比图 18.8 与图 18.9 可以发现留言数量由原来的 2 条变成了 1 条。至此，整个系统全部测试完毕。

18.6 进一步完善

知识点讲解：光盘\视频讲解\第 18 章\进一步完善.wmv

这个文本留言板对于个人用户来说基本上已经够使用了。不过，对要求比较多的用户来说，该留

言板还是有需要完善的地方。第一，留言板没有回复功能。第二，留言板存在安全隐患。第三，留言板的内容还不够丰富，如提交留言时没有可以使用的表情图片之类的功能。

对于这些问题，作者只提供解决思路，有兴趣的读者可以自行研究以丰富这个文本留言板。

对于第一个问题，留言板没有回复功能。解决起来相对麻烦一些，可以给留言数据在原来的 5 项（留言 ID、作者、题目、内容、留言时间）的基础上再增加一项 r_id。该项只记录父留言的 ID，如果某一条留言本身就是父留言，则 r_id 的值为 0。然后在显示一条编号为 ID 的留言时遍历它后面所有 r_id=父留言 ID 的记录作为回复显示。虽然这样能够实现，但在删除留言特别是删除父留言时就会相当麻烦。这也是文本留言板自身的一个局限性。

现在这个留言板有什么安全隐患呢？因为没有对用户的输入进行相应的屏蔽，所以用户可以使用 HTML 代码。这在通常情况下是不被允许的。不过解决起来很简单，就是使用 htmlspecialchars()函数对用户的输入做相应的处理。这样输入的 HTML 代码就会变成普通的文本，不再具有威胁性了。

添加表情，也不复杂，只需给原来的数据再增加一项，里面存放小图片的链接。显示时，显示相应的表情符号或者小图片即可。

18.7　本章小结

虽然文本留言板有其局限性，功能上还不够强大，但只要善于通过不同的方法去解决现实问题，文本留言板还是有用武之地的。通过本章的学习，相信读者对于如何建立并使用一个文本留言板都有一个深刻的认识了。概括来说，文本留言板的实质还是对文本文件的操作。

第 19 章 PHP 博客程序

如果要问当前最流行的网络应用是什么，既不是曾经流行过的 E-mail（电子邮件）、BBS（电子公告板或者论坛），也不是正在流行的 ICQ（即时聊天），而是博客。关于博客的说法和比喻网上有这样几种：（1）博客是继 E-mail、BBS、ICQ 之后出现的第四种网络交流方式。（2）博客是网络时代的个人“读者文摘”。（3）博客是以超链接为武器的网络日记。（4）博客是信息时代的麦哲伦。（5）博客代表着新的生活方式和新的工作方式，更代表着新的学习方式。通过博客，让自己学到很多，让别人学到更多。（6）博客代表着“新闻媒体 3.0 版”：旧媒体（old media）→新媒体（new media）→自媒体（we media）。

总之，博客是一个正处于快速发展和快速演变中的互联网新应用。所以，对于一个 PHPer（PHP 程序员）来说，了解如何写出高效的博客程序是十分必要的。本章就向读者介绍一下如何使用 PHP 和 MySQL 数据库结合来制作一个简单的博客程序。本章内容包括：什么是博客、简单的博客程序的功能、博客程序的代码实现等。通过本章的学习，读者会对什么是博客、如何写出博客程序有本质上的认识。

19.1 什么是博客

知识点讲解：光盘\视频讲解\第 19 章\什么是博客.wmv

要想写出博客程序，第一步就是要先搞明白，到底什么是博客，本节就来回答这个问题。

中文“博客”一词，源于英文单词 Blog/Blogger。Blog，是 Weblog 的简称。Weblog，其实是 Web 和 Log 的组合词。Web，指 World Wide Web 即互联网；Log 的原义则是“航海日志”，后指任何类型的流水记录。合在一起理解，Weblog 就是在网络上的一种流水记录形式或者简称“网络日志”。

Blogger 或 Weblogger，是指习惯于日常记录并使用 Weblog 工具的人。虽然在中国早期对此概念的译名不尽相同（有的称为“网志”，有的称为“网录”等），但目前已基本统一到“博客”一词上来。该词最早是在 2002 年 8 月 8 日由著名的网络评论家王俊秀和方兴东共同撰文提出来的。博客也好，网志也罢，仅仅是一种名称而已，它的本义不会超出 Weblog 的范围。通常所说的“博客”，既可用作名词 Blogger 或 Weblogger——指具有博客行为的一类人；也可以用作动词（相当于英文中的 Weblog 或 blog），指博客们采取的具有博客行为反映、是第三方可以用视觉感受到的行为，即博客们所撰写的 Blog。因此，“他/她是一位博客，他/她天天在博客”及“博客博什么客?”在中文语法与逻辑上都是正确的，只是不同场合的用法不同罢了。

Blog 究竟是什么？其实一个 Blog 就是一个网页，它通常是由简短且经常更新的帖子（Post）所构成，这些张贴的文章都按照年份和日期倒序排列。Blog 的内容和目的有很大的不同，从对其他网站的链接、评论、有关公司和个人构想的新闻，到日记、照片、诗歌、散文，甚至科幻小说的发表或张贴都有。许多 Blogs 只是记录着 Blogger 个人所见、所闻、所想，还有一些 Blogs 则是一群人基于某个特定主题或共同利益领域的集体创作。

19.2　简单博客程序的功能

知识点讲解：光盘\视频讲解\第 19 章\简单博客程序的功能.wmv

19.1 节为读者介绍了什么是博客，本节就接着来讲简单博客程序所应具有的功能。

通常一个最简单的博客程序应具有以下功能：

☑ 博客所有者可以添加日志。

☑ 普通浏览者无权添加日志，只能对已经存在的内容进行评论。

☑ 所有者可以管理日志。内容包括删除、编辑日志；增加、删除、更改日志的类别以及可以设定日志的保密状态、注册用户与普通用户的权限等。

☑ 通常情况下，日志还附带一个留言板，供普通浏览者与博客的所有者进行有效的交流。

☑ 除此之外，还可以用一个简单的用户注册、登录系统，以使普通浏览者与注册用户有不同的权限。

19.3　制作前的准备工作

通过前两节的介绍，读者对于什么是博客程序、一个简单的博客程序所应具备的功能应该有一个大致的认识了。从本节开始就来通过 PHP 代码一步步实现简单博客的所有功能。

19.3.1　配置文件的创建

知识点讲解：光盘\视频讲解\第 19 章\配置文件的创建.wmv

配置文件是程序各种资源访问的源头，其中存放着连接博客程序数据库的主机名、连接主机的用户名、密码、数据库名、表名等重要信息。

【实例 19-1】以下代码为博客程序的配置文件。

实例 19-1：博客程序的配置文件

源码路径：光盘\源文件\19\19-1.php

```
01  <?php
02      $host="localhost";                //主机名
03      $user="root";                     //用户名
04      $pass="admin";                    //用户密码
05      $db_name="test";                  //数据库名
06      $table_log="b_log";               //日志表
07      $table_user="b_user";             //用户表
08      $table_gbook="b_gbook";           //留言表
09      $table_sort="b_sort";             //类别表
10  ?>
```

注意：这里的数据库密码一定要对应安装MySQL数据库时设置的密码。

19.3.2　安装文件的创建

知识点讲解：光盘\视频讲解\第 19 章\安装文件的创建.wmv

本小节来创建一个安装文件，该文件的作用是从配置文件（19-1.php）中获取基本信息，然后提供给用户一个表单。当用户按要求填写所需数据后，执行创建表及插入记录的操作，完成程序表的创建。

【实例 19-2】以下代码为安装文件。

实例 19-2：安装文件

源码路径：光盘\源文件\19\19-2.php

```
01  <?php
02      error_reporting(0);
03      if(!$_POST['admin'])                                    //如果没有默认参数，则显示 HTML
04      {
05          echo "<html>";
06          echo "<head>";
07          echo "<title>安装程序</title>";
08          echo "</head>";
09          echo "<body>";
10          echo "<script language=\"javascript\">";
11          echo "function juge(theForm)";
12          echo "{";
13          echo "if (theForm.admin.value == \"\")";
14          echo "{";
15          echo "alert(\"请输入管理员名称！\");";
16          echo "theForm.admin.focus();";
17          echo "return (false);";
18          echo "}";
19          echo "if (theForm.pass.value == \"\")";
20          echo "{";
21          echo "alert(\"请输入管理员密码！\");";
22          echo "theForm.pass.focus();";
23          echo "return (false);";
24          echo "}";
25          echo "if (theForm.pass.value.length < 8 )";
26          echo "{";
27          echo "alert(\"密码至少要 8 位！\");";
28          echo "theForm.pass.focus();";
29          echo "return (false);";
30          echo "}";
31          echo "if (theForm.re_pass.value !=theForm.pass.value)";
32          echo "{";
33          echo "alert(\"确认密码与密码不一致！\");";
34          echo "theForm.re_pass.focus();";
35          echo "return (false);";
36          echo "}";
37          echo "if (theForm.nickname.value == \"\")";
38          echo "{";
39          echo "alert(\"请输入昵称！\");";
```

```
40	echo "theForm.nickname.focus();";
41	echo "return (false);";
42	echo "}";
43	echo "}";
44	echo "</script>";
45	echo "<center>";
46	echo "<table width=\"80%\" cellpadding=\"1\" cellspacing=\"1\" align=\"center\" bgcolor= \"#000000\">";
47	echo "<form method=\"post\" action=\"$PATH_INFO\" onsubmit=\"return juge(this)\">";
48	echo "<tr bgcolor=\"#cccc99\">";
49	echo "<td colspan=\"2\" align=\"center\"><font size=\"5px\">安装博客</font></td>";
50	echo "</tr>";
51	echo "<tr    bgcolor=\"#cccc99\">";
52	echo "<td>管理员：（后台登录）</td>";
53	echo "<td><input type=\"text\" name=\"admin\"></td>";
54	echo "</tr>";
55	echo "<tr bgcolor=\"#cccc99\">";
56	echo "<td>管理员密码：（不小于 8 位）</td>";
57	echo "<td><input type=\"password\" name=\"pass\" size=\"21\"></td>";
58	echo "</tr>";
59	echo "<tr bgcolor=\"#cccc99\">";
60	echo "<td>确认密码：</td>";
61	echo "<td><input type=\"password\" name=\"re_pass\" size=\"21\"></td>";
62	echo "</tr>";
63	echo "<tr bgcolor=\"#cccc99\">";
64	echo "<td>管理员 E-mail：（可选）</td>";
65	echo "<td><input type=\"text\" name=\"email\"></td>";
66	echo "</tr>";
67	echo "<tr bgcolor=\"#cccc99\">";
68	echo "<td>管理员昵称：（前台显示）</td>";
69	echo "<td><input type=\"text\" name=\"nickname\"></td>";
70	echo "</tr>";
71	echo "<tr bgcolor=\"#cccc99\">";
72	echo "<td colspan=\"2\"><center><input type=\"submit\" value=\"下一步\"></center></td>";
73	echo "</tr>";
74	echo "</form>";
75	echo "</table>";
76	echo "</center>";
77	echo "</body>";
78	echo "<html>";
79	}
80	else                                            //如果有 POST 参数执行操作
81	{
82	$username=$_POST['admin'];                      //获得参数
83	$password=md5($_POST['pass']);
84	$nickname=$_POST['nickname'];
85	$email=$_POST['email'];
86	require "19-1.php";
87	$link=mysql_connect($host,$user,$pass) or die(mysql_error());
88	mysql_select_db($db_name,$link);                //选择数据库
89	$sql="create table $table_log(
90	id int(5) not null auto_increment primary key,
```

```
91              p_id int(5) not null default 0,
92              title varchar(40) not null default '',
93              content text,
94              sort varchar(20) not null default '',
95              views int(5) not null default 0,
96              tbcount int(5) not null default 0,
97              author varchar(40) not null default '',
98              date varchar(20) not null default '',
99              top enum('n','y') not null default 'n',
100             hide enum('n','y') not null default 'n',
101             allow_tb enum('n','y') not null default 'n'
102             )";
103             mysql_query($sql,$link) or die(mysql_error());  //发送创建 B_LOG 表的 SQL 请求
104             $sql="create table $table_user(
105             id int(5) not null auto_increment primary key,
106             username varchar(40) not null default '',
107             password varchar(40) not null default '',
108             admin enum('1','0') not null default '0',
109             nickname varchar(20) not null default '',
110             sex enum('boy','girl') not null default 'boy',
111             photo varchar(80) not null default '',
112             email varchar(60) not null default '',
113             description varchar(200) not null default ''
114             )";
115             mysql_query($sql,$link) or die(mysql_error());  //发送创建 B_USER 表的 SQL 请求
116             $sql="create table $table_gbook(
117             id int(5) not null auto_increment primary key,
118             title varchar(40) not null default '',
119             content text,
120             author varchar(40) not null default '',
121             date varchar(30) not null default ''
122             )";
123             mysql_query($sql,$link) or die(mysql_error());  //发送创建 B_GBOOK 表的 SQL 请求
124             $sql="create table $table_sort(
125             id int(5) not null auto_increment primary key,
126             sortname varchar(20) not null default '',
127             sortimg varchar(60) not null default '',
128             sortnum int(5) not null default 0,
129             description varchar(200) not null default ''
130             )";
131             mysql_query($sql,$link) or die(mysql_error());  //发送创建 B_SORT 表的 SQL 请求
132             $sql="insert  into  $table_sort(sortname,sortimg,description)values('默认类别','images\sort.img','
默认的分类，请更改！')";
133             mysql_query($sql,$link) or die(mysql_error());  //发送添加默认分类的 SQL 请求
134             $sql="insert into $table_user(username, password, admin, nickname, email, description) values
('$username', '$password','1','$nickname','$email','我就是本小站的管理员！')";
135             mysql_query($sql,$link) or die(mysql_error());  //发送添加管理员信息的 SQL 请求
136             echo "<html>";
137             echo "<head>";
138             echo "<title>安装程序</title>";
139             echo "</head>";
```

```
140             echo "<body>";
141             echo "</center>";
142             echo "<table width=\"80%\" cellpadding=\"1\" cellspacing=\"1\" align=\"center\" bgcolor= \"#000000\">";
143             echo "<tr bgcolor=\"#cccc99\">";
144             echo "<td align=\"center\"><font size=\"5px\">安装博客</font></td>";
145             echo "</tr>";
146             echo "<tr bgcolor=\"#cccc99\">";
147             echo "<td align=\"center\"><font size=\"3px\">成功安装！ </font></td>";
148             echo "</tr>";
149             echo "<tr bgcolor=\"#cccc99\">";
150             echo "<td align=\"center\">点<a href=\"19-5.php\">这里</a>进入</td>";
151             echo "</tr>";
152             echo "</table>";
153             echo "</center>";
154             echo "</body>";
155             echo "</html>";
156         }
157 ?>
```

说明： 本实例的核心就是创建一个管理员账号并且创建需要的数据表。

在 PHP 运行环境下执行该 PHP 文件，以完成各种所需要的表的创建，其首次执行结果如图 19.1 所示。

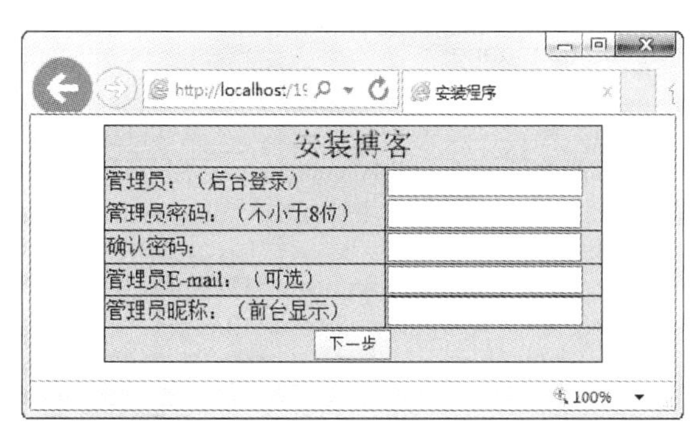

图 19.1　安装文件首次执行结果

按图 19.1 的要求填入用户信息，然后单击“下一步”按钮，将会开始各种表的创建工作。进度完成之后的执行结果如图 19.2 所示。

图 19.2　安装完成后的执行结果

这时各种表已经创建完成了。可以登录进去体验一下博客的魅力，但是现在还不能单击“这里”的链接，因为相关的页面还没有被创建。下一步，就来创建登录的页面。

19.3.3　头文件的创建

知识点讲解：光盘\视频讲解\第 19 章\头文件的创建.wmv

头文件，显示页面的头部分。单独做成一个文件，便于在多处调用，以减少代码的体积。

【实例 19-3】以下代码为显示页面的头文件部分。

实例 19-3：显示页面的头文件

源码路径：光盘\源文件\19\19-3.php

```
01  <?php
02          echo "<html>";
03          echo "<head>";
04          echo "<title>博客程序</title>";
05          echo "</head>";
06          echo "<body>";
07          echo "<style type=\"text/css\">";
08          echo "p {font-size: 12px; color:#0000ff}";
09          echo "table {table-layout: fixed; word-wrap:break-word;}";
10          echo "td {text-align: left; text-valign:center; font-size: 12px;}";
11          echo "body {font-size: 12px; text-decoration: none;color:#3300cc}";
12          echo "a {font-size: 12px; text-decoration: none; color: #0000FF}";
13          echo "a:hover { color: #FF0000; text-decoration: underline}";
14          echo "a:link { text-decoration: none}";
15          echo "</style>";
16          echo "<center>";
17          echo "<table width=\"80%\" cellpadding=\"1\" cellspacing=\"1\" align=\"center\" bgcolor= \"#000000\">";
18          echo "<tr>";
19          echo "<td bgcolor=\"#ffffff\"></td>";
20          echo "<td bgcolor=\"#cccc99\"><center><a href=\"19-5.php\">首页</a></center></td>";
21          echo "<td bgcolor=\"#cccc99\"><center><a href=\"19-6.php\">日志</a></center></td>";
22          echo "<td bgcolor=\"#cccc99\"><center><a href=\"19-17.php\">留言</a></center></td>";
23          echo "<td bgcolor=\"#cccc99\"><center><a href=\"19-8.php\">管理</a></center></td>";
24          echo "</tr>";
25          echo "</table>";
26          echo "<p>";
27  ?>
```

说明：本实例是为了精简后续代码而创建的。

19.3.4　侧边文件的创建

知识点讲解：光盘\视频讲解\第 19 章\侧边文件的创建.wmv

通常的博客程序侧边显示的内容是基本相同的。与头文件一样，侧边也可以单独做成一个文件，需要时调用即可。这样做的好处显而易见：减少代码量，减轻程序更改工作量。如果需要对某一部分进行修改，直接修改该文件即可，而不用对页面文件逐个地修改。侧边应显示以下内容：

☑　博客管理员信息。

☑ 用户登录表单。

☑ 如果用户已经登录，则显示登录用户名称。

☑ 日历，以便使用者可以根据不同日期查看当天的日志。

☑ 日志的所有类别。方便使用者选择不同的类别。

【实例 19-4】以下为侧边文件的代码。

实例 19-4：侧边文件

源码路径：光盘\源文件\19\19-4.php

```
01  <?php
02      echo "<table cellpadding=\"1\" cellspacing=\"1\" align=\"center\" bgcolor=\"#000000\">\n";
03      echo "<tr>";
04      echo "<td bgcolor=\"#eeeeff\">";
05      require "19-1.php";                                   //调用配置文件
06      $link=mysql_connect($host,$user,$pass);               //连接主机
07      mysql_select_db($db_name,$link);                      //选择数据库
08      $sql="select * from $table_user where admin='1'";     //显示管理员信息
09      $result=mysql_query($sql,$link);                      //发送 SQL 请求
10      $row=mysql_fetch_array($result);                      //获取信息
11      echo "管理员昵称：";
12      echo $row['nickname'];                                //显示昵称
13      echo "<br>";
14      echo "管理员性别：";
15      echo $row['sex'];                                     //显示性别
16      echo "<br>";
17      echo "管理员信箱：";
18      echo $row['email'];                                   //显示信箱
19      echo "<br>";
20      echo "管理员图像：";
21      if($row['photo']) echo "<img src=images/".$row['photo'].">";      //如果有图像，则显示图像
22      echo "<br>";
23      echo "管理员自白：<br>";
24      echo $row['description'];                             //显示自白
25      echo "</td>";
26      echo "</tr>";
27      echo "<tr>";
28      echo "<td bgcolor=\"#eeeeff\">";
29      if(!$_COOKIE['username'])                             //如果没有登录用户
30      {
31      echo "<form action=19-8.php method=post>";            //显示登录表单
32      echo "用户名：<input type=text name=username size=5><br>";
33      echo "密码：<input type=password name=password size=6><br>";
34      echo "<input type=submit value=\"登录\">";
35      echo "<input type=button value=\"注册\" onclick=w_open()>";
36      echo "</form>";
37      }
38      else                                                  //如果有登录用户
39      {
40      echo "欢迎你:$_COOKIE[username]";                     //显示登录用户名
```

```
41          echo "<p align=\"center\">";
42          echo "<a href=19-18.php>退出</a>";                    //显示“退出”链接
43          }
44          echo "</td>";
45          echo "</tr>";
46          echo "<tr>";
47          echo "<td bgcolor=\"#eeeeff\">";                      //以下用 JS 显示一个日历
48          echo "<form name=f>
49          <select name=year size=1 onchange=change()>";
50          for($i=2005;$i<2016;$i++)
51          {
52                echo "<option value=".$i;
53                if($i==date("Y")) echo " selected ";
54                echo ">".$i;
55          }
56          echo "</select>
57          <select name=month size=1 onchange=change()>";
58          for($i=1;$i<13;$i++)
59          {
60                echo "<option value=".$i;
61                if($i==date("n")) echo " selected ";
62                echo ">".$i;
63          }
64          echo "</select></form>
65          <div id=a1></div>
66          <script language=javascript>
67          tian=new Array();
68          tian[0]=31;
69          tian[1]=28;
70          tian[2]=31;
71          tian[3]=30;
72          tian[4]=31;
73          tian[5]=30;
74          tian[6]=31;
75          tian[7]=31;
76          tian[8]=30;
77          tian[9]=31;
78          tian[10]=30;
79          tian[11]=31;
80          function change()
81          {
82                y=document.f.year.value;
83                m=document.f.month.value;
84                n=0,s=0;
85                if(y%4==0) tian[1]=29;
86                for(i=2005;i<y;i++)
87                {
88                      if(i%4==0) n=366;
89                      else n=365;
90                      s=s+n;
91                }
```

```
92          for(i=1;i<m;i++)
93          {
94              s=s+tian[i-1];
95          }
96          w=(s+6)%7;
97          a1.innerHTML=\"\";
98          content=\"<table><tr><td> 日 </td><td> 一 </td><td> 二 </td><td> 三 </td><td> 四 </td><td> 五
</td><td>六</td></tr>\";
99          t=1;
100         for(i=0;i<42;i++)
101         {
102             if(i%7==0)
103             {
104                 content=content+\"<tr>\";
105             }
106             if((i>=w)&&(i<(tian[m-1])+w))
107             {
108                 content=content+\"<td><a href=19-6.php?y=\"+y+\"&m=\"+m+\"&d=\"+t+\">\"+t+\" </a></td>\";
109                 t++;
110             }
111             else
112             {
113                 content=content+\"<td> </td>\";
114             }
115             if(i%7==6)
116             {
117                 content=content+\"</tr>\";
118             }
119         }
120         content=content+\"</table>\";
121         a1.innerHTML=content;
122     }
123     change();
124     function w_open()
125     {
126     open(\"19-18.php\");
127     }
128     </script>";
129     echo "</td>";
130     echo "</tr>";
131     echo "<tr>";
132     echo "<td bgcolor=\"#eeeeff\">";
133     echo "日志类别：<br>";
134     $sql="select sortname,sortnum from $table_sort";          //显示所有日志类别
135     $result=mysql_query($sql,$link);                          //发送 SQL 请求
136     while($rows=mysql_fetch_array($result))                   //循环显示类别名及数量
137     {
138         echo "<a href=19-6.php?sort=".$rows[0].">".$rows[0]."</a>（".$rows[1]."）";
139         echo "<br>";
140     }
141     echo "</td>";
```

```
142         echo "</tr>";
143         echo "</table>";
144  ?>
```

说明： 通常情况下导航栏都会作为一个单独的文件来被其他文件包含。

19.4 日志显示模块

19.3 节介绍了在创建程序之前所要做的准备工作，并建立了配置文件、相应的数据库和表、显示时需要调用的头文件与侧边文件，本节来实现日志显示模块。该模块共由以下几个部分组成：主显示页面、日志显示页面、单条日志详细信息页面等。下面分别为读者做介绍。

19.4.1 主显示页面的创建

知识点讲解：光盘\视频讲解\第 19 章\主显示页面的创建.wmv

本小节来创建该博客程序的主显示页面。主显示页面即用户首次可以看到的页面，除了调用头文件与侧边文件显示内容之外，它还有以下几个内容：显示最新日志、显示最新留言。

【实例 19-5】 以下为主显示页面代码。

实例 19-5：主显示页面
源码路径：光盘\源文件\19\19-5.php

```
01  <?php
02       require "19-1.php";                                          //调用配置文件
03       require "19-3.php";                                          //调用头文件
04       echo "<table width=\"80%\">";
05       echo "<tr>";
06       echo "<td width=\"20%\">";
07       require "19-4.php";
08       echo "</td>";
09       echo "<td width=\"80%\">";
10       echo "<table cellpadding=\"1\" cellspacing=\"1\" width=\"100%\" align=\"center\" bgcolor=\"#000000\">";
11       echo "<tr>";
12       echo "<td bgcolor=\"#eeeeff\">最新日志</td>";
13       echo "</tr>";
14       echo "<tr>";
15       echo "<td bgcolor=\"#eeeeff\">";                             //显示最新 10 条日志
16       $sql="select * from $table_log where p_id=0 order by id desc limit 10";
17       $result=mysql_query($sql,$link);                             //发送 SQL 请求
18       $nums=mysql_num_rows($result);                               //获取日志数量
19       if($nums<1) echo "还没有任何日志记录！";                      //如果没有日志显示信息
20       else                                                         //如果有日志
21       {
22            while($rows=mysql_fetch_array($result))                  //通过循环显示内容
23            {
```

```
24                echo "<a href=19-5.php?id=".$rows['id'].">".$rows['title']."</a>";
25                echo "<p>";
26                echo $rows['date'];
27                echo "<p>";
28                echo $rows['content'];
29                echo "<p>";
30                echo "<a href=19-7.php?id=".$rows['id'].">阅读全文</a>|";
31                echo "<a href=19-6.php?sort=".$rows['sort'].">类别：".$rows['sort']."</a>|";
32                echo "<a href=19-7.php?id=".$rows['id'].">评论（".$rows['tbcount']."）</a>|";
33                echo "<a href=19-7.php?id=".$rows['id'].">浏览（".$rows['views']."）</a>";
34                echo "<hr width=\"100%\">";
35            }
36        }
37        echo "</td>";
38        echo "</tr>";
39        echo "</table>";
40        echo "<p>";
41        echo "<table cellpadding=\"1\" cellspacing=\"1\" width=\"100%\" align=\"center\" bgcolor=\"#000000\">";
42        echo "<tr>";
43        echo "<td bgcolor=\"#eeeeff\">最新留言</td>";
44        echo "</tr>";
45        echo "<tr>";
46        echo "<td bgcolor=\"#eeeeff\">";                              //显示最新 10 条留言
47        $sql="select * from $table_gbook order by id desc limit 10";
48        $result=mysql_query($sql,$link);                              //发送 SQL 请求
49        $nums=mysql_num_rows($result);                                //获取留言数量
50        if($nums<1) echo "还没有任何留言！";                           //没有留言时显示的信息
51        else                                                          //如果有留言
52        {
53            while($rows=mysql_fetch_array($result))                   //通过循环显示内容
54            {
55                echo $rows['author']."于".$rows['date']."留言说：";
56                echo "<p>";
57                echo $rows['content'];
58                echo "<hr width=\"100\">";
59
60            }
61        }
62        echo "</td>";
63        echo "</tr>";
64        echo "</table>";
65        echo "</td>";
66        echo "</tr>";
67        echo "</table>";
68        echo "</center>";
69        echo "</body>";
70        echo "</html>";
71    ?>
```

在 PHP 运行环境中执行该 PHP 文件，执行结果如图 19.3 所示。

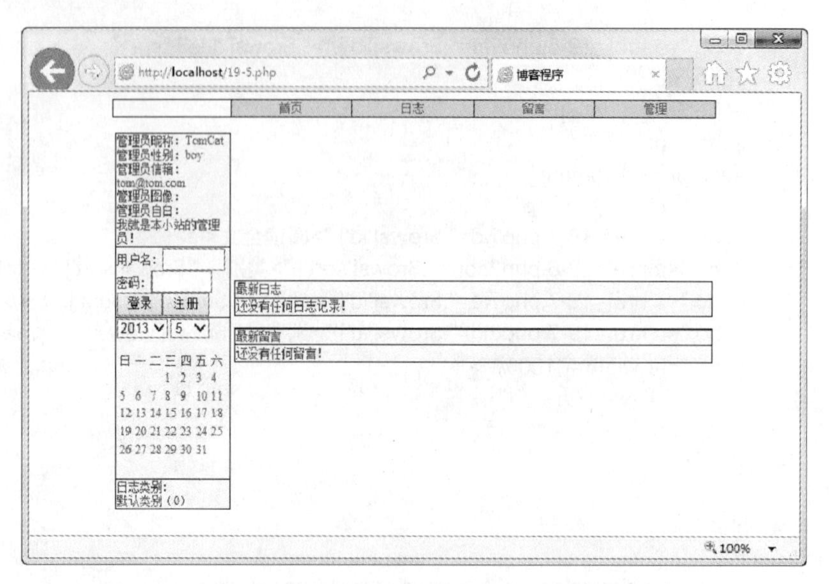

图 19.3　第一次运行主显示页面执行结果

注意：由于现在的数据库中并没有任何日志，所以这里均显示为空。

19.4.2　日志显示页面的创建

知识点讲解：光盘\视频讲解\第 19 章\日志显示页面的创建.wmv

本小节来创建日志显示页，该页面的作用是显示所有已经存在的日志以及单条日志的浏览量、评论量等内容，并且还具有分页功能。同时还应该根据用户不同的选择显示不同的内容。如用户选择了某一天的日志，则只显示某一天的内容；如果用户选择了某一类别的日志，则只显示某一类别的内容。

【实例 19-6】以下为日志显示页面的代码。

实例 19-6：日志显示页面

源码路径：光盘\源文件\19\19-6.php

```
01  <?php
02      require "19-3.php";                                      //调用头文件
03      echo "<table width=\"80%\">";
04      echo "<tr>";
05      echo "<td width=\"20%\">";
06      require "19-4.php";                                      //调用侧边文件
07      echo "</td>";
08      echo "<td width=\"80%\">";
09      echo "<table cellpadding=\"1\" cellspacing=\"1\" width=\"100%\" align=\"center\" bgcolor=\"#000000\">";
10      require "19-1.php";                                      //调用配置文件
11      $link=mysql_connect($host,$user,$pass);
12      mysql_select_db($db_name,$link);
13      if(!($_GET['y']and$_GET['m']and$_GET['d']))              //如果没有日期输入
14      {
15          if($_GET['sort'])                                    //如果有类别输入
16          {
17              $sort=$_GET['sort'];                             //获取类别
```

```
18          echo "<tr>";
19          echo "<td bgcolor=\"#eeeeff\">分类<font size=\"3\">[".$sort."]</font>的日志</td>";
20          echo "</tr>";                                //显示相应类别
21          $sql="select * from $table_sort where sortname='$sort'";
22          $result=mysql_query($sql,$link);
23          $rows=mysql_fetch_array($result);
24          echo "<tr>";
25          echo "<td bgcolor=\"#eeeeff\">类别介绍：".$rows['description']."</td>";
26          echo "</tr>";
27          echo "<tr>";
28          echo "<td bgcolor=\"#eeeeff\">本类别共有日志：".$rows['sortnum']."篇</td>";
29          echo "</tr>";
30          if($rows['sortnum']>0)                       //如果有类别日志
31          {
32              echo "<tr>";
33              echo "<td bgcolor=\"#eeeeff\">";
34              $sql2="select * from $table_log where sort='$sort' and p_id=0";
35              $result2=mysql_query($sql2,$link);
36              while($rows2=mysql_fetch_array($result2))//循环显示
37              {
38                  echo "<a href=19-7.php?id=".$rows2['id'].">".$rows2['title']."</a>";
39                  echo "<p>";
40                  echo $rows2['date'];
41                  echo "<p>";
42                  echo $rows2['content'];
43                  echo "<p>";
44                  echo "<a href=19-7.php?id=".$rows2['id'].">阅读全文</a>|";
45                  echo "<a href=19-6.php?sort=".$rows2['sort'].">类别".$rows2['sort']."</a>|";
46                  echo "<a href=19-7.php?id=".$rows2['id'].">评论（".$rows2['tbcount']."）</a>|";
47                  echo "<a href=19-7.php?id=".$rows2['id'].">浏览（".$rows2['views']."）</a>";
48                  echo "<hr width=\"100\">";
49              }
50              echo "</td>";
51              echo "</tr>";
52          }
53      }
54      else                                             //如果没有任何参数
55      {
56          $sql="select id from $table_log where p_id=0"; //显示所有日志
57          $result=mysql_query($sql,$link);
58          $msg_count=mysql_num_rows($result);          //总条数
59          $p_count=ceil($msg_count/10);                //总页数
60          echo "<tr>";
61          echo "<td bgcolor=\"#eeeeff\">全部日志</td>";
62          echo "</tr>";
63          echo "<tr>";
64          echo "<td bgcolor=\"#eeeeff\">";
65          if ($_GET['page']==0 && !$_GET['page'])
66          $page=1;
67          else
68          $page=$_GET['page'];
```

```
69                  $s=($page-1)*10+1;
70                  $s=$s-1;
71                  $sql="select * from $table_log where p_id=0 order by id desc limit $s, 10";
72                  $result=mysql_query($sql,$link);
73                  $nums=mysql_num_rows($result);
74                  if($nums<1) echo "还没有任何日志记录！";      //没有日志时显示的信息
75                  else                                         //如果有日志
76                  {
77                      while($rows=mysql_fetch_array($result)) //循环显示日志内容
78                      {
79                          echo "<a href=19-7.php?id=".$rows['id'].">".$rows['title']."</a>";
80                          echo "<p>";
81                          echo $rows['date'];
82                          echo "<p>";
83                          echo $rows['content'];
84                          echo "<p>";
85                          echo "<a href=19-7.php?id=".$rows['id'].">阅读全文</a>|";
86                          echo "<a href=19-6.php?sort=".$rows['sort'].">类别：".$rows['sort']."</a>|";
87                          echo "<a href=19-7.php?id=".$rows['id'].">评论（".$rows['tbcount']."）</a>|";
88                          echo "<a href=19-7.php?id=".$rows['id'].">浏览（".$rows['views']."）</a>";
89                          echo "<hr width=\"100%\">";
90                      }
91                  }
92                  echo "</td>";
93                  echo "</tr>";
94              }
95          }
96          else                                                 //如果有日期参数
97          {
98              $y=$_GET['y'];                                   //获取年
99              $m=$_GET['m'];                                   //获取月
100             $d=$_GET['d'];                                   //获取日
101             $date=$y."年".$m."月".$d."日";                   //代入新的变量中
102             echo "<tr>";
103             echo "<td bgcolor=\"#eeeeff\">".$date."的日志</td>";
104             echo "</tr>";
105             echo "<tr>";
106             echo "<td bgcolor=\"#eeeeff\">";                 //查找当天的日志
107             $sql="select * from $table_log where date like '$date'and p_id=0";
108             $result=mysql_query($sql,$link);
109             $nums=mysql_num_rows($result);                   //获取当天日志数量
110             if($nums<1) echo "当天没有任何日志记录！";       //如果不存在
111             else                                             //如果存在
112             {
113                 while($rows=mysql_fetch_array($result))      //循环显示
114                 {
115                     echo "<a href=19-7.php?id=".$rows['id'].">".$rows['title']."</a>";
116                     echo "<p>";
117                     echo $rows['date'];
118                     echo "<p>";
119                     echo $rows['content'];
```

```
120                          echo "<p>";
121                          echo "<a href=19-7.php?id=".$rows['id']."">阅读全文</a>|";
122                          echo "<a href=19-6.php?sort=".$rows['sort']."">类别".$rows['sort']."</a>|";
123                          echo "<a href=19-7.php?id=".$rows['id']."">评论（".$rows['tbcount']."）</a>|";
124                          echo "<a href=19-7.php?id=".$rows['id']."">浏览（".$rows['views']."）</a>";
125                          echo "<hr width=\"100\">";
126                     }
127                }
128                echo "</td>";
129                echo "</tr>";
130           }
131           if(!($_GET['y']and$_GET['m']and$_GET['d'])&&!($_GET['sort']))
132           {                                                   //显示分页链接
133                echo "<tr>";
134                echo "<td bgcolor=\"#eeeeff\">";
135                $prev_page=$page-1;
136                $next_page=$page+1;
137                if ($page<=1){
138                     echo "第一页 | ";
139                }
140                else{
141                     echo "<a href='$PATH_INFO?page=1'>第一页</a> | ";
142                }
143                if ($prev_page<1){
144                echo "上一页 | ";
145                }
146                else{
147                     echo "<a href='$PATH_INFO?page=$prev_page'>上一页</a> | ";
148                }
149                if ($next_page>$p_count){
150                     echo "下一页 | ";
151                }
152                else{
153                     echo "<a href='$PATH_INFO?page=$next_page'>下一页</a> | ";
154                }
155                if ($page>=$p_count){
156                     echo "最后一页</p>";
157                }
158                else{
159                     echo "<a href='$PATH_INFO?page=$p_count'>最后一页</a></p>";
160                }
161                echo "</td>";
162                echo "</tr>";
163           }
164           echo "</table>";
165           echo "</td>";
166           echo "</tr>";
167           echo "</table>";
168      ?>
```

说明：本实例中多次用到的方法就是使用HTML代码将查询出的内容进行格式化。

查看日志的条件可以是某一类的所有日志，也可以是某一天所写的所有日志。

19.4.3 单条日志详细信息页面的创建

知识点讲解：光盘\视频讲解\第 19 章\单条日志详细信息页面的创建.wmv

19.4.2 小节创建的日志显示页面，只显示相关日志，并不显示日志的详细情况及相关的评论。本小节来创建单条日志详细信息的页面。该页面不仅显示某一条日志的详细信息，而且还显示所有对该日志的评论。

【实例 19-7】以下为单条日志详细信息页面代码。

实例 19-7：单条日志详细信息

源码路径：光盘\源文件\19\19-7.php

```
01  <?php
02      require "19-3.php";                                   //调用头文件
03      if(!$_POST['id'])                                     //如果没有评论 ID 输入
04      {
05          echo "<table width=\"80%\">";
06          echo "<tr>";
07          echo "<td width=\"20%\">";
08          require "19-4.php";                               //调用侧边文件
09          echo "</td>";
10          echo "<td width=\"80%\">";
11          echo "<table cellpadding=\"1\" cellspacing=\"1\" width=\"100%\" align=\"center\" bgcolor=\"#000000\">";
12          require "19-1.php";
13          $link=mysql_connect($host,$user,$pass);           //连接主机
14          mysql_select_db($db_name,$link);                  //选择库
15          $sql="select * from $table_log where id='$_GET[id]' order by id desc";
16          $result=mysql_query($sql,$link);                  //发送显示某一条日志的 SQL 请求
17          $rows=mysql_fetch_array($result,$link);           //置入数组
18          echo "<tr bgcolor=\"#ffffff\">";
19          echo "<td>";
20          echo "<h3>".$rows['title']."</h3>";               //显示标题
21          echo "</td>";
22          echo "</tr>";
23          echo "<tr bgcolor=\"#ffffff\">";
24          echo "<td>";
25          echo $rows['title'];                              //显示标题
26          echo "<p>";
27          echo $rows['date'];                               //显示日期
28          echo "<p>";
29          echo $rows['content'];                            //显示内容
30          echo "<p>";
31          echo "<a href=19-6.php?sort=".$rows['sort'].">类别：".$rows['sort']."</a>|";
32          echo "评论（".$rows['tbcount']."）|";             //显示评论数
33          echo "浏览（".$rows['views']."）";                //显示浏览数
34          echo "<hr width=\"100%\">";
35          echo "以下为评论内容：<br>";                      //显示对该条日志的评论
36          $sql2="select * from $table_log where p_id='$_GET[id]'";
```

```
37            $result2=mysql_query($sql2,$link);                          //发送 SQL 请求
38            while($row2=mysql_fetch_array($result2,$link))              //循环显示评论
39            {
40                  echo "标题：".$row2['title'];                        //显示评论标题
41                  echo "<p>";
42                  echo "日期：".$row2['date'];                         //显示评论日期
43                  echo "<p>";
44                  echo "内容：".$row2['content'];                      //显示评论内容
45                  echo "<hr width=\"80%\">";
46            }                                                           //下面一句每浏览一次，浏览次数增加 1
47            $sql="update $table_log set views=views+1 where id='$_GET[id]'";
48            mysql_query($sql,$link);                                    //发送自增 1 的 SQL 请求
49            echo "</td>";
50            echo "</tr>";
51            echo "</table>";
52            echo "<p>";
53            echo "<table cellpadding=\"1\" cellspacing=\"1\" align=\"center\" bgcolor=\"#000000\">";
54            echo "<form action=19-7.php method=post>";                  //以下为添加评论的表单
55            echo "<tr bgcolor=\"#eeffee\"><td>";
56            echo "发表评论：";
57            echo "<input type=hidden name=id value=".$rows['id'].">";
58            echo "<input type=hidden name=sort value=".$rows['sort'].">";
59            echo "</td></tr>";
60            echo "<tr bgcolor=\"#eeffee\"><td>";
61            echo "题目：<input type=text name=title>";
62            echo "</td></tr>";
63            echo "<tr bgcolor=\"#eeffee\"><td>";
64            echo "评论内容：<br><textarea name=content rows=5 cols=40></textarea>";
65            echo "</td></tr>";
66            echo "<tr bgcolor=\"#eeffee\"><td>";
67            echo "<input type=submit value=\"发表\">";
68            echo "</td></tr>";
69            echo "</form>";
70            echo "</table>";
71            echo "</td>";
72            echo "</tr>";
73            echo "</table>";
74      }
75      else                                                              //处理用户提交评论
76      {
77            $id=$_POST['id'];                                           //获取各项参数
78            $title=$_POST['title'];
79            $sort=$_POST['sort'];
80            $content=$_POST['content'];
81            $date=$date=date("Y 年 n 月 d 日");
82            if(!$_COOKIE["username"])                                   //如果没有用户登录
83            {
84                  $username="匿名";                                     //匿名用户
85            }
86            else
87            {
```

```
88                      $username=$_COOKIE["username"];                    //登录用户
89               }
90               require "19-1.php";                                       //调用配置文件
91               $link=mysql_connect($host,$user,$pass);
92               mysql_select_db($db_name,$link);
93               $sql="insert into $table_log(p_id, author, title, content, sort, date)values('$id','$username','$title',
'$content','$sort','$date')";
94               mysql_query($sql,$link);                                  //插入评论记录
95               $sql="update $table_log set tbcount=tbcount+1 where id='$id'";
96               mysql_query($sql,$link);                                  //评论数自增 1
97               echo "<meta http-equiv=\"refresh\" content=\"2; url=19-7?id=".$id.".php\">";
98               echo "</head>";
99               echo "<body>";
100              echo "添加成功评论，正在返回";
101              echo "</body>";
102              echo "</html>";
103      }
104  ?>
```

说明：本实例的核心就是通过判断日志ID来从数据库中查询信息并显示。

单击某一条日志的标题，或者单击“阅读全文”链接，均可以进入查看该条日志详情的页面，相当于执行 19-7.php。

19.5 管 理 模 块

本节来创建管理模块，管理模块不仅包括日志的管理，还包括用户信息的管理、留言管理、注册用户管理等内容。用户管理使每个用户可以修改自己的注册信息，而日志管理、留言管理、所有注册用户的管理则属于管理员特有的权限。下面就为读者一一说明。

19.5.1 管理员/用户登录页面

知识点讲解：光盘\视频讲解\第 19 章\管理员/用户登录页面.wmv

本小节来创建用户登录页，用户包括普通用户与管理员。管理员登录以后，可以对博客的整体情况进行全面的管理，如签写日志、分类管理、日志管理等内容。普通用户登录之后则可以行使匿名用户所不具有的权限，例如，对日志发表评论、浏览匿名用户不能浏览的日志等。同时不管何种用户都可以更改本用户注册的各项信息。

【实例 19-8】以下为管理员/用户登录页面代码。

实例 19-8：管理员/用户登录
源码路径：光盘\源文件\19\19-8.php

```
01  <?php
02        if(!$_POST['username'])
03        {
```

```
04          require "19-3.php";                                          //调用头文件
05          echo "<script language=\"javascript\">";
06          echo "function juge(theForm)";
07          echo "{";
08          echo "if (theForm.username.value == \"\")";
09          echo "{";
10          echo "alert(\"请输入用户名！\");";
11          echo "theForm.admin.focus();";
12          echo "return (false);";
13          echo "}";
14          echo "if (theForm.password.value == \"\")";
15          echo "{";
16          echo "alert(\"请输入密码！\");";
17          echo "theForm.pass.focus();";
18          echo "return (false);";
19          echo "}";
20          echo "}";
21          echo "</script>";
22          echo "<center>";
23          echo "<table cellpadding=\"1\" cellspacing=\"1\" align=\"center\" bgcolor=\"#000000\" width=\"80%\">";
24          echo "<form method=\"post\" action=\"$PATH_INFO\" onsubmit=\"return juge(this)\">";
25          echo "<tr bgcolor=\"#cccc99\">";
26          echo "<td colspan=\"2\" align=\"center\">管理员/用户登录</td>";
27          echo "</tr>";
28          echo "<tr   bgcolor=\"#cccc99\">";
29          echo "<td>输入用户名</td>";
30          echo "<td><input type=\"text\" name=\"username\"></td>";
31          echo "</tr>";
32          echo "<tr bgcolor=\"#cccc99\">";
33          echo "<td>输入密码：</td>";
34          echo "<td><input type=\"password\" name=\"password\" size=\"21\"></td>";
35          echo "</tr>";
36          echo "<tr bgcolor=\"#cccc99\">";
37          echo "<td colspan=\"2\"><center><input type=\"submit\" value=\"登录\"></center></td>";
38          echo "</tr>";
39          echo "</form>";
40          echo "</table>";
41          echo "</center>";
42          echo "</body>";
43          echo "<html>";
44      }
45      else
46      {
47          $username=$_POST['username'];                                //获取用户名
48          $password=md5($_POST['password']');                          //获取密码，并用 MD5 加密
49          require "19-1.php";                                          //调用配置文件
50          $link=mysql_connect($host,$user,$pass);                      //连接主机
51          mysql_select_db($db_name,$link);                             //选择数据库
52          $sql="select * from $table_user where username='$username' and password='$password'";
53          $result=mysql_query($sql,$link) or die(mysql_error());
54          $row=mysql_num_rows($result);                                //获取符合的用户数量
```

```
55            if($row<1)                                    //如果符合的数量为 0
56            {
57                require "19-3.php";                       //调用头文件
58                echo "<meta http-equiv=\"refresh\" content=\"2; url=19-8.php\">";
59                echo "用户名或者密码错误两秒后返回！";          //显示错误信息
60            }
61            else                                          //如果存在符合条件的用户
62            {
63                setcookie("username",$username);          //注册 Cookie
64                require "19-3.php";                       //调用头文件
65                echo "<table width=\"80%\">";
66                echo "<tr>";
67                echo "<td width=\"20%\">";
68                $rows=mysql_fetch_array($result);         //用户信息置入数组
69                echo "<table cellpadding=\"1\" cellspacing=\"1\" align=\"center\" bgcolor=\"#000000\">";
70                echo "<tr>";
71                echo "<td bgcolor=\"#ffeeee\">";
72                echo "<a href=\"19-9.php\" target=\"fram\">用户信息</a>";
73                echo "</td>";
74                echo "</tr>";
75                echo "<tr>";
76                echo "<td bgcolor=\"#eeffee\">";
77                echo "<a href=\"19-10.php\" target=\"fram\">更改密码</a>";
78                echo "</td>";
79                echo "</tr>";
80                if($rows['admin']=="1")                   //如果用户为管理员显示更多操作
81                {
82                    echo "<tr>";
83                    echo "<td bgcolor=\"#eeffee\"><a href=19-11.php target=\"fram\">分类管理</a></td>";
84                    echo "</tr>";
85                    echo "<tr>";
86                    echo "<td bgcolor=\"#eeffee\"><a href=19-16.php target=\"fram\">添加分类</a></td>";
87                    echo "</tr>";
88                    echo "<tr>";
89                    echo "<td bgcolor=\"#eeffee\"><a href=19-12.php target=\"fram\">发表日志</a></td>";
90                    echo "</tr>";
91                    echo "<tr>";
92                    echo "<td bgcolor=\"#eeffee\"><a href=19-13.php target=\"fram\">日志管理</a></td>";
93                    echo "</tr>";
94                    echo "<tr>";
95                    echo "<td bgcolor=\"#eeffee\"><a href=19-14.php target=\"fram\">留言管理</a></td>";
96                    echo "</tr>";
97                    echo "<tr>";
98                    echo "<td bgcolor=\"#eeffee\"><a href=19-15.php target=\"fram\">用户管理</a></td>";
99                    echo "</tr>";
100               }
101               echo "</table>";
102               echo "</td>";
103               echo "<td width=\"80%\">";
104               echo "<iframe name=\"fram\" src=\"19-9.php\" width=\"476\" height=\"350\" frameBorder=\"0\">";
105               echo "</td>";
```

```
106                echo "</tr>";
107                echo "</table>";
108            }
109        }
110  ?>
```

注意：管理员与用户应该有不同的权限。

现在就可以用管理员的身份登录该页，以便执行管理分类、添加分类、签写日志、管理日志、管理留言、管理用户等操作。

首次执行 19-8.php，执行结果如图 19.4 所示。

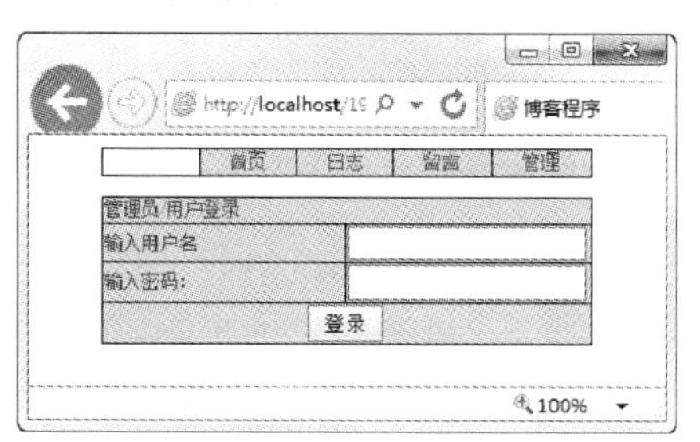

图 19.4　管理/用户登录页执行结果

19.5.2　更改用户注册信息

知识点讲解：光盘\视频讲解\第 19 章\更改用户注册信息.wmv

无论是管理员或者是普通注册用户都有权更改已经注册的本用户信息，本小节就来创建更改注册用户信息的页面。

【实例 19-9】以下为更改用户注册信息的代码。

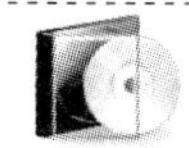

实例 19-9：更改用户注册信息

源码路径：光盘\源文件\19\19-9.php

```
01  <?php
02      if(!$_COOKIE['username'])                          //如果没有登录用户
03      {
04          "没有用户登录！";
05      }
06      else
07      {
08          if(!$_POST['nickname'])                        //如果没有发送表单变量，则显示 HTML
09          {
10              echo "<html>";
11              echo "<head>";
12              echo "<title>博客程序——显示登录用户信息</title>";
13              echo "</head>";
14              echo "<body>";
15              echo "<script language=\"javascript\">";
16              echo "function juge(theForm)";
```

```
17                      echo "{";
18                      echo "if (theForm.nickname.value == \"\")";
19                      echo "{";
20                      echo "alert(\"匿称必须要填！\");";
21                      echo "theForm.nickname.focus();";
22                      echo "return (false);";
23                      echo "}";
24                      echo "}";
25                      echo "</script>";
26                      require "19-1.php";
27                      $link=mysql_connect($host,$user,$pass);
28                      mysql_select_db($db_name,$link);
29                      $sql="select * from $table_user where username='$_COOKIE[username]'";
30                      $result=mysql_query($sql,$link);
31                      $rows=mysql_fetch_array($result);          //登录用户信息置入数组
32                      echo "<center>";
33                      echo "<h1>下面显示登录用户信息</h1>";
34                      echo "<h3>如果需要更改用户信息，直接更改即可</h3>";
35                      echo "<table width=\"80%\" cellpadding=\"1\" cellspacing=\"1\" align=\"center\" bgcolor=
\"#000000\">";
36                      echo "<form action=19-9.php method=post onsubmit=\"return juge(this)\">";
37                      echo "<tr>";
38                      echo "<td bgcolor=\"#ffffff\">昵称</td>";
39                      echo "<td bgcolor=\"#ffffff\"><input type=\"text\" name=\"nickname\" value=\"";
40                      echo $rows['nickname'];
41                      echo "\" ></td>";
42                      echo "</tr>";
43                      echo "<tr>";
44                      echo "<td bgcolor=\"#ffffff\">性别</td>";
45                      echo "<td bgcolor=\"#ffffff\">";
46                      echo "<input type=radio name=sex value=boy ";
47                      if($rows['sex']=="boy") echo "checked";
48                      echo " >boy";
49                      echo "<input type=radio name=sex value=girl ";
50                      if($rows['sex']=="girl") echo "checked";
51                      echo " >girl";
52                      echo "</td>";
53                      echo "</tr>";
54                      echo "<tr>";
55                      echo "<td bgcolor=\"#ffffff\">重新输入图像</td>";
56                      echo "<td bgcolor=\"#ffffff\"><input type=\"text\" name=\"photo\" value=\"";
57                      echo "\" ></td>";
58                      echo "</tr>";
59                      echo "<tr>";
60                      echo "<td bgcolor=\"#ffffff\">Email</td>";
61                      echo "<td bgcolor=\"#ffffff\"><input type=\"text\" name=\"email\" value=\"";
62                      echo $rows['email'];
63                      echo "\" ></td>";
64                      echo "</tr>";
```

```
65                    echo "<tr>";
66                    echo "<td bgcolor=\"#ffffff\">个人宣言</td>";
67                    echo "<td bgcolor=\"#ffffff\">";
68                    echo "<textarea name=\"description\">".$rows['description']."</textarea>";
69                    echo "</td>";
70                    echo "</tr>";
71                    echo "<tr>";
72                    echo "<td bgcolor=\"#ffffff\" colspan=\"2\"><center><input type=submit value=\"确认修改
\"></center></td>";
73                    echo "</tr>";
74                    echo "</form>";
75                    echo "</table>";
76               }
77               else                                                    //如果发送表单
78               {
79                    $nickname=$_POST['nickname'];                      //获取表单变量
80                    $sex=$_POST['sex'];
81                    $photo=$_POST['photo'];
82                    $email=$_POST['email'];
83                    $description=$_POST['description'];
84                    require("19-1.php");
85                    $link=mysql_connect($host,$user,$pass);
86                    mysql_select_db($db_name,$link);
87                    $sql="update $table_user set nickname='$nickname',sex='$sex',photo='$photo',email=
'$email',description='$description' where username='$_COOKIE[username]'";
88                    $result=mysql_query($sql,$link);                   //发送修改表内容的 SQL 请求
89                    echo "<html>";
90                    echo "<head>";
91                    echo "<title>博客程序——用户登录</title>";
92                    echo "<meta http-equiv=\"refresh\" content=\"2; url=19-9.php\">";
93                    echo "</head>";
94                    echo "<body>";
95                    echo "用户信息更改成功！两秒后返回";
96                    echo "</body>";
97                    echo "</html>";
98               }
99          }
100  ?>
```

注意：因为该页面是以框架形式包含在实例19-8中的，所以应该首先执行实例19-8，然后就可以更改用户昵称、性别、电子信箱、个人宣言等信息。

需要注意的是，管理员的个人信息将显示在首页。在这里，把管理员的昵称由 TomCat 改为 CAT，个人宣言改为 HELLO WORLD！以查看实例 19-9 的执行结果。进行相应修改并单击“确认修改”按钮之后，执行结果如图 19.5 所示。

在执行过这一步的操作之后，单击最上面的“首页”链接，回到首页将会看到显示管理员信息的区域已经显示了新的信息。

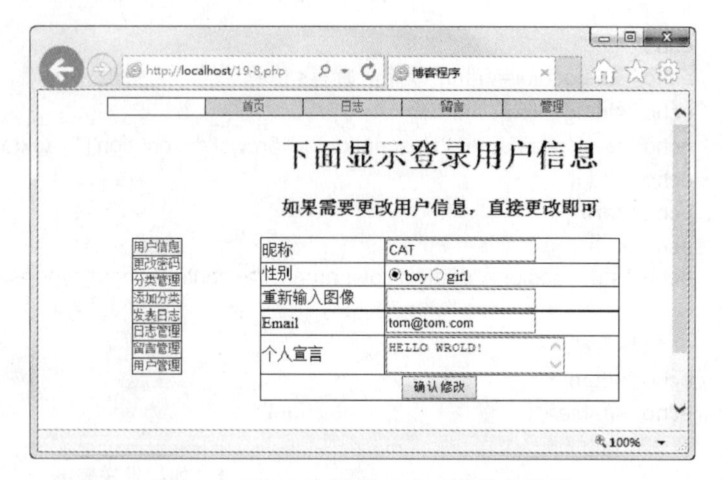

图 19.5　更改过用户信息之后的执行结果

19.5.3　更改注册用户密码页面

知识点讲解：光盘\视频讲解\第 19 章\更改注册用户密码页面.wmv

因为用户密码关系着用户账号的安全，所以不能跟用户其他信息一样，而是要单独修改，这样可以保护密码的安全，并且密码都是把用户的输入经过了 MD5 加密的，就算得到了明码，也不会知道密码的内容。

【实例 19-10】以下为更改注册用户密码页面代码。

实例 19-10：更改注册用户密码
源码路径：光盘\源文件\19\19-10.php

```
01  <?php
02          error_reporting(0);
03          if(!$_COOKIE['username'])                                    //如果没有登录用户，显示信息
04          {
05                  "没有用户登录！";
06          }
07          else                                                         //如果用户已经登录
08          {
09                  if(!$_POST['old_pass'])                              //如果没有表单发送，显示 HTML
10                  {
11                          echo "<html>";
12                          echo "<head>";
13                          echo "<title>博客程序——更改登录用户密码</title>";
14                          echo "</head>";
15                          echo "<body>";
16                          echo "<script language=\"javascript\">";
17                          echo "function juge(theForm)";
18                          echo "{";
19                          echo "if (theForm.old_pass.value == \"\")";
20                          echo "{";
21                          echo "alert(\"请输入原始密码！\");";
```

```
22                      echo "theForm.old_pass.focus();";
23                      echo "return (false);";
24                      echo "}";
25                      echo "if (theForm.new_pass.value == \"\")";
26                      echo "{";
27                      echo "alert(\"请输入新密码！\");";
28                      echo "theForm.new_pass.focus();";
29                      echo "return (false);";
30                      echo "}";
31                      echo "if (theForm.new_pass.value.length < 8 )";
32                      echo "{";
33                      echo "alert(\"密码至少要 8 位！\");";
34                      echo "theForm.new_pass.focus();";
35                      echo "return (false);";
36                      echo "}";
37                      echo "if (theForm.re_pass.value !=theForm.new_pass.value)";
38                      echo "{";
39                      echo "alert(\"确认密码与密码不一致！\");";
40                      echo "theForm.re_pass.focus();";
41                      echo "return (false);";
42                      echo "}";
43                      echo "}";
44                      echo "</script>";
45                      echo "<center>";
46                      echo "<h3>输入原始密码及新密码</h3>";
47                      echo "<table width=\"80%\" cellpadding=\"1\" cellspacing=\"1\" align=\"center\" bgcolor=
\"#000000\">";
48                      echo "<form action=19-10.php method=post onsubmit=\"return juge(this)\">";
49                      echo "<tr>";
50                      echo "<td bgcolor=\"#ffffff\">原始密码：</td>";
51                      echo "<td bgcolor=\"#ffffff\"><input type=\"password\" name=\"old_pass\" value=\"";
52                      echo "\" ></td>";
53                      echo "</tr>";
54                      echo "<tr>";
55                      echo "<td bgcolor=\"#ffffff\">新密码：</td>";
56                      echo "<td bgcolor=\"#ffffff\"><input type=\"password\" name=\"new_pass\" value=\"";
57                      echo "\" ></td>";
58                      echo "</tr>";
59                      echo "<tr>";
60                      echo "<td bgcolor=\"#ffffff\">确认新密码：</td>";
61                      echo "<td bgcolor=\"#ffffff\"><input type=\"password\" name=\"re_pass\" value=\"";
62                      echo "\" ></td>";
63                      echo "</tr>";
64                      echo "<tr>";
65                      echo "<td bgcolor=\"#ffffff\" colspan=\"2\"><center><input type=submit value=\"确认修改
\"></center></td>";
66                      echo "</tr>";
67                      echo "</form>";
68                      echo "</table>";
```

```
69              }
70              else                                          //如果发送表单变量
71              {
72                  $old_pass=md5($_POST['old_pass']);        //获取表单变量
73                  $new_pass=$_POST['new_pass'];
74                  require "19-1.php";
75                  $link=mysql_connect($host,$user,$pass);
76                  mysql_select_db($db_name,$link);
77                  $sql="select * from $table_user where username='$_COOKIE[username]' and password
='$old_pass'";
78                  $reslut=mysql_query($sql,$link);          //发送验证用户身份的 SQL 请求
79                  $row=mysql_num_rows($result);             //符合条件的记录数
80                  if($row<1)                                //如果不存在符合条件的记录，显示信息
81                  {
82                      echo "<html>";
83                      echo "<head>";
84                      echo "<title>博客程序——用户登录</title>";
85                      echo "<meta http-equiv=\"refresh\" content=\"2; url=19-10.php\">";
86                      echo "</head>";
87                      echo "<body>";
88                      echo "输入的密码错误！或者用户不存在！两秒后返回!";
89                      echo "</body>";
90                      echo "</html>";
91                  }
92                  else                                      //如果旧密码正确
93                  {
94                      $sql="update $table_user set password='$new_pass' where username='$_COOKIE
[username]' and password='$old_pass'";
95                      $result=mysql_query($sql,$link);      //发送更改旧密码为新密码的 SQL 请求
96                      echo "<html>";
97                      echo "<head>";
98                      echo "<title>博客程序——用户登录</title>";
99                      echo "<meta http-equiv=\"refresh\" content=\"2; url=19-10.php\">";
100                     echo "</head>";
101                     echo "<body>";
102                     echo "更改成功！以后请使用新密码登录!";
103                     echo "</body>";
104                     echo "</html>";
105                 }
106             }
107         }
108  ?>
```

注意：当前互联网中修改密码通常会经过很多验证。

同实例 19-9 一样，该页面也是以框架形式包含在实例 19-8 的代码中。由于修改密码操作与修改用户信息操作基本类似，这里就不再给执行结果图了。

用户信息更改及用户密码更改是所有用户都拥有的权限。下面几节的操作就是只有管理员才有的

权限，如日志管理、分类管理、留言管理、用户管理等。从 19.5.4 小节开始来分别创建这些页面。

19.5.4　修改已经存在的日志类别

知识点讲解：光盘\视频讲解\第 19 章\修改已经存在的日志类别.wmv

日志的类别是日志的一个重要属性，所以对类别的管理也很重要。本小节来创建类别管理的页面。和签写新日志功能一样，这当然也是管理员才有的超级权限，所以在用户调用该页时要对用户的身份进行判断。

【实例 19-11】以下为修改已经存在日志类别的代码。

实例 19-11：修改已经存在日志类别
源码路径：光盘\源文件\19\19-11.php

```
01  <?php
02      if($_COOKIE['username'])                                    //如果用户已经登录
03      {
04          require "19-1.php";                                     //调用配置文件
05          $link=mysql_connect($host,$user,$pass);
06          mysql_select_db($db_name,$link);
07          $sql="select * from $table_user where username='$_COOKIE[username]'";
08          $result=mysql_query($sql,$link);                        //发送获取用户信息的 SQL 请求
09          $row=mysql_fetch_array($result);                        //用户信息置入数组
10          if ($row['admin']=="1")                                 //如果用户为管理员，则执行以下操作
11          {
12              if(!$_POST['action'])                               //如果没有发送表单变量，显示 HTML
13              {
14                  echo "<center>";
15                  echo "<h3>修改类别</h3>";
16                  echo "<table cellpadding=\"1\" cellspacing=\"1\" align=\"center\" bgcolor=\"#000000\"
width=\"100%\">";
17                  echo "<form method=\"post\" action=\"$PATH_INFO\">";
18                  $sql="select * from $table_sort";               //显示所有已经存在的类别
19                  $result=mysql_query($sql,$link);                //发送 SQL 请求
20                  echo "<tr>";
21                  echo "<td bgcolor=\"#ccffcc\">类名</td><td bgcolor=\"#ccffcc\">类说明</td><td
bgcolor=\"#ccffcc\">操作类型</td>";
22                  echo "</tr>";
23                  while($rows=mysql_fetch_array($result))  //循环显示所有类
24                  {
25                      echo "<tr>";
26                      echo "<input type=hidden name=id[$i] value=".$rows[id].">";
27                      echo "<input type=hidden name=o_sort[$i] value=".$rows[sortname].">";
28                      echo "<td bgcolor=\"#eeeeff\"><input type=text value=".$rows[sortname]."
name=sortname[$i]></td><td bgcolor=\"#eeeeff\"><textarea name=description[$i] rows=3 cols=20>".$rows
['description']."</textarea></td>";
29                      echo "<td bgcolor=\"#eeeeff\"><input type=radio name=action[$i] value=del
checked>删除<br><input type=radio name=action[$i] value=edit>修改<br></td>";
30                      echo "</tr>";
31                      $i++;
```

```
32                      }
33                      echo "<tr>";
34                      echo "<td colspan=\"3\" bgcolor=\"#eeffee\"><center>";
35                      echo "<input type=submit value=\"确认提交\">";
36                      echo "</center></td>";
37                      echo "</form>";
38                      echo "</table>";
39                      echo "</center>";
40                      echo "</body>";
41                      echo "<html>";
42                  }
43                  else                                        //如果发送表单变量，则执行操作
44                  {
45                      require "19-1.php";                     //调用配置文件
46                      $link=mysql_connect($host,$user,$pass); //连接 MySQL 主机
47                      mysql_select_db($db_name,$link);        //选择数据库
48                      for($i=0;$i<count($_POST['id']);$i++)   //根据操作类型循环执行操作
49                      {
50                          $temp1=$_POST['id'][$i];            //循环获取表单变量
51                          $temp2=$_POST['sortname'][$i];
52                          $temp3=$_POST['description'][$i];
53                          $temp4=$_POST['o_sort'][$i];
54                          if($_POST['action'][$i]=="del")     //如果操作类型为删除
55                          {
56                              $sql="delete from $table_sort where id='$temp1'";
57                              $sql2="delete from $table_log where sort='$temp2'";
58                          }
59                          else                                //如果操作类型为修改
60                          {
61                              $sql="update   $table_sort   set   sortname='$temp2',description='$temp3'
where id='$temp1'";
62                              $sql2="update $table_log set sort='$temp2' where sort='$temp4'";
63                          }
64                          mysql_query($sql);                  //发送对类的相关操作的 SQL 请求
65                          mysql_query($sql2);                 //发送对日志相关操作的 SQL 请求
66                      }
67                      echo "<html>";
68                      echo "<head>";
69                      echo "<title>博客程序</title>";
70                      echo "<meta http-equiv=\"refresh\" content=\"2; url=19-11.php\">";
71                      echo "</head>";
72                      echo "<body>";
73                      echo "处理成功，正在返回";
74                      echo "</body>";
75                      echo "</html>";
76                  }
77              }
78              else                                            //如果用户不是管理员
79              {
80                  echo "普通用户没有该权限!";                  //显示信息
81              }
```

```
82          }
83          else                                                          //如果用户没有登录
84          {
85                echo "你还没有登录,点<a href=19-8.php>这里</a>进行登录!";
86          }
87    ?>
```

注意：修改日志类别是管理员的权限。

用户以管理员身份登录系统，并执行该操作时，执行结果如图 19.6 所示。

图 19.6　分类管理执行结果

由于我们还没有为博客添加其他类别，因此这里只显示默认类别。

19.5.5　签写新的日志页面

知识点讲解：光盘\视频讲解\第 19 章\签写新的日志页面.wmv

由于刚建成的系统中并没有任何日志，而博客程序必须要使管理员具有写日志这项权限才行，这是最基本的功能，所以本小节来创建管理员签写新日志的页面。

【实例 19-12】以下为签写新日志页面的代码。

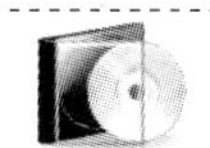

实例 19-12：签写新日志页面

源码路径：光盘\源文件\19\19-12.php

```
01    <?php
02          error_reporting(0);
03          if($_COOKIE['username'])                                      //如果用户已经登录
04          {
05                require "19-1.php";                                     //调用配置文件
06                $link=mysql_connect($host,$user,$pass);                 //连接主机
07                mysql_select_db($db_name,$link);                        //选择数据库
08                $sql="select * from $table_user where username='$_COOKIE[username]'";
09                $result=mysql_query($sql,$link);                        //发送获取用户信息的 SQL 请求
10                $row=mysql_fetch_array($result);                        //用户信息置入数组
11                if ($row['admin']=="1")                                 //如果用户为管理员执行以下操作
```

```
12          {
13              if(!$_POST['content'])                              //如果没有发送表单变量，则显示 HTML
14              {
15                  echo "<script language=\"javascript\">";
16                  echo "function juge(theForm)";
17                  echo "{";
18                  echo "if (theForm.title.value == \"\")";
19                  echo "{";
20                  echo "alert(\"请输入日志标题！\");";
21                  echo "theForm.title.focus();";
22                  echo "return (false);";
23                  echo "}";
24                  echo "if (theForm.content.value == \"\")";
25                  echo "{";
26                  echo "alert(\"请输入日志内容！\");";
27                  echo "theForm.content.focus();";
28                  echo "return (false);";
29                  echo "}";
30                  echo "}";
31                  echo "</script>";
32                  echo "<center>";
33                  echo "<table cellpadding=\"1\" cellspacing=\"1\" align=\"center\" bgcolor=\"#000000\"
width=\"100%\">";
34                  echo "<form method=\"post\" action=\"$PATH_INFO\" onsubmit=\"return juge(this)\">";
35                  echo "<tr bgcolor=\"#cccc99\">";
36                  echo "<td colspan=\"2\" align=\"center\">签写新的日志</td>";
37                  echo "</tr>";
38                  echo "<tr   bgcolor=\"#cccc99\">";
39                  echo "<td>日志标题</td>";
40                  echo "<td><input type=\"text\" name=\"title\"></td>";
41                  echo "</tr>";
42                  echo "<tr   bgcolor=\"#cccc99\">";
43                  echo "<td>所属类别</td>";
44                  echo "<td><select name=\"sort\" size=\"1\">";
45                  $sql="select sortname from $table_sort";
46                  $result=mysql_query($sql,$link);
47                  while($rows=mysql_fetch_array($result))
48                  {
49                      echo "<option value=\"";
50                      echo $rows[0];
51                      echo "\">";
52                      echo $rows[0];
53                  }                                               //通过循环显示所有存在类别
54                  echo "</select></td>";
55                  echo "</tr>";
56                  echo "<tr bgcolor=\"#cccc99\">";
57                  echo "<td>日志内容：</td>";
58                  echo "<td><textarea rows=\"10\" cols=\"40\" name=\"content\"></textarea></td>";
59                  echo "</tr>";
60                  echo "<tr bgcolor=\"#cccc99\">";
61                  echo "<td>是否可见：</td>";
```

```
62                    echo "<td><input type=radio name=\"hide\" value=n checked>是<input type=radio
name=\"hide\" value=y>否</td>";
63                    echo "</tr>";
64                    echo "<tr bgcolor=\"#cccc99\">";
65                    echo "<td colspan=\"2\"><center><input type=\"submit\" value=\" 确 认 提 交 \">
</center></td>";
66                    echo "</tr>";
67                    echo "</form>";
68                    echo "</table>";
69                    echo "</center>";
70                    echo "</body>";
71                    echo "<html>";
72                }
73                else                                          //如果发送表单变量，则执行操作
74                {
75                    $title=$_POST['title'];                   //获取表单变量
76                    $content=$_POST['content'];
77                    $hide=$_POST['hide'];
78                    $sort=$_POST['sort'];
79                    $date=date("Y 年 n 月 d 日");              //获取当前日期
80                    require "19-1.php";
81                    $link=mysql_connect($host,$user,$pass);
82                    mysql_select_db($db_name,$link);
83                    $sql="insert into $table_log(title,content,sort,author,hide,date)values('$title','$content',
'$sort','$_COOKIE[username]','$hide','$date')";
84                    mysql_query($sql,$link);                  //发送插入新日志记录的 SQL 请求
85                    $sql2="update $table_sort set sortnum=sortnum+1 where sortname='$sort'";
86                    mysql_query($sql2,$link);                 //发送更改类别数量的 SQL 请求
87                    echo "<html>";
88                    echo "<head>";
89                    echo "<title>博客程序</title>";
90                    echo "<meta http-equiv=\"refresh\" content=\"2; url=19-12.php\">";
91                    echo "</head>";
92                    echo "<body>";
93                    echo "添加成功，正在返回";
94                    echo "</body>";
95                    echo "</html>";
96                }
97            }
98            else                                              //如果用户不是管理员
99            {
100               echo "普通用户没有该权限!";
101           }
102       }
103       else                                                  //如果没有登录用户
104       {
105           echo "你还没有登录,点<a href=19-8.php>这里</a>进行登录!";
106       }
107   ?>
```

说明：本实例的重点就是将用户输入的信息写入数据库。

当以管理员身份登录系统以后，就可以调用该页面来写新的日志，或者叫“写博客”了。管理员登录之后，应该能够签写新的日志。单击左侧边的“发表日志”链接，相当于执行实例 19-12，执行结果如图 19.7 所示。

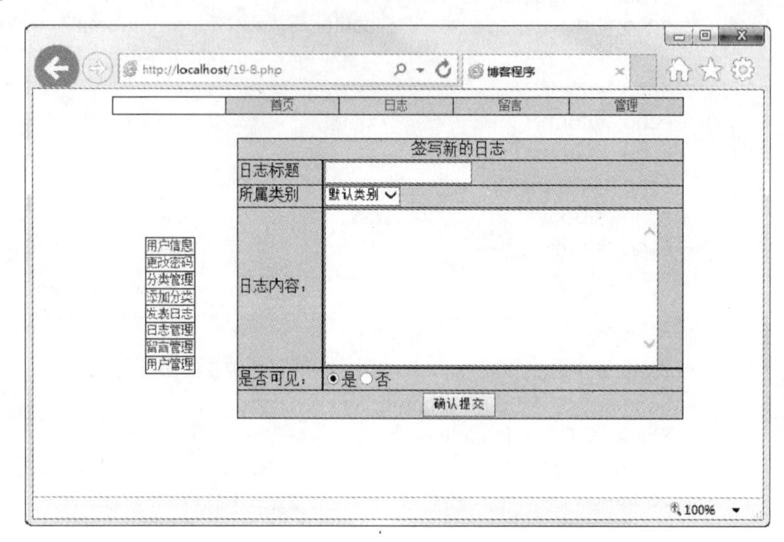

图 19.7　签写新的日志执行结果

为了方便以后测试，这里可以输入几条以作为测试之用。

日志标题输入“第一篇 PHP 日志”，日志内容随便填写一些内容以作为测试，然后可以再输入一条“JavaScript 日志”的记录。

发表日志之后，当时发现不了结果，因为操作成功之后都又跳转到了签写新日志页。不过通过下面的操作就能看到所写的日志了。

19.5.6　已经存在的日志管理页

知识点讲解：光盘\视频讲解\第 19 章\已经存在的日志管理页.wmv

写过的日志，有时需要进行修改，另外觉得没有用的日志也要进行删除。所有这些操作都要有管理权限的管理员才能进行，本小节就来创建日志的管理页。

【实例 19-13】以下为已经存在的日志管理页代码。

实例 19-13：已经存在的日志管理页

源码路径：光盘\源文件\19\19-13.php

```
01  <?php
02      if($_COOKIE['username'])                                  //如果没有登录用户
03      {
04          require "19-1.php";                                   //调用配置文件
05          $link=mysql_connect($host,$user,$pass);               //连接主机
06          mysql_select_db($db_name,$link);                      //选择数据库
07          $sql="select * from $table_user where username='$_COOKIE[username]'";
08          $result=mysql_query($sql,$link);                      //发送验证用户身份的 SQL 请求
09          $row=mysql_fetch_array($result);                      //用户信息置入数组
10          if ($row['admin']=="1")                               //如果用户是管理员，则执行以下操作
```

```
11          {
12              if(!$_POST['action'])                       //如果没有发送表单变量，则显示 HTML
13              {
14                  echo "<center>";
15                  echo "<h3>日志管理</h3>";
16                  echo "<table cellpadding=\"1\" cellspacing=\"1\" align=\"center\" bgcolor=\"#000000\"
width=\"100%\">";
17                  echo "<form method=\"post\" action=\"$PATH_INFO\">";
18                  $sql="select * from $table_log";
19                  $result=mysql_query($sql,$link);
20                  echo "<tr>";
21                  echo "<td bgcolor=\"#ccffcc\">id</td><td bgcolor=\"#ccffcc\">标题</td><td bgcolor=
\"#ccffcc\">内容</td><td bgcolor=\"#ccffcc\">操作类型</td>";
22                  echo "</tr>";
23                  while($rows=mysql_fetch_array($result))
24                  {
25                      echo "<tr>";
26                      echo "<input type=hidden name=id[$i] value=".$rows['id'].">";
27                      echo "<td bgcolor=\"#eeeeff\">".$rows['id']."</td>";
28                      echo "<td bgcolor=\"#eeeeff\"><input type=text value=\"".$rows['title']."\" name=
title[$i] size=10></td>";
29                      echo "<td bgcolor=\"#eeeeff\"><textarea name=content[$i] rows=3 cols=20>
".$rows['content']."</textarea></td>";
30                      echo "<td bgcolor=\"#eeeeff\"><input type=radio name=action[$i] value=del
checked=1>删除<br><input type=radio name=action[$i] value=edit>修改<br></td>";
31                      echo "</tr>";
32                      $i++;
33                  }                                       //循环显示日志内容及操作
34                  echo "<tr>";
35                  echo "<td colspan=\"4\" bgcolor=\"#eeffee\"><center>";
36                  echo "<input type=submit value=\"确认提交\">";
37                  echo "</center></td>";
38                  echo "</form>";
39                  echo "</table>";
40                  echo "</center>";
41                  echo "</body>";
42                  echo "<html>";
43              }
44              else                                        //如果表单变量已经发送
45              {
46                  require "19-1.php";                     //调用配置文件
47                  $link=mysql_connect($host,$user,$pass); //连接主机
48                  mysql_select_db($db_name,$link);        //选择数据库
49                  for($i=0;$i<count($_POST['action']);$i++)
50                  {
51                      $temp1=$_POST['id'][$i];            //循环获取表单变量
52                      $temp2=$_POST['title'][$i];
53                      $temp3=$_POST['content'][$i];
54                      if($_POST['action'][$i]=="del")     //如果操作类型为删除
55                      {
56                          $sql="delete from $table_log where id='$temp1'";
```

```
57                          }
58                          else                                    //如果操作类型为修改
59                          {
60                                  $sql="update $table_log set title='$temp2',content='$temp3' where id='$temp1'";
61                          }
62                          mysql_query($sql);                      //执行删除或者修改操作
63                      }
64                      echo "<html>";
65                      echo "<head>";
66                      echo "<title>博客程序</title>";
67                      echo "<meta http-equiv=\"refresh\" content=\"2; url=19-13.php\">";
68                      echo "</head>";
69                      echo "<body>";
70                      echo "处理成功，正在返回";
71                      echo "</body>";
72                      echo "</html>";
73                  }
74              }
75              else                                                //如果用户不是管理员，则显示信息
76              {
77                  echo "普通用户没有该权限!";
78              }
79          }
80          else                                                    //如果用户没有登录，则显示信息
81          {
82              echo "你还没有登录,点<a href=19-8.php>这里</a>进行登录!";
83          }
84  ?>
```

说明：本实例的重点是将数据库中的内容进行格式化输出。

单击左侧的“日志管理”链接，相当于执行实例 19-13 中的代码，执行结果如图 19.8 所示。

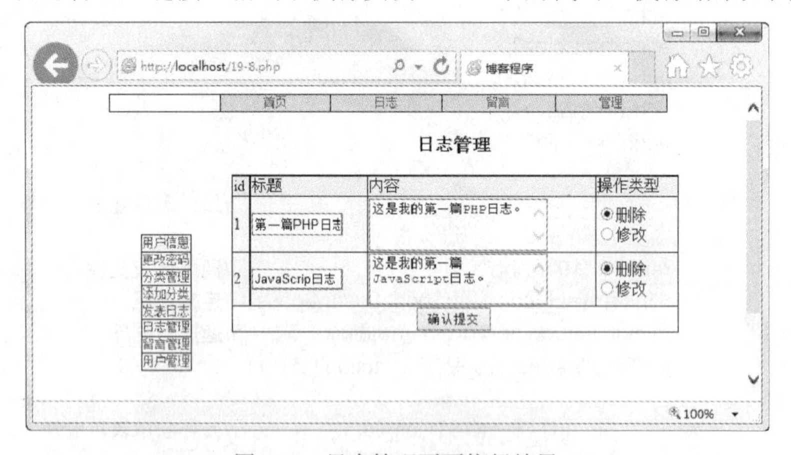

图 19.8　日志管理页面执行结果

这里显示出了已经存在的日志，可以修改日志的标题和内容，也可以选择删除某一条日志，按需要进行相关操作即可。如果只对某一项进行操作，其他项保持不变，则操作类型要选择“修改”，其

他（如标题与内容）保持不变即可。

19.5.7　留言的管理

知识点讲解：光盘\视频讲解\第 19 章\留言的管理.wmv

相对于日志，留言是一个更为开放的窗口，里面可能充斥着大量有用的或者没有用的信息，甚至包括乱七八糟的广告或者带病毒的网页链接，对这些内容要进行修改或者删除。本小节来创建留言管理的页面。和其他的管理功能一样，对留言的管理也是只有管理员才有的权限，所以在用户调用该页时要对用户的身份进行判断。

【实例 19-14】以下为留言管理页的代码。

实例 19-14：留言管理页

源码路径：光盘\源文件\19\19-14.php

```
01  <?php
02        error_reporting(0);
03        if($_COOKIE['username'])                                      //如果用户已经登录
04        {
05              require "19-1.php";                                     //调用配置文件
06              $link=mysql_connect($host,$user,$pass);
07              mysql_select_db($db_name,$link);
08              $sql="select * from $table_user where username='$_COOKIE[username]'";
09              $result=mysql_query($sql,$link);
10              $row=mysql_fetch_array($result);                        //用户信息置入数组
11              if ($row['admin']=="1")                                 //用户为管理员
12              {
13                    if(!$_POST['action'])                             //未发送表单变量时显示 HTML
14                    {
15                          echo "<center>";
16                          echo "<h3>留言管理</h3>";
17                          echo "<table cellpadding=\"1\" cellspacing=\"1\" align=\"center\" bgcolor=\"#000000\"
width=\"100%\">";
18                          echo "<form method=\"post\" action=\"$PATH_INFO\">";
19                          $sql="select * from $table_gbook";
20                          $result=mysql_query($sql,$link);
21                          echo "<tr>";
22                          echo "<td bgcolor=\"#ccffcc\">作者</td><td bgcolor=\"#ccffcc\">标题</td><td bgcolor
=\"#ccffcc\">内容</td><td bgcolor=\"#ccffcc\">操作类型</td>";
23                          echo "</tr>";
24                          while($rows=mysql_fetch_array($result))
25                          {
26                                echo "<tr>";
27                                echo "<input type=hidden name=id[$i] value=".$rows['id'].">";
28                                echo "<td bgcolor=\"#eeeeff\">".$rows['author']."</td><td bgcolor= \"#eeeeff\">
<input type=text value=".$rows['title']." name=title[$i] size=6></td><td bgcolor=\"#eeeeff\"><textarea name=
content[$i] rows=3 cols=20>".$rows['content']."</textarea></td>";
29                                echo "<td bgcolor=\"#eeeeff\"><input type=radio name=action[$i] value=del
checked>删除<br><input type=radio name=action[$i] value=edit>修改<br></td>";
```

```
30                  echo "</tr>";
31                  $i++;
32              }                                              //循环显示留言内容
33              echo "<tr>";
34              echo "<td colspan=\"4\" bgcolor=\"#eeffee\"><center>";
35              echo "<input type=submit value=\"确认提交\">";
36              echo "</center></td>";
37              echo "</form>";
38              echo "</table>";
39              echo "</center>";
40              echo "</body>";
41              echo "<html>";
42          }
43          else                                               //如果已经发送表单变量
44          {
45              require "19-1.php";
46              $link=mysql_connect($host,$user,$pass);
47              mysql_select_db($db_name,$link);
48              for($i=0;$i<count($_POST['id']);$i++)
49              {
50                  $temp1=$_POST['id'][$i];                   //循环获取表单变量
51                  $temp2=$_POST['title'][$i];
52                  $temp3=$_POST['content'][$i];
53                  if($_POST['action'][$i]=="del")            //如果操作类型为删除
54                  {
55                      $sql="delete from $table_gbook where id='$temp1'";
56                  }
57                  else                                       //如果操作类型为修改
58                  {
59                      $sql="update $table_gbook set title='$temp2',content='$temp3' where id=
'$temp1'";
60                  }
61                  mysql_query($sql);                         //执行操作 SQL 语句
62              }
63              echo "<html>";
64              echo "<head>";
65              echo "<title>博客程序</title>";
66              echo "<meta http-equiv=\"refresh\" content=\"2; url=19-14.php\">";
67              echo "</head>";
68              echo "<body>";
69              echo "处理成功，正在返回";
70              echo "</body>";
71              echo "</html>";
72          }
73      }
74      else                                                   //如果用户不是管理员
75      {
76          echo "普通用户没有该权限!";
77      }
78  }
79  else                                                       //如果用户没有登录
```

```
80      {
81          echo "你还没有登录,点<a href=19-8.php>这里</a>进行登录!";
82      }
83  ?>
```

注意：留言管理是管理员的权限。

由于该功能与日志管理类似，所以不再给出执行结果图。

19.5.8　注册用户的管理

知识点讲解：光盘\视频讲解\第 19 章\注册用户的管理.wmv

对注册用户进行管理也是管理工作中一个很重要的环节。通过该页面，管理员可以修改注册用户的信息（但是一般情况下，不主张这么做），甚至可以从库删除某一个注册用户。

【实例 19-15】以下为注册用户管理代码。

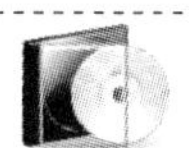

实例 19-15：注册用户管理

源码路径：光盘\源文件\19\19-15.php

```
01  <?php
02      error_reporting(0);
03      if($_COOKIE['username'])                                    //如果用户已经登录
04      {
05          require "19-1.php";                                     //调用配置文件
06          $link=mysql_connect($host,$user,$pass);                 //连接主机
07          mysql_select_db($db_name,$link);                        //选择数据库
08          $sql="select * from $table_user where username='$_COOKIE[username]'";
09          $result=mysql_query($sql,$link);                        //验证用户身份
10          $row=mysql_fetch_array($result);
11          if ($row['admin']=="1")                                 //如果用户为管理员
12          {
13              if(!$_POST['action'])                               //如果没有发送表单变量，则显示 HTML
14              {
15                  echo "<center>";
16                  echo "<h3>用户管理</h3>";
17                  echo "<table cellpadding=\"1\" cellspacing=\"1\" align=\"center\" bgcolor=\"#000000\"
width=\"100%\">";
18                  echo "<form method=\"post\" action=\"$PATH_INFO\">";
19                  $sql="select * from $table_user where admin!=1";
20                  $result=mysql_query($sql,$link);
21                  echo "<tr>";
22                  echo "<td bgcolor=\"#ccffcc\">id</td><td bgcolor=\"#ccffcc\">用户名</td><td bgcolor=
\"#ccffcc\">昵称</td><td bgcolor=\"#ccffcc\">用户介绍</td><td bgcolor=\"#ccffcc\">操作类型</td>";
23                  echo "</tr>";
24                  while($rows=mysql_fetch_array($result))
25                  {
26                      echo "<tr>";
27                      echo "<input type=hidden name=id[$i] value=".$rows['id'].">";
28                      echo "<td bgcolor=\"#eeeeff\">".$rows['id']."</td>";
```

```
29                          echo "<td bgcolor=\"#eeeeff\">".$rows['username']."</td>";
30                          echo "<td bgcolor=\"#eeeeff\">";
31                          echo "<input type=text name=nickname[$i] value=\"".$rows['nickname']."\" size=6>";
32                          echo "</td>";
33                          echo "<td bgcolor=\"#eeeeff\"><textarea name=description[$i] rows=3 cols=
20>".$rows['description']."</textarea></td>";
34                          echo "<td bgcolor=\"#eeeeff\"><input type=radio name=action[$i] value=del
checked=1>删除<br><input type=radio name=action[$i] value=edit>修改<br></td>";
35                          echo "</tr>";
36                          $i++;
37                      }                                   //循环显示用户信息
38                      echo "<tr>";
39                      echo "<td colspan=\"5\" bgcolor=\"#eeffee\"><center>";
40                      echo "<input type=submit value=\"确认提交\">";
41                      echo "</center></td>";
42                      echo "</form>";
43                      echo "</table>";
44                      echo "</center>";
45                      echo "</body>";
46                      echo "<html>";
47                  }
48                  else                                    //如果表单变量已经发送
49                  {
50                      require "19-1.php";
51                      $link=mysql_connect($host,$user,$pass);
52                      mysql_select_db($db_name,$link);
53                      for($i=0;$i<count($_POST['action']);$i++)
54                      {
55                          $temp1=$_POST['id'][$i];            //循环获取变量
56                          $temp2=$_POST['nickname'][$i];
57                          $temp3=$_POST['description'][$i];
58                          if($_POST['action'][$i]=="del")
59                          {
60                              $sql="delete from $table_user where id='$temp1'";
61                          }
62                          else
63                          {
64                              $sql="update $table_user set nickname='$temp2',description='$temp3'";
65                          }
66                          mysql_query($sql);                  //执行相关 SQL 操作
67                      }
68                      echo "<html>";
69                      echo "<head>";
70                      echo "<title>博客程序</title>";
71                      echo "<meta http-equiv=\"refresh\" content=\"2; url=19-15.php\">";
72                      echo "</head>";
73                      echo "<body>";
74                      echo "处理成功，正在返回";
75                      echo "</body>";
76                      echo "</html>";
77                  }
```

```
78              }
79              else                                              //如果用户不是管理员
80              {
81                  echo "普通用户没有该权限!";
82              }
83          }
84          else                                                  //如果用户没有登录
85          {
86              echo "你还没有登录,点<a href=19-8.php>这里</a>进行登录!";
87          }
88      ?>
```

注意： 注册用户管理是管理员的权限。

单击左侧的“用户管理”链接，执行结果如图 19.9 所示。

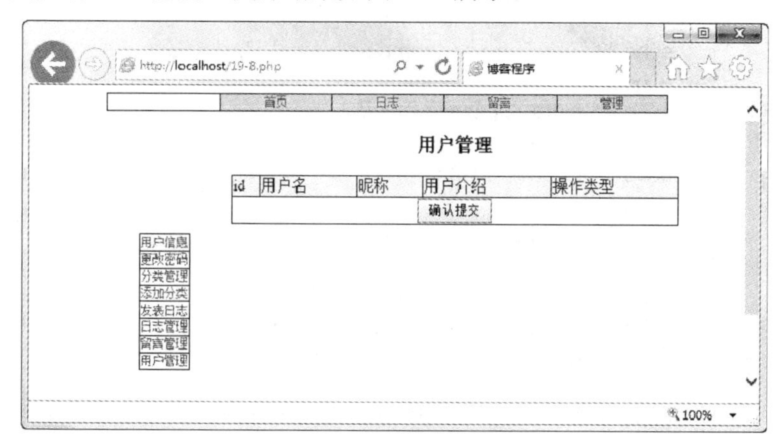

图 19.9　用户管理执行结果

从图 19.9 可以看出，管理的对象是除了管理员之外的用户，但是由于我们现在并没有注册其他的用户，因此显示的结果就为空。不过一般情况下，就算是管理员也不能随意更改用户的昵称和用户介绍，更不能把用户从列表中删除。但是，出于研究目的，这些知识还是应该掌握。具体操作方法与修改类别相类似，不再赘述。

19.5.9　添加新类别页面

知识点讲解：光盘\视频讲解\第 19 章\添加新类别页面.wmv

博客程序在安装过程中为用户建立了一个默认的日志类别，这显然不能满足用户的需要。如一个程序爱好者，可能会写 PHP、ASP 或者 JSP 等多种类型的日志；一个游戏爱好者可能会写网络游戏、单机游戏、家用机游戏等多方面的日志。所以要给予用户创建日志的权限。实现该功能并不复杂，在类别的表中添加一项记录，然后在用户签写新的日志时选择相应的类别名称即可。

【实例 19-16】以下为添加新类别页面的代码。

实例 19-16： 添加新类别页面
源码路径： 光盘\源文件\19\19-16.php

```
01  <?php
02      error_reporting(0);
03      if($_COOKIE['username'])                                    //如果用户已经登录
04      {
05          require "19-1.php";
06          $link=mysql_connect($host,$user,$pass);
07          mysql_select_db($db_name,$link);
08          $sql="select * from $table_user where username='$_COOKIE[username]'";
09          $result=mysql_query($sql,$link);
10          $row=mysql_fetch_array($result);
11          if ($row['admin']=="1")                                 //验证用户如果为管理员
12          {
13              if(!$_POST['sortname'])                             //显示 HTML
14              {
15                  echo "<script language=\"javascript\">\n";
16                  echo "function juge(theForm)\n";
17                  echo "{\n";
18                  echo "\tif (theForm.sortname.value == \"\")\n";
19                  echo "\t{\n";
20                  echo "\t\talert(\"请输入类别名称！\");\n";
21                  echo "\t\ttheForm.sortname.focus();\n";
22                  echo "\t\treturn (false);\n";
23                  echo "\t}\n";
24                  echo "\tif (theForm.description.value == \"\")\n";
25                  echo "\t{\n";
26                  echo "\t\talert(\"请输入类别描述！\");\n";
27                  echo "\t\ttheForm.description.focus();\n";
28                  echo "\t\treturn (false);\n";
29                  echo "\t}\n";
30                  echo "}\n";
31                  echo "</script>\n";
32                  echo "<center>\n";
33                  echo "<table cellpadding=\"1\" cellspacing=\"1\" align=\"center\" bgcolor=\"#000000\"
width=\"100%\">\n";
34                  echo "<form method=\"post\" action=\"$PATH_INFO\" onsubmit=\"return juge(this)\">\n";
35                  echo "<tr bgcolor=\"#cccc99\">\n";
36                  echo "<td colspan=\"2\" align=\"center\">添加新类别</td>\n";
37                  echo "</tr>\n";
38                  echo "<tr   bgcolor=\"#cccc99\">\n";
39                  echo "<td>类别名称</td>\n";
40                  echo "<td><input type=\"text\" name=\"sortname\"></td>\n";
41                  echo "</tr>\n";
42                  echo "<tr bgcolor=\"#cccc99\">\n";
43                  echo "<td>类别描述：</td>\n";
44                  echo "<td><textarea rows=\"10\" cols=\"40\" name=\"description\"> </textarea> </td>\n";
45                  echo "</tr>\n";
46                  echo "<tr bgcolor=\"#cccc99\">\n";
47                  echo "<td colspan=\"2\"><center><input type=\"submit\" value=\"确认提交\">
</center></td>\n";
48                  echo "</tr>\n";
49                  echo "</form>\n";
50                  echo "</table>\n";
51                  echo "</center>\n";
```

```
52                          echo "</body>\n";
53                          echo "<html>\n";
54                  }
55                  else                                                    //执行操作
56                  {
57                          $sortname=$_POST['sortname'];
58                          $description=$_POST['description'];
59                          require "19-1.php";
60                          $link=mysql_connect($host,$user,$pass);
61                          mysql_select_db($db_name,$link);
62                          $sql="insert into $table_sort(sortname,description)values('$sortname','$description')";
63                          mysql_query($sql,$link);                        //插入新类别
64                          echo "<html>\n";
65                          echo "<head>\n";
66                          echo "<title>博客程序</title>\n";
67                          echo "<meta http-equiv=\"refresh\" content=\"2; url=19-16.php\">";
68                          echo "</head>\n";
69                          echo "<body>\n";
70                          echo "添加类别成功，正在返回";
71                          echo "</body>";
72                          echo "</html>";
73                  }
74          }
75          else
76          {
77                  echo "普通用户没有该权限!";
78          }
79      }
80      else
81      {
82          echo "你还没有登录,点<a href=19-8.php>这里</a>进行登录!";
83      }
84  ?>
```

当有管理员登录系统后，就可以调用该页面来创建新的日志类别了。在 PHP 运行环境中执行该 PHP 文件，执行结果如图 19.10 所示。

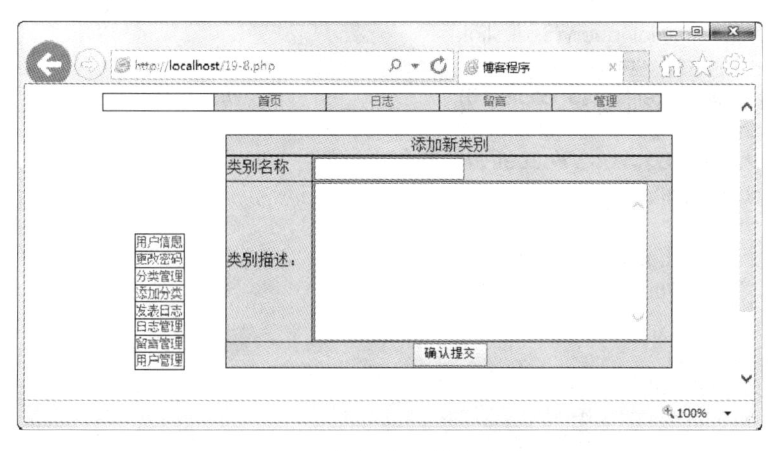

图 19.10　添加新类别执行结果

这里只需要输入新的类别名称及类别描述，然后单击“确认提交”按钮即可。

注意：执行完操作之后跳回到重新输入新类别的页面，不再重复。当时并不会出现结果。不过，在执行操作“分类管理”时或者返回到首页就能看到结果。

19.5.10 留言显示与发表页面

 **知识点讲解：光盘\视频讲解\第 19 章\留言显示与发表页面.wmv**

一个简单的留言簿，可以有效地在管理者与普通浏览者之间连起一条纽带，所以通常的博客程序都会附带一个留言簿。这里介绍的博客的程序也有一个简单的留言簿。由于只是一个附带的产品，所以其功能都尽可能简单，把显示与用户添加的功能统统集成到一个文件之中。

【实例 19-17】以下为留言显示与发表页面代码。

实例 19-17：留言显示与发表页面
源码路径：光盘\源文件\19\19-17.php

```
01  <?php
02      error_reporting(0);
03      require "19-3.php";                              //调用头文件
04          if(!$_POST['title'])                         //如果没有发送表单变量，则显示 HTML
05          {
06          echo "<table width=\"80%\">\n";
07          echo "<tr>";
08          echo "<td width=\"20%\">";
09          require "19-4.php";
10          echo "</td>";
11          echo "<td width=\"80%\">";
12          echo "<table cellpadding = \"1\"cellspacing=\"1\"width = \"100%\"align = \"center\"bgcolor = \"#000000
\">\n";
13          require "19-1.php";
14          $link=mysql_connect($host,$user,$pass);
15          mysql_select_db($db_name,$link);
16          $sql="select id from $table_gbook";
17          $result=mysql_query($sql,$link);
18          $msg_count=mysql_num_rows($result);          //总条数
19          $p_count=ceil($msg_count/10);                //总页数
20          echo "<tr>";
21          echo "<td bgcolor=\"#eeeeff\">全部留言</td>";
22          echo "</tr>";
23          echo "<tr>";
24          echo "<td bgcolor=\"#eeeeff\">";
25          if ($_GET['page']==0 && !$_GET['page'])
26          $page=1;
27          else
28          $page=$_GET['page'];
29          $s=($page-1)*10+1;
30          $s=$s-1;
31          $sql="select * from $table_gbook order by id desc limit $s, 10";
```

```
32              $result=mysql_query($sql,$link);
33              $nums=mysql_num_rows($result);
34              if($nums<1) echo "还没有任何留言记录！";
35              else
36              {
37                  while($rows=mysql_fetch_array($result))
38                  {
39                      echo $rows['title']."</a>";
40                      echo "<p>";
41                      echo $rows['author']."于".$rows['date']."留言：";
42                      echo "<p>";
43                      echo $rows['content'];
44                      echo "<hr width=100%>";
45                  }
46              }
47              echo "</td>";
48              echo "</tr>";
49              echo "<tr>";
50              echo "<td bgcolor=\"#eeeeff\">";
51              $prev_page=$page-1;
52              $next_page=$page+1;
53              if ($page<=1){
54                  echo "第一页 | ";
55              }
56              else{
57                  echo "<a href='$PATH_INFO?page=1'>第一页</a> | ";
58              }
59              if ($prev_page<1){
60              echo "上一页 | ";
61              }
62              else{
63                  echo "<a href='$PATH_INFO?page=$prev_page'>上一页</a> | ";
64              }
65              if ($next_page>$p_count){
66                  echo "下一页 | ";
67              }
68              else{
69                  echo "<a href='$PATH_INFO?page=$next_page'>下一页</a> | ";
70              }
71              if ($page>=$p_count){
72                  echo "最后一页</p>\n";
73              }
74              else{
75                  echo "<a href='$PATH_INFO?page=$p_count'>最后一页</a></p>\n";
76              }
77              echo "</td>";
78              echo "</tr>";
79              echo "</table>";
80              echo "<p>";
81              echo "<table cellpadding = \"1\" cellspacing = \"1\" width = \"100%\" align = \"center\" bgcolor =
\"#000000\">\n";
```

```
82              echo "<form action=19-17.php method=post>";
83              echo "<tr bgcolor=\"#eeffee\"><td>";
84              echo "发表新留言：";
85              echo "</td></tr>";
86              echo "<tr bgcolor=\"#eeffee\"><td>";
87              echo "留言题目：<input type=text name=title>";
88              echo "</td></tr>";
89              echo "<tr bgcolor=\"#eeffee\"><td>";
90              echo "留言内容：<br><textarea name=content rows=5 cols=40></textarea>";
91              echo "</td></tr>";
92              echo "<tr bgcolor=\"#eeffee\"><td>";
93              echo "<input type=submit value=\"发表\">";
94              echo "</td></tr>";
95              echo "</form>";
96              echo "</table>";
97              echo "</td>";
98              echo "</tr>";
99              echo "</table>";
100             echo "</td>";
101             echo "</tr>";
102             echo "</table>";
103         }
104         else                                                    //如果已经发送表单变量，则执行操作
105         {
106             $title=$_POST['title'];
107             $content=$_POST['content'];
108             $date=$date=date("Y 年 n 月 d 日");
109             if(!$_COOKIE['username'])
110             {
111                 $username="匿名";
112             }
113             else
114             {
115                 $username=$_COOKIE['username'];
116             }
117             require "19-1.php";
118             $link=mysql_connect($host,$user,$pass);
119             mysql_select_db($db_name,$link);
120             $sql="insert into $table_gbook(author,title,content,date)values('$username', '$title', '$content', '$date')";
121             mysql_query($sql,$link);                            //插入留言内容到表中
122             echo "<meta http-equiv=\"refresh\" content=\"2; url=19-17.php\">";
123             echo "</head>\n";
124             echo "<body>\n";
125             echo "添加留言成功，正在返回";
126             echo "</body>";
127             echo "</html>";
128         }
129 ?>
```

说明： 该功能方便普通用户甚至是匿名用户发表、浏览留言。

单击主面板上方的“留言”链接，相当于执行以上实例代码，执行结果如图 19.11 所示。

图 19.11　查看留言页面执行结果

此时没有任何留言，可以使用下方给出的表单添加新的留言。输入留言标题与留言内容之后，单击“发表”按钮即可，执行结果如图 19.12 所示。

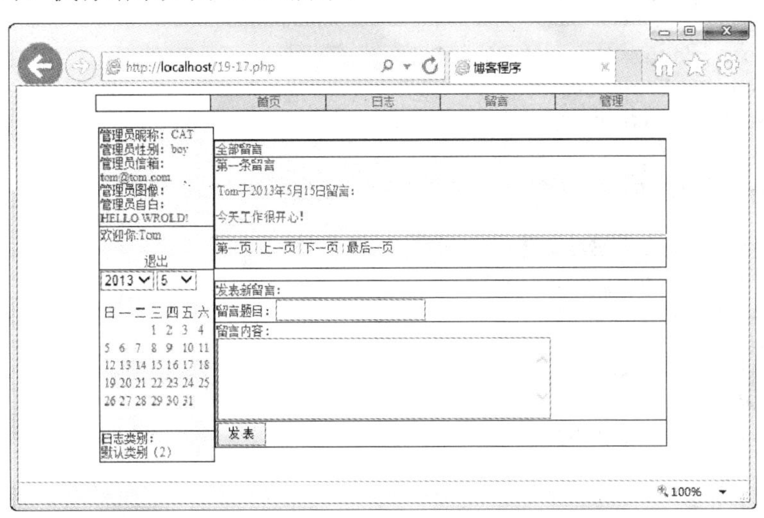

图 19.12　发表留言执行结果

从图 19.12 可以看出，正确显示出了用户所提交的留言内容，说明程序正常运行。

19.5.11　新用户注册页面

知识点讲解：光盘\视频讲解\第 19 章\新用户注册页面.wmv

一个博客程序的用户当然不能只有管理员，也应该有更多的普通使用者。本小节来创建新用户注册页面。在进行注册时要先判断用户名是否存在，如果存在，则给出相应的提示。反之，则将用户输入信息添加到表中。

【实例 19-18】以下为新用户注册页面。

实例 19-18：新用户注册

源码路径：光盘\源文件\19\19-18.php

```
01  <?php
02      if(!$_POST['admin'])                                    //如果没有默认参数，则显示 HTML
03      {
04          echo "<html>";
05          echo "<head>";
06          echo "<title>注册新用户</title>";
07          echo "</head>";
08          echo "<body>";
09          echo "<script language=\"javascript\">";
10          echo "function juge(theForm)";
11          echo "{";
12          echo "if (theForm.admin.value == \"\")";
13          echo "{";
14          echo "alert(\"请输入用户名称！\");";
15          echo "theForm.admin.focus();";
16          echo "return (false);";
17          echo "}";
18          echo "if (theForm.pass.value == \"\")";
19          echo "{";
20          echo "alert(\"请输入用户密码！\");";
21          echo "theForm.pass.focus();";
22          echo "return (false);";
23          echo "}";
24          echo "if (theForm.pass.value.length < 8 )";
25          echo "{";
26          echo "alert(\"密码至少要 8 位！\");";
27          echo "theForm.pass.focus();";
28          echo "return (false);";
29          echo "}";
30          echo "if (theForm.re_pass.value !=theForm.pass.value)";
31          echo "{";
32          echo "alert(\"确认密码与密码不一致！\");";
33          echo "theForm.re_pass.focus();";
34          echo "return (false);";
35          echo "}";
36          echo "if (theForm.nickname.value == \"\")";
37          echo "{";
38          echo "alert(\"请输入昵称！\");";
39          echo "theForm.nickname.focus();";
40          echo "return (false);";
41          echo "}";
42          echo "}";
43          echo "</script>";
44          echo "<center>";
45          echo "<table width = \"80%\" cellpadding = \"1\" cellspacing = \"1\" align = \"center\" bgcolor = 
\"#000000\">";
46          echo "<form method=\"post\" action=\"$PATH_INFO\" onsubmit=\"return juge(this)\">";
```

```
47          echo "<tr bgcolor=\"#cccc99\">";
48          echo "<td colspan=\"2\" align=\"center\"><font size=\"5px\">注册新用户</font></td>";
49          echo "</tr>";
50          echo "<tr  bgcolor=\"#cccc99\">";
51          echo "<td>用户名：（后台登录）</td>";
52          echo "<td><input type=\"text\" name=\"admin\"></td>";
53          echo "</tr>";
54          echo "<tr bgcolor=\"#cccc99\">";
55          echo "<td>用户密码：（不小于 8 位）</td>";
56          echo "<td><input type=\"password\" name=\"pass\" size=\"21\"></td>";
57          echo "</tr>";
58          echo "<tr bgcolor=\"#cccc99\">";
59          echo "<td>确认密码：</td>";
60          echo "<td><input type=\"password\" name=\"re_pass\" size=\"21\"></td>";
61          echo "</tr>";
62          echo "<tr bgcolor=\"#cccc99\">";
63          echo "<td>用户 E-mail：（可选）</td>";
64          echo "<td><input type=\"text\" name=\"email\"></td>";
65          echo "</tr>";
66          echo "<tr bgcolor=\"#cccc99\">";
67          echo "<td>用户昵称：（前台显示）</td>";
68          echo "<td><input type=\"text\" name=\"nickname\"></td>";
69          echo "</tr>";
70          echo "<tr bgcolor=\"#cccc99\">";
71          echo "<td>用户介绍：</td>";
72          echo "<td><textarea rows=\"5\" cols=\"30\" name=\"description\"></textarea></td>";
73          echo "</tr>";
74          echo "<tr bgcolor=\"#cccc99\">";
75          echo "<td colspan=\"2\"><center><input type=\"submit\" value=\"下一步\"></center></td>";
76          echo "</tr>";
77          echo "</form>";
78          echo "</table>";
79          echo "</center>";
80          echo "</body>";
81          echo "<html>";
82      }
83      else                                            //如果有 POST 参数，则执行操作
84      {
85          $username=$_POST['admin'];                  //获得参数
86          $password=md5($_POST['pass']);
87          $nickname=$_POST['nickname'];
88          $email=$_POST['email'];
89          $description=$_POST['description'];
90          require "19-1.php";
91          $link=mysql_connect($host,$user,$pass) or die(mysql_error());
92          mysql_select_db($db_name,$link);            //选择数据库
93          $sql="select username from $table_user where username='$username'";
94          $result=mysql_query($sql,$link);
95          $nums=mysql_num_rows($result);              //获取重名用户
96          if($nums!=0) echo "用户名已经存在!点<a href='#' onclick=history.go(-1)>这里</a>返回";
97          else                                        //如果不存在重名用户
```

```
98              {
99                  $sql="insert  into  $table_user(username,password,nickname,email,description)values
('$username','$password','$nickname','$email','$description')";
100                 mysql_query($sql,$link) or die(mysql_error());  //发送添加用户信息的 SQL 请求
101                 echo "<html>";
102                 echo "<head>";
103                 echo "<title>注册新用户</title>";
104                 echo "</head>";
105                 echo "<body>";
106                 echo "</center>";
107                 echo "<table width=\"80%\" cellpadding=\"1\" cellspacing=\"1\" align=\"center\" bgcolor=
\"#000000\">";
108                 echo "<tr bgcolor=\"#cccc99\">";
109                 echo "<td align=\"center\"><font size=\"5px\">注册用户</font></td>";
110                 echo "</tr>";
111                 echo "<tr   bgcolor=\"#cccc99\">";
112                 echo "<td align=\"center\"><font size=\"3px\">成功注册！ </font></td>";
113                 echo "</tr>";
114                 echo "<tr bgcolor=\"#cccc99\">";
115                 echo "<td align=\"center\">点<a href=\"19-8.php\">这里</a>登录</td>";
116                 echo "</tr>";
117                 echo "</table>";
118                 echo "</center>";
119                 echo "</body>";
120                 echo "</html>";
121             }
122         }
123 ?>
```

在 PHP 运行环境中执行该 PHP 文件，执行结果如图 19.13 所示。

按要求输入想要注册的用户名，再输入相应的密码、信箱、简介等内容即可。单击“下一步”按钮，将出现如图 19.14 所示的执行结果。

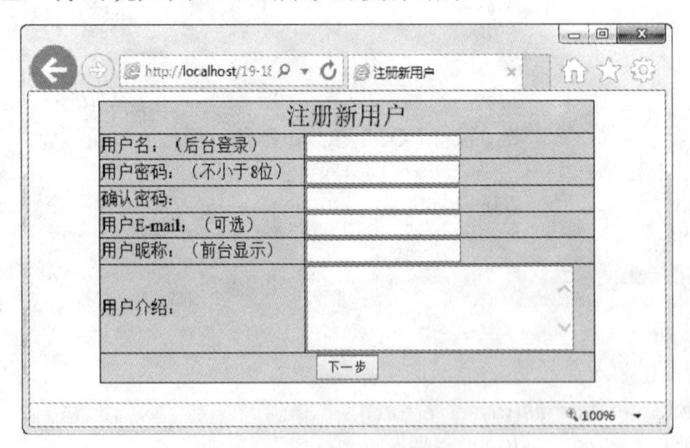

图 19.13　注册新用户执行结果

图 19.14　成功注册新用户执行结果

出现如图 19.14 所示画面，说明新用户注册成功。

19.5.12　用户退出登录页面

知识点讲解：光盘\视频讲解\第 19 章\用户退出登录页面.wmv

因为这里采用的 Cookie 机制是最短生命期，即浏览器关闭，登录用户注册的 Cookie 即失效。但是为了方便用户操作还是有必要创建这样一个页面。实现功能相当简单——清除用户注册 Cookie 并返回首页。

【实例 19-19】具体内容请参看以下代码。

实例 19-19：用户退出登录具体内容
源码路径：光盘\源文件\19\19-19.php

```
01  <?php
02      setcookie("username","");                          //把相关变量置为空值
03      echo "<html>";
04      echo "<head>";
05      echo "<title>退出登录</title>";
06      echo "<meta http-equiv=\"refresh\" content=\"2; url=19-3.php\">";
07      echo "</head>";
08      echo "<body>";
09      echo "已经退出，两秒后返回！";
10      echo "</body>";
11  ?>
```

当登录用户单击页面左侧中间的“退出”链接时，相当于执行实例 19-19，程序将会清空用户登录的 Cookie 完成退出任务。

至此，整个博客系统的所有页面均创建完毕。

19.6　进一步完善

知识点讲解：光盘\视频讲解\第 19 章\进一步完善.wmv

虽然这个简单的博客程序已经能够正常运行了，但还存在很多不足，与网上同类程序相比功能上还差得比较远。在这里总结本程序的不足，并给出相关的解决思路，有兴趣的读者可以自行解决。比较来说，有以下几个方面：

☑ 没有对用户输入内容进行检测。用户的输入内容五花八门，更有用户会输入恶意代码。解决这个问题可以通过相应的字符串操作函数，对用户输入信息进行处理。

☑ 没有文件上传功能。有时用户需要通过博客程序把本地的文件如图片上传到服务器。解决这个问题可以为管理员专门再建一个文件上传的页面。关于如何上传文件请参见第 8 章。

☑ 没有友情链接。通常的博客程序都有一个友情链接，以使管理者可以对同类的或者其他朋友的网站建立链接，便于交流。这个实现起来也不复杂，只需要建一个专门的表用于放置友情链接信息，然后在显示时显示相应的网站链接即可。

经过以上功能的增加，该博客程序的功能相对来说就比较完善了。

19.7　关于 RSS 内容聚合

知识点讲解：光盘\视频讲解\第 19 章\关于 RSS 内容聚合.wmv

现在所见到博客站点中通常都有一个 RSS 的链接，这也是博客程序一个明显的特征。网络上曾经流行这样一段话“blogging without RSS is like swimming without water”，没有了 RSS 的写博客就相当没有水的游泳。看起来 RSS 对博客起着相当重要的作用。虽然这已经不属于 PHP 编程的范畴，作为相关知识，读者有必要作一下了解。

那么究竟什么是 RSS，它与博客程序又有什么联系呢？

RSS（Really Simple Syndication）是一种描述和同步网站内容的格式，是目前使用最广泛的 XML 应用。RSS 搭建了一个信息迅速传播的技术平台，使得每个人都成为潜在的信息提供者。发布一个 RSS 文件后，这个 RSS Feed 中包含的信息就能直接被其他站点调用，而且由于这些数据都是标准的 XML 格式，所以也能在其他的终端和服务器中使用。

如果从 RSS 阅读者的角度来看，完全不必考虑它到底是什么意思，只要简单地理解为一种方便的信息获取工具就可以了。RSS 获取信息的模式与加入邮件列表（如电子杂志和新闻邮件）获取信息有一定的相似之处，也就是可以不必登录各个提供信息的网站而通过客户端浏览方式（称为“RSS 阅读器”）或者在线 RSS 阅读方式获取这些内容。例如，通过一个 RSS 阅读器，可以浏览新浪新闻，同时也可以浏览搜狐或者百度新闻（如果用户采用了 RSS 订阅的话）。

在许多新闻信息服务类网站中，会看到这样的按钮 RSS XML，有的网站使用一个图标，有的同时使用两个，这就是典型的提供 RSS 订阅的标志，这个图标一般链接到订阅 RSS 信息源的 URL。当然，即使不用这样的图标也是可以的，只要提供订阅 RSS 信息源的 URL 即可。

概括来说，RSS 其实就是一种站点与站点之间的信息共享方式（也称内容聚合）。使用该方式之后，所有使用者都变成了潜在的信息提供者，这样会更有利于普通网络使用者发现网站内容的更新。

关于 RSS 的知识就简要介绍到这里，有兴趣的读者可以查阅相关的专门书籍以了解更多内容。

19.8　本 章 小 结

本章为读者介绍了什么是 Blog，普及了 Blog 的知识，而重点是介绍如何用 PHP 程序来完成一个简单的 Blog 程序。把一个简单的博客程序分解为了 19 个组成部分逐个来讲解，并对执行结果进行了调试分析。通过本章学习，读者对什么是博客、如何实现一个博客都有了一个更深层次的认识，同时对于用 PHP 进行 MySQL 数据库的操作更有了新的提高。

第 20 章　简单的 BBS 系统

BBS 是英文 Bulletin Board System 的缩写，翻译成中文为“电子布告栏系统”或“电子公告牌系统”。BBS 是一种电子信息服务系统，它向用户提供了一块公共电子白板，每个用户都可以在上面发布信息或提出看法，早期的 BBS 由教育机构或研究机构管理，现在多数网站上都建立了自己的 BBS 系统，供网民通过网络来结交更多的朋友，表达更多的想法。目前国内的 BBS 已经十分普遍，可以说是不计其数，其中 BBS 大致可以分为 5 类：

- ☑ 校园 BBS：CERNET 建立以来，校园 BBS 很快地发展起来，目前很多大学都有了 BBS，几乎遍及全国。像清华大学、北京大学等都建立了自己的 BBS 系统，清华大学的“水木清华”很受学生和网民们的喜爱。大多数 BBS 是由各校的网络中心建立的，也有私人性质的 BBS。
- ☑ 商业 BBS：这里主要是进行有关商业的商业宣传、产品推荐等，目前手机的商业站、计算机的商业站、房地产的商业站比比皆是。
- ☑ 专业 BBS：这里所说的专业 BBS 是指部委和公司的 BBS，它主要用于建立地域性的文件传输和信息发布系统。
- ☑ 情感 BBS：主要用于交流情感，是许多娱乐网站的首选。
- ☑ 个人 BBS：有些个人主页的制作者在自己的个人主页上建设了 BBS，用于接受别人的想法，更有利于与好友进行沟通。

本章就通过 PHP 来设计一个简单的 BBS 系统，包括 BBS 相关数据表的设计、用户的注册与登录设计、用户发帖设计、主题的显示与回复设计、管理员对帖子的管理、用户的管理等内容。通过本章的学习，读者会更进一步掌握用 PHP 解决实际问题的能力。

20.1　设计数据库表

数据库表的设计是 Web 应用程序开发中一个很重要的环节，表结构设计的好坏直接影响着应用程序的执行效率。一个设计清晰、结构合理的表是高效应用程序的基础。本节就来分析一下简单 BBS 系统的表结构应该如何设计。

20.1.1　用户数据表的设计

知识点讲解：光盘\视频讲解\第 20 章\用户数据表的设计.wmv

本小节先来学习一下简单的 BBS 用户数据表的设计。

一般的用户表应该包括如下内容：索引 ID、用户名（用户登录时使用的名称）、密码（用户登录时使用的密码）、昵称（与用户名不同，用户名在用户登录时显示，其他时候不显示，用户名具有唯一性；而昵称则在用户发帖时在论坛上显示，所有用户昵称允许出现重复）、性别（记录用户的性别）、电子信箱（判断用户身份的一个重要标志）、论坛图像（用户发帖时显示的图像）、论坛签名（跟在发的帖子后面的签名）、发帖数（记录用户总共的发帖数量）、注册时间（记录用户注册的时间）、版主（记录用户的权限，分为普通用户、版主、超级版主等几种）、等级（由发帖数所规定的一个等级，发帖数越多，等级越高）、其他（备用，以放置用户其他信息）。每个字段及类型如表 20.1 所示。

表 20.1　用户数据表 members 字段类型及含义

字 段 名	类　型	长　度	作　用	其 他 属 性
id	int	5	记录每个用户的编号，具有唯一性	auto_increment primary key
name	varchar	12	记录每个用户的用户名	
password	varchar	40	记录用户的密码，用 MD5 加密保存	
nickname	varchar	12	用户昵称	
sex	enum('boy','girl')		记录用户性别	default 'boy'
Email	varchar	80	记录用户电子信箱	
photo	varchar	80	记录用户图像	
q_name	varchar	200	留言时显示的个性签名	
post_num	int	5	记录用户发帖数	
reg_date	varchar	20	记录用户注册时间	
admin	int	1	记录用户的类型（管理员或者普通用户）	
levle	int	5	记录用户等级	
other	varchar	200	备用项	

注意： 注意数据表中其他属性的设置。

20.1.2　论坛分类数据表的设计

知识点讲解：光盘\视频讲解\第 20 章\论坛分类数据表的设计.wmv

一个论坛通常都包括很多子栏目，如一个以编程为主题的论坛下面可能分为技术区与娱乐区，技术区可能又会分为网络编程、应用程序编程等，下面可能还会有更复杂的划分。娱乐区也可能分为灌水区、贴图区等。所有这些分类信息都要保存在一个专门的表中。

按照以上考虑，论坛分类数据表应包括以下内容：索引 ID、主分类 ID（论坛的大类，如果某一分类项为主分类，则该项值为 0，反之该项值为其主分类 ID 的 ID 号）、论坛分类名称（记录某一个分类的名称）、论坛分类介绍（向用户介绍该分类的主要内容）、最后帖子的 ID 号（记录最后一条帖子内容以显示给用户）、该分类的总帖子数（记录所属该分类的所有帖子的数量）、该分类的总主题数（帖子数包括主题数）、其他（备用，以存放该分类的其他信息）。每个字段及其类型如表 20.2 所示。

表 20.2　论坛分类数据表 topic 的字段类型及含义

字 段 名	类　型	长　度	作　用	其 他 属 性
id	int	5	记录每个类别的编号，具有唯一性	auto_increment primary key

续表

字 段 名	类　　型	长　　度	作　　用	其 他 属 性
p_id	int	5	记录该类别所属主类别，如果该类别即为主类别，则该值为 0	
topic_name	varchar	12	记录该类别的名称	
topic_description	varchar	80	记录该类别的简介	
last_post_id	int	5	记录该类别最后帖号	
post_count	int	5	记录该类别总帖数	
post_m_count	int	5	记录该类别主题数	
other	varchar	200	其他	

注意： 注意数据表中其他属性的设置。

至此，论坛分类表的设计也告一段落。

20.1.3　帖子数据表的设计

知识点讲解：光盘\视频讲解\第 20 章\帖子数据表的设计.wmv

简单的论坛系统的帖子数据表采用这样的结构：索引 ID、所属分类 ID（记录该帖子属于哪一个论坛分类，该值等于论坛分类表中的 ID 号）、回复 ID（该帖子是对哪一条帖子的回复，如果帖子本身就是主题，则该值为 0）、帖子作者的 ID 号（这一条记录帖子作者的索引号，以便通过该 ID 号显示作者的相关信息）、帖子作者的名称、帖子作者的 IP 地址（记录作者的 IP 地址）、帖子类型（可分为求助帖、原创帖、转帖等多个类型）、帖子的标题、帖子的内容（这一条最为关键，记录所发帖子的内容）、帖子浏览量、帖子回复量、帖子发送时间（记录帖子发送于何时）、回复时间（记录该帖子最后回复的时间）、其他（备用，记录帖子的其他信息）。每个字段及其类型如表 20.3 所示。

表 20.3　帖子记录表 posts 的字段类型及含义

字段名	类型	长度	作用	其他属性
id	int	5	记录每个帖子的编号，具有唯一性	auto_increment primary key
topic_id	int	5	记录该帖子所属的论坛类别	
re_id	int	5	记录该帖子所属的主题。如果该帖子即为主题，则该值为 0	
poster_id	int	5	记录发帖者的编号	
poster_ip	varchar	23	记录发帖者的 IP 地址	
poster	varchar	12	记录发帖者的名字	
poster_type	varchar	10	记录帖子类型	
title	varchar	40	记录帖子标题	
content	text		记录帖子内容	
view_count	int	5	记录帖子浏览量	
re_count	int	5	记录帖子回复量	
post_time	varchar	40	记录发帖时间	
post_re_time	varchar	40	记录最后回复时间	
other	varchar	200	其他	

注意： 注意数据表中其他属性的设置。

帖子数据表的设计也宣告完成。至此，论坛所用到的 3 个表都已经建立完成。从 20.2 节开始就通过代码来逐步实现论坛的所有功能。

20.2 准备工作

从本节开始将通过具体代码来一步步实现论坛的所有功能。不过在具体实施之前，有一些准备工作必须要先完成。本节就来解决这个问题。

20.2.1 配置文件的创建

知识点讲解：光盘\视频讲解\第 20 章\配置文件的创建.wmv

通常情况下，程序所访问的主机名、连接主机的用户名、用户密码及数据库名都是固定不变的。而要创建的各种表名，在创建后也是不变的。所以把这些重要的变量单独做成配置文件是很有必要的。即该配置文件中存放着程序所需要的数据库的主机名、连接主机的用户名、用户密码、数据库名、表名等各项信息。

【实例 20-1】 以下代码为 BBS 系统的配置文件。

实例 20-1：BBS 系统的配置文件
源码路径：光盘\源文件\20\20-1.php

```
01  <?php
02      $db_host="localhost";                                   //主机名
03      $db_user="root";                                        //用户名
04      $db_pass="admin";                                       //用户密码
05      $db_name="test";                                        //数据库名
06      $table_members="members";                               //用户表
07      $table_topic="topic";                                   //分类表
08      $table_posts="posts";                                   //帖子表
09      $link=mysql_connect($db_host,$db_user,$db_pass);        //连接主机
10      mysql_select_db($db_name,$link);                        //选择数据库
11  ?>
```

注意： 配置文件中的内容可以根据实际情况进行修改。

20.2.2 安装文件的创建

知识点讲解：光盘\视频讲解\第 20 章\安装文件的创建.wmv

本小节开始创建安装文件。该文件的作用是：先给用户一个界面，让用户完成输入相关内容。用户输入完毕后，在后台执行以下操作：分别创建用户表、分类表、帖子表；为用户表添加用户输入的管理员信息、为分类表添加默认分类、为帖子表添加默认的帖子；给出用户相应的信息。

【实例 20-2】 以下代码用来创建安装文件。

实例 20-2：安装文件

源码路径：光盘\源文件\20\20-2.php

```
01  <?php
02          echo "<html>";
03          echo "<head>";
04          echo "<title>安装程序</title>";
05          echo "</head>";
06          echo "<body>";
07          echo "<style>";
08          echo "* {
09          padding: 0;
10          margin: 0;
11          }
12          body {
13                  font-family: verdana, sans-serif;
14                  font-size: 10pt;
15                  background-color: #FFFFEE;
16                  padding: 25px 0px 25px 0px;
17          }
18          a:link, a:active, a:visited {
19                  color: #336699;
20                  text-decoration: underline;
21          }
22          a:hover {
23                  color: #7F0000 !important;
24                  text-decoration: none;
25          }
26          select option {
27                  padding-right: 3px;
28          }
29          #content {
30                  padding: 0px 25px 10px 25px;
31          }
32          p, table, pre, h2, h3, ul, ol, dl {
33                  margin: 0px 0px 15px 0px;
34          }
35          p.important {
36                  background-color: #EFDFBF;
37                  padding: 10px;
38                  font-size: 8pt;
39          }
40          p#submit, p#submit input {
41                  text-align: center;
42                  font-weight: bold;
43          }
44          p#submit input {
45                  padding: 5px;
46          }
47          h2 {
```

```
48            color: #336699;
49            font-weight: normal;
50            font-size: 14pt;
51            border-bottom: 1px solid silver;
52        }
53        h3 {
54            color: #333;
55            font-weight: bold;
56            font-size: 10pt;
57        }
58        ul, ol {
59            margin-left: 35px;
60        }
61        dl dt {
62            font-weight: bold;
63            color: #333;
64        }
65        dl dd {
66            margin-left: 35px;
67            margin-bottom: 5px;
68        }
69        table {
70            background-color:#000000;
71            border-collapse: collapse;
72            margin-left: 0;
73            margin-right: 0;
74        }
75        table th, table td {
76            padding: 5px;
77        }
78        td {
79            background-color:#cccc99;
80        }
81        table th {
82            text-align: left;
83            color: #336699;
84        }
85        table td.title {
86            width: 135px;
87        }";
88            echo "</style>";
89        if(!$_POST['admin'])                                    //如果没有默认参数，显示 HTML
90        {
91            echo "<script language=\"javascript\">";
92            echo "function juge(theForm)";
93            echo "{";
94            echo "if (theForm.admin.value == \"\")";
95            echo "{";
96            echo "alert(\"请输入管理员名称！\");";
97            echo "theForm.admin.focus();";
98            echo "return (false);";
```

```
99          echo "}";
100         echo "if (theForm.pass.value == \"\")";
101         echo "{";
102         echo "alert(\"请输入管理员密码！\");";
103         echo "theForm.pass.focus();";
104         echo "return (false);";
105         echo "}";
106         echo "if (theForm.pass.value.length < 8 )";
107         echo "{";
108         echo "alert(\"密码至少要 8 位！\");";
109         echo "theForm.pass.focus();";
110         echo "return (false);";
111         echo "}";
112         echo "if (theForm.re_pass.value !=theForm.pass.value)";
113         echo "{";
114         echo "alert(\"确认密码与密码不一致！\");";
115         echo "theForm.re_pass.focus();";
116         echo "return (false);";
117         echo "}";
118         echo "if (theForm.nickname.value == \"\")";
119         echo "{";
120         echo "alert(\"请输入昵称！\");";
121         echo "theForm.nickname.focus();";
122         echo "return (false);";
123         echo "}";
124         echo "if (theForm.pre.value == \"\")";
125         echo "{";
126         echo "alert(\"请输入表前缀！\");";
127         echo "theForm.pre.focus();";
128         echo "return (false);";
129         echo "}";
130         echo "}";
131         echo "</script>";
132         echo "<center>";
133         echo "<table width=\"80%\" cellpadding=\"1\" cellspacing=\"1\">";
134         echo "<form method=\"post\" action=\"$PATH_INFO\" onsubmit=\"return juge(this)\">";
135         echo "<tr>";
136         echo "<td colspan=\"2\" align=\"center\"><font size=\"5px\">安装论坛</font></td>";
137         echo "</tr>";
138         echo "<tr>";
139         echo "<td>管理员：（后台登录）</td>";
140         echo "<td><input type=\"text\" name=\"admin\"></td>";
141         echo "</tr>";
142         echo "<tr>";
143         echo "<td>管理员密码：（不小于 8 位）</td>";
144         echo "<td><input type=\"password\" name=\"pass\" size=\"21\"></td>";
145         echo "</tr>";
146         echo "<tr>";
147         echo "<td>确认密码：</td>";
148         echo "<td><input type=\"password\" name=\"re_pass\" size=\"21\"></td>";
149         echo "</tr>";
```

```
150         echo "<tr>";
151         echo "<td>管理员 E-mail：（可选）</td>";
152         echo "<td><input type=\"text\" name=\"email\"></td>";
153         echo "</tr>";
154         echo "<tr>";
155         echo "<td>管理员昵称：（前台显示）</td>";
156         echo "<td><input type=\"text\" name=\"nickname\"></td>";
157         echo "</tr>";
158         echo "<tr>";
159         echo "<td>表的前缀：</td>";
160         echo "<td><input type=\"text\" name=\"pre\" value=\"bbs_\"></td>";
161         echo "</tr>";
162         echo "<tr>";
163         echo "<td colspan=\"2\"><center>";
164         echo "<input type=\"submit\" value=\"下一步\">";
165         echo "<input type=\"reset\" value=\"重新填\">";
166         echo "</center></td>";
167         echo "</tr>";
168         echo "</form>";
169         echo "</table>";
170         echo "</center>";
171         echo "</body>";
172         echo "<html>";
173     }
174     else                                                    //如果有 POST 参数执行操作
175     {
176         $name=$_POST['admin'];                              //获得参数
177         $password=md5($_POST['pass']);                      //获得密码，并使用 MD5 进行加密操作
178         $nickname=$_POST['nickname'];
179         $email=$_POST['email'];
180         $pre=$_POST['pre'];
181         require "20-1.php";
182         $table_members=$pre.$table_members;
183         $table_topic=$pre.$table_topic;
184         $table_posts=$pre.$table_posts;
185         $ip=$_SERVER['REMOTE_ADDR'];
186         $time=date("Y 年 m 月 d 日");
187         $time2=date("G：i：s");
188         $sql="create table $table_members(
189         id int(5) not null auto_increment primary key,
190         name varchar(12) not null,
191         password varchar(40) not null,
192         nickname varchar(12) not null,
193         sex enum('boy','girl') not null default 'boy',
194         email varchar(80) not null,
195         photo varchar(80) not null,
196         q_name varchar(200) not null,
197         post_num int(5) not null,
198         reg_date varchar(20) not null,
199         admin int(1) not null default '0',
200         level int(5) not null,
```

```
201             other varchar(200) not null
202             )";
203             mysql_query($sql,$link) or die(mysql_error());          //发送创建 member 表的 SQL 请求
204             $sql="create table $table_topic(
205             id int(5) not null auto_increment primary key,
206             p_id int(5) not null,
207             topic_name varchar(12) not null,
208             topic_description varchar(80) not null,
209             last_post_id int (5) not null,
210             post_count int(5) not null,
211             post_m_count int(5) not null,
212             other varchar(200) not null
213             )";
214             mysql_query($sql,$link) or die(mysql_error());          //发送创建 topic 表的 SQL 请求
215             $sql="create table $table_posts(
216             id int(5) not null auto_increment primary key,
217             topic_id int(5) not null,
218             re_id int(5) not null,
219             poster_id int(5) not null,
220             poster_ip varchar(23) not null,
221             poster varchar(12) not null,
222             title varchar(40) not null,
223             content text not null,
224             view_count int(5) not null,
225             re_count int(5) not null,
226             post_time varchar(40) not null,
227             post_re_time varchar(40) not null,
228             other varchar(200) not null
229             )";
230             mysql_query($sql,$link) or die(mysql_error());          //发送创建 posts 表的 SQL 请求
231             $sql="insert into $table_topic(p_id,topic_name,topic_description)values('0','默认主类别 1','系统
创建的默认主类别')";
232             mysql_query($sql,$link) or die(mysql_error());          //发送添加默认主分类的 SQL 请求
233             $sql="insert into $table_topic(p_id,topic_name,topic_description,last_post_id,post_count, post_
m_count)values('1','默认分类别','系统创建的默认分类别','1','1','1')";
234         mysql_query($sql,$link) or die(mysql_error());              //发送添加默认子分类的 SQL 请求
235         $sql="insert into $table_members(name,password,nickname,email,post_num,reg_date,admin)
values('$name','$password','$nickname','$email','1','$time','3')";
236         mysql_query($sql,$link) or die(mysql_error());              //发送添加管理员信息的 SQL 请求
237         $sql="insert into $table_posts(topic_id,poster_id,poster_ip,poster,title,content,post_time,post_re_
time)values('2','1','$ip','$name','第一条测试信息','测试发帖是否有效','$time$time2','$time$time2')";
238             mysql_query($sql,$link) or die(mysql_error());          //发送添加发帖的 SQL 请求
239             $sql="update $table_topic set post_count='1',post_m_count='1' where id='2'";
240             mysql_query($sql,$link) or die(mysql_error());          //发送更改分类表的 SQL 请求
241             $fp=fopen("20-1.php","w+");                             //将更新过的数据写入配置文件
242             fputs($fp,"<?");
243             fputs($fp,"\$db_host=\"localhost\";");
244             fputs($fp,"\$db_user=\"root\";");
245             fputs($fp,"\$db_pass=\"\";");
246             fputs($fp,"\$db_name=\"test\";");
247             fputs($fp,"\$table_members=\"$table_members\";");
```

```
248                 fputs($fp,"\$table_topic=\"$table_topic\";");
249                 fputs($fp,"\$table_posts=\"$table_posts\";");
250                 fputs($fp,"\$link=mysql_connect(\$db_host,\$db_user,\$db_pass);");
251                 fputs($fp,"mysql_select_db(\$db_name,\$link);");
252                 fputs($fp,"?>");
253                 fclose($fp);
254                 echo "<center>";
255                 echo  "<table  width=\"80%\"  cellpadding=\"1\"  cellspacing=\"1\"  align=\"center\"  bgcolor=
\"#000000\">";
256                 echo "<tr bgcolor=\"#cccc99\">";
257                 echo "<td align=\"center\"><font size=\"5px\">安装论坛</font></td>";
258                 echo "</tr>";
259                 echo "<tr   bgcolor=\"#cccc99\">";
260                 echo "<td align=\"center\"><font size=\"3px\">成功安装！ </font></td>";
261                 echo "</tr>";
262                 echo "<tr bgcolor=\"#cccc99\">";
263                 echo "<td align=\"center\"><font size=\"3px\">删除该文件，以减少潜在危险！ </font></td>";
264                 echo "</tr>";
265                 echo "<tr   bgcolor=\"#cccc99\">";
266                 echo "<td align=\"center\">点<a href=\"20-3.php\">这里</a>进入</td>";
267                 echo "</tr>";
268                 echo "</table>";
269                 echo "</center>";
270                 echo "</body>";
271                 echo "</html>";
272         }
273  ?>
```

说明：安装文件的作用是创建一个高权限的管理员并且创建所需要的数据表。

在 PHP 运行环境下执行该 PHP 文件，以完成论坛程序所需用户表的创建。首次执行该 PHP 文件，执行结果如图 20.1 所示。

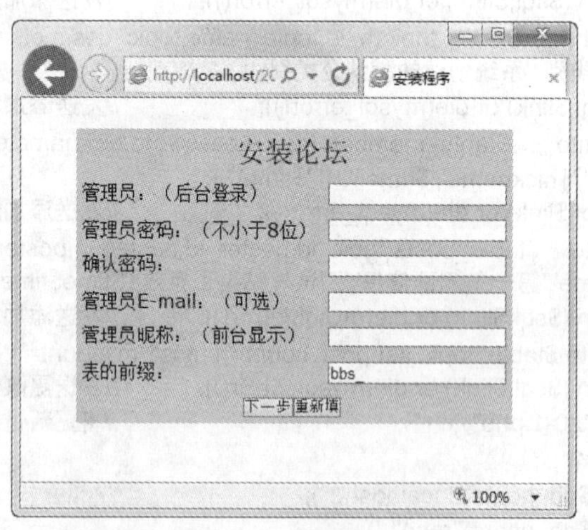

图 20.1　首次运行安装文件的执行结果

按照要求填入全部信息。其中表的前缀一项指在建立表时为了避免与已经存在的表出现重名现象

为表设置的前缀项。全部填写完毕单击“下一步”按钮，将出现如图 20.2 所示的执行结果。

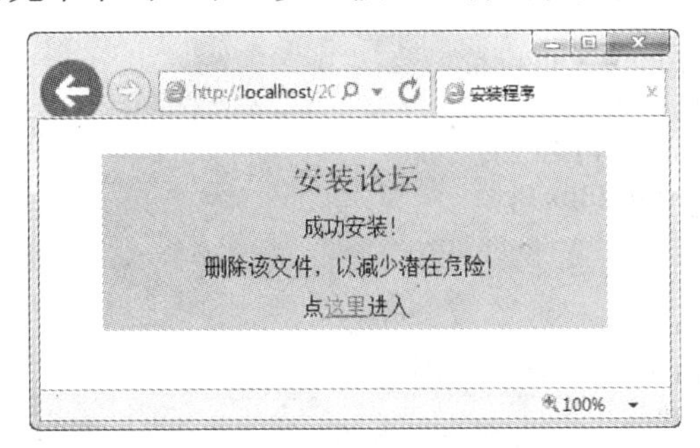

图 20.2　安装完成执行结果

执行过这一步操作后，系统所需要的 3 个表都已经成功创建完毕，并且还为每个表添加了相应项目。为用户表添加了系统管理员，为分类表添加了默认主分类与子分类，为发帖表添加了第一条帖子。

系统安装程序执行过后，准备工作就算是全部完成了。接下来就是每个功能模块的具体实现了。从 20.3 节开始，就通过具体的代码来实现论坛的具体模块。

20.3　用户注册与登录

论坛与用户是密不可分的，用户的多少是评判一个论坛人气的重要标准之一。一个搞得好的论坛往往注册用户达到多少万，而一个比较差的论坛的注册用户往往很少。既然需要注册用户，就要提供给用户一个友好的注册与登录界面。本节就来创建用户的注册与登录页。

20.3.1　用户注册页

知识点讲解：光盘\视频讲解\第 20 章\用户注册页.wmv

注册新用户页提供给用户一个表单，以便用户输入相关内容，包括必要的用户名、用户密码、用户昵称、性别、电子信箱、选择图像、输入发帖签名等，其中的用户名、用户密码、用户昵称为必填项。

【实例 20-3】 以下为用户注册页代码。

实例 20-3： 用户注册页

源码路径： 光盘\源文件\20\20-3.php

```
01  <?php
02          echo "<html>";
03          echo "<head>";
04          echo "<title>注册新用户</title>";
05          echo "</head>";
06          echo "<body>";
07          echo "<style>";
08          echo "* {
09          padding: 0;
10          margin: 0;
```

```
11      }
12      body {
13          font-family: verdana, sans-serif;
14          font-size: 10pt;
15          background-color: #FFFFEE;
16          padding: 25px 0px 25px 0px;
17      }
18      a:link, a:active, a:visited {
19          color: #336699;
20          text-decoration: underline;
21      }
22      a:hover {
23          color: #7F0000 !important;
24          text-decoration: none;
25      }
26      select option {
27          padding-right: 3px;
28      }
29      #wrapper {
30          width: 650px;
31          border: 1px solid silver;
32          margin-left: auto;
33          margin-right: auto;
34          background-color: #EFEFEF;
35          background-image: url(gfx/bg.png);
36          background-repeat: repeat-x;
37      }
38      #wrapper h1 {
39          height: 90px;
40          line-height: 90px;
41          background-image: url(gfx/logo.png);
42          background-repeat: no-repeat;
43          background-position: top right;
44          padding: 0px 25px 0px 25px;
45          font-weight: normal;
46          font-size: 24pt;
47          letter-spacing: -2px;
48          word-spacing: 5px;
49          color: #336699;
50      }
51      #content {
52          padding: 0px 25px 10px 25px;
53      }
54      p, table, pre, h2, h3, ul, ol, dl {
55          margin: 0px 0px 15px 0px;
56      }
57      p.important {
58          background-color: #EFDFBF;
59          padding: 10px;
60          font-size: 8pt;
61      }
```

```
62          p#submit, p#submit input {
63                 text-align: center;
64                 font-weight: bold;
65          }
66          p#submit input {
67                 padding: 5px;
68          }
69          h2 {
70                 color: #336699;
71                 font-weight: normal;
72                 font-size: 14pt;
73                 border-bottom: 1px solid silver;
74          }
75          h3 {
76                 color: #333;
77                 font-weight: bold;
78                 font-size: 10pt;
79          }
80          ul, ol {
81                 margin-left: 35px;
82          }
83          dl dt {
84                 font-weight: bold;
85                 color: #333;
86          }
87          dl dd {
88                 margin-left: 35px;
89                 margin-bottom: 5px;
90          }
91          table {
92                 background-color:#000000;
93                 border-collapse: collapse;
94                 margin-left: 0;
95                 margin-right: 0;
96          }
97          table th, table td {
98                 padding: 5px;
99          }
100         td {
101                background-color:#cccc99;
102         }
103         table th {
104                text-align: left;
105                color: #336699;
106         }
107         table td.title {
108                width: 135px;
109         }";
110                echo "</style>";
111         if(!$_POST['user'])                               //如果没有默认参数，显示 HTML
112         {
```

```
113         echo "<script language=\"javascript\">";
114         echo "function juge(theForm)";
115         echo "{";
116         echo "if (theForm.user.value == \"\")";
117         echo "{";
118         echo "alert(\"请输入注册用户名！\");";
119         echo "theForm.user.focus();";
120         echo "return (false);";
121         echo "}";
122         echo "if (theForm.pass.value == \"\")";
123         echo "{";
124         echo "alert(\"请输入用户密码！\");";
125         echo "theForm.pass.focus();";
126         echo "return (false);";
127         echo "}";
128         echo "if (theForm.pass.value.length < 8 )";
129         echo "{";
130         echo "alert(\"密码至少要 8 位！\");";
131         echo "theForm.pass.focus();";
132         echo "return (false);";
133         echo "}";
134         echo "if (theForm.re_pass.value !=theForm.pass.value)";
135         echo "{";
136         echo "alert(\"确认密码与密码不一致！\");";
137         echo "theForm.re_pass.focus();";
138         echo "return (false);";
139         echo "}";
140         echo "if (theForm.nickname.value == \"\")";
141         echo "{";
142         echo "alert(\"请输入昵称！\");";
143         echo "theForm.nickname.focus();";
144         echo "return (false);";
145         echo "}";
146         echo "}";
147         echo "function s_photo(the)";
148         echo "{";
149         echo "document.img.src='images/'+the.photo.value+'.bmp';";
150         echo "}";
151         echo "</script>";
152         echo "<center>";
153         echo "<table width=\"80%\" cellpadding=\"1\" cellspacing=\"1\">";
154         echo "<form method=\"post\" action=\"$PATH_INFO\" onsubmit=\"return juge(this)\">";
155         echo "<tr>";
156         echo "<td colspan=\"2\" align=\"center\"><font size=\"5px\">注册新用户</font></td>";
157         echo "</tr>";
158         echo "<tr>";
159         echo "<td>用户名：（后台登录）</td>";
160         echo "<td><input type=\"text\" name=\"user\"></td>";
161         echo "</tr>";
162         echo "<tr>";
163         echo "<td>用户密码：（不小于 8 位）</td>";
164         echo "<td><input type=\"password\" name=\"pass\" size=\"21\"></td>";
165         echo "</tr>";
```

```
166         echo "<tr>";
167         echo "<td>确认密码：</td>";
168         echo "<td><input type=\"password\" name=\"re_pass\" size=\"21\"></td>";
169         echo "</tr>";
170         echo "<tr>";
171         echo "<td>用户 E-mail：（可选）</td>";
172         echo "<td><input type=\"text\" name=\"email\"></td>";
173         echo "</tr>";
174         echo "<tr>";
175         echo "<td>用户昵称：（前台显示）</td>";
176         echo "<td><input type=\"text\" name=\"nickname\"></td>";
177         echo "</tr>";
178         echo "<tr>";
179         echo "<td>选择性别：</td>";
180         echo "<td>";
181         echo "<input type=\"radio\" name=\"sex\" value=\"boy\" checked>男";
182         echo "<input type=\"radio\" name=\"sex\" value=\"girl\">女";
183         echo "</td>";
184         echo "</tr>";
185         echo "<tr>";
186         echo "<td>选择图像：</td>";
187         echo "<td>";
188         echo "<select name=\"photo\" size=\"1\" onchange=\"s_photo(this.form)\">";
189         for($i=1;$i<21;$i++)
190         {
191             echo "<option value=".$i.">".$i."</option>";;
192         }
193         echo "</select>";
194         echo "<img src=\"images/1.bmp\" name=\"img\">";
195         echo"</td>";
196         echo "</tr>";
197         echo "<tr>";
198         echo "<td colspan=\"2\"><center>";
199         echo "<input type=\"submit\" value=\"下一步\">";
200         echo "<input type=\"reset\" value=\"重新填\">";
201         echo "</center></td>";
202         echo "</tr>";
203         echo "</form>";
204         echo "</table>";
205         echo "</center>";
206         echo "</body>";
207         echo "<html>";
208     }
```

以上为用户注册的前台显示页面。20.3.2 小节来介绍用户注册的后台处理。

20.3.2　注册的后台处理

知识点讲解：光盘\视频讲解\第 20 章\注册的后台处理.wmv

注册的后台处理先要获取用户输入的各项内容，其中登录用户名是最为重要的一项。因为该项要求具有唯一性，即同一个论坛不能有同名用户的出现，所以要对用户输入的用户名进行审核。这就会出现两种情况：如果已经存在同名用户，则给出错误提示，并要求用户重新输入新的用户名；如果没有同名用户，则把用户输入信息作为一条新的记录添加到用户表中。

下面给出具体的处理过程，请参看如下代码：

```
209         else                                                    //如果有默认参数，执行操作
210         {
211             $user=$_POST['user'];                               //获取用户输入数据
212             $pass=md5($_POST['pass']);                          //获取密码并进行 MD5 处理
213             $email=$_POST['email'];
214             $nickname=$_POST['nickname'];
215             $sex=$_POST['sex'];
216             $time=date("Y 年 m 月 d 日");                        //获取当前时间
217             $photo=$_POST['photo'].".bmp";
218             require "20-1.php";                                 //调用配置文件
219             $sql="select id from $table_user where username='$user'";
220             $result=mysql_query($sql,$link);                    //发送查找用户名的 SQL 请求
221             $nums=mysql_num_rows($result);                      //获取查找结果
222             if($nums!=0)                                        //如果结果不等于 0
223             {
224                 echo "注册的用户名$user 已经存在！<p>";           //给出相应提示
225                 echo "请点<a href=# onclick=history.go(-1)>这里</a>返回，重新输入新的用户名！";
226                 exit();                                         //退出所有 PHP 操作
227             }
228             else                                                //如果结果为 0
229             {
230                 $sql="insert  into  $table_members(name,password,email,nickname,sex,photo,reg_date)
values('$user','$pass','$email','$nickname','$sex','$photo','$time')";
231                 mysql_query($sql,$link);                        //发送插入记录的 SQL 请求
232                 echo "新用户$user 注册成功！<p>";                 //显示成功提示
233                 echo "点<a href=20-4.php>这里</a>进行登录！";
234             }
235         }
236  ?>
```

把以上代码与 20.3.1 小节的代码结合起来保存为 20-3.php，然后在 PHP 运行环境下执行该 PHP 文件，首次运行会出现如图 20.3 所示的执行结果。

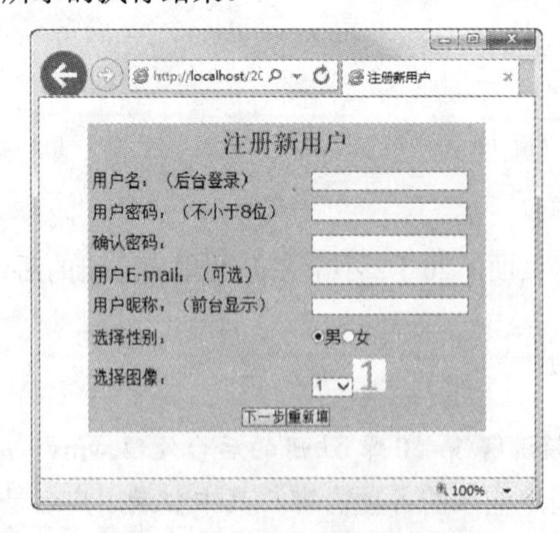

图 20.3　注册新用户执行结果

按照要求输入相应的用户名、用户密码、确认密码、电子信箱、用户昵称及选择相应的图像后单击“下一步”按钮。如果用户名已经存在，则会出现如图 20.4 所示的提示。

如果输入的用户名是没有注册过的，则会出现如图 20.5 所示的执行结果。

图 20.4　注册用户时用户名重复执行结果

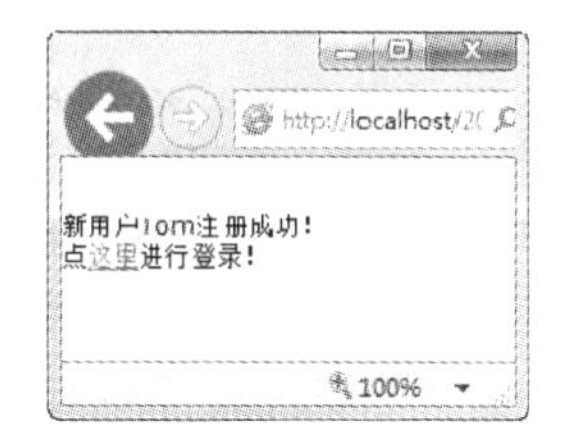

图 20.5　注册用户时注册成功执行结果

这时由于并不存在重名用户，所以允许用户注册，并将用户的输入信息写入用户表中，此用户便可登录系统了。

用户的注册及注册处理就介绍到这里。20.3.3 小节将讲解用户的登录与登录处理。

20.3.3　用户登录页面

知识点讲解：光盘\视频讲解\第 20 章\用户登录页面.wmv

用户信息添加进用户表后，就要让用户能够正确登录到系统中了。相比用户注册，用户登录要简单一些。只需要给出用户名及用户密码就可以了。如果用户输入信息与库中存在的一致，则把用户名及相关信息存为 Cookie 变量。

技巧： Cookie在用户登录时也可以为用户提供一个现在比较流行的Cookie保存时间选择。这样就可以让用户自由选择Cookie的保留时间。如果是在公用计算机或者网吧使用论坛系统，就设为最短时效即关闭浏览器清除Cookie；如果是在私有计算机或者家里使用，则可以设为一个月或一年等更长的时间。

【实例 20-4】以下为用户登录页面的代码。

实例 20-4：用户登录页面

源码路径：光盘\源文件\20\20-4.php

```
01  <?php
02      if(!$_POST['user'])                                  //如果没有默认参数，显示 HTML
03      {
04          echo "<html>";
05          echo "<head>";
06          echo "<title>注册用户登录</title>";
07          echo "</head>";
08          echo "<body>";
09          echo "<style>";
10          echo "* {
11          padding: 0;
12          margin: 0;
13          }
14          body {
```

```
15              font-family: verdana, sans-serif;
16              font-size: 10pt;
17              background-color: #FFFFEE;
18              padding: 25px 0px 25px 0px;
19          }
20          a:link, a:active, a:visited {
21              color: #336699;
22              text-decoration: underline;
23          }
24          a:hover {
25              color: #7F0000 !important;
26              text-decoration: none;
27          }
28          select option {
29              padding-right: 3px;
30          }
31          p, table, pre, h2, h3, ul, ol, dl {
32              margin: 0px 0px 15px 0px;
33          }
34          h2 {
35              color: #336699;
36              font-weight: normal;
37              font-size: 14pt;
38              border-bottom: 1px solid silver;
39          }
40          h3 {
41              color: #333;
42              font-weight: bold;
43              font-size: 10pt;
44          }
45          ul, ol {
46              margin-left: 35px;
47          }
48          table {
49              background-color:#000000;
50              border-collapse: collapse;
51              margin-left: 0;
52              margin-right: 0;
53          }
54          table th, table td {
55              padding: 5px;
56          }
57          td {
58              background-color:#cccc99;
59          }
60          table th {
61              text-align: left;
62              color: #336699;
63          }
64          table td.title {
65              width: 135px;
```

```
66        }";
67        echo "</style>";
68        echo "<script language=\"javascript\">";
69        echo "function juge(theForm)";
70        echo "{";
71        echo "if (theForm.user.value == \"\")";
72        echo "{";
73        echo "alert(\"请输入用户名！\");";
74        echo "theForm.user.focus();";
75        echo "return (false);";
76        echo "}";
77        echo "if (theForm.pass.value == \"\")";
78        echo "{";
79        echo "alert(\"请输入用户密码！\");";
80        echo "theForm.pass.focus();";
81        echo "return (false);";
82        echo "}";
83        echo "}";
84        echo "</script>";
85        echo "<center>";
86        echo "<table width=\"80%\" cellpadding=\"1\" cellspacing=\"1\">";
87        echo "<form method=\"post\" action=\"$PATH_INFO\" onsubmit=\"return juge(this)\">";
88        echo "<tr>";
89        echo "<td colspan=\"2\" align=\"center\"><font size=\"5px\">注册用户登录</font></td>";
90        echo "</tr>";
91        echo "<tr>";
92        echo "<td>用户名：</td>";
93        echo "<td><input type=\"text\" name=\"user\"></td>";
94        echo "</tr>";
95        echo "<tr>";
96        echo "<td>用户密码：</td>";
97        echo "<td><input type=\"password\" name=\"pass\" size=\"21\"></td>";
98        echo "</tr>";
99        echo "<tr>";
100       echo "<td>选择 COOKIE 有效期：</td>";
101       echo "<td>";
102       echo "<select name=\"cook_t\" size=\"1\">";
103       echo "<option value=\"1\">最短时效</option>";
104       echo "<option value=\"2\">1 天</option>";
105       echo "<option value=\"3\">1 月</option>";
106       echo "<option value=\"4\">1 年</option>";
107       echo "</select>";
108       echo"</td>";
109       echo "</tr>";
110       echo "<tr>";
111       echo "<td colspan=\"2\"><center>";
112       echo "<input type=\"submit\" value=\"下一步\">";
113       echo "<input type=\"reset\" value=\"重新填\">";
114       echo "</center></td>";
115       echo "</tr>";
116       echo "</form>";
```

```
117             echo "</table>";
118             echo "</center>";
119             echo "</body>";
120             echo "<html>";
121         }
```

上面给出的代码是用来显示注册用户登录的前台。20.3.4 小节为读者介绍用户登录的后台处理。

20.3.4 登录出错及处理

知识点讲解：光盘\视频讲解\第 20 章\登录出错及处理.wmv

用户登录的后台处理要先获取用户输入的数据，最主要的是用户名与用户密码两项。然后对库中的用户数据表进行遍历，判断有没有相应的用户存在。如果存在相应的用户则把用户名写入 Cookie 变量，并根据用户的选择为 Cookie 设置生命期限，显示登录成功的提示，或者直接跳转到论坛的首页。反之，如果不存在相应的用户或者用户密码不正确则给出错误提示，给出返回上页的链接，让用户再次输入选择。

具体处理过程请参看如下代码：

```
122         else
123         {
124             $user=$_POST['user'];                                    //获取用户输入参数
125             $pass=md5($_POST['pass']);
126             $cook_t=$_POST['cook_t'];
127             require "20-1.php";
128             $sql="select id from $table_members where name='$user' and password='$pass'";
129             $result=mysql_query($sql,$link) or die(mysql_error());   //查找用户
130             $nums=mysql_num_rows($result);                          //把查找记录数赋值给变量
131             if($nums==0)                                             //如果记录数为 0 显示内容
132             {
133                 echo "<html>";
134                 echo "<head>";
135                 echo "<title>注册用户登录</title>";
136                 echo "</head>";
137                 echo "<body>";
138                 echo "<center>";
139                 echo "<h2>输入的用户名或者密码错误！</h2>";
140                 echo "<h3>请点<a href=# onclick=history.go(-1)>这里</a>返回重新输入！</h3>";
141                 echo "</center>";
142                 exit();
143             }
144             else                                                     //如果存在记录的处理
145             {
146                 if($cook_t==1)                                       //根据用户选择注册 COOKIE
147                 {
148                     setcookie("user","$user");                       //最短
149                 }
150                 elseif($cook_t==2)
151                 {
152                     setcookie("user","$user",time()+60*60*24);       //一天
153                 }
```

```
154                         elseif($cook_t==3)
155                         {
156                                 setcookie("user","$user",time()+60*60*24*30);          //一月
157                         }
158                         else
159                         {
160                                 setcookie("user","$user",time()+60*60*24*30*360);   //一年
161                         }
162                         echo "<html>";
163                         echo "<head>";
164                         echo "<title>注册用户登录</title>";
165                         echo "</head>";
166                         echo "<body>";
167                         echo "<center>";
168                         echo "<h2>用户".$user."登录成功！ </h2>";
169                         echo "<h3>两秒后进入论坛主题页面！ </h3>";
170                         echo "<meta http-equiv=\"refresh\" content=\"2; url=20-5.php\">";
171                         echo "</center>";
172                 }
173         }
174 ?>
```

将以上代码与 20.3.3 小节所列的用户登录页面代码结合起来，保存为 20-4.php。在 PHP 运行环境下执行该文件，执行结果如图 20.6 所示。

按照要求输入相应的用户名、用户密码，单击“下一步”按钮开始进行登录。如果输入的用户名或者用户密码错误，则会出现如图 20.7 所示的出错提示。

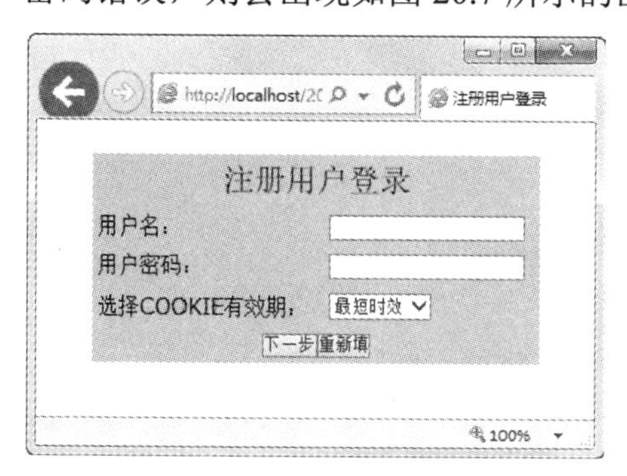

图 20.6　用户登录页面执行结果

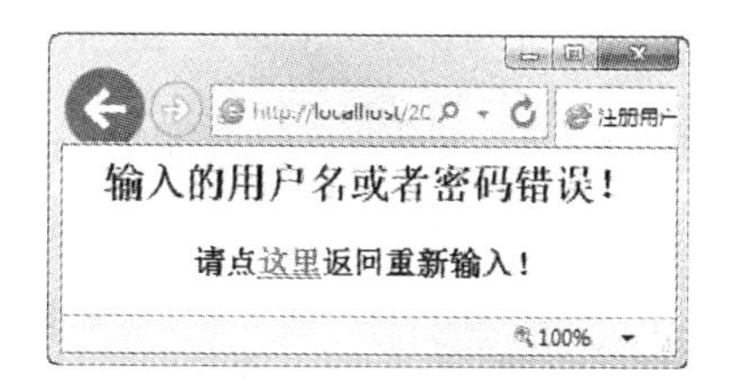

图 20.7　用户登录出错提示

如果输入的用户名及密码是库中已经存在的并且正确，登录程序将会自动跳转到论坛的显示首页 20-5.php。20.4 节就来着手编写该显示首页文件。

注意：由于当前还没有编写20-5.php这个页面，所以应该会出现无法找到所请求页面的提示。

20.4　论坛首页、主论坛、分论坛显示文件的创建

论坛的表创建完毕，用户注册登录系统也都完善了。接下来，就开始论坛首页、主论坛、分论坛

显示页面文件的创建。

20.4.1 论坛首页显示文件的创建

知识点讲解：光盘\视频讲解\第 20 章\论坛首页显示文件的创建.wmv

论坛首页文件是整个论坛系统中最为重要的文件。通常的论坛首页文件有以下作用：显示用户是否登录，如果用户已经登录，则显示登录用户名，反之则给出登录链接；显示所有主分类及其所属的子分类、某一分类的总帖子数、其中的主题数、最后发帖时间、最后的作者、最后一条帖子的标题等内容；通常还会在下方给出当前在线的用户（由于本章所介绍的 BBS 系统没有设计在线用户，所以没有这个功能）。

【实例 20-5】以下代码为论坛首页文件代码。

实例 20-5：论坛首页
源码路径：光盘\源文件\20\20-5.php

```
01  <?php
02      echo "<html>";
03      echo "<head>";
04      echo "<title>论坛首页</title>";
05      echo "</head>";
06      echo "<body>";
07      echo "<style>";
08      echo "body {
09          font-family: verdana, sans-serif;
10          font-size: 10pt;
11          background-color: #FFFFEE;
12          padding: 25px 0px 25px 0px;
13      }
14      a:link, a:active, a:visited {
15          color: #0033ff;
16          text-decoration: underline;
17      }
18      a:hover {
19          color: #7F0000 !important;
20          text-decoration: none;
21      }
22      select option {
23          padding-right: 3px;
24      }
25      p, table, pre, h2, h3, ul, ol, dl {
26          margin: 0px 0px 15px 0px;
27      }
28      p.important {
29          background-color: #EFDFBF;
30          padding: 10px;
31          font-size: 8pt;
32      }
33      p#submit, p#submit input {
```

```
34              text-align: center;
35              font-weight: bold;
36          }
37          p#submit input {
38              padding: 5px;
39          }
40          h2 {
41              color: #336699;
42              font-weight: normal;
43              font-size: 14pt;
44              border-bottom: 1px solid silver;
45          }
46          h3 {
47              color: #333;
48              font-weight: bold;
49              font-size: 10pt;
50          }
51          ul, ol {
52              margin-left: 35px;
53          }
54          dl dt {
55              font-weight: bold;
56              color: #333;
57          }
58          dl dd {
59              margin-left: 35px;
60              margin-bottom: 5px;
61          }
62          table {
63              background-color:#000000;
64              border-collapse: collapse;
65              margin-left: 0;
66              margin-right: 0;
67          }
68          table th, table td {
69              padding: 5px;
70          }
71          td {
72              background-color:#ddffff;
73          }
74          table th {
75              text-align: left;
76              color: #336699;
77          }
78          table td.title {
79              width: 135px;
80          }";
81          echo "</style>";
82          echo "<center>";
83          echo "<table width=\"80%\" cellpadding=\"1\" cellspacing=\"1\">";
84          echo "<tr>";
```

```
85          echo "<td>";
86          echo "<center><h2>论坛首页</h2></center>";
87          echo "</td>";
88          echo "</tr>";
89          echo "</table>";
90          echo "<table width=\"80%\" cellpadding=\"1\" cellspacing=\"1\">";
91          echo "<tr>";
92          echo "<td>";
93          if(!$_COOKIE['user'])                                              //如果没有用户登录，显示登录链接
94          {
95              echo "<a href=\"20-4.php\">用户登录</a>";
96          }
97          else                                                               //如果用户已经登录，显示登录用户名
98          {
99              require "20-1.php";
100             $sql="select id from $table_members where name='$_COOKIE[user]'";
101             $result=mysql_query($sql,$link);
102             $rows=mysql_fetch_array($result);
103             echo "登录用户：<a href=20-14.php?id=".$rows[0].">".$_COOKIE['user']."</a>";
104         }
105         echo "</td>";
106         echo "</tr>";
107         echo "</table>";
108         echo "<table width=\"80%\" cellpadding=\"1\" cellspacing=\"1\">";
109         echo "<tr>";
110         echo  "<td>论坛名称</td><td>论坛介绍</td><td>帖子数量</td><td>主题数量</td><td>最后帖子标题
</td><td>最后帖子回复时间</td>";
111         require "20-1.php";
112         $sql="select * from $table_topic where p_id=0";                    //遍历帖子种类表显示主论坛
113         $result=mysql_query($sql,$link) or die(mysql_error());
114         while($rows=mysql_fetch_array($result))
115         {
116             echo "<tr>";                                                   //显示主论坛的标题及其介绍
117             echo  "<td  colspan=\"6\"><a  href=\"20-6.php?id=".$rows['id']."\">".$rows['topic_name']."</a>：
".$rows['topic_description']."</td>";
118             echo "</tr>";
119             $temp2=$rows['id'];
120             $sql2="select * from $table_topic where p_id='$temp2'";        //遍历种类表显示主论坛下的分论坛
121             $result2=mysql_query($sql2,$link) or die(mysql_error());
122             while($rows2=mysql_fetch_array($result2))                      //显示分论坛的各项信息
123             {
124                 echo "<tr>";
125                 echo "<td><a href=\"20-7.php?id=".$rows2['id']."\">".$rows2['topic_name']."</a></td>";
126                 echo "<td>".$rows2['topic_description']."</td>";
127                 echo "<td>".$rows2['post_count']."</td>";
128                 echo "<td>".$rows2['post_m_count']."</td>";
129                 $sql3="select id,title,post_re_time from $table_posts where id='$rows2[last_post_id]'";
130                 $result3=mysql_query($sql3,$link) or die(mysql_error());
131                 $rows3=mysql_fetch_array($result3);                        //显示最后一条帖子的相关信息
132                 echo "<td><a href=\"20-8.php?id=".$rows3['id']."\">".$rows3['title']."</a></td>";
133                 echo "<td>".$rows3['post_re_time']."</td>";
```

```
134                     echo "</tr>";
135                 }
136                 echo "<tr><td colspan=\"6\"> </td></tr>";
137         }
138         echo "</table>";
139         echo "</center>";
140         echo "</body>";
141         echo "</html>";
142  ?>
```

注意：由于系统在创建时已经创建了默认的主论坛和分论坛（详见20.2.2小节），所以目前显示的只有1个默认的主论坛与其下的一个分论坛。

执行结果如图 20.8 所示。

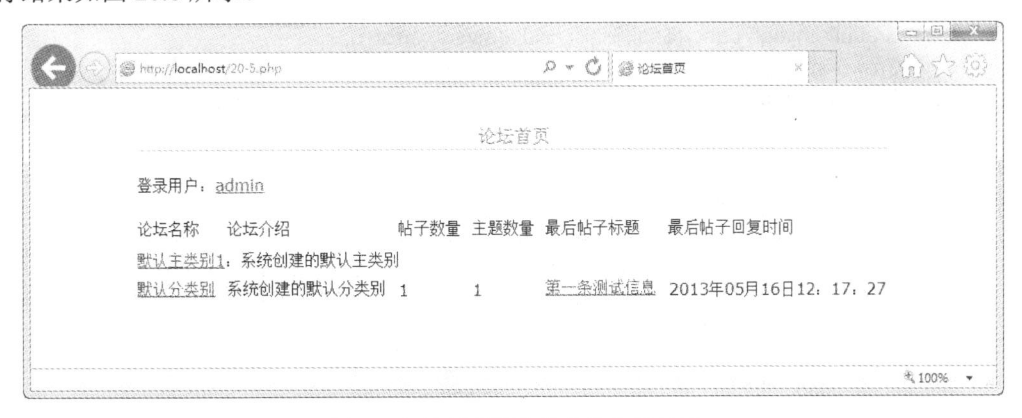

图 20.8　论坛首页文件首次执行结果

20.4.2　主论坛显示文件的创建

知识点讲解：光盘\视频讲解\第 20 章\主论坛显示文件的创建.wmv

主论坛是论坛分类数据中一种比较特殊的类型，它代表着论坛的一级分类，在它的下面还有更详细的二级分类，做这样的划分是为了更详细地划分论坛结构。例如，一个普通的论坛可能包括技术区、娱乐区等内容，其中的技术区、娱乐区就相当于主论坛。技术区里可能会划分为 PHP 编程区、JavaScript 编程区、MySQL 数据库编程区等二级分类；娱乐区也可能会分为灌水区、贴图区、音乐电影区等二级分类。

因为论坛有这样的多级分类划分，所以显示主论坛及其下的分论坛是很有必要的。下面就来介绍如何用 PHP 代码来显示主论坛。

【实例 20-6】以下为主论坛显示文件代码。

实例 20-6：主论坛显示
源码路径：光盘\源文件\20\20-6.php

```
01  <?php
02      echo "<html>";
03      echo "<head>";
```

```
04      echo "<title>主论坛显示</title>";
05      echo "</head>";
06      echo "<body>";
07      echo "<LINK href=\"style.css\" rel=stylesheet>";
08      echo "<center>";
09      if(!$_GET['id'])                                    //如果没有参数，显示内容
10      {
11          echo "<h2>没有请求 ID</h2>";
12          echo "<h3>点<a href=20-5.php>这里</a>返回</h3>";
13          exit();
14      }
15      else                                                //如果存在参数则显示相应论坛
16      {
17          require "20-1.php";
18          $sql="select p_id from $table_topic where id='$_GET[id]'";
19          $result=mysql_query($sql,$link) or die(mysql_error());
20          $rows=mysql_fetch_array($result);
21          if($rows[0]!=0)                                 //如果论坛不是主论坛
22          {
23              echo "<h2>请求的 ID 不是主论坛</h2>";        //显示信息
24              echo "<h3>点<a href=20-5.php>这里</a>返回</h3>";
25              exit();                                     //中止所有 PHP 执行
26          }
27          else                                            //如果是主论坛，显示 HTML
28          {
29              echo "<table width=\"80%\" cellpadding=\"1\" cellspacing=\"1\">";
30              echo "<tr>";
31              echo "<td>";
32              echo "<center><h2>主分类论坛首页</h2></center>";
33              echo "</td>";
34              echo "</tr>";
35              echo "</table>";
36              echo "<table width=\"80%\" cellpadding=\"1\" cellspacing=\"1\">";
37              echo "<tr>";
38              echo "<td><a href=20-5.php>论坛首页</a></td>";
39              echo "</tr>";
40              echo "</table>";
41              echo "<table width=\"80%\" cellpadding=\"1\" cellspacing=\"1\">";
42              echo "<tr>";
43              echo "<td>论坛</td><td>帖数</td><td>主题</td><td>最后帖标题</td><td>最后帖回复时间</td>";
44              echo "</tr>";
45              $sql="select * from $table_topic where p_id='$_GET[id]'";
46              $result=mysql_query($sql,$link) or die(mysql_error());
47              while($rows=mysql_fetch_array($result))        //循环显示分论坛信息
48              {
49                  echo "<tr>";
50                  echo "<td><a href=\"20-7.php?id=".$rows['id']."\">".$rows['topic_name']."</a><br>";
51                  echo $rows['topic_description']."</td>";
52                  echo "<td>".$rows['post_count']."</td>";
53                  echo "<td>".$rows['post_m_count']."</td>";
54                  $sql2="select id,title,post_re_time from $table_posts where id='$rows[last_post_id]'";
```

```
55                     $result2=mysql_query($sql2,$link) or die(mysql_error());
56                     $rows2=mysql_fetch_array($result2);          //显示最后一条帖子的相关信息
57                     echo "<td><a href=\"20-8.php?id=".$rows2['id']."\">".$rows2['title']."</a></td>";
58                     echo "<td>".$rows2['post_re_time']."</td>";
59                     echo "</tr>";
60                 }
61                 echo "</table>";
62                 echo "</center>";
63                 echo "</body>";
64                 echo "</html>";
65             }
66         }
67     ?>
```

单击图 20.8 中的“默认主类别 1”链接，将执行以上代码并且带有参数 ID=1，执行结果如图 20.9 所示。

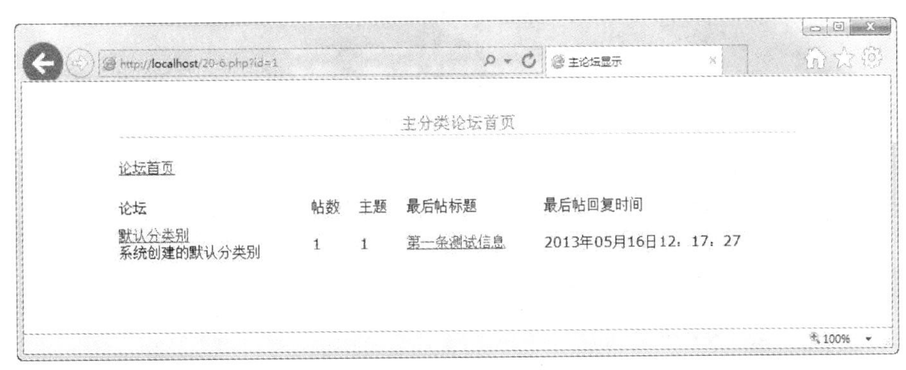

图 20.9　主论坛显示执行结果

说明：与实例20-5不同的是，论坛首页显示文件显示所有主分类论坛及其下面的分论坛的信息，而主论坛显示页则只显示本类分论坛的信息。

20.4.3　分论坛显示文件的创建

知识点讲解：光盘\视频讲解\第 20 章\分论坛显示文件的创建.wmv

本小节来创建分论坛的显示页面文件，该文件可显示当前分类论坛下的帖子信息，其中包括标题、作者、查看、回复、最后发表等内容。

【实例 20-7】以下为分论坛显示文件代码。

实例 20-7：分论坛显示
源码路径：光盘\源文件\20\20-7.php

```
01  <?php
02      echo "<html>";
03      echo "<head>";
04      echo "<title>分论坛显示</title>";
05      echo "</head>";
06      echo "<body>";
```

```
07        echo "<LINK href=\"style.css\" rel=stylesheet>";
08        echo "<center>";
09        if(!$_GET['id'])                                         //如果没有参数，显示内容
10        {
11            echo "<h2>没有请求 ID</h2>";
12            echo "<h3>点<a href=20-5.php>这里</a>返回</h3>";
13            exit();
14        }
15        else                                                     //如果有参数提示
16        {
17            require "20-1.php";
18            $sql="select p_id from $table_topic where id='$_GET[id]'";
19            $result=mysql_query($sql,$link) or die(mysql_error());
20            $rows=mysql_fetch_array($result);
21            if($rows[0]==0)                                      //如果论坛不是分论坛
22            {
23                echo "<h2>请求的 ID 不是分论坛</h2>";               //显示内容
24                echo "<h3>点<a href=20-5.php>这里</a>返回</h3>";
25                exit();
26            }
27            else                                                 //请求 ID 是分论坛，显示 HTML
28            {
29                echo "<table width=\"80%\" cellpadding=\"1\" cellspacing=\"1\">";
30                echo "<tr>";
31                echo "<td>";
32                echo "<center><h2>分论坛首页</h2></center>";
33                echo "</td>";
34                echo "</tr>";
35                echo "</table>";
36                $sql="select p_id from $table_topic where id='$_GET[id]'";
37                $result=mysql_query($sql,$link) or die(mysql_error());
38                $rows=mysql_fetch_array($result);                //获取主论坛 ID
39                echo "<table width=\"80%\" cellpadding=\"1\" cellspacing=\"1\">";
40                echo "<tr>";
41                echo "<td><a href=20-5.php>论坛首页</a>|<a href=20-6.php?id=".$rows[0].">主论坛</a>";
42                echo "</td>";                                    //显示论坛首页及主论坛链接
43                if($_COOKIE['user'])                             //判断用户是否登录
44                {
45                    echo "<td align=right><a href=20-8.php?topic_id=".$_GET['id'].">发表新主题</a>";
46                    echo "</td>";                                //如果用户已经登录，显示发帖链接
47                }
48                echo "</tr>";
49                echo "</table>";
50                $sql="select id from $table_posts where topic_id='$_GET[id]' and re_id=0";
51                $result=mysql_query($sql,$link);                 //获取主题数
52                $nums=mysql_num_rows($result);                   //获取主题总数
53                $p_count=ceil($nums/10);                         //求总页数
54                if ($_GET['page']==0 && !$_GET['page'])          //如果没有请求页面
55                $page=1;                                         //当前页为第一页
56                else
57                $page=$_GET['page'];                             //获取当前页
```

```
58                    $s=($page-1)*10+1;
59                    $s=$s-1;                                        //当前页最多显示数
60                    echo "<table width=\"80%\" cellpadding=\"1\" cellspacing=\"1\">";
61                    echo "<tr>";
62                    echo "<td>标题</td><td>作者</td><td>查看</td><td>回复</td><td>最后发表</td>";
63                    echo "</tr>";
64                    $sql="select * from $table_posts where topic_id='$_GET[id]' and re_id=0   order by post_
re_time desc limit $s, 10";
65                    $result=mysql_query($sql,$link) or die(mysql_error());
66                    while($rows=mysql_fetch_array($result))                //循环显示帖子信息
67                    {
68                         echo "<tr>";
69                         echo "<td><a href=\"20-8.php?id=".$rows['id']."\">".$rows['title']."</a></td>";
70                         echo "<td>".$rows['poster']."</td>";
71                         echo "<td>".$rows['view_count']."</td>";
72                         echo "<td>".$rows['re_count']."</td>";
73                         echo "<td>".$rows['post_re_time']."</td>";
74                         echo "</tr>";
75                    }
76                    echo "</table>";
77                    echo "<table width=\"80%\" cellpadding=\"1\" cellspacing=\"1\">";
78                    echo "<tr>";
79                    echo "<td>";
80                    echo "<center>";
81                    $prev_page=$page-1;                             //分页显示前一页
82                    $next_page=$page+1;                             //定义分页显示下一页
83                    if ($page<=1)                                   //如果当前页小于等于 1
84                    {
85                         echo "第一页 | ";
86                    }
87                    else                                            //如果当前页大于 1
88                    {
89                         echo "<a href='$PATH_INFO?page=1'>第一页</a> | ";
90                    }
91                    if ($prev_page<1)                               //如果前一页小于 1
92                    {
93                         echo "上一页 | ";
94                    }
95                    else                                            //如果前一页大于等于 1
96                    {
97                         echo "<a href='$PATH_INFO?page=$prev_page'>上一页</a> | ";
98                    }
99                    if ($next_page>$p_count)                        //如果下一页大于总页数
100                   {
101                        echo "下一页 | ";
102                   }
103                   else                                            //如果下一页小于等于总页数
104                   {
105                        echo "<a href='$PATH_INFO?page=$next_page'>下一页</a> | ";
106                   }
107                   if ($page>=$p_count)                            //如果当前页大于等于总页数
```

```
108                 {
109                     echo "最后一页</p>";
110                 }
111                 else                                              //如果当前页小于总页数
112                 {
113                     echo "<a href='$PATH_INFO?page=$p_count'>最后一页</a></p>";
114                 }
115                 echo "</center>";
116                 echo "</td>";
117                 echo "</tr>";
118                 echo "</table>";
119                 echo "</center>";
120                 echo "</body>";
121                 echo "</html>";
122             }
123         }
124 ?>
```

单击图 20.9 中的“默认分类别”链接就可以打开分论坛显示文件并且带有参数 ID=2，相当于执行 20-7.php?id=2，执行结果如图 20.10 所示。

图 20.10　分论坛显示页面执行结果

从图 20.10 可以发现，显示出了本类论坛的所有主题，并且显示了主题的作者、查看次数、回复次数及最后发表时间。

论坛的显示部分就介绍到这里。20.5 节将开始介绍用户如何发表新主题及回复已经存在的主题。

20.5　主题的显示与回复

论坛的作用就是用户之间可以就某一主题进行讨论，所以主题的显示与回复是论坛所有实现功能中的重中之重。本节来介绍如何使用 PHP 代码实现发布新主题，以及现有主题的显示及回复功能。

20.5.1　发表新主题

知识点讲解：光盘\视频讲解\第 20 章\主题的显示与回复.wmv

发表新主题的实现方法是按照用户的输入将记录添加到帖子数据表。

【实例 20-8】以下为发表新主题代码。

实例 20-8：发表新主题
源码路径：光盘\源文件\20\20-8.php

```
01  <?php
02          echo "<html>";
03          echo "<head>";
04          echo "<title>发表新主题</title>";
05          echo "</head>";
06          echo "<body>";
07          echo "<LINK href=\"style.css\" rel=stylesheet>";
08          echo "<center>";
09          if(!$_COOKIE['user'])                              //用户没有登录的非法请求
10          {
11                  echo "<h2>匿名用户不允许发帖！ </h2>";
12                  echo "<h3>点<a href=20-4.php>这里</a>登录</h3>";
13                  exit();
14          }
15          if(!$_GET['topic_id'])                             //没有分论坛参数
16          {
17                  echo "<h2>没有请求 ID</h2>";
18                  echo "<h3>点<a href=20-5.php>这里</a>返回</h3>";
19                  exit();
20          }
21          else                                               //如果有请求分论坛 ID
22          {
23                  require "20-1.php";
24                  $sql="select p_id from $table_topic where id='$_GET[topic_id]'";
25                  $result=mysql_query($sql,$link) or die(mysql_error());
26                  $rows=mysql_fetch_array($result);
27                  if($rows[0]==0)                            //如果请求 ID 不是分论坛
28                  {
29                          echo "<h2>请求的 ID 不是分论坛</h2>";
30                          echo "<h3>点<a href=20-5.php>这里</a>返回</h3>";
31                          exit();
32                  }
33                  else                                       //如果是分论坛
34                  {
35                          if(!$_POST['title'])               //如果没有提交变量则显示前台
36                          {
37                                  if(!$_GET['re_id']) $re_id=0;          //如果没有回复 ID 号
38                                  else $re_id=$_GET['re_id'];            //获取回复 ID 号
39                                  echo "<script language=\"javascript\">";
40                                  echo "function juge(theForm)";
41                                  echo "{";
42                                  echo "if (theForm.title.value == \"\")";
43                                  echo "{";
44                                  echo "alert(\"请输入主题名称！ \");";
45                                  echo "theForm.title.focus();";
46                                  echo "return (false);";
```

```
47                    echo "}";
48                    echo "if (theForm.content.value == \"\")";
49                    echo "{";
50                    echo "alert(\"请输入主题内容！\");";
51                    echo "theForm.content.focus();";
52                    echo "return (false);";
53                    echo "}";
54                    echo "}";
55                    echo "</script>";
56                    echo "<table width=\"80%\" cellpadding=\"1\" cellspacing=\"1\">";
57                    echo "<tr>";
58                    echo "<td>";
59                    echo "<center><h2>";
60                    if($re_id==0) echo "发表新主题";
61                    else echo "发表回复";
62                    echo "</h2></center>";
63                    echo "</td>";
64                    echo "</tr>";
65                    echo "</table>";
66                    $sql="select p_id,topic_name from $table_topic where id='$_GET[topic_id]'";
67                    $result=mysql_query($sql,$link) or die(mysql_error());
68                    $rows=mysql_fetch_array($result);
69                    echo "<table width=\"80%\" cellpadding=\"1\" cellspacing=\"1\">";
70                    echo "<tr>";
71                    echo "<td><a href=20-5.php>论坛首页</a>|<a href=20-6.php?id=".$rows[0].">主论坛
</a>|<a href=20-7.php?id=".$_GET['topic_id'].">".$rows[1]."</a></td>";
72                    echo "</tr>";
73                    echo "</table>";
74                    echo "<table width=\"80%\" cellpadding=\"1\" cellspacing=\"1\">";
75                    echo   "<form   method=\"post\"   action=\"20-8.php?topic_id=".$_GET['topic_id']."\"
onsubmit=\"return juge(this)\">";
76                    echo "<input type=hidden name=re_id value=".$re_id.">";
77                    echo "<tr>";
78                    echo "<td>输入标题：</td>";
79                    echo "<td><input type=text name=title></td>";
80                    echo "</tr>";
81                    echo "<tr>";
82                    echo "<td>输入内容：</td>";
83                    echo "<td><textarea rows=5 cols=50 name=content></textarea></td>";
84                    echo "</tr>";
85                    echo "<tr>";
86                    echo  "<td colspan=\"2\"><center><input type=submit value=提交><input type=reset
value=重置></center></td>";
87                    echo "</tr>";
88                    echo "<form>";
89                    echo "</table>";
90                    echo "</center>";
91                    echo "</body>";
92                    echo "</html>";
93               }
94               else                                    //后台处理
```

```
95                  {
96                       $title=$_POST['title'];                    //获取参数
97                       $content=$_POST['content'];
98                       $re_id=$_POST['re_id'];
99                       $topic_id=$_GET['topic_id'];
100                      $ip=$_SERVER['REMOTE_ADDR'];
101                      $time=date("Y 年 m 月 d 日 G：i：s");
102                      $sql="select id,nickname from $table_members where name='$_COOKIE[user]'";
103                      $result=mysql_query($sql,$link);
104                      $rows=mysql_fetch_array($result);
105                      $sql="insert into $table_posts(topic_id,re_id,poster_id,poster_ip,poster,title,content,
post_time,post_re_time)values('$topic_id','$re_id','$rows[0]','$ip','$rows[nickname]','$title','$content','$time','$time')";
106                      if(mysql_query($sql,$link) or die(mysql_error()))
107                      {
108                           if($re_id==0)                         //如果是发表主题的操作
109                           {
110                                $sql="select max(id) from $table_posts";
111                                $result=mysql_query($sql,$link);
112                                $rows=mysql_fetch_array($result);
113                                echo $rows[0];
114                                $sql="update $table_posts set re_count=re_count+1,post_re_time='$time'
where id='$topic_id'";
115                                mysql_query($sql,$link);
116                           }
117                           else                                  //如果是发表回复的操作
118                           {
119                                $sql="update $table_posts set re_count=re_count+1 where id='$topic_id'";
120                                mysql_query($sql,$link);
121                           }
122                           $sql="update $table_members set post_num=post_num+1 where id='$rows[id]'";
123                           mysql_query($sql,$link);
124                           $sql="update $table_topic set post_count=post_count+1 where id='$tipic_id'";
125                           mysql_query($sql,$link);
126                           echo "添加记录成功，现在返回分论坛页";
127                           echo "<meta http-equiv=\"refresh\" content=\"2; url=20-7.php?id=".$topic_id."\">";
128                      }
129                      else
130                      {
131                           echo "添加记录时出错，现在返回";
132                           echo "<meta http-equiv=\"refresh\" content=\"2; url=20-7.php?id=".$topic_id."\">";
133                      }
134                 }
135            }
136       }
137  ?>
```

说明： 该实例中最为关键的一项是其re_id字段要为0。这样就代表该条帖子是新的主题了。

单击图 20.10 中的“发表新主题”链接就可以执行以上代码，执行结果如图 20.11 所示。

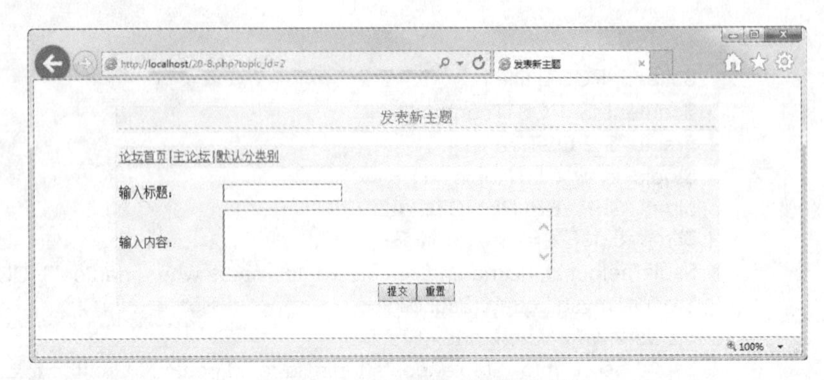

图 20.11　发表新主题执行结果

按照要求填入标题及内容，单击“提交”按钮就可以发表新主题。当新主题成功发布后，程序会自动跳转到相应的子分类页面中，如图 20.12 所示。

图 20.12　成功发布新主题执行结果

这样新主题就成功添加到帖子的表中了。

主题成功入库还是不够的，必须让人能够浏览才行。20.5.2 小节就来介绍如何显示已经存在的主题。

20.5.2　现有主题的显示

**知识点讲解：光盘\视频讲解\第 20 章\现有主题的显示.wmv**

本小节来讲解如何显示已经存在的主题。主题的显示也很简单，首先获取用户提交的 ID，然后判断该 ID 所对应的帖子是否是主题。因为帖子存在主题与主题的回复两种情况，所以要做这样的判断。如果提交的 ID 不是主题，则给出相应提示。如果是主题，则显示该主题内容及对应该主题的回复。

【实例 20-9】以下为显示现有主题的代码。

实例 20-9：显示现有主题

源码路径：光盘\源文件\20\20-9.php

```
01    <?php
02          echo "<html>";
03          echo "<head>";
04          echo "<title>显示主题</title>";
05          echo "</head>";
06          echo "<body>";
```

```
07          echo "<LINK href=\"style.css\" rel=stylesheet>";
08          echo "<center>";
09          if(!$_GET['id'])                                    //如果没有请求主题 ID
10          {
11              echo "<h2>没有请求 ID</h2>";
12              echo "<h3>点<a href=20-5.php>这里</a>返回</h3>";
13              exit();
14          }
15          else                                                //显示主题内容
16          {
17              require "20-1.php";
18              $sql="select * from $table_posts where id='$_GET[id]'";
19              $result=mysql_query($sql,$link);
20              $rows=mysql_fetch_array($result);
21              if($rows['re_id']!=0)                           //如果请求 ID 不是主题
22              {
23                  echo "<h2>请求的帖子不是主题！ </h2>";
24                  echo "<h3>点<a href=20-5.php>这里</a>返回</h3>";
25                  exit();
26              }
27              else
28              {
29                  echo "<table width=\"80%\" cellpadding=\"1\" cellspacing=\"1\">";
30                  echo "<tr>";
31                  echo "<td>";
32                  echo "<center><h2>主题显示</h2></center>";
33                  echo "</td>";
34                  echo "</tr>";
35                  echo "</table>";
36                  $sql2="select id,p_id,topic_name from $table_topic where id='$rows[topic_id]'";
37                  $result2=mysql_query($sql2,$link);
38                  $rows2=mysql_fetch_array($result2);
39                  echo "<table width=\"80%\" cellpadding=\"1\" cellspacing=\"1\">";
40                  echo "<tr>";
41                  echo "<td><a href=20-5.php>论坛首页</a>|<a href=20-6.php?id=".$rows2[1]."">主论坛
</a>|<a href=20-7.php?id=".$rows2[0]."">".$rows2[2]."</a>";
42                  echo "</td>";
43                  echo "<td align=right><a href=20-8.php?topic_id=".$rows2[0]."">发表新主题</a>|<a href=
20-8.php?topic_id=".$rows2[0]."&re_id=".$_GET['id']."">发表回复</a>";
44                  echo "</td>";
45                  echo "</tr>";
46                  echo "</table>";
47                  echo "<table width=\"80%\" cellpadding=\"1\" cellspacing=\"1\">";
48                  echo "<tr>";
49                  echo "<td>";
50                  echo "作者：".$rows['poster'];
51                  echo "<br>作者 ID：".$rows['poster_id'];
52                  echo "<br>作者 IP：".$rows['poster_ip'];
53                  echo "<br>标题：".$rows['title'];
54                  echo "<br>内容：".$rows['content'];
55                  echo "<br>发表时间：".$rows['post_time'];
```

```
56                    echo "</td>";
57                    echo "</tr>";
58                    echo "<tr>";
59                    echo "<td>以下为该主题的回复</td>";
60                    echo "</tr>";
61                    $sql="select * from $table_posts where re_id='$_GET[id]'";
62                    $result=mysql_query($sql,$link);
63                    while($rows=mysql_fetch_array($result))
64                    {
65                         echo "<tr>";
66                         echo "<td>";
67                         echo "作者：".$rows['poster'];
68                         echo "<br>作者 ID：".$rows['poster_id'];
69                         echo "<br>作者 IP：".$rows['poster_ip'];
70                         echo "<br>标题：".$rows['title'];
71                         echo "<br>内容：".$rows['content'];
72                         echo "<br>发表时间：".$rows['post_time'];
73                         echo "</td>";
74                         echo "</tr>";
75                    }
76                    $sql="update $table_posts set view_count=view_count+1 where $id='$_GET[id]'";
77                    mysql_query($sql,$link);
78                    echo "</table>";
79                    echo "</center>";
80                    echo "</body>";
81                    echo "</html>";
82               }
83          }
84     ?>
```

注意： 这里涉及对多个表的查询与读取。既要读取帖子相关内容，也要读取帖子对应的分类数据表记录。另外，在浏览主题的同时要记得每请求一次主题显示文件，就要给主题的浏览次数即view_count增加1，这样才能准确地获得主题的浏览次数。

单击图 20.12 中帖子标题的链接就可以进入相应的主题显示页面。如单击“第一条测试信息”链接，执行结果如图 20.13 所示。

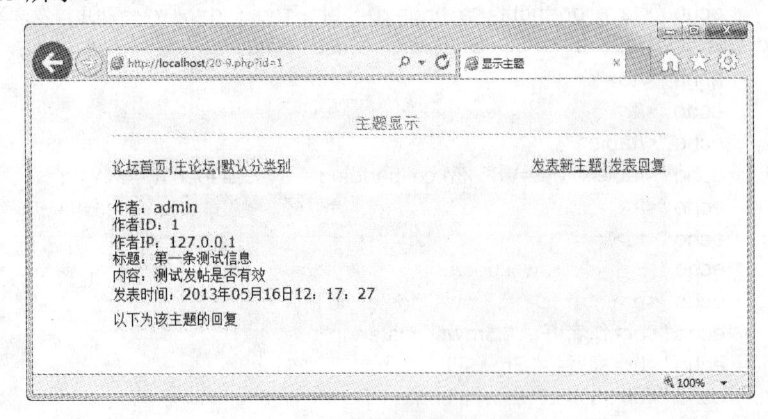

图 20.13　主题显示执行结果

从图 20.13 可以发现，程序正确地显示出了相应主题及发帖者的相关信息。下面来介绍如何对主题进行回复。

20.5.3　主题的回复

知识点讲解：光盘\视频讲解\第 20 章\主题的回复.wmv

对主题进行回复，只需要给 20-8.php 加上相应的参数即可实现。在编写 20-8.php 时曾用到这样的参数 re_id，当该参数为 0 时，表示是发表新的主题，而当该值为其他数值时说明是对 ID 号为该值的主题进行回复。在这里直接调用即可实现对主题的回复。

不过回复的操作并不只是把用户输入记录添加进表就行了，还要进行一系列的操作。如使分类表中相应记录的帖子数自增 1、相应用户的发帖数自增 1、相应主题的回复数自增 1 等。

单击图 20.13 中的“发表回复”链接，将打开 20-8.php。不过不同的是，已经不是发表新主题，而是回复主题了。填写相应的标题及内容。提交回复后，将回到分论坛页，单击回复的主题以查看回复是否正确显示，执行结果如图 20.14 所示。

图 20.14　回复过的主题显示页执行结果

显示回复时，只需要把回复内容跟在主题后面即可。从图 20.14 可以看出正确地显示了已经存在的主题内容及相应的回复。

关于主题帖子的显示与回复本节就介绍到这里，接下来的几节来重点介绍管理员或者版主才有的权限的内容，如对整个论坛分类的管理、对帖子的管理等内容。

20.6　论坛分类的管理

系统在进行安装时创建了默认的主类别及分类别，但这对于一个通用的论坛来说是远远不够的。应该给予管理员相应的权限，以创建新的类别。本节就来讲讲如何对论坛的分类进行管理，其中包括为论坛增加新的类别，及更改现有的类别。通常情况下，一个论坛分类在创建后就不能被删除了，所以就不再讨论如何删除分类的问题。

20.6.1 为论坛增加新的类别

知识点讲解：光盘\视频讲解\第 20 章\为论坛增加新的类别.wmv

为论坛增加类别包括两种情况，一种是增加主分类即主论坛；另一种是为某一存在的主分类增加二级分类即分论坛。在有些比较大型的论坛程序中，甚至还有三级或者多级的分类。这里只探讨二级的情况。

为论坛增加新的类别的操作分几步进行。第一步，先让用户选择欲创建的类别是主类别还是分类别。第二步，如果用户选择的是主类别，在这一步直接输入类别名称及介绍等相应信息即可；如果用户在上一步选择的是分类别，则还需要让用户选择，该分类别属于已经存在的哪一个主类别。然后再按照选择输入类别名称、类别说明等内容。

【实例 20-10】以下为为论坛增加新类别代码。

实例 20-10：为论坛增加新类别
源码路径：光盘\源文件\20\20-10.php

```
01  <?php
02      echo "<html>";
03      echo "<head>";
04      echo "<title>增加新论坛</title>";
05      echo "</head>";
06      echo "<body>";
07      echo "<LINK href=\"style.css\" rel=stylesheet>";
08      echo "<center>";
09      require "20-1.php";
10      $sql="select admin from $table_members where name='$_COOKIE[user]'";
11      $result=mysql_query($sql,$link);
12      $rows=mysql_fetch_array($result);
13      if($rows['admin']<3)
14      {
15          echo "<h2>你没有这项权限来运行该文件！</h2>";
16          echo "<h3>点<a href=20-5.php>这里</a>返回</h3>";
17          exit();
18      }
19      else
20      {
21          if(!$_POST['topic'])
22          {
23              echo "<table width=\"80%\" cellpadding=\"1\" cellspacing=\"1\">";
24              echo "<form method=\"post\" action=\"".$_SERVER['PHP_SELF']."\">";
25              echo "<tr>";
26              echo "<td colspan=\"2\"><center><h2>创建论坛分类第一步</h2></center></td>";
27              echo "</tr>";
28              echo "<tr>";
29              echo "<td>选择创建类别</td>";
30              echo "<td>";
```

```
31                echo "<select size=\"1\" name=\"topic\">";
32                echo "<option value=\"1\">主类别</option>";
33                echo "<option value=\"2\">分类别</option>";
34                echo "</select>";
35                echo "</td>";
36                echo "</tr>";
37                echo "<tr>";
38                echo "<td colspan=\"2\"><center><input type=submit value=\"下一步\"></td>";
39                echo "</tr>";
40                echo "</form>";
41                echo "</table>";
42                echo "</center>";
43                echo "</body>";
44                echo "</html>";
45            }
46            else if(!$_POST['topic_name'])
47            {
48                echo "<script language=\"javascript\">";
49                echo "function juge(theForm)";
50                echo "{";
51                echo "if (theForm.topic_name.value == \"\")";
52                echo "{";
53                echo "alert(\"请输入类别名称！\");";
54                echo "theForm.topic_name.focus();";
55                echo "return (false);";
56                echo "}";
57                echo "if (theForm.topic_description.value == \"\")";
58                echo "{";
59                echo "alert(\"请输入类别介绍！\");";
60                echo "theForm.topic_description.focus();";
61                echo "return (false);";
62                echo "}";
63                echo "}";
64                echo "</script>";
65                echo "<table width=\"80%\" cellpadding=\"1\" cellspacing=\"1\">";
66                echo  "<form  method=\"post\"  action=\"".$_SERVER['PHP_SELF']."\"   onsubmit=\"return
juge(this)\">";
67                echo "<tr>";
68                echo "<td colspan=\"2\"><center><h2>创建论坛分类第二步</h2></center></td>";
69                echo "</tr>";
70                echo "<input type=\"hidden\" name=\"topic\" value=\"".$_POST['topic']."\">";
71                if($_POST['topic']==2)
72                {
73                    echo "<tr>";
74                    echo "<td>选择分类别所属主类</td>";
75                    echo "<td>";
76                    echo "<select size=\"1\" name=\"p_id\">";
77                    $sql="select id,topic_name from $table_topic where p_id=0";
78                    $result=mysql_query($sql,$link);
79                    while($rows=mysql_fetch_array($result))
80                    {
```

```
81                          echo "<option value=\"".$rows['id']."\">".$rows['topic_name']."</option>";
82                      }
83                      echo "</select>";
84                      echo "</td>";
85                      echo "</tr>";
86                  }
87                  echo "<tr>";
88                  echo "<td>输入类别名称</td>";
89                  echo "<td>";
90                  echo "<input type=\"text\" name=\"topic_name\">";
91                  echo "</td>";
92                  echo "</tr>";
93                  echo "<tr>";
94                  echo "<td>输入类别介绍</td>";
95                  echo "<td>";
96                  echo "<input type=\"text\" name=\"topic_description\">";
97                  echo "</td>";
98                  echo "</tr>";
99                  echo "<tr>";
100                 echo "<td colspan=\"2\"><center><input type=button value=\"上一步\" onclick=\"history.go
(-1)\"><input type=submit value=\"下一步\"></td>";
101                 echo "</tr>";
102                 echo "</form>";
103                 echo "</table>";
104                 echo "</center>";
105                 echo "</body>";
106                 echo "</html>";
107             }
108             else
109             {
110                 $topic=$_POST['topic'];
111                 $topic_name=$_POST['topic_name'];
112                 $topic_description=$_POST['topic_description'];
113                 if($topic==2)
114                 {
115                     $p_id=$_POST['p_id'];
116                 }
117                 $sql="insert  into  $table_topic(p_id,topic_name,topic_description)values('$p_id','$topic_
name','$topic_description')";
118                 if(mysql_query($sql,$link))
119                 {
120                     echo "增加新论坛操作成功，现在返回首页！";
121                     echo "<meta http-equiv=\"refresh\" content=\"2; url=20-5\">";
122                 }
123                 else
124                 {
125                     echo "增加新论坛操作失败，现在返回！";
126                     echo "<meta http-equiv=\"refresh\" content=\"2; url=20-10\">";
127                 }
128             }
129         }
```

```
130 ?>
```

注意： 为论坛增加新类别是管理员才具有的权限。

直接在 PHP 运行环境下执行实例。如果没有相应的权限，则会出现如图 20.15 所示的提示。而如果已经以管理员身份进行登录，重新执行该 PHP 文件，执行结果如图 20.16 所示。

图 20.15　无权限时执行增加新类别文件执行结果

图 20.16　以管理员身份执行添加操作第一步

这一步很简单，只需要选择相应的类别即可。这里选择创建分类别，然后单击“下一步”按钮则会出现如图 20.17 所示的画面。

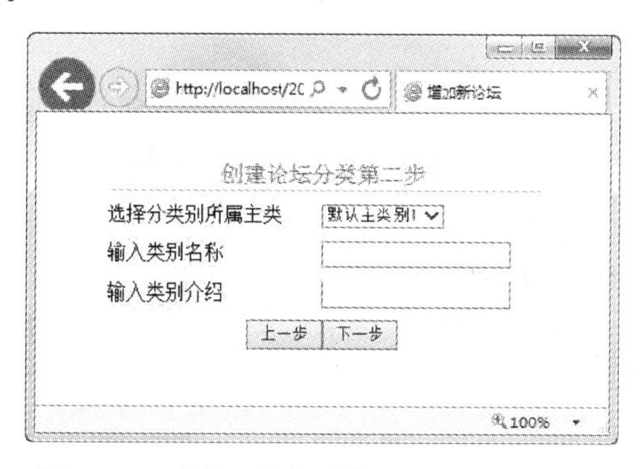

图 20.17　以管理员身份执行添加操作第二步

由于要创建的是分类别，所以要选择分类别所属的主类别。但目前论坛分类数据表中只有一个主类别，所以不用选择也可以。然后输入类别相应名称及简单介绍即可。单击“下一步”按钮，如果成功执行的话，程序会在执行完相应的操作后直接跳转到论坛的首页。也可以通过首页的显示，查看是否添加成功。执行结果如图 20.18 所示。

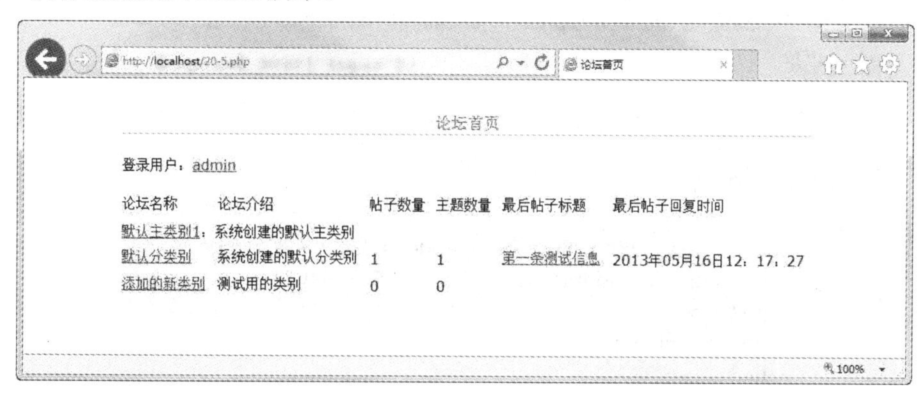

图 20.18　成功添加相应类别后的首页

比较图 20.18 与图 20.8 可以发现，除第一个分类别的帖子数量上有区别之外还有一个区别就是多出了一个新的分类别，这就说明添加操作成功执行。

有一点要引起注意，由于用户发帖都是基于分类别发帖的，所以如果一个主类别下边没有相应的分类别，它是不会被显示的。所以，在添加完一个主类别后必须为其添加相应的分类别。

20.6.2 更改现有类别

知识点讲解：光盘\视频讲解\第 20 章\更改现有类别.wmv

论坛的分类在创建后不能一成不变，最起码在创建初期应该会有改变。如系统默认的类别并不符合用户使用的要求，所以就要改变相应类别的名称或者类别简介等内容。本小节就来介绍对现有类别的修改操作。

注意： 由于某一类别的主题数及帖子数等属性是动态生成的，并与论坛的帖子数据表是紧密相连的，所以不能修改这些内容，只能修改类别名称、类别简介及分类别所属主类别这些内容。

【实例 20-11】以下为更改现有类别的代码。

实例 20-11：更改现有类别

源码路径：光盘\源文件\20\20-11.php

```
01  <?php
02      echo "<html>";
03      echo "<head>";
04      echo "<title>修改已有的论坛</title>";
05      echo "</head>";
06      echo "<body>";
07      echo "<LINK href=\"style.css\" rel=stylesheet>";
08      echo "<center>";
09      require "20-1.php";
10      $sql="select admin from $table_members where name='$_COOKIE[user]'";
11      $result=mysql_query($sql,$link);
12      $rows=mysql_fetch_array($result);
13      if($rows['admin']<3)
14      {
15          echo "<h2>你没有这项权限来运行该文件！</h2>";
16          echo "<h3>点<a href=20-5.php>这里</a>返回</h3>";
17          exit();
18      }
19      else
20      {
21          if(!$_POST['id'])
22          {
23              echo "<table width=\"80%\" cellpadding=\"1\" cellspacing=\"1\">";
24              echo "<form method=\"post\" action=\"".$_SERVER['PHP_SELF']."\">";
25              echo "<tr>";
26              echo "<td colspan=\"4\"><center><h2>修改论坛第一步</h2></center></td>";
27              echo "</tr>";
28              echo "<tr>";
```

```
29                  echo "<td>选择论坛</td>";
30                  echo "<td>主/分</td>";
31                  echo "<td>论坛名称</td>";
32                  echo "<td>论坛简介</td>";
33                  echo "</tr>";
34                  $sql="select id,p_id,topic_name,topic_description from $table_topic";
35                  $result=mysql_query($sql,$link);
36                  while($rows=mysql_fetch_array($result))
37                  {
38                      echo "<tr>";
39                      echo "<td><input type=\"radio\" name=\"id\" value=\"".$rows['id']."\"></td>";
40                      echo "<td>";
41                      if($rows['p_id']==0)
42                      {
43                          echo "主论坛";
44                      }
45                      else
46                      {
47                          echo "分论坛";
48                      }
49                      echo "</td>";
50                      echo "<td>".$rows['topic_name']."</td>";
51                      echo "<td>".$rows['topic_description']."</td>";
52                      echo "</tr>";
53                  }
54                  echo "<tr>";
55                  echo "<td colspan=\"4\"><center><input type=submit value=\"下一步\"></td>";
56                  echo "</tr>";
57                  echo "</form>";
58                  echo "</table>";
59                  echo "</center>";
60                  echo "</body>";
61                  echo "</html>";
62              }
63              else if(!$_POST['topic_name'])
64              {
65                  echo "<script language=\"javascript\">";
66                  echo "function juge(theForm)";
67                  echo "{";
68                  echo "if (theForm.topic_name.value == \"\")";
69                  echo "{";
70                  echo "alert(\"请输入类别名称！\");";
71                  echo "theForm.topic_name.focus();";
72                  echo "return (false);";
73                  echo "}";
74                  echo "if (theForm.topic_description.value == \"\")";
75                  echo "{";
76                  echo "alert(\"请输入类别介绍！\");";
77                  echo "theForm.topic_description.focus();";
78                  echo "return (false);";
79                  echo "}";
```

```
80                    echo "}";
81                    echo "</script>";
82                    echo "<table width=\"80%\" cellpadding=\"1\" cellspacing=\"1\">";
83                    echo  "<form  method=\"post\"  action=\"".$_SERVER['PHP_SELF']."\"   onsubmit=\"return
juge(this)\">";
84                    echo "<tr>";
85                    echo "<td colspan=\"2\"><center><h2>创建论坛分类第二步</h2></center></td>";
86                    echo "</tr>";
87                    echo "<input type=\"hidden\" name=\"id\" value=\"".$_POST['id']."\">";
88                    $sql="select * from $table_topic where id='$_POST[id]'";
89                    $result=mysql_query($sql,$link);
90                    $rows=mysql_fetch_array($result);
91                    if($rows['p_id']!=0)
92                    {
93                         echo "<tr>";
94                         echo "<td>选择分类别所属主类</td>";
95                         echo "<td>";
96                         echo "<select size=\"1\" name=\"p_id\">";
97                         $sql2="select id,topic_name from $table_topic where p_id=0";
98                         $result2=mysql_query($sql2,$link);
99                         while($rows2=mysql_fetch_array($result2))
100                        {
101                              echo "<option value=\"".$rows2['id'];
102                              if($rows2['id']==$rows['p_id']) echo " checked ";
103                              echo "\">".$rows2['topic_name']."</option>";
104                        }
105                        echo "</select>";
106                        echo "</td>";
107                        echo "</tr>";
108                   }
109                   echo "<tr>";
110                   echo "<td>输入类别名称</td>";
111                   echo "<td>";
112                   echo "<input type=\"text\" name=\"topic_name\" value=\"".$rows['topic_name']."\">";
113                   echo "</td>";
114                   echo "</tr>";
115                   echo "<tr>";
116                   echo "<td>输入类别介绍</td>";
117                   echo "<td>";
118                   echo "<input type=\"text\" name=\"topic_description\" value=\"".$rows['topic_description']."\">";
119                   echo "</td>";
120                   echo "</tr>";
121                   echo "<tr>";
122                   echo  "<td  colspan=\"2\"><center><input  type=button  value=\"上一步\"  onclick=\"history.
go(-1)\"><input type=submit value=\"下一步\"></td>";
123                   echo "</tr>";
124                   echo "</form>";
125                   echo "</table>";
126                   echo "</center>";
127                   echo "</body>";
128                   echo "</html>";
```

```
129                 }
130                 else
131                 {
132                         $id=$_POST['id'];
133                         $topic=$_POST['topic'];
134                         $topic_name=$_POST['topic_name'];
135                         $topic_description=$_POST['topic_description'];
136                         if($_POST['p_id'])
137                         {
138                                 $p_id=$_POST['p_id'];
139                         }
140                         else
141                         {
142                                 $p_id=0;
143                         }
144                         $sql="update   $table_topic set p_id='$p_id',topic_name='$topic_name',topic_description=
'$topic_description' where id=$id";
145                         if(mysql_query($sql,$link))
146                         {
147                                 echo "修改论坛操作成功，现在返回首页！";
148                                 echo "<meta http-equiv=\"refresh\" content=\"2; url=20-5.php\">";
149                         }
150                         else
151                         {
152                                 echo "修改论坛操作失败，现在返回！";
153                                 echo "<meta http-equiv=\"refresh\" content=\"2; url=20-10.php\">";
154                         }
155                 }
156         }
157 ?>
```

注意：与增加新类别操作一样，如果没有相应的权限，执行该文件将出现与图20.15一样的提示。

如果以管理员身份运行该文件，执行结果如图 20.19 所示。

图 20.19　以管理员身份执行修改操作第一步

这里显示出了目前论坛中的所有一级论坛及二级论坛。选中前面的单选按钮以选择相应的记录进行操作。这里选择对默认分类别进行修改操作。选择好后，单击“下一步”按钮将出现如图 20.20 所示的执行结果。

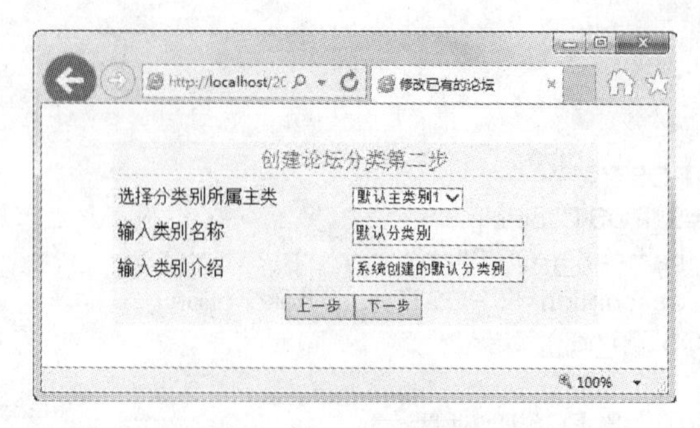

图 20.20　以管理员身份执行修改操作第二步

从图 20.20 可以看出，这里能够对分类别的所属主类别（如果操作的是主类别将没有这一项）、类别名称、类别介绍等内容进行修改。这里把类别名称更改为“PHP 编程”，类别介绍修改为“PHP 编程专区，欢迎各位 PHP 菜鸟大虾光临！”。由于现在只有一个主类别，所以主类别必须选择“默认主类别 1”。然后单击“下一步”按钮，如果操作成功，程序将自动跳转到论坛首页，如图 20.21 所示。

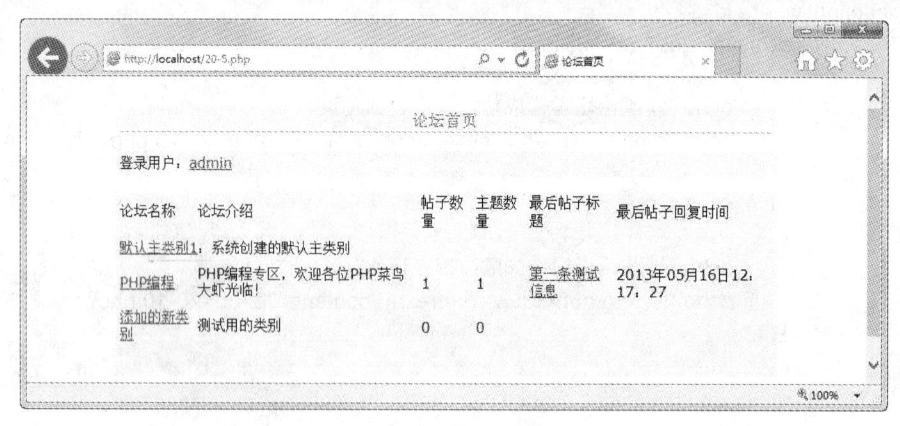

图 20.21　成功修改相应类别后的首页

从图 20.21 可以看出相应的类别已经被修改了。同理，也可以对主类别或者其他所有类别进行相应修改。下面把“默认主类别 1”修改为“网络编程区”，把类别介绍修改为“网络语言编程区：有 PHP、ASP、JavaScript 等内容”，修改后的结果如图 20.22 所示。

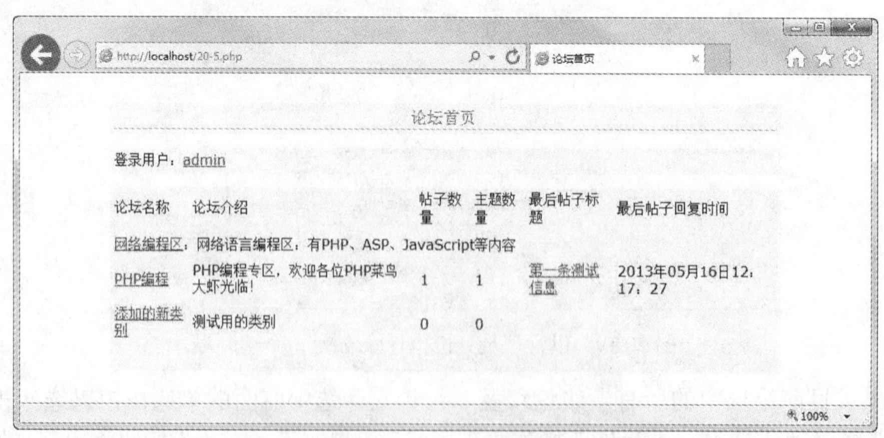

图 20.22　主类别修改之后的首页显示效果

因为通常情况下不需要对论坛分类进行删除操作，所以这里要介绍的论坛分类就不再探讨分类的删除问题。

至此，论坛分类管理就为读者介绍完毕。从这两节的介绍可以看出，对论坛分类的管理，实际上还是对数据表的添加或者修改操作。只要明白其中的道理，一切都变得很简单。

20.7 帖子的管理

本节来介绍对论坛中帖子的管理。帖子是构成论坛的灵魂，论坛只有有了好帖子才能发挥其生命力。同理，那些广告帖、垃圾帖、含有不合法内容的帖子则应及时清除。本节主要讲如何对帖子进行管理，其中包括帖子的编辑、非法帖的删除、如何防止用户恶意掘墓等内容。

20.7.1 编辑帖子

知识点讲解：光盘\视频讲解\第 20 章\编辑帖子.wmv

用户发的帖子中，有时会有一些不恰当的内容，或者用户发错的内容。这就应该给管理员和帖子的作者有编辑帖子内容的权限。这里要对显示帖子的页面（实例 20-9）做一定改动，给相应的帖子上显示出“编辑”链接。当用户有编辑权限时（这里有两种情况，一种是用户本身是论坛管理员或者相应区的版主；另一种是这条帖子的作者就是浏览的用户本人），显示该链接。反之不显示。这样，就可以实现帖子的编辑了。

具体怎么改动呢？下面给出具体的代码。

分别找到显示主题与回复代码中的这样的内容：

```
echo "<td>";
echo "标题：".$rows[title];
echo "</td>";
```

把上面的内容改为：

```
echo "<td>";
echo "标题：".$rows[title];
if($rows_t['admin']==3) or ($rows[0]==$_COOKIE['user']))        //判断用户与帖子作者是否是同一人
echo "    <a href=\"20-12.php?id=".$rows[id]."\">编辑</a>";
echo "</td>";
```

这样当浏览的用户与发帖（或者回复）的作者是同一个人的话，就会在帖子或者回复的标题后显示出“编辑”链接，以方便用户对帖子实现编辑操作。

也可以这样：

```
echo "<td>";
echo "标题：".$rows[title];
$sql_t="select admin from $table_members where name='$_COOKIE[user]'";
$result_t=mysql_query($sql_t,$link);
$rows_t=mysql_fetch_array($result_t);
if($rows_t[admin]==3)
```

```
echo "    <a href=\"20-12.php?id=".$rows[id]."\">编辑</a>";
echo "</td>";
```

说明：上面的修改是让管理员也有编辑帖子的权限。与普通用户不同，普通用户只能修改自己所发的帖子，而管理员则可以修改所有的帖子。

经过以上修改，再次运行实例 20-9 时的结果如图 20.23 所示。

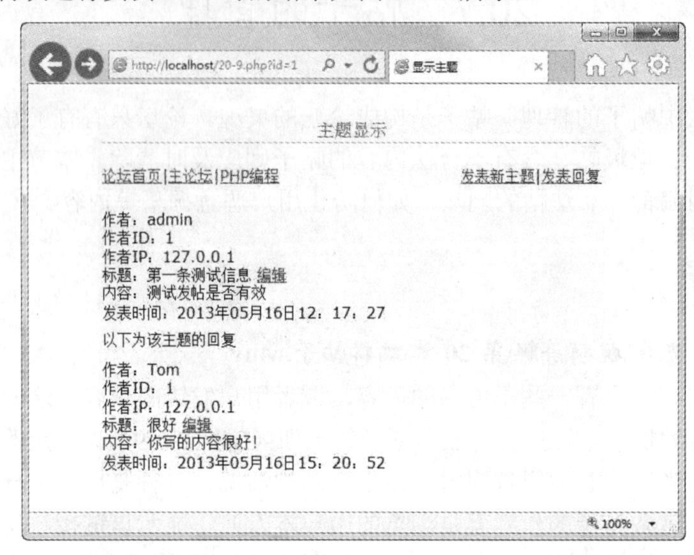

图 20.23　加入“编辑”链接的主题显示页面

经过以上的修改，对帖子进行修改的准备工作就算做完了。

【实例 20-12】以下为修改帖子内容的代码。

实例 20-12：修改帖子内容
源码路径：光盘\源文件\20\20-12.php

```
01  <?php
02      echo "<html>";
03      echo "<head>";
04      echo "<title>编辑帖子</title>";
05      echo "</head>";
06      echo "<body>";
07      echo "<LINK href=\"style.css\" rel=stylesheet>";
08      echo "<center>";
09      if(!$_GET['id'])
10      {
11          echo "<h2>没有请求 ID</h2>";
12          echo "<h3>点<a href=20-5.php>这里</a>返回</h3>";
13          exit();
14      }
15      else
16      {
17          require "20-1.php";
18          $sql="select poster,topic_id,re_id,title,content from $table_posts where id='$_GET[id]'";
```

```
19              $result=mysql_query($sql,$link) or die(mysql_error());
20              $rows=mysql_fetch_array($result);
21              $sql2="select admin from $table_members where name='$_COOKIE[user]'";
22              $result2=mysql_query($sql2,$link) or die(mysql_error());
23              $rows2=mysql_fetch_array($result2);
24              if(($rows[0]!=$_COOKIE['user']) or ($rows2[0]<3))        //如果用户不是发帖者或者不是管理员
25              {
26                  echo "<h2>没有这样的权限</h2>";
27                  echo "<h3>点<a href=\"#\" onclick=\"history.go(-1)\">这里</a>返回</h3>";
28                  exit();
29              }
30              else
31              {
32                  if(!$_POST['title'])                           //如果没有发送标题，显示 HTML
33                  {
34                      echo "<script language=\"javascript\">";
35                      echo "function juge(theForm)";
36                      echo "{";
37                      echo "if (theForm.title.value == \"\")";
38                      echo "{";
39                      echo "alert(\"请输入主题名称！\");";
40                      echo "theForm.title.focus();";
41                      echo "return (false);";
42                      echo "}";
43                      echo "if (theForm.content.value == \"\")";
44                      echo "{";
45                      echo "alert(\"请输入主题内容！\");";
46                      echo "theForm.content.focus();";
47                      echo "return (false);";
48                      echo "}";
49                      echo "}";
50                      echo "</script>";
51                      echo "<table width=\"80%\" cellpadding=\"1\" cellspacing=\"1\">";
52                      echo "<tr>";
53                      echo "<td>";
54                      echo "<center><h2>编辑帖子</h2></center>";
55                      echo "</td>";
56                      echo "</tr>";
57                      echo "</table>";
58                      $sql_t="select p_id,topic_name from $table_topic where id='$rows[topic_id]'";
59                      $result_t=mysql_query($sql_t,$link) or die(mysql_error());
60                      $rows_t=mysql_fetch_array($result_t);
61                      echo "<table width=\"80%\" cellpadding=\"1\" cellspacing=\"1\">";
62                      echo "<tr>";
63                      echo "<td><a href=20-5.php>论坛首页</a>|<a href=20-6.php?id=".$rows_t[0].">主论
坛</a>|<a href=20-7.php?id=".$rows['topic_id'].">".$rows_t[1]."</a></td>";
64                      echo "</tr>";
65                      echo "</table>";
66                      echo "<table width=\"80%\" cellpadding=\"1\" cellspacing=\"1\">";
67                      echo "<form method=\"post\" action=\"20-12.php?id=".$_GET['id']."\" onsubmit=
\"return juge(this)\">";
```

```
68                          echo "<tr>";
69                          if($rows['re_id']==0) $re_id=$_GET['id'];                    //如果帖子是主题
70                          else $re_id=$rows['re_id'];                                  //如果帖子不是主题
71                          echo "<input type=\"hidden\" name=\"re_id\" value=\"".$re_id."\">";
72                          echo "<td>输入标题：</td>";
73                          echo "<td><input type=\"text\" name=\"title\" value=\"".$rows['title']."\"></td>";
74                          echo "</tr>";
75                          echo "<tr>";
76                          echo "<td>输入内容：</td>";
77                          echo "<td><textarea rows=5 cols=50 name=\"content\">".$rows['content']. "</textarea>
</td>";
78                          echo "</tr>";
79                          echo "<tr>";
80                          echo "<td colspan=\"2\"><center><input type=submit value=提交><input type=reset
value=重置></center></td>";
81                          echo "</tr>";
82                          echo "<form>";
83                          echo "</table>";
84                          echo "</center>";
85                          echo "</body>";
86                          echo "</html>";
87                      }
88                      else                                                             //如果内容已经提交
89                      {
90                          $title=$_POST['title'];
91                          $content=$_POST['content'];
92                          $id=$_GET['id'];
93                          $re_id=$_POST['re_id'];
94                          $sql="update $table_posts set title='$title',content='$content' where id='$id'";
95                          if(mysql_query($sql,$link))                                  //如果更新语句顺利执行
96                          {
97                              echo "编辑帖子成功，现在返回主题显示页";
98                              echo "<meta http-equiv=\"refresh\" content=\"2; url=20-9.php?id=".$re_id."\">";
99                          }
100                         else
101                         {
102                             echo "编辑记录时出错，现在返回";
103                             echo "<meta http-equiv=\"refresh\" content=\"2; url=20-9.php?id=".$re_id."\">";
104                         }
105                     }
106                 }
107             }
108 ?>
```

如果想对哪一条记录进行编辑，单击图 20.23 某一条帖子标题后面的“编辑”链接即可。当然，前提是要有权限。如果没有相应的权限，也不会显示出“编辑”链接。但是有可能存在恶意的使用者通过猜想直接在地址栏中运行，所以还要在编辑页里进行用户身份的判断。如果是不合法用户请求编辑页，就会出现如图 20.24 所示的提示。

这里以管理员身份登录，编辑如图 20.23 所示的一条回复。单击“编辑”链接后，出现如图 20.25

所示的执行结果。

图 20.24 非法用户请求编辑页执行结果

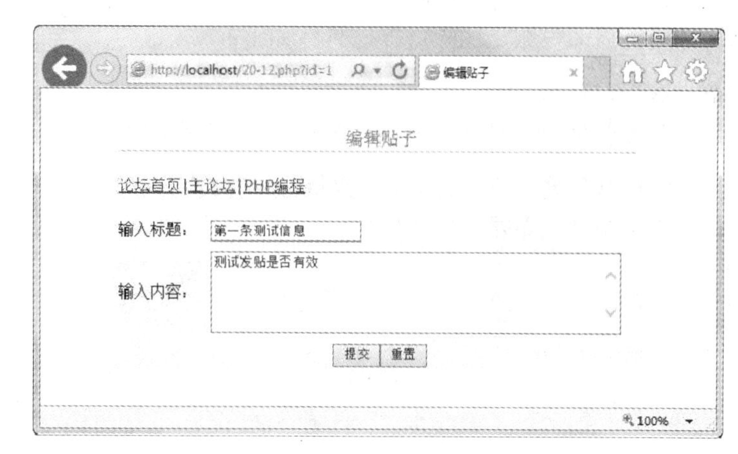

图 20.25 合法用户请求编辑页执行结果

在这里可以对帖子的标题及内容进行修改，修改完成后直接单击“提交”按钮即可。这里把帖子内容修改为与 PHP 编程有关系的内容，这样也符合 PHP 编程区内容的要求。提交操作，如果正确执行，程序将会返回到主题显示页。执行操作后的主题显示页如图 20.26 所示。

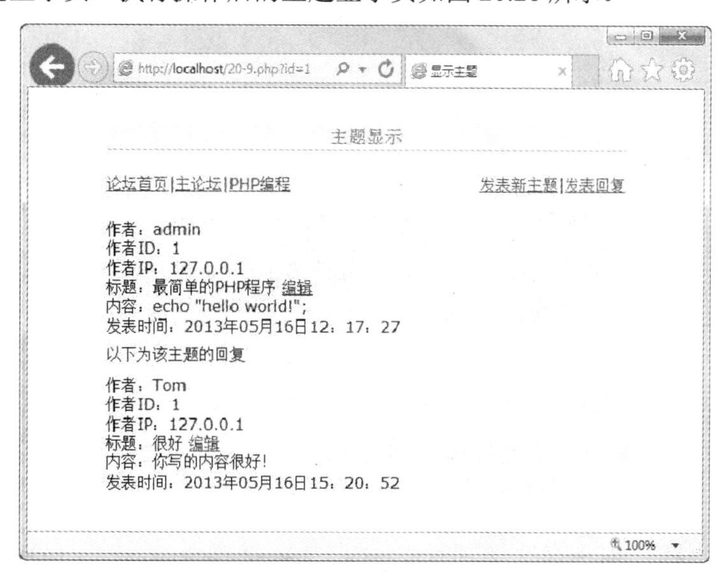

图 20.26 执行修改操作后的主题显示页

从图 20.26 可以得知经过操作，帖子内容及标题已经被成功修改。

20.7.2 删除帖子

知识点讲解：光盘\视频讲解\第 20 章\删除帖子.wmv

有时，只是单纯地编辑帖子并不能满足要求，因为总是有别有用心的人会在论坛中放很多垃圾帖。有时是无用的恶意广告帖；有时是色情网站链接帖；有时则含有违反国家法律、法规内容的帖子，对于这一类帖子必须给予删除。本小节来介绍如何删除帖子。

在进行删除操作之前同编辑帖子一样，也需要对论坛的主题显示页做一下改动。在 20.7.1 小节加入编辑链接的后面再跟上删除链接。具体如下：

```
if($rows_t[admin]==3)
    echo "<a href=\"20-13.php?id=".$rows[id]."\">|删除</a>";
```

上面这段代码实现的功能是：先判断用户身份，如果用户是管理员则显示“删除”链接。这样就确保只有管理员才能单击相应的链接。修改后主题的显示结果如图 20.27 所示。

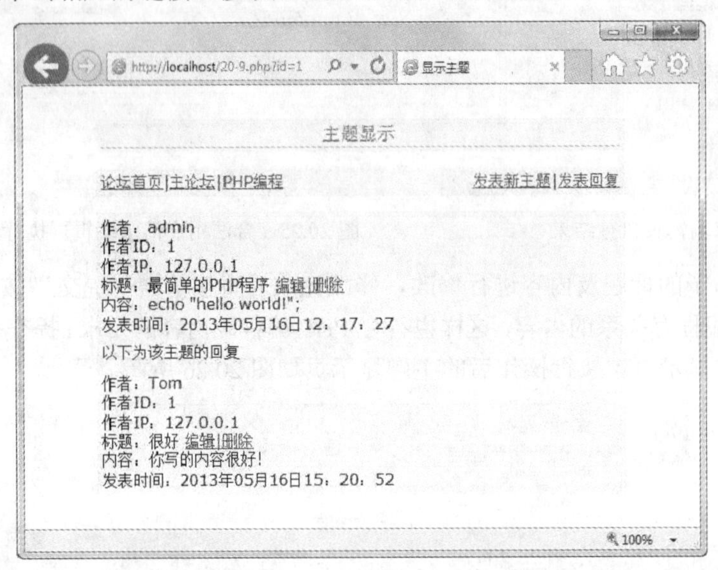

图 20.27　加入“删除”链接的主题显示结果

做完准备工作，下面就来介绍如何对帖子进行删除操作。这里还要分两种情况：一种是被删除的是非主题，这种情况很好办，直接删除记录即可；另外一种情况是删除的记录是主题。这就比较麻烦了，因为主题通常都有回复，所以不仅要对帖子记录本身进行操作，还要对主题的回复进行操作。

技巧： 这里采用这样的处理机制：如果删除的帖子本身是主题就查找它的所有回复，把第一条对主题的回复变为主题，原来对原主题的回复都变为对新主题的回复。听起来好像很复杂，实际上并不复杂。

如有一个主题，“1”。其下有 3 个回复“1-1”、“1-2”、“1-3”。则删除主题“1”，原来的回复“1-1”就成为新的主题，而“1-2”、“1-3”则成了对新主题的回复。

【实例 20-13】以下为删除帖子的代码。

实例 20-13：删除帖子
源码路径：光盘\源文件\20\20-13.php

```
01    <?php
02        echo "<html>";
03        echo "<head>";
04        echo "<title>删除帖子</title>";
05        echo "</head>";
06        echo "<body>";
```

```
07          echo "<LINK href=\"style.css\" rel=stylesheet>";
08          echo "<center>";
09          if(!$_GET['id'])
10          {
11                 echo "<h2>没有请求 ID</h2>";
12                 echo "<h3>点<a href=20-5.php>这里</a>返回</h3>";
13                 exit();
14          }
15          else
16          {
17                 require "20-1.php";
18                 $sql="select admin from $table_members where name='$_COOKIE[user]'";
19                 $result=mysql_query($sql,$link) or die(mysql_error());
20                 $rows=mysql_fetch_array($result);
21                 if($rows[0]<3)
22                 {
23                        echo "<h2>没有这样的权限</h2>";
24                        echo "<h3>点<a href=\"#\" onclick=\"history.go(-1)\">这里</a>返回</h3>";
25                        exit();
26                 }
27                 else
28                 {
29                        $sql="select re_id from $table_posts where id='$_GET[id]'";
30                        $result=mysql_query($sql,$link) or die(mysql_error());
31                        $rows=mysql_fetch_array($result);
32                        if($rows['re_id']==0)
33                        {
34                               $sql2="select id from $table_posts where re_id='$_GET[id]' limit 1";
35                               $result2=mysql_query($sql2,$link);
36                               $rows2=mysql_fetch_array($result2);
37                               $sql3="update $table_posts set re_id='0' where id='$rows2[0]'";
38                               mysql_query($sql3,$link);
39                               $sql4="update $table_posts set re_id='$rows2[0]' where re_id='$_GET[id]'";
40                               mysql_query($sql4,$link);
41                        }
42                        $sql="delete from $table_posts where id='$_GET[id]'";
43                        if(mysql_query($sql,$link))
44                        {
45                               echo "删除帖子成功，现在返回论坛首页";
46                        }
47                        else
48                        {
49                               echo "删除记录时出错，现在返回论坛首页";
50                        }
51                        echo "<meta http-equiv=\"refresh\" content=\"2; url=20-5.php\">";
52                 }
53          }
54   ?>
```

单击图 20.27 中的“删除”链接，就相当于执行以上代码。同理，这个页面也需要对用户的身份进行验证，必须是管理员才能进行这项操作。如果普通用户或者匿名用户执行这个页面，则会出现与图 20.24 类似的提示页。而如果是有权限的管理员单击链接，则会执行相关的删除操作。删除主题后的主题页面如图 20.28 所示。

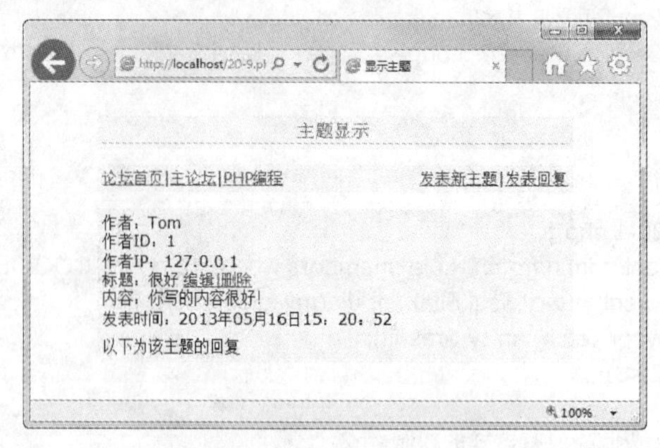

图 20.28　删除主题后的显示

可以看到，原来的回复变成了新的主题，说明删除操作成功。

20.7.3　防掘墓功能

知识点讲解：光盘\视频讲解\第 20 章\防掘墓功能.wmv

什么是掘墓呢？在分论坛显示页中，显示的是各个主题的基本内容。排列顺序是按照回复的先后顺序进行排列的。这样可以使得用户最后回复的帖子始终处于最上方，使其他用户能够第一时间浏览到这个帖子及回复，如图 20.29 所示。

图 20.29　最后回复的帖子显示于最上方

这一设定本来是为了方便用户能够及时发现最新的帖子的，但这样就会存在一些问题，会有一些用户对很久以前的老帖进行回复。这样一来，老主题就会显示在分论坛页面最醒目的位置。网络上通常对这种恶意回复老帖的行为叫做掘墓。

技巧： 如何防止掘墓行为发生呢？比较可行的方法就是先设定一个最大允许回复天数。如这一天数设为“5”。如果主题留言时间是在5天以前，那么就不允许对这一主题进行回复，这样就可以有效避免掘墓行为的发生。

这要求在对帖子进行回复时先判断是否已经超过了最大允许回复天数。如果超过了，就给出不允许回复的提示。这就要对实例 20-8 的代码进行修改。因为这个文件是发表主题或者回复时要用到的页面。

下面给出具体修改措施。

找到以下内容：

```
if(!$_GET[re_id]) $re_id=0;
else $re_id=$_GET[re_id];
```

在这些内容下面添加如下内容：

```
function next7($y,$m,$d)
{
    $t["01"]=$t["03"]=$t["05"]=$t["07"]=$t["08"]=$t["10"]=$t["12"]=31;
    $t["02"]=28;
    $t["04"]=$t["06"]=$t["09"]=$t["11"]=30;
    if($d+5<=$t[$m]) $d=$d+5;
    else
    {
        $d=$d+5-$t[$m];
        $m=$m+1;
        if(strlen($m)==1) $m="0".$m;
        if($m>12) $y=$y+1;
    }
    if(strlen($d)==1) $d="0".$d;
    return($y.$m.$d);
}
if($re_id!=0)
{
    $sql="select post_time from $table_posts where id='$re_id'";
    $result=mysql_query($sql);
    $rows=mysql_fetch_array($result);
        $last=next7(substr($rows[post_time],0,4),substr($row[post_time],6,2),substr($row[post_time],10,2));
    $temp=date(Ymd);
    if($last<$temp)
    {
        echo "已经超过 5 天了，你还回复什么？！";
        echo "<br>点<a href=i=20-7.php?id=".$topic_id.">这里</a>返回";
        exit();
    }
}
```

这里首先定义了一个函数 next7()，这一函数的作用就是求某一天后 5 天是哪一天，然后读取要回复的主题的日期，截取出整数，再求其 5 天后是多少，把值赋给$last 变量，再与代表当前日期的变量$temp 相比较。如果$last 小于$temp，则给出出错提示，并且中止所有操作。

经过上述处理，用户的恶意掘墓行为就会得到有效的控制。

关于帖子的管理，本节就介绍到这里。20.8 节将介绍论坛用户的管理。

20.8 用户的管理

一个用户在注册一个论坛后，他的各项信息，包括密码、昵称、性别、电子信箱、图像、签名等内容都是可以改变的。通常这些操作也都是由用户自行完成的。本节就来讲如何实现用户的管理。

20.8.1 用户信息的显示

知识点讲解：光盘\视频讲解\第 20 章\用户信息的显示.wmv

用户与用户之间都应该能够互相查看对方的注册信息。在显示主题时，为帖子的作者一项加上指向该用户信息显示页的超链接以实现不同用户间的互相查看。

这里就需要对 20-9.php 做一点修改。找到如下的内容：

```
echo "作者：".$rows[poster];
```

把它修改为：

```
echo "作者：<a href=20-14.php?id=".$rows[poster_id].">".$rows[poster]."</a>";
```

经过这样的修改，原本只显示的用户名，现在有了一个指向查看用户信息页面的超链接。

下面就如何显示用户信息为读者做一介绍。操作过程只需获取参数$_GET[id]，然后从用户表中搜索相关记录，显示出相关信息即可。

【实例 20-14】以下为显示用户信息的代码。

实例 20-14：显示用户信息
源码路径：光盘\源文件\20\20-14.php

```
01  <?php
02      echo "<html>";
03      echo "<head>";
04      echo "<title>显示用户信息</title>";
05      echo "</head>";
06      echo "<body>";
07      echo "<LINK href=\"style.css\" rel=stylesheet>";
08      echo "<center>";
09      if(!$_GET['id'])
10      {
11          echo "<h2>没有请求 ID</h2>";
12          echo "<h3>点<a href=# onclick=history.go(-1)>这里</a>返回</h3>";
13          exit();
14      }
15      else
16      {
17          require "20-1.php";
18          $sql="select * from $table_members where id='$_GET[id]'";
19          $result=mysql_query($sql,$link) or die(mysql_error());
20          $rows=mysql_fetch_array($result);
```

```
21          echo "<table width=\"80%\" cellpadding=\"1\" cellspacing=\"1\">";
22          echo "<tr>";
23          echo "<td>";
24          echo "<center><h2>显示用户".$rows['name']."信息</h2></center>";
25          echo "</td>";
26          echo "</tr>";
27          echo "</table>";
28          echo "<table width=\"80%\" cellpadding=\"1\" cellspacing=\"1\">";
29          echo "<tr>";
30          echo "<td>";
31          echo "<a href=\"20-5.php\">论坛首页</a>";
32          echo "</td>";
33          if($rows['name']==$_COOKIE['user'])
34          {
35              echo "<td align=\"right\">";
36              echo "<a href=\"20-15.php?id=".$rows['id']."\">编辑信息</a>|";
37              echo "<a href=\"20-16.php?id=".$rows['id']."\">修改密码</a>";
38              echo "</td>";
39          }
40          echo "</tr>";
41          echo "</table>";
42          echo "<table width=\"80%\" cellpadding=\"1\" cellspacing=\"1\">";
43          echo "<tr>";
44          echo "<td>用户名：</td>";
45          echo "<td>".$rows['name']."</td>";
46          echo "</tr>";
47          echo "<tr>";
48          echo "<td>用户昵称：</td>";
49          echo "<td>".$rows['nickname']."</td>";
50          echo "</tr>";
51          echo "<tr>";
52          echo "<td>性别：</td>";
53          echo "<td>".$rows['sex']."</td>";
54          echo "</tr>";
55          echo "<tr>";
56          echo "<td>电子信箱：</td>";
57          echo "<td>".$rows['email']."</td>";
58          echo "</tr>";
59          echo "<tr>";
60          echo "<td>用户图像</td>";
61          echo "<td>";
62          if($rows['photo']) echo "<img src=images/".$rows['photo'].">";
63          else echo "该用户没有设置图像";
64          echo "</td>";
65          echo "</tr>";
66          echo "<tr>";
67          echo "<td>签名：</td>";
68          echo "<td>";
69          if($rows['q_name']) echo $rows['q_name'];
70          else echo "该用户没有设置签名档";
71          echo "</td>";
```

```
72              echo "</tr>";
73              echo "<tr>";
74              echo "<td>发帖数量：</td>";
75              echo "<td>".$rows['post_num']."</td>";
76              echo "</tr>";
77              echo "<tr>";
78              echo "<td>注册日期：</td>";
79              echo "<td>".$rows['reg_date']."</td>";
80              echo "</tr>";
81              echo "</table>";
82              echo "</center>";
83              echo "</body>";
84              echo "</html>";
85          }
86  ?>
```

在 PHP 环境下执行该文件，如果是匿名用户浏览某用户的信息，执行结果如图 20.30 所示。

从图 20.30 的执行结果可以看到页面只显示出了用户的基本信息。如果某用户查看自己的信息，执行结果会有所不同（见图 20.31）。

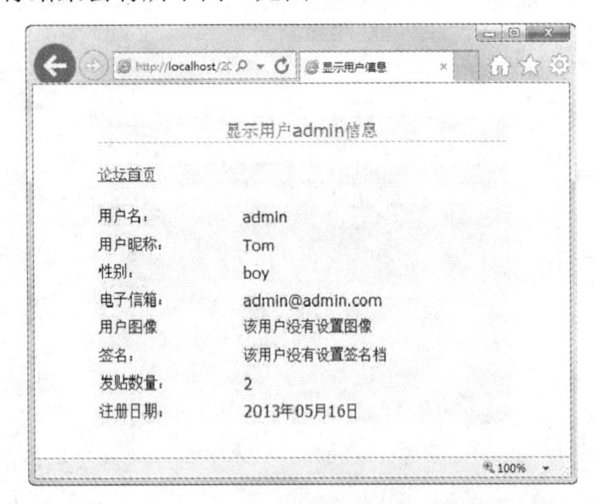

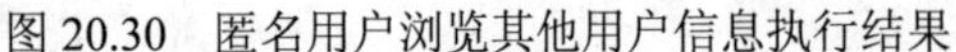
图 20.30　匿名用户浏览其他用户信息执行结果

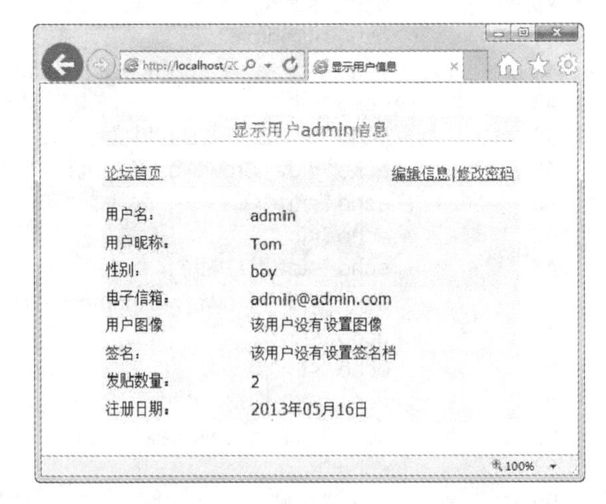

图 20.31　注册用户查看自己信息

可以看到，注册用户查看自己的信息会显示出指向编辑信息与修改密码页面的链接，用户可以通过这些链接修改自己的信息及密码。

20.8.2 小节就来介绍如何使用户能够修改自己的注册信息。

20.8.2　普通信息的修改

知识点讲解：光盘\视频讲解\第 20 章\普通信息的修改.wmv

本小节来介绍如何使用户能够修改自己的普通信息。当然，用户也不能随意修改自己的所有信息，如用户名、发帖数、注册日期、管理员等级等，用户可以修改的只有用户昵称、性别、电子信箱、论坛图像、发帖个性签名等。下面就来介绍如何实现对用户这些信息的修改。

【实例 20-15】以下为修改用户信息代码。

实例 20-15：修改用户信息

源码路径：光盘\源文件\20\20-15.php

```
01 <?php
02       echo "<html>";
03       echo "<head>";
04       echo "<title>修改用户信息</title>";
05       echo "</head>";
06       echo "<body>";
07       echo "<LINK href=\"style.css\" rel=stylesheet>";
08       echo "<center>";
09       if(!$_GET['id'])
10       {
11             echo "<h2>没有请求 ID</h2>";
12             echo "<h3>点<a href=# onclick=history.go(-1)>这里</a>返回</h3>";
13             exit();
14       }
15       else
16       {
17             require "20-1.php";
18             $sql="select * from $table_members where id='$_GET[id]'";
19             $result=mysql_query($sql,$link) or die(mysql_error());
20             $rows=mysql_fetch_array($result);
21             if($rows['name']!=$_COOKIE['user'])
22             {
23                   echo "<h2>请求 ID 与用户身份不符！ </h2>";
24                   echo "<h3>点<a href=# onclick=history.go(-1)>这里</a>返回</h3>";
25                   exit();
26             }
27             else
28             {
29                   echo "<table width=\"80%\" cellpadding=\"1\" cellspacing=\"1\">";
30                   echo "<tr>";
31                   echo "<td>";
32                   echo "<center><h2>修改用户".$rows['name']."信息</h2></center>";
33                   echo "</td>";
34                   echo "</tr>";
35                   echo "</table>";
36                   echo "<table width=\"80%\" cellpadding=\"1\" cellspacing=\"1\">";
37                   echo "<tr>";
38                   echo "<td>";
39                   echo "<a href=\"20-5.php\">论坛首页</a>";
40                   echo "</td>";
41                   echo "<td align=\"right\">";
42                   echo "<a href=\"20-14.php?id=".$rows['id']."\">显示信息</a>|";
43                   echo "<a href=\"20-16.php?id=".$rows['id']."\">修改密码</a>";
44                   echo "</td>";
45                   echo "</tr>";
46                   echo "</table>";
47                   if(!$POST[$nickname])
48                   {
```

```
49                          echo "<script language=\"javascript\">";
50                          echo "function juge(theForm)";
51                          echo "{";
52                          echo "if (theForm.nickname.value == \"\")";
53                          echo "{";
54                          echo "alert(\"请输入昵称！\");";
55                          echo "theForm.title.focus();";
56                          echo "return (false);";
57                          echo "}";
58                          echo "}";
59                          echo "function s_photo(the)";
60                          echo "{";
61                          echo "document.img.src='images/'+the.photo.value+'.bmp';";
62                          echo "}";
63                          echo "</script>";
64                          echo "<table width=\"80%\" cellpadding=\"1\" cellspacing=\"1\">";
65                          echo   "<form   method=\"post\"   action=\"20-15.php?id=".$_GET['id']."\"   onsubmit=
\"return juge(this)\">";
66                          echo "<tr>";
67                          echo "<td>用户昵称：</td>";
68                          echo "<td>";
69                          echo "<input type=\"text\" name=\"nickname\" value=\"".$rows['nickname']."\">";
70                          echo "</td>";
71                          echo "</tr>";
72                          echo "<tr>";
73                          echo "<td>性别：</td>";
74                          echo "<td>";
75                          echo "<input type=\"radio\" name=\"sex\" value=\"boy\" ";
76                          if($rows['sex']=="boy") echo " checked ";
77                          echo ">男";
78                          echo "<input type=\"radio\" name=\"sex\" value=\"girl\" ";
79                          if($rows['sex']=="girl") echo " checked ";
80                          echo ">女";
81                          echo "</td>";
82                          echo "</tr>";
83                          echo "<tr>";
84                          echo "<td>电子信箱：</td>";
85                          echo "<td>";
86                          echo "<input type=\"text\" name \"email\" value=\"".$rows['email']."\">";
87                          echo "</td>";
88                          echo "</tr>";
89                          echo "<tr>";
90                          echo "<td>用户图像</td>";
91                          echo "<td>";
92                          echo "<select name=\"photo\" size=\"1\" onchange=\"s_photo(this.form)\">";
93                          for($i=1;$i<21;$i++)
94                          {
95                                echo "<option value=".$i.">".$i."</option>";;
96                          }
97                          echo "</select>";
98                          if(!$rows['photo'])
```

```
99              {
100                     echo "用户没有设置图像<br>";
101                     echo "<img src=\"images/1.bmp\" name=\"img\">";
102             }
103             else
104             {
105                     echo "<img src=\"images/".$rows['photo']."\" name=\"img\">";
106             }
107             echo "</td>";
108             echo "</tr>";
109             echo "<tr>";
110             echo "<td>签名：</td>";
111             echo "<td>";
112             echo "<input type=\"text\" name \"q_name\" value=\"".$rows['q_name']."\">";
113             echo "</td>";
114             echo "</tr>";
115             echo "<tr>";
116             echo "<td colspan=\"2\"><center>";
117             echo "<input type=submit value=\"提交\">";
118             echo "</center></td>";
119             echo "</tr>";
120             echo "</form>";
121             echo "</table>";
122             echo "</center>";
123             echo "</body>";
124             echo "</html>";
125         }
126         else
127         {
128             $nickname=$_POST['nickname'];
129             $sex=$_POST['sex'];
130             $email=$_POST['email'];
131             $photo=$_POST['photo'];
132             $q_name=$_POST['q_name'];
133             $id=$_GET['id'];
134             $sql="update $table_members set nickname='$nickname',sex='$sex',email='$email',
photo='$photo',q_name='$q_name' where id='$id'";
135             if(mysql_query($sql,$link))
136             {
137                     echo "修改注册信息成功，现在返回查看信息页";
138                     echo "<meta http-equiv=\"refresh\" content=\"2; url=20-14.php?id=".$id."\">";
139             }
140             else
141             {
142                     echo "修改注册信息失败，现在返回修改用户记录页";
143                     echo "<meta http-equiv=\"refresh\" content=\"2; url=20-15.php?id=".$id."\">";
144             }
145         }
146     }
147   }
148 ?>
```

单击图 20.31 中的“编辑信息”超链接，就可以执行该文件，执行结果如图 20.32 所示。

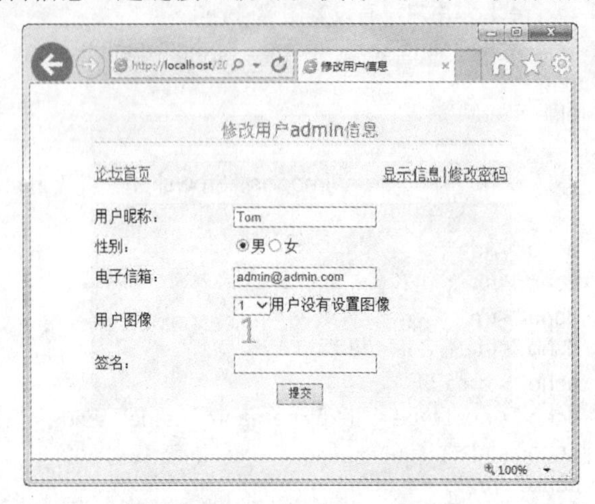

图 20.32　修改用户信息执行结果

这里只按照需要对需要改动的内容进行更改。然后单击“提交”按钮，就可以把修改信息提交到后台进行处理。如果操作正确执行，新的用户信息将代替以前的信息。

20.8.3　用户密码的修改

知识点讲解：光盘\视频讲解\第 20 章\用户密码的修改.wmv

密码是一个比较特殊的用户信息，它是用户登录系统的最重要的“钥匙”，所以要把对密码的修改与普通信息的修改分开来进行。

技巧： 密码修改的机理：先让用户分别输入旧密码及新的密码，然后在后台进行判断。如果用户输入的旧密码与库里保存的一致，则执行把旧密码更改为新密码的SQL语句。反之，如果用户输入不一致则给出出错提示。

【实例 20-16】以下为修改用户密码的代码。

实例 20-16：修改用户密码
源码路径：光盘\源文件\20\20-16.php

```
01  <?php
02      echo "<html>";
03      echo "<head>";
04      echo "<title>修改用户密码</title>";
05      echo "</head>";
06      echo "<body>";
07      echo "<LINK href=\"style.css\" rel=stylesheet>";
08      echo "<center>";
09      if(!$_GET['id'])
10      {
11          echo "<h2>没有请求 ID</h2>";
12          echo "<h3>点<a href=# onclick=history.go(-1)>这里</a>返回</h3>";
13          exit();
```

```
14          }
15          else
16          {
17                  require "20-1.php";
18                  $sql="select * from $table_members where id='$_GET[id]'";
19                  $result=mysql_query($sql,$link) or die(mysql_error());
20                  $rows=mysql_fetch_array($result);
21                  if($rows['name']!=$_COOKIE['user'])
22                  {
23                          echo "<h2>请求 ID 与用户身份不符！</h2>";
24                          echo "<h3>点<a href=# onclick=history.go(-1)>这里</a>返回</h3>";
25                          exit();
26                  }
27                  else
28                  {
29                          echo "<table width=\"80%\" cellpadding=\"1\" cellspacing=\"1\">";
30                          echo "<tr>";
31                          echo "<td>";
32                          echo "<center><h2>修改用户".$rows['name']."的密码</h2></center>";
33                          echo "</td>";
34                          echo "</tr>";
35                          echo "</table>";
36                          echo "<table width=\"80%\" cellpadding=\"1\" cellspacing=\"1\">";
37                          echo "<tr>";
38                          echo "<td>";
39                          echo "<a href=\"20-5.php\">论坛首页</a>";
40                          echo "</td>";
41                          echo "<td align=\"right\">";
42                          echo "<a href=\"20-14.php?id=".$rows['id']."\">显示信息</a>|";
43                          echo "<a href=\"20-15.php?id=".$rows['id']."\">修改信息</a>";
44                          echo "</td>";
45                          echo "</tr>";
46                          echo "</table>";
47                          if(!$_POST['password'])
48                          {
49                                  echo "<script language=\"javascript\">";
50                                  echo "function juge(theForm)";
51                                  echo "{";
52                                  echo "if (theForm.password.value == \"\")";
53                                  echo "{";
54                                  echo "alert(\"请输入旧密码！\");";
55                                  echo "theForm.password.focus();";
56                                  echo "return (false);";
57                                  echo "}";
58                                  echo "if (theForm.newpassword.value == \"\")";
59                                  echo "{";
60                                  echo "alert(\"请输入新密码！\");";
61                                  echo "theForm.newpassword.focus();";
62                                  echo "return (false);";
63                                  echo "}";
64                                  echo "if (theForm.newpassword.value.length <8)";
```

```
65                          echo "{";
66                          echo "alert(\"密码要在 8 位以上！ \");";
67                          echo "theForm.newpassword.focus();";
68                          echo "return (false);";
69                          echo "}";
70                          echo "if (theForm.newpassword.value != theForm.repassword.value)";
71                          echo "{";
72                          echo "alert(\"重复输入的密码不一致！ \");";
73                          echo "theForm.repassword.focus();";
74                          echo "return (false);";
75                          echo "}";
76                          echo "}";
77                          echo "</script>";
78                          echo "<table width=\"80%\" cellpadding=\"1\" cellspacing=\"1\">";
79                          echo  "<form  method=\"post\"  action=\"20-15.php?id=".$_GET['id']."\"  onsubmit=
\"return juge(this)\">";
80                          echo "<tr>";
81                          echo "<td>输入旧密码：</td>";
82                          echo "<td>";
83                          echo "<input type=\"password\" name=\"password\">";
84                          echo "</td>";
85                          echo "</tr>";
86                          echo "<tr>";
87                          echo "<td>输入新密码：</td>";
88                          echo "<td>";
89                          echo "<input type=\"password\" name=\"newpassword\">";
90                          echo "</td>";
91                          echo "</tr>";
92                          echo "<tr>";
93                          echo "<td>再输入一次：</td>";
94                          echo "<td>";
95                          echo "<input type=\"password\" name=\"repassword\">";
96                          echo "</td>";
97                          echo "</tr>";
98                          echo "<tr>";
99                          echo "<td colspan=\"2\"><center>";
100                         echo "<input type=submit value=\"提交\">";
101                         echo "</center></td>";
102                         echo "</tr>";
103                         echo "</form>";
104                         echo "</table>";
105                         echo "</center>";
106                         echo "</body>";
107                         echo "</html>";
108                 }
109                 else
110                 {
111                         $password=md5($_POST['password']);
112                         $newpassword=md5($_POST['newpassword']);
113                         $id=$_GET['id'];
114                         $sql="select  id  from  $table_members  where  name='$_COOKIE[user]'  and
```

```
password='$password'";
115                     $result=mysql_query($sql,$link);
116                     $nums=mysql_num_rows($result);
117                     if($nums<1)
118                     {
119                         echo "输入的用户密码错误！<p>";
120                         echo "请重新输入！";
121                         echo "<meta http-equiv=\"refresh\" content=\"2; url=20-16.php?id=".$id."\">";
122                     }
123                     else
124                     {
125                         $sql="update $table_members set password='$newpassword' where id='$id'";
126                         if(mysql_query($sql,$link))
127                         {
128                             echo "修改用户密码成功，现在返回查看信息页";
129                             echo "<meta http-equiv=\"refresh\" content=\"2; url=20-14.php?id=".$id."\">";
130                         }
131                         else
132                         {
133                             echo "修改用户密码失败，现在返回修改用户记录页";
134                             echo "<meta http-equiv=\"refresh\" content=\"2; url=20-15.php?id=".$id."\">";
135                         }
136                     }
137                 }
138             }
139         }
140 ?>
```

单击图 20.32 中的“修改密码”超链接，就可以执行该文件，执行结果如图 20.33 所示。

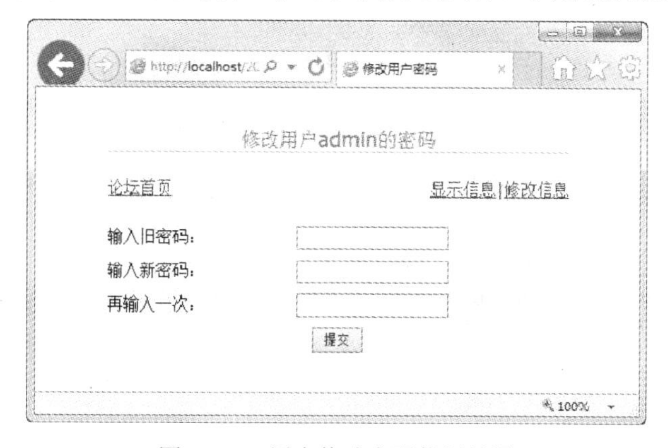

图 20.33　用户修改密码执行结果

依次输入用户的旧密码、新密码、重复新密码，然后单击“提交”按钮就可以把输入内容提交到后台进行处理。

如果用户输入正确，并且执行了相关操作，则用户的旧密码就会被新密码替代，以完成修改密码的操作。

20.8.4 用户退出页面

知识点讲解：光盘\视频讲解\第 20 章\用户退出页面.wmv

通常情况下，还应该设计一个用户退出登录的页面，以方便用户随时退出系统。为了使主程序能够访问该页面，应该对论坛首页文件进行修改，以加入该页的链接。

在 20-5.php 中找到以下内容：

```
echo "<td>";
if(!$_COOKIE[user])                              //如果没有用户登录，显示登录链接
{
    echo "<a href=\"20-4.php\">用户登录</a>";
}
else                                             //如果用户已经登录，显示登录用户名
{
    require "20-1.php";
    $sql="select id from $table_members where name='$_COOKIE[user]'";
    $result=mysql_query($sql,$link);
    $rows=mysql_fetch_array($result);
    echo "登录用户：<a href=20-14.php?id=".$rows[0].">".$_COOKIE[user]."</a>";
}
echo "</td>\n";
```

将其修改为：

```
echo "<td>";
if(!$_COOKIE[user])                              //如果没有用户登录，显示登录链接
{
    echo "<a href=\"20-4.php\">用户登录</a>";
}
else                                             //如果用户已经登录，显示登录用户名
{
    require "20-1.php";
    $sql="select id from $table_members where name='$_COOKIE[user]'";
    $result=mysql_query($sql,$link);
    $rows=mysql_fetch_array($result);
    echo "登录用户：<a href=20-14.php?id=".$rows[0].">".$_COOKIE[user]."</a>|";
    echo "<a href=20-17.php>退出登录</a>";
}
echo "</td>\n";
```

经过这样的修改就为主页面加入了用户退出的链接。

技巧： 用户的退出操作极其简单——清空用户注册的Cookie记录然后再跳转到指定页即可。

【实例 20-17】以下为用户退出页面的代码。

实例 20-17：用户退出页面

源码路径：光盘\源文件\20\20-17.php

```
01  <?php
02      setcookie("user","");
03      echo "<html>";
04      echo "<head>";
05      echo "<title>登录用户安全退出</title>";
06      echo "<meta http-equiv=\"refresh\" content=\"2; url=20-5.php\">";
07      echo "</head>";
08      echo "<body>";
09      echo "<LINK href=\"style.css\" rel=stylesheet>";
10      echo "<center>";
11      echo "<h2>登录用户已经退出</h2>";
12      echo "<h3>两秒后返回论坛首页</h3>";
13      echo "</center>";
14      echo "</body>";
15      echo "</html>";
16  ?>
```

当登录用户单击“退出登录”链接后，用户就能安全地从系统退出。

至此，用户管理工作基本上完整了。不但能够显示用户信息，而且能够更改用户信息，可以满足一般的要求。

20.9　进一步完善

知识点讲解：光盘\视频讲解\第 20 章\进一步完善.wmv

现在，论坛程序已经基本上能够满足大部分需求，但与通常的论坛相比还存在很多不足，大致有以下几个方面：

☑ 不具有文件上传功能。通常的论坛都会在用户发表新主题或者回复时有一个文件上传界面允许用户上传指定类型及限制大小的文件。这个功能也很容易实现，关于如何上传文件请参看第 8 章的内容，这里只给出思路。当用户上传文件后，在提交用户发表主题或回复的内容最后加上指向文件下载页面的链接，而专门的文件下载页面则指向该上传的文件。这样就可以显示指定文件，并使用户可以下载该文件了。

☑ 用户与用户之间不能传送信息。通常的论坛还会有一个信息系统，即不同的用户之间可以互相发送信息，只有接收人才能够查看。这样当用户登录论坛时，如果有未读的新信息，则系统会提示用户进行阅读。这是一个相当有用的功能，实现起来并不复杂，只需要在原有的表结构上再加一个信息表（MSN）即可。表一共有这样几个字段：ID、发件人、收件人、内容、是否显示、是否阅读等。然后为收、发信息建立专门的页面。任何用户都只能查看收件人为自己名字的信息，也可以给其他人发送信息。信息的阅读初始状态为 False，当用户登录论坛，系统首先检查是否有收件人为用户名，阅读状态为 False 的信息，如果有就提醒用户进行阅读。信息在用户阅读后，阅读状态就为 True。用户也可以选择删除自己收件箱中的信息，而实际上的删除操作只是把显示状态改为 False，这样就不再显示该信息。这里只给出了实现机制，有兴趣的读者可以自行研究以实现该功能。

☑ 没有为用户定义级别，普通用户无法体会到升级的乐趣。通常的论坛都会为用户根据发帖数量或者积分设定级别，如 0～50 为初级用户、50～100 为中级用户、100～200 为高级用户、200～500 为超级用户、500～1000 为帝王等，这样可以促使用户不断发帖以提高自己的级别。要实现这样的功能有多种方法。一种就是把相应的级别直接写入用户表中的某个字段，如 LEVEL。在用户发过帖时判断其发帖数属于哪一个级别，再把相应级别写入该字段。这样随着发帖数的增加，用户的级别就会不断增加。但这样存在一个弊端，就是当用户级别固定后，想再更改就相当困难。如以前的级别这样定义：初级、中级、高级、超级……，现在想把用户级别表示方式改为学前班、小学生、初中生、高中生、学士、硕士、博士等。如果逐条进行修改就会相当困难，而且在实际中根本是不可能的。所以可以不设定用户的级别字段，当在需要显示用户级别时，读取用户的发帖数与特定配置文件中的分数段表示值进行比较。用户属于哪个范围，就显示相应的级别。如现在有配置文件，定义 0～50 为初级用户、50～100 为中级用户、100～200 为高级用户、200～500 为超级用户、500～1000 为帝王。显示时把用户发帖数与这些配置进行比较，属于哪个范围，显示相应的级别即可，而想更改级别表示方法时只需要更改配置文件即可，这样可以保证级别表示方法的可移植性。限于篇幅也不再给出具体代码，有兴趣的读者可以去尝试。

☑ 只有一个超级管理员，各个分论坛没有相应的版主。如果需要版主，就要给每个论坛的分类都增加一个字段用于存放版主的 ID，再把相应用户的 admin 值改为 1 以区别于普通用户。然后再给这些版主赋予相应权限即可。

☑ 对用户的输入没有过滤功能。用户的恶意输入会对论坛造成破坏，所以应该屏蔽用户的输入，以处理掉 HTML 标记。这里只需要使用 htmlspecialchars()函数对用户输入进行处理即可，这里不再赘述。

☑ 其他更为高级的功能。一个完整的论坛还有更多的功能，如常见的在线用户列表、用户生日友情提示、版主可以奖励用户积分、置顶帖、精华帖等。可以这样说，要想讲清楚论坛的所有功能都需要一本书。由于本书的篇幅所限，只能讲些最基本的功能，更多的功能都有待读者在以后的学习中进一步完成。

20.10 本章小结

本章向读者介绍了如何用所学的 PHP 知识来实现一个简单的论坛。本章把一个论坛分解为表的设计、数据库表的创建、用户的注册与登录、论坛的显示、主题的发表与回复、论坛分类的管理、帖子的管理、用户的管理几大项分别进行了说明。通过本章的学习，用户不仅进一步深化了 PHP 对 MySQL 数据库的操作，而且对于如何通过 PHP 代码、算法来解决实际问题都有了一个深刻的认识。

第 21 章　网上商城全站系统

本章结合前面所学的内容来制作一个网上商城系统。本章将向读者介绍如何使用 PHP 和 MySQL 数据库来实现一个网上商城全站程序。通过本章的学习，相信读者会对 PHP 及 MySQL 数据库的知识有一个全新的认识。

21.1　系 统 分 析

知识点讲解：光盘\视频讲解\第 21 章\系统分析.wmv

在制作系统之前，首先需要分析系统所要实现的功能，以明确制作目的。只有目的明确才能有的放矢，使接下来的工作事半功倍。作为一个网上商城，面对的是用户，所以必不可少的是要有一个用户注册与登录系统，这是构建用户系统的前提。用户可分为管理员与普通用户两类。

1. 管理员

管理员在登录系统后，可以在后台对图书记录表进行增加和删除操作，也可以在后台修改图书的类别，查看、回复用户的购书订单。

2. 普通用户

普通用户登录系统后，则能进行浏览、搜索图书等操作。浏览图书可以给予用户一定的自由，如按种类浏览或者按添加时间浏览等。搜索图书也有一定的自由性，用户可以把图书的名称、作者、出版社、所属的类别或者价格等作为条件对图书进行搜索。

注意： 普通用户也可以查看图书详细情况，并把图书加入购物车。添加到购物车后，用户就可以随时查看购物车内容以及更改购物车。例如，可以更改购物车中某一类商品的数量，或删除某一类商品。在确定了所购图书后，在前台提交购物车，给商城下订单。

21.2　设计数据库表结构

数据表设计的成功与否直接影响到程序的执行效率。本节完成数据库表结构的设计。在整个系统中，要实现系统分析所要求的功能，共需要建立 5 个表：用户表、图书类型表、图书记录表、订单记录表和销售记录表。

21.2.1　用户表的设计

知识点讲解：光盘\视频讲解\第 21 章\用户表的设计.wmv

用户表主要存放注册用户的信息。该表主要包括索引 ID、用户名、用户密码、用户图像、用户的地址、电子信箱、QQ 号码、MSN 地址、注册时间、购物数量等基本信息，其中还应有一字段以判断用户身份，如果该字段值为 0，则为普通用户；为 1，则为管理员。该表具体字段如表 21.1 所示。

表 21.1　用户表 user

字　段　名	数 据 类 型	是否允许为空	说　　明
id	int(5)	否	索引 ID（主键、自动增 1）
name	varchar(12)	否	用户名
password	varchar(40)	否	用户密码
photo	varchar(80)	否	用户图像
address	varchar(80)	否	用户的地址
email	varchar(80)	否	电子信箱
qq	varchar(15)	是	QQ 号码
msn	varchar(80)	是	MSN 地址
reg_date	varchar(20)	否	注册时间
post_num	int(5)	否	购物数量
admin	int(1)	否	用户身份判断

注意： 注意各个字段是否为空选项。

21.2.2　图书类型表的设计

知识点讲解：光盘\视频讲解\第 21 章\图书类型表的设计.wmv

图书类型表存放图书的类别，图书的类别有二级分类，如主类别为计算机类用书，二级类别可以为硬件类、软件类、网络类、电子娱乐类等。要实现这样的分类，必须有图书类别表来存放。该表应该包含的基本信息有索引 ID、主类别 ID、类别名称、类别描述、类别数量等。该表具体字段如表 21.2 所示。

表 21.2　类型表 type

字　段　名	数 据 类 型	是否允许为空	说　　明
id	int(5)	否	索引 ID（主键、自动增 1）
p_id	int(5)	否	子类别所属主类别 ID
type_name	varchar(12)	否	类别名称
type_description	varchar(80)	否	类别描述
type_num	int(5)	否	本类别的帖子数，当发本类帖时，该值增加 1

21.2.3　图书记录表的设计

知识点讲解：光盘\视频讲解\第 21 章\图书记录表的设计.wmv

图书记录表存入图书的所有主要信息，大致内容有索引 ID、书名、作者、出版社、所属子分类、价格、内容简介、封面扫描图、已售出量、存货量等。该表具体字段如表 21.3 所示。

表 21.3　图书记录表 book

字　段　名	数 据 类 型	是否允许为空	说　　明
id	int(5)	否	索引 ID（主键、自动增 1）
book_name	varchar(40)	否	图书的名称
book_author	varchar(20)	否	图书的作者
book_pub	varchar(40)	否	图书的出版社
book_type	int(5)	否	图书所属类别
book_cost	varchar(6)	否	图书售价
book_description	varchar(200)	否	图书描述
book_photo	varchar(80)	否	图书封面扫描图
book_sale_num	int(5)	否	图书售出量
book_num	int(5)	否	图书存货量

21.2.4　订单记录表的设计

知识点讲解：光盘\视频讲解\第 21 章\订单记录表的设计.wmv

用户在选择了相应商品并提交后，提交的记录将以订单的形式保存在订单记录表中。只有当管理者回复了这些订单，并且完成了交易，相应的订单才会变成真正的销售记录。一个订单表内容应该包括索引 ID、提交者 ID、提交者用户名、所购图书信息（包括所购图书 ID、数量）、订单总额（为此次所有购书的总额）、回复状态（用户提交后，初始状态为 False，当管理员回复该订单后，状态变为 True）、提交时间（用户提交订单的时间）等。该表具体字段如表 21.4 所示。

表 21.4　订单记录表 order

字　段　名	数 据 类 型	是否允许为空	说　　明
id	int(5)	否	索引 ID（主键、自动增 1）
order_user_id	int(5)	否	提交者名称
order_user_name	varchar(20)	否	提交者 ID
order_book_id	int(5)	否	所购图书 ID
order_book_num	int(5)	否	购书数量
order_content	varchar(80)	否	订单内容
order_cost	varchar(10)	否	订购价格
order_state	enum('true','false')	否/默认值为 false	订单状态
order_date	varchar(40)	否	订购时间

21.2.5 销售记录表的设计

知识点讲解：光盘\视频讲解\第 21 章\销售记录表的设计.wmv

销售记录表是直接由订单记录表变化而来的，用户提交的订单经管理员回复后就变成实实在在的销售记录。所以，该表内容与订单记录表基本类似，只不过多一个回复时间字段。该表具体字段如表 21.5 所示。

表 21.5 销售记录表 sale

字 段 名	数 据 类 型	是否允许为空	说 明
id	int(5)	否	索引 ID（主键、自动增 1）
order_user_id	int(5)	否	提交者名称
order_user_name	varchar(20)	否	提交者 ID
order_book_id	int(5)	否	所购图书 ID
order_book_num	int(5)	否	购书数量
order_content	varchar(80)	否	订单内容
order_cost	varchar(10)	否	订购价格
order_state	enum('true','false')	否/默认值为 false	订单状态
order_date	varchar(40)	否	订购时间
sale_order_id	int(5)	否	对应订单 ID
sale_date	varchar(40)	否	销售时间（即管理员回复时间）

至此，该系统所需要的 5 个表全部设计完毕。从 21.3 节开始将通过具体的代码来实现网上商城全站系统的所有功能。

21.3 准 备 工 作

在开始实现网上商城全站系统的所有功能之前，要做一些必要的准备工作。其中一项就是建立配置文件，以便在后面程序中调用；另一项是创建系统运行所需要的各种表，即进行系统的安装。本节就来具体实现这些工作。

21.3.1 配置文件的创建

知识点讲解：光盘\视频讲解\第 21 章\配置文件的创建.wmv

和前面几章所讲到的与数据库相关的程序一样，程序所访问的主机名、连接主机的用户名、用户密码及数据库名通常都是固定不变的。各种表名，在创建后也是不变的。所以应该把这些重要的变量单独拿出做成配置文件，以便于其他程序文件来调用。在配置文件中存放着程序运行所需要的数据库的主机名、连接主机的用户名、用户密码、数据库名、表名等信息。

【实例 21-1】以下为网上商城系统的配置文件。

实例 21-1：配置文件

源码路径：光盘\源文件\21\21-1.php

```
01 <?php
02     $db_host="localhost";                              //主机名
03     $db_user="root";                                   //用户名
04     $db_pass="admin";                                  //用户密码
05     $db_name="test";                                   //数据库名
06     $table_user="user";                                //用户表
07     $table_type="type";                                //图书类型表
08     $table_book="book";                                //图书记录表
09     $table_order="order";                              //订单记录表
10     $table_sale="sale";                                //销售记录表
11     $link=mysql_connect($db_host,$db_user,$db_pass);   //连接主机
12     mysql_select_db($db_name,$link);                   //选择数据库
13 ?>
```

注意：以上配置信息可以根据实际情况进行修改。

21.3.2　安装文件的创建

知识点讲解：光盘\视频讲解\第 21 章\安装文件的创建.wmv

创建程序运行所需要的各种表是程序运行的前提，本节就来实现表的创建。以下代码实现的功能是先让用户输入各种内容，包括注册的管理员信息、表的前缀等信息。然后在后台获取用户提交内容，创建各种表，并为用户表插入管理员的信息。

【实例 21-2】以下为安装文件的代码。

实例 21-2：安装文件
源码路径：光盘\源文件\21\21-2.php

```
01 <?php
02     error_reporting(0);
03     echo "<html>";
04     echo "<head>";
05     echo "<title>安装程序</title>";
06     echo "</head>";
07     echo "<body>";
08     echo "<LINK href=\"style.css\" rel=stylesheet>";
09     if(!$_POST['admin'])                               //如果没有默认参数，显示 HTML
10     {
11         echo "<script language=\"javascript\">";
12         echo "function juge(theForm)";
13         echo "{";
14         echo "if (theForm.admin.value == \"\")";
15         echo "{";
16         echo "alert(\"请输入管理员名称！\");";
17         echo "theForm.admin.focus();";
18         echo "return (false);";
19         echo "}";
20         echo "if (theForm.pass.value == \"\")";
21         echo "{";
22         echo "alert(\"请输入管理员密码！\");";
23         echo "theForm.pass.focus();";
```

```
24	echo "return (false);";
25	echo "}";
26	echo "if (theForm.pass.value.length < 8 )";
27	echo "{";
28	echo "alert(\"密码至少要 8 位！\");";
29	echo "theForm.pass.focus();";
30	echo "return (false);";
31	echo "}";
32	echo "if (theForm.re_pass.value !=theForm.pass.value)";
33	echo "{";
34	echo "alert(\"确认密码与密码不一致！\");";
35	echo "theForm.re_pass.focus();";
36	echo "return (false);";
37	echo "}";
38	echo "if (theForm.pre.value == \"\")";
39	echo "{";
40	echo "alert(\"请输入表前缀！\");";
41	echo "theForm.pre.focus();";
42	echo "return (false);";
43	echo "}";
44	echo "}";
45	echo "function s_photo(the)";
46	echo "{";
47	echo "document.img.src='images/'+the.photo.value+'.bmp';";
48	echo "}";
49	echo "</script>";
50	echo "<center>";
51	echo "<table width=\"80%\" cellpadding=\"1\" cellspacing=\"1\">";
52	echo "<form method=\"post\" action=\"$PATH_INFO\" onsubmit=\"return juge(this)\">";
53	echo "<tr>";
54	echo "<td colspan=\"2\" align=\"center\"><font size=\"5px\">安装程序</font></td>";
55	echo "</tr>";
56	echo "<tr>";
57	echo "<td>管理员：（后台登录）</td>";
58	echo "<td><input type=\"text\" name=\"admin\"></td>";
59	echo "</tr>";
60	echo "<tr>";
61	echo "<td>管理员密码：（不小于 8 位）</td>";
62	echo "<td><input type=\"password\" name=\"pass\" size=\"21\"></td>";
63	echo "</tr>";
64	echo "<tr>";
65	echo "<td>确认密码：</td>";
66	echo "<td><input type=\"password\" name=\"re_pass\" size=\"21\"></td>";
67	echo "</tr>";
68	echo "<tr>";
69	echo "<td>管理员 E-mail：（可选）</td>";
70	echo "<td><input type=\"text\" name=\"email\"></td>";
71	echo "</tr>";
72	echo "<tr>";
73	echo "<td>选择图像：</td>";
74	echo "<td>";
75	echo "<select name=\"photo\" size=\"1\" onchange=\"s_photo(this.form)\">";
76	for($i=1;$i<21;$i++)
```

```
77              {
78                  echo "<option value=".$i.">".$i."</option>";;
79              }
80              echo "</select>";
81              echo "<img src=\"images/1.bmp\" name=\"img\">";
82              echo"</td>";
83              echo "</tr>";
84              echo "<tr>";
85              echo "<td>表的前缀：</td>";
86              echo "<td><input type=\"text\" name=\"pre\" value=\"book_\"></td>";
87              echo "</tr>";
88              echo "<tr>";
89              echo "<td colspan=\"2\"><center>";
90              echo "<input type=\"submit\" value=\"下一步\">";
91              echo "<input type=\"reset\" value=\"重新填\">";
92              echo "</center></td>";
93              echo "</tr>";
94              echo "</form>";
95              echo "</table>";
96              echo "</center>";
97              echo "</body>";
98              echo "<html>";
99          }
100         else                                          //如果有 POST 参数，执行操作
101         {
102             $name=$_POST['admin'];                    //获得参数
103             $password=md5($_POST['pass']);            //获得密码，并使用 MD5 进行加密操作
104             $email=$_POST['email'];
105             $photo=$_POST['photo'];
106             $pre=$_POST['pre'];
107             require "21-1.php";
108             $table_user=$pre.$table_user;
109             $table_type=$pre.$table_type;
110             $table_book=$pre.$table_book;
111             $table_order=$pre.$table_order;
112             $table_sale=$pre.$table_sale;
113             $time=date("Y 年 m 月 d 日");
114             $sql="create table $table_user(
115             id int(5) not null auto_increment primary key,
116             name varchar(12) not null,
117             password varchar(40) not null,
118             photo varchar(80) not null,
119             address varchar(80) not null,
120             email varchar(80) not null,
121             qq varchar(15),
122             msn varchar(80),
123             reg_date varchar(20) not null,
124             post_num int(5) not null default 0,
125             admin int(1) not null
126             )";
127             mysql_query($sql,$link) or die(mysql_error());  //发送创建 user 表的 SQL 请求
128             $sql="create table $table_type(
129             id int(5) not null auto_increment primary key,
```

```
130                 p_id int(5) not null,
131                 type_name varchar(12) not null,
132                 type_description varchar(80) not null,
133                 type_num int(5) not null default 0
134                 )";
135                 mysql_query($sql,$link) or die(mysql_error());   //发送创建 type 表的 SQL 请求
136                 $sql="create table $table_book(
137                 id int(5) not null auto_increment primary key,
138                 book_name varchar(40) not null,
139                 book_author varchar(20) not null,
140                 book_pub varchar(40) not null,
141                 book_type int(5) not null,
142                 book_cost varchar(6) not null,
143                 book_description varchar(200) not null,
144                 book_photo varchar(80) not null,
145                 book_sale_num int(5) not null,
146                 book_num int(5) not null
147                 )";
148                 mysql_query($sql,$link) or die(mysql_error());   //发送创建 book 表的 SQL 请求
149                 $sql="create table $table_order(
150                 id int(5) not null auto_increment primary key,
151                 order_user_id int(5) not null,
152                 order_user_name varchar(12) not null,
153                 order_book_id int(5) not null,
154                 order_book_num int(5) not null,
155                 order_content varchar(80) not null,
156                 order_cost varchar(10) not null,
157                 order_state enum('true','false') not null default 'false',
158                 order_date varchar(40) not null
159                 )";
160                 mysql_query($sql,$link) or die(mysql_error());   //发送创建 order 表的 SQL 请求
161                 $sql="create table $table_sale(
162                 id int(5) not null auto_increment primary key,
163                 sale_order_id int(5) not null,
164                 sale_date varchar(40) not null
165                 )";
166                 mysql_query($sql,$link) or die(mysql_error());   //发送创建 sale 表的 SQL 请求
167                 $sql="insert into $table_type(p_id,type_name,type_description)values('0','主类别 1','系统创建的
默认主类别')";
168                 mysql_query($sql,$link) or die(mysql_error());   //发送添加默认主分类的 SQL 请求
169                 $sql="insert into $table_type(p_id,type_name,type_description)values('1','分类别 1','系统创建的
默认分类别')";
170                 mysql_query($sql,$link) or die(mysql_error());   //发送添加默认子分类的 SQL 请求
171                 $sql="insert into $table_user(name,password,photo,address,email,qq,msn,reg_date,admin)
values('$name','$password','$photo','','$email','','','$time','3')";
172                 mysql_query($sql,$link) or die(mysql_error());   //发送添加管理员信息的 SQL 请求
173                 $fp=fopen("21-1.php","w+");                      //将更新过的数据写入配置文件
174                 fputs($fp,"<?php");
175                 fputs($fp,"\$db_host=\"localhost\";");
176                 fputs($fp,"\$db_user=\"root\";");
177                 fputs($fp,"\$db_pass=\"admin\";");
```

```
178                 fputs($fp,"\$db_name=\"test\";");
179                 fputs($fp,"\$table_user=\"$table_user\";");
180                 fputs($fp,"\$table_type=\"$table_type\";");
181                 fputs($fp,"\$table_book=\"$table_book\";");
182                 fputs($fp,"\$table_order=\"$table_order\";");
183                 fputs($fp,"\$table_sale=\"$table_sale\";");
184                 fputs($fp,"\$link=mysql_connect(\$db_host,\$db_user,\$db_pass);");
185                 fputs($fp,"mysql_select_db(\$db_name,\$link);");
186                 fputs($fp,"?>");
187                 fclose($fp);
188                 echo "<center>";
189                 echo "<table width=\"80%\" cellpadding=\"1\" cellspacing=\"1\">";
190                 echo "<tr>";
191                 echo "<td align=\"center\"><font size=\"5px\">安装程序</font></td>";
192                 echo "</tr>";
193                 echo "<tr>";
194                 echo "<td align=\"center\"><font size=\"3px\">成功安装！</font></td>";
195                 echo "</tr>";
196                 echo "<tr>";
197                 echo "<td align=\"center\"><font size=\"3px\">删除该文件，以减少潜在危险！</font></td>";
198                 echo "</tr>";
199                 echo "<tr>";
200                 echo "<td align=\"center\">点<a href=\"21-5.php\">这里</a>进入</td>";
201                 echo "</tr>";
202                 echo "</table>";
203                 echo "</center>";
204                 echo "</body>";
205                 echo "</html>";
206         }
207 ?>
```

在 PHP 运行环境下执行该文件，完成整个系统运行所需要的各种表的创建。该文件执行的前台结果如图 21.1 所示。

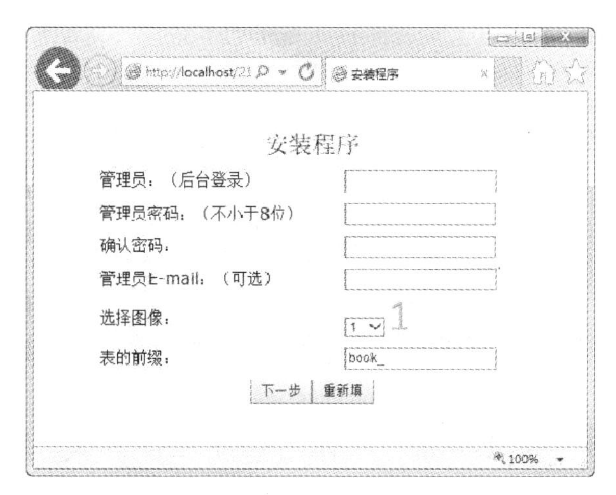

图 21.1　首次运行安装文件的执行结果

按照要求填入全部信息，填写完毕后单击“下一步”按钮，将出现如图 21.2 所示的执行结果。

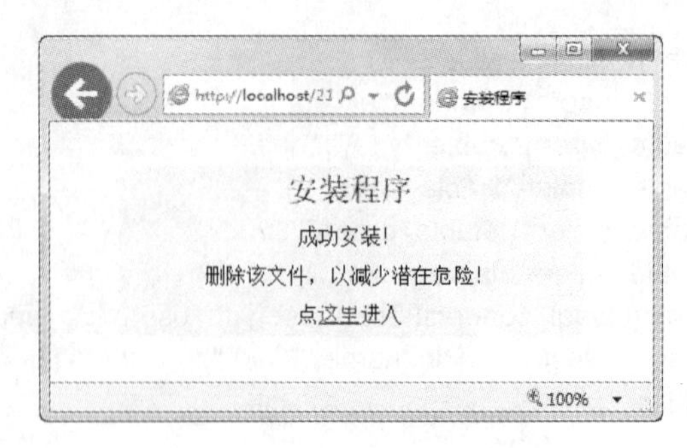

图 21.2　安装完成执行结果

成功执行安装后，系统运行所需要的表创建完毕。

随着安装程序正确执行，系统实现前的准备工作就告一段落。从 21.3.3 小节开始就将通过具体的代码来实现所需的各项功能。

21.3.3　头文件的创建

 **知识点讲解：光盘\视频讲解\第 21 章\头文件的创建.wmv**

本小节来创建一个头文件，它可以方便地链接到其他页面。在其他文件中调用该文件，一方面可以减少代码量；另一方面也可以使各页面样式保持一致。

【实例 21-3】以下代码为一个简单的头文件。

实例 21-3：头文件
源码路径：光盘\源文件\21\21-3.php

```
01  <?php
02      echo "<LINK href=\"style.css\" rel=stylesheet>";
03      echo "<center>";
04      echo "<table width=\"80%\" cellpadding=\"1\" cellspacing=\"1\" align=\"center\" bgcolor= \"#000000\">";
05      echo "<tr>";
06      echo "<td bgcolor=\"#cccc99\"><center><a href=\"21-5.php\">商城首页</a></center></td>";
07      echo "<td bgcolor=\"#cccc99\"><center><a href=\"21-6.php\">所有图书</a></center></td>";
08      echo "<td bgcolor=\"#cccc99\"><center><a href=\"21-7.php\">分类查看</a></center></td>";
09      echo "<td bgcolor=\"#cccc99\"><center><a href=\"21-6.php\">图书搜索</a></center></td>";
10      echo "<td bgcolor=\"#cccc99\"><center><a href=\"21-8.php\">管理入口</a></center></td>";
11      echo "</tr>";
12      echo "</table>";
13      echo "<p>";
14  ?>
```

说明：由于该文件输出内容都是最普通的HTML内容，所以不过多解释。

21.4　用户的注册与登录

网上商城也需要有用户才行，用户既是各类商品的潜在用户，也是商品的购买者。所以，一个网上商城系统必须有一个配套的用户注册与登录系统。本节就来完成用户的注册与登录功能。

21.4.1　用户注册

知识点讲解：光盘\视频讲解\第 21 章\用户注册.wmv

用户注册页的作用是给出一个用户界面，要求用户输入新的用户名及其他相关信息，然后与库中所保存的用户名进行比较，如果用户名已经存在，则给出出错提示。反之，就将用户的输入信息作为一条新的记录写入用户表中。

【实例 21-4】以下为用户注册页面实现代码。

实例 21-4：用户注册页面
源码路径：光盘\源文件\21\21-4.php

```
01  <?php
02      echo "<html>";
03      echo "<head>";
04      echo "<title>注册新用户</title>";
05      echo "</head>";
06      echo "<body>";
07      require "21-3.php";
08      if(!$_POST['user'])                                //如果没有默认参数，显示 HTML
09      {
10          echo "<script language=\"javascript\">";
11          echo "function juge(theForm)";
12          echo "{";
13          echo "if (theForm.user.value == \"\")";
14          echo "{";
15          echo "alert(\"请输入注册用户名！\");";
16          echo "theForm.user.focus();";
17          echo "return (false);";
18          echo "}";
19          echo "if (theForm.pass.value == \"\")";
20          echo "{";
21          echo "alert(\"请输入用户密码！\");";
22          echo "theForm.pass.focus();";
23          echo "return (false);";
24          echo "}";
25          echo "if (theForm.pass.value.length < 8 )";
26          echo "{";
27          echo "alert(\"密码至少要 8 位！\");";
28          echo "theForm.pass.focus();";
29          echo "return (false);";
30          echo "}";
31          echo "if (theForm.re_pass.value !=theForm.pass.value)";
32          echo "{";
33          echo "alert(\"确认密码与密码不一致！\");";
34          echo "theForm.re_pass.focus();";
35          echo "return (false);";
36          echo "}";
```

```
37          echo "if (theForm.address.value == \"\")";
38          echo "{";
39          echo "alert(\"请输入用户地址！\");";
40          echo "theForm.address.focus();";
41          echo "return (false);";
42          echo "}";
43          echo "}";
44          echo "function s_photo(the)";
45          echo "{";
46          echo "document.img.src='images/'+the.photo.value+'.bmp';";
47          echo "}";
48          echo "</script>";
49          echo "<center>";
50          echo "<table width=\"80%\" cellpadding=\"1\" cellspacing=\"1\">";
51          echo "<form method=\"post\" action=\"$PATH_INFO\" onsubmit=\"return juge(this)\">";
52          echo "<tr>";
53          echo "<td colspan=\"2\" align=\"center\"><font size=\"5px\">注册新用户</font></td>";
54          echo "</tr>";
55          echo "<tr>";
56          echo "<td>用户名：（后台登录）</td>";
57          echo "<td><input type=\"text\" name=\"user\"></td>";
58          echo "</tr>";
59          echo "<tr>";
60          echo "<td>用户密码：（不小于 8 位）</td>";
61          echo "<td><input type=\"password\" name=\"pass\" size=\"21\"></td>";
62          echo "</tr>";
63          echo "<tr>";
64          echo "<td>确认密码：</td>";
65          echo "<td><input type=\"password\" name=\"re_pass\" size=\"21\"></td>";
66          echo "</tr>";
67          echo "<tr>";
68          echo "<td>用户 E-mail：（可选）</td>";
69          echo "<td><input type=\"text\" name=\"email\"></td>";
70          echo "</tr>";
71          echo "<tr>";
72          echo "<td>QQ 号：（可选）</td>";
73          echo "<td><input type=\"text\" name=\"qq\"></td>";
74          echo "</tr>";
75          echo "<tr>";
76          echo "<td>MSN 号：（可选）</td>";
77          echo "<td><input type=\"text\" name=\"msn\"></td>";
78          echo "</tr>";
79          echo "<tr>";
80          echo "<td>选择图像：</td>";
81          echo "<td>";
82          echo "<select name=\"photo\" size=\"1\" onchange=\"s_photo(this.form)\">";
83          for($i=1;$i<21;$i++)
84          {
85                echo "<option value=".$i.">".$i."</option>";;
86          }
87          echo "</select>";
```

```
88              echo "<img src=\"images/1.bmp\" name=\"img\">";
89              echo"</td>";
90              echo "</tr>";
91              echo "<tr>";
92              echo "<td>用户地址：</td>";
93              echo "<td><input type=\"text\" name=\"address\"></td>";
94              echo "</tr>";
95              echo "<tr>";
96              echo "<td colspan=\"2\"><center>";
97              echo "<input type=\"submit\" value=\"下一步\">";
98              echo "<input type=\"reset\" value=\"重新填\">";
99              echo "</center></td>";
100             echo "</tr>";
101             echo "</form>";
102             echo "</table>";
103             echo "</center>";
104             echo "</body>";
105             echo "<html>";
106         }
107         else
108         {
109             $user=$_POST['user'];
110             $pass=md5($_POST['pass']);
111             $email=$_POST['email'];
112             $msn=$_POST['msn'];
113             $qq=$_POST['qq'];
114             $photo=$_POST['photo'].".bmp";
115             $address=$_POST['address'];
116             $time=date("Y 年 m 月 d 日");
117             require "21-1.php";
118             $sql="select id from $table_user where name='$user'";
119             $result=mysql_query($sql,$link) or die(mysql_error());
120             $nums=mysql_num_rows($result);
121             if($nums!=0)
122             {
123                 echo "<center>";
124                 echo "<h2>注册的用户名".$user."已经存在！</h2>";
125                 echo "<h3>请点<a href=# onclick=history.go(-1)>这里</a>返回，重新输入新的用户名！</h3>";
126                 echo "</center>";
127                 exit();
128             }
129             else
130             {
131                 $sql="insert    into    $table_user(name,password,email,photo,msn,qq,address,reg_date)
values('$user','$pass','$email','$photo','$msn','$qq','$address','$time')";
132                 mysql_query($sql,$link) or die(mysql_error());
133                 echo "<center>";
134                 echo "<h2>新用户".$user."注册成功！</h2>";
135                 echo "<h3>点<a href=21-5.php>这里</a>进行登录！</h3>";
136                 echo "</center>";
137             }
```

```
138         }
139 ?>
```

说明：其执行过程相对简单，这里不再演示。

21.4.2 用户登录

 **知识点讲解：光盘\视频讲解\第 21 章\用户登录.wmv**

用户注册后，如果不登录系统，还是和匿名用户没有区别。只有登录了系统，才能拥有普通用户所没有的权限，如购买图书等。用户登录的道理也很简单，判断用户名与用户密码，如果与表中记录存在相同，则把用户名和 ID 写入 Cookie。反之，给出出错提示，要求重新输入。在用户成功登录后，再跳转到指定页面即可。

【实例 21-5】以下为用户登录页面实现代码。

实例 21-5：用户登录页面

源码路径：光盘\源文件\21\21-5.php

```
01  <?php
02      if($_COOKIE['user'])
03      {
04          echo "<html>";
05          echo "<head>";
06          echo "<title>注册用户已经登录</title>";
07          echo "</head>";
08          echo "<body>";
09          require "21-3.php";
10          echo "<table width=\"80%\" cellpadding=\"1\" cellspacing=\"1\">";
11          echo "<tr>";
12          echo "<td colspan=\"2\" align=\"center\"><font size=\"5px\">注册用户管理</font></td>";
13          echo "</tr>";
14          echo "<tr>";
15          echo "<td><a href=\"21-11.php\">修改用户信息</a></td>";
16          echo "<td><a href=\"21-12.php\">修改用户密码</a></td>";
17          echo "</tr>";
18          echo "<tr>";
19          echo "<td><a href=\"21-19.php\">查看我的购物车</a></td>";
20          echo "<td><a href=\"21-20.php\">查看我的历史订单</a></td>";
21          echo "</tr>";
22          echo "</table>";
23          echo "<br>";
24          require "21-1.php";
25          $sql="select admin from $table_user where id='$_COOKIE[id]'";
26          $result=mysql_query($sql,$link);
27          $rows=mysql_fetch_array($result);
28          if($rows[0]==3)
29          {
30              echo "<table width=\"80%\" cellpadding=\"1\" cellspacing=\"1\">";
31              echo "<tr>";
32              echo "<td colspan=\"2\" align=\"center\"><font size=\"5px\">商品管理</font></td>";
```

```
33                      echo "</tr>";
34                      echo "<tr>";
35                      echo "<td><a href=\"21-15.php\">增加新的类别</a></td>";
36                      echo "<td><a href=\"21-16.php\">修改已有分类</a></td>";
37                      echo "</tr>";
38                      echo "<tr>";
39                      echo "<td><a href=\"21-17.php\">增加新的商品</a></td>";
40                      echo "<td><a href=\"21-18.php\">修改已有商品</a></td>";
41                      echo "</tr>";
42                      echo "<tr>";
43                      echo "<td><a href=\"21-19.php\">查看订单</a></td>";
44                      echo "<td><a href=\"21-20.php\">销售记录</a></td>";
45                      echo "</tr>";
46                      echo "</table>";
47              }
48              echo "</center>";
49              echo "</body>";
50              echo "<html>";
51              exit();
52      }
53      if(!$_POST['user'])                                          //如果没有默认参数，显示 HTML
54      {
55              echo "<html>";
56              echo "<head>";
57              echo "<title>注册用户登录</title>";
58              echo "</head>";
59              echo "<body>";
60              require "21-3.php";
61              echo "<script language=\"javascript\">";
62              echo "function juge(theForm)";
63              echo "{";
64              echo "if (theForm.user.value == \"\")";
65              echo "{";
66              echo "alert(\"请输入用户名！\");";
67              echo "theForm.user.focus();";
68              echo "return (false);";
69              echo "}";
70              echo "if (theForm.pass.value == \"\")";
71              echo "{";
72              echo "alert(\"请输入用户密码！\");";
73              echo "theForm.pass.focus();";
74              echo "return (false);";
75              echo "}";
76              echo "}";
77              echo "</script>";
78              echo "<center>";
79              echo "<table width=\"80%\" cellpadding=\"1\" cellspacing=\"1\">";
80              echo "<form method=\"post\" action=\"$PATH_INFO\" onsubmit=\"return juge(this)\">";
81              echo "<tr>";
82              echo "<td colspan=\"2\" align=\"center\"><font size=\"5px\">注册用户登录</font></td>";
83              echo "</tr>";
84              echo "<tr>";
```

```
85              echo "<td>用户名：</td>";
86              echo "<td><input type=\"text\" name=\"user\"></td>";
87              echo "</tr>";
88              echo "<tr>";
89              echo "<td>用户密码：</td>";
90              echo "<td><input type=\"password\" name=\"pass\" size=\"21\"></td>";
91              echo "</tr>";
92              echo "<tr>";
93              echo "<td>选择 COOKIE 有效期：</td>";
94              echo "<td>";
95              echo "<select name=\"cook_t\" size=\"1\">";
96              echo "<option value=\"1\">最短时效</option>";
97              echo "<option value=\"2\">1 天</option>";
98              echo "<option value=\"3\">1 月</option>";
99              echo "<option value=\"4\">1 年</option>";
100             echo "</select>";
101             echo"</td>";
102             echo "</tr>";
103             echo "<tr>";
104             echo "<td colspan=\"2\"><center>";
105             echo "<input type=\"submit\" value=\"下一步\">";
106             echo "<input type=\"reset\" value=\"重新填\">";
107             echo "</center></td>";
108             echo "</tr>";
109             echo "</form>";
110             echo "</table>";
111             echo "</center>";
112             echo "</body>";
113             echo "<html>";
114         }
115         else
116         {
117             $user=$_POST['user'];
118             $pass=md5($_POST['pass']);
119             $cook_t=$_POST['cook_t'];
120             require "21-1.php";
121             $sql="select id from $table_user where name='$user' and password='$pass'";
122             $result=mysql_query($sql,$link) or die(mysql_error());
123             $nums=mysql_num_rows($result);
124             if($nums==0)
125             {
126                 echo "<center>";
127                 echo "<h2>输入的用户名或者密码错误！</h2>";
128                 echo "<h3>请点<a href=# onclick=history.go(-1)>这里</a>返回重新输入！</h3>";
129                 echo "</center>";
130                 exit();
131             }
132             else
133             {
134                 $rows=mysql_fetch_array($result);
135                 $id=$rows['id'];
136                 if($cook_t==1)                          //根据不同的 Cookie 设定时间保存 Cookie
```

```
137                 {
138                         setcookie("user",$user);
139                         setcookie("id",$id);
140                 }
141                 elseif($cook_t==2)
142                 {
143                         setcookie("user",$user,time()+60*60*24);
144                         setcookie("id",$id,time()+60*60*24);
145                 }
146                 elseif($cook_t==3)
147                 {
148                         setcookie("user",$user,time()+60*60*24*30);
149                         setcookie("id",$id,time()+60*60*24*30);
150                 }
151                 else
152                 {
153                         setcookie("user",$user,time()+60*60*24*30*360);
154                         setcookie("id",$id,time()+60*60*24*30*360);
155                 }
156                 echo "<html>";
157                 echo "<head>";
158                 echo "<title>注册用户登录</title>";
159                 echo "</head>";
160                 echo "<body>";
161                 require "21-3.php";
162                 echo "<h2>用户".$user."登录成功！ </h2>";
163                 echo "<h3>两秒后进入商城首页面！ </h3>";
164                 echo "<meta http-equiv=\"refresh\" content=\"2; url=21-6.php\">";
165                 echo "</center>";
166         }
167     }
168 ?>
```

说明：由于用户登录过程也比较简单，这里也不再给出演示。如果要浏览相似的执行结果，请查看本书第20章相关内容。

21.5　前台显示界面

本节来完成系统的前台界面，即普通用户能够看到的界面，其中包括首页面、图书列表页面、按种类查看页面、搜索图书页面、查看图书详情页面等。

21.5.1　首页面的实现

知识点讲解：光盘\视频讲解\第 21 章\首页面的实现.wmv

首页面是用户进入系统后看到的第一个页面，是进入其他页面的前提。本节来完成系统首页面的设计。该首页面包括以下内容：用户登录的接口、总图书数、注册用户人数、图书的分类查看、最新添加的图书、图书的搜索界面等。由于包括内容比较多，所以首页面是一个相对复杂的页面。

【实例 21-6】以下为首页面实现代码。

实例 21-6：首页面

源码路径：光盘\源文件\21\21-6.php

```
01  <?php
02      echo "<html>";
03      echo "<head>";
04      echo "<title>网上图书商城首页</title>";
05      echo "</head>";
06      echo "<body>";
07      echo "<center>";
08      require "21-3.php";
09      echo "<table width=80%>";
10      echo "<tr>";
11      echo "<td width=\"20%\">";
12      if(!$_COOKIE['user'])                                  //没用用户登录，显示 HTML
13      {
14          echo "<script language=\"javascript\">";
15          echo "function juge(theForm)";
16          echo "{";
17          echo "if (theForm.user.value == \"\")";
18          echo "{";
19          echo "alert(\"请输入用户名！ \");";
20          echo "theForm.user.focus();";
21          echo "return (false);";
22          echo "}";
23          echo "if (theForm.pass.value == \"\")";
24          echo "{";
25          echo "alert(\"请输入用户密码！ \");";
26          echo "theForm.pass.focus();";
27          echo "return (false);";
28          echo "}";
29          echo "}";
30          echo "function juge2(theForm)";
31          echo "{";
32          echo "if (theForm.search_c.value == \"\")";
33          echo "{";
34          echo "alert(\"请输入搜索内容！ \");";
35          echo "theForm.search_c.focus();";
36          echo "return (false);";
37          echo "}";
38          echo "}";
39          echo "</script>";
40          echo "<table cellpadding=\"1\" cellspacing=\"1\" width=\"100%\">";
41          echo "<form method=\"post\" action=21-5.php onsubmit=\"return juge(this)\">";
42          echo "<tr>";
43          echo "<td><center>用户登录</center></td>";
44          echo "</tr>";
```

```
45            echo "<tr>";
46            echo "<td>用户名：";
47            echo "<input type=\"text\" name=\"user\" size=\"6\"></td>";
48            echo "</tr>";
49            echo "<tr>";
50            echo "<td>密  码：";
51            echo "<input type=\"password\" name=\"pass\" size=\"5\"></td>";
52            echo "</tr>";
53            echo "<tr>";
54            echo "<td><center>";
55            echo "<input type=\"submit\" value=\"登录\">";
56            echo "</center></td>";
57            echo "</tr>";
58            echo "</form>";
59            echo "</table>";
60        }
61        else                                                    //如果有用户登录，显示操作链接
62        {
63            echo "<table cellpadding=\"1\" cellspacing=\"1\" width=\"100%\">";
64            echo "<tr>";
65            echo "<td>登录用户：".$_COOKIE['user']."</td>";
66            echo "</tr>";
67            echo "<tr>";
68            echo "<td><center><a href=\"21-15.php\">退出登录</a></center></td>";
69            echo "</tr>";
70            echo "</table>";
71        }
72        echo "<br>";
73        echo "<table cellpadding=\"1\" cellspacing=\"1\" width=\"100%\">";
74        echo "<tr>";
75        echo "<td><center>本站信息</center></td>";
76        echo "</tr>";
77        echo "<tr>";
78        echo "<td>共有用户：";
79        require "21-1.php";
80        $sql="select id from $table_user";
81        $result=mysql_query($sql,$link);
82        $num=mysql_num_rows($result);
83        echo $num;
84        echo "名</td>";
85        echo "</tr>";
86        echo "<tr>";
87        echo "<td>共有图书：";
88        $sql="select id from $table_book";
89        $result=mysql_query($sql,$link);
90        $num=mysql_num_rows($result);
91        echo $num;
92        echo "种</td>";
93        echo "</tr>";
94        echo "</table>";
95        echo "<br>";
```

```
96          echo "<table cellpadding=\"1\" cellspacing=\"1\" width=\"100%\">";
97          echo "<tr>";
98          echo "<td>最新用户：";
99          $sql="select name from $table_user order by id desc";
100         $result=mysql_query($sql,$link);
101         $rows=mysql_fetch_array($result);
102         echo $rows[0];
103         echo "</td>";
104         echo "</tr>";
105         echo "<tr>";
106         echo "<td>最新图书：";
107         $sql="select * from $table_book order by id desc";
108         $result=mysql_query($sql,$link);
109         $rows=mysql_fetch_array($result);
110         echo "<a href=21-10.php?id=".$rows['id'].">".$rows['book_name']."</a>";
111         echo "</td>";
112         echo "</tr>";
113         echo "</table>";
114         echo "<br>";
115         echo "<table cellpadding=\"1\" cellspacing=\"1\" width=\"100%\">";
116         echo "<tr>";
117         echo "<td>图书分类:</td>";
118         echo "</tr>";
119         $sql2="select * from $table_type where p_id!=0";
120         $result2=mysql_query($sql2,$link);
121         while($rows2=mysql_fetch_array($result2))
122         {
123             echo "<tr>";
124             echo "<td>";
125             echo "<a href=21-8.php?id=".$rows2['id'].">".$rows2['type_name']."</a>：（".$rows2['type_num']."）";
126             echo "</td>";
127             echo "</tr>";
128         }
129         echo "</table>";
130         echo "</td>";
131         echo "<td width=\"80%\">";
132         echo "<script language=\"javascript\">";
133         echo "function juge2(theForm)";
134         echo "{";
135         echo "if (theForm.search_c.value == \"\")";
136         echo "{";
137         echo "alert(\"请输入搜索内容！\");";
138         echo "theForm.search_c.focus();";
139         echo "return (false);";
140         echo "}";
141         echo "}";
142         echo "</script>";
143         echo "<table cellpadding=\"1\" cellspacing=\"1\" width=\"100%\" height=\"100%\">";
144         echo "<tr>";
145         echo "<form method=\"post\" action=\"21-9.php\" onsubmit=\"return juge2(this)\">";
146         echo "<td>搜索图书</td>";
```

```
147	echo "<td>搜索内容：";
148	echo "<input type=\"text\" name=\"search_c\" size=\"6\">";
149	echo "搜索类型：";
150	echo "<select name=\"search_t\" size=\"1\">";
151	echo "<option value=\"book_name\">书名</option>";
152	echo "<option value=\"book_author\">作者</option>";
153	echo "<option value=\"book_pub\">出版社</option>";
154	echo "</select>";
155	echo "<input type=\"submit\" value=\"搜索\">";
156	echo "</td>";
157	echo "</form>";
158	echo "</tr>";
159	echo "</table>";
160	echo "<br>";
161	echo "<table cellpadding=\"1\" cellspacing=\"1\" width=\"100%\">";
162	if($num!=0)
163	{echo "<tr>";
164	echo "<td colspan=\"2\">最新推荐图书</td>";
165	echo "</tr>";
166	echo "<tr>";
167	echo "<td width=\"30%\">图书名称：</td>";
168	echo "<td>".$rows['book_name']."</td>";
169	echo "</tr>";
170	echo "<tr>";
171	echo "<td>图书作者：</td>";
172	echo "<td>".$rows['book_author']."</td>";
173	echo "</tr>";
174	echo "<tr>";
175	echo "<td>出版社：</td>";
176	echo "<td>".$rows['book_pub']."</td>";
177	echo "</tr>";
178	echo "<tr>";
179	echo "<td>售价：</td>";
180	echo "<td>".$rows['book_cost']."元</td>";
181	echo "</tr>";
182	echo "<tr>";
183	echo "<td>所属类别：</td>";
184	echo "<td>".$rows['book_type']."</td>";
185	echo "</tr>";
186	echo "<tr>";
187	echo "<td>该书的数量：</td>";
188	echo "<td>".$rows['book_num']."本</td>";
189	echo "</tr>";
190	echo "<tr>";
191	echo "<td>该书的简介：</td>";
192	echo "<td>".$rows['book_description']."</td>";
193	echo "</tr>";
194	echo "<tr>";
195	echo "<td>该书的封面扫描图：</td>";
196	echo "<td>";
197	if(!$rows['book_photo'])
```

```
198         {
199                 $rows['book_photo']="images/nopic.gif";
200         }
201         echo "<img src=\"".$rows['book_photo']."\">";
202         echo "</td>";
203         echo "</tr>";
204         echo "</table>";
205         echo "</td>";
206         echo "</tr>";
207         }
208         else
209         {
210                 echo "<tr>";
211                 echo "<td>暂时没有推荐图书</td>";
212                 echo "</tr>";
213         }
214         echo "</table>";
215         echo "</center>";
216         echo "</body>";
217         echo "</html>";
218 ?>
```

在首页面用管理员身份进行登录，首页将会出现如图 21.3 所示的执行结果。

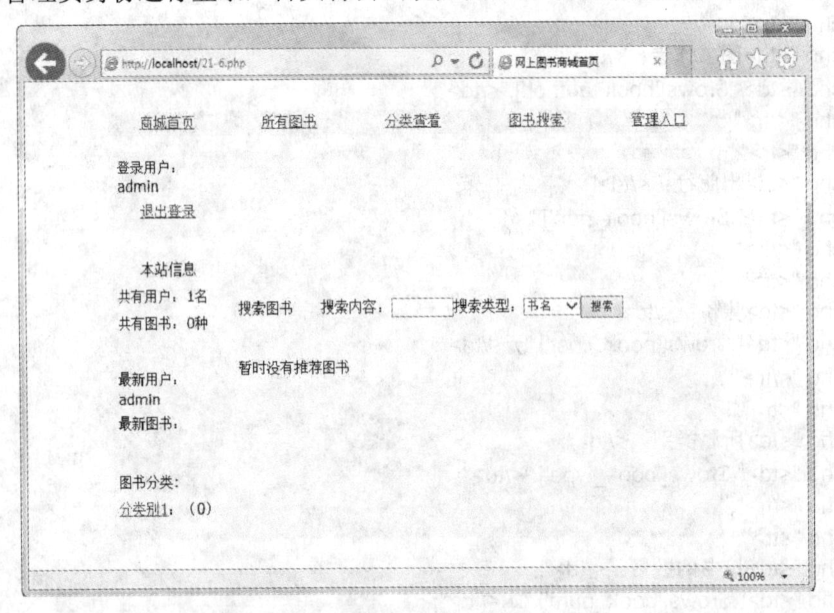

图 21.3　管理员登录后的首页执行结果

图 21.3 的执行结果说明该程序正常运行。

21.5.2　图书列表页面的实现

知识点讲解：光盘\视频讲解\第 21 章\图书列表页面的实现.wmv

图书列表页面，按照添加日期的先后，显示所有图书表中的记录，如果记录数超过了每页显示数，

则分页显示。显示信息包括书名、作者、价格、类别、简介（如果简介太长，则截取其部分显示）。

【实例 21-7】以下为图书列表页面实现代码。

实例 21-7：图书列表页面

源码路径：光盘\源文件\21\21-7.php

```
01  <?php
02      echo "<html>";
03      echo "<head>";
04      echo "<title>查看所有图书</title>";
05      echo "</head>";
06      echo "<body>";
07      echo "<center>";
08      require "21-3.php";
09      require "21-1.php";
10      echo "<table width=\"80%\" cellpadding=\"1\" cellspacing=\"1\">";
11      $sql="select id from $table_book";                          //从列表中读出所有图书记录
12      $result=mysql_query($sql,$link) or die(mysql_error());      //发送查找列表请求
13      $num=mysql_num_rows($result);                               //获取结果条数
14      $p_count=ceil($num/10);                                     //总页数
15      if ($_GET['page']==0 && !$_GET['page']) $page=1;            //当前页
16      else $page=$_GET['page'];
17      if($num<1)                                                  //如果没有记录
18      {
19          echo "<tr>";
20          echo "<td>";
21          echo "<center><h2>暂时还没有图书的记录</h2></center>";          //输出相应信息
22          echo "</td>";
23          echo "</tr>";
24          exit();                                                 //退出所有 PHP 代码
25      }
26      else                                                        //如果有记录则执行相应操作
27      {
28          $s=($page-1)*10;
29          $sql="select * from $table_book order by id limit $s,10";
30          $result=mysql_query($sql,$link);
31          echo "<tr>";
32          echo "<td>书名</td>";
33          echo "<td>作者</td>";
34          echo "<td>价格</td>";
35          echo "<td>类别</td>";
36          echo "<td>简介</td>";
37          while($rows=mysql_fetch_array($result))                 //循环显示记录内容
38          {
39              echo "<tr>";
40              echo "<td><a href=\"21-10.php?id=".$rows['id']."\">".$rows['book_name']."</a></td>";
                                                                    //显示书名
41              echo "<td>".$rows['book_author']."</td>";           //显示作者
42              echo "<td>".$rows['book_cost']."</td>";             //显示价格
43              $sql2="select id,type_name from $table_type where id='$rows[book_type]'";
```

```
44                  $result2=mysql_query($sql2,$link);
45                  $rows2=mysql_fetch_array($result2);
46                  echo "<td><a href=\"21-8.php?id=".$rows2[0]."\">".$rows2[1]."</a></td>";        //显示类别
47                  if(strlen($rows['book_description'])>100)
48                  $rows['book_description']=substr($rows['description'],0,100);
49                  echo "<td>".$rows['book_description']."</td>";
50                  echo "</tr>";
51          }
52      }
53      echo "</table>";
54                                                                  //以下为分页显示内容
55      $prev_page=$page-1;
56      $next_page=$page+1;
57      echo "<p align=\"center\">";
58      if ($page>1)
59      {
60          echo "<a href='$PATH_INFO?page=1'>第一页</a> | ";
61      }
62      if ($prev_page>=1)
63      {
64          echo "<a href='$PATH_INFO?page=$prev_page'>上一页</a> | ";
65      }
66      if ($next_page<=$p_count)
67      {
68          echo "<a href='$PATH_INFO?page=$next_page'>下一页</a> | ";
69      }
70      if ($page<$p_count)
71      {
72          echo "<a href='$PATH_INFO?page=$p_count'>最后一页</a></p>";
73      }
74      echo "</center>";
75      echo "</body>";
76      echo "</html>";
77  ?>
```

说明：该PHP执行机理相当简单，不再给出效果图。

21.5.3 按种类查看页面的实现

知识点讲解：光盘\视频讲解\第 21 章\按种类查看页面.wmv

按种类查看页面显示图书的所有种类，并且在每个子种类上都有指向该种类查看页面的超链接，用户只需要单击该超链接，就可以实现查看该种类下的所有图书。

这里把所有种类的显示与某一种类的单独显示功能整合到了一个页面。用一个参数来判断要显示哪一类。如果没有任何参数，则显示所有种类。如果指定了参数 ID，则显示某一类的结果。

【实例 21-8】以下为按种类查看页面实现代码。

实例 21-8：按种类查看页面
源码路径：光盘\源文件\21\21-8.php

```
01  <?php
02      echo "<html>";
03      echo "<head>";
04      echo "<title>按种类查看图书</title>";
05      echo "</head>";
06      echo "<body>";
07      echo "<center>";
08      require "21-3.php";
09      if(!$_GET['id'])
10      {
11          echo "<font size=5>查看所有种类</font>";
12          echo "<table width=\"80%\" cellpadding=\"1\" cellspacing=\"1\">";
13          require "21-1.php";
14          $sql="select * from $table_type where p_id=0";
15          $result=mysql_query($sql,$link);
16          while($rows=mysql_fetch_array($result))                //循环显示主类别
17          {
18              echo "<tr>";
19              echo "<td colspan=\"2\">";
20              echo $rows['type_name'];
21              echo "（".$rows['type_num']."）";
22              echo "</td>";
23              echo "</tr>";
24              $i=0;
25              $sql2="select * from $table_type where p_id='$rows[id]' and id>'$rows[id]'";
26              $result2=mysql_query($sql2,$link) or die(mysql_error());
27              $m_count=mysql_num_rows($result2);
28              while($rows2=mysql_fetch_array($result2))      //循环显示主类别下的分类别
29              {
30                  if($i%2==0) echo "<tr>";
31                  echo "<td width=\"50%\">";
32                  echo "<a href=21-8.php?id=".$rows2['id'].">".$rows2['type_name']."</a>";
33                  echo "（".$rows2['type_num']."）";
34                  echo "</td>";
35                  $i++;
36                  if(($m_count%2==1) and $i==($m_count))
37                  echo "<td> </td>";
38                  if($i%2==1) echo "</tr>";
39              }
40          }
41      }
42      else
43      {
44          require "21-1.php";
45          $sql="select type_name from $table_type where id='$_GET[id]'";
46          $result=mysql_query($sql,$link);
47          $type_name=mysql_fetch_array($result);
48          echo "<font size=5>查看种类：".$type_name[0]."</font>";
49          echo "<table width=\"80%\" cellpadding=\"1\" cellspacing=\"1\">";
50          $sql="select * from $table_book where book_type='$_GET[id]' order by id desc";      //从列表中
```

```
读出所有图书记录
51          $result=mysql_query($sql,$link) or die(mysql_error());      //发送查找列表请求
52          $num=mysql_num_rows($result);                               //获取结果条数
53          $p_count=ceil($num/10);                                     //总页数
54          if ($_GET['page']==0 && !$_GET['page']) $page=1;            //当前页
55          else $page=$_GET['page'];
56          if($num<1)                                                  //如果没有记录
57          {
58              echo "<tr>";
59              echo "<td>";
60              echo "<center><h2>暂时还没有图书的记录</h2></center>";    //输出相应信息
61              echo "</td>";
62              echo "</tr>";
63              exit();                                                 //退出所有 PHP 代码
64          }
65          else                                                        //如果有记录，则执行相应操作
66          {
67              echo "<tr>";
68              echo "<td>书名</td>";
69              echo "<td>作者</td>";
70              echo "<td>价格</td>";
71              echo "<td>类别</td>";
72              echo "<td>简介</td>";
73              while($rows=mysql_fetch_array($result))                 //循环显示记录内容
74              {
75                  echo "<tr>";
76                  echo "<td><a href=\"21-10.php?id=".$rows['id']."\">".$rows['book_name']."</a></td>";
                                                                        //显示书名
77                  echo "<td>".$rows['book_author']."</td>";           //显示作者
78                  echo "<td>".$rows['book_cost']."</td>";             //显示价格
79                  $sql2="select type_name from $table_type where id='$rows[book_type]'";
80                  $result2=mysql_query($sql2);
81                  $rows2=mysql_fetch_array($result2);
82                  echo "<td>".$rows2[0]."</td>";                      //显示类别
83                  if(strlen($rows['book_description'])>100)
84                  $rows['book_description']=substr($rows['description'],0,100);
85                  echo "<td>".$rows['book_description']."</td>";
86                  echo "</tr>";
87              }
88          }
89          echo "</table>";
90                                                                      //以下为分页显示内容
91          $prev_page=$page-1;
92          $next_page=$page+1;
93          echo " <p align=\"center\"> ";
94          if ($page>1)
95          {
96              echo "<a href='$PATH_INFO?page=1'>第一页</a> | ";
97          }
98          if ($prev_page>=1)
99          {
```

```
100                echo "<a href='$PATH_INFO?page=$prev_page'>上一页</a> | ";
101           }
102           if ($next_page<=$p_count)
103           {
104                echo "<a href='$PATH_INFO?page=$next_page'>下一页</a> | ";
105           }
106           if ($page<$p_count)
107           {
108                echo "<a href='$PATH_INFO?page=$p_count'>最后一页</a></p>";
109           }
110           echo "</center>";
111           echo "</body>";
112           echo "</html>";
113      }
114  ?>
```

在 PHP 运行环境中执行该文件，执行结果如图 21.4 所示。

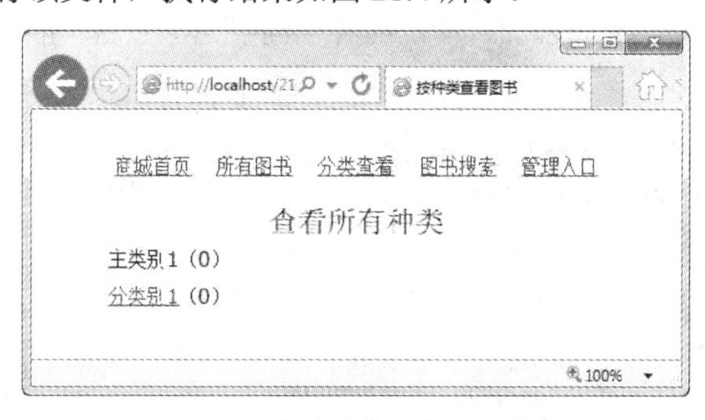

图 21.4　查看所有分类执行结果

由于我们并没有在数据库中添加书籍分类，因此这里只显示默认的类别。

21.5.4　搜索图书页面的实现

知识点讲解：光盘\视频讲解\第 21 章\搜索图书页面.wmv

如果图书的种类太多，给用户提供一个搜索的平台是有必要的。用户可以按照图书的名称、作者、出版社及所属类型等各项信息来查找相应的目标图书。如果找到了相应的图书，就循环显示所有查找结果，并给出相应的查看该书详情的超链接。

【实例 21-9】以下为搜索图书页面实现代码。

实例 21-9：搜索图书页面
源码路径：光盘\源文件\21\21-9.php

```
01  <?php
02       echo "<html>";
03       echo "<head>";
04       echo "<title>图书搜索</title>";
05       echo "</head>";
06       echo "<body>";
07       require "21-3.php";
```

```
08      if(!$_POST['search_c'])                                     //如果没有默认参数，显示 HTML
09      {
10           echo "<script language=\"javascript\">";
11           echo "function juge(theForm)";
12           echo "{";
13           echo "if (theForm.search_c.value == \"\")";
14           echo "{";
15           echo "alert(\"请输入搜索内容！\");";
16           echo "theForm.search_c.focus();";
17           echo "return (false);";
18           echo "}";
19           echo "}";
20           echo "</script>";
21           echo "<center>";
22           echo "<table width=\"80%\" cellpadding=\"1\" cellspacing=\"1\">";
23           echo "<form method=\"post\" action=\"$PATH_INFO\" onsubmit=\"return juge(this)\">";
24           echo "<tr>";
25           echo "<td colspan=\"2\" align=\"center\"><font size=\"5px\">图书搜索</font></td>";
26           echo "</tr>";
27           echo "<tr>";
28           echo "<td>输入搜索内容：</td>";
29           echo "<td><input type=\"text\" name=\"search_c\"></td>";
30           echo "</tr>";
31           echo "<tr>";
32           echo "<td>选择搜索类型：</td>";
33           echo "<td>";
34           echo "<select name=\"search_t\" size=\"1\">";
35           echo "<option value=\"book_name\">书名</option>";
36           echo "<option value=\"book_author\">作者</option>";
37           echo "<option value=\"book_pub\">出版社</option>";
38           echo "</select>";
39           echo"</td>";
40           echo "</tr>";
41           echo "<tr>";
42           echo "<td>选择搜索模式：</td>";
43           echo "<td>";
44           echo "<input type=\"radio\" name=\"search_m\" value=\"1\" checked>精确查找";
45           echo "<input type=\"radio\" name=\"search_m\" value=\"2\">模糊查找";
46           echo"</td>";
47           echo "</tr>";
48           echo "<tr>";
49           echo "<td colspan=\"2\"><center>";
50           echo "<input type=\"submit\" value=\"下一步\">";
51           echo "<input type=\"reset\" value=\"重新填\">";
52           echo "</center></td>";
53           echo "</tr>";
54           echo "</form>";
55           echo "</table>";
56           echo "</center>";
57           echo "</body>";
58           echo "<html>";
```

```
59      }
60      else
61      {
62          require "21-1.php";                                   //调用配置文件
63          $search_c=$_POST['search_c'];                         //获取表单变量
64          $search_t=$_POST['search_t'];
65          $search_m=$_POST['search_m'];
66          if($search_m=="1")                                    //根据搜索模式的不同设置不同的搜索类型
67          {
68              $sql="select * from $table_book where $search_t='$search_c'";
69          }
70          else
71          {
72              $sql="select * from $table_book where $search_t like '$search_c'";
73          }
74          $result=mysql_query($sql,$link);                      //发送 SQL 请求
75          $num=mysql_num_rows($result);                         //获取结果数
76          if($num<1)                                            //如果没有结果，显示内容
77          {
78              echo "<table width=\"80%\" cellpadding=\"1\" cellspacing=\"1\">";
79              echo "<tr>";
80              echo "<td align=\"center\"><font size=\"5px\">图书搜索</font></td>";
81              echo "</tr>";
82              echo "<tr>";
83              echo "<td   align=\"center\">对不起没有找到你所要求的内容！</td>";
84              echo "</tr>";
85              echo "</tr>";
86              echo "<tr>";
87              echo "<td   align=\"center\">点<a href=# onclick=history.go(-1)>这里</a>返回</td>";
88              echo "</tr>";
89              echo "</table>";
90          }
91          else                                                  //如果有结果，循环显示内容
92          {
93              echo "共找到".$num."条记录";
94              echo "<table width=\"80%\" cellpadding=\"1\" cellspacing=\"1\">";
95              echo "<tr>";
96              echo "<td>书名</td>";
97              echo "<td>作者</td>";
98              echo "<td>价格</td>";
99              echo "<td>类别</td>";
100             echo "<td>简介</td>";
101             while($rows=mysql_fetch_array($result))
102             {
103                 echo "<tr>";
104                 echo "<td><a href=\"21-10.php?id=".$rows['id']."\">".$rows['book_name']."</a></td>";
                                                                      //显示书名
105                 echo "<td>".$rows['book_author']."</td>";  //显示作者
106                 echo "<td>".$rows['book_cost']."</td>";    //显示价格
107                 $sql2="select type_name from $table_type where id='$rows[book_type]'";
108                 $result2=mysql_query($sql2);
```

```
109                         $rows2=mysql_fetch_array($result2);
110                         echo "<td>".$rows2[0]."</td>";                //显示类别
111                         if(strlen($rows['book_description'])>100)
112                         $rows['book_description']=substr($rows['description'],0,100);
113                         echo "<td>".$rows['book_description']."</td>";
114                         echo "</tr>";
115                 }
116                 echo "</table>";
117         }
118         echo "</center>";
119         echo "</body>";
120         echo "</html>";
121     }
122 ?>
```

说明： 用户需要对图书资源进行搜索时，只需要单击相应的超链接就可以进入该页面，实现对图书的搜索。

21.5.5 查看图书详情页面的实现

知识点讲解：光盘\视频讲解\第 21 章\查看图书详情页面.wmv

不管是在图书列表页面、按种类查看页面还是在图书搜索结果页面，当用户看到了中意的图书后，都可以单击该图书的超链接以查看该书的详细情况。查看图书详情页面包含该书的所有详细情况。用户可以选择购买该图书从而启动购物车功能。

这里来介绍一下购物车的实现原理。购物车可以采用多种实现机制，如 Cookie、Session 或者隐藏帧等。这里将采用 Cookie 方式，即当用户单击“把该书放入购物车”超链接后，程序将在后台把该书记录写入 Cookie。这里的 Cookie 写入工作采用 JavaScript 来实现。因为使用 JavaScript 可以减少服务器的负担。有关 JavaScript 操作 Cookie 的函数，请读者自行查找相应内容。

下面先给出要调用的 JS 文件的具体代码：

```
function SetCookie (name, value)   //设置名称为 name,值为 value 的 Cookie
{var expdate = new Date();
expdate.setTime(expdate.getTime() + 30 * 60 * 1000);
document.cookie = name+"="+value+";expires="+expdate.toGMTString()+";path=/";
alert("添加商品"+name+"成功!");
var
cat=window.open("21-19.php","cat","toolbar=no,menubar=no,location=no,status=no,width=420,height=280");
                                        //打开一个新窗口来显示统计的商品信息，即显示“手推车”
}
function Deletecookie (name) {                   //删除名称为 name 的 Cookie
var exp = new Date();
    exp.setTime (exp.getTime() - 1);
    var cval = GetCookie (name);
    document.cookie = name + "=" + cval + "; expires=" + exp.toGMTString();
}
function Clearcookie()                           //清除 Cookie
    {
```

```
    var temp=document.cookie.split(";");
    var loop3;
    var ts;
    for (loop3=0;loop3<temp.length;loop3++)
        {
        ts=temp[loop3].split("=")[0];
        if (ts.indexOf('mycat')!=-1)
            DeleteCookie(ts);                                //如果 ts 含 mycat，则执行清除
        }
    }

function getCookieVal (offset) {                             //取得项名称为 offset 的 Cookie 值
    var endstr = document.cookie.indexOf (";", offset);
    if (endstr == -1)
        endstr = document.cookie.length;
        return unescape(document.cookie.substring(offset, endstr));
}

function GetCookie (name) {                                  //取得名称为 name 的 Cookie 值
        var arg = name + "=";
        var alen = arg.length;
        var clen = document.cookie.length;
        var i = 0;
        while (i < clen) {
        var j = i + alen;
        if (document.cookie.substring(i, j) == arg)
                return getCookieVal (j);
                i = document.cookie.indexOf(" ", i) + 1;
                if (i == 0) break;
        }
        return null;
}
```

先将以上代码保存为 ctlcookie.js，以方便程序调用该 JS 文件。

【实例 21-10】以下为查看图书详情页面实现代码。

实例 21-10：查看图书详情页面

源码路径：光盘\源文件\21\21-10.php

```
01  <?php
02      echo "<html>";
03      echo "<head>";
04      echo "<title>查看图书详情</title>";
05      echo "</head>";
06      echo "<body>";
07      require "21-3.php";
08      if(!$_GET['id'])                                    //如果没有用户请求，显示信息
09      {
10          echo "没有请求 ID！<br>";
11          echo "点<a href=\"21-6.php\">这里</a>返回首页！";
12      }
```

```
13      else                                                          //如果有用户请求，执行操作
14      {
15          echo "<script language=\"javascript\" src=\"mycat.js\">";
16          echo "</script>";
17          require "21-1.php";
18          $sql="select * from $table_book where id='$_GET[id]'";
19          $result=mysql_query($sql,$link);
20          $rows=mysql_fetch_array($result);
21          echo "<table width=\"80%\" cellpadding=\"1\" cellspacing=\"1\">";
22          echo "<tr>";
23          echo "<td colspan=\"2\"><center><h2>查看图书详情</h2></center></td>";
24          echo "</tr>";
25          echo "<tr>";
26          echo "<td width=\"30%\">图书名称：</td>";
27          echo "<td>".$rows['book_name']."</td>";
28          echo "</tr>";
29          echo "<tr>";
30          echo "<td>图书作者：</td>";
31          echo "<td>".$rows['book_author']."</td>";
32          echo "</tr>";
33          echo "<tr>";
34          echo "<td>出版社：</td>";
35          echo "<td>".$rows['book_pub']."</td>";
36          echo "</tr>";
37          echo "<tr>";
38          echo "<td>售价：</td>";
39          echo "<td>".$rows['book_cost']."元</td>";
40          echo "</tr>";
41          echo "<tr>";
42          echo "<td>所属类别：</td>";
43          echo "<td>".$rows['book_type']."</td>";
44          echo "</tr>";
45          echo "<tr>";
46          echo "<td>该书的数量：</td>";
47          echo "<td>".$rows['book_num']."本</td>";
48          echo "</tr>";
49          echo "<tr>";
50          echo "<td>该书的简介：</td>";
51          echo "<td>".$rows['book_description']."</td>";
52          echo "</tr>";
53          echo "<tr>";
54          echo "<td>该书的封面扫描图：</td>";
55          echo "<td>";
56          if(!$rows['book_photo'])
57          {
58              $rows['book_photo']="images/nopic.gif";
59          }
60          echo "<img src=\"".$rows['book_photo']."\">";
61          echo "</td>";
62          echo "</tr>";
63          echo "<tr>";
```

```
64              echo "<td colspan=\"2\" align=\"center\"><input type=\"button\" value=\"把该书加入购物车\"
onclick=SetCookie(\"cat".$rows['id']."\",\"1\")></td>";
65              echo "</tr>";
66              echo "</table>";
67              echo "</center>";
68              echo "</body>";
69              echo "</html>";
70          }
71  ?>
```

21.6　购物车的实现

该程序中的购物车采用 Cookie 实现机制。本节来详细介绍如何实现购物车，及如何让用户的提交内容转化为实实在在的订单。

21.6.1　查看当前购物车

知识点讲解：光盘\视频讲解\第 21 章\查看当前购物车.wmv

该页面要实现的功能是统计系统中当前站点的 Cookie 值。如果是描述商品的 Cookie，则记录下该 Cookie 值，并读取库表中相应商品的信息显示给用户。用户可以自由选择是否购买已经加入购物车的商品，并且可以随便输入购买的数量。

【实例 21-11】以下为查看当前购物车的代码。

实例 21-11：查看当前购物车

源码路径：光盘\源文件\21\21-11.php

```
01  <?php
02      echo "<html>";
03      echo "<head>";
04      echo "<title>查看购物车</title>";
05      echo "</head>";
06      echo "<body>";
07      echo "<center>";
08      echo "<LINK href=\"style.css\" rel=stylesheet>";
09      if(!$_POST['mycat'])                                    //如果没有用户提交，显示内容
10      {
11          require "21-1.php";
12          echo "<table width=\"80%\" cellpadding=\"1\" cellspacing=\"1\">";
13          echo "<form method=\"post\" action=\"$PATH_INFO\">";
14          echo "<input type=\"hidden\" name=\"mycat\" value=\"post\">";
15          echo "<tr>";
16          echo "<td colspan=\"4\"><center><h2>您的购物车信息</h2></center></td>";
17          echo "</tr>";
18          echo "<tr>";
19          echo "<td>选择</td>";
```

```
20              echo "<td>名称</td>";
21              echo "<td>单价</td>";
22              echo "<td>数量</td>";
23              echo "</tr>";
24              $temp=array_keys($_COOKIE);
25              $j=0;
26              for($i=0;$i<count($temp);$i++)
27              {
28                  if(ereg("cat",$temp[$i]))                              //查找已添加到购物车的商品
29                  {
30                      $j++;
31                      $catid=ereg_replace("cat","",$temp[$i]);
32                      $sql="select * from $table_book where id='$catid'";
33                      $result=mysql_query($sql,$link);
34                      $rows=mysql_fetch_array($result);
35                      echo "<input type=\"hidden\" name=\"id[]\" value=\"".$rows['id']."\">";
36                      echo "<tr>";
37                      echo "<td><input type=\"checkbox\" name=\"c".$j."\"></td>";
38                      echo "<td>".$rows['book_name']."</td>";
39                      echo "<td><input type=\"text\" value=\"".$rows['book_cost']."\" name=\"m[]\" readonly
size=\"5\"></td>";
40                      echo "<td><input type=\"text\" name= \"t[]\" value=\"1\" size=\"3\"></td>";
41                      echo "</tr>";
42                  }
43              }
44              echo "<tr>";
45              echo "<td colspan=\"4\"><center>";
46              echo "<input type=\"submit\" value=\"结账\">";
47              echo "<input type=\"button\" value=\"继续购物\" onclick=window.close()>";
48              echo "</center></td>";
49              echo "</tr>";
50              echo "</form>";
51              echo "</table>";
52          }
53          else
54          {
55              $id=$_POST['id'];
56              $m=$_POST['m'];
57              $t=$_POST['t'];
58              $time=date("Y 年 m 月 d 日");
59              require "21-1.php";
60              echo "<table width=\"80%\" cellpadding=\"1\" cellspacing=\"1\">";
61              echo "<tr><td colspan=\"4\"><center>您选购了以下商品:</center></td></tr>";
62              echo "<tr>";
63              echo "<td>书名</td>";
64              echo "<td>单价</td>";
65              echo "<td>数量</td>";
66              echo "<td>小计</td>";
67              echo "</tr>";
68              $j=0;
69              for($i=1;$i<=count($id);$i++)                              //循环显示所有商品
```

```
70              {
71                  $c="c".$i;
72                  if($$c!="")
73                  {
74                      $temp=$id[$i-1];
75                      $temp2=$m[$i-1];
76                      $temp3=$t[$i-1];
77                      $sql="select * from $table_book where id='$temp'";
78                      $result=mysql_query($sql,$link);
79                      $rows=mysql_fetch_array($result);
80                      echo "<tr>";
81                      echo "<td>".$rows['book_name']."</td>";
82                      echo "<td>".$temp2."</td>";
83                      echo "<td>".$temp3."</td>";
84                      $z[$j]=$m[$i-1]*$t[$i-1];
85                      $temp4=$z[$j];
86                      echo "<td>".$z[$j]."</td>";
87                      echo "</tr>";
88                      $j++;
89                      $sql="insert into $table_order(order_user_id,order_book_id,order_book_num,order_
user_name,order_cost,order_date) values('$_COOKIE[id]','$temp','$temp3','$_COOKIE[user]','$temp4','$time')";
90                      mysql_query($sql,$link);
91                  }
92              }
93              for($i=0;$i<count($z);$i++)
94              {
95                  $s=$s+$z[$i];
96              }
97              echo "<tr><td colspan=\"4\"><center>总计:".$s."</center></td></tr>";
98              echo "<tr><td colspan=\"4\">已经生成订单,点<input type=\"button\" value=\"这里结束操作\"
onclick=window.close></td></tr>";
99          }
100 ?>
```

该文件具备了查看购物车、选择选购的商品、提交购物车信息等功能，是购物车功能的主体文件。

21.6.2　查看用户历史订单

知识点讲解：光盘\视频讲解\第 21 章\查看用户历史订单.wmv

用户在提交购物车后，购物信息将生成订单。所以应该使用户有权限查看所有的历史订单。该功能的实现也很简单，从订单记录表里选取用户名为当前登录用户的记录显示出来即可。

【实例 21-12】以下为查看用户历史订单的代码。

实例 21-12：查看用户历史订单

源码路径：光盘\源文件\21\21-12.php

```
01  <?php
02      echo "<html>";
03      echo "<head>";
```

```
04          echo "<title>查看登录用户历史订单</title>";
05          echo "</head>";
06          echo "<body>";
07          require "21-3.php";
08          if(!$_COOKIE['user'])
09          {
10              echo "你没有登录,没有权限执行这项操作！ <p>";
11              echo "点<a href=\"21-5.php\">这里</a>进行登录";
12              exit();
13          }
14          else
15          {
16              require "21-1.php";
17              echo "<h2>查看用户".$_COOKIE['user']."的订单记录</h2>";
18              $sql="select id from $table_order where order_user_id='$_COOKIE[id]'";  //从列表中读出所有图
书记录
19              $result=mysql_query($sql,$link) or die(mysql_error());      //发送查找列表请求
20              $num=mysql_num_rows($result);                               //获取结果条数
21              $p_count=ceil($num/10);                                     //总页数
22              if ($_GET['page']==0 && !$_GET['page']) $page=1;            //当前页
23              else $page=$_GET['page'];
24              echo "<table width=\"80%\" cellpadding=\"1\" cellspacing=\"1\">";
25              if($num<1)                                                  //如果没有记录
26              {
27                  echo "<tr>";
28                  echo "<td>";
29                  echo "<center><h2>暂时还没有该用户的订单记录</h2></center>";     //输出相应信息
30                  echo "</td>";
31                  echo "</tr>";
32                  exit();                                                 //退出所有 PHP 代码
33              }
34              else                                                        //如果有记录，则执行相应操作
35              {
36                  echo "<tr>";
37                  echo "<td>购书 ID</td>";
38                  echo "<td>购书数量</td>";
39                  echo "<td>购书总额</td>";
40                  echo "<td>订单状态</td>";
41                  echo "<td>提交日期</td>";
42                  echo "</tr>";
43                  $s=($page-1)*10;
44                  $sql="select * from $table_order where order_user_id='$_COOKIE[id]' order by id limit $s,10";
45                  $result=mysql_query($sql,$link);
46                  while($rows=mysql_fetch_array($result))
47                  {
48                      echo "<tr>";
49                      echo "<td>".$rows['order_book_id']."</td>";
50                      echo "<td>".$rows['order_book_num']."</td>";
51                      echo "<td>".$rows['order_cost']."</td>";
```

```
52                      echo "<td>".$rows['order_state']."</td>";
53                      echo "<td>".$rows['order_date']."</td>";
54                      echo "</tr>";
55                  }
56                  echo "</table>";
57                  $prev_page=$page-1;
58                  $next_page=$page+1;
59                  echo " <p align=\"center\"> ";
60                  if ($page>1)
61                  {
62                      echo "<a href='$PATH_INFO?page=1'>第一页</a> | ";
63                  }
64                  if ($prev_page>=1)
65                  {
66                      echo "<a href='$PATH_INFO?page=$prev_page'>上一页</a> | ";
67                  }
68                  if ($next_page<=$p_count)
69                  {
70                      echo "<a href='$PATH_INFO?page=$next_page'>下一页</a> | ";
71                  }
72                  if ($page<$p_count)
73                  {
74                      echo "<a href='$PATH_INFO?page=$p_count'>最后一页</a></p>";
75                  }
76                  echo "</center>";
77                  echo "</body>";
78                  echo "</html>";
79              }
80          }
81      ?>
```

说明： 这里可以方便用户随时查看当前用户的历史订单记录。

21.7　管理功能的实现

这里的管理功能包括两层含义，一层含义是普通用户可以更改自己的注册信息、密码及查看购物车等；另一层含义是管理员可以添加或者修改图书类别、添加新的图书、查看和处理订单、查看销售记录等。

可以看出，不管对于普通用户还是管理者，后台的管理功能都是十分重要的。本节就来逐个实现这些后台管理功能。这里将所有管理操作的链接都集中在一个页面上，即用户登录页，用户在登录前显示的是登录界面，而在登录之后，则显示所有操作的超链接，如图 21.5 所示。

通过这个界面，普通用户或者管理员可以执行相应的操作。当然，只有管理员才能执行的操作，普通用户是看不到的。

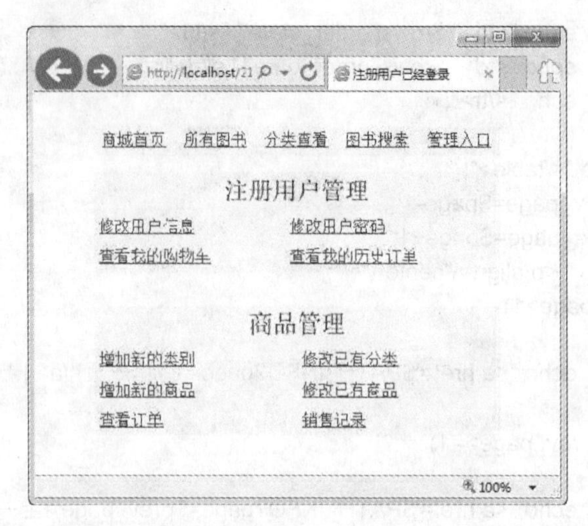

图 21.5 管理员登录后的“管理入口”执行结果

21.7.1 更改用户信息

知识点讲解：光盘\视频讲解\第 21 章\更改用户信息.wmv

注册用户的信息在注册后并不是一成不变的，用户可以自由更改自己的信息，而用户信息的更改实质就是改变表中特定项的记录。先给出用户一个人机交互界面，要求用户输入更改的内容，然后转到后台，对相应项进行更改操作。

【实例 21-13】以下为更改用户信息代码。

实例 21-13：更改用户信息

源码路径：光盘\源文件\21\21-13.php

```
01  <?php
02          echo "<html>";
03          echo "<head>";
04          echo "<title>修改注册用户信息</title>";
05          echo "</head>";
06          echo "<body>";
07          echo "<center>";
08          require "21-3.php";
09          if(!$_COOKIE['user'])
10          {
11                  echo "你还没有登录！<p>";
12                  echo "点<a href=\"21-5.php\">这里</a>进行登录";
13                  exit();
14          }
15          else
16          {
17                  if(!$_POST['email'])
18                  {
19                          echo "<script language=\"javascript\">";
20                          echo "function juge(theForm)";
```

```
21                echo "{";
22                echo "if (theForm.email.value == \"\")";
23                echo "{";
24                echo "alert(\"请输入邮箱！\");";
25                echo "theForm.email.focus();";
26                echo "return (false);";
27                echo "}";
28                echo "}";
29                echo "function s_photo(the)";
30                echo "{";
31                echo "document.img.src='images/'+the.photo.value+'.bmp';";
32                echo "}";
33                echo "</script>";
34                require "21-1.php";
35                $sql="select * from $table_user where id='$_COOKIE[id]'";
36                $result=mysql_query($sql,$link);
37                $rows=mysql_fetch_array($result);
38                echo "<table cellpadding=\"1\" cellspacing=\"1\" width=\"80%\">";
39                echo "<form method=\"post\" action=\"$PATH_INFO\" onsubmit=\"return juge(this)\">";
40                echo "<tr>";
41                echo "<td colspan=\"2\">以下几项是可以修改的：</td>";
42                echo "</tr>";
43                echo "<tr>";
44                echo "<td>用户地址：</td>";
45                echo "<td><input type=\"text\" name=\"address\" value=\"".$rows[address]."\"></td>";
46                echo "</tr>";
47                echo "<tr>";
48                echo "<td>用户邮箱：</td>";
49                echo "<td><input type=\"text\" name=\"email\" value=\"".$rows['email']."\"></td>";
50                echo "</tr>";
51                echo "<tr>";
52                echo "<td>用户 QQ：</td>";
53                echo "<td><input type=\"text\" name=\"qq\" value=\"".$rows['qq']."\"></td>";
54                echo "</tr>";
55                echo "<tr>";
56                echo "<td>用户 MSN：</td>";
57                echo "<td><input type=\"text\" name=\"msn\" value=\"".$rows['msn']."\"></td>";
58                echo "</tr>";
59                echo "<tr>";
60                echo "<td>用户图像：</td>";
61                echo "<td>";
62                echo "<select name=\"photo\" size=\"1\" onchange=\"s_photo(this.form)\">";
63                for($i=1;$i<21;$i++)
64                {
65                    echo "<option value=".$i.">".$i."</option>";;
66                }
67                    echo "</select>";
68                echo "<img src=\"images/".$rows['photo']."\" name=\"img\">";
69                echo "</td>";
70                echo "</tr>";
71                echo "<tr>";
```

```
72                    echo "<td colspan=\"2\"><center><input type=\"submit\" value=\"确认提交\"></center> </td>";
73                    echo "</tr>";
74                    echo "</form>";
75                    echo "</table>";
76            }
77            else
78            {
79                    $email=$_POST['email'];
80                    $address=$_POST['address'];
81                    $qq=$_POST['qq'];
82                    $msn=$_POST['msn'];
83                    $photo=$_POST['photo'];
84                    require "21-1.php";
85                    $sql="update  $table_user  set  email='$email',address='$address',qq='$qq',msn='$msn',
photo='$photo' where id='$_COOKIE[id]'";
86                    if(mysql_query($sql,$link))
87                    {
88                            echo "修改注册信息成功，现在返回首页";
89                            echo "<meta http-equiv=\"refresh\" content=\"2; url=21-6.php\">";
90                    }
91                    else
92                    {
93                            echo "修改注册信息失败，现在返回更改信息页";
94                            echo "<meta http-equiv=\"refresh\" content=\"2; url=21-11.php\">";
95                    }
96            }
97    }
98  ?>
```

说明：当用户需要对注册信息进行更改时就可以调用该页面。

21.7.2 更改用户密码

知识点讲解：光盘\视频讲解\第 21 章\更改用户密码.wmv

密码始终是一个比较敏感的选项，因为它是用户进入系统的一个重要的钥匙，所以要把密码单独列出来更改。不过更改密码的原理同更改普通信息一样，都要对用户的输入进行判断，如果符合条件就用新密码替换旧密码。

【实例 21-14】以下为更改用户密码的代码。

实例 21-14：更改用户密码
源码路径：光盘\源文件\21\21-14.php

```
01  <?php
02      echo "<html>";
03      echo "<head>";
04      echo "<title>修改注册用户密码</title>";
05      echo "</head>";
06      echo "<body>";
```

```
07        echo "<center>";
08        require "21-3.php";
09        if(!$_COOKIE['user'])
10        {
11            echo "你还没有登录！<p>";
12            echo "点<a href=\"21-5.php\">这里</a>进行登录";
13            exit();
14        }
15        else
16        {
17            if(!$_POST['password'])
18            {
19                echo "<script language=\"javascript\">";
20                echo "function juge(theForm)";
21                echo "{";
22                echo "if (theForm.password.value == \"\")";
23                echo "{";
24                echo "alert(\"请输入旧密码！\");";
25                echo "theForm.password.focus();";
26                echo "return (false);";
27                echo "}";
28                echo "if (theForm.newpassword.value == \"\")";
29                echo "{";
30                echo "alert(\"请输入新密码！\");";
31                echo "theForm.newpassword.focus();";
32                echo "return (false);";
33                echo "}";
34                echo "if (theForm.newpassword.value.length <8)";
35                echo "{";
36                echo "alert(\"密码要在 8 位以上！\");";
37                echo "theForm.newpassword.focus();";
38                echo "return (false);";
39                echo "}";
40                echo "if (theForm.newpassword.value != theForm.repassword.value)";
41                echo "{";
42                echo "alert(\"重复输入的密码不一致！\");";
43                echo "theForm.repassword.focus();";
44                echo "return (false);";
45                echo "}";
46                echo "}";
47                echo "</script>";
48                echo "<table width=\"80%\" cellpadding=\"1\" cellspacing=\"1\">";
49                echo "<form method=\"post\" action=\"$PATH_INFO\" onsubmit=\"return juge(this)\">";
50                echo "<tr>";
51                echo "<td colspan=\"2\">修改用户密码</td>";
52                echo "</tr>";
53                echo "<tr>";
54                echo "<td>输入旧密码：</td>";
55                echo "<td>";
56                echo "<input type=\"password\" name=\"password\">";
57                echo "</td>";
```

```
58              echo "</tr>";
59              echo "<tr>";
60              echo "<td>输入新密码：</td>";
61              echo "<td>";
62              echo "<input type=\"password\" name=\"newpassword\">";
63              echo "</td>";
64              echo "</tr>";
65              echo "<tr>";
66              echo "<td>再输入一次：</td>";
67              echo "<td>";
68              echo "<input type=\"password\" name=\"repassword\">";
69              echo "</td>";
70              echo "</tr>";
71              echo "<tr>";
72              echo "<td colspan=\"2\"><center>";
73              echo "<input type=submit value=\"提交\">";
74              echo "</center></td>";
75              echo "</tr>";
76              echo "</form>";
77              echo "</table>";
78              echo "</center>";
79              echo "</body>";
80              echo "</html>";
81          }
82          else
83          {
84              require "21-1.php";
85              $password=md5($_POST['password']);
86              $newpassword=md5($_POST['newpassword']);
87              $id=$_COOKIE['id'];
88              $sql="select id from $table_user where name='$_COOKIE[user]' and password='$password'";
89              $result=mysql_query($sql,$link);
90              $nums=mysql_num_rows($result);
91              if($nums<1)
92              {
93                  echo "输入的用户密码错误！<p>";
94                  echo "请重新输入！";
95                  echo "<meta http-equiv=\"refresh\" content=\"2; url=21-12.php\">";
96              }
97              else
98              {
99                  $sql="update $table_user set password='$newpassword' where id='$id'";
100                 if(mysql_query($sql,$link))
101                 {
102                     echo "修改用户密码成功，现在返回首页";
103                     echo "<meta http-equiv=\"refresh\" content=\"2; url=20-6.php\">";
104                 }
105                 else
106                 {
107                     echo "修改用户密码失败，现在返回修改密码页";
108                     echo "<meta http-equiv=\"refresh\" content=\"2; url=20-12.php\">";
```

```
109                 }
110             }
111         }
112     }
113 ?>
```

21.7.3　为图书添加新的分类

知识点讲解：光盘\视频讲解\第 21 章\为图书添加新的分类.wmv

图书类别管理中的重要一项就是添加新的分类。实际生活中，图书的种类是多种多样的，管理员应该有权限为图书添加分类及二级分类，其实质是为分类表添加新的记录。

【实例 21-15】以下为添加新分类的代码。

实例 21-15：添加新分类
源码路径：光盘\源文件\21\21-15.php

```
01  <?php
02      echo "<html>";
03      echo "<head>";
04      echo "<title>增加新的图书类别</title>";
05      echo "</head>";
06      echo "<body>";
07      echo "<center>";
08      require "21-3.php";
09      require "21-1.php";
10      $sql="select admin from $table_user where id='$_COOKIE[id]'";
11      $result=mysql_query($sql,$link);
12      $rows=mysql_fetch_array($result);
13      if($rows[0]!=3)
14      {
15          echo "你没有权限执行这项操作！";
16          exit();
17      }
18      else
19      {
20          if(!$_POST['type'])
21          {
22              echo "<table width=\"80%\" cellpadding=\"1\" cellspacing=\"1\">";
23              echo "<form method=\"post\" action=\"".$_SERVER['PHP_SELF']."\">";
24              echo "<tr>";
25              echo "<td colspan=\"2\"><center><h2>创建图书分类第一步</h2></center></td>";
26              echo "</tr>";
27              echo "<tr>";
28              echo "<td>选择创建类别</td>";
29              echo "<td>";
30              echo "<select size=\"1\" name=\"type\">";
31              echo "<option value=\"1\">主类别</option>";
32              echo "<option value=\"2\">分类别</option>";
33              echo "</select>";
```

```
34                  echo "</td>";
35                  echo "</tr>";
36                  echo "<tr>";
37                  echo "<td colspan=\"2\"><center><input type=submit value=\"下一步\"></td>";
38                  echo "</tr>";
39                  echo "</form>";
40                  echo "</table>";
41                  echo "</center>";
42                  echo "</body>";
43                  echo "</html>";
44              }
45              else if(!$_POST['type_name'])
46              {
47                  echo "<script language=\"javascript\">";
48                  echo "function juge(theForm)";
49                  echo "{";
50                  echo "if (theForm.type_name.value == \"\")";
51                  echo "{";
52                  echo "alert(\"请输入类别名称！ \");";
53                  echo "theForm.topic_name.focus();";
54                  echo "return (false);";
55                  echo "}";
56                  echo "if (theForm.type_description.value == \"\")";
57                  echo "{";
58                  echo "alert(\"请输入类别介绍！ \");";
59                  echo "theForm.topic_description.focus();";
60                  echo "return (false);";
61                  echo "}";
62                  echo "}";
63                  echo "</script>";
64                  echo "<table width=\"80%\" cellpadding=\"1\" cellspacing=\"1\">";
65                  echo  "<form  method=\"post\"  action=\"".$_SERVER['PHP_SELF']."\"   onsubmit=\"return
juge(this)\">";
66                  echo "<tr>";
67                  echo "<td colspan=\"2\"><center><h2>创建图书分类第二步</h2></center></td>";
68                  echo "</tr>";
69                  echo "<input type=\"hidden\" name=\"type\" value=\"".$_POST['type']."\">";
70                  if($_POST['type']==2)
71                  {
72                      echo "<tr>";
73                      echo "<td>选择分类别所属主类</td>";
74                      echo "<td>";
75                      echo "<select size=\"1\" name=\"p_id\">";
76                      $sql="select id,type_name from $table_type where p_id=0";
77                      $result=mysql_query($sql,$link);
78                      while($rows=mysql_fetch_array($result))
79                      {
80                          echo "<option value=\"".$rows['id']."\">".$rows['type_name']."</option>";
81                      }
82                      echo "</select>";
83                      echo "</td>";
```

```
84                echo "</tr>";
85            }
86            echo "<tr>";
87            echo "<td>输入类别名称</td>";
88            echo "<td>";
89            echo "<input type=\"text\" name=\"type_name\">";
90            echo "</td>";
91            echo "</tr>";
92            echo "<tr>";
93            echo "<td>输入类别介绍</td>";
94            echo "<td>";
95            echo "<input type=\"text\" name=\"type_description\">";
96            echo "</td>";
97            echo "</tr>";
98            echo "<tr>";
99            echo "<td colspan=\"2\"><center><input type=button value=\"上一步\" onclick= \"history.
go(-1)\"><input type=submit value=\"下一步\"></td>";
100           echo "</tr>";
101           echo "</form>";
102           echo "</table>";
103           echo "</center>";
104           echo "</body>";
105           echo "</html>";
106       }
107       else
108       {
109           $type=$_POST['type'];
110           $type_name=$_POST['type_name'];
111           $type_description=$_POST['type_description'];
112           if($type==2)
113           {
114               $p_id=$_POST['p_id'];
115           }
116           else $p_id=0;
117           $sql="insert into $table_type(p_id,type_name,type_description)values ('$p_id','$type_
name','$type_description')";
118           if(mysql_query($sql,$link))
119           {
120               echo "增加新类别操作成功，现在返回首页！";
121               echo "<meta http-equiv=\"refresh\" content=\"2; url=21-6\">";
122           }
123           else
124           {
125               echo "增加新类别操作失败，现在返回！";
126               echo "<meta http-equiv=\"refresh\" content=\"2; url=21-13\">";
127           }
128       }
129   }
130 ?>
```

当管理员调用该文件时，执行结果如图 21.6 所示。

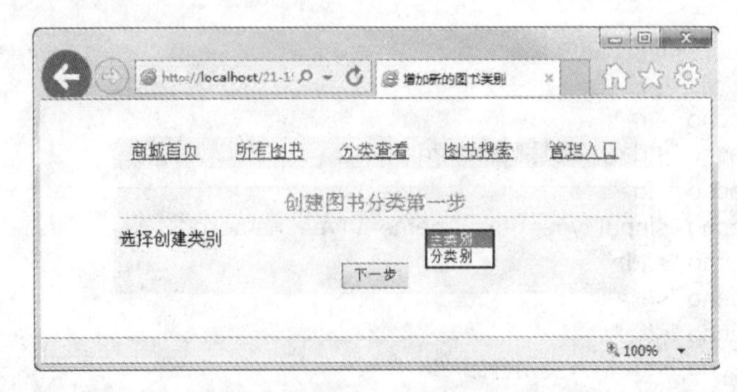

图 21.6　增加新的类别第一步执行结果

从图中选取相应的创建类别后单击“下一步”按钮，执行结果如图 21.7 所示。

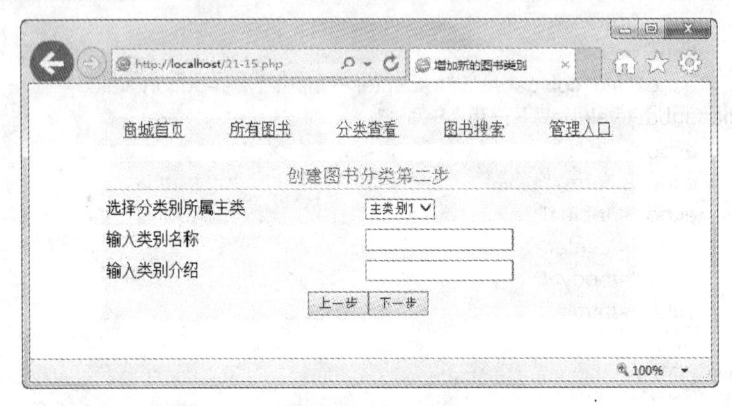

图 21.7　增加新的类别第二步执行结果

在图 21.7 中输入类别名称及类别介绍，如果创建的类别是分类别，还要选择该分类别所属主类别。输入完成后，就可以完成对相应类别的添加。

21.7.4　修改已经存在的分类

知识点讲解：光盘\视频讲解\第 21 章\修改已经存在的分类.wmv

设置好的分类不一定是最合适的，所以也允许管理员对分类进行修改，如修改分类名称、分类的说明、二级分类所属的主分类等。这些通过互动表单及强大的 MySQL 数据库语句都能够实现。

【实例 21-16】以下为修改已经存在分类的代码。

实例 21-16：修改已经存在分类
源码路径：光盘\源文件\21\21-16.php

```
01	<?php
02		echo "<html>";
03		echo "<head>";
04		echo "<title>修改现有的图书类别</title>";
05		echo "</head>";
06		echo "<body>";
07		echo "<center>";
08		require "21-3.php";
09		require "21-1.php";
```

```
10		$sql="select admin from $table_user where id='$_COOKIE[id]'";
11		$result=mysql_query($sql,$link);
12		$rows=mysql_fetch_array($result);
13		if($rows[0]!=3)
14		{
15			echo "你没有权限执行这项操作！";
16			exit();
17		}
18		else
19		{
20			if(!$_POST['id'])
21			{
22			echo "<table width=\"80%\" cellpadding=\"1\" cellspacing=\"1\">";
23			echo "<form method=\"post\" action=\"".$_SERVER['PHP_SELF']."\">";
24			echo "<tr>";
25			echo "<td colspan=\"4\"><center><h2>修改图书分类第一步</h2></center></td>";
26			echo "</tr>";
27			echo "<tr>";
28			echo "<td>选择图书分类</td>";
29			echo "<td>分类类型</td>";
30			echo "<td>图书分类名称</td>";
31			echo "<td>该类别简介</td>";
32			echo "</tr>";
33			$sql="select id,p_id,type_name,type_description from $table_type";
34			$result=mysql_query($sql,$link);
35			while($rows=mysql_fetch_array($result))
36			{
37				echo "<tr>";
38				echo "<td><input type=\"radio\" name=\"id\" value=\"".$rows['id']."\"></td>";
39				echo "<td>";
40				if($rows['p_id']==0)
41				{
42					echo "主分类";
43				}
44				else
45				{
46					echo "子分类";
47				}
48				echo "</td>";
49				echo "<td>".$rows['type_name']."</td>";
50				echo "<td>".$rows['type_description']."</td>";
51				echo "</tr>";
52			}
53			echo "<tr>";
54			echo "<td colspan=\"4\"><center><input type=submit value=\"下一步\"></td>";
55			echo "</tr>";
56			echo "</form>";
57			echo "</table>";
58			echo "</center>";
59			echo "</body>";
60			echo "</html>";
```

```
61          }
62          else if(!$_POST['type_name'])
63          {
64                echo "<script language=\"javascript\">";
65                echo "function juge(theForm)";
66                echo "{";
67                echo "if (theForm.type_name.value == \"\")";
68                echo "{";
69                echo "alert(\"请输入类别名称！ \");";
70                echo "theForm.type_name.focus();";
71                echo "return (false);";
72                echo "}";
73                echo "if (theForm.type_description.value == \"\")";
74                echo "{";
75                echo "alert(\"请输入类别介绍！ \");";
76                echo "theForm.type_description.focus();";
77                echo "return (false);";
78                echo "}";
79                echo "}";
80                echo "</script>";
81                echo "<table width=\"80%\" cellpadding=\"1\" cellspacing=\"1\">";
82                echo  "<form  method=\"post\"  action=\"".$_SERVER['PHP_SELF']."\"    onsubmit=\"return
juge(this)\">";
83                echo "<tr>";
84                echo "<td colspan=\"2\"><center><h2>修改图书分类第二步</h2></center></td>";
85                echo "</tr>";
86                echo "<input type=\"hidden\" name=\"id\" value=\"".$_POST['id']."\">";
87                $sql="select * from $table_type where id='$_POST[id]'";
88                $result=mysql_query($sql,$link);
89                $rows=mysql_fetch_array($result);
90                if($rows['p_id']!=0)
91                {
92                      echo "<tr>";
93                      echo "<td>选择子类别所属主类</td>";
94                      echo "<td>";
95                      echo "<select size=\"1\" name=\"p_id\">";
96                      $sql2="select id,type_name from $table_type where p_id=0";
97                      $result2=mysql_query($sql2,$link);
98                      while($rows2=mysql_fetch_array($result2))
99                      {
100                           echo "<option value=\"".$rows2['id'];
101                           if($rows2['id']==$rows['p_id']) echo " checked ";
102                           echo "\">".$rows2['type_name']."</option>";
103                     }
104                     echo "</select>";
105                     echo "</td>";
106                     echo "</tr>";
107               }
108               echo "<tr>";
109               echo "<td>输入类别名称</td>";
110               echo "<td>";
```

```
111                 echo "<input type=\"text\" name=\"type_name\" value=\"".$rows['type_name']."\">";
112                 echo "</td>";
113                 echo "</tr>";
114                 echo "<tr>";
115                 echo "<td>输入类别介绍</td>";
116                 echo "<td>";
117                 echo "<input type=\"text\" name=\"type_description\" value=\"".$rows['type_description']."\">";
118                 echo "</td>";
119                 echo "</tr>";
120                 echo "<tr>";
121                 echo "<td colspan=\"2\"><center><input type=button value=\"上一步\" onclick=\"history.
go(-1)\"><input type=submit value=\"下一步\"></td>";
122                 echo "</tr>";
123                 echo "</form>";
124                 echo "</table>";
125                 echo "</center>";
126                 echo "</body>";
127                 echo "</html>";
128             }
129             else
130             {
131                 $id=$_POST['id'];
132                 $type=$_POST['type'];
133                 $type_name=$_POST['type_name'];
134                 $type_description=$_POST['type_description'];
135                 if($_POST['p_id'])
136                 {
137                     $p_id=$_POST['p_id'];
138                 }
139                 else
140                 {
141                     $p_id=0;
142                 }
143                 $sql="update  $table_type  set  p_id='$p_id',type_name='$type_name',type_description=
'$type_description' where id=$id";
144                 if(mysql_query($sql,$link))
145                 {
146                     echo "修改图书分类操作成功，现在返回图书分类列表！";
147                     echo "<meta http-equiv=\"refresh\" content=\"2; url=21-8\">";
148                 }
149                 else
150                 {
151                     echo "修改图书分类操作失败，现在返回！";
152                     echo "<meta http-equiv=\"refresh\" content=\"2; url=21-14\">";
153                 }
154             }
155         }
156 ?>
```

管理员调用该页面时，执行结果如图 21.8 所示。

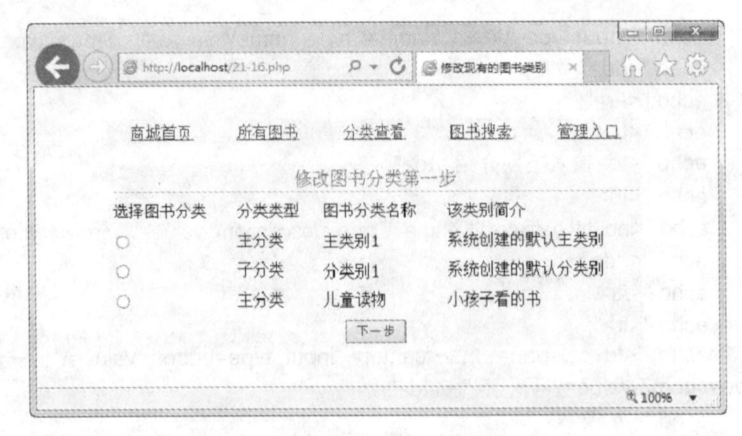

图 21.8　修改已有类别第一步执行结果

该页面显示了所有的图书类别，从中选中相应类别前面的单选按钮，然后单击“下一步”按钮，执行结果如图 21.9 所示。

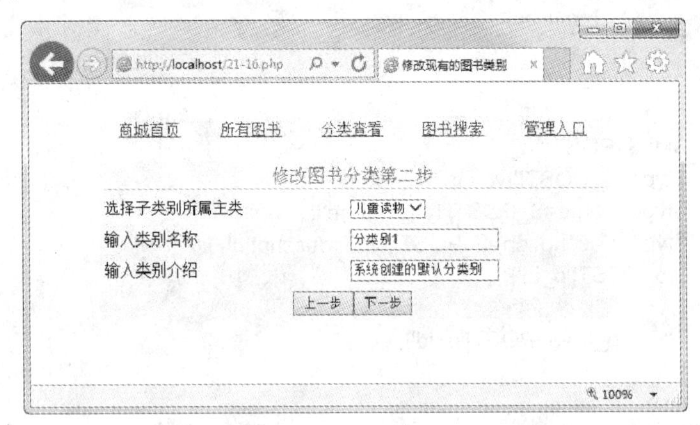

图 21.9　修改已有类别第二步执行结果

从图 21.9 可以看出，可以修改类别名称及类别介绍，如果选择修改的类别是子类别，还可以重新选择该子类别所属的主类别。按需求对各项内容进行填写，单击“下一步”按钮，即可完成对本类别的修改。

21.7.5　增加新的图书

 **知识点讲解：光盘\视频讲解\第 21 章\增加新的图书.wmv**

图书的库存量总是在不断增加的，所以增加新图书的功能更是必不可少的。特别是在使用初期，必须把库存图书入库。这里说的“入库”并不是通常意义上的放入仓库，而是把所有图书的相关信息存入数据表中。通过本节所述代码即可实现这样的功能。

【实例 21-17】以下为增加新图书的代码。

实例 21-17：增加新图书
源码路径：光盘\源文件\21\21-17.php

```
01  <?php
```

```
02      echo "<html>";
03      echo "<head>";
04      echo "<title>增加新的图书</title>";
05      echo "</head>";
06      echo "<body>";
07      echo "<center>";
08      require "21-3.php";
09      require "21-1.php";
10      $sql="select admin from $table_user where id='$_COOKIE[id]'";
11      $result=mysql_query($sql,$link);
12      $rows=mysql_fetch_array($result);
13      if($rows[0]!=3)
14      {
15          echo "你没有权限执行这项操作！ ";
16          exit();
17      }
18      else
19      {
20          if(!$_POST['book_name'])
21          {
22              $sql="select id,type_name from $table_type where p_id=0";
23              $result=mysql_query($sql,$link);
24              $i=0;
25              while($rows=mysql_fetch_array($result))
26              {
27                  $j=0;
28                  $temp[$i][0]=$rows['type_name'];
29                  $flag[$i][0]=$rows['id'];
30                  $sql2="select id,type_name from $table_type where p_id='$rows[id]'";
31                  $result2=mysql_query($sql2,$link);
32                  while($rows2=mysql_fetch_array($result2))
33                  {
34                      $j++;
35                      $temp[$i][$j]=$rows2['type_name'];
36                      $flag[$i][$j]=$rows2['id'];
37                  }
38                  $i++;
39              }
40              echo "<script language=javascript>
41      function Juge(theForm)
42      {
43          if (theForm.book_name.value == \"\")
44        {
45          alert(\"请输入书名!\");
46          theForm.book_name.focus();
47          return (false);
48        }
49          if (theForm.book_author.value == \"\")
50        {
51          alert(\"请输入作者!\");
52          theForm.book_author.focus();
```

```
53              return (false);
54          }
55              if (theForm.cost.value == \"\")
56          {
57              alert(\"请输入书的价格!\");
58              theForm.cost.focus();
59              return (false);
60          }
61              if (theForm.book_num.value == \"\")
62          {
63              alert(\"请输入数量!\");
64              theForm.book_num.focus();
65              return (false);
66          }
67              if (theForm.book_description.value == \"\")
68          {
69              alert(\"请输入内容简介!\");
70              theForm.book_description.focus();
71              return (false);
72          }
73      }
74      function change(){
75      for(var i=document.f.s_type.length;i>=0;i--) document.f.s_type.options[i]=null;
76      switch(document.f.m_type.options[document.f.m_type.selectedIndex].text){";
77      for($i=0;$i<count($temp);$i++)
78      {
79          echo "case "."\"".$temp[$i][0]."\":";
80          for($j=1;$j<count($temp[$i]);$j++)
81          echo  "document.f.s_type.options[".($j-1)."]=new  Option(\"".$temp[$i][$j]."\",\"".$flag[$i][$j]."\  ",false,
false);";
82          echo "break;";
83      }
84      echo "}}</script>";
85      echo "<table width=\"80%\" cellpadding=\"1\" cellspacing=\"1\">";
86              echo  "<form  method=\"post\"  action=\"".$_SERVER['PHP_SELF']."\"  name=\"f\"  ENCTYPE
=\"multipart/form-data\">";
87              echo "<tr>";
88              echo "<td colspan=\"2\"><center><h2>增加新的图书第一步</h2></center></td>";
89              echo "</tr>";
90              echo "<tr>";
91              echo "<td>输入图书名称：</td>";
92              echo "<td>";
93              echo "<input type=\"text\" name=\"book_name\">";
94              echo "</td>";
95              echo "</tr>";
96              echo "<tr>";
97              echo "<td>输入图书作者：</td>";
98              echo "<td>";
99              echo "<input type=\"text\" name=\"book_author\">";
100             echo "</td>";
101             echo "</tr>";
```

```
102                 echo "<tr>";
103                 echo "<td>输入出版社：</td>";
104                 echo "<td>";
105                 echo "<input type=\"text\" name=\"book_pub\">";
106                 echo "</td>";
107                 echo "</tr>";
108                 echo "<tr>";
109                 echo "<td>输入售价：</td>";
110                 echo "<td>";
111                 echo "<input type=\"text\" name=\"book_cost\">";
112                 echo "</td>";
113                 echo "</tr>";
114                 echo "<tr>";
115                 echo "<td>选择所属类别：</td>";
116                 echo "<td>";
117                 echo "主类别：";
118                 echo "<select size=\"1\" name=\"m_type\"    onchange=\"change()\">";
119                 for($i=0;$i<count($temp);$i++)
120                 {
121                     echo "<option value=".$flag[$i][0].">".$temp[$i][0];
122                 }
123                 echo "</select><br>";
124                 echo "分类别：";
125                 echo "<select size=\"1\" name=\"s_type\">";
126                 for($i=1;$i<count($temp[0]);$i++)
127                 {
128                     echo "<option value=".$flag[0][$i].">".$temp[0][$i];
129                 }
130                 echo "</select>";
131                 echo "</td>";
132                 echo "</tr>";
133                 echo "<tr>";
134                 echo "<td>输入该书的数量：</td>";
135                 echo "<td>";
136                 echo "<input type=\"text\" name=\"book_num\">";
137                 echo "</td>";
138                 echo "</tr>";
139                 echo "<tr>";
140                 echo "<td>输入该书的简介：</td>";
141                 echo "<td>";
142                 echo "<textarea name=\"book_description\" cols=\"30\" rows=\"5\"></textarea>";
143                 echo "</td>";
144                 echo "</tr>";
145                 echo "<tr>";
146                 echo "<td>上传该书的封面扫描图：</td>";
147                 echo "<td>";
148                 echo "<input type=\"file\" name=\"photo\">";
149                 echo "</td>";
150                 echo "</tr>";
151                 echo "<tr>";
152                 echo "<td colspan=\"2\"><center><input type=submit value=\"下一步\"></td>";
```

```
153                    echo "</tr>";
154                    echo "</form>";
155                    echo "</table>";
156                    echo "</center>";
157                    echo "</body>";
158                    echo "</html>";
159               }
160               else
161               {
162                    $book_name=$_POST['book_name'];
163                    $book_author=$_POST['book_author'];
164                    $book_pub=$_POST['book_pub'];
165                    $book_cost=$_POST['book_cost'];
166                    $m_type=$_POST['m_type'];
167                    $s_type=$_POST['s_type'];
168                    $book_num=$_POST['book_num'];
169                    $book_description=$_POST['book_description'];
170                         if($_FILES['photo']['name']!=NULL)
171                         {
172                              $filepath="C:/Apache/htdocs/uploads/";
173                              $tmp_name=$_FILES['photo']['tmp_name'];
174                              $filename='uploads/'.$_FILES['photo']['name'];
175                              if(!move_uploaded_file($tmp_name,$filename)){
176                                   echo "添加新的图书操作失败，现在返回重新输入！";
177                                   echo "<meta http-equiv=\"refresh\" content=\"2; url=21-17.php\">";
178                              }
179                         }
180                    $sql="insert into $table_book (book_name,book_author,book_pub,book_cost,book_type,
book_num,book_description,book_photo) values('$book_name','$book_author','$book_pub','$book_cost', '$s_
type','$book_num','$book_description','$filename')";
181                    if(mysql_query($sql,$link))
182                    {
183                         $sql="update $table_type set type_num=type_num+1 where id='$m_type'";
184                         mysql_query($sql,$link);
185                         $sql="update $table_type set type_num=type_num+1 where id='$s_type'";
186                         mysql_query($sql,$link);
187                         echo "添加新的图书操作成功，现在返回查看全部图书页！";
188                         echo "<meta http-equiv=\"refresh\" content=\"2; url=21-7.php\">";
189                    }
190                    else
191                    {
192                         echo "添加新的图书操作失败，现在返回重新输入！";
193                         echo "<meta http-equiv=\"refresh\" content=\"2; url=21-15.php\">";
194                    }
195               }
196          }
197  ?>
```

这样在新书入库时就可以通过该文件来实现了。其执行结果如图 21.10 所示。

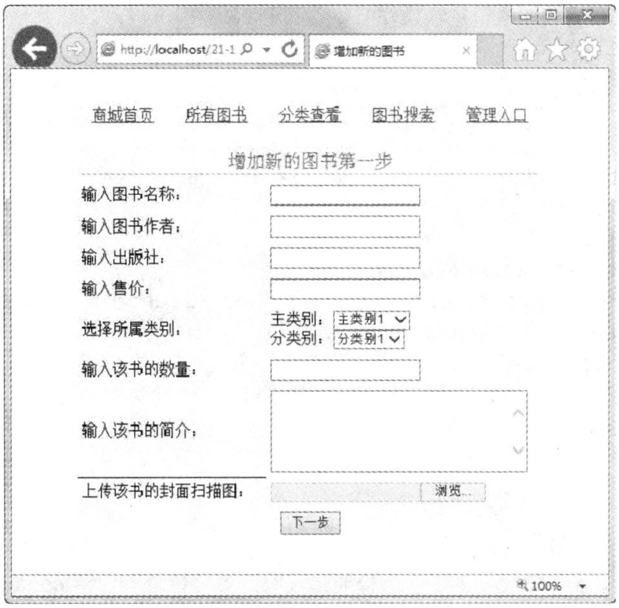

图 21.10　增加新的图书执行结果

说明： 在这里可以输入图书的所有相关信息，包括图书名称、图书作者、出版社、售价、所属主类别和分类别、该书的数量、该书的简介以及该书的封面扫描图等。其中该书的封面扫描图一项需要上传。全部填写完毕，单击“下一步”按钮，即可生成记录。

21.7.6　修改已有图书信息

知识点讲解：光盘\视频讲解\第 21 章\修改已有图书信息.wmv

图书在入库以后，由于种种原因，需要对图书的信息进行更改，这也是可以实现的。同更改用户注册信息一样，先给出一个人机交互界面，由管理员输入更改的内容，然后在后台对相应内容进行更改。

【实例 21-18】以下为修改已有图书信息的代码。

实例 21-18：修改已有图书信息

源码路径：光盘\源文件\21\21-18.php

```
01  <?php
02          echo "<html>";
03          echo "<head>";
04          echo "<title>修改已有的图书</title>";
05          echo "</head>";
06          echo "<body>";
07          echo "<center>";
08          require "21-3.php";
09          require "21-1.php";
10          $sql="select admin from $table_user where id='$_COOKIE[id]'";
11          $result=mysql_query($sql,$link);
12          $rows=mysql_fetch_array($result);
13          if($rows[0]!=3)
14          {
```

```
15              echo "你没有权限执行这项操作！";
16              exit();
17          }
18          else
19          {
20              echo "<table width=\"80%\" cellpadding=\"1\" cellspacing=\"1\">";
21              if(!$_POST['id'])
22              {
23                  $sql="select id from $table_book";                      //从列表中读出所有图书记录
24                  $result=mysql_query($sql,$link) or die(mysql_error());   //发送查找列表请求
25                  $num=mysql_num_rows($result);                           //获取结果条数
26                  $p_count=ceil($num/10);                                 //总页数
27                  if ($_GET["page"]==0 && !$_GET["page"]) $page=1;        //当前页
28                  else $page=$_GET["page"];
29                  if($num<1)                                              //如果没有记录
30                  {
31                      echo "<tr>";
32                      echo "<td>";
33                      echo "<center><h2>暂时还没有图书的记录</h2></center>";    //输出相应信息
34                      echo "</td>";
35                      echo "</tr>";
36                      exit();                                             //退出所有 PHP 代码
37                  }
38                  else                                                    //如果有记录，则执行相应操作
39                  {
40                      $s=($page-1)*10;
41                      $sql="select * from $table_book order by id limit $s,10";
42                      $result=mysql_query($sql,$link);
43                      echo "<form method=\"post\" action=\"".$_SERVER['PHP_SELF']."\">";
44                      echo "<tr>";
45                      echo "<td colspan=\"5\"><center><h2>已有图书第一步：选择记录</h2></center> </td>";
46                      echo "</tr>";
47                      echo "<tr>";
48                      echo "<td>选择</td>";
49                      echo "<td>书名</td>";
50                      echo "<td>作者</td>";
51                      echo "<td>价格</td>";
52                      echo "<td>类别</td>";
53                      while($rows=mysql_fetch_array($result))             //循环显示记录内容
54                      {
55                          echo "<tr>";
56                          echo "<td><input type=\"radio\" name=\"id\" value=\"".$rows['id']."\"></td>";
57                          echo "<td><a href=\"21-10.php?id=".$rows['id']."\">".$rows['book_name']. "</a>
</td>";                                                                     //显示书名
58                          echo "<td>".$rows['book_author']."</td>";       //显示作者
59                          echo "<td>".$rows['book_cost']."</td>";         //显示价格
60                          $sql2="select type_name from $table_type where id='$rows[book_type]'";
61                          $result2=mysql_query($sql2);
62                          $rows2=mysql_fetch_array($result2);
63                          echo "<td>".$rows2[0]."</td>";                  //显示类别
64                          echo "</tr>";
65                      }
```

```
66                    echo "<tr>";
67                    echo  "<td  colspan=\"5\"><center><input  type=\"submit\"  value=\"修改选择项\"></center>
</td>";
68                    echo "</tr>";
69                    echo "</form>";
70                }
71                echo "</table>";
72                $prev_page=$page-1;
73                $next_page=$page+1;
74                echo " <p align=\"center\"> ";
75                if ($page>1)
76                {
77                    echo "<a href='$PATH_INFO?page=1'>第一页</a> | ";
78                }
79                if ($prev_page>=1)
80                {
81                    echo "<a href='$PATH_INFO?page=$prev_page'>上一页</a> | ";
82                }
83                if ($next_page<=$p_count)
84                {
85                    echo "<a href='$PATH_INFO?page=$next_page'>下一页</a> | ";
86                }
87                if ($page<$p_count)
88                {
89                    echo "<a href='$PATH_INFO?page=$p_count'>最后一页</a></p>";
90                }
91                echo "</center>";
92                echo "</body>";
93                echo "</html>";
94            }
95            else if(!$_POST['book_name'])
96            {
97                $sql="select id,type_name from $table_type where p_id=0";
98                $result=mysql_query($sql,$link);
99                $i=0;
100               while($rows=mysql_fetch_array($result))
101               {
102                   $j=0;
103                   $temp[$i][0]=$rows['type_name'];
104                   $flag[$i][0]=$rows['id'];
105                   $sql2="select id,type_name from $table_type where p_id='$rows[id]'";
106                   $result2=mysql_query($sql2,$link);
107                   while($rows2=mysql_fetch_array($result2))
108                   {
109                       $j++;
110                       $temp[$i][$j]=$rows2['type_name'];
111                       $flag[$i][$j]=$rows2['id'];
112                   }
113                   $i++;
114               }
115                       echo "<script language=javascript>
116       function Juge(theForm)
```

```
117         {
118             if (theForm.book_name.value == \"\")
119             {
120                 alert(\"请输入书名!\");
121                 theForm.book_name.focus();
122                 return (false);
123             }
124             if (theForm.book_author.value == \"\")
125             {
126                 alert(\"请输入作者!\");
127                 theForm.book_author.focus();
128                 return (false);
129             }
130             if (theForm.cost.value == \"\")
131             {
132                 alert(\"请输入书的价格!\");
133                 theForm.cost.focus();
134                 return (false);
135             }
136             if (theForm.book_num.value == \"\")
137             {
138                 alert(\"请输入数量!\");
139                 theForm.book_num.focus();
140                 return (false);
141             }
142             if (theForm.book_description.value == \"\")
143             {
144                 alert(\"请输入内容简介!\");
145                 theForm.book_description.focus();
146                 return (false);
147             }
148         }
149         function change(){
150         for(var i=document.f.s_type.length;i>=0;i--) document.f.s_type.options[i]=null;
151         switch(document.f.m_type.options[document.f.m_type.selectedIndex].text){";
152                 for($i=0;$i<count($temp);$i++)
153                 {
154                     echo "case "."\"".$temp[$i][0]."\":";
155                     for($j=1;$j<count($temp[$i]);$j++)
156                     echo "document.f.s_type.options[".($j-1)."]=new Option(\"".$temp[$i][$j]."\",\"".$flag [$i]
[$j]."\",false,false);";
157                     echo "break;";
158                 }
159                 echo "}}</script>";
160                 $sql="select * from $table_book where id='$_POST[id]'";
161                 $result=mysql_query($sql,$link);
162                 $rows=mysql_fetch_array($result);
163                 echo "<table width=\"80%\" cellpadding=\"1\" cellspacing=\"1\">";
164                 echo "<form method=\"post\" action=\"".$_SERVER['PHP_SELF']."\" name=\"f\" ENCTYPE
=\"multipart/form-data\">";
165                 echo "<input type=\"hidden\" name=\"id\" value=\"".$_POST['id']."\">";
166                 echo "<tr>";
```

```
167            echo "<td colspan=\"2\"><center><h2>修改已有图书第二步：修改相关信息</h2>
</center></td>";
168            echo "</tr>";
169            echo "<tr>";
170            echo "<td>输入图书名称：</td>";
171            echo "<td>";
172            echo "<input type=\"text\" name=\"book_name\" value=\"".$rows['book_name']."\">";
173            echo "</td>";
174            echo "</tr>";
175            echo "<tr>";
176            echo "<td>输入图书作者：</td>";
177            echo "<td>";
178            echo "<input type=\"text\" name=\"book_author\" value=\"".$rows['book_author']."\">";
179            echo "</td>";
180            echo "</tr>";
181            echo "<tr>";
182            echo "<td>输入出版社：</td>";
183            echo "<td>";
184            echo "<input type=\"text\" name=\"book_pub\" value=\"".$rows['book_pub']."\">";
185            echo "</td>";
186            echo "</tr>";
187            echo "<tr>";
188            echo "<td>输入售价：</td>";
189            echo "<td>";
190            echo "<input type=\"text\" name=\"book_cost\" value=\"".$rows['book_cost']."\">";
191            echo "</td>";
192            echo "</tr>";
193            echo "<tr>";
194            echo "<td>选择所属类别：</td>";
195            echo "<td>";
196            echo "主类别：";
197            echo "<select size=\"1\" name=\"m_type\"onchange=\"change()\">";
198            for($i=0;$i<count($temp);$i++)
199            {
200                echo "<option value=".$flag[$i][0].">".$temp[$i][0];
201            }
202            echo "</select><br>";
203            echo "分类别：";
204            echo "<select size=\"1\" name=\"s_type\">";
205            for($i=1;$i<count($temp[0]);$i++)
206            {
207                echo "<option value=".$flag[0][$i].">".$temp[0][$i];
208            }
209            echo "</select>";
210            echo "</td>";
211            echo "</tr>";
212            echo "<tr>";
213            echo "<td>输入该书的数量：</td>";
214            echo "<td>";
215            echo "<input type=\"text\" name=\"book_num\" value=\"".$rows['book_num']."\">";
216            echo "</td>";
217            echo "</tr>";
```

```
218         echo "<tr>";
219         echo "<td>输入该书的简介：</td>";
220         echo "<td>";
221         echo  "<textarea  name=\"book_description\"  cols=\"30\"  rows=\"5\">".$rows  ['book_
description']."</textarea>";
222         echo "</td>";
223         echo "</tr>";
224         echo "<tr>";
225         echo "<td>上传该书的封面扫描图：<br>（如果无改变请留空）</td>";
226         echo "<td>";
227         echo "<input type=\"file\" name=\"photo\">";
228         echo "</td>";
229         echo "</tr>";
230         echo "<tr>";
231         echo "<td colspan=\"2\"><center><input type=submit value=\"下一步\"></td>";
232         echo "</tr>";
233         echo "</form>";
234         echo "</table>";
235         echo "</center>";
236         echo "</body>";
237         echo "</html>";
238     }
239     else
240     {
241         $id=$_POST['id'];
242         $book_name=$_POST['book_name'];
243         $book_author=$_POST['book_author'];
244         $book_pub=$_POST['book_pub'];
245         $book_cost=$_POST['book_cost'];
246         $m_type=$_POST['m_type'];
247         $s_type=$_POST['s_type'];
248         $book_num=$_POST['book_num'];
249         $book_description=$_POST['book_description'];
250         if($photo)
251         {
252             $filepath="uploads/";
253             $file_temp=explode(".",$photo_name);
254             $filename=$filepath.date("YmdHis").".".$file_temp[1];
255             copy($photo,$filename);
256             unlink($photo);
257             $sql="update  $table_book  set  book_name='$book_name',book_author=  '$book_
author',book_pub='$book_pub',book_cost='$book_cost',book_type='$s_type',book_num='$book_num',book_de
scription='$book_description',book_photo='$filename'";
258         }
259         else
260         {
261             $sql="update  $table_book  set  book_name='$book_name',book_author='$book_
author',book_pub='$book_pub',book_cost='$book_cost',book_type='$s_type',book_num='$book_num',book_de
scription='$book_description'";
262         }
263         if(mysql_query($sql,$link))
264         {
```

```
265                 echo "修改已经有的图书操作成功，现在返回查看全部图书页！";
266                 echo "<meta http-equiv=\"refresh\" content=\"2; url=21-7.php\">";
267             }
268             else
269             {
270                 echo "修改已经有的图书失败，现在返回重新输入！";
271                 echo "<meta http-equiv=\"refresh\" content=\"2; url=21-16.php\">";
272             }
273         }
274     }
275 ?>
```

从以上代码可见，要对已有图书进行修改共分三步：第一步，选择想要修改的图书。第二步，填写修改内容。这两步都需要人工干预。第三步为后台操作，用输入的内容来替换已经存在的内容，从而完成修改操作。第一步执行结果如图 21.11 所示。

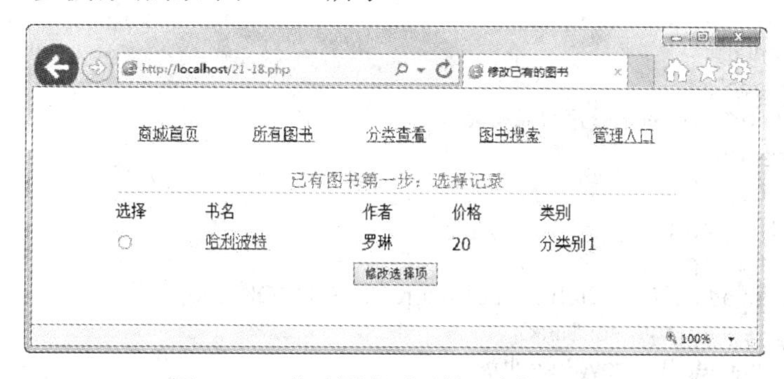

图 21.11　修改图书页面第一步执行结果

在图 21.11 中，先选择想要修改的图书。选中相应图书前的单选按钮，选择相应图书，然后单击“修改选择项”按钮，开始对具体内容进行修改，执行结果如图 21.12 所示。

http://localhost/21-18.php　修改已有的图书

商城首页　所有图书　分类查看　图书搜索　管理入口

修改已有图书第二步：修改相关信息

输入图书名称：哈利波特
输入图书作者：罗琳
输入出版社：中国少儿出版社
输入售价：20
选择所属类别：主类别：主类别1　分类别：分类别1
输入该书的数量：100
输入该书的简介：很魔幻的故事
上传该书的封面扫描图：（如果无改变请留空）　浏览...
下一步

100%

图 21.12　修改图书页面第二步执行结果

从图 21.12 可以看出，这里可以对图书的所有信息进行全方位的修改。具体过程与添加图书类似。输入完成后，单击最下方的“下一步”按钮即可提交修改内容。

21.7.7　查看、处理所有未处理订单

知识点讲解：光盘\视频讲解\第 21 章\查看、处理所有未处理订单.wmv

用户提交购买请求后，生成的订单并不马上生效，需要管理员对其进行审核。只有在管理员对其进行处理后，才能变为销售记录。所以，管理员可以查看并处理所有的用户订单。

【实例 21-19】以下为管理员查看并处理所有用户订单的代码。

实例 21-19：管理员查看并处理所有用户订单
源码路径：光盘\源文件\21\21-19.php

```
01  <?php
02      echo "<html>";
03      echo "<head>";
04      echo "<title>查看所有未处理订单</title>";
05      echo "</head>";
06      echo "<body>";
07      require "21-3.php";
08      require "21-1.php";
09      $sql="select admin from $table_user where id='$_COOKIE[id]'";
10      $result=mysql_query($sql,$link);
11      $rows=mysql_fetch_array($result);
12      if($rows[0]!=3)
13      {
14          echo "你没有权限执行这项操作！";
15          exit();
16      }
17      else
18      {
19          if(!$_POST['c'])
20          {
21              echo "<script language=javascript>
22              function checkall(form)
23              {
24                  for (var i=0;i<form.elements.length;i++)
25                  {
26                      var e = form.elements[i];
27                      if (e.name != 'chkall')        e.checked = form.chkall.checked;
28                  }
29              }
30      </script>";
31              echo "<h2>查看用户所有未处理的订单</h2>";
32              echo "<table width=\"80%\" cellpadding=\"1\" cellspacing=\"1\">";
33              echo "<form method=\"post\" action=\"".$_SERVER['PHP_SELF']."\">";
34              echo "<tr>";
35              echo "<td>处理</td>";
36              echo "<td>提交人</td>";
```

```
37                echo "<td>书号</td>";
38                echo "<td>书数量</td>";
39                echo "<td>订单总额</td>";
40                echo "</tr>";
41                $sql="select * from $table_order where order_state='false'";
42                $result=mysql_query($sql,$link);
43                while($rows=mysql_fetch_array($result))
44                {
45                    echo "<tr>";
46                    echo "<td><input type=checkbox name=c[] value=".$rows['id']."></td>";
47                    echo "<td>".$rows['order_user_name']."</td>";
48                    echo "<td><a href=21-10.php?id=".$rows['order_book_id']." target=\"_blank\">".$rows
['order_book_id']."</a></td>";
49                    echo "<td>".$rows['order_book_num']."</td>";
50                    echo "<td>".$rows['order_cost']."</td>";
51                    echo "</tr>";
52                }
53                echo "<tr>";
54                echo "<td colspan=\"5\" align=\"center\">";
55                echo  "<input  type=\"checkbox\"  name=\"chkall\"  value=\"on\"  onclick=\"checkall  (this.
form)\">选择所有记录";
56                echo "<input type=\"submit\" value=\"提交所选记录\">";
57                echo "</td>";
58                echo "</tr>";
59                echo "</form>";
60                echo "</table>";
61            }
62            else
63            {
64                $c=$_POST['c'];
65                $time=date("Y 年 m 月 d 日");
66                for($i=0;$i<count($c);$i++)
67                {
68                    $temp=$c[$i];
69                    $sql="update $table_order set order_state='true' where id='$temp'";
70                    mysql_query($sql,$link);
71                    $sql2="insert into $table_sale (sale_order_id,sale_date)values('$temp','$time')";
72                    mysql_query($sql2,$link);
73                    $sql3="select order_book_id ,order_book_num from $table_order where id='$temp'";
74                    $result=mysql_query($sql3,$link);
75                    $rows=mysql_fetch_array($result);
76                    $sql4="update  $table_book  set  book_sale_num=book_sale_num+'$rows[1]'  ,  where
id='$rows[0]'";
77                    mysql_query($sql4,$link);
78                }
79                echo "处理订单成功,正在转到销售查看页";
80                echo "<meta http-equiv=\"refresh\" content=\"2; url=21-18.php\">";
81            }
82        }
83    ?>
```

注意：处理订单是管理员才具有的权限。

21.7.8 查看销售记录

知识点讲解：光盘\视频讲解\第 21 章\销售记录的查看.wmv

管理员也可以查看所有的历史销售记录，从而了解所有商品的销售情况。

【实例 21-20】以下为查看销售记录的代码。

实例 21-20：查看销售记录
源码路径：光盘\源文件\21\21-20.php

```
01  <?php
02          echo "<html>";
03          echo "<head>";
04          echo "<title>查看所有销售记录</title>";
05          echo "</head>";
06          echo "<body>";
07          require "21-3.php";
08          require "21-1.php";
09          $sql="select admin from $table_user where id='$_COOKIE[id]'";
10          $result=mysql_query($sql,$link);
11          $rows=mysql_fetch_array($result);
12          if($rows[0]!=3)
13          {
14                  echo "你没有权限执行这项操作！";
15                  exit();
16          }
17          else
18          {
19                  echo "<h2>查看所有的销售记录</h2>";
20                  echo "<table width=\"80%\" cellpadding=\"1\" cellspacing=\"1\">";
21                  $sql="select id from $table_sale";
22                  $result=mysql_query($sql,$link);
23                  $num=mysql_num_rows($result);
24                  $p_count=ceil($num/10);
25                  if ($_GET['page']==0 && !$_GET['page']) $page=1;          //当前页
26                  else $page=$_GET['page'];
27                  if($num<1)                                               //如果没有记录
28                  {
29                          echo "<tr>";
30                          echo "<td>";
31                          echo "<center><h2>暂时还没有图书的记录</h2></center>";          //输出相应信息
32                          echo "</td>";
33                          echo "</tr>";
34                          exit();                                          //退出所有 PHP 代码
35                  }
36                  else                                                     //如果有记录，则执行相应操作
37                  {
38                          $s=($page-1)*10;
```

“网站开发非常之旅”系列全新推荐书目

网站建设作为一项综合性的技能，对许多计算机技术及其各项技术之间的关联都有着很高的要求，而诸多方面的知识也往往会使得许多初学者感到十分困惑，为此，我们推出了“网站开发非常之旅”系列，自出版以来，因具有系统、专业、实用性强等特点而深受广大读者的喜爱。本系列为广大读者学习网站开发技术提供了一个完整的解决方案，集技术和应用于一体，将网络编程技术难度与热点一网打尽，可全面提升您的网络应用开发水平。以下是本系列最新书目，欢迎选购！

ISBN	书　名	著译者	定　价	条　码
9787302345725	ASP.NET 项目开发详解	朱元波	58.80 元	
9787302345732	CSS+DIV 网页布局技术详解	邢太北 许瑞建	58.80 元	
9787302344865	Linux 服务器配置与管理	张敬东	66.80 元	
9787302344858	iOS 移动网站开发详解	朱桂英	69.80 元	
9787302344308	Android 移动网站开发详解	怀志和	66.80 元	
9787302344339	Dreamweaver CS6 网页设计与制作详解	张明星	52.80 元	
9787302344100	Java Web 开发技术详解	王石磊	62.80 元	
9787302343202	HTML+CSS 网页设计详解	任昱衡	53.80 元	
9787302343189	PHP 网络编程技术详解	葛丽萍	69.80 元	
9787302342540	ASP.NET 网络编程技术详解	闫继涛	66.80 元	

······更多品种即将陆续出版，欢迎订购······

出版社网址： www.tup.com.cn

技术支持： zhuyingbiao@126.com